ENCYCLOPÉDIE
DES
TRAVAUX PUBLICS

Fondée par **M.-C. LECHALAS**, Insp' gén'l des Ponts et Chaussées

LEVER DES PLANS

ET

NIVELLEMENT

PAR

CH.-LÉON DURAND-CLAYE
INGÉNIEUR EN CHEF DES PONTS ET CHAUSSÉES

ET

ANDRÉ PELLETAN ET CHARLES LALLEMAND
INGÉNIEURS AU CORPS DES MINES

OPÉRATIONS SUR LE TERRAIN
OPÉRATIONS SOUTERRAINES
NIVELLEMENT DE HAUTE PRÉCISION

PARIS

LIBRAIRIE POLYTECHNIQUE
BAUDRY ET Cie, LIBRAIRES-ÉDITEURS
15, RUE DES SAINTS-PÈRES
MÊME MAISON A LIÉGE

1880

LEVER DES PLANS

ET

NIVELLEMENT

ENCYCLOPÉDIE

DES
TRAVAUX PUBLICS

Fondée par **M.-C. LECHALAS**, Insp^r gén^{al} des Ponts et Chaussées

LEVER DES PLANS

ET

NIVELLEMENT

PAR

CH.-LÉON DURAND-CLAYE

INGÉNIEUR EN CHEF DES PONTS ET CHAUSSÉES

ET

ANDRÉ PELLETAN ET CHARLES LALLEMAND

INGÉNIEURS AU CORPS DES MINES

OPÉRATIONS SUR LE TERRAIN
OPÉRATIONS SOUTERRAINES
NIVELLEMENT DE HAUTE PRÉCISION

PARIS

LIBRAIRIE POLYTECHNIQUE
BAUDRY ET Cie, LIBRAIRES-ÉDITEURS

16, RUE DES SAINTS-PÈRES

MÊME MAISON A LIÉGE

1889

ERRATA

PREMIÈRE PARTIE

Page 10, ligne 14, au lieu de : *oculaire*, lisez : *objectif*.

Page 74, ligne 3 en remontant, au lieu de : $\omega =$, lisez : $\omega = 0$.

Page 124, ligne 18, au lieu de : $\dfrac{M}{6,867}$, lisez : $\dfrac{6,867}{M}$.

Page 126, avant-dernière ligne, effacez : *deux*.

Page 152, ligne 9, au lieu de : $\frac{1}{4} D (h - x)$, lisez : $\frac{1}{4} \pi D^2 (h - x)$.

Page 180, ligne 23, supprimez : *après avoir réglé l'instrument aussi bien que possible*.

Page 236, ligne 13, au lieu de $\sqrt{\dfrac{a}{b}}$, lisez : $\sqrt{\dfrac{x}{a}}$.

DEUXIÈME PARTIE

Page 257, ligne 9, au lieu de : *pertubation*, lisez : *perturbations*.
Page 259, ligne 11, au lieu de : *cordon*, lisez : *cordeau*.
Page 264, lignes 16 et 20, au lieu de : *axe*, lisez, *arc*.
Page 275, ligne 22, au lieu de : *c*, lisez, *e*.
Page 286, ligne 15, au lieu de : *décrivons*, lisez : *décrirons*.
Page 297, ligne 19, au lieu de . *dans*, lisez : *tous*.
Page 302, colonne 6 du tableau, au lieu de : *du côté*, lisez : *des côtés*.
Page 303, ligne 5 en remontant, au lieu de : *deux*, lisez : *projection des*.
Page 304, colonne 5, supprimez : *extérieurs*.
Page 305, ligne 12 en remontant, supprimez : *quelquefois*, et ajoutez : *dans les couches d'allure régulière*.
Page 305, ligne 8 en remontant, au lieu de : *bois*, lisez : *chêne*.
Page 309, colonne 10 du tableau, supprimez : *extérieurs*.

TROISIÈME PARTIE

Page 378, ligne 10, au lieu de : *entre 0 et 20 mètres*, lire : *entre 0 et 100 mètres*.
Page 379, dernière ligne, au lieu de : *prendre pour les chiffres soulignés de l'échelle les corrections x_1 et x_2*, lire : *prendre pour les corrections x_1 et x_2 les chiffres soulignés de l'échelle correspondante*.
Page 387, dernière ligne, au lieu de : *000*, lire : *2000*.
Page 393, ligne 7, au lieu de : L', lire : L.
Pages 398 et 399, 4èmes lignes, au lieu de : nᵒ 40, lire : nᵒ 39.
Page 407, lignes 14 et 18, au lieu de : *diamètre 2*, lire : *diamètre 3*, et réciproquement.

Page 408, ligne 14, au lieu de : $\sigma \dfrac{L}{2}$ (σ étant ce que..., lire : σL. (σ étant la moitié de ce que...

Page 420, sommaire, § 2, III, supprimer : « 54. *Généralités* ». — Ajouter une unité aux numéros à partir du 48 jusqu'au 53 inclusivement.
Page 460, 6ᵉ ligne en remontant, au lieu de : *fig. 37*, lire : *fig. 39*.
Page 462, dernière ligne, au lieu de : *0001*, lire : *0,0001*.
Page 401, 3ᵉ ligne en remontant, au lieu de : nᵒ *15*, lire : nᵒ *14*.
Page 517, ligne 10, au lieu de nᵒ 100, lire nᵒ 99.
Page 533, modèle 3, note 10, au lieu de nᵒ 59, lire nᵒ 54.
Page 533, modèle de journal graphique, ligne 18 de la légende, supprimer : *(en mètres)*.

TABLE DES MATIÈRES

CHAPITRE II

NIVELLEMENT

§ 1. Généralités.

CHAPITRE III

OPÉRATIONS MIXTES

CHAPITRE IV

APPLICATIONS

DEUXIÈME PARTIE

OPÉRATIONS SOUTERRAINES

CHAPITRE PREMIER

LEVER
A LA BOUSSOLE SUSPENDUE

§ 1. Usage de la boussole suspen-
due et de l'échimètre.

§ 2. Report sur le plan.

CHAPITRE II

EMPLOI DES APPAREILS
OPTIQUES

§ 1. Lever au théodolite de mines.

§ 2. Boussole d'arpenteur et ins-
truments divers.

CHAPITRE III

ORIENTATION DES PLANS,
CHAINAGE DES PUITS.

§ 1. Tracé de la méridienne.

TROISIÈME PARTIE

NIVELLEMENT DE HAUTE PRÉCISION

EXPOSÉ PRÉLIMINAIRE

CHAPITRE I

THÉORIE

§ 1. Théorie du nivellement.

I. Théorie actuelle. Ses anomalies.

CHAPITRE II

INSTRUMENTS

§ 1. Niveau.

CHAPITRE III

OPÉRATIONS SUR LE TERRAIN

§ 1. Reconnaissance et scellement des repères.

§ 2. Nivellement proprement dit.

§ 3. Fautes ou erreurs à craindre dans le nivellement et moyens de les éviter.

CHAPITRE IV

CONTRÔLE ET CALCULS. — COMPENSATION ET PUBLICATION DES RÉSULTATS.

§ 1. Journal graphique et diagrammes statistiques.

CHAPITRE V

SURFACE DE COMPARAISON DES ALTITUDES. — NIVEAU MOYEN DE LA MER.

TABLE DES MODÈLES

PREMIÈRE PARTIE

OPÉRATIONS SUR LE TERRAIN

PAR

Ch.-Léon DURAND-CLAYE

Ingénieur en chef
Professeur à l'École nationale des Ponts et Chaussées.

INTRODUCTION
CHAPITRE PREMIER : *LEVER DES PLANS*
CHAPITRE DEUXIÈME : *NIVELLEMENT*
CHAPITRE TROISIÈME : *OPÉRATIONS MIXTES*
CHAPITRE QUATRIÈME : *APPLICATIONS*

INTRODUCTION

§ 1

GÉNÉRALITÉS

1. Préliminaires. — Dans l'étude et pour la rédaction des projets de voies de communication, les ingénieurs ont besoin, à tout moment, de connaître et de représenter les formes de la surface de la terre, dans la zône que suivent les tracés. Ils doivent aussi, pendant l'exécution des travaux, savoir retrouver la position d'un point quelconque appartenant aux ouvrages projetés, par rapport à des points définis pris à la surface de la terre. L'instruction des affaires diverses du service administratif exige aussi, le plus souvent, qu'on représente l'état des lieux sur une certaine étendue du territoire. Enfin, quand des carrières ou des mines sont ouvertes sous le sol, il faut encore pouvoir suivre les directions des galeries et l'inclinaison des bancs dans les différents sens.

L'objet du présent ouvrage est d'indiquer les méthodes et les principaux instruments dont il est fait usage dans les opérations au moyen desquelles on se procure les éléments nécessaires à la détermination des formes que l'on a besoin de connaître.

2. Distinction entre la géodésie et la topographie. — Les opérations sont plus ou moins compliquées et minutieuses, et donnent lieu, pour être mises en œuvre, à des calculs plus ou moins laborieux, suivant le degré d'exactitude que l'on se propose d'obtenir, et suivant l'étendue du globe terrestre que l'on considère.

Lorsqu'elles embrassent une portion notable de la terre, lorsqu'elles doivent, par exemple, établir des relations entre les points les plus éloignés d'une vaste contrée comme la France, elles sont du domaine de la géodésie. Elles deviennent topographiques quand elles ne portent que sur des superficies restreintes, dont les dimensions sont, sinon négligeables, du moins très faibles vis-à-vis de celles du globe.

Il est difficile de définir avec plus de précision la limite qui sépare la topographie de la géodésie. Cette distinction suffit pour faire comprendre que, si les ingénieurs doivent posséder des notions de géodésie, leurs travaux ont ordinairement un caractère purement topographique.

3. Détermination de la position des points à la surface de la terre. — La forme de la surface de la terre n'est pas susceptible de définition géométrique, les ondulations qu'elle présente n'obéissant à aucune loi. On a donc été conduit à la définir par les positions relatives d'un certain nombre de points isolés.

La figure générale de la terre, abstraction faite des ondulations relativement négligeables qu'y produisent les montagnes et les vallées, est un ellipsoïde de révolution dont l'aplatissement est de $\frac{1}{291,9}$ et dont le demi-grand-axe vaut 6.378.393^m, d'après les discussions les plus récentes des mesures qui en ont été faites.

Dans une étendue topographique, les divers arcs·que l'on peut tracer sur cette surface ont des courbures peu différentes, et on substitue à l'ellipsoïde, sans erreur appréciable, une portion de sphère ayant un rayon moyen entre ceux de ces arcs. Toutes les verticales sont alors considérées comme concourant vers un point unique, que l'on appelle le *centre de la terre*.

La position relative des points est alors déterminée :

1° Par leurs distances, mesurées suivant la verticale, au centre de la terre ou à la surface d'une sphère ayant le même centre ;

2° Par les positions qu'occupent sur cette sphère les pieds des verticales passant par ces points.

Au lieu de rattacher les pieds des verticales à un système de coordonnées sphériques, on préfère, en topographie, les supposer réunis par des arcs de grands cercles, soit entre eux, soit avec d'autres points définis, et mesurer les éléments des figures ainsi formées.

4. Définition du lever des plans et du nivellement. — On a été conduit ainsi à se procurer les éléments de la position relative des points situés à la surface de la terre au moyen de deux opérations distinctes :

1° Le *Lever des plans*, qui fournit les éléments des figures que l'on a conçues entre les pieds des verticales ;

2° Le *Nivellement;* qui donne les hauteurs des points, mesurées sur les verticales, au dessus d'une sphère ayant pour centre le centre de la terre.

5. Division de la première partie de l'ouvrage. —

Cette première partie de l'ouvrage décrira les opérations qui se font sur le sol. Elle traitera : 1° du lever des plans ; 2° du nivellement ; 3° des opérations mixtes, qui fournissent simultanément les éléments du plan et du nivellement ; 4° des applications principales que les ingénieurs ont à faire des notions précédentes dans les travaux publics.

§ 2

RAPPEL DE QUELQUES NOTIONS DE PHYSIQUE

6. Exposé. — Dans les opérations, il est fait constamment appel aux lois de la physique. On y fait usage d'une série d'instruments, quelquefois simples, souvent composés, dont les organes sont décrits dans les cours de physique, et dont il est nécessaire d'avoir toujours présents à l'esprit le mode de construction et les propriétés.

Parmi ces organes, il en est deux d'essentiels, qui se retrouvent dans tous les instruments de précision, et dont il n'est pas inutile, avant d'entrer en matière, de rappeler sommairement les principales dispositions.

7. Lunette astronomique. — Description générale. — La lunette astronomique se compose de trois tubes emboîtés, pouvant glisser l'un dans l'autre, qui portent: le premier, une lentille convergente B nommée *objectif*; le second, un diaphragme R, percé d'un orifice circulaire où sont tendus des fils qui forment le *réticule* ; le troisième,

un appareil op'ique C, analogue au microscope, qui constitue l'*oculaire*.

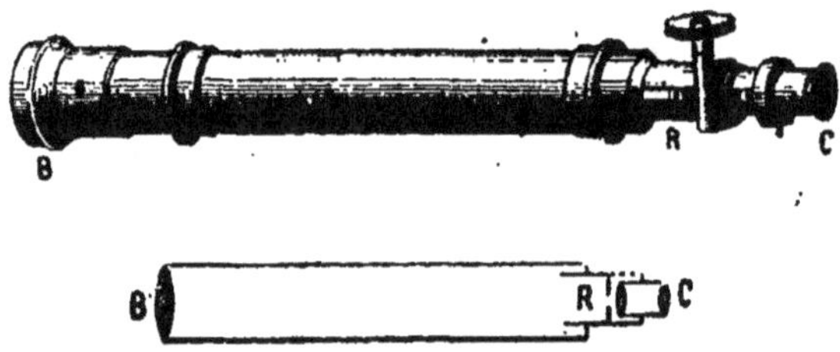

Le glissement du tube oculaire sur le tube porte-réticule se produit simplement par un tirage à la main.
Dans quelques instruments modernes, il s'obtient par un

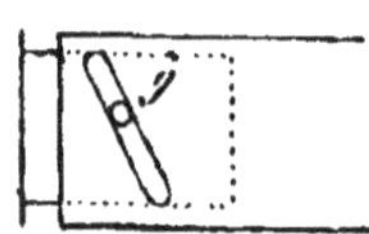

mouvement hélicoïdal, au moyen d'une
goupille saillante g fixée à l'un des
tubes, et pouvant glisser dans une rainure oblique pratiquée dans l'autre
tube. Il suffit d'imprimer un mouve-
ment lent de rotation à l'oculaire pour le faire avancer
peu à peu et sans secousses dans le sens longitudinal.

Le glissement du tube porte-réticule sur le tube porte-
oculaire se fait au moyen d'une crémaillère et d'un pignon. Il est très important que, tout en ayant un frottement doux, ces tubes soient ajustés l'un dans l'autre de
façon à ne présenter aucun ballottement.

L'objectif est destiné à introduire dans la lunette les
rayons lumineux issus des objets sur lesquels on la dirige, et à y former l'image de ces objets. On sait que les
images m, n de points M, N situés à la distance D d'une
lentille convergente, se trouvent sur les lignes MB, NB
qui joignent les points M et N au centre optique B de la
lentille, à une distance d telle que $\frac{1}{d} + \frac{1}{D} = \frac{1}{l}$, la quan-

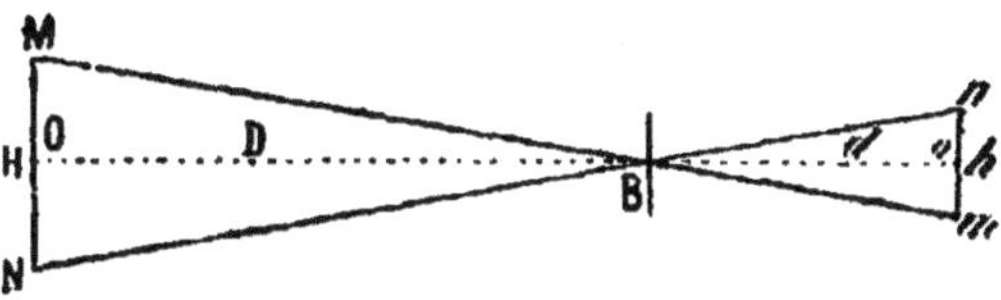

cité f étant une constante désignée sous le nom de distance focale principale. Il s'ensuit que l'image est renversée et que sa grandeur h est à celle de l'objet H dans le rapport des distances D et d, en sorte que $\frac{h}{H} = \frac{d}{D}$.

L'oculaire est du type dit de Ramsden : il se compose de deux lentilles et est à foyer extérieur. C'est un microscope destiné à faire voir nettement à la fois les images et le réticule, et à les grossir.

Le réticule est formé de fils extrèmement fins, comme les font certaines araignées. Leur diamètre ne doit pas dépasser $\frac{1}{200}$ de millimètre. On les tend dans l'orifice du du diaphragme, en les collant sur les bords au moyen de

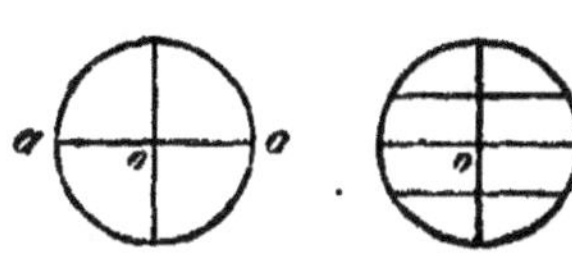

cire. Il y a deux fils disposés en croix ; souvent on ajoute deux fils parallèles à l'un deux.

On construit aussi des réticules formés d'une plaque de verre sur laquelle les fils sont figurés par des traits de pointe de diamant.

8. Axe optique. — La ligne qui joint la croisée o des fils du réticule au centre optique B de l'objectif, est l'*axe optique*. S'il n'y avait ou si l'on ne considérait qu'un seul fil aa, l'axe optique serait le plan déterminé par ce fil et par le centre optique de l'objectif.

L'axe optique est distinct de l'*axe de figure*, qui est celui du tube porte-objectif. Il est rare que ces deux axes coïncident exactement, et ce n'est que par hasard que le centre optique de l'objectif tombe géométriquement sur l'axe de figure.

L'objectif est invariablement monté sur son tube. Quant au réticule, il est susceptible de se déplacer de droite à gauche et de haut en bas, au moyen de dispositions variées. On peut donc déplacer à volonté le point de croisée des fils, et donner ainsi à l'axe optique telle direction que l'on veut par rapport à l'axe de figure, sans toutefois les faire coïncider si le centre optique de l'objectif n'est pas rigoureusement sur l'axe de figure.

Quand le réticule est fixé, la position relative des deux axes ne doit plus varier pendant la durée des opérations. C'est pour cela que tout ballottement doit être proscrit entre les deux tubes qui portent chacun l'un des points fixes déterminant l'axe optique.

9. Mise de l'oculaire au point. — Pour faire usage d'une lunette astronomique, il faut disposer les différents tubes de telle façon que, d'une part, l'image de l'objet visé et le réticule se superposent exactement dans un même plan, et que, d'autre part, ce plan soit placé au foyer de l'oculaire correspondant à la vision distincte de l'observateur.

Pour y parvenir, on commence par régler la position relative du réticule et de l'oculaire, en dirigeant la lunette sur un fond clair, une feuille de papier blanc par exemple, et faisant mouvoir le tube oculaire jusqu'à ce que le réticule apparaisse aussi net et aussi noir que possible. On vise ensuite un objet placé à dix ou vingt mètres et offrant des détails bien déterminés, par exemple une mire de nivellement : et, en agissant sur la crémaillère, on fait mouvoir le réticule et l'oculaire jusqu'à ce que les détails de l'objet se voient le plus clairement, sans se préoccuper des fils. Si l'on examine alors les fils, en faisant autant que possible abstraction de l'image, ils paraissent le plus souvent un peu estompés. Par un léger glissement du tube oculaire, on rectifie la position relative de l'oculaire et du réticule, jusqu'à ce que les fils aient repris toute leur netteté ; puis, au moyen de la crémaillère, on ramène au point l'image, qui s'est légèrement estompée à son tour.

Après quelques tâtonnements, lorsque l'image et le réticule paraissent simultanément au maximum de netteté, on vérifie si tout est réellement au point, en déplaçant lentement l'œil de haut en bas devant l'oculaire, de façon à y regarder dans des directions de plus en plus inclinées. Si le réticule et l'image ne sont pas rigoureusement dans le même plan, on constate qu'il y a une *parallaxe*, c'est-à-dire que la croisée des fils se déplace sur l'image. Il faut alors revenir sur le réglage, jusqu'à ce que toute parallaxe ait disparu.

Cette mise au point est, on le voit, très délicate, et elle demande beaucoup de temps. Mais, une fois obtenue, elle n'a pas besoin d'être renouvelée tant que le même opérateur fait usage de la lunette. Il n'a plus à changer la position de l'oculaire. Pour chaque nouvelle visée, il n'a qu'à se préoccuper d'amener l'image au point au moyen de la crémaillère, de façon qu'elle paraisse aussi nette que possible, et à s'assurer qu'il n'observe aucune parallaxe en déplaçant l'œil devant l'oculaire.

Quand l'opérateur change, le tirage de l'oculaire doit être modifié, si les deux vues n'ont pas exactement la même longueur.

10. Niveau à bulle d'air. — Description générale. — Le niveau à bulle d'air est formé d'une *fiole*, bout de tube en verre fermé à ses deux extrémités, qu'on a préalablement remplie de liquide, sauf un petit espace laissé vide qui constitue la *bulle d'air*.

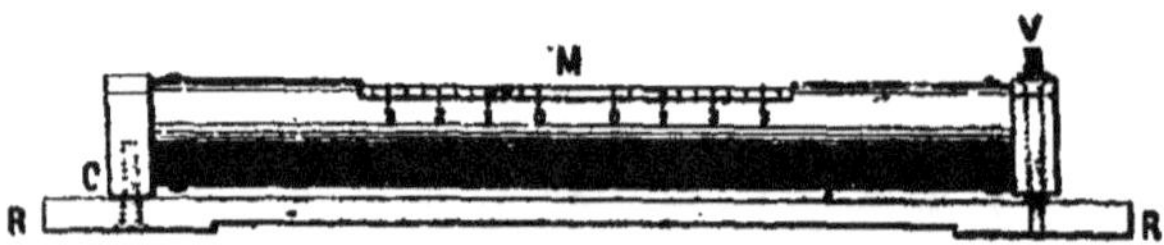

Ce vide pourrait ne contenir que peu ou pas d'air, et n'être rempli que des vapeurs du liquide : la bulle serait alors plus mobile. On y arriverait en remplissant la fiole, non encore fermée à l'un de ses bouts, de liquide chaud, et la fermant ensuite à la lampe. La bulle apparaîtrait à la suite de la contraction due au refroidissement. Mais ce procédé ne réussit pas avec les liquides très volatils et inflammables, comme l'éther, que l'on emploie habituellement, et, en fait, la bulle est bien une bulle d'air plus ou moins raréfié.

Le tube qui constitue la fiole est rodé à l'intérieur de façon à présenter la forme d'un tore creux.

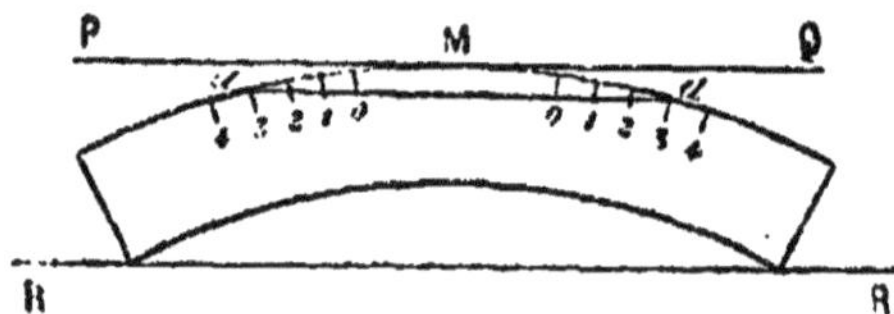

Sur la paroi extérieure de la fiole, du côté de la convexité du tore, sont tracées deux séries de divisions égales, symétriquement numérotées par rapport à un point M choisi vers le milieu de la fiole. L'intervalle des divisions est habituellement de 3 millimètres.

Lorsque la fiole est disposée de façon que les deux extrémités *aa* de la bulle tombent sur ou à égale distance de deux divisions de même numéro, on dit que *la bulle est entre ses repères*.

La surface du liquide étant nécessairement horizontale, le plan PQ tangent en M est lui-même horizontal, quand la bulle est entre ses repères, et que le plan principal du tore est vertical, comme le suppose la figure.

Par suite de cette propriété, l'intersection de ce plan tangent avec le plan principal du tore est désignée assez improprement sous le nom de *l'horizontale de la bulle* [1]. Cette ligne est en effet horizontale chaque fois que la bulle est entre ses repères.

La fiole est ordinairement protégée par une monture en cuivre, qui l'enveloppe de toutes parts, et ne laisse apparente que la partie où sont tracées les divisions, sur une longueur un peu supérieure à celle de la bulle.

Cette monture est adaptée à une règle métallique RR, placée à la partie inférieure du niveau, et parallèle à l'horizontale de la bulle. Cette règle fait défaut dans quelques instruments : par exemple, la monture de la fiole peut être adaptée à un pivot perpendiculaire à l'horizontale de la bulle. Mais on peut toujours concevoir par la pensée une règle fictive dont la position serait déterminée par celle de la fiole par rapport aux parties matérielles des instruments.

11. Usage du niveau à bulle d'air. — Le niveau à bulle d'air est destiné à faire reconnaître si une ligne sur laquelle on place sa règle est horizontale.

Si, dans cette épreuve, la bulle vient entre ses repères,

1. M. le Colonel Goulier a proposé de désigner cette tangente sous le nom de « *directrice de la fiole* », qui n'est pas entaché de la même impropriété d'expression.

on en conclut qu'il en est ainsi, puisque l'horizontale de
la bulle, à laquelle la règle est parallèle, est alors horizontale.

12. Réglage de la bulle. — Cette conclusion n'est légitime qu'autant qu'on s'est assuré d'abord que la règle
est bien parallèle à l'horizontale de la bulle. On dit alors
que la bulle est *réglée*.

Pour faire cette vérification, on met la règle RR' du niveau sur une ligne quelconque AA, sensiblement horizontale, par exemple, un trait marqué sur une table solide. L'horizontalité de cette ligne n'étant qu'approxima-

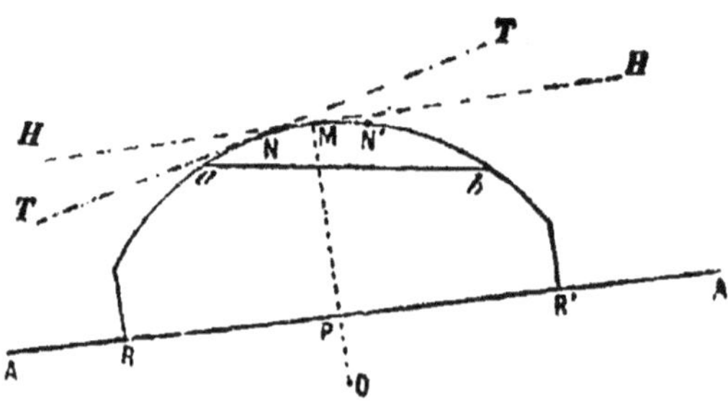

tive, la surface du liquide *ab* n'est pas parallèle à la règle,
ni, par suite, à l'horizontale de la bulle HH, et ses extrémités se portent sur des divisions de numéro différent.
On note le numéro où s'arrête l'une des extrémités, puis
on retourne la fiole bout pour bout : l'extrémité opposée
doit revenir au même numéro.

En effet, si la bulle est réglée, l'horizontale de la bulle
HH est parallèle à la règle RR', et le rayon PM passant
par le centre des divisions est perpendiculaire à cette
horizontale et à la règle. Quand on retourne bout pour

bout, on fait faire à tout l'instrument une demi-révolution autour de cette perpendiculaire. Le point a de la fiole vient en b et réciproquement. Les deux extrémités de la bulle restent donc à la même distance du point M et par conséquent sur les mêmes divisions.

Si la bulle n'est pas réglée, l'horizontale de la bulle n'est pas parallèle à la règle et est dirigée suivant une ligne inclinée TT ; le centre des divisions est alors en N. Quand on retourne l'instrument bout pour bout par une demi-révolution autour de MP, N vient en N', et l'extrémité a de la bulle se trouve à une distance du centre des divisions égale à N'a, différant de Na de la quantité NN'. La division de la fiole qui tombe sur a n'est donc pas la même que dans la première position.

Les niveaux perfectionnés, comme ceux que l'on adapte aux instruments de précision, sont pourvus d'un appareil de réglage. La monture de la fiole n'est pas fixée

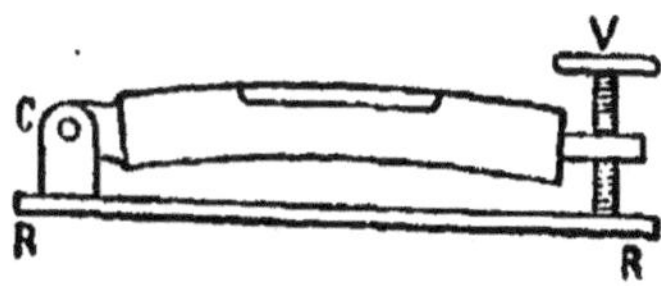

invariablement à la règle, mais lui est réunie à l'un de ses bouts par une charnière C, et à l'autre bout par une vis V. En actionnant cette vis, on fait tourner la fiole autour de la charnière, et l'on incline à volonté l'horizontale de la bulle par rapport à la règle. On peut donc la lui rendre parallèle.

Si, dans l'épreuve ci-dessus, l'extrémité de la bulle s'écarte de sa position primitive, après le retournement, d'un nombre n de divisions, il suffit pour faire le réglage d'agir sur la vis V, de façon à faire parcourir à la bulle

$\frac{n}{2}$ divisions ; on ramène ainsi le point N sur le point M. Si on a bien corrigé la moitié de l'écart, les numéros deviennent concordants avant et après le retournement. On recommence au besoin l'épreuve une ou plusieurs fois, jusqu'à ce que la bulle soit toujours comprise entre le mêmes numéros, quel que soit le sens où on la présente.

13. Sensibilité des bulles. — Une bulle est d'autant plus *sensible* qu'elle s'écarte davantage de ses repères pour une même déclivité de la règle sur l'horizon. Elle est *paresseuse* lorsque l'écart est insignifiant pour une inclinaison appréciable de la règle. Elle est *folle*, lorsque sa sensibilité est excessive et que la moindre inclinaison de la règle la chasse vers un des bouts de la fiole.

La sensibilité d'une bulle est proportionnelle au rayon de la courbure suivant laquelle on a rodé la fiole. En effet, soit A la position initiale d'une extrémité de la bulle,

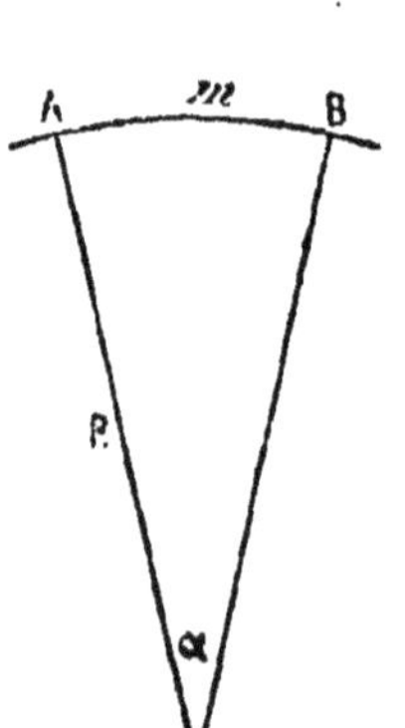

lorsque la règle est horizontale, et O le centre du tore. Si l'on fait mouvoir l'instrument, autour du centre O, d'un angle α, la règle prend une inclinaison α sur l'horizon, et le point A vient en B en décrivant un arc $m = \alpha R$. Donc le déplacement de l'extrémité A de la bulle est proportionnel au rayon de courbure R.

On exprime quelquefois la sensibilité par l'angle α dont il faut incliner la règle pour obtenir un déplacement constant donné, une division du niveau, par exemple, ou plus souvent une longueur de $0^m 001$. La sensibilité est alors en raison inverse de cet angle.

Il y a avantage, au point de vue de la précision, à employer des fioles de grand rayon. D'un autre côté, il faut d'autant plus de temps pour amener les bulles entre leurs repères, et il est d'autant plus difficile de les y maintenir, qu'elles sont plus sensibles. On a donc été conduit à limiter le rayon, dans chaque nature d'instruments, suivant les besoins des opérations auxquelles ils sont destinés.

Dans la plupart des instruments de précision employés en topographie, on donne aux fioles des rayons compris entre 25 et 30 mètres. Pour un écart de $0^m 001$, l'angle z varie alors de 10 à 6 secondes.

14. Conditions auxquelles doivent satisfaire les niveaux à bulle d'air. — Les niveaux à bulle d'air doivent être construits avec soin, et ne pas présenter de défauts qui en rendraient l'usage inexact ou incommode.

1° Liquide. — Le liquide de la fiole ne doit pas être susceptible de se congeler sous le climat où l'on en fait usage. L'eau doit donc être proscrite : outre que sa congélation forcerait à suspendre les opérations, la glace pourrait par sa dilatation déterminer la rupture de la fiole.

Le liquide doit être très mobile, et non visqueux, sous peine d'employer beaucoup de temps à se mettre en équilibre.

Il doit être doué d'une forte réfraction, afin d'accuser nettement les bords de la bulle.

Enfin, il doit rester constamment clair et ne pas se troubler avec le temps. On a été obligé de renoncer par ce motif à certains liquides, le sulfure de carbone par exemple, qui satisfaisaient à toutes les autres conditions, mais qui s'altéraient en donnant un dépôt et devenaient troubles.

Les liquides dont on fait usage aujourd'hui sont l'alcool ou l'éther, ou un mélange des deux.

2° *Longueur de la bulle.* — La bulle ne doit pas être assez longue pour qu'on ait de la peine à en voir les deux extrémités simultanément, ce qui deviendrait difficile si elle avait plus de 5 à 6 centimètres. Il ne faut pas non plus qu'elle soit trop courte, sous peine de devenir paresseuse, la résistance opposée à son mouvement par la capillarité étant relativement d'autant plus grande que son volume est plus faible. Une longueur de 3 centimètres est un minimum au-dessous duquel il faut éviter de descendre.

La longueur d'une même bulle est, du reste, constamment variable avec la température. A mesure que le liquide se dilate, le volume du vide se resserre et la longueur de la bulle diminue. Avec des fioles de dimension moyenne, la longueur de la bulle varie de près d'un millimètre par degré de température ajouté à l'ensemble du liquide.

3° *Fiole.* — Le diamètre intérieur du tube ne doit pas être trop petit ; il faut qu'il reste sous la bulle assez de liquide pour que sa translation dans les mouvements de la fiole se fasse sans vitesse appréciable pouvant donner lieu à une résistance sur les parois. Un diamètre de 12 millimètres paraît convenable.

La surface intérieure de la fiole doit être bien lisse, les rugosités produisant une résistance qui rend la bulle paresseuse.

Le diamètre intérieur du tube doit être uniforme, ou varier symétriquement par rapport au milieu de la fiole. Sans cela, la capillarité donnerait lieu, aux deux extrémités de la bulle, à des ménisques inégaux qui tromperaient sur la position réelle du plan horizontal de la surface du liquide.

Enfin, il faut aussi que la courbure du tore soit uniforme ou au moins symétrique par rapport au milieu de la fiole. Si la courbure n'est pas la même de part et d'autre, les

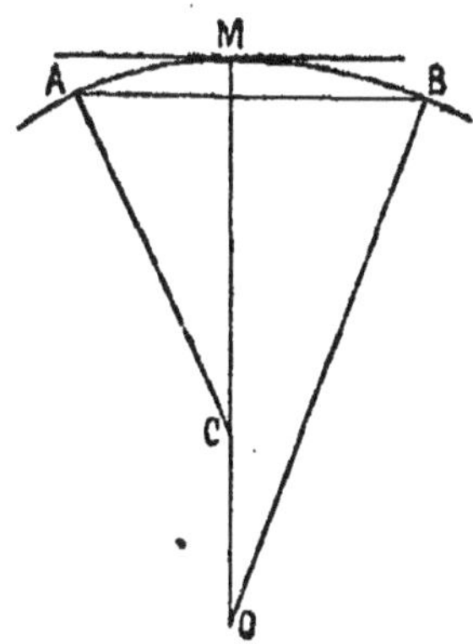

extrémités A et B ne tombent pas à la même distance du point M quand l'horizontale de la bulle est parallèle à la surface du liquide, et la règle est inclinée lorsque la bulle est entre ses repères.

4° *Monture.* — Il faut que la fiole soit montée de façon que l'horizontale de la bulle soit exactement parallèle aux bords de la règle.

En effet, quand on cherche à vérifier ou à établir l'horizontalité d'une ligne au moyen du niveau à bulle d'air, c'est un bord de la règle (ou toute autre ligne parallèle à ce bord) que l'on place sur cette ligne. On ne sait pas, ou l'on ne se préoccupe pas de savoir, si la règle est inclinée transversalement. Or, il est facile de comprendre que si l'horizontale de la bulle n'est pas parallèle au bord de la règle, elle décrit, quand on incline transversalement la règle autour de son bord ou d'une ligne parallèle à ce bord, un hyperboloïde de révolution, dont la génératrice a une inclinaison variable, et n'est horizontale que dans une seule position. Soit, par exemple, AB*ab* la règle placée sur un plan supposé horizontal, et CD la projection sur le même plan de l'horizontale de la bulle, qui se projette verticalement en C'D', et en γδ sur un plan de profil. Si on fait tourner le niveau d'un angle *m* autour de l'arête AB, le point γ vient en γ' et le point δ en δ'. A cause de l'inégalité des distances αγ et αδ, le point δ' monte plus haut que γ', et l'horizontale de la bulle, projetée alors en γ'δ', devient une ligne inclinée, tandis que le bord AB n'a pas cessé d'être horizontal. On voit donc que la ligne CD décrit en tournant autour de AB un hyperboloïde de révolution, et que ses positions successives se projettent sur le plan de profil suivant les tangentes à la gorge, dont une seule est parallèle au plan horizontal.

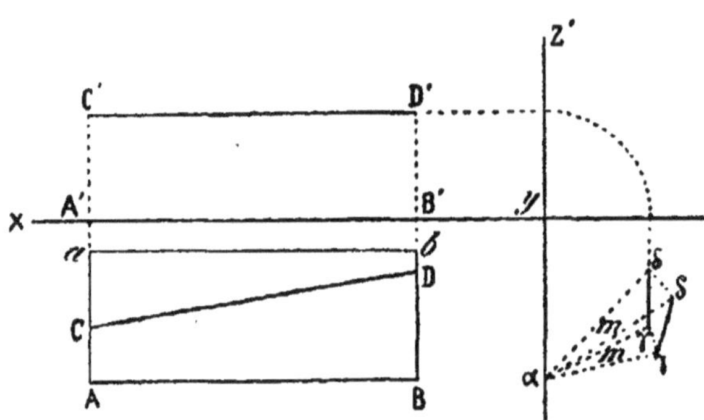

On s'assure que ce défaut n'existe pas en imprimant au niveau des mouvements transversaux de rotation autour du bord de la règle maintenu fixe, et en examinant s'ils ne provoquent pas de déplacements de la bulle par rapport à ses repères.

15. Vis calantes. — On a constamment besoin de *caler* les instruments, c'est-à-dire de donner à leurs axes des directions déterminées. Le calage peut s'obtenir au moyen de diverses dispositions ; mais une seule est restée en usage aujourd'hui, c'est celle des vis calantes. La colonne A qui porte l'instrument est terminée par un trépied ; dans chacune des branches B de ce trépied s'engage une vis V, dont la pointe repose sur le support M où est posé l'instrument. Lorsqu'on agit sur une des vis, l'ensemble de l'instrument tourne autour de la ligne déterminée par les points d'appui des deux autres vis, et l'axe de la colonne A s'incline dans un plan perpendiculaire à

cette ligne. En agissant successivement sur les trois vis,
on peut amener cet axe dans telle direction que l'on veut
et le rendre, par exemple, vertical.

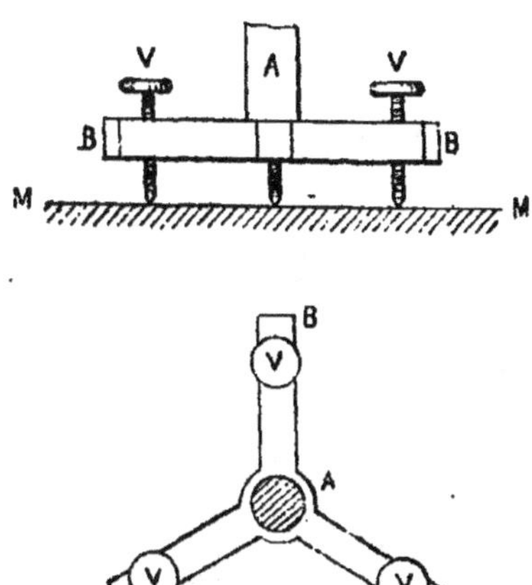

Remarque. — Si les deux vis dont les pointes déterminent
l'axe de rotation sont enfoncées d'une même quantité dans
le trépied, le plan dans lequel se fait le mouvement de
l'axe de la colonne comprend l'axe de la troisième vis sur
laquelle on agit ; mais si leur enfoncement est inégal, il
n'en est plus de même.

16. Supports. — Les instruments à lunettes doivent
être placés sensiblement à la hauteur de l'œil. On les pose,
à cet effet, sur des tablettes en bois T soutenues à la hauteur voulue par trois doubles branches B terminées en
pointe. Les pointes P sont armées de fer, et s'enfoncent
solidement dans le sol, afin que la tablette soit fixe.

Pour que les instruments ne soient pas exposés à tomber dans les transports, on les réunit à la tablette au moyen

SUPPORT D'INSTRUMENT

avec pied à trois doubles-branches.

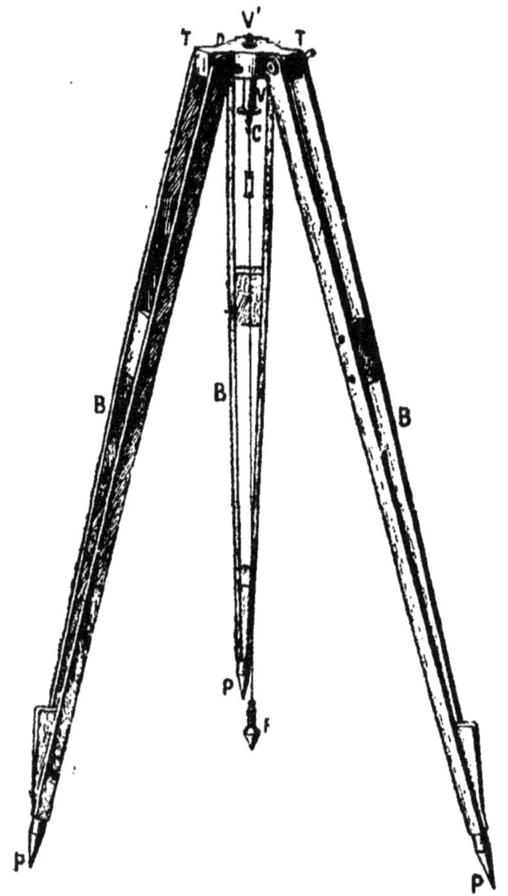

d'une vis à pompe VV'. C'est une longue vis, entourée d'un ressort à boudin qui bute, d'un bout, contre la tête de la vis, et, de l'autre bout, contre la tablette du support. La pointe V' de cette vis s'engage dans une cavité taraudée du trépied, formant écrou. Si l'on tourne la vis, après en avoir engagé la pointe dans cette cavité, on applique fortement les vis calantes sur la tablette ; mais, grâce au ressort à boudin, l'instrument obéit aux vis calantes, lorsqu'on les actionne, tout en restant appuyé sur le support.

Le dessous de la pompe porte ordinairement un crochet C auquel on peut fixer un fil à plomb CF, afin de reporter exactement sur un point du sol le centre de l'instrument.

LEVER DES PLANS

CHAPITRE I

LEVER DES PLANS

SOMMAIRE

§ 1. *Généralités.* — 17. Définitions. — 18. Influence de la courbure de la terre. — 19. Influence de l'altitude. — 20. Méthodes de lever. — 21. Distinction entre le canevas et les détails.

§ 2. *Jalonnage.* — 22. Jalons. — 23. Jalonnement d'une ligne. — 24. Cas particuliers. — 25. Lunette d'alignement. — 26. Réglage de l'arbre de la lunette. — 27. Centrage de l'axe optique. — 28. Remarques.

§ 3. *Mesure des distances.* — 29. Généralités. — 30. Chaîne d'arpenteur. — 31. Usage de la chaîne. — 32. Cas du terrain incliné. — 33. Erreurs à craindre et précautions à prendre. — 34. Ruban d'acier. — 35. Précision du chaînage. — 36. Roulettes. — 37. Mesure au pas. — 38. Stadia ; principe général. — 39. Applications directes. — 40. Lunette stadimétrique. — 41. Stadia à fils mobiles. — 42. Stadia à fils fixes. — 43. Correction à faire à la lecture. — 44. Lunette anallatique. — 45. Visées inclinées. — 46. Précision de la stadia.

§ 4. *Mesure des angles.* — 47. Nomenclature des instruments. — 48. Planchette. — 49. Déclinatoire. — 50. Alidade à pinnules. — 51. Vérifications. — 52. Remarques. — 53. Alidade à lunette. — 54. Vérifications. — 55. Inconvénients de la planchette. — 56. Cercle géodésique. — 57. Usage du cercle. — 58. Vérifications. — 59. Précision du cercle. — 60. Cercle d'alignement. — 61. Graphomètre. — 62. Vérifications. — 63. Causes d'erreur et précision du graphomètre. — 64. Pantomètre. — 65. Vérifications. — 66. Précision du pantomètre — 67. Boussole d'arpenteur. — 68. Erreur de parallaxe. — 69. Précision de la boussole.

§ 5. *Construction des angles.* — 70. Construction d'un angle sur le terrain. — 71. Equerre d'arpenteur. — 72. Equerres à réflexion.

§ 1

GÉNÉRALITÉS

17. Définitions. — On a vu (n° 3) que le lever d'un plan consiste à mesurer les éléments d'une figure géométrique réunissant, sur la sphère terrestre, les pieds des verticales des points considérés. Ces éléments sont des arcs de grands cercles et des angles horizontaux.

L'arc de grand cercle qui réunit les pieds des verticales de deux points, est appelé la *distance* de ces points, quelle que soit d'ailleurs leur position sur la verticale.

Le lever d'un plan se réduit donc à des mesures de distances et d'angles.

18. Influence de la courbure de la terre. — Dans le lever des plans topographiques, on fait abstraction de la courbure de la terre, et l'on opère comme si elle était plane. On agit donc, en chacun des points où l'on se place pour opérer, comme si la surface de la terre était un plan horizontal, perpendiculaire à la verticale de ce point.

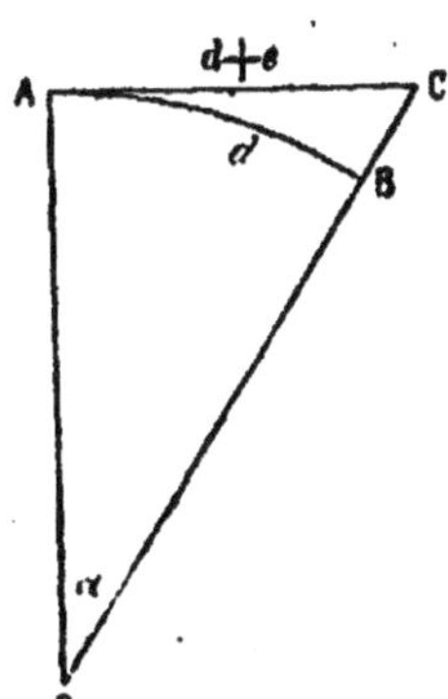

L'erreur ainsi commise n'affecte pas les angles et ne porte que sur les distances. Il est facile de voir qu'elle est négligeable.

En effet, elle consiste à prendre pour la distance d, au lieu de l'arc AB, la longueur horizontale AC comprise entre le point A et la verticale OC du point B. La valeur relative $\frac{e}{d}$ de l'erreur est donc égale à $tg. \alpha - Arc \alpha$. Or, les distances qu'on mesure d'un seul coup, ordinairement réduites à un petit nombre de décamètres, ne dépassent dans aucun cas quelques hectomètres et n'atteignent jamais 1 kilomètre. Sur la sphère terrestre, un arc de 1 kilomètre n'est qu'environ la $\frac{1}{10.000}$ partie du quart du méridien et répond à $32'',4$. La différence entre cet arc et sa tangente est absolument inappréciable.

19. Influence de l'altitude. — Les points A et B dont on mesure la distance ne sont pas ordinairement sur une même sphère terrestre. Ils appartiennent, l'un à une sphère de rayon R et l'autre à une sphère de rayon R + h. Si on prend leur distance d'un seul coup, elle n'est pas la même, suivant la sphère qu'on a choisie, et la différence δ peut atteindre une valeur relative $\dfrac{\delta}{d} = \dfrac{h}{R}$. Cette valeur n'est notable que dans des cas extraordinaires. Pour qu'elle s'élevât à 0,0001, il faudrait que h fût égal à 640 mètres.

Le plus souvent, les distances que suppose une telle différence de niveau ne se mesurent pas d'un seul coup, mais par la somme d'une série de longueurs partielles Am, $m'n$, $n'p$......, prises sur une succession de sphères dont les rayons varient progressivement. Cette somme est la moyenne arithmétique des arcs AB′ et A′B. Sa différence à l'un d'entre eux n'est que la moitié de la valeur indiquée ci-dessus.

Ce n'est qu'en géodésie qu'on se préoccupe de la correction à laquelle conduit, dans l'évaluation des distances, la considération de l'altitude des points. En topographie, on la néglige.

Cela revient encore à opérer comme si la terre était plane, et que toutes les verticales fussent parallèles dans l'étendue du lever.

20. Méthodes de lever. — Étant donnés une série de points à relever, on peut imaginer diverses figures géométriques pour les relier entre eux ou avec d'autres points. Chacune d'elles constitue une méthode particulière de lever. On va indiquer celles qui sont le plus en usage, en supposant, d'après les remarques précédentes, tous les points projetés sur un plan horizontal.

1° Triangulation.— On suppose les points reliés par des lignes droites, formant une série de triangles qui ont successivement un côté commun. Puis on mesure, dans chaque triangle, un nombre d'éléments suffisant pour le déterminer. Les autres éléments s'obtiennent par le calcul trigonométrique ou par une construction graphique.

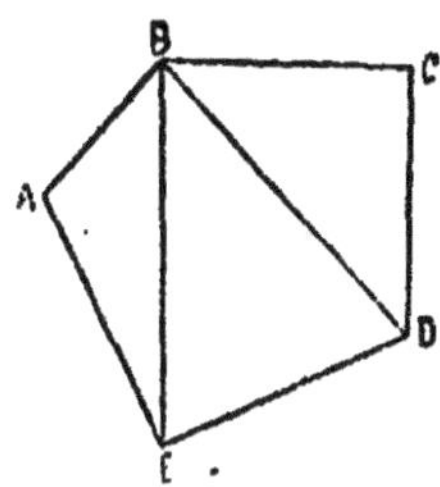

Cette méthode est peu employée en topographie. On n'y a guère recours que dans les cas exceptionnels où l'on est dépourvu d'instruments propres à mesurer les angles. On mesure alors successivement tous les côtés.

En géodésie, au contraire, il en est fait un usage constant. On détermine avec soin tous les angles, et on mesure seulement un des côtés avec une grande précision.

2° Coordonnées. — On trace un axe quelconque OM, et l'on cherche les pieds a, b, c, d, e des perpendiculaires abaissées de chacun des points A. B, C, D, E sur cet axe. Puis on mesure les deux coordonnées Oa et Aa, Ob et Bb, Oc et Cc,.... de chaque point.

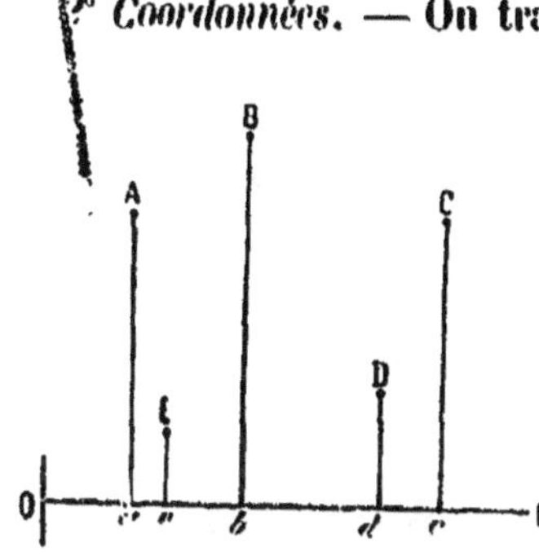

Au lieu de coordonnées rectangulaires, on se sert quelquefois, mais rarement, de coordonnées obliques. La méthode est la même, sauf que les ordonnées Aa, Bb.... font un angle donné avec l'axe, au lieu de lui être perpendiculaires.

3° Rayonnement. — On choisit un point O quelconque

sur le plan, et on y suppose les points donnés rattachés par des rayons vecteurs OA, OB, OC..... On mesure les longueurs de ces rayons et les angles qu'ils font entre eux, ou plutôt avec un axe fixe OX.

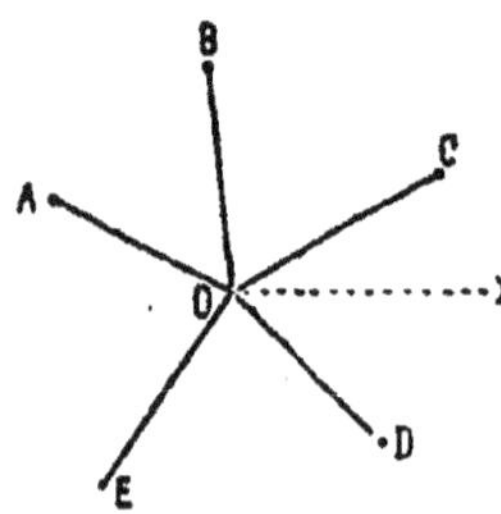

Par exemple, le point A se détermine par la distance OA et par l'angle AOX.

4° Cheminement. — On suppose les points successifs réunis par des lignes droites formant un polygone, dont on mesure successivement les côtés et les angles. Si l'on part du point A, on mesure le côté AB, puis l'angle ABC, puis le côté BC, l'angle BCD, et ainsi de suite.

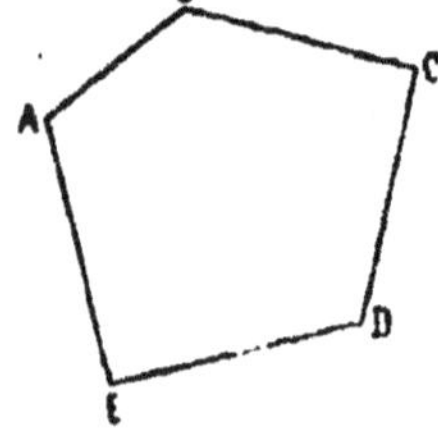

5° Intersection. — On imagine chaque point réuni par des rayons vecteurs à deux points fixes M et N. On mesure la distance MN, et les angles faits par chacun des rayons avec la direction MN. Ainsi, le point A est déterminé par le côté MN et les deux angles adjacents AMN, ANM, du triangle dont il est le sommet.

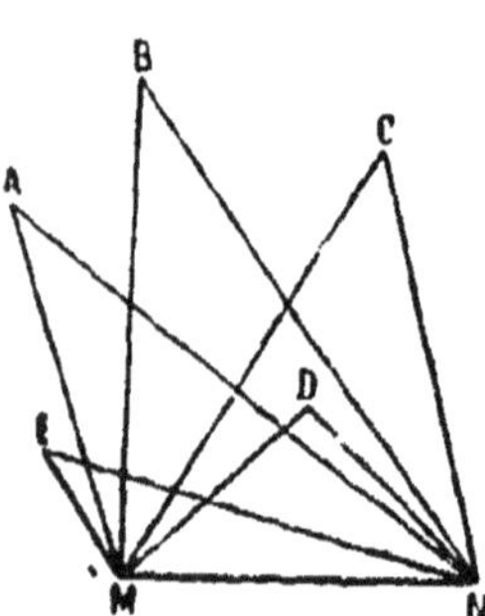

On a recours à l'une ou à l'autre de ces méthodes suivant la position relative des points, et suivant la nature des instruments dont on dispose.

Dans l'étude des projets et l'exécution des travaux, les méthodes les plus employées sont le cheminement pour les bases et les tracés, et les coordonnées pour les détails.

21. Distinction entre le canevas et les détails. — Dans un lever de plans, on distingue le *canevas* et les *détails*. Le canevas est constitué par un certain nombre de points principaux dont on détermine la position relative avec le plus grand soin. Ces points étant peu nombreux, on n'hésite pas à y consacrer tout le temps nécessaire pour obtenir beaucoup de précision. On assure ainsi l'exactitude de l'ensemble du lever. Les autres points, dits de détail, sont rattachés au canevas, isolément ou par petits groupes, au moyen d'opérations plus simples et plus expéditives : les erreurs de ces opérations, ne portant que sur un point ou un groupe isolé, ne s'accumulent pas, et comportent une certaine latitude.

Dans les tracés de routes, par exemple, on prend les sommets d'angles pour canevas, et on rattache, par la méthode des coordonnées, les points de détail aux droites qui réunissent ces sommets.

§ 2

JALONNAGE.

22. Jalons. — Les points à relever ne sont pas toujours visibles pour l'œil de l'observateur. On les rend apparents, ou, pour mieux dire, on donne une existence matérielle à leurs verticales, en y plantant des *jalons*.

Les jalons sont des tiges en fer ou en bois, ayant habituellement de $2^m,00$ à $2^m,50$ de longueur, terminées par une pointe qui peut être enfoncée solidement dans le sol.

Quand le sol est trop dur pour que le jalon y soit

enfoncé, par exemple sur les pavés ou dans les terrains de rocher, on le maintient au moyen d'une butte de terre ou de pierrailles.

La pointe du jalon est introduite dans le sol précisément au point que l'on veut marquer. Il doit être bien vertical; on s'assure qu'il l'est, soit au jugé, soit en présentant un fil à plomb.

Les jalons sont peints par zônes de couleurs différentes, en rouge et en blanc par exemple, afin d'être facilement distingués de loin, quelle que soit la nature du fond sur lequel ils se projettent.

Autrefois, ils se faisaient en bois, et étaient taillés sous forme de prismes à 6 pans, inscrits dans un cylindre de $0^m,03$ à $0^m,035$ de diamètre. L'une des extrémités était garnie d'une pointe de fer.

Aujourd'hui, on préfère des jalons cylindriques en fer creux, terminés par une pointe pleine, qui n'ont que de $0^m,015$ à $0^m,02$ de diamètre.

Quand les jalons doivent être vus de très loin, comme dans les tracés de chemins de fer, on leur donne des dimensions plus fortes et une plus grande longueur. Ils prennent alors le nom de mâts ou de balises. Ils doivent présenter une grande stabilité pour résister aux intempéries et à la malveillance pendant le temps, souvent très long, où l'on juge utile de les conserver. On les enfonce dans le sol de plusieurs décimètres, et on les consolide au besoin à la base par un croisillon et des contrefiches, que l'on noie quelquefois dans un massif de maçonnerie.

Ces précautions sont inutiles pour les jalons temporaires destinés à faciliter le lever des plans.

33. Jalonnement d'une ligne. — Une direction est rendue apparente lorsqu'on a placé un jalon sur chacun des deux points qui la déterminent. Mais souvent ces deux points sont trop éloignés pour les besoins des opérations de détail, et l'on est conduit à placer sur la même ligne un ou plusieurs jalons intermédiaires. C'est ce que l'on appelle jalonner la ligne.

Cette opération se fait comme il suit. Les deux jalons extrêmes étant A et B, l'opérateur se place en O, sur la ligne AB, au delà de l'un des jalons. Un aide, armé d'un

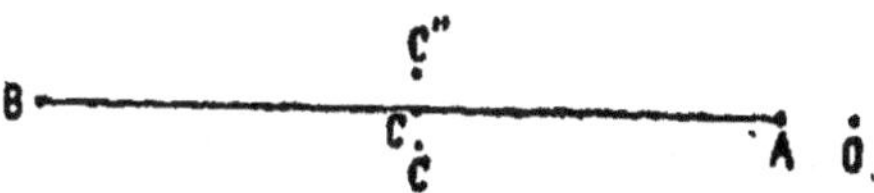

troisième jalon, qu'il tient verticalement à bras tendu entre les doigts, présente ce jalon, en se plaçant sur la ligne AB du mieux qu'il peut en juger. Mais généralement il se trompe et se met en dehors, en C′ ou C″. Au moyen de signes convenus, l'observateur lui indique le sens où il doit se déplacer, et rectifie sa position jusqu'à ce que le jalon soit bien dans la ligne, en un point C.

Le jalonnement demande quelques précautions. Les tiges de fer, et surtout celles de bois, ont un diamètre appréciable, en sorte que le jalon A, vu par l'œil placé en O, couvre un espace angulaire MON, dans lequel les deux jalons B et C peuvent être placés, sans se trouver pour cela en ligne droite avec A. Tel serait le cas où le jalon aurait été placé en C′.

Pour éviter cette erreur, l'opérateur se met assez loin
du jalon A, à 2 mètres au moins de distance, de façon à

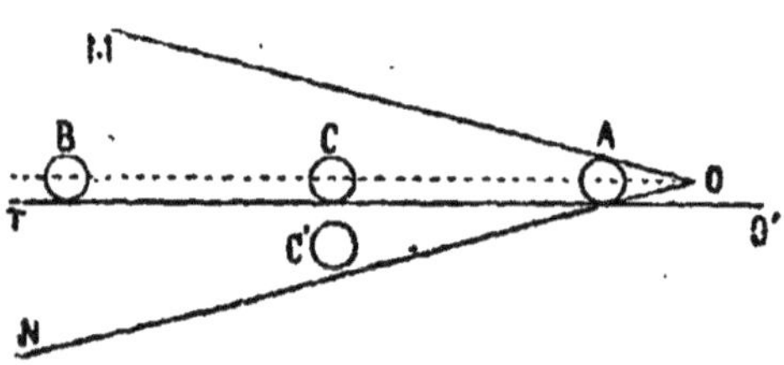

diminuer l'angle de l'espace caché. Ensuite, au lieu de
mettre l'œil sur la ligne à jalonner elle-même, il le déplace latéralement d'une demi-épaisseur de jalon de façon
à viser suivant une ligne O'T tangente aux jalons. Il fait
avancer lentement le jalon C', et il l'arrête au moment
même où ce jalon disparaît à la vue. Il vérifie que ce moment a été bien saisi, en reportant l'œil de l'autre côté,
et observant si, lorsqu'il le rapproche lentement de l'a-
lignement, les deux jalons B et C disparaissent à la fois
derrière le jalon A.

24. Cas particuliers. — Il peut arriver que l'observateur, placé près d'un jalon, n'aperçoive pas celui sur lequel
il veut s'aligner. C'est même souvent par suite de cette
circonstance qu'on sent le besoin de placer des jalons intermédiaires. On a alors recours, pour jalonner la ligne,
à différents artifices faciles à imaginer, dont les plus fréquents sont les deux suivants :

1er Cas. — Il y a entre les deux jalons A et B un obstacle K, tel qu'une maison ou un bouquet de bois. — On
fait porter un jalon M dans une direction quelconque
évitant l'obstacle. On cherche sur cet alignement le pied
b de la perpendiculaire abaissée du point B, ce qui se

fait facilement au moyen d'instruments qui seront décrits plus loin, et on mesure A*b* et B*b*. On marque ensuite sur la ligne AM un point *n*, et on fait porter un jalon N sur la perpendiculaire élevée au point *n* sur cette ligne. On

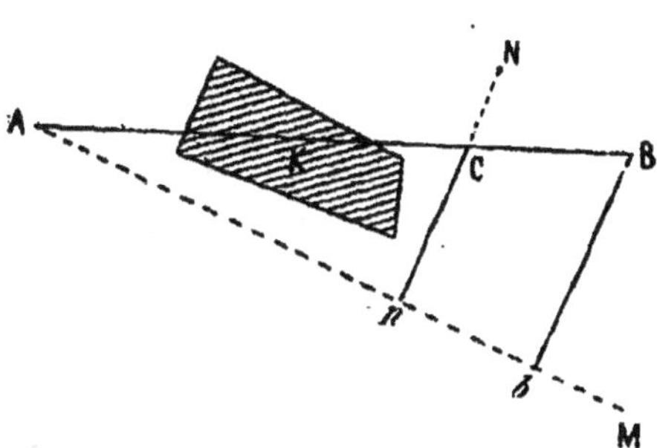

mesure A*n*, et on calcule une quatrième proportionnelle aux trois longueurs B*b*, A*n* et A*b*. Si on mesure sur N*n*, à partir du point *n*, une longueur *n*C égale à cette quatrième proportionnelle, le point C tombe sur la ligne AB, à cause de la similitude des triangles AB*b* et AC*n*.

2ᵉ Cas. — Les deux points extrêmes sont séparés par un pli de terrain représenté en coupe verticale par AMB.

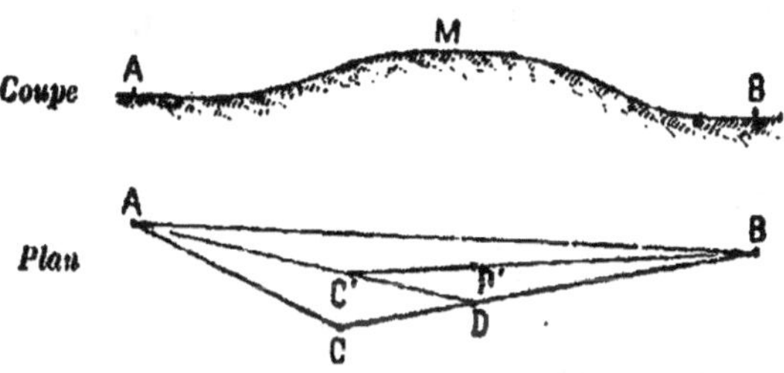

— On procède par tâtonnements. Un aide se porte en un endroit de la proéminence M d'où il puisse voir à la fois les points A et B et en être vu. Il place un jalon C aussi près de la ligne AB qu'il le peut au jugé. L'observateur placé en B s'aligne sur C et fait mettre un jalon D sur la ligne BC. Si le point C avait été bien choisi, le jalon D serait, ainsi que le premier, sur la ligne AB. L'aide s'en assure en visant de D le point A. Si le jalon C reste en dehors de sa ligne de visée, il le déplace et l'amène en C'. La ligne C'B se rapproche de AB plus que CB. On recommence alors le tâtonnement, en ramenant le jalon D en D' sur la ligne C'B. En continuant ainsi de suite, on arrive à mettre les deux jalons C et D sur la ligne AB.

25. Lunette d'alignement. — Quand les jalons sont ou doivent être placés à de trop grandes distances pour être vus à l'œil nu, on s'aide d'instruments armés de lunettes. Les cercles géodésiques, dont il sera parlé plus loin, peuvent être utilisés pour cet objet. Mais quand on veut une grande précision et que les portées sont considérables, comme dans le tracé de la voie d'un chemin de fer, on se sert d'instruments spéciaux, désignés sous le nom de *lunettes d'alignement*, qui prennent le nom de *cercles d'alignement* lorsqu'ils sont pourvus d'un plateau horizontal divisé permettant de mesurer les angles d'un plan (Voir n° 60).

La lunette d'alignement se compose d'une lunette as-

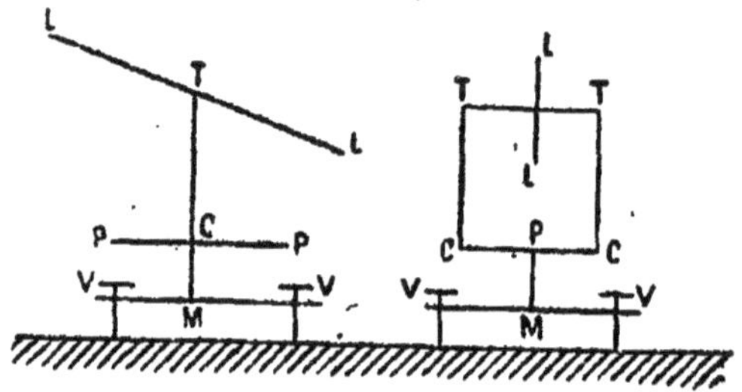

tronomique L adaptée à un arbre horizontal qui peut se mouvoir sur deux tourillons supportés par des colonnes verticales CT. La base de ces colonnes est fixée à un plateau CP, qui peut se mouvoir autour d'un pivot vertical MC. L'appareil est supporté par un trépied avec vis calantes V.

Si l'axe des tourillons est horizontal, et si l'axe optique de la lunette est bien perpendiculaire à l'axe des tourillons, tous les points visés sont dans un même plan vertical, quelle que soit l'inclinaison donnée à la lunette.

26. Réglage de l'arbre de la lunette. — Pour satisfaire à la première de ces conditions, on se sert d'un niveau à bulle d'air N, dont on pose la règle sur les tourillons.

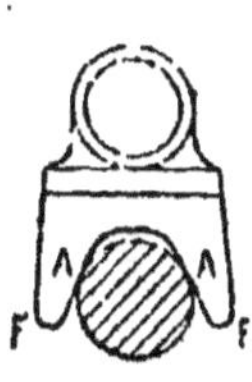

Une règle plane ne pouvant se maintenir sur des surfaces cylindriques, on l'arme à ses deux extrémités de fourches F qui embrassent les tourillons. Le niveau s'appuie alors sur ceux-ci par les points A de contact, qui déterminent deux lignes droites faisant fonction de règle.

On commence par caler l'instrument, c'est-à-dire par en rendre le pivot vertical, au moyen d'un autre niveau à bulle d'air N' qui est fixé au plateau PC. A cet effet, on tourne l'ensemble de l'appareil autour de son pivot jusqu'à ce que le niveau soit sensiblement parallèle à la ligne d'appui de deux des vis calantes, et on amène, au moyen de ces vis, la bulle entre ses repères. On fait faire à l'instrument un quart de révolution autour du pivot, et on appelle de nouveau la bulle entre ses repères à l'aide de la troisième vis calante. On ramène alors l'instrument dans sa position primitive, par une rotation rétrograde. Si la bulle ne revient pas entre ses repères, on l'y appelle, et on recommence la même manœuvre jusqu'à ce que la

CERCLE D'ALIGNEMENT

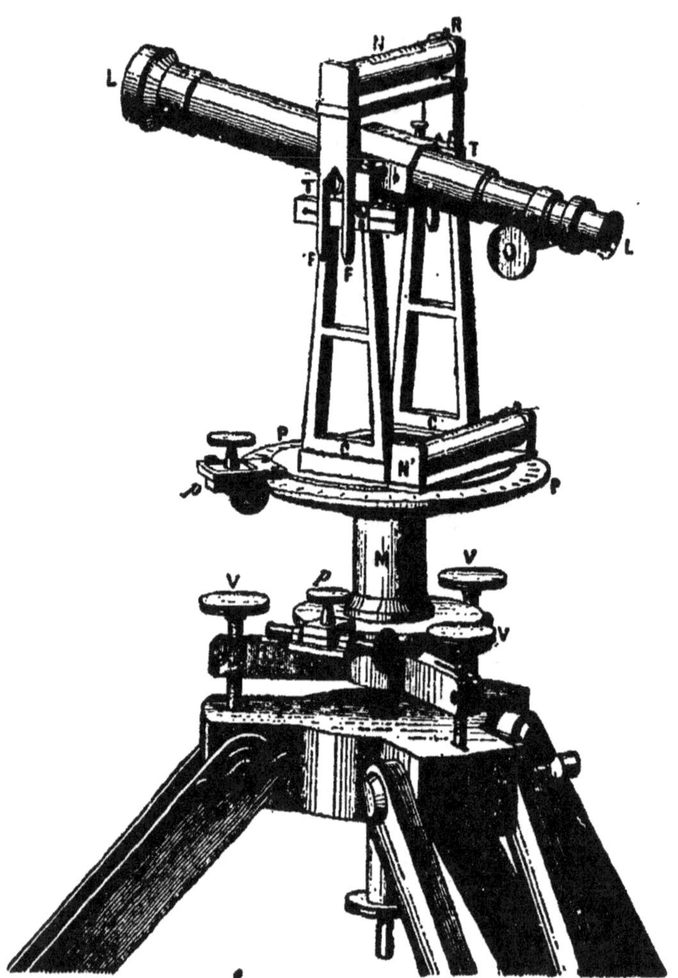

bulle soit sensiblement entre ses repères dans ces deux directions perpendiculaires.

On dirige alors la lunette dans le plan vertical que son axe optique doit décrire, en visant le signal qui détermine ce plan. Puis on fixe le pivot, au moyen d'une pince *p*, qui rend solidaire le bâtis tournant de l'instrument avec son trépied, et qui porte une vis de rappel permettant encore de petits mouvements lents de rotation. On achève, avec cette vis de rappel, de mettre la lunette dans la direction voulue. Puis on vérifie l'horizontalité de l'arbre en mettant le niveau à fourches sur les tourillons. Si la bulle ne reste pas entre ses repères, on l'y amène très exactement en agissant sur une des vis calantes.

On recommence l'épreuve, en s'assurant d'abord si la direction de la lunette ne s'est pas déplacée, la rectifiant au besoin, et ramenant ensuite de nouveau la bulle entre ses repères si elle en est sortie. Après quelques tâtonnements, on arrive à avoir l'axe des tourillons parfaitement horizontal lorsque la lunette est exactement dirigée dans l'alignement voulu.

Observations.— 1° Cette conséquence n'est légitime que si l'on s'est servi d'une bulle parfaitement réglée. Avant d'opérer, il est nécessaire de s'en assurer. A cet effet, l'instrument étant fixé dans une position quelconque, on place le niveau à fourches sur les tourillons, et l'on appelle la bulle entre ses repères. Puis on soulève le niveau, et on le replace sur les tourillons après l'avoir retourné bout pour bout. Si la bulle ne revient pas entre ses repères, on corrige la moitié de l'écart au moyen de la vis de réglage R du niveau, et on recommence l'épreuve. La bulle est réglée, lorsqu'elle revient exactement entre ses repères après un retournement bout pour bout.

2° Le niveau à fourches repose sur les tourillons, et, en réalité, assure l'horizontalité des lignes qui joignent

ses points d'appui ; si les deux tourillons n'avaient pas
des diamètres parfaitement égaux, l'axe de l'arbre ne serait pas alors lui-même horizontal. Il est donc nécessaire
de s'assurer, avant de faire usage de l'instrument, si
cette condition est remplie. A cet effet, après avoir fixé
la lunette dans une position quelconque, on place le niveau à fourches sur les tourillons, et on appelle la bulle
entre ses repères. Puis on enlève le niveau, on soulève
la lunette et on retourne son arbre bout pour bout. De
cette manière, si les tourillons ne sont pas égaux, le plus
gros prend la place du plus petit, et réciproquement.
Dans ce cas, lorsqu'on replace le niveau sur les tourillons
dans le même sens où il était d'abord, on voit la bulle
s'écarter de ses repères. Un instrument qui présente ce
défaut doit être rejeté, ou renvoyé au constructeur pour
être corrigé.

27. Centrage de l'axe optique. — La seconde condition à laquelle doit satisfaire la lunette d'alignement,
c'est d'avoir son axe optique perpendiculaire à l'axe des
tourillons. (L'axe optique, dans cet instrument, est le
plan passant par le fil vertical o du réticule et par le centre optique B de l'objectif).

Pour s'assurer s'il en est ainsi, on vise par la lunette

un point éloigné M que l'on place exactement sous la
croisée des fils du réticule ; puis on retourne la lunette en
changeant de place les tourillons bout pour bout, après

avoir fixé le bâtis de l'instrument, et on vise de nouveau. Si l'axe optique *o*M est perpendiculaire à l'axe *aa* des tourillons, on retrouve le même point M sous la croisée des fils. On dit alors que la lunette est *centrée*. Mais si ces deux lignes sont obliques l'une sur l'autre, l'axe optique, après le retournement, se dirige symétriquement par rapport à la perpendiculaire, et, au lieu de tomber sur le point M, rencontre un autre point M′, distant du premier de MM′.

Dans ce cas, on déplace le réticule à l'aide des vis qui permettent de le faire mouvoir latéralement jusqu'à ce que l'axe optique tombe sur un point M″ situé au milieu de MM′. On vérifie ce centrage, et on le recommence plusieurs fois de suite s'il est nécessaire.

28. Remarques. — 1° Le centrage, bon pour la distance où est le point M, pourrait ne plus l'être pour une autre distance, dans le cas où le tube porte-réticule ac-

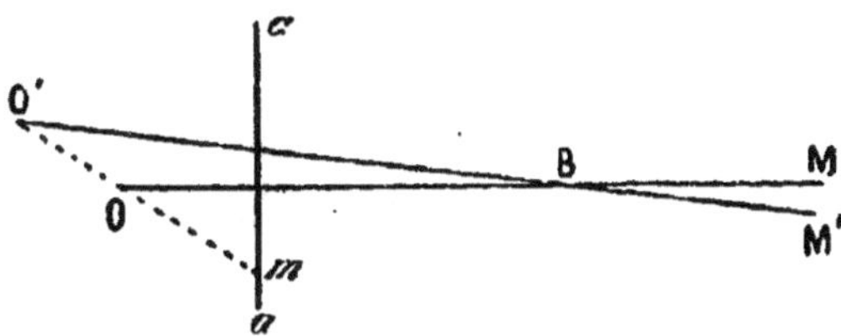

tionné par la crémaillère n'aurait pas un mouvement exactement perpendiculaire à l'axe des tourillons, mais suivrait une direction *m*O oblique par rapport à cet axe. En effet, soit OBM la direction de l'axe optique centré sur un point placé à une distance D : si l'on vise un autre point placé à une distance D′, il faut modifier le tirage du tube porte-réticule ; le fil vertical du réticule, qui était en O, vient alors en O'. L'axe optique prend la direction O' B M', et n'est plus perpendiculaire à *aa*. Avec un tel instrument, il faudrait faire le centrage de l'axe optique pour chaque visée.Ce serait excessivement long et incommode, et le réticule ainsi manié à tout instant serait bientôt détérioré.

Si ce défaut existe, il doit faire rejeter l'instrument. Mais les constructeurs l'évitent facilement, en rendant l'axe de figure de la lunette bien perpendiculaire à l'axe des tourillons, et le tirage bien parallèle à l'axe de figure.

2° Le fil vertical du réticule doit être bien vertical, quand l'axe des tourillons est horizontal. On s'en assure en visant horizontalement sur un fil à plomb bien fixe. Si les deux fils ne coïncident pas, on rectifie le réticule en le faisant tourner autour de son centre. Les lunettes sont pourvues de dispositions spéciales qui permettent ce mouvement de rotation.

§ 3.

MESURE DES DISTANCES.

29. Généralités. — Le procédé employé dans la mesure des distances doit être en rapport avec l'exactitude que l'on veut obtenir. Lorsqu'il s'agit de connaître avec précision les détails minutieux d'un objet délicat, la physique fournit des instruments de mesure dits micrométriques, qui permettent d'évaluer jusqu'à de petites fractions de millimètre. Pour des objets plus grossiers, on se sert de doubles-décimètres ou de mètres rigides ou pliants divisés, qui permettent d'apprécier les longueurs soit à un demi-millimètre soit à quelques millimètres près.

En géodésie, on se sert également de mètres, disposés de façon à mesurer les lignes de base du réseau trigonométrique avec une précision extrême.

En topographie, on admet une approximation beaucoup plus large. On ne cherche pas à connaître les distances à moins de 1 millième près, et on se contente souvent de deux ou trois millièmes.

Les instruments dont on se sert pour obtenir ce résultat sont de deux natures distinctes. Les uns sont des objets matériels de longueur connue, analogues au mètre, que l'on porte successivement sur la ligne à mesurer autant de fois que cela est nécessaire. Les autres donnent la distance d'un seul coup, en utilisant les propriétés optiques des lunettes.

30. Chaîne d'arpenteur. — L'instrument de mesure dont on se sert presque exclusivement en topographie est la chaîne d'arpenteur, à laquelle on donne une longueur de 10 mètres et quelquefois de 20 mètres. Les chaînes de 20 mètres, qui permettent d'aller plus vite sur les terrains plats, sont peu employées, parce qu'elles sont encombrantes et d'un usage peu commode dans la plupart des cas.

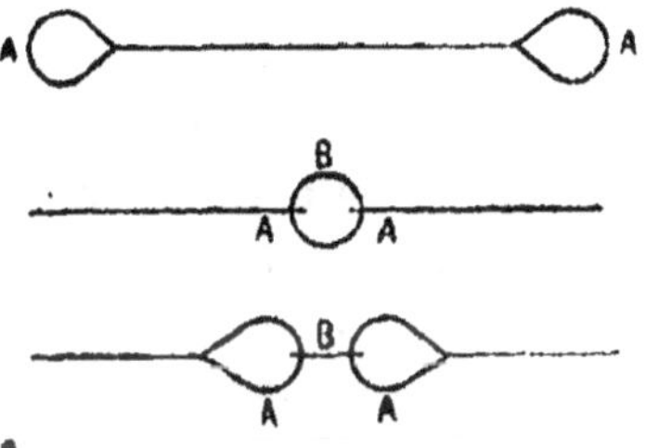

La chaîne ordinaire se compose de 50 chaînons en fil de fer, terminés par des boucles A, et réunis entre eux par des anneaux circulaires B. Leurs dimensions sont telles que, lorsque la chaîne est tendue, il y a exactement $0^m,20$ entre les centres de deux anneaux consécutifs. De cinq en cinq, les anneaux sont en cuivre. Celui du milieu porte un appendice K destiné à le faire remarquer.

A chaque extrémité, le dernier chaînon est plus court et se termine par une poignée C en fil de fer, comprise dans la longueur de la chaîne, et assez large pour qu'on y introduise la main. Dans les instruments plus soignés, la poignée C' est en cuivre, et on y pratique deux rainures r en croix, dans lesquelles on peut engager les fiches.

Les fiches sont des sortes de petits jalons F, également en fil de fer, de $0^m,25$ à $0^m,30$ de longueur, terminés à leur tête par une boucle. Il y a 10 ou 11 fiches pour chaque chaîne. On y ajoute souvent une fiche auxiliaire F', dite plombée, qui porte vers le quart de sa hauteur une masse de plomb, en vertu de laquelle la fiche tombe suivant un axe vertical lorsqu'on l'abandonne après l'avoir tenue suspendue par la boucle.

81. Usage de la chaîne. — La mesure à la chaîne est faite par deux opérateurs, le chaîneur et le porte-chaîne. Ils saisis-

sent chacun une des poignées et marchent l'un derrière
l'autre suivant la ligne à mesurer, la chaîne constamment tendue ; le chaîneur est à l'arrière, et le porte-
chaîne, à l'avant. Au départ, le porte-chaîne prend les 10
fiches, et le chaîneur place l'extrémité de sa poignée sur
le point où commence la ligne. Le porte-chaîne applique
une fiche contre la poignée qu'il tient, et, après avoir
bien tendu la chaîne, enfonce la fiche verticalement dans
le sol. Les deux opérateurs soulèvent alors la chaîne et
s'avancent de 10 mètres. Le chaîneur applique sa poignée
contre la fiche plantée en terre, pendant que le porte-
chaîne tend de nouveau la chaîne et plante une seconde
fiche ; le chaîneur enlève alors la première fiche et la
conserve. Ils continuent ainsi jusqu'à ce qu'ils aient
épuisé la provision des 10 fiches. A ce moment, ils laissent la chaîne tendue sur le sol, et ils font l'échange des
fiches [1].

Quand la longueur à mesurer est de plusieurs centaines de mètres, le chaîneur doit noter cet échange chaque
fois qu'il a lieu. On constate ainsi les centaines de mètres par le nombre d'échanges, et les dizaines par le
nombre de fiches que le chaîneur a en main.

Pour connaître l'appoint qui reste entre la dernière
fiche et le point d'arrivée, le porte-chaîne met l'extrémité
de sa poignée sur ce point, et le chaîneur se transporte
près de la fiche. Il tire la chaîne à lui de façon à la tenir
bien tendue, et il observe le chaînon sur lequel tombe la
fiche. Il compte le nombre de mètres qui le séparent de
l'arrivée, au moyen des anneaux en cuivre, en s'aidant de
l'appendice adapté à l'anneau central. Il compte ensuite,
dans le dernier mètre, le nombre de chaînons qui précèdent celui sur lequel tombe la fiche ; enfin, il estime à

---

1. Au lieu d'abandonner la chaîne sur le sol, il est plus commode et plus
exact d'avoir une onzième fiche que l'on laisse plantée en tête de la chaîne
au moment de l'échange.

vue sur ce dernier chaînon le nombre de centimètres qu'il faut encore ajouter.

32. Cas du terrain incliné. — Lorsque le terrain est assez fortement incliné pour que les longueurs suivant la pente diffèrent sensiblement des distances horizontales,

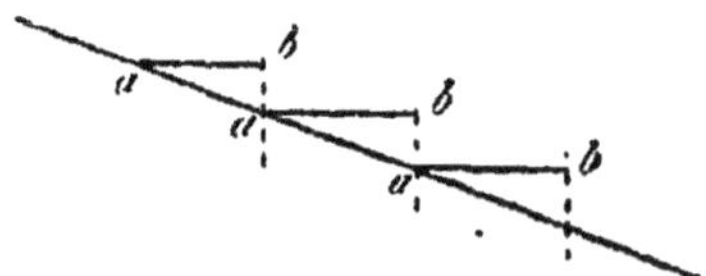

on opère par ressauts, en tendant chaque fois la chaîne horizontalement, l'un de ses bouts a touchant le sol, et l'autre bout b étant maintenu à la main au même niveau. Puis on projette verticalement ce bout b sur le sol au point a suivant.

Lorsque l'on chemine en descendant, le porte-chaîne se sert, à cet effet, de la fiche plombée qu'il remplace ensuite, au point où elle s'est enfoncée dans le sol, par une fiche ordinaire. A défaut de fiche plombée, il laisse tomber librement un caillou, mais c'est beaucoup moins exact. Il peut aussi employer un fil à plomb, tenu en b, pour marquer le point a sur le sol.

Si l'opération se fait en montant, il faut que le chaîneur maintienne sa poignée en b, pendant que le porte-chaîne tend la chaîne et plante la fiche en a. Il lui est à peu près impossible de le faire au jugé, et il doit nécessairement s'aider, soit d'un fil à plomb, soit, ce qui vaut mieux, d'un jalon léger qu'il enfonce verticalement à vue dans le sol et sur lequel il peut appuyer la poignée.

Dans tous les cas, l'horizontalité de la chaîne s'obtient au sentiment.

Quand l'inclinaison du terrain est très grande, lorsque par exemple elle dépasse la pente de 0,15, pour laquelle une chaîne de 10 mètres tendue horizontalement aurait son extrémité b à $1^m,50$ au-dessus du sol, la manœuvre indiquée ci-dessus devient impossible.

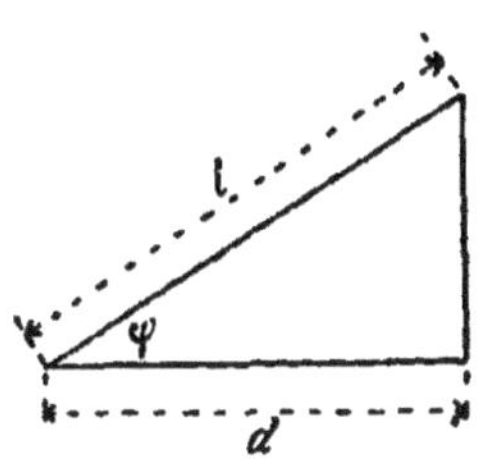

On opère alors par chaînées de 5 mètres, en se servant de l'anneau central comme de poignée; mais on éprouve quelque difficulté, cet anneau n'étant pas bien disposé pour cela.

Dans les pentes fortes, il est plus exact de mesurer la longueur l sur le terrain lui-même, sans ressauts, et de mesurer en même temps l'angle φ de ce terrain avec l'horizon. On obtient la distance d par la formule $d = l \cos. \varphi.$

33. Erreurs à craindre et précautions à prendre dans le chaînage. — Le chaînage, comme toutes les opérations de mesurage, est sujet à des erreurs et à des fautes, contre lesquelles il est très important de se prémunir.

Les *erreurs* proviennent d'imperfections dans les méthodes ou dans les intruments dont on se sert, de la limite de sensibilité qu'ont les organes des opérateurs ou des hésitations de leur jugement. Elles sont *systématiques* ou *accidentelles* suivant qu'elles ont lieu toujours nécessairement dans le même sens, ou qu'elles sont tantôt en plus et tantôt en moins. Les premières sont toujours graves, parce qu'elles se cumulent, tandis que les erreurs accidentelles se compensent en grande partie dans le résultat final.

Les *fautes* sont des erreurs grossières commises par les opérateurs, soit par défaut d'attention dans les observations, soit parce qu'ils s'écartent des règles méthodiques. Elles s'ajoutent algébriquement et peuvent atteindre un total considérable.

Les principales fautes auxquelles est sujet le chaînage sont les suivantes :

1° *Faute de 10 mètres.* — Le chaîneur peut oublier de relever une des fiches. Il compte donc 10 mètres de moins, si la ligne se termine dans l'hectomètre en cours. Dans les hectomètres suivants, il suppose 100 mètres là où il n'y en a que 90. Pour éviter cette faute, on compte les fiches à chaque échange, et aussi lorsqu'on arrive à l'extrémité de la longueur mesurée.

2° *Fautes de 100ᵐ, de 1ᵐ, de 0ᵐ20.* — La faute de 100ᵐ provient de l'oubli de l'inscription d'un échange ; celles de 1ᵐ ou de 0ᵐ20, de l'oubli d'un anneau dans le comptage des mètres ou des chaînons. Il n'y a pas de contrôle contre ces fautes, qui ne peuvent être évitées que par l'attention.

3° *Fautes de moins de 0ᵐ20.* — Elles proviennent d'une estime erronée de l'appoint sur le dernier chaînon : on oublie qu'il a 0ᵐ20 de longueur et l'on estime comme sur une longueur de 0ᵐ10 ; ou bien, on prend la plus petite au lieu de la plus grande des deux parties dans lesquelles la fiche divise le chaînon, par exemple 0ᵐ07 au lieu de 0ᵐ13. Ce n'est encore que par l'attention qu'on évite ces fautes.

4° *Anneaux bouclés.* — Les anneaux bouclés se forment quand les différentes parties de la chaîne ont été repliées sur elles-mêmes. Quelques-unes des boucles des chaînons

peuvent se superposer sur l'anneau au lieu d'être placées en prolongement l'une de l'autre. Il faut s'assurer qu'il n'y en a pas au moment où l'on déploie la chaîne, en passant la main sur tous les anneaux, et tenir ensuite la chaîne constamment tendue, sans jamais la replier, pendant tout le cours des opérations.

Les erreurs du chaînage sont dues aux causes ci-après:

1° *Défaut de longueur de la chaîne.* — La chaîne pourrait n'avoir pas une longueur exacte de 10 mètres ; il en résulterait une erreur systématique. Il faut la vérifier avant de s'en servir, et recommencer la vérification de temps en temps, les anneaux étant susceptibles de s'allonger sous des tractions exagérées. A cet effet, on trace sur une aire bien plane, un trottoir ou un parapet de pont par exemple, deux traits exactement distants de 10 mètres, en se servant d'un mètre étalon pour en mesurer l'intervalle. Puis on présente la chaîne, et on observe si ses extrémités coïncident avec les traits. S'il n'en est pas ainsi, on note la différence et on corrige en conséquence par le calcul toutes les longueurs que l'on mesure. On a aussi conseillé de corriger la chaîne en donnant de petits coups de marteau pour resserrer les anneaux, si la chaîne s'est allongée par suite de la déformation de ces anneaux. Mais il est préférable de renvoyer la chaîne inexacte chez le constructeur pour être réparée, et d'en prendre une autre.

2° *Défaut d'alignement.* — Au lieu de mettre la chaîne sur l'alignement MN, on la tend obliquement suivant AC.

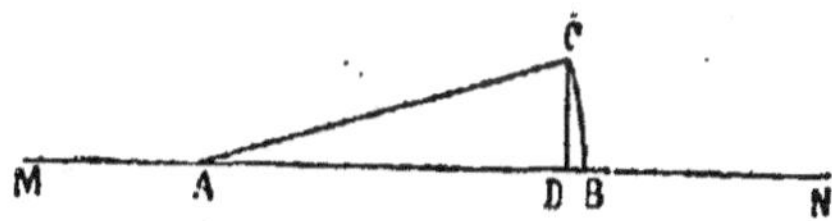

La longueur mesurée est alors AD au lieu de AB, et est entachée d'une erreur $BD = \dfrac{\overline{CD}^2}{20}$, qui est toujours en plus, et par conséquent systématique. Pour l'éviter, le chaîneur, placé en A, dirige par des signes le porte-chaîne tenant à bras tendu la fiche C adossée verticalement à la poignée, et la fiche n'est enfoncée que quand elle est jugée dans l'alignement. Cette erreur est peu importante quand l'écart CD ne dépasse pas quelques centimètres ; pour un écart de 0ᵐ10, elle ne s'élève qu'à 1/2 millimètre. Sur 1 kilomètre, comprenant 100 chaînées, il en résulterait une erreur totale de 0ᵐ05 en trop, qui peut être considérée comme sans importance. Or il est toujours facile avec un peu de coup d'œil de ne pas s'éloigner de la direction de plus de 0ᵐ10, si la ligne est convenablement jalonnée.

3° *Défaut d'horizontalité.* — Si les deux extrémités de la chaîne ne sont pas tenues au même niveau, il s'ensuit une erreur semblable à la précédente ; cette erreur se voit sur la figure ci-dessus supposée en élévation au lieu d'être en plan. La limite de 0ᵐ10 de différence de niveau peut facilement n'être pas dépassée.

4° *Chaînette.* — Quand la chaîne n'est pas appuyée sur le sol, elle ne reste pas rectiligne, mais elle se courbe sous

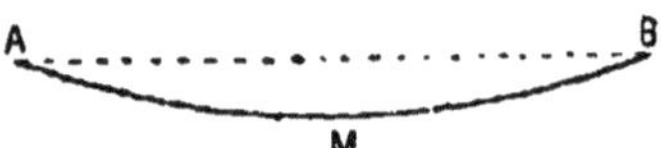

forme d'une chaînette AMB. La flèche et la corde de cette courbe dépendent du poids de la chaîne et de sa tension. Si les opérateurs la tirent mollement, la flèche est considérable, et les deux extrémités se rapprochent, en sorte que la distance AB est notablement inférieure à 10 mètres. S'ils exercent une traction énergique, la flèche diminue et la corde augmente : l'erreur se trouve réduite. Elle peut même changer de sens, et la distance AB peut devenir supérieure à 10 mètres, par suite de l'élasticité du fil de fer, qui s'allonge proportionnellement aux efforts de traction. Dans un essai fait au laboratoire de l'Ecole des Ponts et Chaussées, on a trouvé que, sous une tension de 13 kilog. environ, la chaîne mise en expérience avait exactement une longueur de 10 mètres ; elle perdait 32 millimètres sous un effort de 5 kil. seulement, et elle en gagnait 15 sous une traction de 30 kilogs.

5° *Défaut de verticalité des fiches.* — On ne met pas toujours la poignée au pied de la fiche, mais souvent à une certaine hauteur h au-dessus du sol. Si la fiche n'est pas verticale, l'extrémité de la chaîne, au lieu d'être exactement au-dessus du point A où la fiche est enfoncée, s'en écarte d'une quantité $m = hi$, i étant l'inclinaison de la fiche. Cette erreur

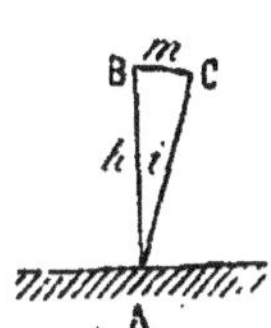

peut atteindre plusieurs millimètres. Elle est accidentelle, mais peut devenir systématique par suite d'habitudes fautives chez les opérateurs.

6° *Epaisseur des poignées.* — Quand les poignées sont en cuivre et pourvues d'entailles pour loger les fiches, la profondeur des entailles est égale au demi-diamètre des fiches, de façon que l'axe des fiches coïncide exactement avec l'extrémité de la chaîne. Mais quand les poignées sont en fil de fer, on est obligé de mettre les fiches contre ces poignées en dedans ou en dehors, et il en résulte une erreur systématique inévitable.

Soient M, M' les extrémités de la chaîne, pourvue de poignées en fil de fer de diamètre d'. La chaîne étant tendue, la distance MM' = 10^m00. Les fiches de diamètre d, adossées à ces poignées, peuvent être placées de trois manières, toutes deux extérieures à la poignée (A et B'), toutes deux intérieures (A' et B), ou enfin l'une intérieure et l'autre extérieure (A et B). La longueur comptée pour 10 mètres a en réalité, d'axe en axe des fiches :

$10^m,00 + d$, dans le premier cas ;

$10^m,00 — (d + 2d')$, dans le second cas ;

$10^m,00 — d'$, dans le troisième cas.

La seconde manière, où les fiches sont intérieures des deux côtés, doit être proscrite. Les deux autres donnent une erreur égale au diamètre du fil de fer, soit environ $0^m,004$ par chaînée, ou $0^m,40$ par kilomètre. Il est d'ailleurs préférable de recourir au premier procédé, qui fournit une erreur en moins sur le chaînage, la plupart des autres circonstances conduisant à des erreurs en plus.

Cette erreur est définie, et on peut par le calcul en corriger les longueurs mesurées ; mais il est préférable de se servir de poignées à entailles.

34. Ruban d'acier. — Au lieu d'une chaîne, on emploie souvent un ruban continu d'acier, de 15 à 16 millimètres de largeur, muni de poignées à entailles, où les doubles décimètres sont marqués par des rondelles en laiton, les décimètres par des trous, et les mètres par des rondelles plus grandes, celle du milieu étant remplacée par un losange. On en fait usage exactement comme de la chaîne. Mais il présente sur elle plusieurs avantages importants : il n'est pas exposé aux fautes résultant des anneaux bouclés, il prend très peu de flèche lorsqu'il est tendu, et il n'est pas exposé à s'allonger par l'usage. D'autre part, il coûte plus cher et est plus fragile ; il ne se prête pas d'ailleurs aussi bien au lever des détails, car il est quelquefois difficile de l'étaler sur toute sa longueur, tandis qu'on peut toujours se servir de la chaîne repliée en ne conservant qu'un certain nombre de chaînons.

85. Degré de précision du chaînage. — Dans un terrain horizontal, on peut obtenir, au moyen de la chaîne, les distances à $\frac{1}{2}$ millième près, si l'on apporte aux opérations tout le soin voulu. En pratique, on peut compter sur 1 millième, soit $0^m,10$ par 100 mètres ou $1^m,00$ par kilomètre.

Dans les pays très accidentés, où les erreurs sont plus grandes, on estime qu'on ne parvient qu'à une approximation trois fois moindre, de $0^m,30$ pour 100 mètres ou $3^m,00$ par kilomètre.

Sur les terrains moyens, on obtient des résultats intermédiaires.

86. Roulettes. — On se sert quelquefois de rubans de fil enroulés dans une petite boîte portative. Cet appareil peu coûteux et d'un transport facile manque tout à fait de précision, le ruban de fil étant extrêmement extensible.

On a essayé de substituer au fil de l'acier mince et très flexible. Mais, outre que ces roulettes sont très chères, elles sont excessivement fragiles et ne sont pas propres à des opérations sur le terrain.

87. Mesure au pas. — Lorsqu'on n'a pas de chaîne ou qu'on n'a pas besoin d'une grande précision, on se contente de mesurer les distances au pas. On parcourt la ligne en marchant, et on compte le nombre de ses pas. Si on connaît la longueur d'un pas, il suffit de la multiplier par ce nombre. On peut arriver ainsi à une approximation d'environ 1 pour 100.

Pour les petites longueurs, on peut employer un pas spécial, ayant $1^m,00$, auquel on s'habitue avec un peu d'exercice, mais qui ne peut se soutenir longtemps.

Dans les cas habituels, on marche de son pas ordinaire,

que l'on a taré une fois pour toutes en parcourant à plusieurs reprises une longueur donnée. Le pas ordinaire varie de $0^m,70$ à $0^m,90$ suivant la taille.

On peut s'épargner le comptage des pas, qui est fastidieux et sujet à erreur quand les distances sont grandes,

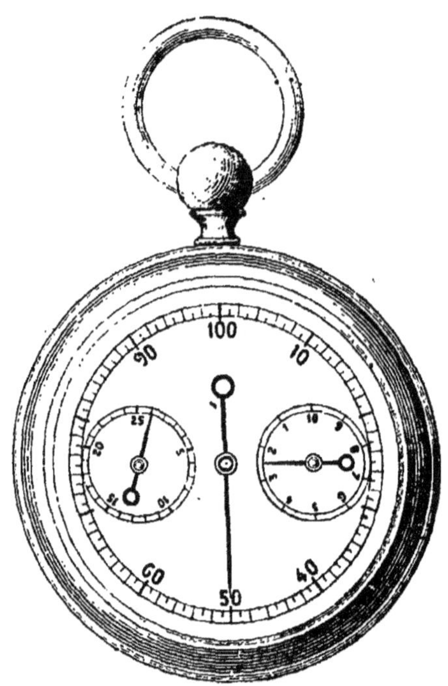

en mettant dans son gousset un petit instrument, d'aspect analogue à une montre, connu sous le nom de *podomètre* ou de *compte-pas*, où chacune des secousses imprimées au corps par la marche agit sur un contrepoids qui fait avancer une aiguille d'un cran. Une simple lecture sur le cadran fait connaître le nombre de pas que l'on a faits.

Pour les très grandes distances, on peut se contenter de marcher avec une vitesse uniforme et de noter sur une montre à secondes l'heure du départ et celle de l'arrivée. On connaît le chemin parcouru d'après le temps employé, si l'on a eu soin de tarer sa vitesse préalablement par des observations sur des routes pourvues de bornes kilométriques. Un bon pas moyen de marche est de 100 mètres par minute.

38. Stadia. Principe général. — Le chaînage exige qu'on puisse se transporter sur tous les points de la ligne à mesurer. S'il y a des obstacles, l'opération peut devenir très difficile. Le procédé de la stadia, basé sur des observations optiques, permet au contraire de mesurer une distance sans aborder d'autres points que les extrémités de la ligne. Il est basé sur le principe suivant.

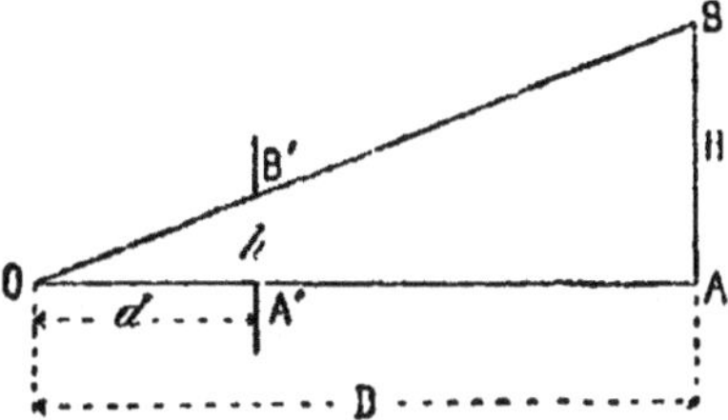

Soit un objet AB, de grandeur H, placé à une distance D de l'œil O de l'observateur. Si l'on interpose, à une distance d, parallèlement à AB, un écran A'B', ayant une ouverture h telle que les rayons visuels OA et OB rasent les bords A' et B', la similitude des triangles donne : $D = d\dfrac{H}{h}$. Si l'on fixe deux des quantités h, H et d, la mesure de la troisième permet de calculer D.

89. Applications directes. — On applique directement ce principe, en se servant d'une règle divisée, par exemple un double décimètre de dessinateur, tenue verticalement à bras tendu devant l'œil en A′B′, à une distance d que l'on a eu soin de mesurer d'avance. On fait porter au point A un objet de longueur connue H, que l'on place verticalement, par exemple un homme dont la taille a été mesurée. Puis on lit les deux divisions de la règle qui coïncident avec les extrémités du signal, les pieds et la tête dans l'exemple supposé. La différence des lectures donne la quantité h, la seule de la formule qui fût inconnue.

Une autre application directe a été faite dans les stadias de tir, ainsi nommées parce qu'elles peuvent servir en campagne pour connaître la distance de l'ennemi. C'est une plaque métallique AB, munie d'une ficelle F de longueur constante d dont on met l'extrémité dans la

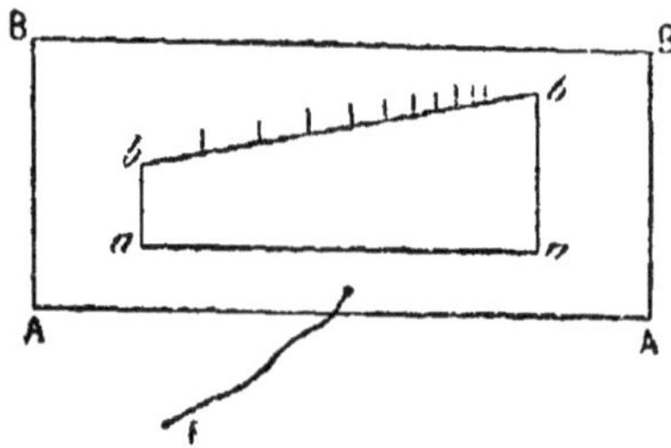

bouche. Une fenêtre trapézoïdale ab est dirigée, la ficelle étant tendue, vers la ligne ennemie, dont les hommes pris vers le centre ont une taille moyenne H approximativement connue. Des traits sont marqués sur le bord supérieur bb de la fenêtre. A chacun de ces traits correspond une hauteur particulière du trapèze. Si on cherche sur la plaque le point où les hommes sont interceptés des pieds à la tête entre les deux bords de la fenêtre, et qu'on lise la valeur h de la hauteur correspondante du trapèze, on a les éléments de calcul de D. Au lieu de graduer l'arête *bb* suivant les hauteurs du trapèze, on préfère y inscrire les valeurs toutes calculées de D, c'est-à-dire, celle de l'expression $\frac{Hd}{h}$.

Cette stadia peut être substituée avec avantage à l'emploi du double décimètre divisé.

Les instruments directs présentent toujours une grande difficulté. Les deux distances *d* et D étant très différentes, l'œil ne peut voir nettement à la fois la mire et l'écran, et il ne les perçoit que successivement, par suite d'accommodations spéciales de l'œil, qui doivent se succéder très rapidement pour que les deux objets semblent vus simultanément. Aussi les procédés indiqués ci-dessus, et d'autres analogues que l'on pourrait imaginer, sont-ils fort grossiers et ne conviennent pas aux opérations topographiques.

40. Lunette stadimétrique. — En topographie, on se sert de lunettes astronomiques appropriées à la mesure des distances.

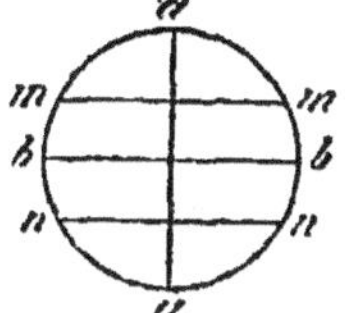

Dans la lunette stadimétrique, le réticule est formé de deux fils horizontaux *mm* et *nn* ; il a en outre généralement un croisillon central *aa*, *bb*.

Lorsqu'on met au point l'image d'un objet, elle se forme dans le plan du réticule, et une grandeur H prise sur l'objet donne une image de grandeur *h*

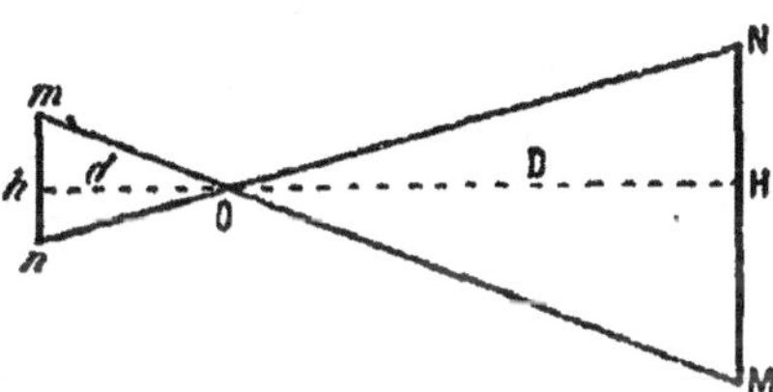

telle que : $\frac{h}{H} = \frac{d}{D}$, d et D étant les distances respectives de l'image et de l'objet au centre optique O de l'objectif, si la ligne MN est bien parallèle au plan du réticule. De cette relation, on déduit D, à la condition de fixer deux des quantités h, d et H, et de mesurer la troisième.

La quantité d, qui varie peu avec la distance D, figure toujours parmi les deux quantités fixées et n'est jamais prise comme mesure. Mais on peut, soit fixer H et mesurer h, soit, au contraire, fixer h et mesurer H.

Dans le premier cas, on a une stadia à fils mobiles; dans le second cas, une stadia à fils fixes.

41. Stadia à fils mobiles. — Dans le premier système, l'un des fils m du réticule est mobile, et peut être élevé ou abaissé à volonté au moyen d'une vis extérieure. On fait porter, sur le point dont on veut avoir la distance, une mire à repères fixes, c'est-à-dire, une règle sur laquelle on a marqué deux points M et N à un intervalle connu, $1^m,00$ par exemple. Puis on dirige la lunette de façon que le second fil n tombe sur l'image de l'un des repères N. On fait alors mouvoir le fil mobile m jusqu'à ce qu'il coïncide avec l'image de l'autre repère M. L'appareil est muni d'un micromètre qui permet de connaître le déplacement du fil mobile, et par suite l'intervalle des deux fils stadimétriques.

A cet effet, il y a dans la lunette des dents de scie découpées sur le bord du cadre du réticule, ou des traits gravés sur une plaque de verre qui indiquent généralement la hauteur h à un dixième de millimètre près. Une aiguille, adaptée à la vis qui actionne le fil mobile, marque sur un cadran les fractions de dixième de millimètre.

Cette disposition est peu employée : les lectures micrométriques sont toujours sujettes à erreur, et, en outre, la distance doit être calculée par une division arithmétique, puisque, dans la formule $D = \dfrac{dH}{h}$, le numérateur est constant, et c'est le dénominateur qu'on mesure.

42. Stadia à fils fixes. — On préfère laisser fixes les deux fils et par suite la quantité h, et mesurer H. A cet effet, la mire porte une série de divisions égales, rapprochées de 1 ou 2 centimètres par exemple, et on lit sur l'image le nombre des divisions interceptées par les fils.On voit alors, par la formule $D = \dfrac{dH}{h}$, que les distances sont sensiblement proportionnelles au nombre de ces divisions, d variant très peu.

On s'arrange pour n'avoir pas de calcul à faire, en réglant l'appareil et numérotant la mire de telle façon qu'une simple lecture donne immédiatement la distance. Ordinairement on fait porter la mire à 100 mètres de l'objectif, et on règle une fois pour toutes les fils dans la position où, à cette distance, ils interceptent 100 divisions. Dans toute autre lecture, la distance est représentée en mètres par le nombre de divisions interceptées.

43. Corrections à faire à la lecture. — La stadia donne la distance de la mire au centre optique de l'objectif. Les lunettes sont ordinairement établies sur des supports dont le centre, installé au-dessus du point d'où la distance doit être prise, se trouve vers le milieu de la lunette. Lorsqu'on a fait une lecture, il faut donc ajouter à la distance qu'elle indique une longueur constante K égale à la distance de l'objectif au centre du support de l'appareil : cette constante est de 0ᵐ 15 à 0ᵐ 20 dans les instruments en usage. D'un autre côté, la proportionnalité des distances D aux nombres de divisions interceptées sur la mire n'est pas exacte, puisqu'elle suppose

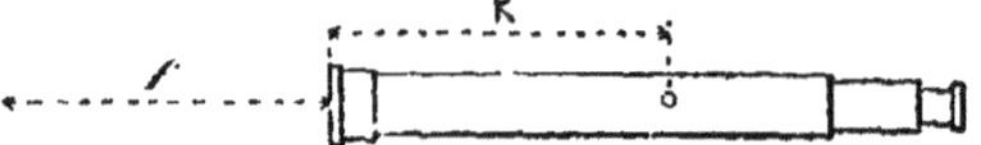

d constant, tandis que d varie avec D suivant la loi $\frac{1}{d} + \frac{1}{D} = \frac{1}{f}$, où f représente la distance focale principale de la lentille. On déduit de là la proportion $\frac{D}{d} = \frac{D-f}{f}$. Mais $\frac{D}{d} = \frac{H}{h}$; donc $\frac{H}{h} = \frac{D-f}{f}$. Pour une autre distance D', on aurait $\frac{H'}{h} = \frac{D'-f}{f}$. Donc $\frac{H'}{H} = \frac{D-f}{D-f}$, et en réalité les distances sont comptées, non à partir de l'objectif, mais à partir d'un point situé à une distance f en avant de l'objectif. Il faut donc encore ajouter une constante f à la distance accusée par la lecture.

Dans le réglage des fils, il faut tenir compte de cette circonstance. La mire doit être placée à $100^m + K + f$ du centre de l'instrument, et les fils intercepter alors 100 divisions.

La valeur de $K + f$ est de 0^m45 à 0^m50 dans les instruments en usage.

44. Lunette anallatique. — Cette constante qu'il faut ajouter à chaque lecture est une gêne et une source d'erreurs : elle exige un calcul et est sujette à oubli. On a cherché à affranchir l'observateur de cette préoccupation et à lui fournir immédiatement la distance réelle.

M. le Colonel Goulier y arrive en intercalant dans la mire une division plus petite que les autres, représentant la longueur $K + f$, qui n'est pas comptée dans la lecture. Mais une telle mire ne peut servir que pour la lunette à laquelle elle correspond ; et, d'un autre côté, la nécessité de comprendre toujours la division supplémentaire entre les fils est une sujétion quelquefois gênante et que l'on peut oublier.

On préfère avoir recours à la disposition inventée par M. Porro, sous le nom de lunette *anallatique*.

Cette lunette est disposée de façon à ramener en un point arbitraire, et par conséquent, si on le veut, au centre de l'instrument, le point à partir duquel les distances sont proportionnelles aux longueurs de mire interceptées entre les fils. Il suffit, pour cela, que les images de tous les objets dont la grandeur est vue sous un angle constant à partir de ce point soient d'égale dimension. On y parvient en interposant une

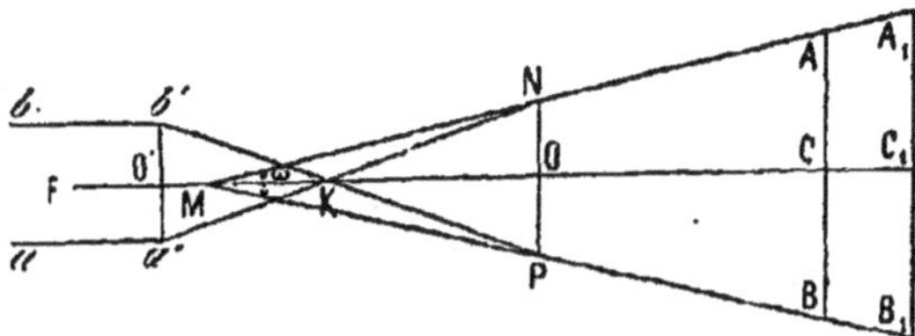

troisième lentille dans la lunette entre l'objectif et son foyer. Soit O l'objectif et F son foyer principal ; a et b les deux fils stadimétriques. La mire étant portée en C, pour trouver le point de cette mire qui a son image en a il suffit de suivre l'un des rayons qui aboutissent en a, par exemple le rayon aa' parallèle à l'axe. Il converge au foyer K, perce l'objectif en N, d'où il émerge suivant la direction NA, et rencontre la mire en A. Le rayon parallèle à l'axe qui arrive en b, suit de même la direction bb' KP, émerge suivant PB, et rencontre la mire en B. AB est donc la longueur de mire dont l'image est interceptée par les fils. Les deux directions AN et BP se coupent en un point M, d'où la longueur AB est vue sous un angle $\omega =$ PMN. Si l'on reporte la mire en C_1, les deux fils a et b viennent se projeter sur les images des points A_1 et B_1 appartenant encore aux deux mêmes lignes NA et PB qui concourent sous l'angle ω. Les longueurs $A_1 B_1$ et AB vues du point

M sous le même angle sont donc proportionnelles à leur distance au point M.

Ce point M, désigné sous le nom de *centre d'anallatisme*, peut être placé où l'on veut, car on dispose d'une partie des éléments qui le font varier. On peut en outre attribuer à ω une valeur choisie à volonté, par exemple $\frac{1}{100}$. En effet, soit f la distance focale principale OF de l'objectif; φ la distance focale principale O'K de la lentille anallatique; a la distance OM de l'objectif au point M ; b l'intervalle OO' des deux lentilles; h l'écartement des fils. On a, en remarquant que K est le foyer conjugué virtuel de M par rapport à l'objectif : $\frac{1}{f} = \frac{1}{b-\varphi} - \frac{1}{a}$; et, à cause de la similitude des deux triangles $a'b'$K et NPK : $\frac{h}{\varphi} = \frac{\omega a}{b-\varphi}$. Il y a ainsi deux relations entre les six éléments de la lunette, et quatre de ces éléments peuvent être choisis arbitrairement, notamment la distance a et l'angle ω.

45. Visées inclinées. — Lorsque les deux extrémités de la distance à mesurer sont à peu près au même niveau, on tient la mire verticale, en s'aidant au besoin d'un fil à plomb ou d'un petit niveau sphérique adapté à la mire, et l'on vise horizontalement, afin que le plan du réticule soit exactement parallèle à la mire.

Quand le terrain est incliné et qu'il y a une différence de niveau notable entre les deux extrémités A et B de la ligne, on ne peut plus opérer de même. L'axe OM de l'instrument est nécessairement incliné sur l'horizon, sous un angle quelconque α. Pour obtenir une lecture correcte, il faudrait que la mire eût une direction CD perpendiculaire à OM, et fît un angle α avec la verticale. On peut y arriver en plaçant le long de la mire en M la branche MG d'une équerre, dont l'autre branche MF coïncide avec l'axe OM de la lunette. Le porte-mire, en se servant

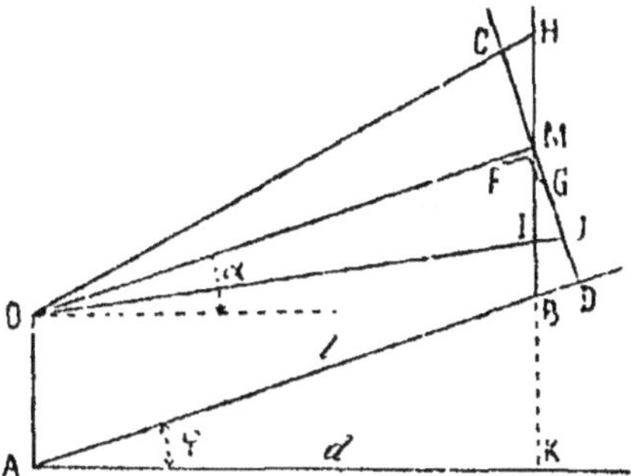

de la branche MF pour diriger un rayon visuel, peut assez bien réussir à placer convenablement la mire sous cette inclinaison. Mais il faut de sa part une adresse sur laquelle on ne peut toujours compter, et, en outre, le sommet M de l'équerre devrait être sur la verticale du point B et son pied D en dehors de ce point, ce qui est difficile à réaliser correctement.

On préfère tenir la mire verticale, et mesurer l'angle α, par un des procédés qui seront décrits plus loin. Par suite de la petitesse de l'angle micrométrique, on peut admettre que CJ = HI cos α sans erreur sensible.[1] Il suffit donc de

1. En effet, on a :

$$\frac{MH}{MG} = \frac{\sin C}{\sin (C - \alpha)}, \text{ et } \frac{MI}{MJ = MG} = \frac{\sin J = \sin C}{\sin (C + \alpha)}$$

Or $C = \frac{\pi}{2} - \frac{\omega}{2}$, si on représente par ω l'angle stadimétrique COJ.

Donc $\dfrac{MH + MI}{MG} = \dfrac{2\,HI}{CJ} = \cos\dfrac{\omega}{2}\left[\dfrac{1}{\cos\left(\alpha + \dfrac{\omega}{2}\right)} + \dfrac{1}{\cos\left(\alpha - \dfrac{\omega}{2}\right)}\right]$

expression qui peut se ramener à la formule :

$$\frac{CJ}{HI} = \cos\alpha - \frac{\sin^2\dfrac{\omega}{2}}{\cos\alpha}$$

Cette expression se réduit à cos α, si on suppose $\omega = $. et diffère de cos α d'une quantité inappréciable. pour des valeurs ω ne dépassant pas quelques centièmes.

multiplier la lecture par $\cos \alpha$ pour avoir celle qui serait faite sur une mire parallèle au plan du réticule.

Mais cette lecture donne la mesure de la ligne inclinée AB, et non celle de la distance AK des deux points. Si φ est l'angle de AB avec l'horizontale, il faut multiplier le résultat obtenu par $\cos \varphi$.

En somme, si d est la distance des points et l la longueur répondant à la lecture faite sur la mire, on a $d = l \cos \alpha \cos \varphi$.

En général, on s'arrange pour que α soit sensiblement égal à φ, et pour cela on vise à peu près parallèlement à la ligne moyenne du terrain. Alors $d = l \cos^2 \alpha = l - l \sin^2 \alpha$.

Telle est la correction que l'on fait habituellement pour tenir compte de l'inclinaison de la visée.

16. Degré de précision de la stadia. — La mesure des distances à la stadia est sujette à des erreurs, dont les principales sont les suivantes :

1° L'angle stadimétrique peut n'être pas parfaitement réglé, en sorte que le rapport de la lecture à la longueur ne soit pas rigoureusement celui que l'on suppose. S'il était, par exemple, de 0,01001 au lieu de 0,01, il en résulterait une erreur systématique de $\dfrac{1}{1000}$.

2° La mire peut n'être pas tenue parfaitement verticale :

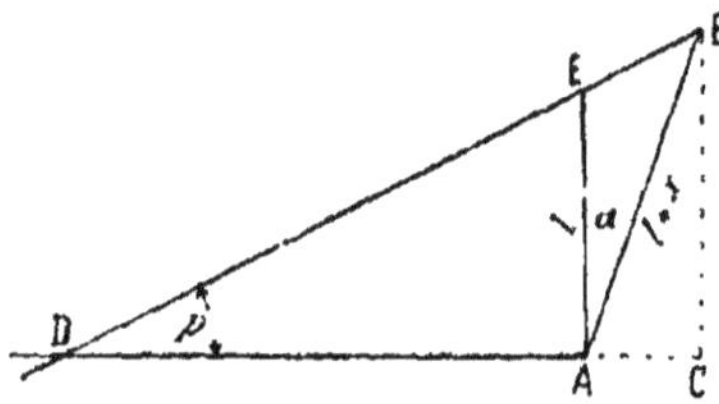

il en résulte une erreur tantôt en plus, tantôt en moins,

qui prend une importance notable dès que la visée s'écarte sensiblement de l'horizontale.

En effet, soit p la pente sous laquelle on vise; l la longueur AE lue sur la mire supposé verticale; $l+x$ la longueur AB lue sur la mire faisant un angle α, dont la tangente est m, avec la verticale. On a

$$\mathrm{BC} = p \cdot \mathrm{DC} = p\,(\mathrm{DA} + \mathrm{AC});$$

ou bien :
$$(l + x) \cos \alpha = p \left(\frac{l}{p} + (l + x) \sin \alpha \right)$$

d'où l'on tire :
$$\frac{x}{l} = \frac{1}{\cos \alpha - p \sin \alpha} - 1 = \frac{\sqrt{1 + m^2}}{1 - mp} - 1.$$

formule dans laquelle les quantités x, m et p portent leur signe, positif pour les lectures trop fortes, pour une inclinaison de la mire en arrière, pour une visée ascendante, et négatif dans les cas opposés.

3° On commet une erreur dans la lecture, parce que, si les divisions entières de la mire sont visibles, on n'apprécie que par estime les fractions de ces divisions. L'estime peut être fautive et son exactitude ne va guère au-delà du dixième de la division.

4° Il en est de même de l'angle α, que l'on n'obtient pas exactement à moins de 1 ou 2 minutes près.

5° Le champ de l'oculaire est limité, par rapport à son grossissement, de telle façon que l'écartement des fils du réticule ne peut guère être vu sous un angle de plus de 20° à 22°, soit 21° en moyenne. D'autre part, la grandeur des objets perceptibles à un œil ordinaire ne sous-tend pas un angle moindre que 3 centièmes de degré.

On peut donc toujours supposer une erreur au moins égale à la longueur qui correspond à cette limite, dans la lecture qui se fait sur la mire. Il y a par suite une incertitude de 0°,03 sur 21°, ou de $\frac{1}{700}$.

En réalité, cette précision n'est pas atteinte, à cause

des autres erreurs ; mais, avec de bons instruments, et
en apportant tous les soins voulus, on peut arriver à
$\frac{1}{500}$ près. Cette erreur est tout-à-fait de même ordre que
celles que l'on commet dans le chaînage. La stadia est
donc aussi avantageuse que la chaîne au point de vue de
la précision, et lui devient même supérieure dans les terrains très accidentés.

§ 4

MESURE DES ANGLES

47. Nomenclature des instruments. — On a vu, au
commencement de ce chapitre, que le lever des plans
avait pour objet de déterminer les éléments des figures
géométriques formées à la surface de la sphère terrestre
par les arcs de grands cercles qui réunissent les pieds
des verticales d'un certain nombre de points. On vient
de voir comment, par la mesure des distances, on connaît
les longueurs des arcs. La mesure des angles formés par
ces arcs fait l'objet du présent paragraphe.

Les angles à mesurer se confondant avec ceux des tangentes aux arcs, qui sont des lignes horizontales, se
trouvent toujours dans un plan horizontal. Les instruments qui servent à les mesurer portent le nom de *gonio-
graphes* lorsqu'ils fournissent les angles représentés graphiquement, et de *goniomètres* lorsqu'ils expriment la
valeur numérique des angles en fraction de la circonférence.

Le seul goniographe en usage est la *planchette*.

Les goniomètres présentent des dispositions très variées ; ceux que l'on emploie en topographie peuvent se classer sous quatre types principaux : le *cercle*, le *graphomètre*, le *pantomètre* et la *boussole*.

18. Planchette. — La planchette se compose d'une tablette en bois T fixée à un support à branches, que l'on place horizontalement, et sur laquelle on figure les angles cherchés par des traits de crayon donnés le long de règles dirigées suivant les côtés de ces angles.

Le mode de réunion de la tablette au support présente des dispositions variables, qu'il est inutile de décrire, ayant pour objet de permettre : 1° un mouvement de genou pour rendre la tablette horizontale ; 2° un mouvement de rotation autour d'un axe vertical, pour donner l'orientation à la tablette ; 3° un mouvement de translation dans le plan horizontal, pour mettre un point déterminé de la tablette dans la verticale du sommet de l'angle.

La planchette est accompagnée d'une *alidade*, PP ou LL, qui est une règle pourvue d'un appareil de visée permettant de diriger un de ses bords suivant les côtés des angles, et d'une *aiguille* ordinaire *a* en acier, qui est piquée au sommet de l'angle.

Pour tracer un angle, après avoir collé sur la tablette une feuille de papier [1], on installe la planchette au-dessus du point A du sol qui forme le sommet de l'angle, et on pique l'aiguille exactement au-dessus de ce point. On place le bord de l'alidade contre l'aiguille, on dirige la ligne de visée vers un jalon B placé sur un des côtés de l'angle, puis on trace un trait de crayon *ab* le long de la règle ; on opère de même pour le côté AC. On a des-

---

1. Dans quelques appareils, comme celui qui est figuré ci-contre, le papier est collé à deux rouleaux tournants H placés aux extrémités de la planchette, et formant au besoin magasins à papier, lorsqu'il s'agit de lever un plan dont la longueur à l'échelle dépasse les dimensions de la tablette.

PLANCHETTE

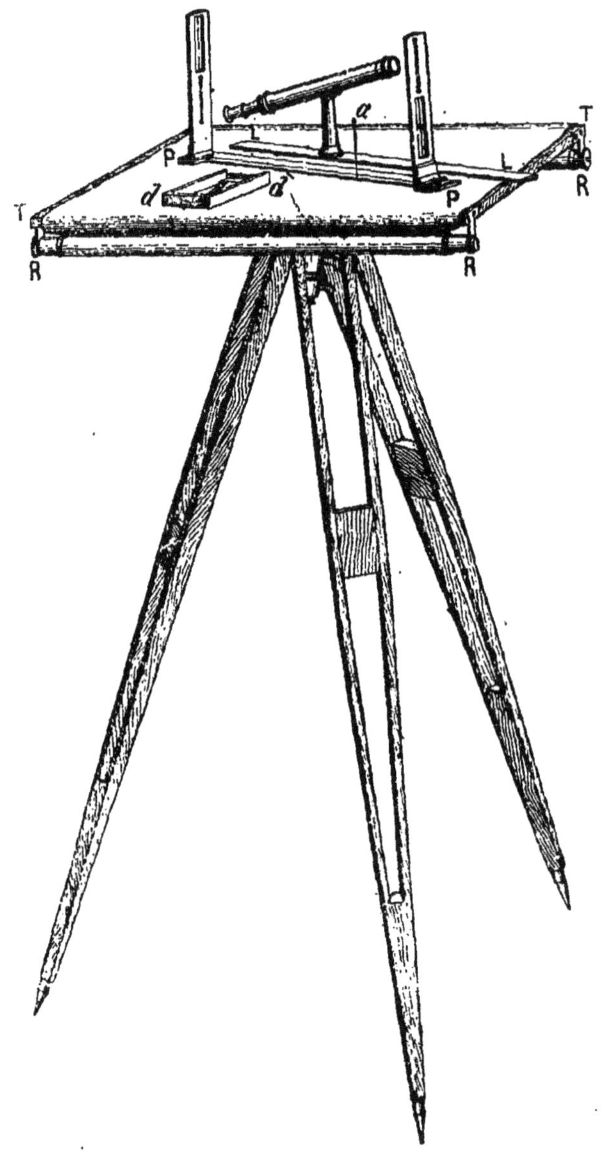

siné alors en *bac* sur la feuille de papier un angle égal
à BAC.

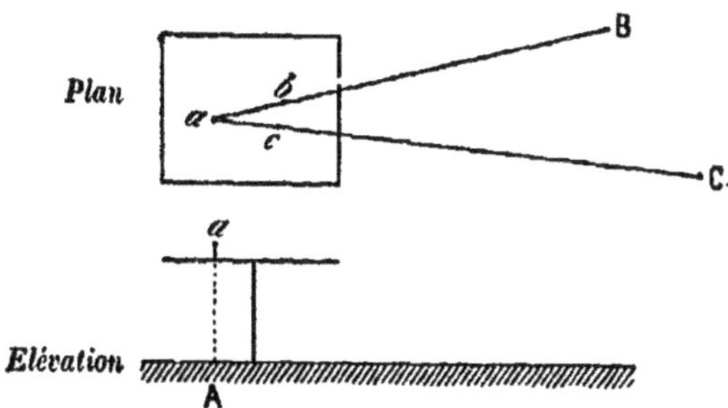

Pour que cet angle soit exact, il faut que la planchette
soit horizontale, et que l'aiguille soit exactement au-dessus du point A. On se contente souvent d'obtenir l'horizontalité à simple vue ; mais il est plus sûr de faire usage
d'un niveau à bulle d'air, de préférence sphérique, ayant
une sensibilité grossière. On assure la position de l'aiguille en présentant sous la planchette, au bout du doigt,
un fil à plomb *a*A, dont la pointe tombe précisément sur
le point A, et enfonçant l'aiguille de façon qu'elle paraisse au jugé faire suite au fil à plomb. Quand la tablette est susceptible d'un mouvement de translation
horizontale dans son plan, on peut d'abord ne mettre l'aiguille en place que grossièrement, et profiter de ce mouvement de translation pour l'amener ensuite au point
voulu.

On profite ordinairement de ce que les angles sont tracés en vraie grandeur au crayon, pour dessiner immédiatement toutes les lignes du canevas sur la feuille de papier. A cet effet, on mesure les distances AB et AC, et on
les reporte à l'échelle en *ab* et *ac* sur le dessin ; puis on

transporte l'instrument successivement au point B et au point C, sommets de nouveaux angles que l'on dessine de la même manière.

49. Déclinatoire. — Pour qu'un lever ainsi exécuté présente quelque précision, il est nécessaire, chaque fois que l'on déplace la planchette, qu'elle soit orientée exactement dans la même direction. On se sert pour cela du *déclinatoire dd*. C'est une boîte rectangulaire ABCD, au centre de laquelle un pivot P supporte une aiguille aimantée K, lestée de façon à se tenir dans un plan horizontal. Deux traits N et S, tracés sur les limbes le long desquels oscillent les pointes de l'aiguille aimantée, marquent un diamètre SPN appelé *ligne de foi*, parallèle aux grands côtés de la boîte.

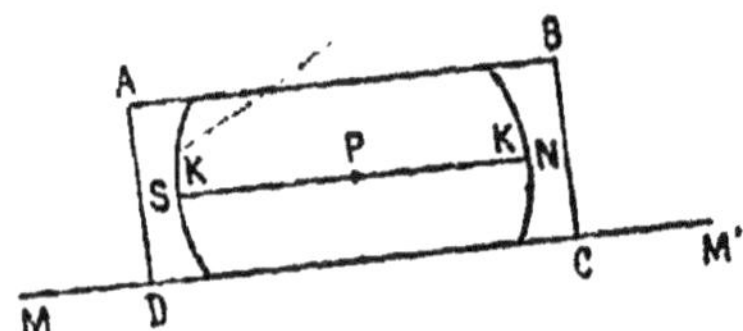

A la première station de la planchette, on applique le déclinatoire sur le papier, et on l'oriente de façon que les pointes de l'aiguille aimantée soient sur la ligne de foi. Puis on trace un trait de crayon MM' suivant un des bords de la boîte. Il suffit, pour avoir la même orientation quand on a changé de station, de remettre le même bord sur cette ligne, et de faire tourner la tablette jusqu'à ce que la ligne de foi revienne sous l'aiguille.

50. Alidade à pinnules. — Les alidades sont, soit à pinnules (PP), soit à lunette (LL).

L'alidade à pinnules se compose d'une règle AA, aux extrémités de laquelle sont perpendiculairement implantées les *pinnules* BC. Ce sont des cadres percés d'une fenêtre *mn* dans la partie supérieure et d'une fente étroite *o* dans la partie inférieure.

En prolongement de la fente, un crin ou un fil F est tendu dans la fenêtre. La fente et le crin sont inversement placés dans l'autre pinnule, la fente en haut et le crin en bas. Le cadre de la pinnule déborde la règle, de façon que le système des fentes et des fils soit au-dessus, non du milieu de la règle, mais de l'un de ses bords D, qui est taillé en biseau.

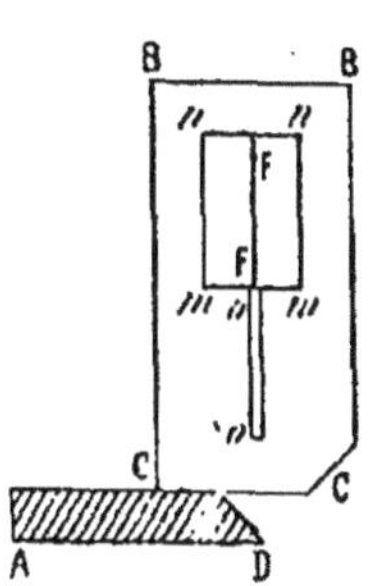

La règle étant placée sur la planchette, on appuie le bord D contre l'aiguille, et on dirige la règle à peu près suivant la ligne que l'on veut tracer. En regardant, par la fente de la pinnule qui est du côté de l'œil, le fil de la pinnule opposée, on voit si ce fil tombe sur le jalon qui marque la ligne. S'il s'en éloigne, on déplace lentement l'alidade en la laissant toujours appuyée contre l'aiguille, jusqu'à ce que la coïncidence soit obtenue. On trace alors la ligne par un coup de crayon donné le long de la règle.

51. Vérifications. — Pour que cet instrument donne des résultats exacts, il faut qu'il satisfasse à plusieurs conditions.

1° Les pinnules doivent déterminer des plans de visée. Pour cela, il faut que la fente d'une pinnule et le crin de la pinnule opposée soient dans un même plan. On s'en assure en visant un point très net, l'œil étant à la partie inférieure d'une des fentes : puis on élève progressivement l'œil jusqu'à la partie supérieure : le même point doit toujours être couvert par le fil.

2° Le plan de visée doit être perpendiculaire au plan de la règle. On vérifie que cette condition est remplie en plaçant l'alidade sur une tablette bien horizontale et visant un fil à plomb. Le crin de la pinnule doit coïncider avec ce fil.

3° Le plan de visée doit contenir le bord de la règle. Cette condition, difficile à vérifier, n'a pas besoin d'être remplie d'une façon absolue, pourvu qu'on s'assujettisse à viser toujours par la même pinnule en posant toujours la règle du même côté, à droite ou à gauche, de l'aiguille.

En effet, supposons d'abord que le bord de la règle soit parallèle au plan de visée, mais s'en écarte d'une quan-

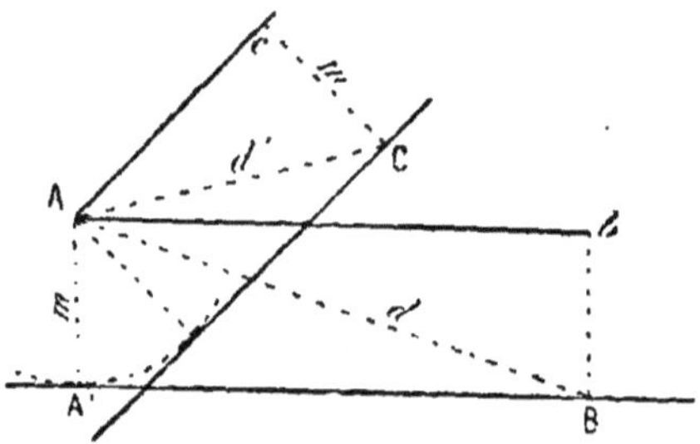

tité m. Quand, l'aiguille étant en A et le bord de la règle appuyé contre l'aiguille, on vise sur le jalon B situé à une distance d, le plan de visée, au lieu d'être dirigé suivant AB, suit la ligne A'B, passant à une distance m de A, et le trait de crayon trace la parallèle Ab. Sa direction est erronée d'un angle $\frac{m}{d}$. De même le trait AC serait affecté d'une erreur $\frac{m}{d'}$. L'erreur totale sur l'angle cherché serait $\frac{m}{d'} - \frac{m}{d}$. Cette quantité est négligeable, m ne pouvant dépasser quelques millimètres sans que le défaut soit apparent au simple aspect.

Si le bord de la règle est en outre oblique par rapport au plan de visée, la déviation du trait est augmentée partout d'une constante égale à cette obliquité. Mais cette constante n'a pas d'influence sur l'exactitude des angles; elle en a seulement sur l'orientation du plan, qui se trouve déviée d'autant.

52. Remarques. — 1º L'alidade à pinnules ne peut être employée lorsque les distances sont grandes, car la visée se fait à l'œil nu. Il est donc nécessaire de jalonner les lignes de façon à n'avoir pas à viser au-delà de la distance où les jalons sont vus nettement, distance qui n'atteint guère plus de 100 mètres.

2º Il y a toujours une certaine incertitude sur la visée, par suite de l'épaisseur du crin et de la largeur de la fente, car le crin cache toujours à l'œil un espace angulaire où le jalon peut occuper une place quelconque sans cesser d'être couvert.

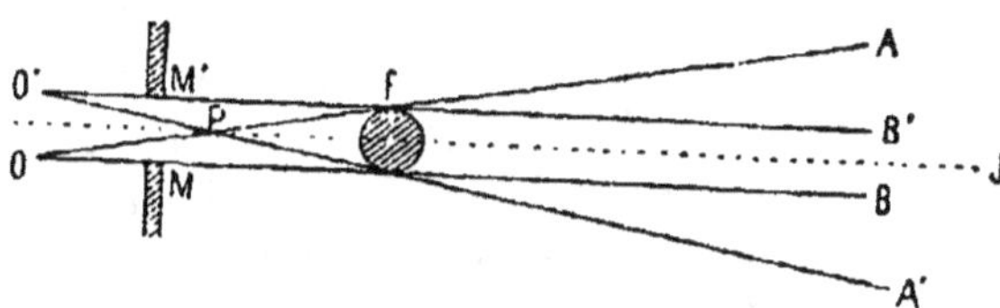

Ainsi, soit PJ la direction du bord de la règle, M et M' les bords de la fente et F la section horizontale du crin. Si l'œil se place en O, de façon que le rayon visuel OM qui rase la fente soit tangent au crin, celui-ci cache un espace angulaire AOB, dans lequel le jalon peut se trouver sans être sur l'alignement AJ. Dans la position O' de l'œil, l'espace caché est A'O'B'. En réalité, l'angle peut être erroné d'une quantité pouvant atteindre jusqu'à un maximum égal à JPA, à droite ou à gauche.

53. Alidade à lunette. — Dans l'alidade à lunette, la visée est dirigée par le fil vertical d'un réticule. Elle peut donc avoir une grande portée, et, en outre, elle ne com-

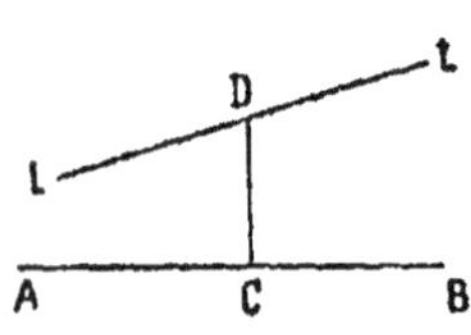

porte qu'une faible incertitude, le fil ne couvrant qu'une épaisseur de 2 millimètres environ à la distance de 100 mètres. Elle se compose d'une règle AB, sur laquelle est implantée une colonne verticale CD, terminée par un tourillon horizontal D auquel est adaptée une lunette astronomique LL. On en fait usage comme de l'alidade à pinnules, mais ici la visée est conduite par l'axe optique de la lunette.

54. Vérifications. — Cet instrument doit satisfaire aux conditions suivantes :

1° L'axe optique doit décrire un plan perpendiculaire à l'axe du tourillon autour duquel se fait la rotation. On s'en assure, et l'on rectifie au besoin le centrage, de la même manière que dans les lunettes d'alignement (n° 27). L'opération donne lieu, d'ailleurs, aux mêmes remarques.

Toutefois, il faut observer que, dans l'alidade, la lunette n'est portée que par un seul tourillon, et ne peut être soulevée ; en outre, elle est trop longue, par rapport à la colonne CD pour pouvoir faire une demi-révolution autour de l'axe du tourillon. car elle est arrêtée dans ce mouvement par la règle. Voici alors comment on procède. On vise un point éloigné M, et on trace un trait *ab* le long

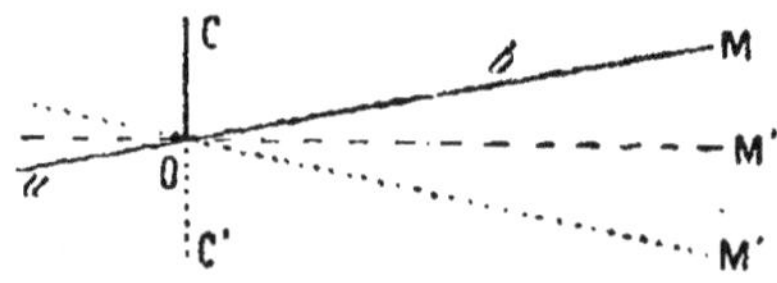

de la règle. Soit OC l'axe du tourillon de la lunette, supposé oblique par rapport à l'axe optique OM. On dévisse ce tourillon, et on le revisse après avoir changé la lunette bout pour bout. Si on replace la règle le long du trait *ab*, du côté opposé à celui qu'elle occupait dans la première position, l'axe du tourillon passe de OC en OC′, dans le prolongement de la même direction. Mais s'il n'est pas perpendiculaire à l'axe optique, celui-ci prend une direction OM′ et ne rencontre plus le point M. On corrige la moitié de l'écart en déplaçant le réticule et on recommence l'épreuve, jusqu'à ce que l'axe optique OM″ soit perpendiculaire à l'axe du tourillon OC.

2° Il faut que l'axe du tourillon soit parallèle au plan de la règle. Voici comment on peut vérifier que cette condition est remplie. On place l'alidade sur une planchette bien horizontale ; et on la dirige sur un long fil à plomb DE, ou sur une ligne, comme l'angle d'un édifice, dont on a vérifié la verticalité. On place successivement divers points de cette ligne sous la croisée des fils du réticule. Si l'axe du tourillon OC n'est pas horizontal, les différents points de la lunette décrivent, dans ce mouvement, des arcs de cercle dans des plans perpendiculaires à cet axe. Si l'on considère deux points *a* et *b* du fil du réticule, ils se déplacent suivant des arcs de cercle qui se projettent en *aa′* et *bb′*, en sorte que le fil prend une position oblique par rapport à verticale.

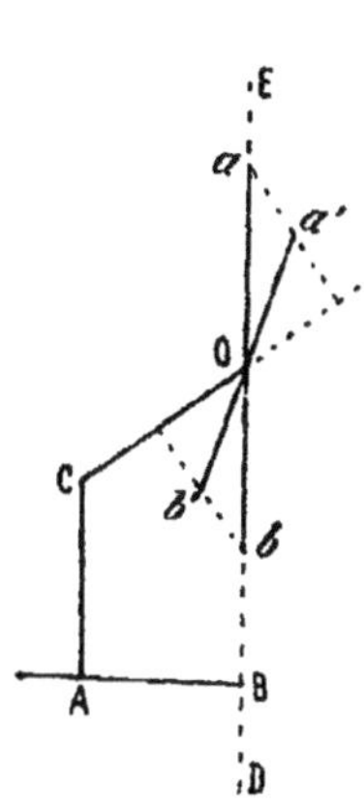

Si ce défaut existe, l'instrument doit être rejeté.

55. Inconvénients de la planchette. — La planchette permet de lever rapidement les angles et les longueurs des lignes dans la limite de sa portée, une fois qu'elle est installée. Mais son installation est longue et sujette à erreur. Cet instrument ne convient guère que pour des levers par rayonnement ou intersection, qui sont peu en usage dans les études relatives aux travaux publics.

Son emploi est assez délicat ; car il faut éviter de s'appuyer sur la tablette, sous peine d'en détruire l'horizontalité, et cependant il est difficile de dessiner sans exercer une pression notable.

Enfin elle ne peut servir que les jours où la pluie n'est pas à craindre. Si la feuille de papier est mouillée, elle se gondole, et il devient impossible d'y travailler. Par la dessication, le papier se contracte inégalement, et le dessin est altéré.

56. Cercle géodésique. — Habituellement, on mesure les angles au lieu de les dessiner et on a recours aux goniomètres. Le plus précis parmi ceux dont il est fait un usage courant en topographie est le cercle géodésique.

Cet instrument est formé d'un plateau circulaire A, monté sur un trépied à vis calantes V, et pouvant tour-

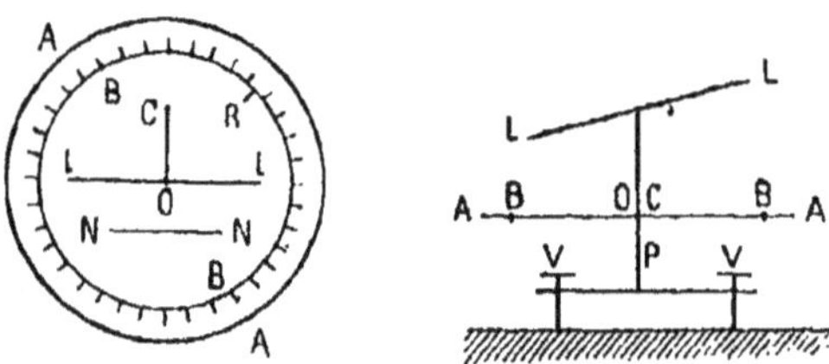

ner autour d'un pivot vertical P. Sur le plateau est fixé un niveau à bulle d'air N, à l'aide duquel le pivot peut être rendu vertical.

Le plateau n'est pas d'une seule pièce ; il est divisé en deux parties : un limbe annulaire extérieur A, et un plateau central B. Ces deux parties peuvent se mouvoir indépendamment l'une de l'autre autour du même pivot.

Mais, quand il en est besoin, on les rend solidaires au moyen d'une *pince p'* qui les saisit simultanément. Cette pince est munie d'une *vis de rappel* qui permet encore de petits déplacements du plateau central par rapport au limbe. Une autre pince semblable *p* sert à fixer à volonté le limbe au trépied à vis calantes.

Le limbe porte, le long de son bord intérieur, des divisions en degrés et parties de degrés. Le plateau central n'a qu'un seul trait de repère R, auquel est accolé un vernier.

En un point C du plateau central est implantée une alidade à lunette (n° 53), dont l'axe optique passe par un diamètre du cercle, et où le rayon RO fait office de bord de règle. Il n'est pas nécessaire que le repère R soit dans le plan de visée, ainsi qu'il a été expliqué plus haut (n° 51, 3°). On le place en un point quelconque du contour du plateau, de façon qu'il soit le mieux possible à la portée de l'œil de l'observateur.

57. Usage du cercle. — Pour mesurer un angle AOB, on installe le cercle au-dessus du sommet O de cet angle, et on s'assure, au moyen d'un fil à plomb ou d'un caillou qu'on laisse tomber librement après l'avoir présenté au-dessous du centre de l'instrument, que ce centre est bien au-dessus du point O.

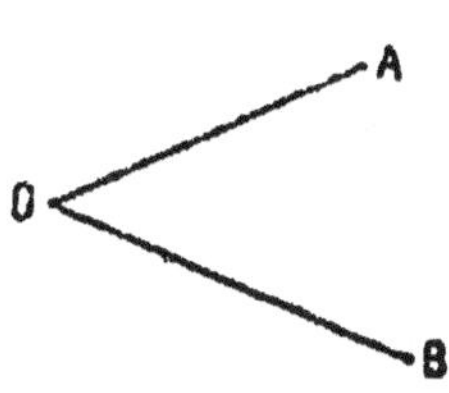

On procède alors au *calage*. A cet effet, on met le niveau parallèle à la ligne d'appui de deux des vis calantes, et on appelle la bulle entre ses repères. Puis, faisant décrire au plateau un quart de révolution, on amène le niveau au-dessus de la troisième vis, et on appelle de nouveau la bulle entre ses repères. Par un mouvement rétrograde, on le remet dans sa position primitive, et on exa-

CERCLE GÉODÉSIQUE

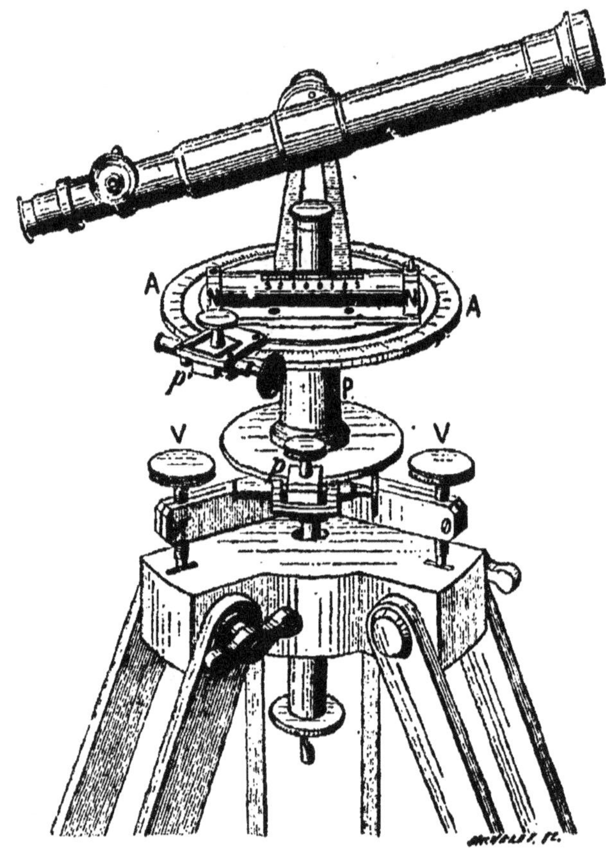

mine si la bulle revient à la même place. On recommence,
au besoin, l'épreuve plusieurs fois jusqu'à ce que la
bulle ne quitte plus sensiblement ses repères dans les
deux positions perpendiculaires.

Ce calage n'est bon qu'à la condition que la bulle soit réglée. On vérifie si elle l'est, et l'on procède au réglage s'il en est besoin, en appelant exactement la bulle entre ses repères dans une position quelconque, et faisant faire ensuite au plateau exactement une demi-révolution, en sorte que la bulle soit retournée bout pour bout. Si elle est réglée, elle revient entre ses repères ; si elle n'y revient pas, on rectifie la moitié de l'écart avec la vis de réglage du niveau, et l'on recommence l'épreuve.

On met alors le repère R en coïncidence avec le zéro des divisions du limbe. Quand le résultat parait obtenu à simple vue, on rend le plateau et le limbe solidaires par la pince supérieure, et, à l'aide d'une loupe, on vérifie cette coïncidence. Si elle n'est pas exacte, on la rectifie en se servant de la vis de rappel.

La lunette est dirigée vers le point A qui marque sur le sol la direction du côté AO, ou s'il est masqué vers un jalon qu'on a planté bien verticalement sur ce point. Quand ce signal est dans le champ de la lunette, on serre la pince inférieure, et l'on fixe tout l'instrument au trépied. On ramène ensuite par la vis de rappel de la pince inférieure le fil vertical du réticule sur le signal, qui doit être bissecté très exactement.

On sépare alors le plateau du limbe en desserrant la pince supérieure, et on le fait tourner jusqu'à ce que l'autre signal B apparaisse à son tour dans le champ de la lunette. On fixe les deux parties dans cette nouvelle position, et, avec la vis de rappel, on assure la bissection exacte du signal B par le fil vertical du réticule. Dans ce mouvement, le repère R a parcouru le long du limbe un arc égal à l'angle AOB, à partir du zéro des divisions. Il ne reste plus qu'à regarder le point où le repère s'est arrêté pour avoir la valeur de cet angle.

Remarques. — 1° Les cercles sont divisés, tantôt dans le sens du mouvement direct, tantôt en sens inverse. Il faut toujours se rendre compte de quel côté marchent les divisions, et régler l'ordre de l'opération en conséquence. Si la division est en sens direct, on vise d'abord le côté OA, situé sur la gauche lorsqu'on regarde l'intérieur de l'angle, afin que le repère se déplace lui-même en sens direct. Quand la division est en sens inverse, on vise d'abord sur la droite. Si on opérait autrement, les angles seraient décomptés à partir de 360°, et il faudrait prendre le complément des indications du vernier.

2° Lorsqu'on fait un lever de canevas par cheminement, la même règle doit être observée. L'opérateur doit toujours commencer par le côté qui est à sa gauche si la

graduation est directe, ou à sa droite si elle est inverse, lorsqu'il se place au sommet de l'angle en regardant toujours du même côté du cheminement. Il peut alors se présenter des angles de plus de 180°, comme au point C de la figure ci-dessus, où il y a un angle rentrant pour un opérateur regardant dans le sens des flèches.

3° Les cercles sont divisés, soit en demi degrés avec un vernier de 60 divisions, soit en tiers de degrés avec un vernier de 40 divisions. Dans les deux cas, la lecture se fait à 1/2 minute près. Cette approximation est suffisante en topographie. On a donc rarement recours aux procédés de la répétition ou de la réitération, auxquels le cercle se prête parfaitement du reste.

58. Vérifications. — Le cercle comprend une alidade à lunette qui doit satisfaire aux conditions indiquées ci-dessus (n° 54) et qui doit être vérifiée et rectifiée comme il a été dit.

En outre, il faut que le cercle soit monté de façon que le pivot autour duquel tourne le plateau passe exactement par le centre des divisions du limbe.

En effet, soit O le centre des divisions du limbe, et O', à une distance e, l'axe du pivot.

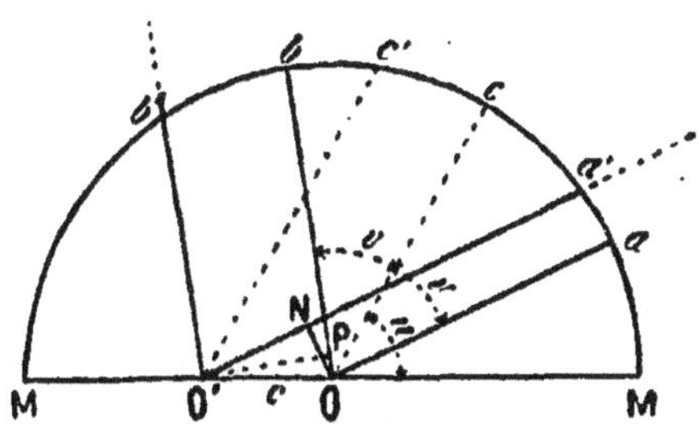

Soient $O'a'$ et $O'b'$ des rayons visuels dirigés vers des points situés à une distance infiniment grande. Si le centrage eût été juste, on aurait visé suivant des rayons Oa et Ob parallèles aux premiers. On lit donc l'arc $a'b'$ sur le limbe, au lieu de l'arc ab, et on commet une erreur ε égale à $a'b' - ab = bb' - aa'$.

Soit $2v$ l'angle aOb, et u l'angle de la bissectrice OC avec le diamètre qui passe par O et par O'. Par suite de la petitesse de l'erreur, les arcs bb' et aa' peuvent être considérés comme respectivement égaux aux perpendiculaires $O'P$ et ON. Or $O'P = e \sin (u + v)$ et $ON = e \sin (u - v)$. Donc $\varepsilon = 2e \sin v \cos u$. Si l'on appelle r le rayon du limbe, et qu'on exprime l'erreur en minutes, on trouve qu'elle

a pour valeur: $6875' \dfrac{e}{r} \sin v \cos u$.

Au lieu de viser des points infiniment éloignés, on peut

marquer sur le plateau deux repères fixes a' et b', et examiner les arcs qu'ils interceptent sur le limbe, lorsqu'on fait tourner lentement le plateau. Ces arcs atteignent un minimum pour cos $u = o$, c'est-à-dire lorsque la bissectrice $O'C'$ se trouve sur la ligne OO', et un maximum, lorsqu'elle lui est perpendiculaire et que cos $u = 1$.

Habituellement on marque sur le plateau deux repères chacun avec un vernier, aux extrémités d'un même diamètre. Dans ce cas $2v = 180°$ et sin $v = 1$; on obtient donc l'écart maximum.

Cette vérification est très importante. Les diamètres des cercles sont ordinairement de $0^m,15$ à $0^m,16$. Donc l'erreur est d'au moins $\frac{e}{0.08}$ 6875' sin v cos u ou 86,000' e sin v cos u. Pour $e = \frac{1}{10}$ de millimètre, elle atteindra 8',6 sin v cos u. Les deux verniers accuseraient des écarts passant de $+9'$ à $-9'$ environ.

En procédant méthodiquement, en mettant, par exemple, un des verniers successivement en contact avec les divisions 0, 10°, 20°..., et faisant la lecture à l'autre vernier, les variations de cette lecture suivent une loi régulière.

De cette loi on peut déduire la position du diamètre OO' et la valeur de l'excentricité e. Si les deux repères ne sont pas eux-mêmes exactement sur le même diamètre, on en sera averti et on pourra savoir exactement l'angle que font entre eux les rayons passant par les repères. On aura ainsi les éléments nécessaires pour calculer les corrections à faire aux angles lus. Mais de semblables calculs ne sont pas abordables en topographie. Il faut rejeter un instrument qui présenterait ce défaut à un degré appréciable.

49. Degré de précision du cercle. — Outre celle qui

vient d'être indiquée, le cercle est sujet à d'autres causes d'erreur dont les principales sont les suivantes :

1° Défaut de verticalité du pivot. — Cette cause est peu importante et peut être négligée, dans les limites où la lunette a la faculté de plonger, pourvu que le calage soit à peu près correct.

2° Défaut d'installation au sommet d'angle. — Si le pivot de l'instrument, au lieu d'être exactement au-dessus du

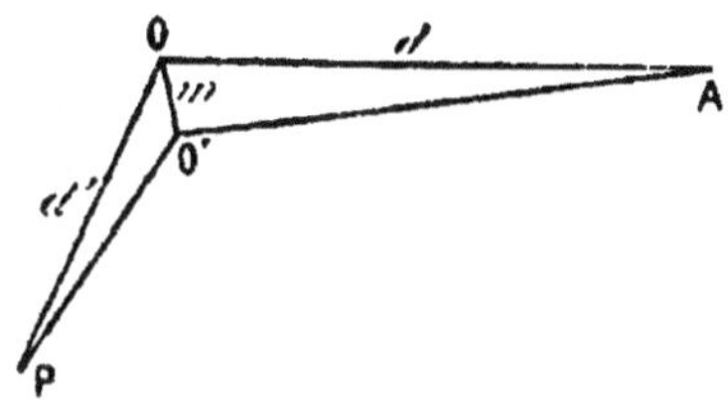

sommet O de l'angle, est placé en un point O' qui s'en écarte d'une quantité m, l'angle mesuré est erroné de $\frac{m}{d} + \frac{m'}{d'}$, d et d' étant les distances aux deux signaux A et P. Cette cause d'erreur a d'autant plus d'importance que les côtés OA et OP sont plus courts.

3° Défaut de pointage. — Si, au lieu de viser l'axe A du signal, on vise à côté, à une distance m de cet axe, il en résulte encore une erreur égale à $\frac{m}{d}$. Elle est surtout à craindre dans le cas où le point à viser n'est pas visible

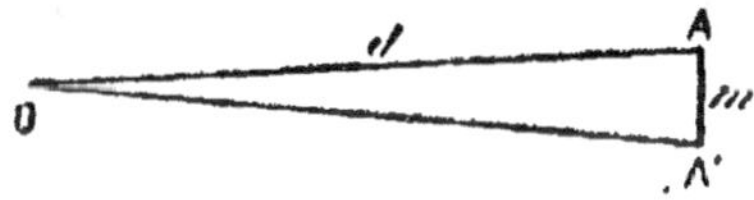

et où l'on se sert d'un jalon pour en représenter la verticale, si ce jalon n'est pas tenu bien droit.

Ces erreurs sont accidentelles et affectent les angles tantôt en plus et tantôt en moins. Elles ont donc peu d'influence sur l'exactitude du lever d'un canevas. Elles ne sont pas très importantes et peuvent être évitées ou extrêmement restreintes par un peu de soin et d'attention. Aussi le cercle géodésique permet-il d'obtenir les angles avec une grande précision, dont l'approximation est de moins d'une minute.

60. Cercle d'alignement. — On peut encore obtenir une précision supérieure en se servant de cercles dont la lunette est montée sur deux colonnes où elle s'appuie par un arbre, comme dans les lunettes d'alignement. Cet instrument est celui qui a été décrit au n° 25. On remarquera que le plateau P est muni d'un limbe mobile, disposé et divisé comme dans le cercle géodésique, et que c'est pour ce motif qu'on le désigne sous le nom de *cercle d'alignement*.

Il est susceptible d'un réglage plus parfait que le cercle géodésique, et permet de mesurer les angles avec une précision qui peut atteindre un quart de minute environ.

61. Graphomètre. — Le graphomètre est une sorte de cercle simplifié, qui donne les angles avec moins de précision, mais avec beaucoup plus de rapidité.

Dans cet instrument, le limbe est réduit à un demi-cercle, et l'alidade à lunette est remplacée par une alidade à pinnules (n° 50).

Le graphomètre n'est pas monté sur un trépied à vis calantes. Il est simplement pourvu d'une douille AB que l'on enfonce sur une tige formant la tête d'un pied à trois branches sans tablette. L'instrument est mobile autour de la tête de la douille, où se trouve un genou sphérique G à coquille avec vis de pression. Il peut tourner en outre autour d'un pivot, et être arrêté dans ce mouvement par une pince *p* qui serre un petit plateau *ab* faisant corps avec le limbe.

L'alidade DE tourne autour d'un axe C qui coïncide avec le centre des divisions du limbe. Elle porte un repère R, muni d'un vernier, à chacune de ses extrémités.

Pour mesurer un angle, on place le centre C du graphomètre au-dessus du sommet de l'angle ; puis on met au jugé le plan du limbe à peu près horizontal. On place le repère de l'alidade sur le zéro des divisions du limbe, et on fait tourner l'instrument sur son axe, jusqu'à ce que l'alidade soit dirigée suivant l'un des côtés de l'angle. On le fixe dans cette position avec la pince ; puis on fait tourner l'alidade jusqu'à ce que son plan de visée soit sur l'autre côté de l'angle. On fait enfin la lecture.

Pour éviter d'avoir chaque fois à ramener l'alidade au zéro des divisions, on adapte au limbe une seconde alidade fixe FH dont le plan de visée passe précisément par ce zéro. C'est par cette alidade que l'on vise le premier signal. Le diamètre 0°—180° est la *ligne de foi* de l'instrument.

Le graphomètre porte le plus souvent deux graduations dont les zéros sont aux deux extrémités de la ligne de foi ; on peut d'ailleurs viser par l'une quelconque des pinnules de chaque alidade ; enfin l'observateur peut placer le limbe soit à sa droite, soit à sa gauche.

Le repère tombe ainsi sur un point où sont inscrits deux angles supplémentaires. Pour obtenir des résultats exempts de confusion, il faut placer le limbe toujours de la même façon, par exemple, toujours à sa gauche, et observer de quel côté marche le vernier, en choisissant le zéro que l'on trouve en suivant le limbe en sens opposé. On a soin, d'ailleurs, de faire, à mesure qu'on opère, des croquis qui préviennent toute erreur[1].

---

1. Chaque alidade porte deux systèmes de pinnules, l'un au-dessus de l'autre ; quand on a visé par le système supérieur dans l'alidade fixe, il faut vi-

GRAPHOMÈTRE

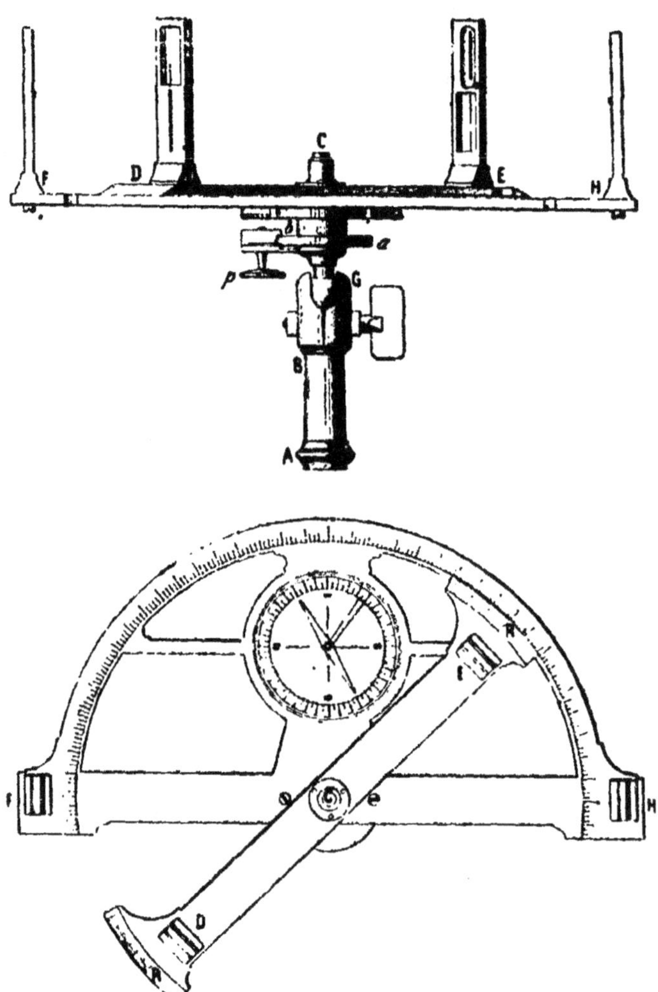

62. Vérifications. — Les vérifications à faire sur le graphomètre sont celles qui s'appliquent à l'alidade à pinnules et au cercle.

On s'assure, comme il a été indiqué au n° 51, que les deux pinnules forment un plan de visée et que ce plan est vertical quand le limbe est horizontal.

Pour reconnaître si l'axe de rotation de l'alidade mobile coïncide avec les divisions du limbe, on n'a pas la ressource, comme dans le cas du cercle (n° 58), de se servir des deux repères de l'alidade puisque le limbe ne se compose que d'un demi-cercle. On vise successivement deux points éloignés au moyen de l'alidade mobile, et on conclut, par la différence des lectures, l'angle formé par les lignes qui réunissent ces points à celui où est installé l'instrument. Puis on recommence plusieurs épreuves semblables en changeant, à chaque fois, l'orientation du limbe. On doit retrouver toujours le même angle.

Il est en outre nécessaire que les plans de visée, tant de l'alidade fixe que de l'alidade mobile, passent exactement par les repères à partir desquels sont comptées les divisions du limbe ou celles du vernier, ou, tout au moins, qu'ils s'en écartent d'une même quantité et dans le même sens. Pour s'en assurer, on mesure un même angle, d'abord avec l'alidade fixe et l'alidade mobile, puis ensuite, après avoir changé l'orientation du limbe, avec l'alidade mobile seule. Ce dernier angle est soustrait à l'erreur que l'on recherche. Si les deux angles ne sont pas égaux, on en conclut que le défaut signalé existe.

63. Causes d'erreur et degré de précision du graphomètre. — Les causes d'erreur auxquelles est sujet l'emploi du graphomètre sont les mêmes que pour le cer-

ter aussi par le système supérieur dans l'alidade mobile, ou, au contraire, se servir les deux fois des systèmes inférieurs. On évite ainsi toute confusion.

cle, défaut de verticalité du pivot, défaut d'installation au sommet d'angle, défaut de pointage. Il y a, en outre, l'erreur inhérente à l'emploi des pinnules, par suite de la grosseur des fils et de l'ouverture de la fente (n° 52).

Le défaut de verticalité du pivot se trouve exagéré, parce qu'on se contente généralement de mettre le limbe horizontal à simple vue. On s'aide quelquefois de la petite boussole que portent certains graphomètres : les deux pointes de l'aiguille doivent affleurer au même niveau les bords du cercle le long duquel elles se meuvent.

Le défaut de pointage est aussi plus grand qu'avec le cercle, car on vise à l'œil nu, et au moyen d'un crin relativement gros.

Il résulte de là que le graphomètre donne une précision beaucoup moindre, et que l'approximation sur laquelle il permet de compter n'est guère que d'environ 5 minutes.

64. Pantomètre. — Le pantomètre est formé de deux tambours cylindriques M et N, ayant un même axe, et dont l'un, le tambour supérieur M, peut tourner autour de cet axe au moyen d'une crémaillère C. Chaque tambour est pourvu d'un système de fentes et de fenêtres à crin formant pinnules. Le long du cercle commun, le tambour inférieur porte une graduation en degrés, dont l'origine est dans le plan de visée de ses pinnules ; le tambour supérieur porte un repère également tracé dans le plan de visée de ses pinnules et pourvu d'un vernier. Le tambour inférieur est muni d'une douille qui s'enfonce dans un support formé d'un simple bâton BB, dit bâton d'équerre.

Le bâton est armé d'une pointe P que l'on enfonce dans le sol au sommet de l'angle à mesurer, et on le met vertical à simple vue. La tige à douille du pantomètre porte souvent un genou à coquille G qui permet de rectifier au besoin la verticalité de l'axe du cylindre, lorsque celle du bâton n'est pas suffisante, et un petit plateau *ab* mobile autour d'un centre qui peut être fixé par une pince *p* ; l'appareil est alors supporté comme le graphomètre.

On dirige l'alidade du tambour fixe vers le signal qui détermine l'un des côtés de l'angle en faisant tourner l'appareil dans la douille, ou mieux autour du centre de rotation du plateau *ab*. Puis, au moyen de la crémaillère, on amène les pinnules supérieures dans la direction du signal qui détermine l'autre côté. Le zéro du vernier a parcouru ainsi un arc comprenant autant de degrés que l'angle à mesurer. Il faut prendre les mêmes précautions qu'avec le cercle, quant à l'ordre dans lequel se font les visées (n° 57, 1° et 2°).

63. Vérifications. — Les vérifications à faire sur le pantomètre sont les suivantes.

On s'assure que les deux pinnules forment un plan de visée et que ce plan est vertical quand les arêtes des tambours le sont (n° 51).

On reconnaît si l'axe de rotation du tambour mobile coïncide avec le centre des divisions du limbe comme dans le cercle (n° 50). Le tambour mobile est pourvu, à cet effet, de deux repères placés aux extrémités d'un même diamètre.

On s'assure enfin, comme dans le graphomètre (n° 62), que les plans de visée des deux alidades passent bien par les repères à partir desquels sont comptées les divisions du limbe et celles du vernier, ou du moins s'en écartent dans le même sens et de la même quantité.

64. Degré de précision du pantomètre. — Le pantomètre est moins précis que le graphomètre, dont il exa-

PANTOMÈTRE

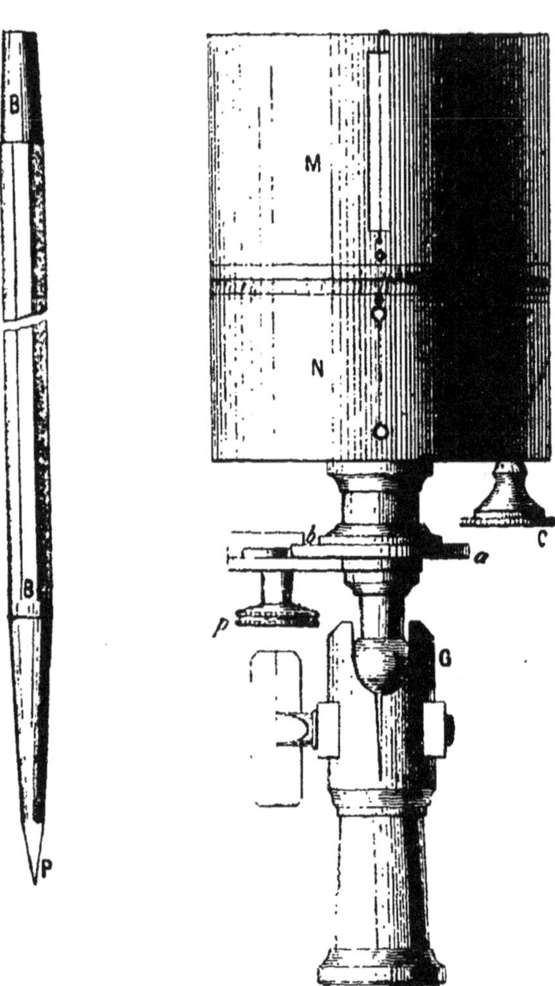

gère les défauts. Il est plus difficile d'obtenir des plans
de visée verticaux, et le petit diamètre que l'on est obligé
de donner aux tambours, pour que l'instrument soit maniable, augmente l'incertitude due à la grosseur des fils
et à la largeur de la fente. La manœuvre de la crémaillère
et l'orientation du tambour inférieur exposent la tête du
bâton à des déplacements, qui deviennent excessifs quand
la tige de la douille n'est pas pourvue d'un centre de rotation.

Aussi cet appareil ne permet-il pas une approximation de plus de dix minutes environ dans la mesure des
angles.

On s'en sert toutefois assez fréquemment à cause de
la rapidité de son installation.

Il suffit, d'après cela, que le vernier donne les angles
à 5 minutes près. Les verniers plus longs et les organes
plus précis, tels que les lunettes, que l'on installe quelquefois sur les pantomètres, sont des complications inutiles et dont l'exactitude est illusoire.

67. Boussole d'arpenteur. — Le goniomètre désigné sous le nom de *boussole* est basé sur la propriété
qu'a une aiguille aimantée suspendue en son milieu de
se diriger toujours vers un même point, le pôle magnétique.

Le méridien magnétique pouvant être considéré comme
constant dans une étendue topographique, il suffit, pour
fixer la direction d'une ligne, de mesurer l'angle qu'elle
fait avec ce méridien.

La boussole se compose d'une boîte carrée DCD′C′,
portant un limbe métallique dont le bord est divisé en
degrés, de façon que le diamètre 0°—180°, appelé ligne
de foi, soit parallèle à l'un des bords de la boîte. Au centre du limbe est un pivot K, sur lequel repose la

BOUSSOLE D'ARPENTEUR

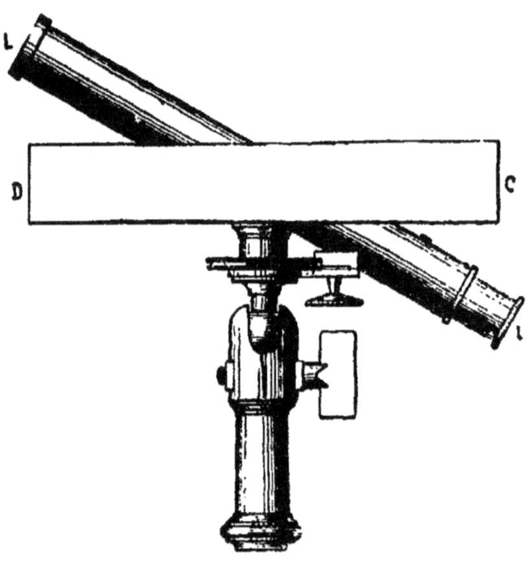

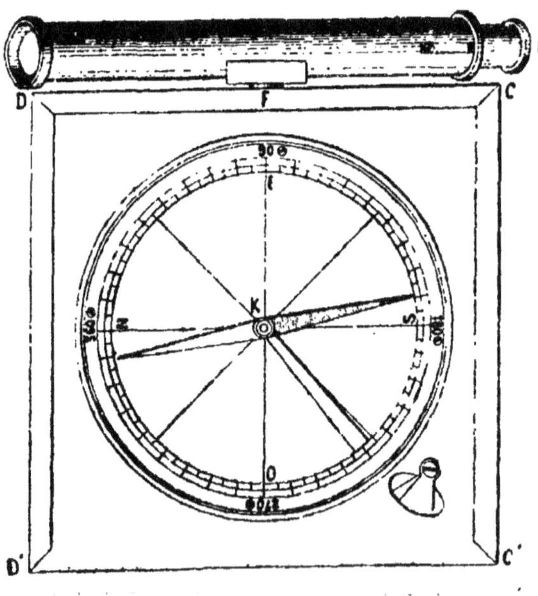

chape d'une aiguille aimantée, lestée de façon à se tenir horizontale malgré l'inclinaison magnétique. Parallèlement au bord DC est un appareil de visée LL, habituellement une lunette qui peut tourner autour d'un axe horizontal F, perpendiculaire au bord DC. La boîte s'installe sur un pied à trois branches simples au moyen d'une douille disposée comme celle du graphomètre (n° 61).

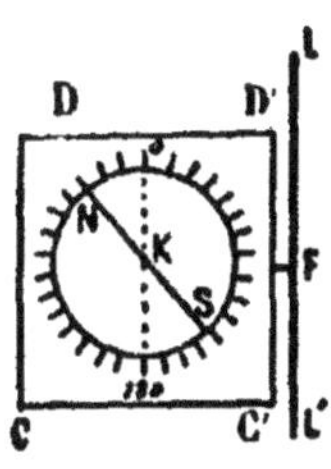

Pour connaître la position d'une ligne OA, on met la boussole en un point quelconque M de cette ligne, et on dirige la lunette vers le signal A. La ligne de foi se place parallèlement à cette direction, et l'aiguille aimantée dans le méridien magnétique NS. L'arc compris entre la pointe de l'aiguille et le zéro du limbe mesure l'angle de la ligne OA avec le méridien.

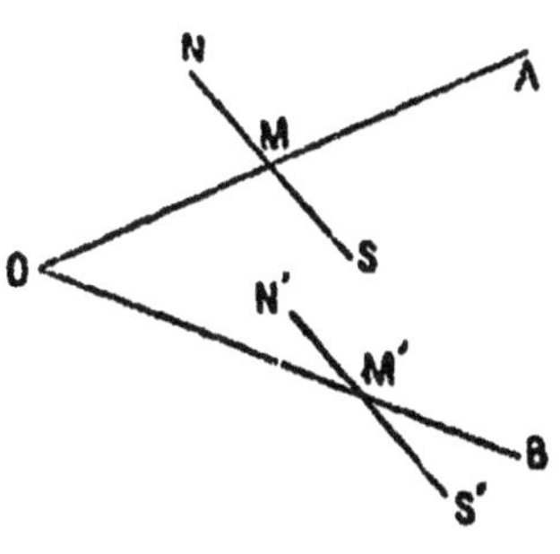

Pour avoir l'angle AOB, il suffit de mesurer de même l'angle de OB avec le méridien magnétique et de prendre la différence des deux lectures. Car AOB = NMO — N'M'O.

On voit qu'il n'est pas nécessaire de se mettre au sommet O et qu'on peut choisir les points M et M' arbitrairement sur les côtés de l'angle. Néanmoins, en se plaçant au sommet on a l'avantage de prendre les deux directions d'une seule station.

Au point M, les lignes AO et NS font quatre angles différents, suivant que l'on compte les arcs à partir de la pointe N ou de la pointe S de l'aiguille, et suivant que les divisions marchent en sens direct ou en sens inverse. Afin d'éviter toute confusion, il est nécessaire d'opérer toujours de la même façon. La lunette pourrait être placée soit à la droite, soit à la gauche de la boîte, par rapport à l'observateur. Les lectures obtenues dans ces deux positions diffèrent de 180°. Il faut choisir un côté et s'y tenir pendant tout le cours des opérations; habituellement, on met la lunette sur la droite. On pourrait prendre les angles à partir de la pointe nord ou de la pointe sud de l'aiguille; il en faut choisir une et la conserver comme repère constant. Ordinairement, on se sert de la pointe nord, qui se distingue par sa couleur bleue de la pointe sud restée grise. Quant au sens dans lequel se mesurent les arcs, il est fixé une fois pour toutes par construction.

Les mesures que l'on prend sont donc les directions des lignes avec la partie du méridien magnétique qui est au nord de ces lignes, et du côté où marchent les divisions du limbe. Ces mesures peuvent atteindre 360°.

68. Erreur de parallaxe. — Il est assez difficile de placer l'axe de la lunette sur la ligne elle-même, et ce serait incommode si l'on avait à mesurer plusieurs angles

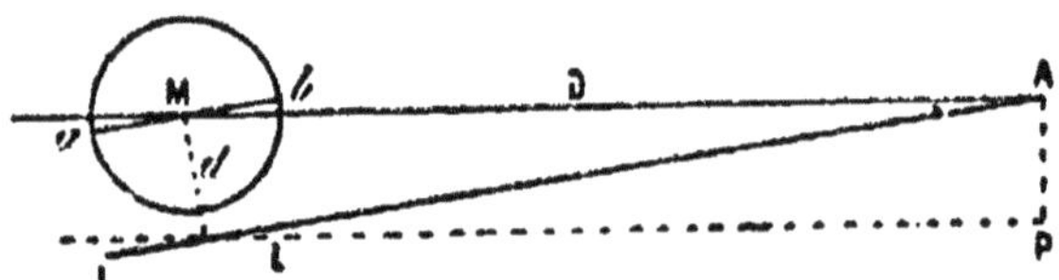

d'un même point. C'est le centre de l'instrument que l'on met au-dessus du point M. Le viseur LL se trouve alors sur le côté, et, si on le dirige sur le signal A, la ligne de foi ab, qui lui est parallèle, ne se place pas suivant la ligne MA, mais fait avec elle un angle bMA = MAL. Cet angle est égal au rapport $\frac{d}{D}$, d étant la distance du viseur au centre de l'instrument, et D la distance du signal A au point M.

Sur l'autre côté de l'angle, pour lequel le signal serait à une distance D', l'erreur serait $\frac{d}{D'}$. L'angle calculé par différence serait donc fautif de $d\left(\frac{1}{D}-\frac{1}{D'}\right)$. Cette quantité est nulle pour $D = D'$. Elle est négligeable dans les conditions où l'on se trouve ordinairement placé : il suffit de ne pas admettre pour D une longueur trop petite ni trop différente de D'. L'erreur ne dépasse pas quelques minutes si l'on ne fait pas $D' - D > D$, ni $D < 30$ mètres environ.

On peut, du reste, faire la correction par le calcul. On peut aussi se servir d'un jalon muni d'un bras AP de longueur égale à d, et prendre l'extrémité P de ce bras pour signal.

69. Degré de précision de la boussole. — Les limbes des boussoles sont divisés en degrés, quelquefois en demi-degrés. Il n'y a pas de vernier pour apprécier les fractions, qui ne peuvent s'évaluer que par estime. Il est difficile de faire la lecture à moins d'un quart ou un cinquième de degré, c'est-à-dire à moins de 12 ou 15 minutes près.

La précision de la mesure n'approche même pas de cette limite. Outre l'erreur due à l'excentricité de la lunette, il y a celle qui provient de la variation diurne de la déclinaison de l'aiguille. Cette variation est toujours de plusieurs minutes et peut atteindre à certaines époques 25 ou 30 minutes dans une journée. Si l'on opère à proximité de pièces de fer un peu considérable, ne fût-ce que celles que l'opérateur porte sur lui ou les jalons métalliques, l'aiguille aimantée peut subir une déviation qui la jette en dehors du méridien magnétique. L'aiguille peut être peu sensible, manquer de symétrie ou être mal équilibrée ; son équilibre est d'ailleurs plus ou moins détruit par les variations de l'inclinaison magnétique. Enfin, bien que beaucoup de boussoles soient munies de petits niveaux sphériques, il est difficile d'obtenir l'horizontalité du limbe, et, par suite, celle de l'axe de rotation de la lunette.

Par tous ces motifs, les mesures faites à la boussole manquent de précision, et on ne les obtient guère à moins de 20 ou 30 minutes près.

On peut arriver à une exactitude un peu plus grande, en prenant chaque mesure plusieurs fois, après avoir porté la lunette de droite à gauche et en se plaçant successivement aux deux extrémités de l'alignement. Mais alors l'opération devient plus longue qu'avec le cercle, quoique beaucoup moins précise encore.

La boussole doit être soumise à des vérifications analogues à celles que comporte le cercle. Il faut s'assurer que le pivot de l'aiguille coïncide avec le centre des divisions du limbe ; que l'axe de rotation de la lunette est dans un plan parallèle au limbe et se met horizontal en même temps que lui ; que l'axe optique de la lunette est perpendiculaire à son axe de rotation. On n'insistera par sur ces vérifications, qui se font de la même manière que dans les autres goniomètres.

La boussole est peu employée dans les études ou les travaux de construction des voies de communication, où le canevas des plans exige une exactitude plus grande et où les détails se lèvent par des procédés plus rapides. Il est à remarquer toutefois qu'elle présente un avantage important sur les autres goniomètres, lorsqu'il s'agit de dresser des plans généraux sur lesquels on peut avoir à prendre des mesures au compas et au rapporteur ; c'est que chaque direction est déterminée d'une manière indépendante, et qu'une erreur ou une faute faite sur un des côtés du canevas n'a pas d'influence sur les autres.

§ 5

CONSTRUCTION DES ANGLES

70. Construction d'un angle sur le terrain. — On a quelquefois, dans le lever des plans, à résoudre le problème inverse de la mesure des angles, c'est-à-dire, à marquer sur le terrain des points tels que les alignements qui les joignent fassent des angles donnés. Par exemple,

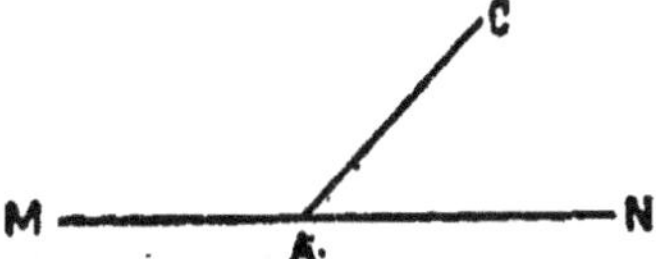

étant donné un alignement MN, on peut avoir à mener en un point A de cet alignement une ligne AC qui fasse avec MN un angle donné.

Tous les goniomètres permettent de résoudre le problème. On installe l'instrument au point A ; puis on fixe le plan de visée dans une direction AC qui fasse avec la ligne de foi l'angle donné, et l'ont fait porter un jalon C dans cette direction.

On peut avoir, au contraire, à chercher, à partir d'un point donné C, une direction CA qui fasse avec MN un angle donné. On procède alors par tâtonnements en se plaçant d'abord au jugé en un point voisin de A et cherchant si le point C se trouve dans le plan de visée. S'il ne s'y trouve pas, on déplace l'instrument sur la ligne MN dans le sens convenable, et on recommence l'épreuve.

EQUERRE D'ARPENTEUR

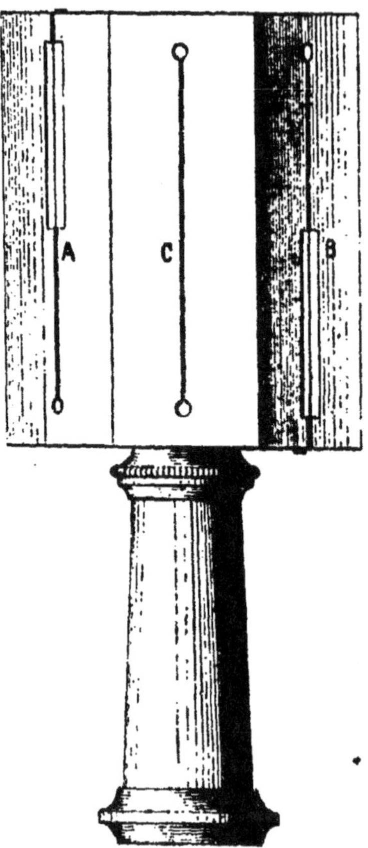

71. Équerre d'arpenteur. — Le plus souvent les angles que l'on doit construire sont droits. Dans ce cas, on se sert de *l'équerre d'arpenteur.* C'est une sorte de pantomètre où les deux plans de visée sont invariablement perpendiculaires l'un sur l'autre. Il n'y a plus alors qu'un seul tambour et les engrenages sont supprimés.

Souvent, l'équerre a la forme d'un prisme octogonal. De deux en deux, les pans sont munis de pinnules à fentes et à crins, AA',BB', qui déterminent des plans de visée à angle droit.

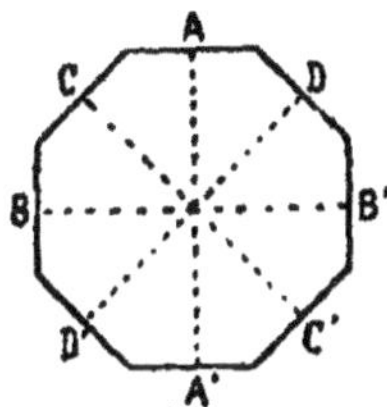

La plupart des équerres portent sur les quatre autres pans de simples fentes CC', DD', dont on se sert comme de pinnules, et qui forment encore deux plans de visée perpendiculaires entre eux. Grâce à cette disposition, on peut aussi construire des angles de 45°.

Les pinnules à simples fentes donnent un peu plus de précision que les pinnules à crins. Mais leur usage est peu commode pour chercher ou faire placer un jalon par tâtonnements ; car on ne l'aperçoit que lorsqu'il est exactement dans le plan de visée, tandis qu'avec la fenêtre à crins, on embrasse un champ assez vaste pour reconnaître immédiatement ou rectifier facilement sa position.

L'équerre se met, comme le pantomètre, sur un bâton à l'aide d'une douille. Elle s'installe de la même façon et s'emploie avec les mêmes précautions.

On doit vérifier, avant de se servir d'une équerre, que chaque système de pinnules constitue bien un plan de visée, comme il a été indiqué au n° 51.

En outre, il faut s'assurer si les quatre plans de visée qu'elle détermine font entre eux des angles égaux de 45°. A cet effet, on installe l'équerre en un point O, et on fait porter un jalon de part et d'autre, en A et B, dans l'alignement déterminé par un des plans de visée. On fait

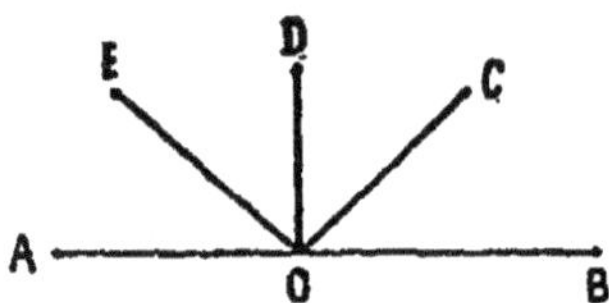

de même porter un jalon C, D, E, sur chacun des alignements formés par les trois autres plans de visée. Si l'on
fait alors faire à l'équerre un huitième de révolution,
en ramenant sur C la pinnule d'abord dirigée sur B, les
plans de visée se substituent les uns aux autres, et, s'ils
font entre eux des angles égaux, on retrouve simulané-
ment tous les jalons sous les pinnules. Quand il n'y a pas
de pinnules à 45°, la vérification se fait de la même
façon, sauf qu'il faut faire subir à l'équerre un quart au
lieu d'un huitième de révolution.

72. Equerres à réflexion. —On a imaginé d'appliquer
à la construction des angles le principe de la double ré-

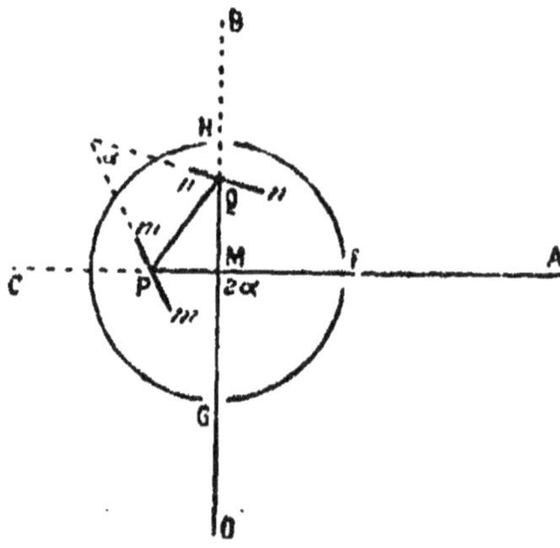

flexion. Soient deux petits miroirs *m*, *n*, dont les plans font entre eux un angle α. On sait qu'un rayon lumineux AP qui tombe sur le premier miroir, après s'être réfléchi en P et en Q, sort suivant une direction QO faisant avec AP un angle 2α. Si $\alpha = 45°$, les deux rayons AP et OQ sont perpendiculaires.

On enferme les deux miroirs dans une petite boîte cylindrique ou carrée, dont les génératrices sont parallèles à leur intersection. La boîte porte trois fenêtres F, G et H, disposées, les deux premières sur le trajet des rayons AP et OQ, et la troisième sur le même diamètre que la seconde. La hauteur du miroir *n* ne dépasse pas la moitié de celle des fenêtres; en sorte que l'œil, placé en O, voit à la fois l'image du point A dans le miroir et les objets situés au dehors dans la direction OQB.

L'équerre étant tenue à la main, le centre M au-dessus d'un point de l'alignement AC sur lequel on veut élever une perpendiculaire, on tourne la boîte jusqu'à ce qu'on voie dans le miroir *n* l'image du jalon A, et l'on fait présenter un jalon B, jusqu'à ce qu'il apparaisse en prolongement de cette image.

Pour résoudre le problème inverse, c'est-à-dire pour

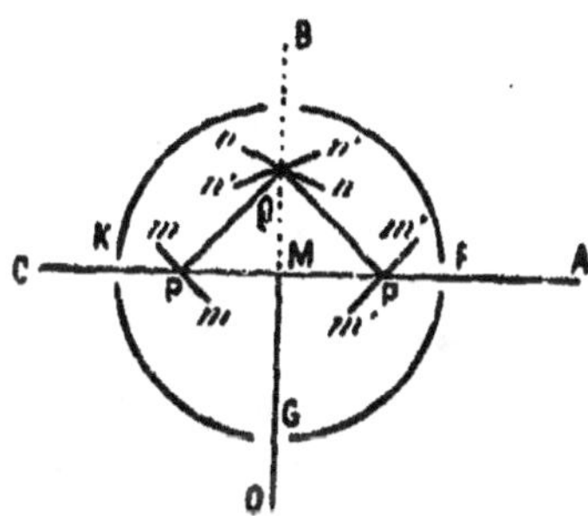

chercher le pied M de la perpendiculaire abaissée de B sur la ligne AC, il faut avoir un moyen de s'assurer si le point M où l'on s'est placé est sur l'alignement AC. On y parvient en plaçant dans la boîte deux miroirs *m'* et *n'*, symétriques aux miroirs *m* et *n* par rapport au diamètre OQB, mais placés au-dessous d'eux de façon à ne pas intercepter les rayons qui s'y seraient réfléchis. Si le point M est sur la ligne AC, les images des deux jalons A et C se réfléchissent suivant la même direction QO, et on les voit en prolongement l'une de l'autre.

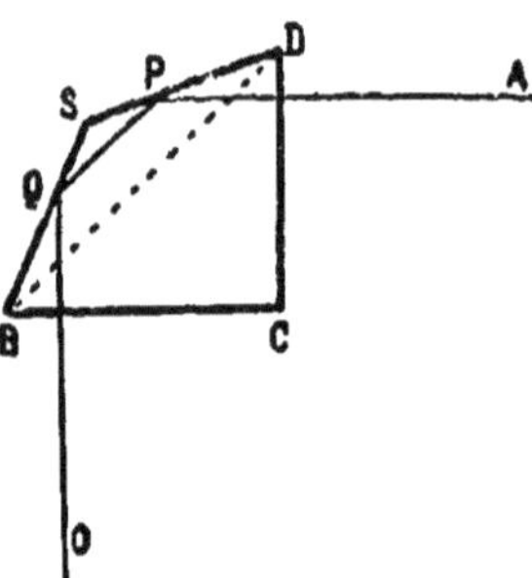

On peut varier la disposition des miroirs, et les mettre, dans les positions *m*S et *n*S, l'angle S étant de 135°.

On substitue avec avantage aux miroirs des prismes à réflexion totale, où l'on est certain que l'angle des deux surfaces réfléchissantes ne peut se déranger. On leur donne la forme ci-contre, l'angle en S étant de 135°. On se sert aussi de prismes triangulaires rectangles BCD, mais les images y sont moins nettes.

Les équerres à réflexion ne peuvent servir que dans des terrains peu accidentés. Ils supposent que l'œil et les objets visés ou réfléchis sont dans un même plan perpendiculaire à l'intersection des miroirs ou à l'arête des prismes. Si la ligne de visée est plongeante, l'angle obtenu n'est pas droit. Pour éviter que cette erreur ne devienne trop grave, on donne aux miroirs ou aux prismes une faible hauteur, de 15 millimètres environ, en sorte que le champ de la visée est très restreint en hauteur. Il est aussi assez difficile de projeter sur le sol le point où les rayons perpendiculaires se croisent, lorsque l'équerre est tenue à la main. Si on la pose sur un bâton, elle donne lieu à des tâtonnements aussi longs et aussi fastidieux que l'équerre d'arpenteur ordinaire. Habituellement, on se sert d'un fil à plomb passé dans un œil placé au-dessous du centre de l'instrument. Le plomb projette sur le sol la verticale de ce centre.

Ces inconvénients ont empêché cet ingénieux instrument de se répandre et de devenir d'un usage courant.

NIVELLEMENT

CHAPITRE II

NIVELLEMENT

SOMMAIRE

§ 1. *Généralités.* — 73. But du nivellement. — 74. Définitions. — 75. Influence de la courbure de la terre. — 76. Principe du nivellement. — 77. Niveau apparent et niveau vrai. — 78. Réfraction atmosphérique. — 79. Nivellement de plusieurs points. — 80. Nivellement composé. — 81. Calcul des cotes et carnets de nivellement.

§ 2. *Mires.* — 82. Différents types de mires. — 83. Mire à voyant. — 84. Erreurs à craindre et précautions à prendre. — 85. Vérifications. — 86. Mire parlante. — 87. Usage de la mire parlante. — 88. Erreurs et précautions. — 89. Précision. — 90. Lecteur.

§ 3. *Niveaux : 1° Niveaux sans lunettes.* — 91. Différents genres de niveau. — 92. Niveau d'eau. — 93. Usage du niveau d'eau. — 94. Précautions. — 95. Conditions de construction. — 96. Degré de précision et inconvénients. — 97. Niveau à collimateur. — 98. Vérification. — 99. Niveau à pinnules. — *2° Niveaux à lunettes.* — 100. Principe général ; différents types. — 101. *Niveau cercle* de Lenoir. — 102. Usage de ce niveau. — 103. Réglage. — 104. Remarques. — 105. Double visée. — 106. Effet de l'inégalité des prismes. — 107. Nécessité du réglage. — 108. Vérifications de la bulle. — 109. Vérifications de la lunette. — 110. *Niveau d'Egault.* — 111. Usage de ce niveau. — 112. Réglage. — 113. Vérifications. — 114. Niveau Bourdaloue. — 115. *Niveau à bulle indépendante.* — 116. Usage de ce niveau. — 117. Réglage. — 118. Vérifications. — 119. Comparaison des divers genres de niveaux. — 120. Fautes et erreurs dans le nivellement. — 121. Degré de précision du nivellement. — 122. Erreur de fermeture.

§ 4. *Nivellement trigonométrique.* — 123. Principe général. — 124. Niveau de pente de Chézy. — 125. Usage de cet instrument. — 126. Vérifications. — 127. Degré de précision de cette méthode.

§ 5. *Nivellement barométrique.* — 128. Principe général. — 129. Formule de Babinet. — 130. Baromètres anéroïdes. — 131. Marche de l'opération. — 132. Baromètres orométriques.

§ I

GÉNÉRALITÉS

73. But du nivellement. — Le nivellement a pour objet de déterminer la hauteur relative des points du sol, par rapport à la sphère terrestre où l'on a supposé le pied des verticales de ces points dans le lever des plans (n° 3).

Connaissant la distance D de deux points du sol et la

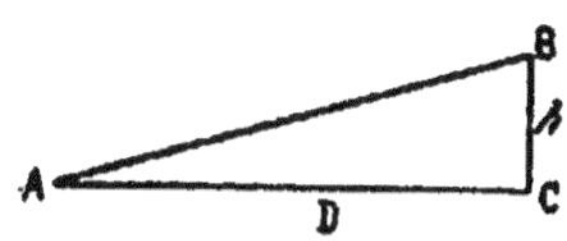

différence h de leur hauteur par rapport à une même sphère terrestre, on possède les éléments du calcul de la pente $\frac{h}{D}$ de la ligne qui les joint; et si les points de la surface du sol sont assez nombreux et convenablement choisis, cette surface se trouve parfaitement définie, puisqu'on connaît en chaque endroit sa déclivité.

Pour qu'il en soit ainsi, il est nécessaire que les deux éléments h et D soient obtenus avec la même approximation.[1] Il résulte de là que le nivellement demande des instruments beaucoup plus délicats que la mesure des distances. On a vu que celles-ci se déterminaient à quelques millièmes près. La différence de hauteur des points ne s'obtenant, ainsi qu'on le verra plus loin, que par fractions ne dépassant guère 3 mètres, on voit que chacune de ces fractions doit être mesurée à un petit nombre de millimètres près.

74. Définitions. — On appelle surface de niveau celle que l'on peut parcourir sans monter ni descendre, où, par conséquent, le travail de la pesanteur est nul pour un point matériel qui s'y déplace. Cette surface est en tous ses points normale à la direction de la pesanteur, indiquée par la verticale.

---

1. Si l'on fait sur h une erreur mh et sur D une erreur $m'D$, l'erreur sur la pente est : $e = \dfrac{h(1+m)}{D(1+m')} - \dfrac{h}{D} = \dfrac{h}{D} \cdot \dfrac{m-m'}{1+m'}$. Pour $m = m'$, on a $e = o$. Si $m = m' + \delta$, on a $e = \dfrac{h}{D} \cdot \dfrac{\delta}{1+m'}$, ou, en négligeant m' devant 1, $e = \delta \dfrac{h}{D}$.

Une bille qui serait posée sur une surface de niveau, alors même qu'elle aurait la faculté d'y rouler sans frottement, ne se mettrait pas en mouvement. Les eaux tranquilles pouvant être considérées comme un amas de billes de cette nature, leur surface est nécessairement une surface de niveau.

Cette surface serait sphérique, si la terre était en repos. Mais, par suite de son mouvement de rotation, il se produit une force centrifuge proportionnelle au carré de la vitesse, qui se retranche de la pesanteur, et soulève davantage les molécules les plus rapprochées de l'équateur. Il en résulte que la surface des eaux tranquilles affecte une forme ellipsoïdale, dont le petit axe est sur la ligne des pôles, et le grand axe dans l'équateur. D'après les mesures les plus récentes, l'aplatissement de la terre, c'est-à-dire, le rapport de la différence de ses axes au plus grand, est $\frac{1}{291.9}$, et le demi-grand-axe de la surface des mers, supposées en équilibre et prolongées sous les continents, a une longueur de 6.378.393 mètres. Il en résulte que la différence des deux demi-axes est de 21.851 m., et que le demi-petit-axe a une longueur de 6.356.542 m.

Les surfaces de niveau qui seraient déterminées par des nappes d'eau continues situées au-dessus de celle des mers tranquilles, à des hauteurs ne dépassant pas quelques kilomètres, seraient sensiblement semblables; elles ne sont donc pas parallèles entre elles.

Dans une étendue topographique, on peut faire abstraction des variations de la courbure de la terre, les coupes faites par des plans verticaux dans l'ellipsoïde des mers tranquilles différant très peu de cercles ayant tous un même rayon. Les différences entre leurs rayons ne dépassent pas une fraction négligeable de ce rayon. On opère donc comme si les surfaces de niveau étaient sphériques et concentriques.

La France comprenant le parallèle de 45°, le rayon moyen de la sphère de niveau formée par la surface des mers y diffère peu de 6.367 kilomètres.

On dit que deux *points* sont de *niveau* lorsqu'ils appartiennent à une même surface de niveau.

Une *ligne de niveau* est celle dont tous les points sont de niveau.

La *cote de niveau* d'un point est sa distance, mesurée sur la verticale, à la surface de niveau choisie pour comparer les diverses cotes entre elles. Cette surface porte le nom de *plan de comparaison*, expression impropre puisqu'une surface de niveau n'est pas un plan, mais une sphère.

Quand le plan de comparaison est la surface de la mer tranquille, supposée prolongée sous les continents, la cote prend le nom d'*altitude*.

75. Influence de la courbure de la terre. — Il n'est pas permis, dans le nivellement, de négliger la courbure de la terre comme on le fait dans le lever des plans. Soit O le centre de la terre, et M un point dont on doit chercher la cote de niveau par rapport à un point A placé à une distance D, sur une sphère de rayon R. Si l'on remplaçait, comme pour le lever des plans, la surface courbe AC par le plan horizontal AH, la distance MB du point M

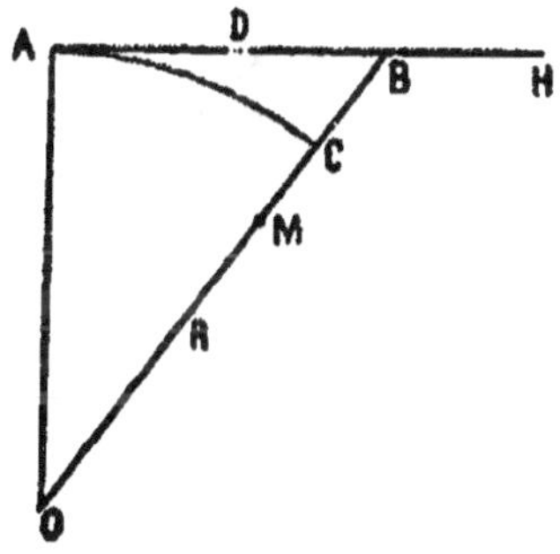

à ce plan différerait de sa distance à la sphère d'une quantité BC. Or, en négligeant BC devant le rayon terrestre, on a $BC = \dfrac{D^2}{2R}$.

Cette quantité atteint $0^m,001$ à une distance de $112^m,50$ et $0^m,0001$ à une distance de $35^m,60$. Elle constitue d'ailleurs une erreur systématique, puisqu'elle affecte en plus toutes les mesures. On ne pourrait donc substituer MB à MC sans s'exposer à des erreurs inadmissibles.

76. Principe du nivellement. — Étant donnés deux points A et B à la surface de la terre, le nivellement a pour objet de déterminer leur différence de niveau, c'est-à-dire la différence des rayons OA et OB qui les joignent au centre de la terre.

On se sert, pour y parvenir, de *niveaux* et de *mires*.

Le niveau de nivellement est un instrument disposé de façon à déterminer un plan de visée, dans lequel la visée soit constamment horizontale, quel que soit l'azimuth où elle est dirigée.

La mire est une tige que l'on place sur les points, de façon à en rendre la verticale apparente.

Voici comment on procède au nivellement. En un point

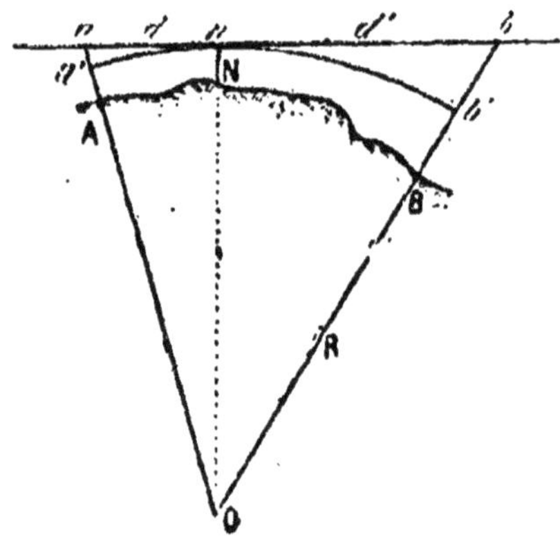

N du sol, on installe un niveau *n*, qui permet de viser tous les points d'un plan horizontal *anb*. On place une mire sur les points A et B, soit simultanément, soit successivement, et on la maintient dans la direction de la verticale AO ou BO. On marque les points *a* et *b* où le plan de visée coupe la mire, et on mesure les distances A*a* et B*b*. En faisant la soustraction B*b* — A*a*, on obtient la différence des distances verticales des points A et B au plan de visée horizontal.

Remarque.— Aux distances où l'on opère, les verticales AO et BO sont sensiblement parallèles et perpendiculaires au plan de visée, et leur obliquité est absolument inappréciable dans la mesure des longueurs de mires.

77. Niveau apparent et niveau vrai. — La différence B*b* — A*a* est ce qu'on appelle la différence de niveau apparent. Pour avoir la différence de niveau vrai, il faut faire la correction nécessitée par la courbure de la terre.

Si l'on fait passer une sphère terrestre par le point *n*, elle coupe la mire en *a'* et *b'*, et il faut retrancher des cotes lues les quantités *aa'* et *bb'*, dont cette sphère s'abaisse au-dessous du plan horizontal. La différence de niveau vrai est alors (B*b* — *bb'*) — (A*a* — *aa'*), ou (B*b* — A*a*) — (*bb'* — *aa'*). La correction est d'ailleurs facile à calculer, car $aa' = \dfrac{d^2}{2R}$ et $bb' = \dfrac{d'^2}{2R}$.

Ordinairement, on choisit le point N à égale distance des points A et B. Dans ce cas *aa'* = *bb'* et la différence de niveau vrai est égale à la différence de niveau apparent.

Il n'est pas nécessaire que les distances soient rigoureusement égales; il suffit que les deux corrections diffèrent entre elles d'une quantité négligeable. Si l'on admet par exemple, des erreurs dont la limite soit α, il suffit que $\dfrac{d'^2 - d^2}{2R}$ soit $< α$, ou bien, si l'on représente par 2D la somme $d' + d$, que $d' - d$ soit $< \dfrac{αR}{D}$. On admet le plus souvent que la différence des distances du niveau aux deux mires peut être de 10 mètres au plus. Dans ces conditions l'erreur $\alpha = \dfrac{10D}{R}$ atteint environ $0^{mm},16$ pour $D =$ 100 mètres, limite de distance qui ne doit guère être dépassée, ainsi qu'on le verra plus loin.

Cette erreur est ordinairement accidentelle, la distance d étant indifféremment plus grande ou plus petite que la distance d'. Elle pourrait cependant être systématique dans quelques cas particuliers, par exemple lorsqu'on suit une longue déclivité toujours de même sens. (Voir n° 119, 4°alinéa). Dans ce cas, il importe de réduire la tolérance.

78. Réfraction atmosphérique. — Les cotes de niveau doivent subir une autre correction, qui malheureusement n'est pas susceptible d'être calculée. C'est celle qui a pour objet de détruire les effets de la *réfraction atmosphérique.*

Soit A un niveau et KC une mire, placée sur un point dont la distance au niveau est D, et tenue suivant la verticale OK.

Par suite de la réfraction au passage des couches successives de l'atmosphère dont la densité est variable, les

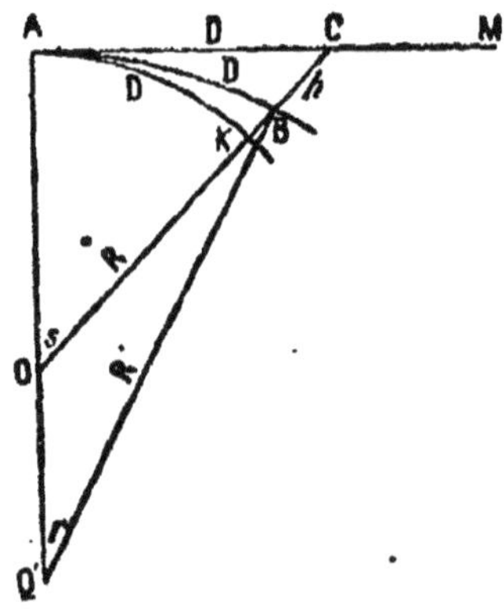

rayons lumineux ne suivent par des lignes droites, et l'œil, visant horizontalement en A, ne voit pas le point C de la mire situé dans le plan horizontal AM, mais un point B placé sur une courbe AB, à une hauteur h au-dessous ou au-dessus de C.

On admet, et le calcul démontre que AB est un arc de cercle. Si l'on désigne par R' le rayon de ce cercle, on a, en négligeant les quantités qui peuvent être considérées comme infiniment petites par rapport à ce rayon et à celui de la terre, $D^2 = 2hR'$, et, en appelant r l'angle au centre, $D = R'r$. D'autre part, R étant le rayon de la terre et s l'angle au centre de la terre : $D = Rs$. On déduit de là :

$$h = \frac{r}{s} \cdot \frac{D^2}{2R}$$

Babinet a établi la formule suivante qui peut servir à calculer le rapport $\frac{r}{s}$, selon les circonstances atmosphériques :

$$\frac{r}{s} = \frac{B}{760} \cdot \frac{1}{(1 + \alpha t)} \left(0{,}2345 - \frac{M}{6{,}867} \right)$$

B représente la pression barométrique en millimètres ;

α est le coefficient de dilatation de l'air, qui peut être pris égal à $\frac{11}{3000}$;

t est la température moyenne, en degrés centigrades, de la couche d'air traversée ;

M est le nombre de mètres dont il faudrait s'élever dans l'air pour que la température s'abaissât de 1 degré, si la décroissance était uniforme ; en d'autres termes, c'est la valeur du rapport $\frac{da}{d\theta}$, a étant la hauteur du rayon de visée dans une atmosphère dont la température θ est variable.

Cette correction, comme celle du niveau vrai, est proportionnelle à $\frac{D^2}{2R}$. Elle s'en retranche algébriquement, car si $\frac{r}{s}$ est positif, comme le suppose la figure, la réfraction fait lire une cote trop faible. Mais $\frac{r}{s}$ n'est positif que si M est $>$ 29 mètres ; il est nul pour M $=$ 29 m., et négatif quant M est plus petit.

Il est à remarquer que, dans les couches atmosphériques qui avoisinent le sol, les variations de température sont rapides, et que $\frac{r}{s}$ doit souvent être négatif, auquel cas les rayons réfractés présentent leur convexité à la terre, contrairement à ce qui est indiqué par la plupart des auteurs.

Il doit aussi arriver fréquemment que M ou $\frac{da}{d\theta}$ soit négatif quand le sol est plus froid que l'atmosphère, et alors la réfraction devient considérable.

On se sert quelquefois du nombre $+$ 0,16 comme valeur moyenne de $\frac{r}{s}$. Mais cette moyenne se trouve presque toujours éloignée de la vérité.

On pourrait à la rigueur calculer la correction si $\frac{da}{d\theta}$ était constant, en faisant des observations thermométriques. Mais, outre la complication qui résulterait de semblables observations, la température varie rarement avec l'altitude suivant une loi aussi simple, et si la fonction se complique on est conduit à des calculs pour ainsi dire inextricables.

En se mettant à la même distance des deux points, on a chance que les erreurs de réfraction se compensent. Il n'en est pas toujours ainsi toutefois dans les terrains fortement inclinés, où le plan de visée rencontre une des mires près du sol et l'autre à 3 ou 4 mètres de hauteur.

Si les couches d'air se disposent parallèlement au sol, dans l'ordre de leur densité, le premier rayon sera plus réfracté que le second. Toutefois, les cas où la différence est notable sont excessivement rares, et l'on admet que l'égalité des distances conduit à une compensation suffisante.

79. Nivellement de plusieurs points. — Si l'on a à faire le nivellement de plusieurs points, A, B, C, D, et que ces points soient disposés de façon que l'on puisse trouver pour le niveau une station N sensiblement à égale distance de chacun d'eux, on procède par *rayonnement*. On fait porter successivement une mire sur chaque point, on en prend la cote et l'on calcule les différences entre les cotes obtenues.

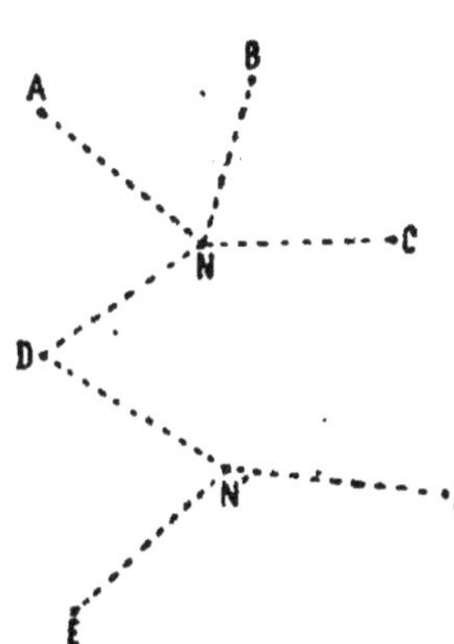

Il n'est pas toujours possible de trouver pour le niveau un emplacement qui soit sensiblement à égale distance de tous les points ; on fait alors l'opération en deux ou plusieurs fois. Par exemple, après avoir nivelé les points A, B, C, D dans la position N du niveau, on transporte cet instrument en un point N' qui soit sensiblement à égale distance des points E, F et de l'un des points, tels que D, précédemment relevés dans la première station. Puis on fait la différence des cotes lues sur la mire en E et en F avec la cote lue sur la mire en D, et on ajoute cette différence à la cote attribuée au point D dans la première opération.

Quand les deux points sont sur un alignement ou à peu près, comme dans les profils, on ne peut les niveler que deux par deux, sous peine d'avoir des portées trop inégales. On procède alors par *cheminement*, en

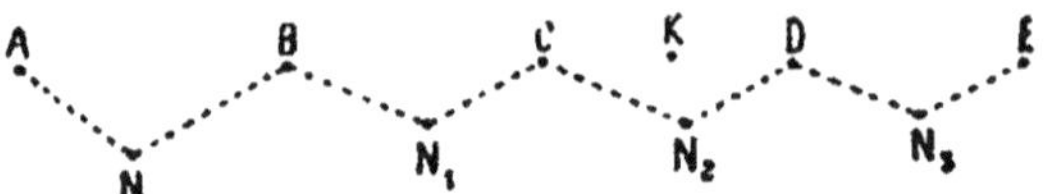

prenant d'abord de N la différence de niveau entre les deux points A et B, puis déplaçant l'instrument pour prendre la différence de niveau entre B et C, et ainsi de suite. On fait donc une station spéciale entre deux points consécutifs.

Un observateur partant de l'origine A du cheminement, et marchant dans sa direction générale à partir de cette origine, aurait, lorsqu'il serait arrivé en un point K, laissé derrière lui les points A, B, C, et il trouverait devant lui les points D, E et suivants. Quand le niveau est mis en N, pour niveler les deux piquets C et D, la visée sur C est en arrière par rapport à l'observateur ambulant, et la visée sur D en avant. Le coup de niveau donné sur C est appelé *coup arrière*, et sur D, *coup avant*.

Cette définition laisse à désirer, car elle n'est plus applicable quand les points sont éparpillés et que l'on opère par rayonnement; d'ailleurs, le sens de la marche est relatif au côté pris pour origine, et peut changer dans le cours des opérations. On transforme la définition et on la rend plus précise en disant que coup arrière est celui que l'on donne sur le point de départ ou sur un point nivelé dans une opération précédente, et le coup avant, celui qu'on donne sur un point dont la cote n'est pas encore déterminée.

Quel que soit le nombre des points nivelés d'une même station, il n'y en a jamais qu'un seul sur lequel on donne un coup arrière; tous les autres reçoivent des coups avant.

Dans les cheminements, il arrive exceptionnellement que l'on donne deux coups avant d'une même station, quand deux points sont assez rapprochés pour que la différence de leurs distances au niveau soit négligeable.

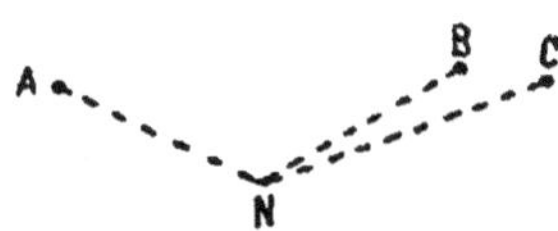

Ainsi, dans le cas de la figure ci-contre, on donnera le coup arrière sur A et deux coups avant l'un sur B, l'autre sur C. Il est bon, pour la symétrie des calculs, et pour éviter toute confusion, de considérer comme double l'opération faite sur le point intermédiaire B. La cote obtenue sur ce point est comptée à la fois comme coup avant par rapport à A et comme coup arrière par rapport à C ; on l'inscrit deux fois à la place convenable, dans chacune des deux colonnes réservées aux coups avant et aux coups arrière sur le carnet de nivellement.

80. Nivellement composé. — Lorsque, dans un cheminement, on ne se propose que d'obtenir la différence de niveau des deux points extrêmes, et qu'on a recours à des points intermédiaires seulement parce que la distance des extrêmes est trop grande ou leur différence de niveau trop considérable, on dit que le *nivellement* est *composé*. Le *nivellement* est *simple* quand on peut obtenir d'un seul coup la différence de niveau entre les deux points que l'on veut uniquement comparer.

81. Calcul des cotes et carnets de nivellement. — Pour calculer les cotes de niveau des points, on choisit comme point de départ un point dont la cote soit connue par rapport à un plan de comparaison déterminé, par exemple un repère sur lequel l'altitude est inscrite. A défaut de repère, on donne une cote arbitraire à l'un des points nivelés.

Si l'on a fait un nivellement par rayonnement, on calcule la différence entre la cote obtenue sur la mire au point choisi comme point de départ, et la cote fournie par la mire posée sur chacun des autres points vus de la même station. On ajoute algébriquement cette différence au nombre attribué au point de départ. S'il y a une seconde station, on la rattache à la précédente au moyen de la cote arrière du point qui leur est commun, pris comme point de départ dans la seconde station.

Si le nivellement est par cheminement, on fait les différences successives de niveau des points en retranchant toujours les coups avant des coups arrière, et l'on ajoute algébriquement ces différences les unes aux autres. Si le point dont la cote est donnée comme point de départ n'est pas le premier qu'on a nivelé, les différences qui le précèdent doivent en être retranchées au lieu d'y être ajoutées.

Tous ces calculs se font facilement, si l'on a soin d'inscrire avec méthode sur un cahier dit *carnet de nivellement* les lectures faites sur la mire. Les carnets peuvent avoir diverses dispositions, qui varient suivant qu'on opère par rayonnement ou par cheminement. On peut adopter telle disposition que l'on veut, pourvu qu'elle soit claire et se prête aux vérifications.

Lorsqu'on opère par cheminement, la différence de niveau entre les points extrêmes est égale, d'une part, à la somme algébrique des différences partielles, d'autre part, à la différence de la somme de toutes les cotes avant avec celle de toutes les cotes arrière. On a donc une double vérification des calculs, s'il y a des colonnes distinctes pour les cotes avant et les cotes arrière, et d'autres pour les différences partielles positives ou en montant, et pour les différences partielles négatives ou en descendant.

Les deux modèles ci-contre représentent, à titre d'exem-

Modèle Nº 1. — **Nivellement par rayonnement.**

NUMÉROS		COTES lues sur la mire.	COTES MOYENNES		DIFFÉRENCES		ALTITUDE	OBSERVATIONS ET CROQUIS
des stations	des piquets		arrière	avant	en montant + (AR − AV).	en descendant − (AV − AR)		
	E	1.952 / 1,952		3,904		1,053	104,325	Report du dernier coup arrière 2,851
6	E	0.342 / 0.314	0.626				104,325	
	F	1,838 / 1.839		3,667		3,051	101,274	
	G	0.796 / 0,799		1,295		0,969	103,356	
7	F	1,725 / 1,727	3.452				101,274	
	H	0,892 / 0,894		1,768	1,666		102,940	
	I	0,576 / 0,577		1,153	2,299		103,573	
	J	1,878 / 1,880		3,758		0,306	100,968	

Modèle No 2. — **Nivellement par cheminement.**

Nos des piquets	Distances des piquets à l'origine	Distances entre les piquets	COUPS ARRIÈRES		COUPS AVANT		DIFFÉRENCES		ALTITUDES	OBSERVATIONS ET CROQUIS — Angles des alignements entre eux, longueurs des tangentes, origine et fin des courbes, etc.
			Cotes lues sur la mire	Moyennes	Cotes lues sur la mire	Moyennes	en montant + (AR—AV)	en descendant — (AV—AR)		
10	1,000								104,355	Reports
		100m	0,312	0,626	1,838	3,677		3,051		
			0,314		1,839					
11	1,100								101,274	
		45	1,882	3,762	0,840	1,680	2,082			
			1,880		0,840					
11a	1,145								103,356	
		55	0,762	1,527	0,970	1,943		0,416		
			0,765		0,973					
12	1,200								101,940	
		80	0,778	1,556	0,461	0,923	0,633			
			0,778		0,462					
12a	1,280								103,573	
		20	0,515	1,032	1,820	3,637		2,605		
			0,517		1,817					
13	1,300								100,968	
		50	0,821	1,643	0,462	0,925	0,718			
			0,822		0,463					
13a	1,350								101,686	
		50	1,804	3,609	0,517	1,038	2,571			
			1,805		0,521					
14	1,400								104,257	
Totaux.		400	13,755	13,755	13,823	13,923	6,004	6,072		
Différences					— 0,068			— 0,068	— 0,068	

ple, des carnets destinés, le n° 1 aux nivellements par rayonnement, le n° 2, aux nivellements par cheminement. Ce dernier renferme une colonne pour les distances, afin de réunir sur un seul cahier les éléments des profils en long, auxquels s'applique surtout le nivellement par cheminement. Les cotes sont supposées lues chacune deux fois, ainsi qu'il est expliqué au n° 105.

§ 2

MIRES

82. Différents types de mires. — La mire est une tige que l'on met sur un point à niveler de façon à en rendre la verticale apparente, et à pouvoir indiquer la hauteur où le plan de visée du niveau passe au-dessus de ce point. Elle est ordinairement formée d'une règle en bois graduée.

Il y a deux types généraux de mires. Dans l'un, l'aide qui tient la mire en place promène le long d'elle un index, qu'il fixe au moment où l'opérateur, regardant dans le niveau, lui fait signe que l'index est dans le plan de visée de l'instrument ; on mesure ensuite la distance de l'index au pied de la mire, ce qui se fait par une simple lecture si la mire est graduée. Dans l'autre type, la mire porte des divisions assez apparentes pour que l'opérateur les distingue lui-même et voie celle où tombe le plan de visée.

Le premier type comprend les *mires à voyant* ; le second, les *mires parlantes*.

83. Mire à voyant. — La mire à voyant est une règle

MIRE A VOYANT

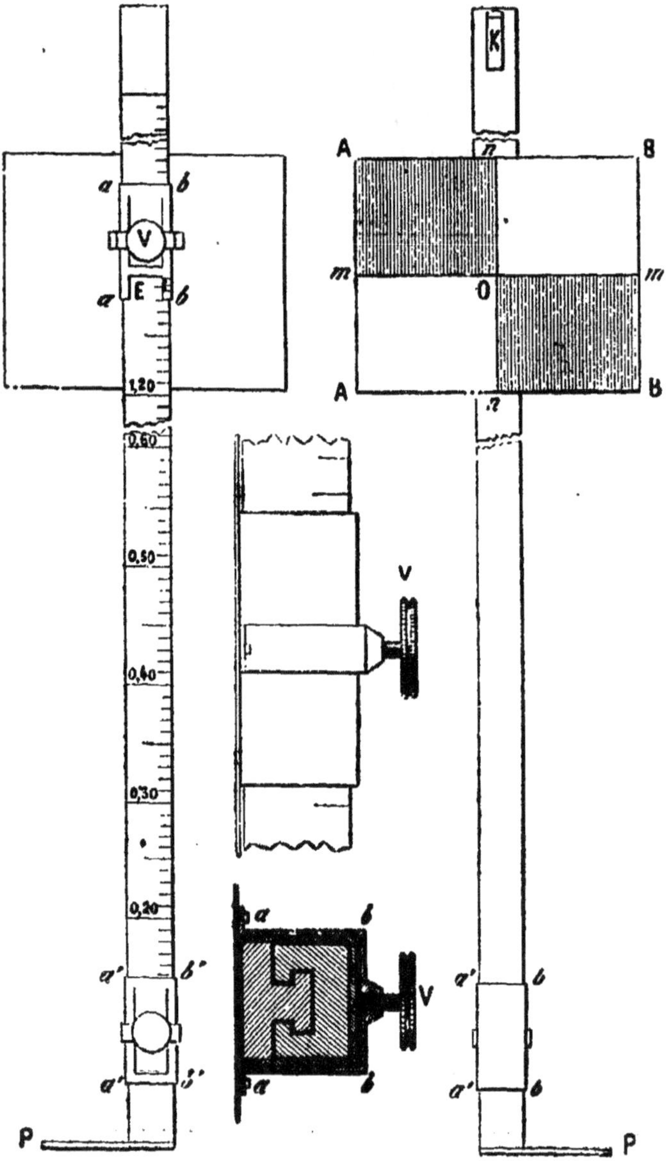

carrée d'environ 4 centimètres de côté, qui porte une graduation en centimètres. Une plaque AB de bois ou de tôle, nommée *voyant*, peut se mouvoir à la main le long de la règle. Elle est guidée dans son mouvement par un manchon carré *abcd*, auquel elle est adaptée, et qui glisse à frottement très doux le long de la règle. Une vis de pression V permet de fixer le voyant à une hauteur quelconque.

Le voyant est ordinairement divisé en quatre carrés peints alternativement en blanc et en rouge. Les lignes de séparation de ces carrés se coupent au centre *o* ; l'une *n* est verticale et indique l'axe de la mire, et l'autre *m*, nommée *ligne de foi*, est horizontale et sert d'index. C'est quand l'opérateur placé au niveau voit la ligne de foi dans le plan de visée qu'il fait fixer le voyant.

Le manchon porte une échancrure E sur la face qui se meut le long des divisions de la règle. Sur le bord de cette échancrure est tracé un repère au niveau de la ligne de foi. Le trait de la graduation de la règle avec lequel il coïncide indique le nombre de centimètres entre le pied de la mire et la ligne de foi. Quand le repère tombe entre deux traits, il faut ajouter au nombre lu de centimètres une fraction qui s'exprime en millimètres. A cet effet, on trace sur l'échancrure, à la suite du repère, une graduation de 1 centimètre de longueur, divisée en 10 parties égales, qui fournit les millimètres.

Le pied de la mire est terminé par une pédale P en fer, qui préserve le bois de l'usure et assure la position du zéro de la graduation sur le point à niveler. Ce point est ordinairement la tête d'un piquet en bois enfoncé dans le sol.

La longueur de la mire à voyant est de 2 mètres. Mais elle est munie d'une coulisse qui permet de prendre des cotes plus grandes, jusqu'à 4 mètres. Cette coulisse est une seconde règle qui glisse dans une rainure à languettes pratiquée dans la règle principale. Pour les cotes de plus de 2ᵐ00, on pousse le voyant à fond vers le haut de la mire, où il se fixe par un verrou K au sommet de la coulisse. En faisant glisser celle-ci, on soulève le voyant. Il s'arrête au point voulu au moyen d'un manchon échancré avec vis de pression $a'b'$, semblable à celui du voyant, et placé au bas de la coulisse. La lecture se fait à l'aide d'un repère, muni d'une échelle millimétrique et placé dans l'échancrure, sur une graduation centimétrique allant de 2ᵐ00 à 4ᵐ00 et tracée sur une des faces latérales de la règle.

La ligne de foi du voyant est une ligne mathématique : c'est un index excellent quand on vise à découvert. Mais

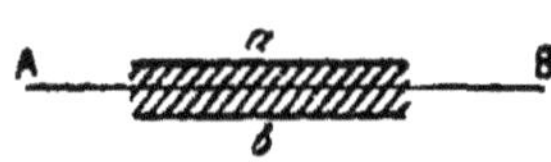

quand on prend les hauteurs au moyen d'un fil comme avec les lunettes, on éprouve une certaine hésitation sur le point où il faut arrêter le voyant ; car le fil qui doit se superposer à l'image de la ligne de foi a une certaine grosseur ab dans l'étendue de laquelle la ligne de foi AB peut se déplacer sans cesser d'être masquée.

On a essayé de remédier à cette cause d'erreur en substituant aux carrés rouges et blancs deux bandes horizontales noires CD, C'D', laissant entre elles un assez grand intervalle blanc dont le milieu sert de ligne de foi. On procède alors

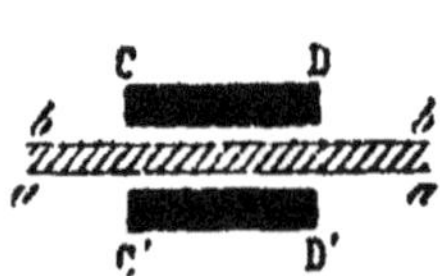

par *bissection* : on amène l'axe du fil à coïncider exactement avec ce milieu, quelle que soit la grosseur de ce fil, en jugeant de l'égalité des espaces blancs qui restent entre les bords du fil et ceux des bandes noires. Cette bissection se fait avec une grande précision, l'œil étant extrêmement habile à saisir les moindres inégalités de grandeur entre deux objets accolés. Tout ingénieuse qu'elle soit, cette dernière disposition ne s'est pas répandue, parce que les mires à voyant sont à peu près abandonnées aujourd'hui dans les opérations de précision.

84. Erreurs à craindre et précautions à prendre. — 1° Le porte-mire doit tenir la règle bien verticale sur la

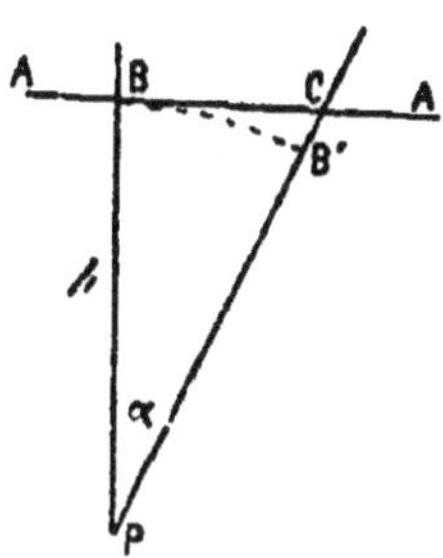

tête du piquet. Si elle est inclinée d'un angle α, le plan de visée AA rencontre le point C au lieu du point B, et on lit sur la mire une longueur PC au lieu de PB. L'erreur $CB' = \dfrac{\overline{BC}^2}{2BP} = \dfrac{\alpha^2 h}{2}$. La hauteur h pouvant atteindre 4 mètres, l'erreur peut aller jusqu'à $2\alpha^2$. Ainsi pour $\alpha = \dfrac{1}{10}$

l'erreur pourrait être de $0^m,02$; une erreur de $0^m,001$ affecterait une lecture faite dans le haut de la mire dévié de 9 centimètres seulement, c'est-à-dire avec une inclinaison de 0,0225 sur la verticale. Cette erreur est d'autant plus grave qu'elle est systématique, et donne toujours des cotes trop fortes, quel que soit le côté vers lequel penche la mire.

Le porte-mire n'est pas toujours bon juge de la verticalité, surtout quand un vent un peu violent exerce sa pression sur le voyant et sur la tige de la mire. Si l'inclinaison est transversale, le niveleur s'en aperçoit en regardant dans son niveau, surtout quand le plan de visée est déterminé par le réticule d'une lunette ; il peut alors par des signaux indiquer le sens dans lequel la mire doit être rectifiée. Mais si l'inclinaison est d'arrière en avant ou vice versa, il ne s'en aperçoit pas.

S'il a des doutes, il peut s'assurer que la mire était bien verticale au moment où il a fait fixer le voyant, en ordonnant au porte-mire de la faire osciller lentement autour de son pied, d'avant en arrière et d'arrière en avant :

le minimum de cote répondant au cas de la verticalité,
la ligne de foi dans ce mouvement doit toujours descendre au-dessous de son niveau primitif et ne jamais passer
au-dessus.

2° Lorsque le porte-mire serre la vis de pression, il peut
se faire qu'il exerce un effort transversal qui fait glisser
le manchon du voyant et déplace la ligne de foi. On s'assure qu'il n'en est pas ainsi, en visant une seconde fois
après que le voyant a été fixé.

3° La lecture de la cote ou son inscription sur le carnet
peut être fautive. Si c'est le porte-mire qui fait la lecture,
il est exposé à se tromper, parce qu'il est généralement
peu instruit. Etant souvent à une assez grande distance de
l'opérateur, il est d'ailleurs obligé de lui crier la cote à
haute voix et peut être mal entendu.

Pour éviter cette double chance d'erreur, il faut que
l'opérateur abandonne son niveau et se rende près de la
mire, ou bien se la fasse apporter, afin de faire la lecture
lui-même. Il y a là une perte de temps considérable, surtout lorsqu'on donne deux coups de niveau successifs sur
le même piquet, comme cela se pratique dans les nivellements de quelque précision (n° 105).

4° L'opérateur et le porte-mire sont souvent à une
assez grande distance pour ne pas s'entendre parler. On
est obligé alors d'avoir recours à des signaux convenus,
pour toutes les manœuvres qu'exige l'usage de la mire à
voyant. On convient d'un signal pour faire élever le
voyant, d'un autre pour le faire abaisser, pour le faire
fixer, pour faire remettre la mire sur le piquet, pour indiquer au porte-mire que l'opération est finie, qu'il doit
se rendre auprès de l'opérateur. Ces signaux sont
une gêne et font perdre beaucoup de temps, s'ils ne
sont pas faits bien nettement ou s'ils sont mal inter-
prétés.

85. Vérifications de la mire à voyant. — Une mire à voyant doit être soumise aux vérifications suivantes.

1° Il faut s'assurer que les manchons glissent sur la règle sans ballottement ; autrement la ligne de foi changerait de niveau par rapport au zéro de l'échelle millimétrique, servant de repère pour la lecture, suivant que la vis de pression serait plus ou moins serrée.

2° Il faut que la graduation de la règle soit correcte. On s'en assure en promenant un mètre étalon sur les divisions, et examinant si les traits de la règle sont partout d'accord avec ceux du mètre. S'il en était autrement, la mire devrait être rejetée, ou bien il faudrait dresser une table de correction, dont l'emploi donnerait lieu à des calculs fastidieux et peu commodes.

3° Le repère doit être exactement au niveau de la ligne de foi, et le dessous de la pédale doit coïncider avec le zéro de la graduation de la tige. Ces conditions, difficiles à vérifier, ne sont pas essentielles lorsque toutes les cotes sont prises avec la même mire : les erreurs qui en résultent sont des constantes qui disparaissent dans les différences.

Dans les nivellements par cheminement, il est commode de faire usage de deux mires, pourvu qu'il y ait une faible différence entre elles quant à la position de leurs zéros par rapport à leur talon : on peut rendre l'erreur négligeable en les alternant, de façon que la même mire serve sur le même piquet pour le coup avant d'une station et pour le coup arrière de la station suivante. On a sur les différences de niveau successives de petites erreurs accidentelles égales entre elles, mais qui sont alternativement de signe opposé et se compensent exactement de deux en deux points. Si au contraire on mettait toujours la même mire en avant, l'erreur deviendrait systématique, et conduirait en fin d'opération à une inexactitude importante.

86. Mire parlante. — La mire parlante
est une règle plate, de 7 à 11 centimètres
de largeur, sur laquelle est tracée une
graduation assez apparente pour être vue
de l'observateur visant dans une lunette.
Le fil horizontal du réticule marque sur
la mire le point correspondant au plan de
visée, et l'opérateur constate lui-même ce
point. La mire parlante ne peut guère servir avec les niveaux dépourvus de lunettes.

Il y a un grand nombre de systèmes de
graduation en usage. Quelquefois, ce sont
des traits noirs sur fond blanc, numérotés
de dix en dix comme le double décimètre
de dessinateur. Le plus souvent, les divisions sont couvertes de couleur alternativement blanche et rouge. Afin de faciliter
le comptage de ces divisions, on les groupes cinq par cinq, trois rouges et deux
blanches; et on met alternativement chaque groupe de part et d'autre d'une
même ligne verticale ou d'une zone laissée
vide. Ces *groupes* sont numérotés, ordinairement de deux en deux, de façon qu'il y
ait dix divisions entre deux numéros consécutifs, et que le comptage des divisions
se fasse dans le système de numération
décimale. Deux groupes réunis sous le
même numéro forment alors une *case* AB.

Les numéros sont peints la tête en bas,
parce que, dans les lunettes, les images
sont renversées ; les chiffres y apparaissent alors rectifiés. Quelquefois, ils sont
couchés transversalement.

Dans quelques modèles de mires, les

cases dont le numéro comporte deux chiffres n'en reçoivent qu'un seul, celui des unités. Le chiffre des dizaines est signalé par un signe conventionnel ; le plus souvent, ce signe est un point rond peint au-dessus ou au-dessous du chiffre des unités, et répété plusieurs fois si la graduation comprend plusieurs dizaines. Quand le nombre des cases ne dépasse pas 20, la seconde dizaine est quelquefois exprimée par un seul chiffre, comme la première, mais en couleur différente, rouge au lieu de noir par exemple.

On rencontre enfin des mires où une partie des chiffres sont remplacés par des lettres : par exemple T est mis au lieu de 3, N au lieu de 9 , V au lieu de cinq.

Pour lire une cote sur une mire parlante, on commence par REGARDER *le numéro de la case* où tombe le fil. Puis on COMPTE *le nombre des divisions* qui, dans la case, précèdent la division où tombe le fil. Enfin on ESTIME par appréciation la fraction de division qui se trouve au-dessus du fil. Ainsi le fil étant supposé en F comme sur la figure, on lira 15, on comptera 7 et on ajoutera 6 dixièmes par estime. La cote est donc 157,6. Il ne faut pas oublier, d'ailleurs, que l'image de la mire est vue renversée dans la lunette. Les divisions doivent donc être comptées sur cette image de haut en bas, à partir de la limite *supérieure* de la case ; et la fraction de division à estimer est celle qui parait être *au-dessus* du fil.

Tous les systèmes de graduation sont admissibles, et il suffit que les opérateurs s'y soient exercés quelque temps et en aient pris l'habitude pour qu'ils s'en servent à peu près avec un égal succès. Toutefois, il est bon de se rendre compte des fautes qui peuvent se produire dans la lecture, et de repousser les systèmes de numérotation qui les facilitent.

La faute la plus importante consiste à oublier de compter les dizaines du nombre qui s'applique à la case où tombe le fil : on prendra par exemple 0,4 pour 1,4, ou 1,4 pour 2,4. C'est à quoi l'on est exposé avec les mires où les dizaines sont indiquées par des points ou par des changements de couleur ; il est préférable que tous les nombres soient exprimés par deux chiffres, et que les nombres simples eux-mêmes portent un zéro sur la gauche.

On peut se tromper d'une case, par exemple prendre 11 au lieu de 10 ou réciproquement. C'est une faute qui se fait surtout quand le fil tombe très près de la ligne de séparation des deux cases. Pour l'éviter, il faut bien mettre en évidence cette ligne de séparation, et placer les numéros de façon qu'il ne puisse y avoir d'hésitation sur la case à laquelle ils appartiennent. Les numéros dont les deux chiffres chevauchent sur la limite des cases, ou qui sont placés dans la case trop loin de cette limite, se prêtent assez facilement à des fautes de cette nature.

On peut aussi sauter un des deux groupes qui forment une case, compter par exemple 2 divisions quand il y en a 7. Cette erreur tient à ce que l'on prend une limite de groupe pour une limite de case. Il faut donc que ces deux espèces de limites soient bien distinctes l'une de l'autre par leur disposition, et que l'on voie nettement au premier coup d'œil les deux groupes que chaque case embrasse. Il faut, en outre, que le numéro de la case soit placé à l'une de ses extrémités, et non en son milieu comme on le fait trop souvent, afin qu'il ne se trouve pas précisément en face de la limite des groupes.

L'image de la mire étant renversée, les lectures se font de haut en bas ; les personnes inexpérimentées peuvent quelquefois se tromper de sens, compter, par exemple, sur la figure ci-dessus 162,4 au lieu de 157,6. Cette faute est peu à redouter, car on s'habitue bien vite à lire de haut en bas : il ne faut pas cependant que la chiffraison de la mire la rende facile.

Une des fautes les plus fréquentes consiste à se tromper d'une division, surtout à prendre 8 pour 7, 2 pour 3, ou réciproquement. Elle résulte du groupement des divisions par cinq, et est commune à tous les systèmes de mires. Elle s'évite quand on prend soin de toujours *compter* les divisions, et non de les prendre en bloc.

Il peut arriver que l'on confonde un chiffre avec un autre de forme analogue ou symétrique, que l'on prenne un 3 pour un 5, un 6 pour un 9. Cette confusion est à craindre surtout avec les chiffres couchés. L'emploi des lettres substituées à certains chiffres a pour but de la prévenir; mais il n'est pas très satisfaisant à l'œil et demande une éducation spéciale. Le mieux, c'est de donner aux chiffres des formes bien caractérisées, et de les faire voir debout.

Une dernière faute consiste à prendre, dans l'estime de la fraction de division, le complément de cette fraction, c'est-à-dire à estimer au-dessous du fil au lieu d'estimer en-dessus; ainsi, on comptera $\frac{6}{10}$ au lieu de $\frac{4}{10}$. Le système de numérotation est impuissant à prévenir ce genre de faute, qui ne peut s'éviter que par l'attention.

87. Usage de la mire parlante. — Avec cette mire, le porte-mire n'a à se préoccuper que de la tenir bien verticale et de la poser exactement sur le point voulu. Toute la responsabilité de la lecture incombe à l'opérateur qui a l'œil au niveau.

En regardant dans la lunette, il voit le fil se projeter sur la mire, et il se rend compte du point de la graduation où tombe le fil. La lecture comprend quatre chiffres, celui des centaines et celui des dizaines de divisions, celui des divisions, et celui des fractions de division. Les deux premiers forment un nombre, qui est inscrit sur la mire soit en entier, soit seulement par le chiffre de ses unités simples avec un signe conventionnel pour les dizaines.

Le troisième chiffre s'obtient par un comptage des divisions à partir de l'origine de la case. Enfin la fraction de division s'évalue par estime.

Pour ne pas s'écarter de la numérotation décimale, on a l'habitude d'estimer en dixièmes la fraction de division qui sépare le fil de la dernière division comptée. On pourrait s'habituer à estimer d'autres parties, par exemple des cinquièmes ou des vingtièmes de division; mais on s'en tient ordinairement aux dixièmes. Avec un peu d'exercice, on arrive à estimer le nombre de dixièmes de division avec une grande précision.

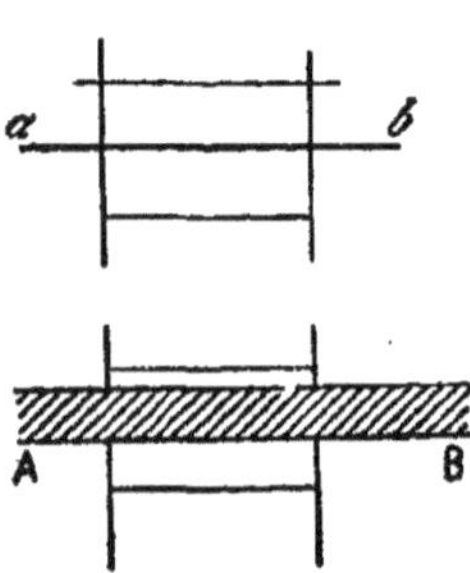

Cette précision, toutefois, dépend de la grosseur du fil par rapport à la grandeur de l'image d'une division. Si le fil *ab* est très fin et réduit pour ainsi dire à son axe, l'évaluation des dixièmes peut se faire à peu près sans erreur. Si, au contraire, il est très gros, comme en AB, il faut se rendre compte de la position de son axe, d'après le rapport de grandeur des parties libres de la division, et l'estime comporte une certaine incertitude.

Cette incertitude varie, d'ailleurs, suivant la région où tombe le fil dans la division. Si le fil est au milieu, et qu'il faille lire 5 dixièmes, on ne se trompe pas, parce que l'œil apprécie très exactement l'égalité des espaces placés de part et d'autre du fil. Il en est à peu près de même, lorsque l'axe du fil tombe sur la limite de deux divisions; il y a cependant un peu plus d'hésitation, parce que les deux divisions contiguës ne sont pas de la même couleur. C'est entre 1 et 3, ou 7 et 9 dixièmes qu'on est le plus exposé à se tromper.

La grosseur relative du fil par rapport aux divisions varie avec la distance où l'on opère, l'épaisseur du fil vu par l'oculaire étant constante, tandis que la largeur des divisions est en raison inverse de la distance. Un bon fil d'araignée couvre environ $\frac{1}{6}$ de centimètre sur une mire placée à 100 mètres du niveau : il n'en couvre que $\frac{1}{12}$ à 50 mètres, et $\frac{1}{24}$ à 25 mètres.

Il conviendrait donc d'avoir plusieurs mires, ou plusieurs graduations sur la même mire, et de se servir de l'une ou de l'autre suivant la distance. Mais ce système serait compliqué et sujet à erreur. On préfère n'avoir qu'une seule mire et une seule graduation, et donner aux divisions une largeur en rapport avec les distances où l'on opère. La distance de la mire au niveau devant atteindre au plus 100 mètres, comme on le verra plus loin, dans les opérations un peu précises, on ne donne pas aux divisions moins d'un centimètre de largeur : un bon fil couvre alors moins de $\frac{1}{6}$ de division, et l'estime se fait assez exactement encore dans ces conditions. Le plus souvent la largeur des divisions est de 2 centimètres. Quelquefois quand on doit opérer à de grandes distances, on leur donne 4 et même 10 centimètres.

Dans le cas où les divisions ont $0^m 01$, la lecture donne la cote exprimée en millimètres. Si les divisions ont $0^m 02$, la cote est exprimée en doubles millimètres, et pour l'avoir en millimètres il faut la multiplier par 2.

On verra plus loin que la cote réelle s'obtient par deux lectures faites successivement sur le même point, et est la moyenne de ces deux lectures. Avec la division en doubles centimètres, on n'a pas besoin de doubler les lectures : chacune d'elles donnant la moitié de la cote, leur somme est égale à la moyenne cherchée.

88. Erreurs et précautions. — La mire parlante doit être soumise aux mêmes vérifications que la mire à voyant quant à la régularité des divisions. Il faut également, lorsque l'on fait usage de deux mires, que l'origine des divisions soit placée sur les deux mires exactement de la même manière par rapport aux coups avant et arrière (n° 85,3°).

La mire doit être tenue bien verticale sur le piquet (n° 84, 1°). On assure souvent cette verticalité en adaptant à la mire un petit niveau sphérique ou un petit pendule, sur lequel le porte-mire doit toujours avoir l'œil.

L'une des causes principales qui s'opposent à la verticalité de la mire étant la pression du vent, il faut donner au bois dont elle est formée la plus faible largeur compatible avec sa rigidité. Mais il ne faut pas diminuer sa force au point de l'exposer à fléchir sous la pression du vent, cette flexion produisant une erreur semblable au défaut de verticalité.

Le bois employé doit être bien sec, pour ne pas se courber sous les variations de l'état hygrométrique de l'atmosphère. Il doit être aussi d'une essence peu susceptible de dilation par l'effet de la chaleur ou de l'humidité. Le sapin satisfait assez bien à ces conditions.

La mire est munie d'une poignée, à l'aide de laquelle le porte-mire la tient bien fixe et réagit au besoin contre le vent.

Son talon est protégé par une équerre double en fer. Cette équerre doit être bien normale à l'axe de la mire. Si elle était oblique, la lecture de la cote varierait suivant que tel ou tel point du talon serait placé sur la tête du piquet à niveler.

La longueur des mires parlantes est généralement de 2ᵐ00 ; mais elles peuvent s'allonger d'une quantité égale, comme les mires à voyant, au moyen d'une seconde règle semblable à la première que l'on ajuste au-dessus. Les deux règles sont réunies par une charnière, ou sont indépendantes. On les fixe en prolongement l'une de l'autre

par une goupille passée dans des nœuds ou des trous
préparés à cet effet. Il faut s'assurer que, lorsqu'elles
sont réunies, elles ne sont susceptibles d'aucun ballottement l'une par rapport à l'autre, et que les divisions se
suivent exactement sans solution de continuité.

89. Degré de précision de la mire parlante. — Avec
une mire bien établie et bien vérifiée, si l'on opère avec
les précautions voulues, l'erreur sur la cote se réduit
pour ainsi dire à celle qui provient de l'incertitude sur
les dixièmes de division, et on obtient chaque cote à 1
ou deux millimètres près, aux distances ordinaires des
visées.

90. Lecteur. — Pour se prémunir contre les fautes de
lecture sur les mires, il est bon d'exercer à cette lecture
l'homme qui accompagne généralement l'opérateur pour
transporter le niveau d'une station à une autre. Il prend
alors le nom de *lecteur*. Quand l'opérateur a lu une cote,
il invite le lecteur à lire à son tour et à énoncer à haute
voix le résultat qu'il trouve. S'ils tombent d'accord à 1 ou
2 millièmes près, il y a beaucoup de chance pour que la
lecture soit bonne. S'il y a discordance, l'opérateur observe une seconde fois et rectifie, s'il y a lieu, sa première évaluation. Il est très facile d'habituer un homme
même peu instruit à lire correctement, et s'il a une
bonne vue son appréciation peut être plus exacte que
celle de l'opérateur.

§ 3

NIVEAUX

1° Niveaux sans lunettes

91. Différents genres de niveaux. — Les niveaux sont des instruments à l'aide desquels on peut mener un rayon visuel successivement dans les différentes directions d'un même plan horizontal.

Il y a un grand nombre de types de niveaux. On peut les classer en deux séries : 1° les niveaux dépourvus de lunettes, destinés à obtenir rapidement les cotes à quelques centimètres près ; 2° les niveaux à lunette, toujours accompagnés d'une bulle d'air, qui permettent d'opérer à un petit nombre près de millimètres.

Dans la première série, les instruments les plus employés sont : le niveau d'eau, le niveau à collimateur, le niveau à pinnules. Les niveaux de la deuxième série se classent sous trois types principaux : les niveaux-cercles de Lenoir, les niveaux d'Egault, les niveaux à bulle indépendante.

92. Niveau d'eau. — Le niveau d'eau est basé sur le principe des vases communiquants. Il se compose de deux fioles F de verre, ajustées sur un tube métallique B, par lequel elles sont en communication. Le tube est porté sur un pied à trois branches dans lequel il s'emmanche par une douille A. Un genou à coquille C permet de donner à l'instrument l'orientation que l'on veut et de mettre à peu près le tube horizontal et les fioles verticales.

Si l'on verse de l'eau dans les fioles, elle s'y élèvera au même niveau M, et toute ligne, telle qu'un rayon de visée, qui rasera les deux surfaces M sera horizontale. On pourra d'ailleurs orienter le tube B dans toute direction sans que les surfaces M changent de hauteur.

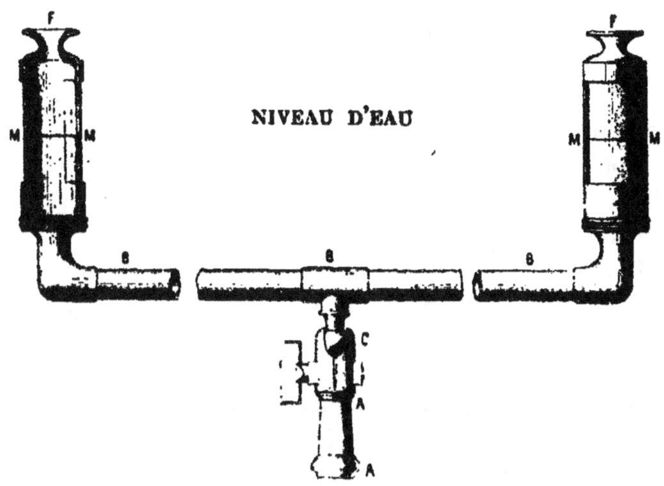

Les anciens niveaux étaient des tubes en fer blanc aux extrémités desquels les fioles étaient mastiquées sur leurs sièges. Il n'y avait pas de genou et le mouvement de rotation se faisait par la douille, qu'il fallait installer à peu près verticale. Aujourd'hui on fait les tubes en cuivre et les fioles sont vissées sur leurs sièges, avec interposition d'un cuir gras pour assurer l'étanchéité du joint. L'appareil peut ainsi se démontrer et se mettre dans une boîte pour les transports.

Les fioles sont souvent garnies extérieurement de bandes de cuivre noirci qui, en se reflétant sur la surface de l'eau, en rendent les bords plus apparents.

98. Usage du niveau d'eau. — Pour niveler avec cet instrument on fait porter sur le point à relever une mire à voyant, et non une mire parlante qui serait peu commode, et l'on dirige le tube vers la mire ; puis, se plaçant en arrière du niveau, on met l'œil à la hauteur déterminée par les surfaces de l'eau dans les deux fioles, et on fait promener le voyant jusqu'à ce que sa ligne de foi se trouve à la même hauteur.

Quand l'œil est dans le plan des deux surfaces de l'eau, les cercles formés par leurs bords sont vus sous forme de deux traits horizontaux, dont la ligne de foi doit former le prolongement. Au lieu de diriger exactement le tube suivant la ligne de visée, ce qui a l'inconvénient de faire voir les fioles superposées, on préfère le mettre obliquement de façon que les deux fioles soient vues de part et d'autre de la mire ; il est alors facile de placer la ligne de foi en prolongement des deux traits formés par les surfaces de l'eau.

94. Précautions à prendre. — L'emploi du niveau d'eau demande de nombreuses précautions, si l'on veut obtenir quelque précision.

1° La surface de l'eau se relève sur les bords, par suite de la capillarité ; elle n'apparaît donc pas comme une

ligne mathématique, mais sous forme d'un gros trait ayant l'épaisseur des ménisques. Il faut avoir soin de mettre la ligne de foi toujours de la même manière par rapport à ce trait, par exemple, toujours en prolongement des bords supérieur M, ou des bords inférieurs N. Si on prenait tantôt un bord et tantôt l'autre, on commettrait des erreurs égales à l'épaisseur des ménisques.

Il faut surtout éviter que la ligne de foi corresponde au bord supérieur sur une fiole et au bord inférieur sur l'autre.

Outre que cette ligne serait inclinée transversalement et impliquerait un défaut de verticalité de la mire, le rayon visuel ne serait pas lui-même horizontal, et prendrait une déclivité mesurée par le rapport de la hauteur des ménisques à la distance des fioles. Cette déclivité peut atteindre plusieurs millièmes, et donner des erreurs de plusieurs centimètres.

Il est préférable de se guider sur les bords inférieurs qui sont nécessairement de niveau, tandis qu'il en peut être autrement des bords supérieurs, si, par suite soit de l'inclinaison des fioles soit de l'état plus ou moins gras de la surface du verre, les deux ménisques n'ont pas des hauteurs égales.

2° Il faut placer l'œil à une assez grande distance du niveau. On s'éloigne généralement d'environ 1 mètre, afin de pouvoir encore assez facilement atteindre du bras la première fiole et manœuvrer ainsi l'instrument.

L'œil doit, en effet, saisir ensemble trois objets, les deux ménisques et le voyant. Ces trois objets, étant à des distances très différentes, ne peuvent être vus nettement à la fois. L'œil est obligé de s'accommoder successivement à chacun d'eux, assez vite pour que l'impression des deux premiers soit persistante lorsqu'il examine le troisième. Ces accommodations sont d'autant plus rapides que la différence des distances est moins considérable.

3° Il ne faut pas que les fioles perdent de l'eau dans le cours d'une même opération, car la surface s'abaisserait progressivement dans les deux fioles. Il faut donc que les fioles soient fortement vissées et qu'elles ne suintent pas par les joints.

4° Quand on transporte l'instrument d'une station à une autre, il faut éviter que l'eau soit projetée hors des fioles, car il serait nécessaire de la remplacer. Les fioles sont à cet effet terminées par des goulots sur l'un desquels on appuie le doigt ; le mieux est de les fermer avec des bouchons que l'on enlève au moment d'opérer.

95. Conditions de construction. — Les fioles doivent être d'assez grand diamètre pour que la capillarité soit sans influence sur la hauteur de l'eau ; mais il y a intérêt à les faire, dans cette limite, aussi petites que possible, afin que l'instrument soit plus maniable. On leur donne en général de 0ᵐ,03 à 0ᵐ,04 de diamètre.

Elles doivent être assez longues pour que l'eau ne sorte pas ou ne disparaisse pas à la vue lorsqu'on incline un peu le tube. On leur donne une hauteur s'élevant de 0ᵐ,10 à 0ᵐ,12 sur leurs montures.

Le tube doit être assez long pour que de petites erreurs dans la position de la ligne de foi par rapport aux bords des deux ménisques ne produisent pas une inclinaison sensible dans le rayon de visée (nº 94, 1º). Sa longueur ordinaire est de 1ᵐ,25 à 1ᵐ,30.

Enfin, les deux fioles doivent avoir un diamètre égal. Cette condition serait indifférente si le tube était toujours parfaitement horizontal ; mais, si on lui donne des inclinaisons variables, et que les fioles ne soient pas de même diamètre, le plan de visée n'est pas le même dans tous les cas.

En effet, soient deux fioles de diamètre inégal, dont les fonds A et B sont d'abord sur une ligne horizontale, et où

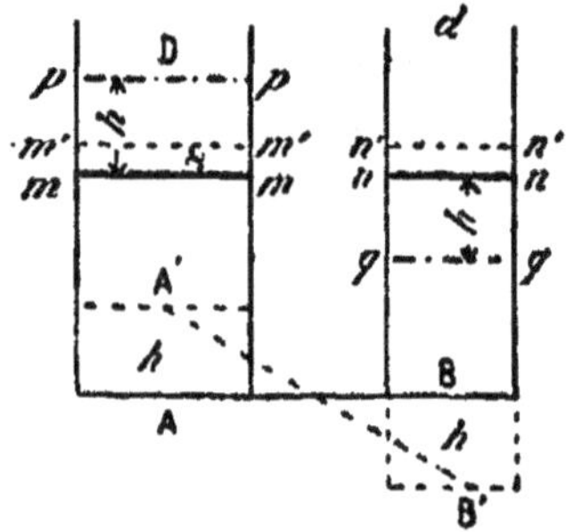

l'eau s'élève alors à un niveau *mn*. Si l'on incline le tube de façon à soulever le fond A en A' et à abaisser le fond B en B', le niveau m monte en p et le niveau n descend en q. L'équilibre étant alors détruit, l'eau se met en mouvement, jusqu'à ce que les deux surfaces soient ramenées au même niveau $m'n'$. Ce niveau diffère d'une certaine quantité x du niveau primitif. Car si on désigne par h la hauteur dont la fiole A a été soulevée, par D et d les diamètres des fioles, le volume d'eau qui a passé de l'une dans l'autre a la double expression $\frac{1}{4}\pi D^2 (h - x) = \frac{1}{4}\pi d^2 (h + x)$, d'où l'on tire : $x = h\dfrac{D^2 - d^2}{D^2 + d^2}$, quantité qui ne peut être nulle que si $D = d$.

On vérifie si ce défaut existe en consultant, sous diverses inclinaisons du tube, une mire placée à courte distance.

94. Degré de précision du niveau d'eau et ses inconvénients. — Le niveau d'eau ne peut guère servir pour des portées de plus de 30 ou 40 mètres, suivant l'acuité de la vue de l'observateur, obligé de distinguer nettement le voyant à l'œil nu. A cette distance, si on prend toutes les précautions voulues, on peut obtenir les cotes à 2 centimètres près. Pour des distances moindres, l'exactitude varie à peu près en raison inverse de la distance.

Cet instrument est d'une installation rapide, car il n'y a qu'à mettre le pied en place pour qu'il soit prêt à servir, sans qu'on ait à se préoccuper de le régler. Mais il est d'un transport encombrant. Il peut arriver qu'une fiole se brise, et surtout qu'il y ait projection d'eau dans les transports. Il est donc prudent d'emporter au moins une fiole de rechange et d'avoir une provision d'eau dans un bidon. Le niveau d'eau est, en somme, assez incommode en campagne ; mais il convient très bien sur les chantiers fixes, où il a l'avantage d'être très connu et d'un usage facile même pour les gens peu instruits.

NIVEAU A COLLIMATEUR

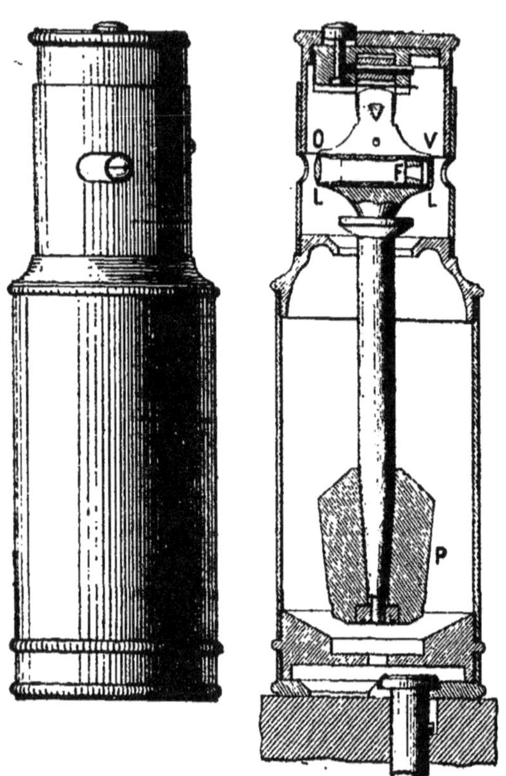

97. Niveau à collimateur. — M. le colonel Goulier a inventé, sous le nom de niveau à collimateur, un petit instrument qui sert aux mêmes usages que le niveau d'eau et qui donne une précision au moins égale sans en avoir les inconvénients.

Un pendule P à tige rigide est suspendu à un point fixe
A, par l'intermédiaire d'une articulation double à la

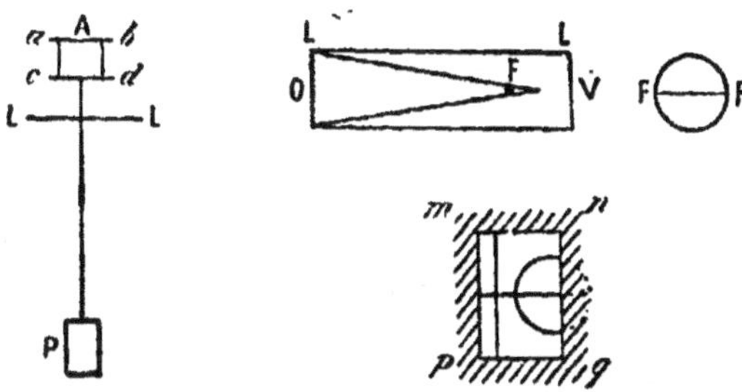

cardan *abcd*. Sur la tige de ce pendule, et perpendiculairement à la verticale qui joint son centre de gravité au
point A, est fixée une petite lunette L, de 0ᵐ025 de longueur et de 0ᵐ006 de diamètre, portant à une de ses extrémités O une lentille de 0ᵐ02 de foyer environ, et à
l'autre extrémité un verre dépoli V. Un peu en avant du
foyer de la lentille est tendu horizontalement un fil de cocon F. L'appareil est enveloppé dans un tube vertical en
cuivre, qui se pose sur la tablette d'un pied à trois branches, et au toit duquel est fixé le pendule. Dans cette enveloppe, au niveau de la lunette, sont percées en face
l'une de l'autre deux fenêtres *mnpq* assez larges pour
qu'on puisse voir à la fois la moitié du corps de la lunette
et la campagne située au-delà.

Quand on approche l'œil de la lentille, on voit le fil de
cocon se détacher en noir sur le fond blanc du verre dépoli. Grâce à la position donnée au fil par rapport au
foyer de la lentille, cette ligne apparaît comme si elle
était tracée à 30 mètres environ de l'instrument. Le plan
formé par le fil et le centre optique de la lentille étant
horizontal par construction, tous les points de la campagne vus au-delà des fenêtres, sur la même ligne que
le fil, se trouvent dans le même plan de visée horizontal. Il

en est ainsi notamment de la ligne de foi du voyant d'une mire placée sur un point dont on cherche la cote.

Si l'œil ne s'est pas mis exactement dans le plan du fil et du centre de la lentille, et que la distance de la mire diffère notablement de 30 mètres, il se produit une parallaxe : la ligne de foi n'est pas au niveau voulu lorsqu'elle paraît y être. Mais cette parallaxe est faible, grâce aux dimensions de l'instrument, qui ne permettent à l'œil de se déplacer que d'une très petite quantité de part et d'autre de sa position moyenne ; elle s'évite facilement avec un peu d'exercice.

Cet instrument est très commode. Comme le niveau d'eau, il est tout de suite installé sans aucun réglage, aussitôt que le pied à trois branches auquel il est fixé est en place; il suffit que la tablette de ce pied soit à peu près horizontale. Mais il ne réclame pas le transport de pièces de rechange, et est beaucoup moins encombrant que le niveau d'eau; il donne une exactitude au moins égale, et son emploi est plus rapide.

Son seul inconvénient réside dans les mouvements du pendule, qui ne prend sa position d'équilibre qu'après d'assez nombreuses oscillations. On les arrête, ou du moins on les modère, au moyen d'une sorte de frein mis en action par un bouton que l'on presse sur la tête du tube enveloppe. Quand les oscillations sont modérées, on s'habitue vite à mettre la ligne de foi du voyant à une hauteur moyenne par rapport aux déplacements extrêmes du fil, sans qu'il soit nécessaire d'attendre que le pendule soit en repos.

98. Vérification du niveau à collimateur. — Pour que ce niveau donne des résultats exacts, il faut que le plan de visée soit réellement horizontal quand le pendule librement suspendu est en équilibre. Pour le vérifier, on enfonce dans le sol, à 25 mètres de distance l'un de l'autre, deux piquets A et B, dont on prend la différence de niveau deux fois, en se plaçant sur la ligne AB, d'abord en M, à 5 mètres environ du point A, et ensuite en N, à 5 mètres du point B.

Si la ligne de visée est horizontale, la différence de ni-

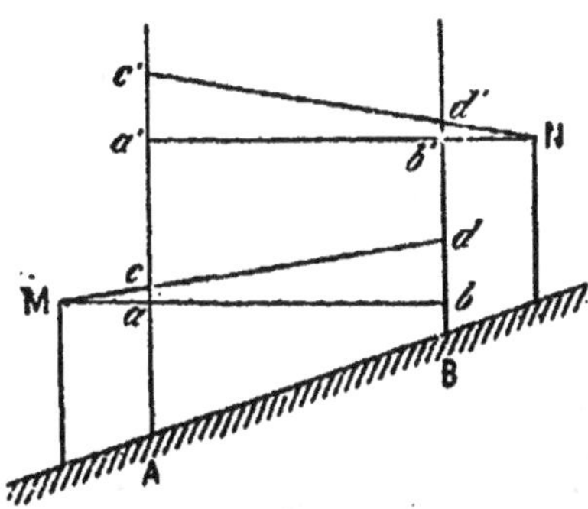

veau Aa — Bb obtenue dans la première opération est égale à la différence Aa' — Bb' obtenue dans la seconde. Mais si la visée est inclinée, les deux différences ne sont pas égales. En effet soit Mcd la ligne de visée, supposée ascendante, dans la station M ; elle sera encore ascendante, et suivra la ligne Nd'c' dans la station N. Il y a alors entre les deux différences calculées un écart égal à (Ac' — Bd') — (Ac — Bd) ou cc' — dd'. C'est le double de l'erreur commise sur chacune des déterminations. Si cette discordance s'élève à plus de 0^m,01 à 0^m,02, l'instrument doit être rejeté. On peut toutefois le régler par un artifice qui permet d'excentrer le poids du pendule par rapport à sa tige.

Remarque. — Quand on procède à cette vérification, il ne faut pas se contenter d'une seule épreuve, qui pourrait être entachée, par d'autres causes et notamment par l'incertitude de la visée, d'une erreur accidentelle égale à celle que l'on cherche à constater. Il faut la réitérer un grand nombre de fois et prendre la moyenne des résultats.

Cette observation s'applique à tous les cas analogues, où les instruments sont vérifiés à l'aide de mesures elles-mêmes succeptibles d'erreur accidentelle.

99. Niveau à pinnules. — Le niveau à pinnules se compose d'une alidade A sur la règle de laquelle est placé un niveau à bulle d'air N. La règle peut tourner

NIVEAU A PINNULES

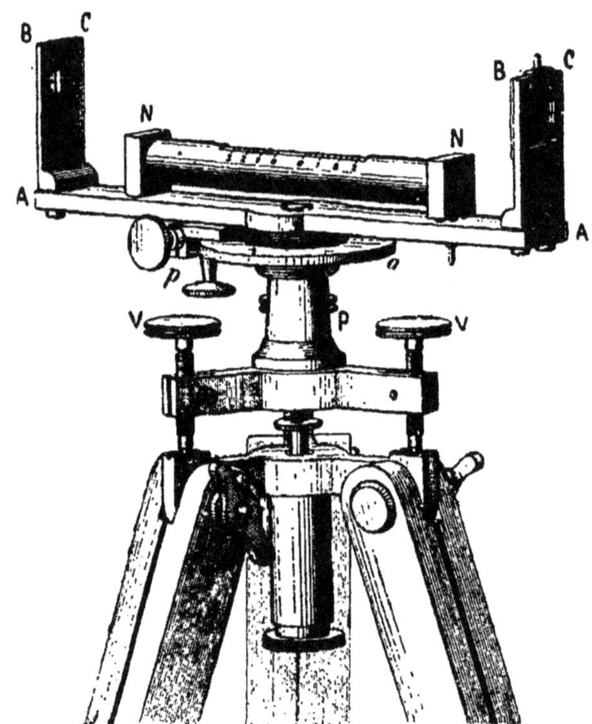

autour d'un pivot P etêtre fixée dans une orientation quelconque au moyen d'une pince p saisissant un pla-

10

teau *a*. L'instrument peut être calé au moyen de trois vis calantes V.

Chaque pinnule est formée d'une plaque BC, où est

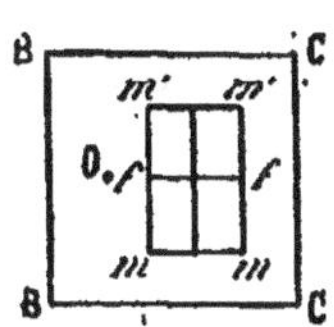

ouverte une fenêtre carrée *mm'*, avec deux fils en croix. Au niveau du fil horizontal. *f* est percé un très petit trou O, nommé *œilleton*. Les deux œilletons et les deux fils horizontaux doivent être exactement à la même hauteur par rapport à la règle de l'alidade.

Pour donner un coup de niveau, on rend d'abord le pivot vertical, en calant l'instrument comme à l'ordinaire, au moyen des vis calantes et à l'aide du niveau à bulle d'air.

Puis on dirige l'alidade vers la mire, et on appelle exactement la bulle entre ses repères. Mettant l'œil à l'œilleton, on fait promener le voyant jusqu'à ce que la ligne de foi soit couverte par le fil horizontal de la pinnule opposée.

Avant de se servir de cet instrument, il faut vérifier si le plan de visée est bien horizontal quand la bulle est entre ses repères. A cet effet, on vise par une des pinnules un point éloigné, puis on retourne l'alidade bout pour bout, et on vise de nouveau dans la même direction, la bulle étant à chaque visée entre ses repères. Si la visée était plongeante la première fois, elle serait ascendante la seconde fois. On ne retrouverait donc pas le même point.

Ce défaut peut se corriger. Une des pinnules peut être actionnée par une vis, dont la manœuvre la soulève ou l'abaisse à volonté. On en profite pour corriger la moitié de l'écart observé entre les deux visées dans l'épreuve indiquée ci-dessus.

Cet instrument donne des résultats peut-être **un peu plus exacts** que les précédents, quoique sa précision soit limitée par la largeur de l'œilleton et par la grosseur du fil (n° 52, 2°). Mais son emploi est beaucoup plus long : il exige un réglage préliminaire et la mise d'une bulle entre ses repères.

Quand on a recours à de semblables manœuvres, il vaut mieux se servir des niveaux à lunette dont il va être question maintenant.

2° Niveaux à lunette.

100. Principe général ; différents types. — Les niveaux à lunette sont toujours accompagnés d'un niveau à bulle d'air. On s'arrange de façon que l'axe optique de la lunette soit parallèle à l'horizontale de la bulle. Quand celle-ci est horizontale, l'axe l'optique l'est aussi. Un pivot vertical permet d'orienter l'axe optique dans la direction de la mire.

On classe les niveaux en deux catégories, suivant que la fiole de la bulle d'air est fixée à demeure au pivot, ou qu'elle est libre et se place à la main sur les appuis qui lui sont destinés.

Dans chacune de ces catégories, on distingue le cas où la lunette repose sur ses appuis au moyen de collets carrés, nommés *prismes*, ou de collets circulaires nommés *anneaux*.

101. Niveau-cercle de Lenoir. — Le niveau-cercle de Lenoir appartient au type à collets carrés et à bulle indépendante.

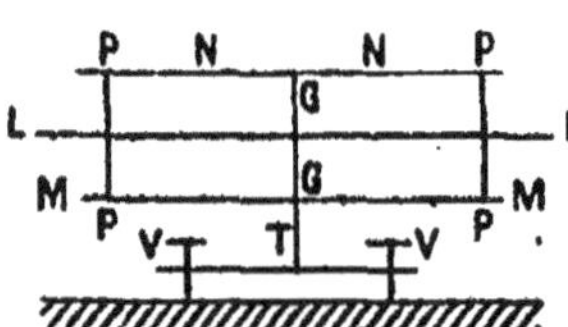

Sur un plateau circulaire M, invariablement fixé à un trépied à vis calantes V par une colonne T, on pose une lunette L, enchassée dans deux prismes carrés P. Un niveau à bulle d'air N peut se placer à la main, soit sur le plateau M, soit sur les faces supérieures des prismes.

Si les deux prismes sont égaux et que l'axe optique de la lunette passe par leurs centres, cet axe est parallèle au plan du plateau. Il est également parallèle au plan formé par les faces supérieures des prismes. Il suffit donc, pour qu'il soit horizontal, de rendre horizontal l'un quelconque de ces deux plans.

Il serait difficile de dresser un plateau entier sous forme d'un plan parfait : on ne conserve donc du plateau M que la partie utile, celle où s'appuient les prismes de la lunette. Il se trouve ainsi réduit à un limbe circulaire MQ, réuni à la colonne T, non par de simples bras qui n'offriraient pas une rigidité suffisante, mais par une plaque pleine, courbée en creux, qui prend, à cause de sa forme, le nom de *cuvette*.

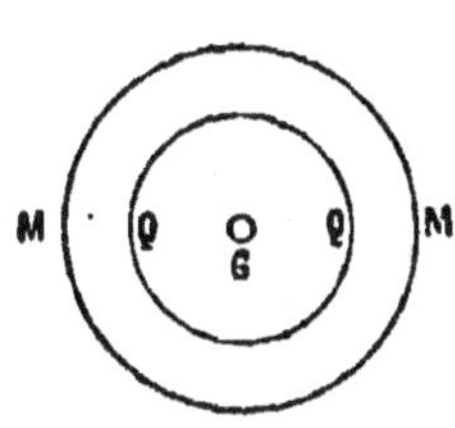

La lunette est guidée dans ses mouvements de révolution par une goupille, qui pénètre dans une cavité G réservée au centre de la cuvette. Cette goupille se prolonge de part et d'autre de la lunette, et sert aussi à maintenir le niveau à bulle d'air, quand il est placé sur les prismes, à l'aide d'un œil percé dans sa règle.

Pour les transports, il y a une agrafe A, qui fixe le niveau à bulle d'air et la lunette au plateau et en empêche la chute.

108. Usage du niveau cercle. — L'instrument étant adapté à la tablette d'un pied à trois doubles branches au moyen d'une vis à ressort à pompe, on établit ce pied de façon que la tablette soit à peu près à la hauteur de

NIVEAU-CERCLE DE LENOIR

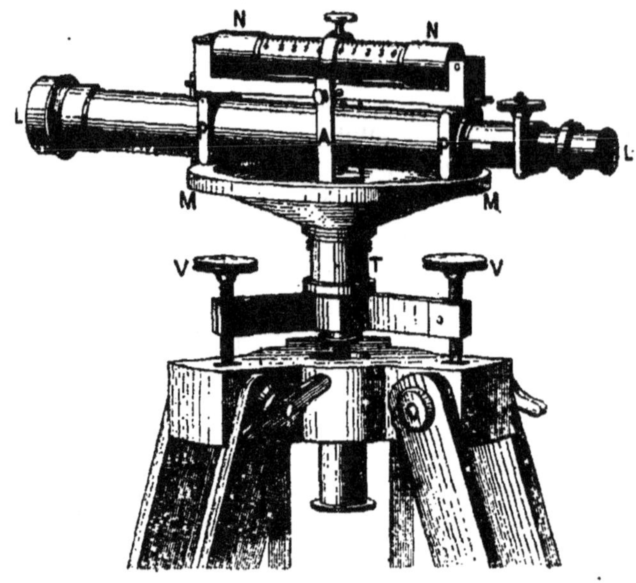

la poitrine et qu'elle paraisse sensiblement horizontale.
Les branches du pied sont armées de pointes que l'on doit
enfoncer solidement dans le sol ; sans cette précaution le
pied et sa tablette, dans les terrains mous ou élastiques,
subiraient des tassement continus ou intermittents qui
pourraient altérer l'exactitude des observations.

On procède alors au *calage* de l'instrument. Le niveau
à bulle d'air étant placé sur les prismes, on amène la lunette dans une direction sensiblement parallèle à la ligne
d'appui de deux des vis calantes. Saisissant ces vis
entre les doigts des deux mains, on les actionne en
sens contraire de façon à amener la bulle entre ses repères. On met ensuite la lunette dans une position perpendiculaire, en sorte qu'elle se place au-dessus de la troi-

sième vis, à l'aide de laquelle on met de nouveau la bulle entre ses repères. Ramenant alors la lunette dans sa position primitive, *par un mouvement rétrograde*, on examine si la bulle revient entre ses repères. Si elle s'en écarte, on recommence le calage, jusqu'à ce que la bulle ne s'écarte plus de ses repères dans ces deux directions. Le plan formé par les faces supérieures des prismes est alors horizontal, puisqu'il contient deux lignes horizontales à angle droit.

C'est pour la facilité du calage qu'il est nécessaire de mettre la tablette du pied sensiblement horizontale. Quand on agit sur la troisième vis dans la manœuvre du calage, on fait tourner tout l'instrument autour d'un axe passant par les points d'appui des deux autres sur la tablette. Si cet axe est horizontal, les parallèles du plateau qui ont été rendues horizontales par le maniement des deux premières vis ne cessent pas de l'être pendant la manœuvre de la troisième, et lorsqu'on ramène le niveau à bulle d'air sur l'une d'elles, la bulle reste entre ses repères. Dans le cas contraire, ces lignes s'inclinent, le résultat obtenu par la première épreuve est en partie détruit, et il faut recommencer les essais un grand nombre de fois. Sur une tablette à peu près horizontale, le calage est au contraire très rapide.

Une fois le calage obtenu, l'opérateur n'a qu'à diriger la lunette vers la mire et à amener l'image au point à l'aide de la crémaillère, comme il a été expliqué au n° 9, puis à faire la lecture sur la mire.

Il ne doit pas oublier, au commencement des opérations et une fois pour toutes, de régler le tirage de l'oculaire pour le mettre au point en raison de la portée de la vue distincte de l'œil.

103. Réglage du niveau-cercle. — Pour que la visée soit réellement horizontale, il faut que l'instrument satisfasse à deux conditions, savoir :

1° Que le niveau à bulle d'air soit réglé :

2° Que l'axe optique de la lunette soit parallèle au plan des faces supérieures des prismes, ou, ce qui revient au même quand la bulle est réglée, à l'horizontale de la bulle.

1° Réglage de la bulle. — Le réglage de la bulle se fait comme à l'ordinaire (n° 12). On met le niveau à la bulle d'air sur les prismes, et on appelle la bulle entre ses repères ; puis on le retourne bout pour bout sans toucher à la lunette, et on voit si la bulle revient entre ses repères. Si elle s'en écarte, on corrige la moitié de l'écart avec la vis de réglage, et on recommence l'épreuve.

2° Centrage. — Pour s'assurer si l'axe optique est parallèle au plan des faces supérieures des prismes, on vise une mire après avoir mis la bulle entre ses repères, et on

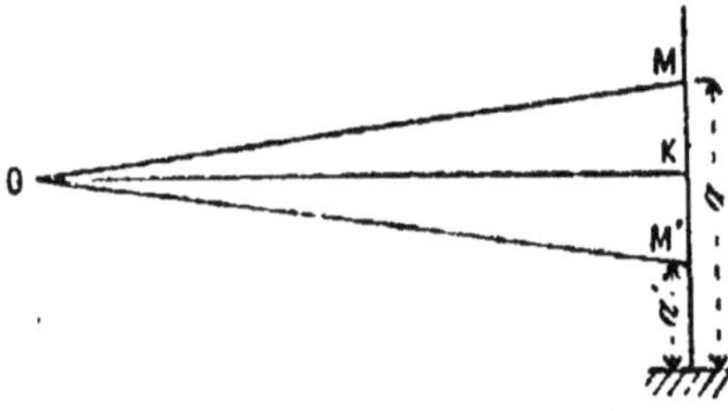

observe la cote a que donne la lecture. Puis on retourne la lunette sans dessus dessous, et on fait une seconde lecture sur la même mire. Si l'axe optique était parallèle aux plans des faces des prismes, les deux cotes seraient égales. Dans le cas contraire, le premier rayon visuel OM étant incliné sur l'horizon, le second rayon OM' est symétriquement incliné : les deux lectures a et a' sont alors différentes et s'écartent de quantités égales de la cote exacte, qui est leur moyenne $\frac{a + a'}{2}$. On peut agir sur les vis qui permettent de déplacer le réticule, de façon à amener la visée sur le point K, milieu de MM'. On recom.

mence l'épreuve, jusqu'à ce que, dans les retournements successifs sens dessus dessous, on ne cesse plus de voir le même point K. C'est ce qu'on appelle *centrer* la lunette.

104. Remarques. — 1° Le centrage obtenu pour une mire placée à une distance D n'est généralement plus bon pour une mire placée à une distance D′. Il faudrait, mais c'est une condition rarement réalisée, que le *centre optique* de l'objectif fût rigoureusement placé sur l'*axe de figure* de la lunette, c'est-à-dire en un point O de la ligne F qui passe par les centres des deux prismes.

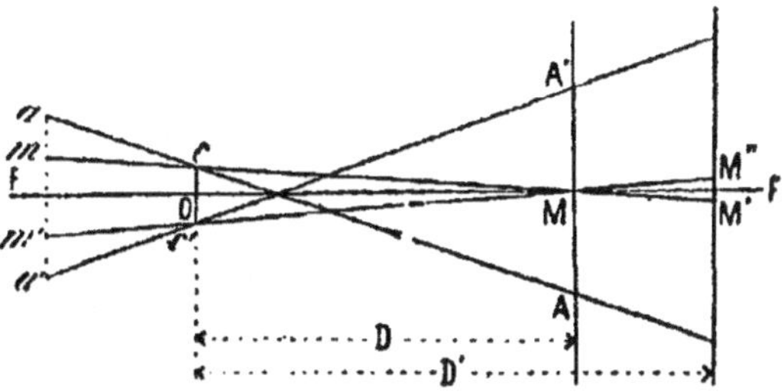

S'il est en dehors, en un point *c*, et que la croisée des fils du réticule soit en *a*, la ligne *ac* est l'axe optique. Elle rencontre en A la mire placée à la distance D ; mais après le retournement, l'axe optique prend une position *a′c′*A′ symétrique par rapport à F. Pour faire le centrage, on déplace le réticule jusqu'à ce que la ligne de visée atteigne le point M milieu de AA′ ; la croisée des fils passe alors de *a* en *m*. La visée ne concorde pas avec l'axe de la figure, mais elle passe par le même point M de la mire que si elle était concordante, et la lecture est exacte.

Mais si l'on porte la mire à une autre distance D′, l'axe optique, après avoir croisé en M l'axe de figure, s'en sépare et va rencontrer la mire en un autre point M′ ; la lecture est donc de nouveau erronée.

2° La figure ci-dessus suppose que l'objectif a, par rapport à l'axe de figure, une excentricité verticale, c'est-à-dire, que le point C est alternativement au-dessus et au-dessous du point O. Mais l'excentricité peut aussi être latérale, en sorte que le centre du réticule soit d'abord à droite et ensuite à gauche du centre optique de l'objectif. Dans ce cas, si l'on a, dans une première visée, mis la croisée des fils du réticule sur une ligne verticale, elle s'écarte de cette ligne dans une seconde visée faite exactement dans la même direction, après retournement de la lunette sens dessus dessous. Si au contraire on dirige la seconde visée sur le même point que la première, l'axe de la lunette n'a pas exactement la même direction dans les deux cas.

105. Double visée. — L'exactitude de la visée dépend de trois opérations minutieuses : le *réglage* de la bulle, le *calage* de l'instrument, le *centrage* de la lunette.

Quelque soin qu'on y apporte, il est difficile de les réussir d'une façon absolue, même en y dépensant un temps considérable. Le centrage fréquemment renouvelé serait d'ailleurs une source de détérioration rapide du réticule.

On abrège beaucoup le nivellement, et on le rend en même temps infiniment plus exact, par la méthode due à Egault, qui consiste à faire deux visées successives sur la mire, en se servant d'un instrument imparfaitement réglé. Dans chacune d'elles on lit une cote erronée ; mais on s'arrange pour que les deux lectures diffèrent de la cote réelle, l'une en moins et l'autre en plus, précisément d'une même quantité, en sorte que leur moyenne soit exacte.

Dans le niveau-cercle, le second coup se donne après retournement de la lunette sens dessus dessous, et retournement simultané du niveau à bulle d'air bout pour bout. Si l'on a soin de mettre *très exactement la bulle entre ses repères* dans les deux cas, la moyenne des deux lectures donne la cote exacte.

En effet, s'il y a un défaut de centrage, on a vu (n° 103) que la moyenne des lectures faites après le retournement sens dessus dessous de la lunette est égale à la lecture faite avec un instrument bien centré.

S'il y a un défaut dans le réglage de la bulle, l'axe de figure F de la lunette n'est pas parallèle à l'horizontale H de la bulle. Quand la bulle est entre ses repères, l'axe F est incliné et tombe sur un point A de la mire. Si on retourne la bulle bout pour bout, et qu'on la ramène entre

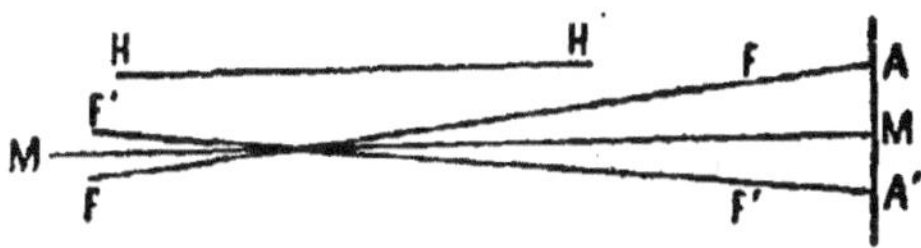

ses repères, son horizontale reprend exactement la même position H dans l'espace ; mais l'axe de figure se place en F' symétriquement à F par rapport à une ligne M parallèle à H. Il va donc rencontrer un point A' de la mire, symétrique du point A par rapport à M. La moyenne des deux lectures faites sur A et sur A' donne le même résultat que si on avait visé horizontalement en M.

Enfin, s'il y a un défaut de calage, la précaution que l'on a de ramener la bulle entre ses repères à chaque visée fait que son horizontale occupe les deux fois la même position H dans l'espace, sauf l'abaissement ou le soulèvement insignifiant produit alors par la manœuvre des vis calantes.

L'erreur pouvant provenir d'un défaut de symétrie dans la construction de la fiole (n° 14,3°) se trouve aussi compensée dans la moyenne par la double visée.

On peut donc se contenter d'un réglage grossier de l'instrument. Mais il ne faut pas perdre de vue que la méthode se fonde sur la symétrie que prend dans les deux cas la ligne de visée par rapport à une ligne supposée fixe dans l'espace, et que ce résultat n'est acquis que si la bulle est *absolument entre ses repères* au moment de la visée. Toute l'exactitude d'un nivellement repose sur le soin qu'on apporte à cette partie de l'opération.

166. Effet de l'inégalité des prismes. — Il est à remarquer que ce double retournement ne corrige pas l'erreur qui résulterait d'une inégalité dans la hauteur des prismes de la lunette. S'il y en a un plus petit que l'autre, l'axe de figure prend, par rapport à l'horizontale de la bulle, une inclinaison qui est toujours dans le même sens, car on regarde toujours par le même bout de la lunette. Soit HH′ la règle de la bulle, parallèle à son hori-

zontale, et soient M et M′ les centres de deux prismes dont les hauteurs h et h' sont supposées inégales : l'axe de figure F prend, par rapport à l'horizontale de la bulle, une inclinaison représentée par $\frac{h'-h}{2d}$, d étant l'intervalle des prismes. A une distance D, il en résulte une erreur $\frac{h'-h}{2d}$ D.

Cette erreur est très considérable ; si on suppose que $h'-h$ soit seulement de $\frac{1}{100}$ de millimètre, et que $d = 16$ centimètres, elle atteindrait 3 millimètres à une distance D = 100 mètres.

On doit toujours craindre que les deux prismes ne soient pas aussi rigoureusement égaux ; mais, si on a soin de se mettre à égale distance des points à niveler d'une même station, l'erreur qui résulte de cette inégalité disparaît dans la différence des cotes. Ce motif s'ajoute à ceux qui ont été déduits de la sphéricité de la terre et de la réfraction (n°⁵ 75 et 78), pour rendre impérieuse la nécessité de placer le niveau à des distances sensiblement égales des points dont on cherche la différence de niveau.

107. Nécessité du réglage. — Puisque la méthode de la double visée conduit à un résultat exact, même quand l'instrument est mal réglé, on peut être tenté de se dispenser de tout réglage. Les deux lectures donneraient des cotes très différentes, mais dont la moyenne serait juste, pourvu que la bulle fût parfaitement entre ses repères chaque fois.

Il y aurait cependant plus d'un inconvénient à opérer ainsi.

1° Si la différence des deux lectures était très considérable, on serait privé d'un moyen de contrôle précieux. Il pourrait se glisser des fautes qui passeraient inaperçues, tandis qu'elles sont signalées à l'attention de l'opérateur quand l'instrument est convenablement réglé, car il sait que les deux lectures ne doivent différer alors que de quelques millimètres.

2° Il faudrait beaucoup de temps, à chaque visée, pour appeler la bulle entre ses repères, et l'on perdrait ainsi l'avantage obtenu, quant à la rapidité, par l'absence de réglage.

3° Une erreur notable pourrait provenir de ce que la hauteur du plan de visée ne serait pas rigoureusement constante. En effet, pour ramener la bulle entre ses repères, on agit sur une des vis calantes V, et on fait tourner l'instrument autour de la ligne d'appui A des deux autres vis. Dans ce mouvement le centre du trépied se soulève et soulève avec lui tout l'instrument d'une certaine quantité ab, qui est sensiblement égale à $\frac{1}{3}\, d\alpha$, d étant la distance de deux vis et α l'angle de rotation. La quantité d

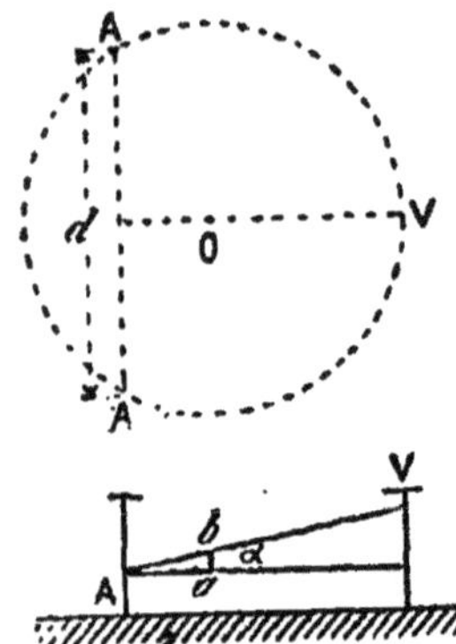

étant à peu près de $0^m,12$, la différence de hauteur de la visée s'élèverait à $0^m,001$, dans le cas où α égalerait $\frac{1}{40}$, limite qui pourrait être atteinte par un défaut absolu de calage et de réglage de la bulle. Toutefois, il suffit que ces opérations soient faites grossièrement pour qu'on en reste loin.

4° Une autre erreur bien plus sérieuse serait à craindre, si l'on se dispensait de tout réglage, dans le cas où l'horizontale de la bulle ne serait pas rigoureusement parallèle en plan aux bords de la règle, ou, ce qui revient au même, à l'axe de figure de la lunette. Le niveau à bulle d'air, placé alors sur un plan qui n'est pas horizontal, prend une inclinaison transversale, qui est variable avec l'azimuth où on le met. Nulle quand il est posé parallèlement à la ligne de plus grande pente du plateau, cette inclinaison atteint son maximum quand il est dans la direction des horizontales. On démontrerait comme on l'a fait au n° 14 (4°) que, par suite de cette inclinaison transversale variable, l'axe de figure n'est parallèle que dans une seule direction au plan dans lequel on met successivement l'horizontale de la bulle en appelant celle-ci entre ses repères.

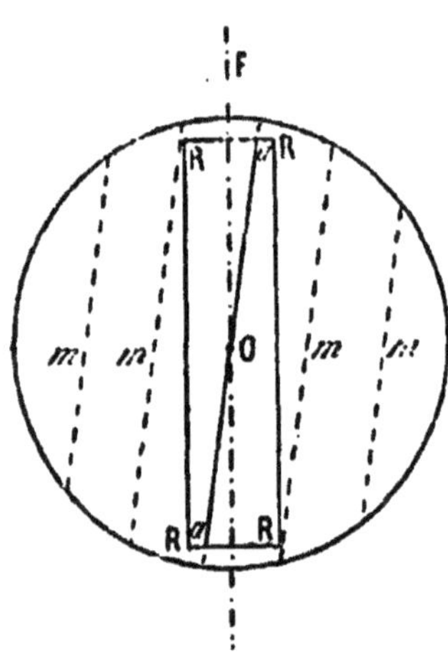

En effet, soit F la direction de l'axe de figure de la lunette, auquel les bords R de la règle sont parallèles. Si l'horizontale de la bulle se projette en *aa*, c'est cette ligne *a* de la règle qui est horizontale quand la bulle est entre ses repères, et les horizontales *m* du plateau sont parallèles à *a* et non à F. Donc l'axe de figure F est incliné quand la bulle est entre ses repères.

Il est facile de voir que, lorsqu'on retourne le niveau à bulle d'air bout pour bout, dans la double visée, cette inclinaison de l'axe reste la même et dans le même sens.

Quand la lunette change d'azimuth, la déclivité du plateau, qui est indéterminée, varie d'ailleurs suivant les vis dont on fait usage pour amener la bulle entre ses repères. Cette erreur est donc analogue à celle qui résulte de l'inégalité des prismes ; mais elle ne disparaît pas dans la différence de niveau, même si les points nivelés sont à égale distance de l'instrument, à moins qu'on ait placé celui-ci précisément sur la ligne qui les réunit. C'est comme si l'on avait des prismes inégaux, dont l'inégalité serait en outre variable.

Il est donc important de se servir d'une bulle réglée et de procéder au calage de l'instrument. Toutefois, il ne faut pas s'astreindre à remplir ces conditions d'une façon absolue, ce qui ferait perdre inutilement beaucoup de temps. On se contente d'une approximation d'une ou deux divisions dans la position de la bulle à chaque épreuve.

Quant au centrage du fil du réticule, un fois qu'il est obtenu pour une distance moyenne, on ne doit plus le renouveler. On y consacrerait en pure perte un temps énorme, et on aurait bien vite mis le réticule hors de service.

108. Vérifications de la bulle. — Avant de se servir d'un niveau, il faut s'assurer s'il ne présente pas de défauts de construction, et les rectifier lorsque cela est possible. Ces vérifications doivent porter sur la bulle et sur la lunette.

Il y a deux vérifications principales à faire sur la bulle:

1° *Parallélisme en plan de l'horizontale de la bulle et des bords de la règle.* — La bulle étant mise entre ses repères, on fait tourner lentement à la main le niveau à bulle d'air autour d'une des arêtes de sa règle. La bulle ne doit pas s'écarter de ses repères.

Dans les niveaux bien construits, il existe un moyen de rectification de ce défaut; en agissant sur une vis, on peut déplacer transversalement une des extrémités de la monture sur la règle. Mais c'est une opération délicate et qui doit être faite par un artiste et non par l'opérateur lui-même.

2° *Sensibilité de la bulle.* — On fait porter une mire M

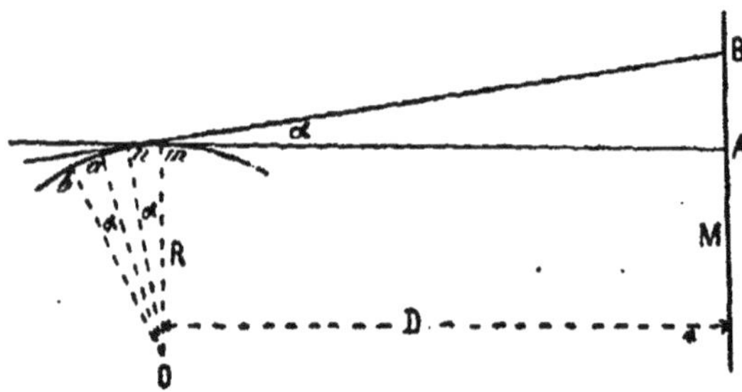

à une distance mesurée D ; on amène une des extrémités de la bulle contre un trait de division a, et l'on fait la lecture de la cote sur la mire. En agissant sur une vis calante, on déplace la bulle, on amène l'extrémité a sur un autre trait b, et on fait une seconde lecture. Les visées, dans les deux cas, ont lieu suivant les parallèles aux deux positions mA et nB de l'horizontale de la bulle, ou du moins suivant des lignes également inclinées sur ces directions. En appelant α l'angle des deux positions de l'horizontale de la bulle, on a, vu la petitesse de cet angle, AB $=$ Dα. Mais, d'autre part, si R est le rayon de courbure de la fiole, $mn = ab = R\alpha$. Donc R $=$ D$\frac{ab}{AB}$. Or

AB est donné par la différence des lectures, et *ab* peut se mesurer sur la fiole. Si les divisions sont écartées de $0^m,003$, et qu'il y en ait *n* entre *a* et *b*, le déplacement $ab = 0^m,003\,n$.

On s'assure ainsi si la bulle est suffisamment sensible. Si elle ne l'est pas, il faut faire changer la fiole par le constructeur.

On s'assure de la même façon que le rayon de courbure de la bulle est constant, en portant successivement l'extrémité *a* de la bulle sur différentes divisions pour mesurer le rayon.

109. Vérifications de la lunette. — Les principales vérifications essentielles à faire sur la lunette sont les suivantes :

1° Ballottement du tube porte-réticule. — Il faut s'assurer que le tube porte-réticule ne ballotte pas dans le tube porte-objectif. On s'en rend compte en exerçant de petites pressions latérales à la main, ou bien en imprimant de petits mouvements alternatifs au pignon de la crémaillère pendant qu'on a l'œil à la lunette et qu'on vise sur une mire : les fils ne doivent pas danser sur la mire.

Si ce défaut existait, le réticule descendrait, chaque fois qu'on pose la lunette, au-dessous de la position qui lui serait assurée par un tube bien emboîté. L'axe optique en recevrait donc une inclinaison toujours ascendante, et il en résulterait les mêmes inconvénients que dans le cas de prismes inégaux (n° 106), avec cette aggravation que l'erreur serait variable avec le tirage de l'oculaire et l'intensité des secousses imprimées à la lunette.

Ce défaut ne peut être rectifié et nécessite le renvoi de la lunette au constructeur.

2° Égalité des prismes. — On appelle la bulle entre ses repères, après l'avoir posée dans le plan des faces supérieures des prismes. Puis on retourne *exactement* la lunette

bout pour bout après avoir soulevé le niveau à bulle
d'air, que l'on remet sur les prismes sans lui imprimer
aucun retournement. Le bout de la règle qui était sur le
prisme le plus haut vient ainsi sur le plus bas, et réciproquement, et l'horizontale de la bulle s'incline, si les prismes ne sont pas égaux. Cette épreuve demande un calage
préalable aussi parfait que possible, à cause de la difficulté de faire le retournement de la lunette exactement
bout pour bout. On peut toutefois tracer avec un crayon
des repères sur le plateau, pour assurer l'exactitude du
retournemement.

On peut calculer la différence de hauteur des prismes
en mesurant la quantité dont la bulle se déplace. On a vu

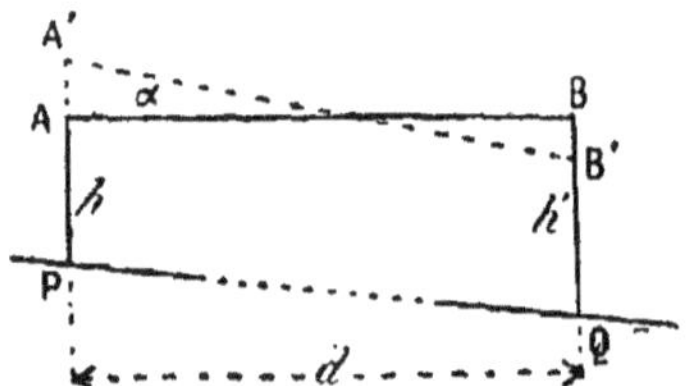

(n° 108, 2°) que ce déplacement δ était égal à αR, R étant
le rayon de la bulle, et α l'inclinaison prise par son horizontale. Or, lorsqu'on remplace le prisme AP, de hauteur h, par le prisme BQ de hauteur h', les deux points
d'appui P et Q restant les mêmes, la règle AB, d'abord
horizontale. prend une inclinaison $\alpha = \dfrac{2\,(h' - h)}{d}$. Donc
$h' - h = \dfrac{\delta d}{2R}$. Si l'on mesure δ et R comme il a été indiqué
(n° 108, 2°), on en déduit $h' - h$.

Quand ce défaut existe, il faut renvoyer la lunette au
constructeur, et se garder d'essayer de la rectifier soi-
même par un rodage, trop délicat pour être facilement
réussi.

3° Objectif. — Il faut s'assurer que l'objectif n'a pas de

11

ballottement dans sa sertissure. Il en résulterait un défaut analogue à celui qui résulte du ballottement du réticule.

Le centre optique de l'objectif, sans être exactement sur l'axe de figure de la lunette, ne doit pas s'en éloigner considérablement. L'excentricité doit d'ailleurs être placée dans le sens vertical. Si elle était latérale (n° 104, 2°), la croisée des fils ne se retrouverait pas au même endroit dans la largeur de la mire, après un retournement sens dessus dessous qui eût remis exactement la lunette dans la même direction ; elle pourrait même tomber à côté des divisions de la mire. Comme en pratique on a soin, au contraire, de ramener la croisée des fils sur la même verticale, l'orientation de la lunette se trouverait modifiée, et l'horizontale de la bulle, tout en restant dans le même plan, n'occuperait pas la même position dans l'espace. Certaines déviations de l'axe optique pourraient alors ne pas se compenser exactement dans la double visée.

Pour voir si ce défaut existe, on met la croisée des fils sur un point bien défini, par exemple l'angle d'une division de la mire : puis, en retournant la lunette sens dessus dessous après avoir tracé des repères pour la replacer exactement dans la même direction, on voit comment la croisée des fils s'est déplacée par rapport au même point.

1° Horizontalité du fil du réticule. — Le fil du réticule doit être horizontal lorsque l'axe de figure est horizontal. Pour le vérifier, on cherche dans le plan de visée un point bien défini qui tombe à l'extrémité gauche sous le fil horizontal du réticule : puis, en faisant tourner lentement la lunette sur son pivot, on voit si, dans ce mouvement, le même point reste couvert par les points successifs du fil jusqu'à l'extrémité droite. S'il paraît s'élever ou s'abaisser, le fil n'est pas parallèle au plateau, et par consé-

quent n'est pas horizontal en même temps que lui. On
le rectifie en faisant faire un petit mouvement de rotation au réticule, qui porte une disposition appropriée à
cet objet.

110. Niveau d'Égault. — Le niveau d'Égault appartient au type à collets circulaires et à bulle fixe.

Il se compose d'une lunette L posée par des anneaux

NIVEAU D'ÉGAULT

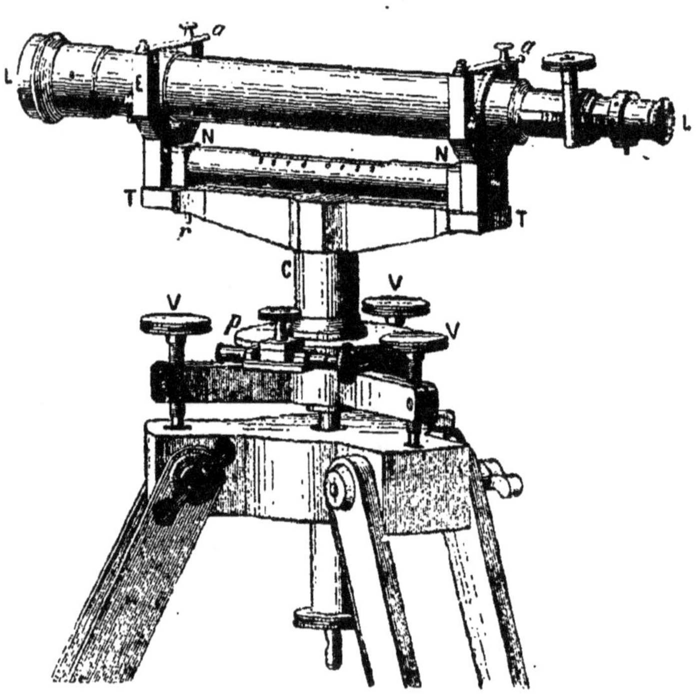

circulaires sur une traverse T, par l'intermédiaire d'é-

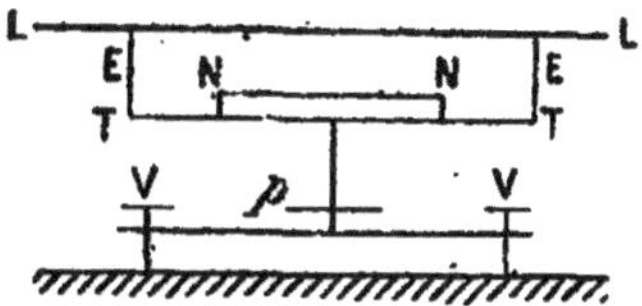

triers renversés E fixés à la traverse. Sur la traverse est posé à demeure un niveau à bulle d'air N. La colonne C à laquelle ce système est adapté tourne autour d'un pivot supporté par un trépied à vis calantes V. Son mouvement de rotation peut être arrêté au moyen d'une pince *p* avec vis de rappel saisissant un petit plateau. Les étriers sont armés d'agrafes *a* que l'on ferme pendant les transports pour éviter la chute de la lunette, et que l'on maintient ouvertes pendant les opérations.

111. Usage du niveau d'Égault. — Pour donner un coup de niveau, on opère comme avec le niveau-cercle (n° 102). Le pied de l'instrument étant solidement enfoncé dans le sol, et sa tablette aussi horizontale que possible, on procède au calage, et, après avoir réglé avec le plus grand soin le tirage de l'oculaire une fois pour toutes, on vise sur la mire, on en amène l'image au point, et l'on fait la lecture, en s'assurant qu'à ce moment la bulle est *très exactement* entre ses repères.

Le second coup nécessaire pour l'application de la méthode de la double visée (n° 105) doit être donné dans une position des différentes parties de l'appareil symétrique par rapport à l'horizontale de la bulle ramenée bout pour bout sur une même ligne de l'espace parfaitement identique.

On y parvient de la manière suivante. On soulève la lunette hors de ses étriers, sur lesquels on la replace ensuite, après lui avoir fait faire dans l'espace un mouvement de rotation qui mette en-dessus la génératrice du tube qui était en-dessous, et qui intervertisse la place des anneaux sur les étriers. Puis on fait faire une demi-révolution à l'instrument sur son pivot, de façon à ramener l'oculaire à l'œil. On fait alors la seconde visée, après avoir appelé *très exactement* la bulle entre ses repères.

112. Réglage du niveau d'Égault. — Pour que la visée soit horizontale, il faut :

1° Que le niveau à bulle d'air soit *réglé*, c'est-à-dire que l'horizontale de la bulle soit perpendiculaire au pivot ;

2° Que l'axe optique de la lunette soit parallèle à l'horizontale de la bulle, c'est-à-dire que la lunette soit *centrée*.

1° Réglage de la bulle. — Pour régler la bulle, après avoir procédé au calage et amené la bulle exactement entre ses repères, on fait faire à l'instrument une demi-révolution sur son pivot. Si la bulle ne revient pas entre ses repères, on corrige la moitié de l'écart au moyen de la vis de réglage r du niveau à bulle d'air. Comme le calage avait été fait, dans ce cas, au moyen d'une bulle non réglée et qu'il n'était pas correct, on procède à un nouveau calage, et on recommence l'épreuve. Après quelques tâtonnements rapides, on parvient à régler la bulle assez exactement.

2° Centrage. — Le centrage se fait comme avec le niveau-cercle (n° 103, 2°), au moyen de deux lectures faites sur une mire, avant et après une demi-révolution imprimée à la lunette sur son axe. Il se rectifie de la même façon et donne lieu aux mêmes remarques.

Il suffit de faire ce centrage une fois pour toutes à une distance moyenne, sans se préoccuper de ce qu'il est détruit à d'autres distances ; la double visée compense l'erreur qui en résulte (n° 105).

Ainsi qu'on l'a remarqué (n° 107) le réglage et le calage du niveau sont toujours nécessaires, mais il suffit, lorsqu'on a recours à la double visée, qu'ils soient obtenus avec une approximation d'une ou deux divisions de la fiole. Il importe seulement que la bulle soit très exactement entre ses repères au moment de chaque visée.

112. Vérifications. — Le niveau d'Egault doit être soumis à des vérifications analogues à celles qui ont été indiquées pour le niveau-cercle.

1° La sensibilité de la bulle (n° 108, 2°), l'excentricité et le ballottement de l'objectif (n° 109, 3°), le ballottement du tube porte-réticule (n° 109, 1°), se vérifient de la même façon.

2° L'égalité des anneaux ne peut se constater directement, le niveau à bulle d'air étant à demeure et ne pouvant se mettre sur les anneaux. Dans les ateliers des constructeurs, on se sert d'un niveau à bulle d'air à fourches (n° 26), et on procède comme il a été indiquée ci-dessus (n° 109, 2°).

Sur le terrain, on ne peut faire qu'une vérification indirecte. On détermine la différence de niveau de deux points donnés, d'abord en se mettant à égale distance de ces points, puis ensuite à des distances inégales D et D'. On sait que, dans ces circonstances, les différences de niveau trouvées ne doivent pas être rigoureusement égales, à cause de la sphéricité de la terre et de la réfraction atmosphérique, et que l'erreur sur la véritable mesure est de la forme $\dfrac{m\,(D^2 - D'^2)}{2\,R}$ (n°ˢ 75 et 78). Si les anneaux sont inégaux, il s'y ajoute une autre erreur proportionnelle à la distance (n° 106), exprimée par $\dfrac{h - h'}{2\,d}$ $(D - D')$, h étant le diamètre de l'anneau placé près de l'oculaire, h' le diamètre de celui qui est du côté de l'objectif, et d leur intervalle. L'erreur totale est donc $e = \left[\dfrac{m\,(D + D')}{2\,R} + \dfrac{h - h'}{2\,d}\right]$

(D — D'). Si l'on réitère un grand nombre d'épreuves, en plaçant le niveau d'abord à égale distance des deux points, puis à des distances inégales, on voit varier la valeur de e. Les variations ne sont pas proportionnelles aux valeurs de D — D', comme on pourrait le supposer au premier abord, à moins que l'inégalité des anneaux ne soit assez forte pour que les effets de la sphéricité de la terre et de la réfraction soient négligeables devant les siens. Il faut d'ailleurs éviter que D + D' reste constant, car les effets de l'une et de l'autre cause resteraient confondus.

En somme, cette vérification est assez compliquée et peu pratique ; elle est seulement applicable au cas où l'inégalité des anneaux est tout à fait marquée.

3° Dans le niveau d'Egault, on n'a pas à vérifier le parallélisme entre l'horizontale de la bulle et le bord de sa règle, qui n'existe pas. Mais il faut que, lorsque la bulle est réglée, c'est-à-dire lorsque son horizontale est perpendiculaire au pivot, l'axe de figure de la lunette soit parallèle à cette horizontale en plan comme en élévation

On s'assure facilement qu'il lui est parallèle *en élévation* de la manière suivante. La bulle étant bien réglée et mise entre ses repères, on fixe l'instrument et on vise une mire portée à une assez grande distance. Puis on soulève la lunette, on fait faire à son support une demi-révolution sur son pivot, et l'on replace la lunette dans la même position. En visant sur la mire, après s'être assuré que la bulle est restée entre ses repères, on doit faire exactement la même lecture. Si elle est différente, c'est que les points d'appui des anneaux de la lunette sur les étriers ne sont pas à la même hauteur au-dessus de l'horizontale de la bulle. Ce défaut peut se corriger, par des dispositions variables, permettant de relever ou d'abaisser l'un des points d'appui de la lunette. On fait une correction convenable pour rectifier la moitié de l'écart constaté dans les deux lectures, et on recommence l'épreuve.

Il faut constater ensuite si l'axe de figure, parallèle à l'horizontale de la bulle en élévation, l'est également *en plan*. Cette vérification ne peut se faire directement, mais on l'effectue très bien de la manière suivante. On détermine deux fois de suite la différence de niveau de deux points, d'abord avec un calage parfait, et ensuite avec un pivot s'écartant beaucoup de la verticale. Si les résultats ne sont pas concordants, il y a un défaut de parallélisme en plan. On peut rectifier ce défaut en déplaçant transversalement le niveau à bulle d'air (n° 108, 1°), mais c'est un soin qu'il est préférable de laisser à un artiste.

4° L'horizontalité du fil du réticule, c'est-à-dire sa perpendicularité sur le pivot, n'est pas assurée par cons-

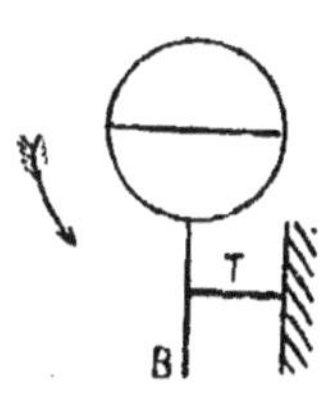

truction dans le niveau d'Egault, puisque les collets de la lunette tournent dans les étriers. Mais ce mouvement de rotation est limité, dans chaque sens, par un bloc B fixé au tube de la lunette, qui vient buter contre un taquet T adapté à la traverse du support. Ce taquet est formé d'une vis, dont l'enfoncement en règle la saillie.

Pour assurer l'horizontalité du fil du réticule, on appuie le bloc contre le taquet, après avoir réglé l'instrument aussi bien que possible, et on vise un point fixe (n° 109, 4°). L'instrument étant fixé par la pince, on lui fait faire, à l'aide de la vis de rappel, un mouvement lent, pendant lequel on observe si le point visé se sépare du fil horizontal. S'il en est ainsi, on modifie dans le sens convenable la saillie du taquet, et on recommence l'épreuve.

Ce réglage doit être fait pour chacune des deux positions que la lunette doit occuper dans les retournements de la double visée.

5° Les anneaux doivent être parfaitement circulaires. On s'en assure, dans les ateliers, en posant sur les anneaux un niveau à bulle à fourches, en faisant tourner la lunette lentement sur son axe, et suivant de l'œil la bulle, qui pendant ce mouvement ne doit pas se déplacer par rapport à ses repères.

114. Niveau Bourdaloüe. — Bourdaloüe a fait construire un niveau du type à collets carrés et à bulle fixe.

NIVEAU BOURDALOUE

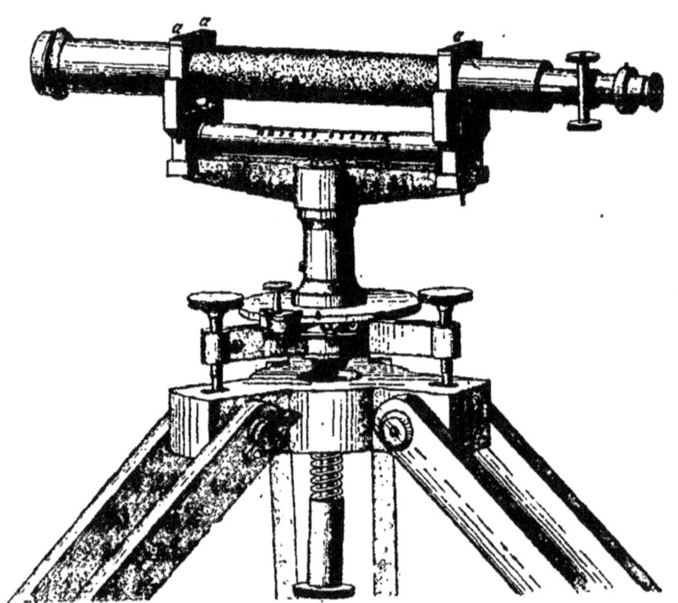

Il est semblable au niveau d'Egault, sauf que les anneaux sont remplacés par des prismes carrés, qui reposent sur des étriers plats, non pas directement par leur tranche, mais à l'aide de goupilles d'acier *a* dont la saillie peut être réglée.

On en fait usage comme des niveaux d'Egault.

Les goupilles d'acier permettent d'assurer l'égalité absolue des prismes.

Dans les niveaux dont se servait Bourdaloüe, la partie centrale du corps de la lunette était garnie de cordons de soie enroulés en hélice, afin de garantir le métal de l'action de la main et des variations de température inégalement réparties.

Ce type est moins commode que les niveaux à collets circulaires; aussi est-il peu répandu.

115. Niveau à bulle indépendante. — La quatrième variété de niveaux, connue sous le nom de *niveaux à bulle indépendante*, est caractérisée par les collets circulaires de la lunette et par la liberté du niveau à bulle d'air.

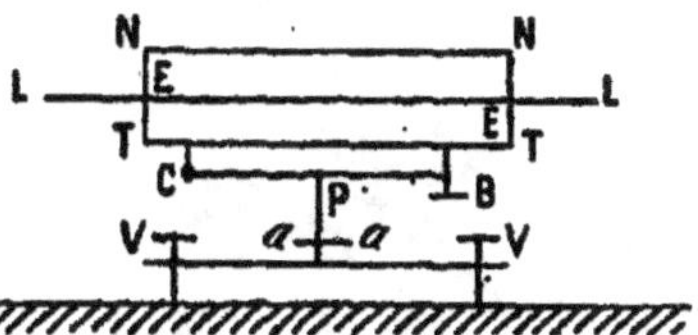

La lunette L est supportée au moyen de deux anneaux circulaires comme dans le niveau d'Egault, sur deux étriers E réunis par une traverse T.

Le niveau à bulle d'air N n'est pas fixé à l'appareil, mais se pose, au moyen de fourches F (n° 26), sur les anneaux de la lunette. L'instrument est adapté à une colonne P, susceptible de tourner autour d'un pivot porté par un trépied à vis calantes V. Ce mouvement peut être arrêté à l'aide d'une pince *p* pourvue d'une vis de rappel, saisissant un petit plateau *a*.

La traverse T n'est pas adaptée directement à la colonne. Elle repose, au moyen d'une charnière C et d'une vis B, sur une autre traverse CB, qui fait corps avec la colonne pivotante. La lunette et son support peuvent donc être soulevés par la vis B, et se mouvoir autour de la charnière C, sans qu'on agisse sur les vis calantes.

L'extrémité de la traverse T, du côté du bouton B, porte

NIVEAU A BULLE INDÉPENDANTE

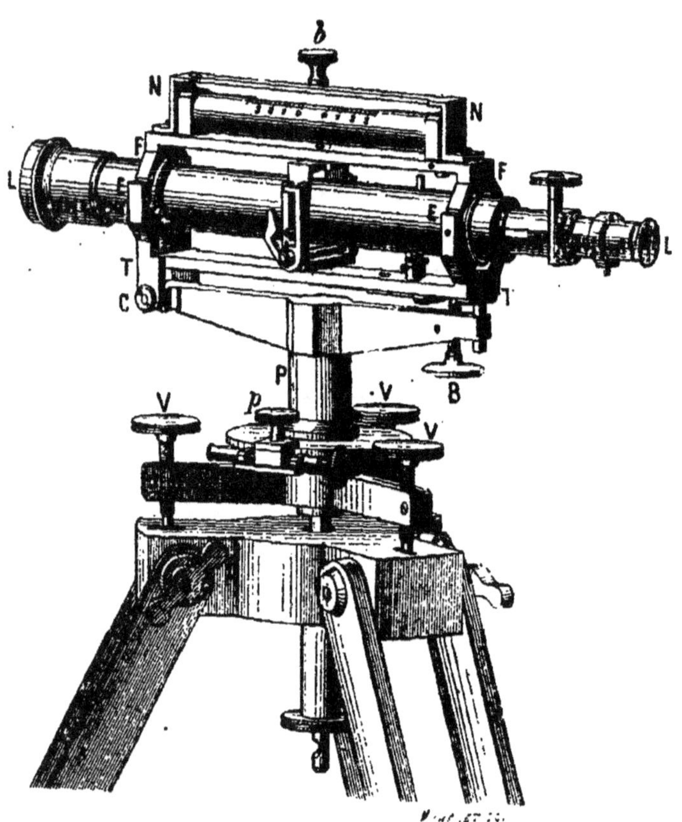

un appendice qui s'applique sur l'about de la traverse CB, et qui glisse sur lui quand la vis B est actionnée. Un trait de repère est tracé sur cet appendice, et un autre sur l'about de la traverse. Ces repères sont disposés de façon que, lorsqu'ils sont en coïncidence, l'axe de figure de la lunette est perpendiculaire au pivot.

Pour empêcher la chute du niveau à bulle d'air, on dispose un système d'agrafes que l'on ferme pendant les transports, et que l'on ouvre pendant les opérations.

116. Usage du niveau à bulle indépendante. — On commence, comme avec les autres types (nᵒˢ 102 et 111), par installer l'instrument bien solidement, en enfonçant dans le sol les pointes du pied à trois branches qui supporte la tablette, et en prenant soin que cette tablette soit sensiblement horizontale. Puis on s'assure que les traits de repère tracés sur l'appendice de la traverse supérieure et sur l'about de la traverse inférieure sont bien en coïncidence, et on les y met s'ils n'y sont pas. On procède au calage, comme à l'ordinaire (nᵒ 102). Enfin on dirige la lunette sur la mire, après avoir eu soin de voir si la bulle est entre ses repères et de l'y appeler *très exactement* si elle s'en écarte tant soit peu. On fait usage, pour cette dernière opération, de la vis B qui réunit les deux traverses, parce que cette vis est plus douce que les vis calantes, et qu'elle se trouve toujours au-dessous de la bulle et non latéralement. On la désigne quelquefois, à cause de cette destination, sous le nom de *vis de fin calage*.

Pour obtenir le second coup de niveau que réclame la double visée, on procède comme avec le niveau-cercle (nᵒ 105). On soulève le niveau à bulle d'air en se servant du bouton *b*, et on le remet sur les anneaux bout pour bout. En même temps, on fait faire à la lunette une demi-révolution sur son axe ; ce dernier mouvement s'obtient, grâce à la forme circulaire des collets, *sans qu'on ait à soulever la lunette hors de ses étriers*. A l'aide de la vis de fin calage, on rappelle alors la bulle très exactement entre ses repères, si elle s'en est écartée, et on fait la seconde lecture sur la mire.

Il faut d'ailleurs, comme toujours, au commencement

des opérations, que l'opérateur procède une fois pour toutes avec le plus grand soin à la mise au point de l'oculaire suivant sa vue (n° 9).

117. Réglage du niveau à bulle indépendante. — Le réglage de la bulle est très simple. L'instrument étant fixé par la pince dans une situation quelconque, on appelle la bulle entre ses repères ; puis, on la soulève et on la retourne bout pour bout. Si elle ne revient pas entre ses repères, on corrige la moitié de l'écart avec la vis de réglage, et on recommence l'épreuve.

Le centrage se fait comme sur le niveau d'Egault (n° 112, 2°), dans les rares cas où il serait jugé nécessaire.

Le réglage de la bulle, ainsi que le calage, n'ont besoin d'être obtenus qu'à une ou deux divisions près (n° 107) quand on a recours à la double visée.

118. Vérifications. — Les vérifications à faire sur le niveau à bulle indépendante sont analogues à celles qui ont été expliquées pour les autres types :

1° L'égalité des anneaux se constate facilement, puisque le niveau à bulle d'air repose par des fourches sur les anneaux. Il suffit (n° 109, 2°) après avoir fixé l'instrument dans une position quelconque et appelé la bulle entre ses repères, de soulever le niveau à bulle d'air et de retourner la lunette bout pour bout en intervertissant les anneaux sur les étriers, puis de remettre le niveau à bulle d'air en place dans sa position primitive.

2° Le parallélisme en plan de l'horizontale de la bulle avec les lignes d'appui qui remplacent les bords de la règle se constate facilement par un déplacement latéral du niveau à bulle d'air fait à la main sur les anneaux (n° 108, 1°). La bulle ne doit pas changer de position par rapport à ses repères dans ce mouvement. Ce défaut est rectifiable, mais la correction doit en être confiée à un artiste.

On peut d'ailleurs procéder par vérification indirecte, comme il a été expliqué pour le niveau d'Egault (n° 113, 3°), en nivelant deux points successivement avec un calage parfait et avec le pivot incliné.

3° La sensibilité de la bulle, l'excentricité de l'objectif, le ballotement du tube porte-réticule et de l'objectif, l'horizontalité des fils du réticule, le parallélisme en élévation de l'axe de la lunette et l'horizontale de la bulle, l'uniformité de rondeur des anneaux, se vérifient et se rectifient au besoin comme dans le niveau d'Egault (n° 113, 1°, 3°, 4°, 5°).

4° Il faut enfin s'assurer que, lorsque les repères des traverses sont en coïncidence, l'axe de figure de la lunette, ou l'horizontale de la bulle qui lui est parallèle, est perpendiculaire au pivot. A cet effet, après avoir mis les repères en regard, on cale avec soin l'instrument et on met la lunette au-dessus d'une des vis calantes. On appelle exactement la bulle entre ses repères à l'aide de cette vis, et on fait faire à l'instrument une demi-révolution autour de son pivot. Si la bulle ne revient pas entre ses repères, on corrige la moitié de l'écart avec la vis de fin calage. On achève de la remettre entre ses repères avec la vis calante, et on recommence l'épreuve, après avoir rectifié le calage, qui a été dérangé par cette manœuvre. Après plusieurs épreuves, on arrive à mettre l'horizontale de la bulle, et par suite l'axe de figure qui lui est parallèle, exactement perpendiculaire au pivot.

On examine alors si la coïncidence des traits de repère est dérangée d'une façon appréciable à l'œil. Sinon, l'on estime que les repères sont suffisamment en place, et l'on se contente, en chaque station, de les ramener en regard l'un de l'autre. L'imperfection qui subsiste dans le réglage sommaire ainsi obtenu est compensée par la double visée.

Remarque. — Il existe quelques niveaux dépourvus de repères. On est obligé alors de procéder chaque fois au réglage comme il vient d'être indiqué (4°). Il en est de même quand, pour un motif quelconque, on veut opérer avec un instrument aussi complètement réglé que possible.

110. Comparaison des divers genres de niveaux. — Les niveaux-cercles sont peu employés aujourd'hui. Pour avoir une rigidité suffisante, il faut qu'ils soient à cuvette, et, par les temps de pluie, cette cuvette accumule l'eau, qu'il faut évacuer et qui peut détériorer l'instrument. Ils sont dépourvus de pinces, en sorte que la lunette peut subir des déplacements pendant la mise au point de l'image de la mire ou même pendant la visée, et qu'il faut constamment consulter la bulle et la rectifier. L'horizontalité du fil du réticule parallèle au plateau est difficile à régler dans cet instrument. Le frottement continuel des primes sur le cercle produit une usure mutuelle qui peut n'être pas homogène et détruire l'égalité des prismes. Pendant les manœuvres, il peut s'introduire des grains de sable ou un peu de poussière entre les faces des primes et la plateau ou la règle du niveau à bulle d'air; il peut s'y former de la crasse ou s'y placer une goutte d'eau : on opère alors comme avec des primes inégaux. Enfin, pour peu qu'il y ait d'excentricité latérale dans l'objectif, l'axe de la lunette, dans la seconde visée, ne se place pas rigoureusement sur la même ligne que dans la première visée : il peut résulter un défaut de symétrie, par rapport à l'horizontale, dans les deux positions de l'axe optique, et par suite une erreur dans leur moyenne.

Le niveau d'Egault est pourvu d'une pince avec vis de rappel, qui permet de le fixer après qu'on a mis la lunette dans la direction de la mire. L'usure des anneaux est plus homogène que celle des primes dans le niveau-cercle, parce qu'elle ne porte que sur les petites surfaces de contact des anneaux avec les étriers. D'un autre côté, la vérification de l'égalité des anneaux y est presque impossible (n° 113, 2°). Comme dans le précédent instrument, il est difficile, dans la seconde visée, de ramener rigoureusement la lunette dans la même direction que dans la première, et les poussières, crasses et gouttes d'eau peuvent s'introduire entre les anneaux et les étriers.

Dans le niveau à bulle indépendante, cette dernière cause d'erreur est moins grave, la lunette n'étant jamais soulevée hors de ses étriers ; les crasses et les poussières sont donc moins à craindre. L'usure des anneaux est moins rapide et surtout moins inégale, l'introduction des poussières siliceuses étant moins facile entre les surfaces frottantes. Non-seulement la pince assure la stabilité de la lunette, comme dans le niveau d'Egault, mais on est certain que les deux visées se font exactement suivant la même direction, puisqu'il ne se fait, de l'une à l'autre, qu'un mouvement de rotation de la lunette autour de son axe propre, et que l'instrument ne tourne pas sur son pivot. Enfin la manœuvre du double retournement est plus simple et plus rapide que dans les autres systèmes. Aussi est-ce le type le plus employé aujourd'hui.

Le niveau d'Egault conserve toutefois un avantage résultant de ce que le niveau à bulle d'air s'y trouve au-dessous de la lunette, au lieu d'être en dessus. On peut donc voir facilement les mouvements de la bulle, même lorsque la lunette est installée à la hauteur de l'œil, tandis que, dans les autres types, la lunette doit être tenue plus bas. Outre qu'il y a moins de fatigue pour l'opérateur, qui n'est pas obligé de baisser continuellement la tête, il en résulte une plus grande rapidité et plus d'exactitude dans les nivellements composés sur les pentes.

En effet, soit MN une ligne suivant laquelle se fait un tel nivellement, et A l'un des points intermédiaires. Comme on doit se mettre à des distances égales des points nivelés, la position B du point intermédiaire suivant n'est pas arbitraire. Elle est déterminée par la hauteur de la ligne de visée, qui ne peut descendre au-dessous du point A où elle rencontre le pied de la mire.

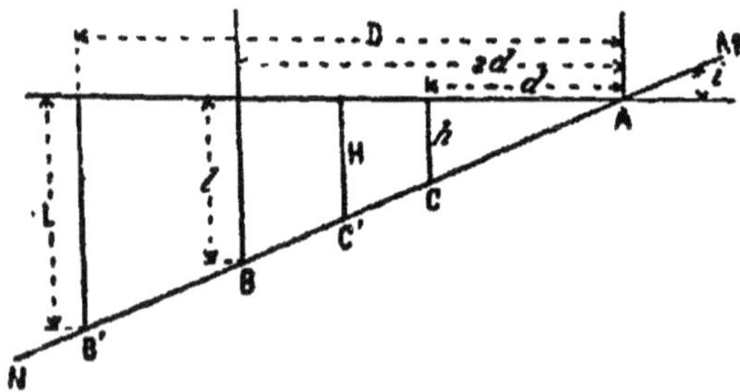

Si l'on appelle i la pente du sol, d la distance du niveau au point A lorsque la ligne de visée passe par le pied de la mire, h la hauteur du niveau au-dessus du sol, on a $h = di$. Donc la mire B doit être placée à une distance de la   e A égale à $2d = \dfrac{2h}{i}$. Cette distance est d'autant plus grande, et le nivellement composé comporte d'autant moins de points intermédiaires, que la hauteur h est plus grande.

Si l'on pouvait élever le niveau indéfiniment, l'éloignement du point B ne serait limité, au contraire, que par la longueur L de la mire, par dessus laquelle la visée ne doit pas passer. La cote lue sur la mire B étant égale à $2h$ quand la ligne de visée passe par le pied de la mire A on pourrait mettre le niveau en C' à une hauteur $H = \dfrac{L}{2}$, et la distance des deux mires pourrait atteindre une valeur $D = \dfrac{L}{i}$.

Souvent on est tenté de profiter de toute la longueur de la mire, et, le niveau étant en 0 à une distance d du point A, on fait mettre la seconde mire en B', de façon à en viser le sommet. Les distances du niveau aux deux mires ne sont pas alors égales : il y a entre elles une différence $D - 2d = \dfrac{L - 2h}{i}$. Il en résulte une erreur constante et systématique. Cette erreur s'atténue à mesure que h est plus grand, c'est-à-dire que la lunette est plus élevée au-dessus du sol.

Sous ce rapport, le niveau d'Egault a un avantage sur les niveaux à bulle libre[1].

130. Fautes et erreurs du nivellement. — Le nivellement est sujet à des fautes et à des erreurs, contre lesquelles il faut toujours être en garde, et que l'on n'évite que par l'attention et les précautions les plus minutieuses.

1° Il peut arriver que, dans la manœuvre qui précède la seconde visée, on oublie l'un des deux retournements, soit celui de la bulle, soit celui de la lunette. Pour prévenir cette faute, chacune de ces pièces porte des chiffres 1 et 2 de grande dimension, disposés de façon que les deux mêmes chiffres soient du même côté dans chacune des visées. Ainsi, au premier coup, le N° 1 de la lunette doit être près du N° 1 du niveau à bulle d'air, à la droite par exemple de l'opérateur ; les numéros 2 se trouvent alors à sa gauche, mais éloignés l'un de l'autre. Au second coup, c'est le contraire. L'opérateur doit prendre l'habitude de vérifier cette concordance.

2° On se trompe quelquefois sur la position de la bulle ; on croit l'avoir mise entre ses repères, tandis qu'on a pris pour repères deux divisions non symétriques. Cette faute, malheureusement assez fréquente, ne peut être évitée que par l'attention.

1. Les prismes imaginés par M. Klein (voir 3e partie) donnent ce même avantage aux niveaux à bulle indépendante.

3° Il peut arriver que la bulle, mise exactement entre ses repères immédiatement avant la visée, s'en écarte par une circonstance fortuite comme un coup de soleil ou un coup de vent, ou par suite du tassement d'une des branches du pied de l'instrument. L'opérateur doit toujours vérifier la position de la bulle après la visée, et recommencer l'opération s'il constate un déplacement.

Lorsqu'il y a un lecteur, il doit observer la bulle pendant que l'opérateur fait ses lectures et en corriger les moindres écarts [1].

4° L'instrument doit toujours être maintenu en bon état. Il est surtout indispensable que les collets de la lunette et les surfaces par lesquelles le niveau à bulle d'air s'y appuie ne soient pas séparés par des matières étrangères, telles que grains de sable, poussière, eau ou crasse. On doit avoir soin d'essuyer fréquemment les collets et les surfaces d'appui avec un linge fin ; c'est un soin qu'il faut prendre chaque fois que l'on sort l'instrument de sa boite, et renouveler même dans le cours des opérations lorsqu'il fait du vent ou de la pluie.

5° Avec quelque attention que l'on opère, il y a toujours une erreur due à ce que la précision de l'organe de la vue est limitée, ainsi que la sensibilité des bulles. On a vu (n° 108, 2°) qu'il y a, entre le déplacement e d'une bulle de rayon R et le déplacement correspondant E de

---

1. Le lecteur, qui n'a pas la responsabilité de l'opération, peut être inattentif ou peu soigneux : il est surtout sujet à commettre la faute indiquée ci-dessus (2°). Aussi beaucoup d'opérateurs préfèrent-ils ne pas lui confier la surveillance de la bulle. Mais alors ils doivent s'assurer par eux-mêmes, après chaque lecture, que la bulle n'a pas varié. Il en résulte une perte de temps, et les piétinements autour du pied de l'instrument peuvent, si le sol est élastique, produire des tassements momentanés ou variables, auxquels correspondent des dérangements de la bulle : celle-ci peut être entre ses repères lorsque l'opérateur s'est transporté latéralement pour la vérifier, et les avoir quittés au moment où il revient à la lunette, sans qu'il puisse s'en apercevoir. Les niveaux à prismes remédient à cet inconvénient. (Voir la 3e partie).

la visée sur une mire placée à une distance D, la relation : $\frac{e}{E} = \frac{R}{D}$. Or, on risque toujours de croire la bulle entre ses repères alors qu'elle s'en écarte d'une quantité insaisissable à l'œil. L'expérience indique qu'un œil moyen, pour lequel la distance de la vue distincte est de $0^m,30$, cesse de percevoir les grandeurs sous-tendues sous un angle d'environ $0°,03$. A la distance de $0^m,30$, cette grandeur est à peu près de $\frac{1}{7}$ de millimètre. On n'est donc pas maître d'évi'er une erreur $E = \frac{D}{7R}$ exprimée en millimètres.

Cette erreur n'est négligeable que si $\frac{D}{R}$ n'est pas très grand.

Aussi doit-on éviter d'opérer à de trop grandes distances; généralement, on adopte la règle de ne pas viser à plus de 100 mètres. Avec des bulles dont le rayon est compris entre 25 et 50 mètres, l'erreur n'est alors que de $\frac{1}{7}$ à $\frac{2}{7}$ de millimètre : comme elle est accidentelle, elle reste ainsi dans des limites admissibles.

6° On peut enfin commettre des fautes ou des erreurs de lecture sur la mire (n° 86). L'estime des fractions de division de la mire parlante, la seule dont il soit fait usage avec les niveaux à lunette, est souvent erronée de 1 ou 2 dixièmes de division, suivant la distance à laquelle on vise et suivant la région de la mire sur laquelle tombe le fil. Avec un peu d'exercice, on arrive facilement à faire des lectures correctes. Mais il faut, en outre, que la mire soit elle-même divisée correctement, qu'elle soit tenue bien verticale, qu'elle n'oscille pas sous l'action du vent, qu'il n'y ait aucun ballottement dans l'attache de sa prolonge (n° 88).

181. Degré de précision du nivellement. — La précision du nivellement dépend de la qualité des instruments dont on se sert, des précautions que l'on prend et de l'attention que l'on apporte dans leur emploi, des distances auxquelles on opère.

Avec de bons niveaux à lunette et des mires bien graduées, à des distances entre les points successifs atteignant fréquemment mais ne dépassant pas 200 mètres, ce qui répond à une distance de 100 mètres environ entre le niveau et la mire, un opérateur soigneux arrive facilement à connaître, dans une opération courante, les différences de niveau des points successifs avec une approximation moyenne d'environ 2 millimètres.

En opérant plus lentement et avec des soins minutieux, on peut arriver à une approximation moitié plus grande, c'est-à-dire avoir les différences de niveau successives à moins de 1 millimètre près.

Cette approximation se rapportant à des erreurs accidentelles, l'erreur moyenne finale E, dans les nivellements composés, est égale à l'erreur moyenne partielle e multipliée par la racine carrée du nombre n d'observations ; en sorte que $E = e \sqrt{n}$. Si l'on suppose un nivellement où les points nivelés seraient répartis à raison de 5 par kilomètre, et où l'erreur moyenne sur chaque différence de niveau serait $0^m,001$, la précision du nivellement serait $0^m,002$ environ par kilomètre, et $0^m,022$ pour 100 kilomètres[1].

Cette précision suppose qu'il n'y a pas dans les opérations d'erreurs systématiques ni de fautes. Il est possible d'éviter les erreurs systématiques ou de les corriger quand on en connaît les causes. Quant aux fautes, on ne peut les constater et les rectifier que par des vérifications. On vérifie un nivellement en le recommençant tout entier, et de préférence en revenant sur ses pas. On

---

[1]. Voir la 2ᵉ partie.

recommence au besoin une troisième et une quatrième fois, jusqu'à ce que les opérations soient concordantes.

122. Erreur de fermeture. — Lorsqu'un nivellement réunit deux points extrêmes dont les cotes exactes sont connues d'avance, on apprécie souvent le degré de précision des opérations d'après l'importance de l'écart entre la somme algébrique des différences de niveau partielles que l'on a obtenues et la différence des deux cotes connues. Cet écart s'appelle l'*erreur de fermeture*. Si, en effet, on avait nivelé par cheminement des points situés sur les sommets d'un polygone fermé, on devrait retrouver, en revenant au point de départ, une cote identique à celle que l'on avait choisie pour ce point. L'écart entre la cote finale et la cote de départ est la somme algébrique de toutes les erreurs partielles. Si cet écart est faible, il y a chance pour qu'il n'y ait aucune erreur partielle beaucoup plus grande que les autres, et par conséquent aucune faute grossière.

Lorsque l'on fait deux fois en sens contraire le nivellement d'une ligne, aller et retour, c'est comme si l'on opérait sur un polygone fermé. La différence entre le résultat final des deux opérations constitue l'erreur de fermeture.

Il ne faut pas perdre de vue, toutefois, qu'une faute pourrait être masquée par une autre faute à peu près égale et de sens contraire. Il ne faut donc pas se contenter de chercher l'erreur de fermeture, mais il faut comparer entre elles les différences de niveau obtenues à l'aller et au retour entre les points successifs. Les fautes ne pourraient échapper qu'autant qu'elles seraient égales et de sens contraire précisément au même endroit.

En réalité, on ne peut déduire la précision des opérations de la différence de fermeture que pour les nivellements de très grande étendue. La loi $E = e\sqrt{n}$ (n° 121) n'est vraie que si n est assez grand pour que la probabilité approche de la certitude. Mais il serait téméraire de croire que, sur toute opération, on eût habituellement $e = \dfrac{E}{\sqrt{n}}$ La précision peut être tout à fait différente de celle que donne cette formule, et il n'est pas rare de trouver des opérations médiocres où l'erreur de fermeture est à peu près nulle. La valeur de l'erreur finale E est, en effet, subordonnée au hasard de la répartition des erreurs partielles en signe et en grandeur.

§ 4.

NIVELLEMENT TRIGONOMÉTRIQUE.

198. Principe général. — Au lieu de chercher la différence de niveau A et B de deux points au moyen de niveaux et de mires, on peut l'obtenir de la façon suivante. On mesure la distance D des deux points, et

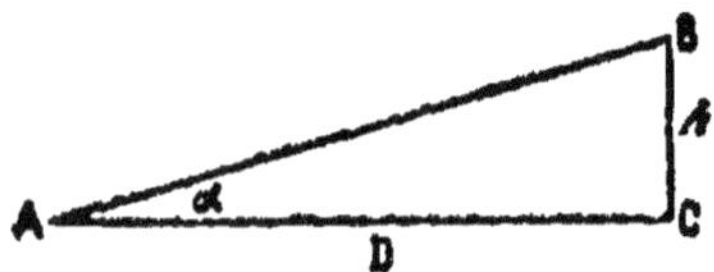

l'angle α que fait avec l'horizontale une ligne de visée parallèle à la ligne droite AB qui joint les deux points. La différence de niveau $h = D\,tg\alpha$.

Ce principe est appliqué en géodésie pour obtenir le nivellement des points principaux de la surface de la terre. Il donne lieu à des mesures minutieuses et à des calculs compliqués.

En topographie, on y a recours surtout dans les contrées accidentées, pour les nivellements où l'on ne recherche pas une grande précision mais où l'on veut opérer rapidement.

Les instruments qui permettent de mesurer l'angle vertical α prennent le nom de *niveaux de pente, éclimètres, clisimètres*, etc. Il y a un grand nombre de modèles d'instruments de cette espèce.

191. Niveau de pente de Chézy. — Le plus répandu et le plus classique des instruments destinés à mesurer l'inclinaison d'une ligne de visée est le niveau de pente de Chézy. Il suffira d'en donner la description et d'en expliquer l'usage pour faire comprendre tous les autres.

Le niveau de pente de Chézy est disposé comme le niveau à pinnules (n° 99). Seulement, le réticule et l'œilleton de l'une des pinnules sont montés dans une plaque

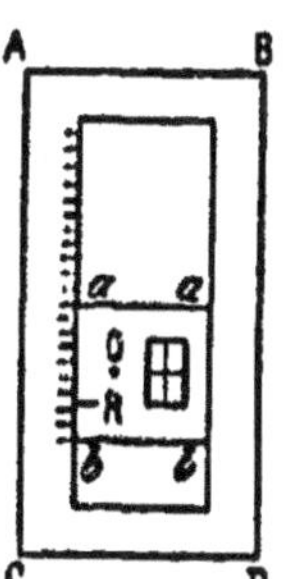

mobile *ab* pouvant s'élever dans l'intérieur d'un cadre fixe ABCD, au moyen d'une crémaillère à bouton M. Sur l'un des bords du cadre est tracée une graduation, et sur le bord correspondant de la plaque mobile, un repère R avec vernier. Quand le repère est au zéro des divisions du cadre, l'appareil se trouve exactement dans les conditions du niveau à pinnules ; en regardant par l'œilleton *o* le fil horizontal de la pinnule fixe établie à l'autre extrémité de la règle, on vise horizontalement si la bulle est entre ses repères. Mais, si l'on élève la plaque mobile d'une quantité *h*, et qu'on désigne par *l* la distance des deux pinnules, la visée est inclinée suivant une pente égale à $\frac{h}{l}$. Lorsqu'on regarde par l'œilleton de la pinnule fixe la croisée des fils de la pinnule mobile, la déclivité de la visée est la même, mais ascendante.

NIVEAU DE PENTE DE CHÉZY

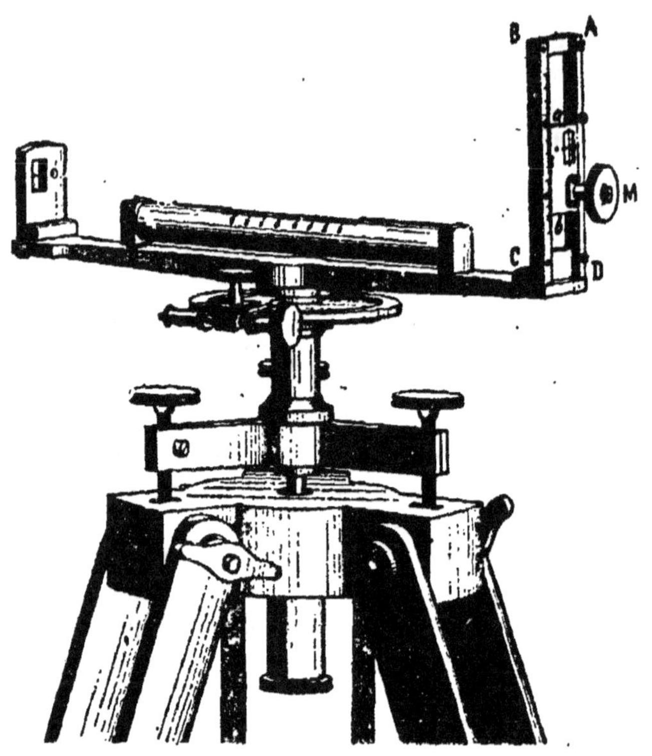

Afin d'éviter le calcul de $\frac{h}{l}$, la graduation du cadre est disposée de façon que la lecture donne immédiatement la valeur de la pente exprimée en centièmes. Le vernier permet de connaître les millièmes.

125. Usage du niveau de pente. — Pour se servir de cet instrument, on l'installe sur un pied, et l'on en

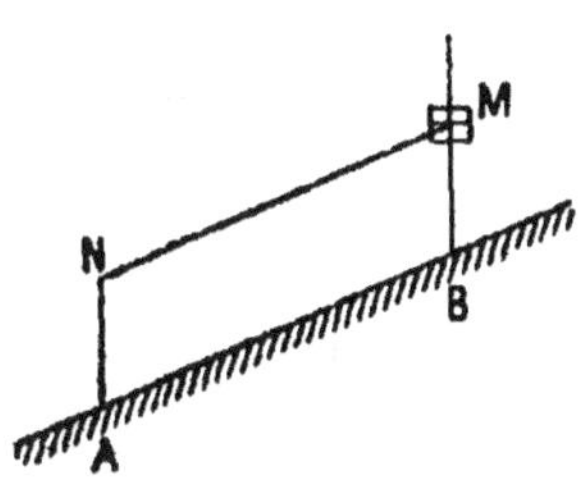

met le centre N exactement au-dessus du point A, pris sur la ligne AB du sol dont on veut connaître la pente. On procède au calage, et on prend la hauteur AN du plan horizontal passant par la croisée des fils de la pinnule fixe au-dessus du point A. A cet effet, on oriente l'alidade suivant une parallèle à l'horizontale du sol en A, et l'on fait dresser verticalement une mire à voyant le long de cette pinnule. Le voyant est élevé jusqu'à ce que sa ligne de foi soit au niveau du fil horizontal du réticule fixe et arrêté dans cette position. On fait alors porter la mire sur le point B, et l'on vise par l'œilleton de la pinnule mobile, si la ligne AB est descendante, ou par l'œilleton de la pinnule fixe si elle est ascendante. On agit ensuite sur la crémaillère, jusqu'à ce qu'on voie le fil horizontal du réticule tomber sur la ligne de foi M de la mire. La ligne NM est alors parallèle à AB, et la lecture en donne la pente.

La bulle doit être entre ses repères au moment de la visée.

126. Vérifications. — Cet instrument doit subir une première vérification, le repère étant au zéro des divisions : c'est exactement la même que pour le niveau à pinnules (n° 99). On vise successivement un objet éloigné par chacun des deux œilletons, la bulle étant chaque fois entre ses repères, et l'on doit retomber sur le même point. La correction se fait comme il a été indiqué au n° 99, la pinnule fixe étant supportée par des vis au moyen desquelles on peut lui faire subir un léger déplacement vertical.

Il faut ensuite s'assurer que la graduation du cadre est exacte. A cet effet, on détermine par un chaînage la distance de deux points A et B, et l'on en fait le nivellement au niveau à lunette. On possède ainsi les éléments h et D, et l'on peut calculer la valeur $\frac{h}{D}$ de la pente de la ligne AB.

On cherche ensuite la valeur indiquée par le niveau de pente quand on en fait usage sur les deux mêmes points (n° 125) : cette valeur doit concorder avec celle qui a été calculée d'avance. S'il y a un défaut de concordance, on ne peut le corriger et l'instrument doit être rejeté. On pourrait toutefois s'en servir en calculant une fois pour toutes un coefficient par lequel les lectures devraient être multipliées pour donner les valeurs exactes.

127. Degré de précision du nivellement trigonométrique. — Cette méthode est toujours moins exacte que le nivellement au moyen du niveau proprement dit. En effet, la différence de niveau est alors fonction de la mesure de deux quantités, la distance et l'inclinaison de la visée : elle participe donc aux erreurs commises sur chacune d'elles. En outre l'erreur de pointage sur la mire est considérablement augmentée, lorsque la mire n'est pas bien verticale et que la visée est fortement inclinée (n° 46, 2°).

Le nivellement par les pentes n'est donc employé que si l'on ne tient pas à une précision absolue et si l'on veut opérer rapidement. C'est surtout au chapitre III qu'on en verra les applications.

Quand on fait usage d'instruments à pinnules, comme le niveau de pente de Chézy, l'approximation est toujours assez grossière.

§ 5.

NIVELLEMENT BAROMÉTRIQUE

128. Principe général. — On sait que la hauteur de la colonne mercurielle du baromètre baisse à mesure qu'on s'élève dans l'atmosphère, par suite de la diminution de pression résultant de la moins grande épaisseur de l'air superposé. Si l'on établit la loi $h = \varphi\,(H)$ qui lie la hauteur h de la colonne barométrique à l'altitude H d'un point, il suffit de lire le baromètre pour avoir l'altitude.

Malheureusement cette relation est très compliquée. La densité des couches successives de l'air varie suivant une loi logarithmique, si toutes les autres circonstances restent égales ; mais elle est en même temps surbordonnée à la température de l'air, qui change d'un point à l'autre et aux différents moments, et à l'intensité de la pesanteur, qui varie avec l'altitude et avec la latitude. Enfin, il faut toujours faire aux lectures barométriques une correction destinée à tenir compte de la température propre de l'instrument.

La formule qui permet de calculer la différence de niveau de deux points, en raison de la hauteur relative des colonnes de mercure de deux baromètres observés en ces deux points, a été donnée pour la première fois par Laplace. Elle a été quelque peu modifiée depuis, et on la trouve telle qu'elle s'emploie aujourd'hui dans l'Annuaire du bureau des longitudes, avec des tables propres à en faciliter l'usage. Il est inutile de la reproduire ici.

129. Formule de Babinet. — Pour des contrées, comme la France, qui sont en moyenne sous le parallèle de 45°, et quand les différence de niveau sont assez petites

pour qu'on puisse les négliger par rapport au rayon de
la terre, la formule de Laplace peut être simplifiée,
tout en donnant encore des résultats suffisamment exacts
pour ce qu'on peut demander pratiquement à cette méthode, qui ne comporte qu'une approximation grossière.

Babinet a démontré que, dans ce cas, la formule peut
se mettre sous la forme

$$H = 32\,(500 + t + t')\,\frac{h - h'}{h + h'} \cdot$$

H est la différence de niveau de deux stations, où la
température de l'air et la pression barométrique sont
respectivement t et h, t' et h', les hauteur h et h' étant
ramenées à la température 0° du baromètre.

130. Baromètres anéroïdes. — Le transport d'un
baromètre à mercure est toujours délicat et demande des
précautions particulières. L'observation des fractions de
millimètre y est difficile, et le calcul de la correction de
température demande des tables calculées d'avance.

L'invention des baromètres anéroïdes, dont le transport
est des plus faciles, a singulièrement simplifié le nivellement barométrique. Quand ces appareils sont bien construits, leurs indications sont compensées par rapport à la
température et ne varient pas avec elle, et sur un cadran
suffisamment grand les dixièmes de millimètre s'estiment
facilement.

Cet instrument est seulement sujet à se déranger par
les chocs ; mais il toujours facile de le régler sur un baromètre stationnaire dont l'exactitude est éprouvée, au
moyen d'une vis de réglage qui fait mouvoir l'aiguille à
volonté.

131. Marche de l'opération. — Il faut pour un nivellement barométrique deux observateurs, munis cha-

cun d'un baromètre et d'un thermomètre. Leurs instruments doivent avoir été comparés entre eux ; s'ils ne donnent pas des indications identiques lorsqu'on les place à côté l'un de l'autre dans des conditions variées de température et de pression, on note les différences, afin de pouvoir corriger les observations et les ramener à ce qu'elles seraient avec des instruments concordants.

L'un des observateurs se tient à la station à laquelle on veut comparer la hauteur des autres. Il observe le thermomètre et le baromètre à des intervalles rapprochées, de 10 en 10 minutes par exemple, afin de pouvoir tracer des courbes exactes de leurs variations, en prenant les heures pour abscisses.

Le second observateur, dont la montre a été réglée sur celle du premier, note, en chaque station où il se rend, l'heure de l'observation et la hauteur de son baromètre et de son thermomètre.

De retour au cabinet, il calcule les différences de niveau, d'après la formule de Laplace ou celle de Babinet, en comparant les résultats qu'il a obtenus avec ceux des courbes dressées par l'observateur stationnaire.

Les instruments doivent être toujours maintenus à l'ombre ; il faut éviter d'opérer dans les temps d'orage ou par les grands vents, et choisir de préférence le milieu de la journée pour les observations. On ne doit pas se contenter d'une seule opération pour chaque point ; il est bon de réitérer plusieurs fois pendant plusieurs jours et de prendre la moyenne des résultats.

Grâce à toutes ces précautions, on peut obtenir les altitudes à quelques mètres près. Cette approximation est presque toujours suffisante pour les cas où l'on a recours à cette méthode, et on épargne ainsi les énormes dépenses de temps et d'argent qu'eût entraînées l'emploi du niveau et de la mire.

189. Baromètres oromètriques. — Pour des approximations plus grossières, on construit des baromètres, dits altimétriques ou oromètriques, qui donnent les altitudes par une simple lecture, mais avec une erreur probable d'environ 5 pour 100 seulement.

Pour les établir, on suppose constants les éléments h' et t' de la formule de Babinet. On choisit par exemple $h' = 0^m,760$ et $t' = 20°$ au niveau de la mer. On admet, en outre, que la température varie proportionnellement à l'altitude, à raison d'une diminution de $1°$ pour 165 mètres d'élévation. On a alors une relation simple entre l'altitude et la pression barométrique, en se servant de la formule de Babinet. On calcule les valeurs de h en fonction de celles de H, et l'on inscrit sur le cadran du baromètre, au lieu des hauteurs de mercure, les altitudes correspondantes. Une simple lecture faite sous l'aiguille du baromètre donne alors l'altitude du point où l'on se trouve, si la pression barométrique est normale au moment de l'obervation.

Pour permettre d'opérer dans le cas où la pression barométrique s'écarte de la pression normale, le limbe du cadran qui porte les divisions est mobile autour du centre. Au départ, on place sous l'aiguille la division du limbe qui répond à l'altitude connue du point de départ. L'altitude du point d'arrivée est indiquée par la division où tombe l'aiguille, si la pression barométrique ne varie pas pendant le voyage.

Quand la pression barométrique ne reste pas fixe dans la journée où l'on opère, le résultat est entaché d'une erreur, que l'on peut corriger si un observateur stationnaire suit et note les variations du baromètre, d'heure en heure par exemple, à la station de départ. On sait ainsi quelle est la quantité dont le baromètre a monté ou descendu depuis le moment où l'on a réglé l'instrument jusqu'à celui où s'est faite l'observation, et l'altitude observée doit être diminuée ou augmentée de cette quantité, évaluée en hauteurs altimétriques.

La partie fixe du cadran porte une graduation en millimètres de hauteur de mercure, qui fait voir immédiatement la valeur de cette correction. Cette graduation permet, en outre, de se servir de l'instrument comme d'un baromètre ordinaire, pour déterminer les pressions atmosphériques.

OPÉRATIONS MIXTES

CHAPITRE III

OPÉRATIONS MIXTES

133. Généralités. — Avec les instruments qui ont été décrits dans les chapitres précédents, le lever des points dont on veut avoir la position relative se fait en plusieurs reprises. On mesure à part les distances, les angles et les différences de niveau. Il faut revenir trois fois sur les mêmes points. Il est donc nécessaire que ces points soient parfaitement marqués et numérotés, sous peine de confusion dans les opérations. Il faut avoir trois brigades d'opérateurs distinctes, agissant simultanément ou à peu d'intervalle.

Mais on peut aussi procéder par opérations n'exigeant qu'une ou deux brigades. A cet effet, les opérateurs sont munis d'instruments qui leur permettent de faire simultanément les trois mesures nécessaires à un lever, ou bien deux d'entre elles.

134. Instruments mixtes. — On donne à un grand nombre d'instruments le caractère d'instruments mixtes par l'addition d'un ou deux organes accessoires, ou par la combinaison sur un seul support des organes principaux de deux instruments distincts.

1° La plupart des lunettes sont munies de fils stadimétriques. Dans les niveaux, les fils stadimétriques sont

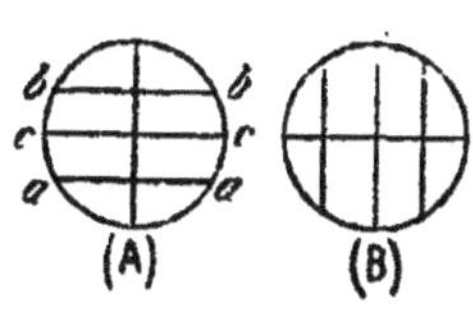

parallèles au fil vertical (fig. B). S'ils étaient parallèles au fil horizontal (fig. A), il y aurait à craindre que dans les opérations de nivellement on ne fît la lecture de la mire sur le fil a ou b au lieu de la faire sur le fil central c. Au moment de faire usage de la stadia, on imprime un quart de révolution à la lunette, de façon à rendre les trois fils horizontaux. Il est d'ailleurs prudent de faire une lecture sur chacun de ces trois fils, afin d'éviter toute confusion.

2° La planchette peut être pourvue d'une alidade nivelant par la méthode trigonométrique, par exemple où les pinnules portent des réticules en croix dont l'un mobile, comme dans les niveaux de pente (n° 124). Si l'alidade est à lunette, un cercle divisé vertical muni d'un niveau à bulle d'air peut donner l'inclinaison sous laquelle on vise et permettre de faire un nivellement trigonométrique, tandis que des fils stadimétriques donnent les distances.

3° Si l'on adapte au cercle d'alignement un cercle vertical mesurant l'inclinaison de la lunette, on peut obtenir à la fois les angles du plan et ceux du nivellement trigonométrique. Cet instrument constitue le *théodolite*, dont il est fait un usage constant en géodésie.

4° Il suffit de placer des fils stadimétriques dans la lunette d'un théodolite pour avoir un instrument complet, donnant à la fois les trois éléments du lever. Cet instrument, lorsqu'il est construit en vue des levers topographiques, prend le nom de *tachéomètre* (n° 135).

5° On peut adapter un cercle vertical à la lunette d'une boussole d'arpenteur, et la munir d'un niveau à bulle d'air ; on a alors la boussole à éclimètre, ou *boussole nivelante*.

6° Le petit plateau inférieur sur lequel mord la pince

destinée à arrêter le mouvement de rotation des niveaux à pinnules ou à lunette ou en général de tous les instruments mobiles autour d'un axe vertical, peut être entouré d'un cercle divisé, et porter un repère à vernier permettant la mesure des angles du plan.

7° Les niveaux à lunette ou à pinnules peuvent être mobiles autour d'un axe horizontal et porter un arc de cercle plus ou moins étendu ; ils se trouvent ainsi transformés en niveaux de pente, et deviennent propres au nivellement trigonométrique en même temps qu'au nivellement ordinaire.

Ces combinaisons peuvent varier à l'infini. Mais les organes accessoires que l'on ajoute à un instrument ne sont pas toujours disposés de la façon la plus avantageuse, sous peine de nuire à son objet principal, et alors on en fait rarement usage. Ils constituent une complication, qu'il est le plus souvent préférable de supprimer. Il ne peut d'ailleurs entrer dans le cadre de cet ouvrage de faire la description de tous ces appareils.

Lorsqu'on veut procéder régulièrement par voie d'opération mixte, ce n'est pas un organe annexe qu'il faut ajouter à un type éprouvé ; mais il faut avoir recours à un instrument spécial étudié en vue de cette méthode, donnant deux ou trois des éléments du lever dans des conditions analogues d'exactitude et de commodité. Le plus complet et le plus usité est le tachéomètre.

125. Tachéomètre. — Le tachéomètre est, ainsi qu'il a été dit ci-dessus, un théodolite pourvu de fils stadimétriques. L'instrument est porté sur un trépied à vis calantes V, muni d'un cercle O disposé comme dans les cercles géodésiques (n° 56). A ce plateau est fixé un déclinatoire B (n° 49)[1]. Le plateau central P du cercle

---

1. Le déclinatoire le plus en usage aujourd'hui pour les tachéomètres est formé d'un tube horizontal où l'on regarde comme dans une lunette. A l'in-

porte deux colonnes PT, sur lesquelles posent les tourillons de l'arbre de la lunette L. A l'une des colonnes

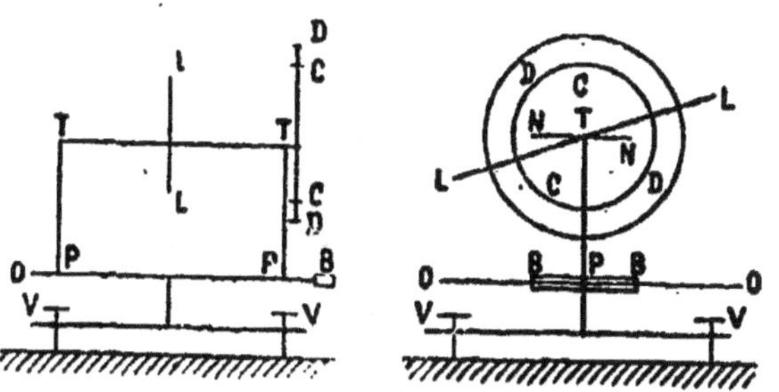

est adapté un plateau vertical C sur le bord duquel est tracé un repère avec vernier, et qui est entouré d'un limbe divisé D, tournant avec la lunette. Un niveau à bulle d'air N est adapté à ce plateau. La lunette est anallatique (n° 44), et porte trois fils horizontaux.

126. Usage du tachéomètre. — Étant donnés deux points A et B sur le sol, il s'agit d'obtenir la distance de

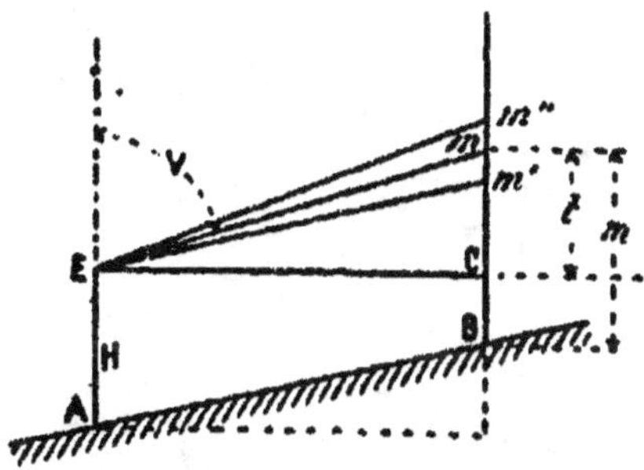

ces points, leur différence de niveau et l'orientation de l'alignement qui les réunit.

térieur du tube est suspendue une aiguille aimantée, dont la pointe est recourbée vers le haut. Les oscillations horizontales de cette pointe s'observant sur une plaque de verre dépoli, occupant la place de l'objectif et portant un trait de repère qui sert de ligne de foi.

TACHÉOMÈTRE

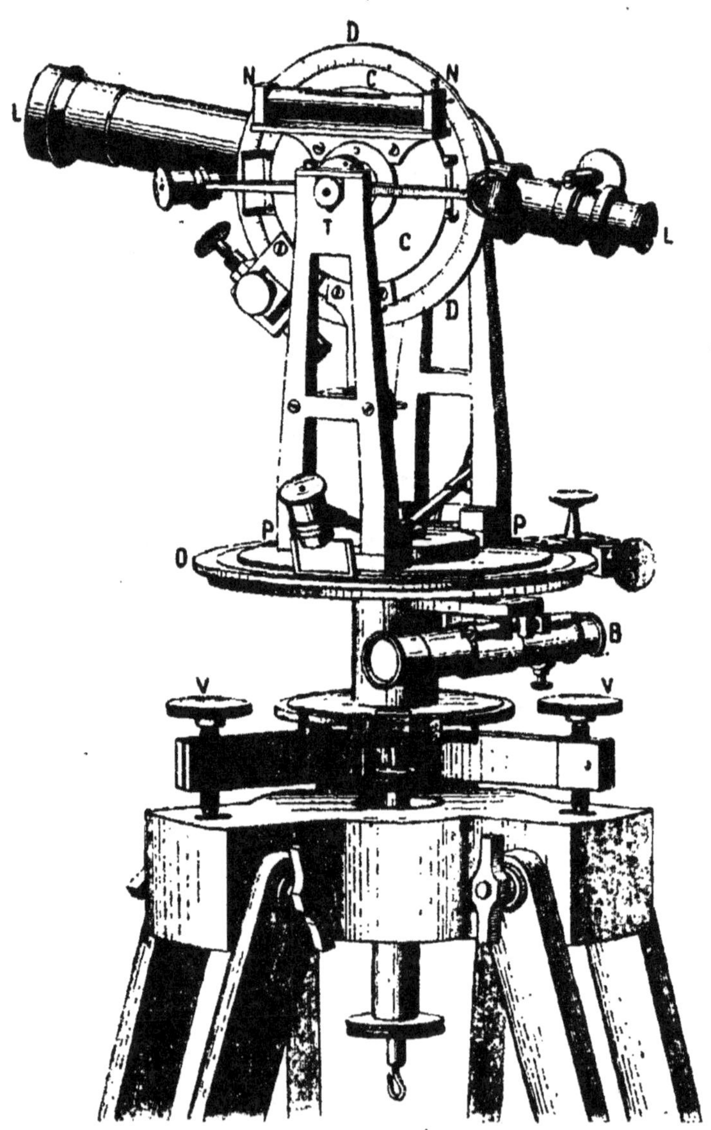

On installe l'instrument au point A, en s'assurant que le centre est au-dessus de ce point, à l'aide d'un fil à plomb ou d'un caillou tombant librement.

On cale l'instrument comme à l'ordinaire, en plaçant le niveau à bulle d'air successivement dans deux directions perpendiculaires, et appelant chaque fois la bulle du niveau N entre ses repères (n° 102).

On mesure la hauteur H de l'axe E des tourillons de la lunette au-dessus du point A, comme dans l'usage du niveau de pente (n° 125). A cet effet, on dirige la lunette dans le sens de l'horizontale du sol, et on s'assure, par le position du repère sur le cercle vertical, que l'axe de la lunette est horizontal. On dresse une mire parlante devant l'oculaire, qu'elle doit presque toucher, et on estime à la vue le point qui correspond au centre de cet oculaire.

L'opération se continue ensuite dans l'ordre suivant.

On oriente le limbe du cercle horizontal en le faisant tourner, à la main d'abord, puis, après l'avoir fixé par sa pince, avec la vis de rappel, jusqu'à ce que la pointe de l'aiguille aimantée soit très exactement sur la ligne de foi du déclinatoire. Le limbe reste fixe dans cette position pendant toute l'opération.

On fait porter un jalon au point B, et l'on dirige la lunette vers ce jalon. Quand il est dans le champ de la lunette, on arrête le plateau horizontal par sa pince, et, avec la vis de rappel, on achève de le placer de façon que le fil vertical du réticule tombe exactement sur l'axe du jalon. La lecture sur le vernier du cercle horizontal fait alors connaître l'angle de l'alignement AB avec le méridien magnétique.

On substitue ensuite au jalon une mire parlante, et l'on fait la lecture des trois cotes m, m', m'' accusées par les trois fils du réticule, après avoir mis *très exactement* la bulle entre ses repères.

Enfin, la position du repère sur le cercle vertical indique l'inclinaison de l'axe E*m* de la lunette. Généralement, la graduation est telle que cette lecture donne l'angle V que l'axe de la lunette fait avec le zénith.

On possède alors tous les éléments du lever :

1° La direction en plan de la ligne AB est indiquée par la lecture de l'angle horizontal ; la mesure des angles du plan s'en déduit comme dans la méthode de la boussole (n° 67).

2° La distance EC des deux points A et B se déduit de la différence $m'' - m'$ des lectures faites à la mire sur les deux fils extrêmes. Cette différence divisée par l'angle stadimétrique, c'est-à-dire par le rapport constant des longueurs de mire aux distances, porte le nom de *nombre générateur*. Quand la stadia est réglée au $\dfrac{1}{100}$, le nombre de centimètres lus sur la mire exprime le nombre générateur en mètres. Si l'on représente ce nombre par g, et par V l'angle de la visée avec la zénith, la distance $d = g - g\cos{}^2V$ (n° 45).

3° La différence de niveau est égale à AE + C*m* — R*m*. Or AE est la hauteur H de l'instrument au-dessus du sol ; B*m* est la cote *m* lue sur la mire par le fil axial ; et C*m* = $d\cot$V. En posant C*m* = t, et appelant h la différence de niveau, on a donc $h = H + t - m$.

Remarques. — 1° Il y a lieu, dans ce calcul, de distinguer le cas où la visée est descendante de celui où elle est ascendante.

Les angles étant pris avec le zénith, le repère fixe R tracé sur le plateau vertical tombe, quand la lunette est horizontale comme en EC, sur la division 90 ou 100, suivant que la graduation est en degrés ou en grades sur le cercle vertical, dont le zéro se trouve alors en O. Si l'inclinaison de la lunette est ascendante, suivant EM par exemple, le point O du limbe passe du zénith en O' et l'angle lu $V = O'ER$ est $< \dfrac{\pi}{2}$; si elle est descendante, comme suivant EM', O vient en O″, et l'angle lu

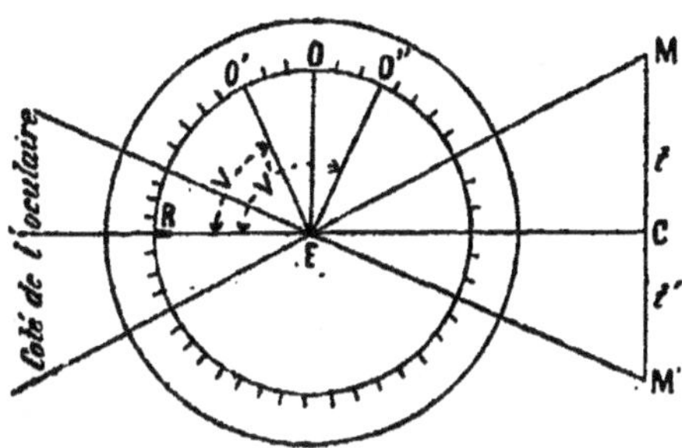

$V' = O''ER$ est $> \dfrac{\pi}{2}$. Dans le premier cas $t = d \cot V$. Dans

second, $t = d\,\mathrm{tg}\left(V' - \dfrac{\pi}{2}\right)$; mais le point visé M' étant au-dessous de l'horizontale, t doit être retranché de H au lieu d'y être ajouté.

En réalité, la distance et la différence de niveau s'obtiennent par deux groupes de formules distinctes, savoir :

Pour

$$V < \frac{\pi}{2}: \qquad t = d \cot V \qquad \text{et} \qquad h = H + t - m$$

Pour

$$V > \frac{\pi}{2}: \; t = d\,\mathrm{tg}\left(V - \frac{\pi}{2}\right) \qquad \text{et} \qquad h = H - t - m$$

La différence de niveau ainsi calculée est obtenue d'ailleurs en valeur algébrique. Elle est positive si le point B est au-dessus du point A, et négative dans le cas contraire.

2° Les calculs qu'exige l'emploi du tachéomètre ne peuvent se faire qu'à l'aide des tables de logarithmes et au bureau. Il y a cependant intérêt à les pouvoir exécuter sur le terrain, à cause des vérifications auxquelles ils se prêtent, et qui permettent de rectifier immédiatement des erreurs sur lesquelles on reviendrait difficilement après coup sans une grande perte de temps. On y parvient en se servant de règles à calcul préparées spécialement, que l'on porte sur soi. Mais la règle à calcul ne se plie pas aux divisions sexagésimales ; on a donc été conduit à diviser les cercles du tachéomètre en 400 grades.

127. Réglage et vérifications du tachéomètre. — Le réglage et la vérification du tachéomètre se font comme dans tous les instruments analogues dont il a été question antérieurement. Le cercle vertical doit, en outre, être réglé de façon que l'axe optique de la lunette soit bien horizontal lorsque le repère marque 90° ou 100 gr.

1° Le réglage de la bulle se fait comme à l'ordinaire. On cale l'instrument et l'on appelle la bulle entre ses repères, le vernier du plateau horizontal étant au zéro des divisions du cercle. On fait faire au plateau horizontal une révolution exacte, en portant son vernier à la division marquée 180° ou 200 gr. Si la bulle ne revient pas entre ses repères, on corrige la moitié de l'écart avec la vis de réglage, on cale de nouveau et on recommence l'épreuve.

Ce réglage doit être fait avec beaucoup de soin, car on n'a pas habituellement recours avec cet instrument à la double visée pour compenser les erreurs.

2° Pour régler le cercle vertical, on met sur le repère fixe de ce cercle la division 90° ou 100 gr. du limbe ; l'instrument est alors comme un niveau à lunette et à bulle d'air, dont on peut vérifier le centrage dans le sens le vertical. On vise un point d'une mire éloignée. Puis on fait faire à l'instrument une demi-révolution sur son pivot, on ramène à soi l'oculaire de la lunette, et l'on vise de nouveau même le point de la mire. Si le cercle est bien réglé, a lecture doit donner 270° ou 300 gr.

Sinon, l'on corrige la moitié de l'écart à l'aide d'une disposition quelconque, variable avec les constructeurs, permettant de faire tourner le plateau central du cercle vertical sur son centre ; puis on recommence l'épreuve.

Mais avant de recommencer l'épreuve, il faut d'abord procéder à un nouveau réglage de la bulle, qui a été déréglée par la manœuvre qu'on vient de faire.

Il n'est pas nécessaire, dans cette vérification, de viser horizontalement. On peut viser un point quelconque et faire la lecture du cercle avant et après le retournement indiqué ci-dessus, la croisée des fils du réticule tombant chaque fois sur ce point. Les deux lectures doivent différer d'une demi-circonférence exactement.

3° On vérifie, comme dans les lunettes d'alignement (n° 27), si l'axe optique de la lunette est perpendiculaire à l'axe des tourillons. A cet effet, on vise un point très éloigné, que l'on place exactement sous la croisée des fils du réticule, et l'on fait la lecture de l'angle indiqué par le vernier sur le cercle horizontal. On fait faire à l'instrument une révolution exacte sur son pivot, en amenant le vernier à 180° ou 200 gr. de la lecture primitive ; on ramène à soi l'oculaire de la lunette en le faisant tourner sur ses tourillons et l'on cherche le même point. Si la croisée des fils du réticule s'en écarte, on corrige la moitié de l'écart en déplaçant latéralement le réticule, et l'on recommence l'épreuve.

4° On s'assure que l'axe des tourillons est bien horizontal quand le pivot est vertical, de la même manière que l'on vérifie dans les alidades à lunette le parallélisme de l'axe du tourillon et de la règle (n° 54, 2°), en visant du haut en bas les divers points d'un long fil à plomb et examinant si le fil vertical du réticule ne s'infléchit pas par rapport au fil à plomb.

On pourrait aussi se servir, comme dans la lunette d'alignement (n° 26), d'une bulle portative à fourches, à la condition de vérifier en mênie temps l'égalité du diamètre des tourillons ; mais une telle précision n'est pas nécessaire.

5° Il faut s'assurer que le cercle horizontal et le cercle vertical sont gradués de façon que le centre de leurs divisions se trouve sur le pivot des plateaux qui portent les verniers. A cet effet, chacun de ces plateaux a deux verniers aux extrémités d'un même diamètre ; on en fait usage comme il a été indiqué au n° 58, en faisant des lectures méthodiques aux deux verniers placés successivement sur divers points du cercle, et examinant si la différence des deux lectures est constante, ou comment elle varie.

6° La mire dont on se sert doit avoir ses divisions parfaitement égales ; elle est soumise aux mêmes conditions que toutes les mires parlantes (n° 86-89).

7° On s'assure si l'écartement des fils du réticule est convenable en faisant dresser verticalement la mire à une distance D connue, 100 mètres par exemple, et comptant le nombre n de divisions interceptées entre les fils de la lunette dirigée horizontalement. $\frac{D}{n}$ représente le coëfficient par lequel chaque lecture doit être multipliée pour donner le nombre générateur g.

Le constructeur doit avoir réglé les fils pour que $\frac{D}{n}$, soit un nombre simple, 50, 100 ou 200. S'il en était autrement, on aurait à faire des corrections sur tous les nombres générateurs.

Le rapport $\frac{D}{n}$ doit rester constant aux diverses distances : s'il était variable, ce serait une preuve que la lunette n'est pas anallatique.

8° On s'assure enfin si les fils du réticule sont bien, quand l'instrument est parfaitement calé, l'un vertical et les trois autres horizontaux (n°° 28 et 109, 4°), si la lunette ne ballotte pas dans les tubes ou dans l'objectif, et si l'excentricité de l'objectif n'est pas exagérée ou mal placée (n° 109, 1° et 3°).

188. Erreurs et précautions. — Les opérations faites au tachéomètre sont sujettes à des erreurs, de même ordre que celles des autres méthodes pour le lever du plan, mais supérieures quant au nivellement à celles que donnent les niveaux à lunette.

Le lever du plan s'y fait au moyen d'une boussole et d'une stadia. Les distances sont donc déterminées avec la précision que comporte la stadia (n° 46), et les angles avec celle que donne la boussole (n° 69). Il faut remarquer toutefois qu'il n'y a pas ici de lecture à faire sur la boussole, mais qu'on doit seulement amener la pointe de l'aiguille sur la ligne de foi, opération susceptible d'une bien plus grande exactitude. En outre, pour toutes les directions relevées d'une même station, l'erreur, s'il y en a une, est la même et tous les angles sont bons, l'orientation générale étant seule défectueuse. Enfin, la mesure des angles se fait sur des cercles où, à l'aide d'une loupe, on peut facilement lire des demi-minutes ou des demi-décigrades, tandis que la lecture sur la boussole ne se fait qu'à 10 ou 15 minutes près.

Quant au nivellement, il est affecté, comme tous les nivellements trigonométriques (n° 127), à la fois par l'erreur commise sur la mesure de la distance, et par l'erreur commise sur la lecture de l'angle vertical. La hauteur de l'instrument au-dessus du sol, qui entre dans le calcul, ne peut être obtenue qu'à quelques millimètres près, et souvent n'est prise qu'au centimètre.

Aussi le nivellement au tachéomètre ne donne-t-il les différences de niveau qu'à quelques centimètres près, surtout lorsqu'on les détermine à des distances atteignant plusieurs centaines de mètres. On estime qu'à 500 mètres on peut niveler avec une approximation d'environ $0^m,10$.

Ces résultats ne se réalisent toutefois que si on opère avec les précautions voulues.

Pour obtenir la hauteur de l'instrument, il faut avoir soin de placer le talon de la mire sur la même horizontale que le point au-dessus duquel le centre de l'instrument est placé. Quelquefois, pour y parvenir sûrement, on met à côté du piquet qui marque ce point un piquet auxiliaire, que l'on enfonce jusqu'à ce que les têtes des deux piquets soient à la même hauteur, ce dont on s'assure au moyen d'un niveau de maçon ou de charpentier, ou d'un niveau à bulle d'air portatif grossier.

Il faut avoir grand soin de n'approcher de l'instrument et de ne porter sur soi aucune masse importante de fer, qui influencerait l'aiguille aimantée. Il faut surtout se méfier des jalons en fer et les rejeter au loin.

Le jalon sur lequel on vise pour avoir la direction de l'alignement doit être tenu bien vertical. On en vise de préférence la partie inférieure, qui est moins affectée par le défaut de verticalité.

La mire doit également être tenue bien verticale. Quand la visée est très inclinée, le moindre défaut de verticalité de la mire donne lieu à une erreur de pointage très notable. Il est donc à peu près nécessaire de munir la mire d'un petit niveau sphérique ou d'un pendule placé sous l'œil du porte-mire.

Il faut, toutes les fois que cela est possible, viser avec la lunette horizontale : on diminue ainsi les erreurs dues au défaut de verticalité de la mire, et on simplifie les calculs.

Enfin, il faut se servir d'un carnet dont les colonnes

Carnet de

Hauteur de l'instrument en chaque station. — H	Désignation des piquets.	Angle horizontal.	Angle vertical. — V	Lecture des fils extrêmes.	Nombre générateur. — g	Hauteur du pointage du fil axial. — m	Distance. — d = g sin² V — d	Hauteur du pointage	
								au-dessus de l'instrument — V > $\frac{\pi}{2}$ — t = d cot V	au-dessous de l'instrument — V < $\frac{\pi}{2}$ — t′ = d tg$\left(V - \frac{\pi}{2}\right)$
		g	g	m	m	m	m	m	m
1,280	A								
	1	163,10	100,00	0,679 / 0,278	40,10	0,478	40,10	0,00	0,00
	2	46,93	92,64	1,831 / 0,732	109,90	1,282	108,43	12,626	
	B	353,64	89,57	2,978 / 2,150	82,80	2,564	80,60	10,584	
1,355	B								
	A	153,70	107,52	1,470 / 0,661	81,80	11,070	80.67		9,573
	3	100,50	100.00	2,180 / 1,836	34,40	2,008	34,10	0.00	0,00
	4	77,23	90.27	0.995 / 0,200	79,50	0,598	78,02	12,018	

NOTA. — Ce carnet est disposé pour le cas où l'on fait un lever par cheminement points 1, 2, 3, 4..... Le polygone de cheminement se trouve déterminé deux fois numéro 144, et on fait la moyenne des résultats obtenus.

Tachéomètre

Hauteur des points		Différences de niveau des piquets au piquet de station		Différences de niveau compensées entre les piquets de station	ALTITUDES	OBSERVATIONS — CALCUL DES COMPENSATIONS
au-dessus de l'instrument — $h = l - m$	au-dessous de l'instrument — $h' = m + l'$ ou $m - l$	en montant — $H + h$ ou $H - h'$	en descendant — $h' - H$			
					100,00	
	0,478	0,802			100,80	
11,344		12,624			112,62	
8,020		9,300		9,294	109,29	de A à B : $\dfrac{9,300 + 9,288}{2} = 9,294$
					109,29	$\dfrac{53,64 + 53,70}{2} = 53,67$
	10,643		9,288	9,294	100,00	$\dfrac{80,67 + 80,60}{2} = 80,64$
	2,008		0,653		108,64	
11,420		12,775			122,07	

entre des piquets A. B....., et où, de chacun des sommets, on relève une série de
en avant et en arrière pour chaque sommet, conformément à la méthode exposée au

soient disposées d'une manière claire et ne se prêtent pas aux fautes de calcul. Le modèle ci-contre a été spécialement disposé dans ce but.

189. Lever au niveau de pente. — On peut exécuter le lever des plans et le nivellement au moyen des instruments donnant les angles avec le zénith comme le théodolite, ou les pentes de la visée comme les niveaux de pente, sans qu'ils soient pourvus d'une lunette anallatique et de fils stadimétriques. Il suffit de faire deux lectures sur la mire avec des inclinaisons différentes de la visée.

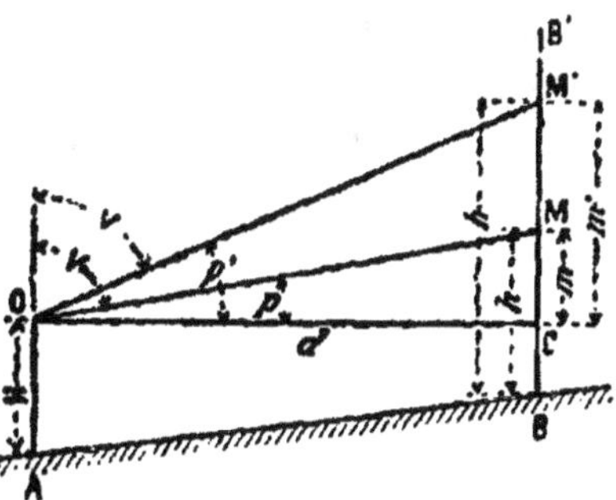

Soit A un piquet au-dessus duquel l'instrument est placé en O, à une hauteur H, et BB' une mire posée sur le piquet B. On fait une première lecture h en M sur la mire, la pente de la visée étant p ou cot V; puis une deuxième h' en M', la pente étant p' ou cot V'. Si l'on appelle m et m' les hauteurs des points M et M' au-dessus de O, et d la distance OC entre les points A et B; on a :

$$m = pd, \quad m' = p'd, \quad h' - h = m' - m \quad \text{et} \quad d = \frac{m' - m}{p' - p} = \frac{h' - h}{p' - p}$$

Quant à la différence de niveau entre A et B, elle est $H - (h - m)$ ou $H - (h' - m')$. Dans les calculs, il y a lieu, comme pour le tachéomètre, de tenir compte des signes des diverses quantités qui entrent dans les formules.

Cette manière d'opérer est surtout commode quand on se sert d'un instrument où les divisions donnant l'angle vertical sont graduées suivant les tangentes p des arcs au lieu de l'être suivant les arcs V eux-mêmes. On peut choisir arbitrairement les pentes p et p', et les prendre en nombres ronds, ce qui se fait d'une manière correcte, car il ne s'agit que de mettre un trait de l'arc divisé en coïncidence avec un trait de repère fixe. La différence $p'-p$ est donc connue exactement, et la précision des résultats ne dépend plus que de celle des lectures sur la mire.

Malheureusement ces lectures, lorsque l'inclinaison des deux visées ou seulement de l'une d'elles est très prononcée, sont entachées d'erreurs qui peuvent être considérables si la mire n'est pas tenue absolument verticale (n° 46, 2°).

APPLICATIONS

CHAPITRE IV

APPLICATIONS

140. Préliminaires. — Les ingénieurs ont à tout moment l'occasion d'appliquer les notions qui viennent d'être exposées, surtout dans l'étude et la rédaction des projets. Ils ont recours à l'un quelconque des procédés indiqués ci-dessus, suivant les instruments dont ils disposent, le temps et l'argent qu'ils peuvent consacrer aux opérations, et le degré de précision nécessaire. Ils doivent s'attacher à obtenir les résultats cherchés avec une exactitude suffisante, mais sans perdre le temps ou faire des dépenses inutiles pour se procurer un degré d'approximation superflu.

Par exemple, s'il s'agit de fixer le point où il convient de traverser un faîte, il suffit de déterminer grossièrement la hauteur relative des cols par un nivellement barométrique sommaire.

On va énumérer les applications les plus usuelles qui se présentent dans le service des travaux publics.

141. Étude du sol. — Quand on veut connaître la configuration du sol dans la direction d'un tracé que l'on étudie [1], on fixe une ligne de base, dont on fait le plan et le nivellement, et l'on rattache à cette base les points qui définissent la forme du terrain, à droite et à gauche de la ligne de base, soit au moyen de profils en travers, soit en choisissant des points épars sur le sol

Piquets. — Pour faire le lever de la ligne de base, on place un piquet à chaque sommet, et d'autres piquets sur les alignements, partout où la pente change notablement de sens ou de grandeur. Ces piquets doivent être assez solides pour n'être pas dérangés par la suite. On choisit des bûches de bois dur, de 0^m,05 à 0^m,08 de diamètre, on les scie sur une longueur de 0^m,40 à 0^m,60, et l'on affûte en pointe une des extrémités. Les piquets sont enfoncés à la masse jusqu'à ce que leur tête affleure le sol, ou au refus si le terrain est trop résistant; dans ce dernier cas, on scie le bout qui dépasse. Il est toutefois plus commode de laisser les piquets en saillie; on les aperçoit mieux, il est plus facile d'y poser la mire correctement, et l'on voit d'une façon très apparente les numéros d'ordre et les lettres que l'on y a peints pour les distinguer les uns des autres. Mais il est nécessaire alors que la saillie soit la même pour tous les piquets, afin que les différences de niveau ne soient pas altérées. A cet

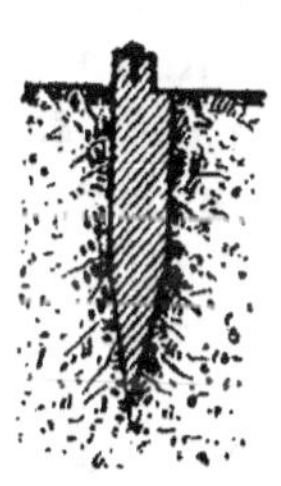

effet, on fait entailler sur la tête de tous les piquets une encoche de hauteur constante, de 0^m,10 par exemple, et on les enfonce dans le sol jusqu'au ras de l'encoche. Toutes les saillies sont exactement d'une même hauteur, et les lignes qui passent par les têtes sont parallèles au sol. Enfin, pour assurer l'exactitude du nivellement, il est bon de fixer sur

1. Voir *Routes et chemins vicinaux*, chapitre IV.

chaque piquet un fort clou à tête ronde ou pyramidale, sur lequel porte la mire. Le clou doit être placé exactement au-dessus du point qui sert de sommet.

Dans toute opération de précision, de semblables piquets doivent être mis à tous les sommets du canevas, et sur tous les points qui doivent être nivelés avec exactitude. Pour les points de détail, on se contente de piquets plus petits, sans encoches ni clous, ayant environ $0^m,03$ de diamètre.

142. Lever de la ligne de base. — On procède alors par cheminement au lever du plan et au nivellement de la ligne de base.

Les distances se mesurent à la chaîne. On prend sans interruption la distance de chaque sommet au sommet suivant, et on note en passant les points de la chaîne qui tombent sur les piquets intermédiaires ; il faut se garder de mesurer isolément les distances entre les piquets pour les additionner ensuite.

Les angles des alignements se mesurent au graphomètre, au cercle géodésique ou au cercle d'alignement, suivant la longueur des côtés ou l'importance de l'opération.

Le nivellement se fait par cheminement, au niveau à lunette. Il n'y a pas d'inconvénient, pour une simple étude, à donner des coup de niveau dont les portées ne soient pas égales ; car les erreurs résultant de différences dans les distances sont négligeables dans ce cas. On peut donc niveler d'une même station tous les points qui se trouvent dans le rayon de portée de la lunette, jusqu'à des distances de 150 ou 200 mètres.

143. Lever par profils en travers. — Quand on procède par profils en travers, on marque la position de ces profils en faisant porter un jalon sur une perpendiculaire à l'alignement de la base au droit de chaque piquet. On se sert pour cela de l'équerre d'arpenteur. Si les profils doivent être très étendus, on substitue un cercle à l'équerre.

On achève de jalonner la ligne qui représente la direction des profils en travers, et on y marque, soit par des piquets provisoires, soit par de petits jalons volants formés d'un bout de branche où l'on adapte une feuille de papier, les points où la pente du sol change sensiblement de sens ou de valeur.

On procède alors au chaînage et au nivellement des profils en travers. Pour les profils étendus, on nivelle au niveau à lunette; mais le plus souvent le niveau d'eau ou le niveau à collimateur est suffisant.

144. Lever au tachéomètre. — Lorsqu'on ne s'assujettit pas à prendre les points à relever sur des profils en travers, mais qu'on les choisit épars sur le sol, on procède

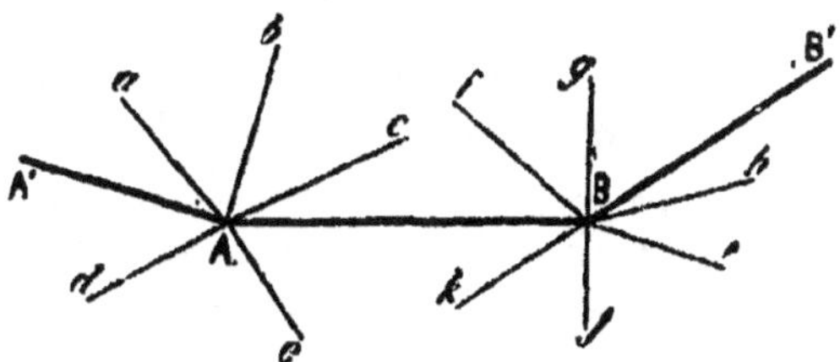

par rayonnement à partir de chaque sommet, et l'on se sert avec avantage du tachéomètre.

On marque à l'avance par de petits jalons volants les points a, b, c......i, j, k que l'on doit relever, ou bien on laisse le soin de les choisir au porte-mire, accompagné au besoin d'un opérateur auxiliaire capable de faire ce choix avec discernement.

L'opérateur se porte successivement sur chacun des sommets A, B.... de la base, et il lève au tachéomètre la position de tous les points qui se trouvent dans la portée de son instrument. Cette portée peut aller fort loin, pourvu que l'on dispose de mires suffisamment longues. A 500 mètres, les lunettes permettent encore, quand elles sont bonnes, de distinguer les divisions d'une mire divisée en décimètres, et d'y faire une lecture à quelques centimètres près ; mais, si l'angle stadimétrique est au $\frac{1}{100}$, il faut alors que la mire ait plus de 5 mètres de longueur.

On possède ainsi tous les éléments d'un plan coté, sur lequel on marquera les points a, b, c......i, j, k dans leur position, au moyen des rayons Aa, Ab, Ac...... Bi, Bj, Bk, et où l'on inscrira la cote d'altitude à côté de chaque point.

Quand on procède ainsi, il n'est pas nécessaire de faire un lever préalable de la base. Il suffit de donner, à chaque changement de sommet, un coup de tachéomètre sur les deux sommets voisins. Ainsi du point A on vise sur B, et du point B on vise sur A. La ligne AB est ainsi déterminée deux fois, en avant et en arrière. On vérifie tout de suite l'exactitude du lever, car les deux angles trouvés en A et en B avec le méridien magnétique doivent différer de 200 grades, les deux distances trouvées doivent êtres égales, et la différence de niveau doit être la même en valeur absolue, mais avec un signe opposé.

Si les écarts entre les deux opérations sur un même côté de la base rentrent dans la limite des erreurs admissibles, on prend comme bonne la moyenne des deux résultats. Sinon, l'on recommence l'opération la plus douteuse ou même les deux opérations, jusqu'à ce qu'elles donnent un accord satisfaisant. On peut être plus ou moins exigeant sur le degré de concordance : on se contente le plus souvent d'un demi-grade sur les angles horizontaux, de $\frac{1}{200}$ pour les distances, et de quelques centimètres pour le nivellement. Ces limites dépendent de l'échelle à laquelle le plan d'étude doit être rapporté : on peut négliger toute erreur qui produit une inexactitude d'un cinquième de millimètre environ dans la position des points sur les dessins à l'échelle.

145. Courbes de niveau. — Le lever des profils en travers ou des points épars n'ayant pour objet le plus souvent que de tracer sur le plan d'étude des courbes de niveau, on peut, lorsque le terrain est suffisamment découvert, y relever directement les courbes de niveau sans passer par ce travail intermédiaire.

On marque sur le sol, par un nivellement préliminaire rattaché à celui de la base, un petit nombre de points dont les cotes soient précisément celles des courbes de niveau à tracer.

Soit A l'un de ces points. Pour obtenir un autre point B appartenant à la même courbe que le point A, on installe sur celui-ci un niveau N ; on approche une mire à voyant, et l'on en fait élever la ligne de foi jusqu'à ce qu'elle soit dans le plan de visée du niveau. On fait porter la mire, le voyant étant fixé dans cette posi-

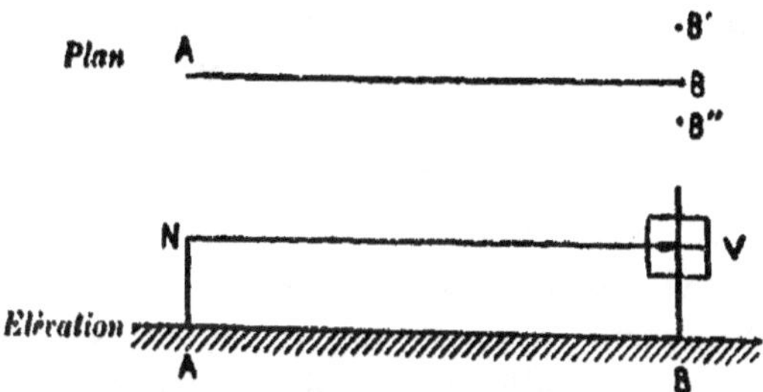

tion, à une distance quelconque, telle qu'entre les deux points la courbure du sol ne soit pas très accentuée. Le porte-mire présente successivement la mire en différents points B",B'... jusqu'à ce que, sur l'un d'eux, la ligne de foi V du voyant tombe dans le plan de visée. La ligne NV, parallèle à la ligne AB du sol, étant horizontale, le point B appartient à la courbe de niveau. On marque ce point et l'on y porte l'instrument pour continuer de la même manière.

On n'a plus qu'à relever le plan des points ainsi obtenus, pour avoir les éléments de la courbe de niveau.

Remarques. — 1° Il faut avoir soin, quand on prend avec le voyant la hauteur de l'instrument, de placer le talon de la mire au même niveau que le point A du sol. On peut l'obtenir rigoureusement, comme il a été indiqué pour le tachéomètre (n° 138), au moyen d'un piquet auxiliaire. Mais le plus souvent on se contente de réaliser cette condition à simple vue.

2° Lorsqu'on a préalablement marqué sur le sol plusieurs points ayant la même cote que le point A, la courbe de niveau doit les rencontrer. Si elle s'en écarte, on fait de l'un à l'autre une compensation, en altérant, au moment où l'on rapporte le plan, les longueurs et les angles trouvés, de quantités proportionnelles à partir du premier point, de façon que la somme des corrections soit égale à la correction finale nécessaire pour faire coïncider le dernier point avec celui qui est marqué à l'avance.

3° Pour cette opération, on peut avec succès se servir d'un instrument mixte, par exemple d'une boussole d'arpenteur dont la lunette soit pourvue de fils stadimétriques et porte un niveau à bulle d'air de médiocre sensibilité. On trouve la position des points successifs comme il vient d'être expliqué, en se servant de la lunette rendue horizontale comme de niveau. En même temps, on relève le plan de ces points par cheminement, en se servant de la boussole pour les angles et des fils stadimétriques pour les distances.

146. Filage des courbes de niveau. — On peut aussi dessiner immédiatement les courbes de niveau sur une planchette où l'on a préalablement collé le plan d'étude, après y avoir marqué la ligne de base et les points à cote ronde, c'est-à-dire ceux que l'on a déterminés à l'avance comme faisant partie des courbes de niveau.

On se sert, à cet effet, d'une alidade dont la lunette est pourvue de fils stadimétriques et peut être rendue horizontale au moyen d'un niveau à bulle d'air de médiocre sensibilité adapté à la lunette.

La courbe de niveau est dessinée à mesure qu'on la relève [1].

147. Lignes de pente. — Lorsqu'on veut tracer une ligne qui suive la surface du terrain à fleur de sol en conservant une déclivité constante, on se sert du niveau

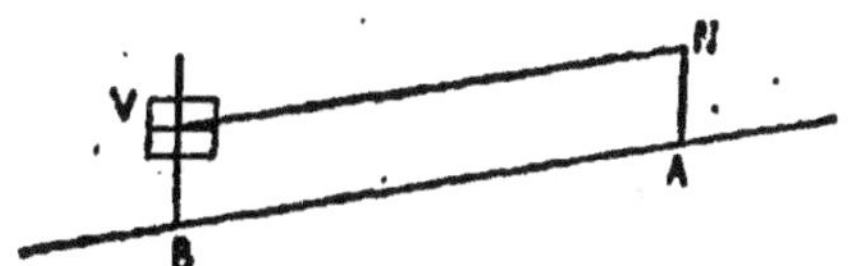

de pente (n° 124). On fixe le réticule mobile de façon que la ligne de visée ait la pente voulue, et l'on opère exactement comme pour le tracé des courbes de niveau (n° 145).

Il faut remarquer que, pour prendre la hauteur de l'instrument, on ne doit pas mettre le talon de la mire sur la même horizontale que le point A, mais dans une direction ayant sensiblement la pente donnée, et faire alors fixer le voyant en regardant à travers les deux pinnules.

1. M. le colonel Goulier a inventé, pour cette opération qu'il appelle le *filage des courbes*, une alidade spéciale, nommée *règle à délimètre*, portant une petite lunette de faible portée, dont le réticule en verre porte des traits, avec une graduation donnant par une simple lecture la distance, déduite de la position de deux repères fixes adaptés à la mire à voyant. C'est une sorte de stadia à fils mobiles, mais où les fils sont remplacés par des traits gravés sur le verre, et le micromètre par la graduation de ces traits.

La lunette est pourvue d'un petit niveau à bulle d'air peu sensible, qui

On peut aussi filer les lignes de pente en se servant d'un plan collé sur une planchette. La lunette de l'alidade, pourvue d'un niveau à bulle d'air, doit pouvoir s'incliner et être fixée suivant la pente donnée, qui est mesurée sur un petit cercle vertical. On en fait usage ensuite exactement comme dans le cas des courbes de niveau (n° 146). [1]

Remarque. — Le premier procédé donne les lignes de pente sur le terrain, et le second sur le plan d'étude. On a recours au niveau de pente lorsqu'on veut faire un tracé directement sur le sol, sans passer par les études de cabinet. Cet instrument, très employé autrefois, est presque abandonné depuis qu'on étudie de préférence les tracés sur les plans à courbes de niveau, où les lignes de pente se tracent très facilement. [2]

148. Plans de détail. — On a besoin, pour compléter les études d'un projet, de se procurer à grande échelle les détails de certains passages, par exemple, les limites et les contours d'un chemin à dévier, le plan d'une maison ou d'un mur atteint par le projet, le plan d'une traverse de ville, les limites des parcelles de terrain où passe le tracé, etc. Les ingénieurs ont encore à lever des plans de détail pour l'instruction des questions qui leur sont soumises, telles que les règlements d'eau et les diverses autorisations de voirie.

On trace une ligne de base qui traverse l'étendue à

permet de rendre l'axe de la visée horizontal. Sur le bord de la règle, se trouve une échelle millimétrique semblable à celle des doubles décimètres, qui permet de tracer immédiatement sur le plan et à l'échelle chacun des éléments de la courbe. La mire est simplifiée et se réduit à une tige de bois carrée, portant trois voyants ; les deux extrêmes sont fixés à la distance pour laquelle est préparée la graduation stadimétrique du réticule de la lunette, et le voyant central, seul mobile, se met en chaque station à la hauteur voulue. Ce petit instrument permet de filer rapidement les courbes.

1. La règle à éclimètre du colonel Goulier est très commode pour cette application.

2. *Routes et chemins vicinaux*, page 106.

relever, et l'on en lève le plan par cheminement, à la chaîne et au graphomètre.

Sur cette ligne de base, on élève à l'équerre des perpendiculaires passant par les points qui déterminent le plan, et l'on procède au lever de ces points par coordonnées (n° 20).

Cas particuliers. — Il se présente quelquefois dans ce lever des circonstances particulières, qui ne permettent pas d'appliquer purement et simplement la méthode des coordonnées. On se tire d'embarras par différents artifices, dont il va être donné quelques exemples :

1° Un ou plusieurs des points D, E, ne sont pas visibles de la ligne de base MM', parce qu'ils sont derrière un obstacle tel qu'une maison ABCD.

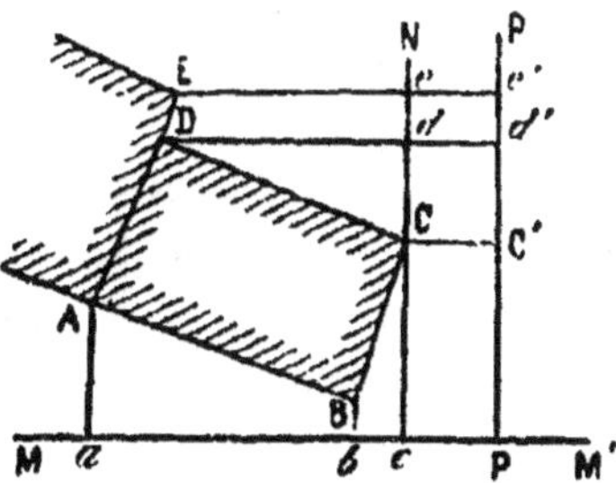

On prolonge la perpendiculaire Cc passant par le dernier point visible en faisant porter un jalon en N, et l'on se sert de la ligne CN comme d'une nouvelle ligne de base, par rapport à laquelle on lève les points D, E, par coordonnées.

Au lieu de passer par le point C, la ligne de base auxiliaire pourrait être tracée en dehors du détail à lever, comme en P.

2° Les points D, E, peuvent être cachés pour l'opérateur placé au pied des perpendiculaires abaissées sur la base mais visibles des points *d'*, *e'*, situés au-delà sur des obliques Dd', Ee', inclinées à 45° sur la ligne de base.

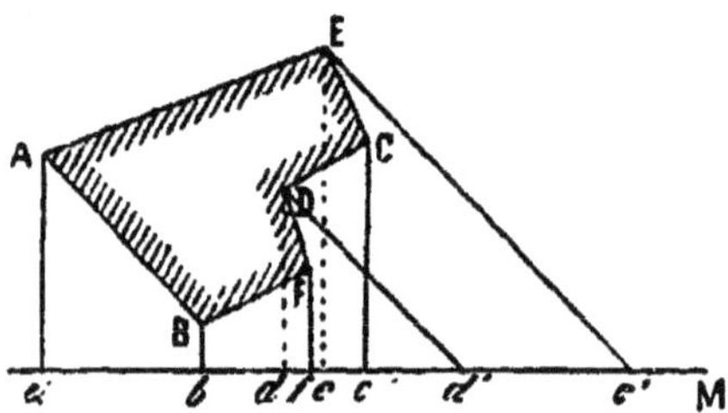

Dans ce cas, on peut porter l'équerre en ces points, et faire usage des fentes qui servent à établir les angles de 45°. On mesure les longueurs Dd', Ee', et l'on a les éléments nécessaires pour placer les points D et E sur le plan. On peut d'ailleurs calculer les coordonnées ; car

$$\mathrm{D}d = \frac{\mathrm{D}d'}{\sqrt{2}} ; \text{ et } ad = ad' - \frac{\mathrm{D}d'}{\sqrt{2}}.$$

3° Le point donné D est visible de la ligne de base, mais inaccessible ; il est par exemple de l'autre côté d'un cours d'eau infranchissable, ou à une grande hauteur comme la pointe d'un toit.

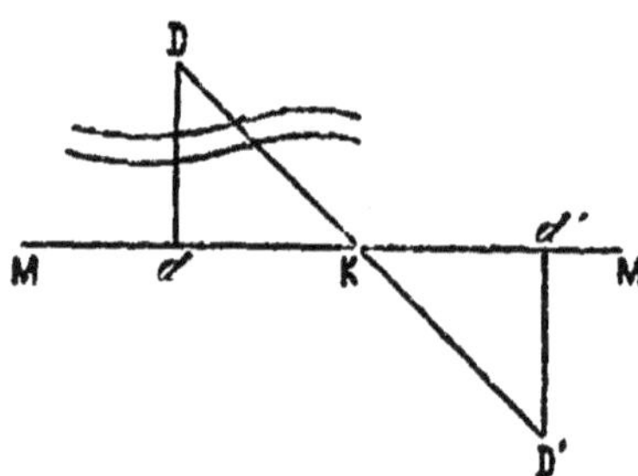

On vise le point D successivement des points d et K, d'où il est vu sous un angle droit et sous un angle de 45° par rapport à la base M. La distance dK est égale à la perpendiculaire Dd.

Si l'équerre n'a pas de visées à 45°, on mesure sur la base, à partir du pied *d* de la perpendiculaire abaissée du point D, une longueur quelconque *d*K, et l'on place un jalon en K. On mesure à la suite une autre longueur égale K*d'*, et l'on met l'équerre en *d'*. On fait porter un jalon sur la perpendiculaire *d'*D', et l'on y cherche par tâtonnement le point D' qui est dans l'alignement KD. Le triangle K*d'*D' est égal au triangle K*d*D, et l'on peut y mesurer *d'*D = *d*D.

4° Il arrive quelquefois, surtout dans le tracé des bases, que l'on veut prolonger un alignement commencé, au-delà d'un obstacle qui intercepte la vue, tel qu'une maison ou un bouquet de bois.

Arrivé en A, près de l'obstacle, on y plante l'équerre et l'on fait porter un jalon dans une direction AE perpendiculaire à MA. On mesure sur cette perpendiculaire une

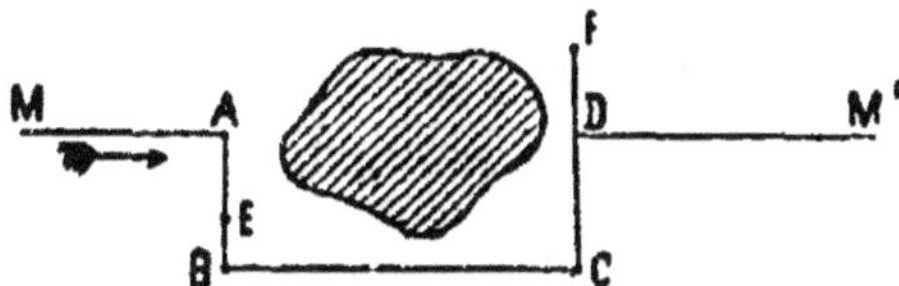

longueur AB suffisante pour que B dépasse l'obstacle. On met l'équerre en B, et l'on fait porter un jalon C sur une perpendiculaire à BA. Au point C, on se retourne de même à angle droit en faisant porter un jalon en F ; on mesure CD = AB, et l'on mène en D la perpendiculaire DM' à CD. La ligne DM' est dans le prolongement de MA.

On peut encore faire porter trois jalons *a*, *d*, *e* sur une

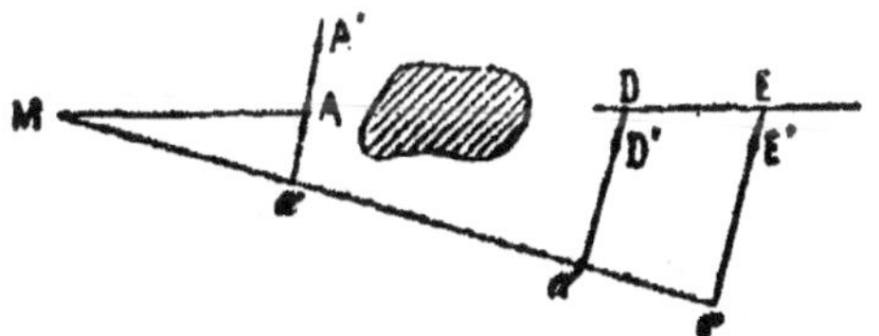

ligne droite oblique qui évite l'obstacle, et fixer par trois autres jalons A', D', E' la direction de trois droites perpendiculaires à cette ligne. On marque les points M et A où les lignes *ea* et *a*A' coupent l'alignement donné MA ; puis on mesure M*a*, A*a*, M*d* et M*e*. On calcule D*d* et E*e* comme quatrièmes proportionnelles, et l'on mesure sur les deux perpendiculaires D'*d* et E'*e* des longueurs égales à celles qui ont été calculées. On marque les points D et E, qui se trouvent alors sur la ligne MA, par suite de la similitude des triangles MD*d*, ME*e*, et MA*a*.

Ces quelques exemples suffisent pour donner une idée des moyens par lesquels on tourne les difficultés de cette nature.

149. Préparation des projets. — Lorsqu'un tracé est arrêté, on doit se procurer les éléments nécessaires à la rédaction des projets. Il faut, pour cela, fixer d'abord le tracé sur le terrain, puis jalonner les alignements droits et les courbes, lever les profils en long et en travers.

Report du tracé sur le terrain. — Pour fixer le tracé sur le terrain, il faut chercher la position des sommets d'angles. On la trouve d'après la situation de ces sommets par rapport aux repères qui la déterminent.

La position des repères et celle du sommet étant marquées sur le plan d'étude, on les réunit par une construction géométrique que l'on reproduit sur le terrain, par les procédés et avec les instruments décrits au chapitre I. On peut recourir à l'une quelconque des méthodes de lever des plans (n° 20).

Souvent, au lieu de déterminer le tracé par ses sommets d'angles, on le fixe par deux ou plusieurs points situés sur chacun des alignements droits. On les trouve de la même façon par rapport aux repères. Les points de rencontre de ces alignements prolongés fournissent les sommets d'angles.

Une fois le tracé ainsi fixé, il est nécessaire de connaître exactement les angles que les alignements font entre eux.

Ces angles se mesurent au graphomètre (n°61) dans le cas où les distances des sommets sont petites, au cercle géodésique (n° 56) ou au cercle d'alignement (n° 60) lorsqu'elles sont grandes et que l'on a besoin de précision, comme dans les tracés de chemins de fer.

150. Jalonnage des alignements. — Les sommets d'angles sont presque toujours très éloignés les uns des autres. Il est nécessaire de jalonner les alignements qui les réunissent, afin d'y placer les piquets de tangence des courbes et ceux qui servent au chaînage et au nivellement.

Le jalonnage se fait comme il a été indiqué au Chap. I, § 2.

Quand les distances sont très grandes, on se sert de lunettes d'alignement (n° 25-28). Si d'un sommet A on

peut voir avec la lunette le signal, jalon, balise ou mât, placé à l'autre sommet B, on s'installe en A, et, l'axe optique restant dirigé sur B, on fait présenter des jalons, que l'on aligne successivement en E, D, C, sous le fil de la lunette.

Lorsque de A on ne peut voir B, on procède par tâtonnements. On cherche un point D′, à peu près sur l'ali-

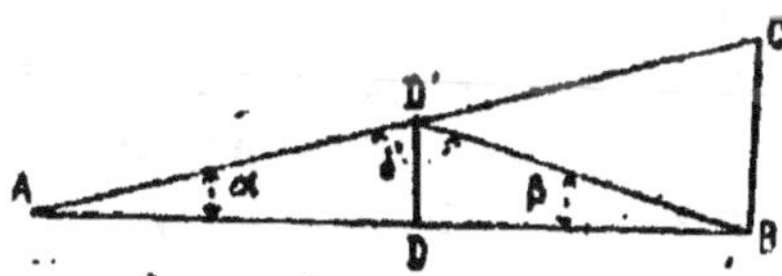

gnement, tel que de là on puisse voir A et B. On y installe l'instrument et l'on dirige l'axe optique sur A. En faisant faire à la lunette une demi-révolution sur ses tourillons, on vise dans le prolongement de la ligne D'A. Si le plan de visée D'C ne passe pas par B, on déplace l'instrument en se rapprochant de la ligne AB, jusqu'à ce qu'on tombe sur un point D où les visées avant et arrière rencontrent les deux sommets A et B.

Si la lunette est munie d'un cercle horizontal, comme les cercles d'alignement (n° 60), on peut calculer approximativement l'écart DD', quand on connaît à peu près les distances du point D aux extrémités A et B de la ligne. En effet, on peut poser $DD' = \alpha \times AD = \beta \times BD$: d'où l'on tire $\alpha + \beta = DD' \left(\frac{1}{AD} + \frac{1}{BD} \right)$. Or $\frac{1}{AD} + \frac{1}{BD}$ est connu, et l'on sait que $\alpha + \beta = \pi - \delta$. L'angle δ pouvant être mesuré avec le cercle, on a donc les éléments du calcul de DD'. Toutefois cette méthode n'est applicable sur le terrain que si l'on a sous les yeux une table des arcs exprimés en fractions du rayon, et le plus souvent on en est réduit à opérer par tâtonnements.

Ces tâtonnements sont pénibles, surtout lorsqu'on approche de la position exacte, où les déplacements à opérer dans les essais successifs ne sont plus que de quelques centimètres. On les simplifie en posant l'instrument sur un plateau à translation horizontale, pouvant se mouvoir de droite et de gauche dans son plan. On parvient ainsi, sans avoir à déranger le pied à trois branches qui porte le plateau, à amener le centre de l'instrument exactement au point voulu.

151. Tracé des courbes. — Il faut ensuite procéder au tracé des courbes de raccordement, c'est-à-dire figurer ces courbes sur le terrain au moyen de **jalons** assez nombreux pour que le polygone qu'ils forment se confonde en apparence avec la courbe. Les jalons doivent être d'autant plus rapprochés que la courbe est de plus petit rayon. Pour les grands rayons de plus de 100 mètres, il suffit d'avoir un jalon tous les 10 mètres ; pour des rayons moindres, on espace les jalons de 5 mètres et même moins.

Ce tracé n'étant que provisoire et uniquement destiné à diriger le chaînage et à marquer l'emplacement des piquets hectométriques ou intercalaires qui tombent sur les courbes, il suffit d'employer des jalonnettes volantes formées de baguettes en branches de bois brut, auxquelles, pour les rendre plus apparentes, on adapte des petites feuilles de papier saisies dans une fente faite dans le bois.

La longueur des tangentes étant choisie arbitrairement, ou calculée en raison de l'angle au sommet et du rayon choisi [1], on commence par placer un piquet sur chacun des points de tangence. Puis on trace la courbe par une des méthodes suivantes :

1° ARC DE CERCLE. — *Première méthode.* — On remarque que, si l'on joint un point M de la courbe aux deux points de tangence A et B, l'angle AMB est constant et égal à $\frac{\pi}{2}+\frac{\alpha}{2}$, α étant l'angle au sommet.

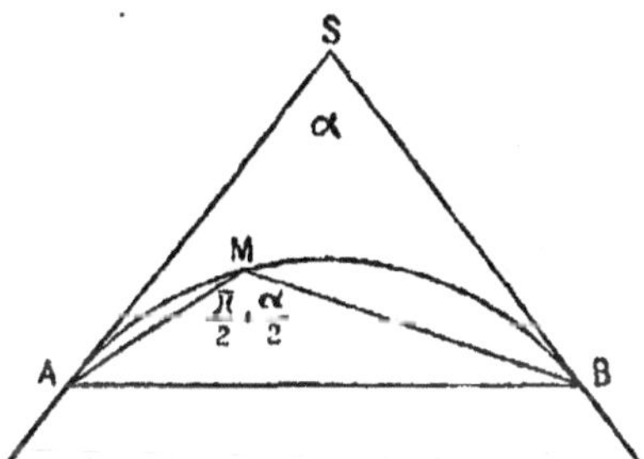

Des jalons étant plantés en A et en B, on se sert d'un gra-

1. Voir, pour la détermination des éléments des courbes : *Routes et chemins vicinaux*, Chap. IV, § 3.

phomètre dont les alidades sont fixées de façon à faire
entre elles un angle égal à $\frac{\pi}{2} + \frac{\alpha}{2}$, et l'on cherche par tâtonnement à l'installer en un point M où, le jalon A étant
couvert par le crin d'une des pinnules, le jalon B soit
en même temps couvert par le crin de l'autre pinnule.
Ce point une fois trouvé, on projette le centre du graphomètre sur le sol, à l'aide d'un fil à plomb ou d'un caillou pris entre les doigts et lâché de façon à tomber librement, et l'on enfonce là une jalonnette.

Deuxième méthode. — On remarque que les angles SAM
et MBA sont égaux. Deux opérateurs se placent en A et
en B avec des graphomètres, dont les alidades fixes sont
dirigées, l'une suivant AS, l'autre suivant BA. Puis ils
portent les deux alidades mobiles simultanément sur une
division semblable du limbe. Un aide présente un jalon et
l'aligne à la demande des deux opérateurs jusqu'à ce
qu'il soit à la fois dans les deux plans de visée.

Troisième méthode. — Au milieu C de la corde AB, on
vise dans la direction du sommet S. A l'aide d'un graphomètre placé en A, on vise en même temps dans la
direction AK faisant avec la corde AB un angle $\frac{\pi}{4} - \frac{\alpha}{4}$, et

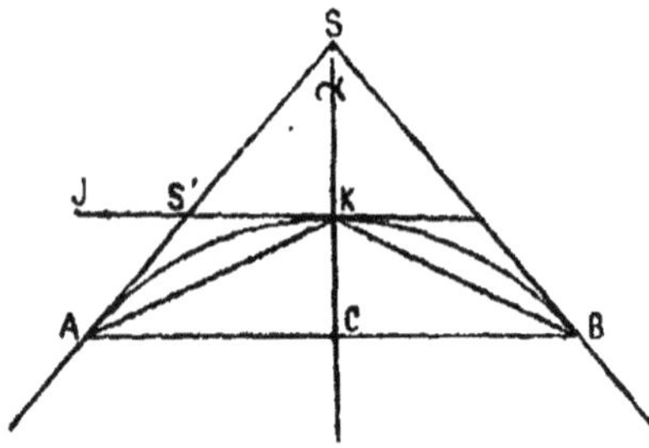

l'on fait mettre un jalon à l'intersection K des deux lignes.
Le jalon est au sommet de la courbe.

En K, on dirige un plan de visée suivant une perpendiculaire à KC, et l'on marque le point S' où elle coupe la tangente AS. Les points A et K sont les points de tangence et S' le sommet de l'arc AK, pour lequel on opère de la même façon.

Quatrième méthode. — On calcule à l'avance la longueur des abscisses AP et des ordonnées MP d'une série de points de la courbe rapportée à des axes rectangulaires, dont l'un est la tangente en A et l'autre le rayon passant par ce point. L'équation du cercle rapporté à sa tangente est $x^2 + (R - y)^2 = R^2$.

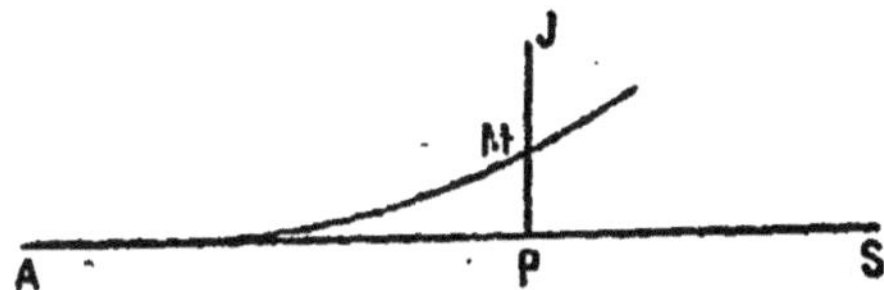

On chaîne sur la tangente la longueur AP de l'abscisse, et, plaçant une équerre au point P, on fait porter un jalon J sur la perpendiculaire PJ. On chaîne sur cette direction une longueur PM égale à l'ordonnée, et on marque le point M, qui est sur la courbe.

Le calcul des ordonnées d'un grand nombre de points est long, fastidieux et sujet à erreur. On l'évite en se servant de tables numériques qui ont été préparées par divers auteurs, et où l'on trouve à côté d'une série d'abscisses les ordonnées correspondantes, pour les principaux rayons qui peuvent être adoptés. C'est surtout en vue de l'usage de ces tables qu'il est bon de choisir les rayons en nombre rond.

Cinquième méthode. — Les méthodes précédentes supposent qu'on est libre de parcourir le terrain entre la courbe et ses tangentes ou même sa corde. Quelquefois on ne dispose que d'un faible espace, comme dans les souterrains et dans les tranchées profondes. On trace alors la courbe par éléments successifs rattachés les uns aux autres par des opérations de précision.

Par exemple, on calcule d'avance les éléments des triangles isocèles égaux AMK, MM'K'..... formés par une corde de longueur constante et les deux tangentes à ses

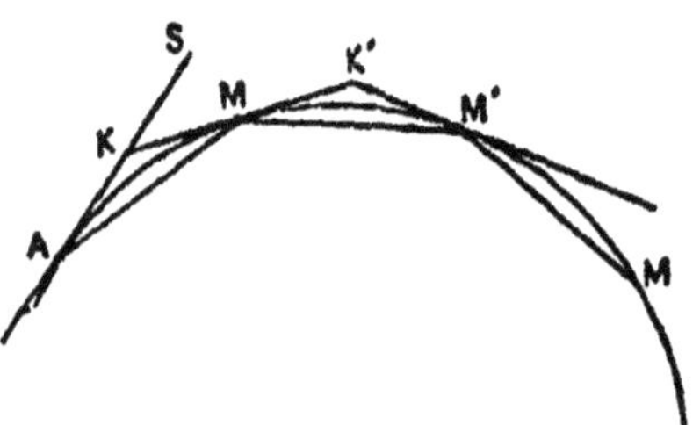

extrémités. Sur la tangente AS, on porte la longueur AK et l'on marque le point K. En A on fait l'angle KAM, et à la distance donnée AM on marque le point M, dont la position doit être vérifiée par la distance MK égale à AK, par l'angle KMA égal à KAM, et enfin par l'angle en K, calculé d'avance.

Quand on est bien certain de la position du point M, on prolonge KM d'une quantité MK', et l'on recommence de la même façon pour trouver le point M'.

On peut imaginer d'autres combinaisons analogues; mais dans tous les cas on ne réussit qu'à l'aide d'opérations bien correctes, à cause de la petitesse des angles sous lesquels les lignes se coupent.

2° ARC DE PARABOLE. — On peut suivre pour tracer une parabole une méthode analogue à la troisième de celles qui ont été indiquées pour le cercle ; elle se simplifie alors, car la flèche CK est la moitié de SC, et il n'y a pas à calculer la direction de AK. On prend le milieu K de SC, et K est un point de la courbe.

On mesure ensuite l'angle KCA, et l'on marque par un jalon une ligne KJ parallèle à AC, en se servant d'un graphomètre placé en K, dont l'alidade fixe est dirigée suivant

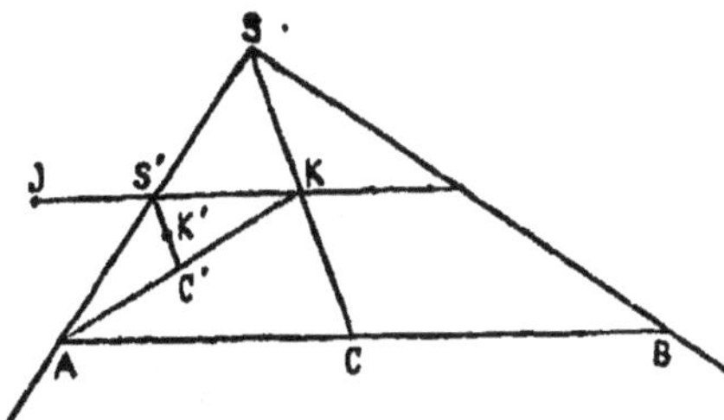

SC, et l'alidade mobile marque l'angle mesuré. On cherche l'intersection S' de cette parallèle avec la tangente, et l'on opère sur le triangle S'AK comme on a opéré sur SAB, pour trouver un second point K' de la courbe.

On peut aussi tracer la parabole par abscisses et ordonnées, comme dans la quatrième méthode relative au cercle. Mais pour éviter des calculs démesurément longs, on rapporte la parabole aux axes obliques formés par les tangentes, et alors sa formule se met sour la forme simple $\sqrt{\dfrac{x}{b}} + \sqrt{\dfrac{y}{b}} = 1$. Quand on reporte les points sur le terrain, on obtient la direction des ordonnées en substituant à l'équerre un graphomètre fixé suivant l'angle des tangentes.

On peut enfin tracer la parabole comme enveloppe d'une droite qui se meut en s'appuyant sur les tangentes de façon à les couper en parties inversement proportionnelles.

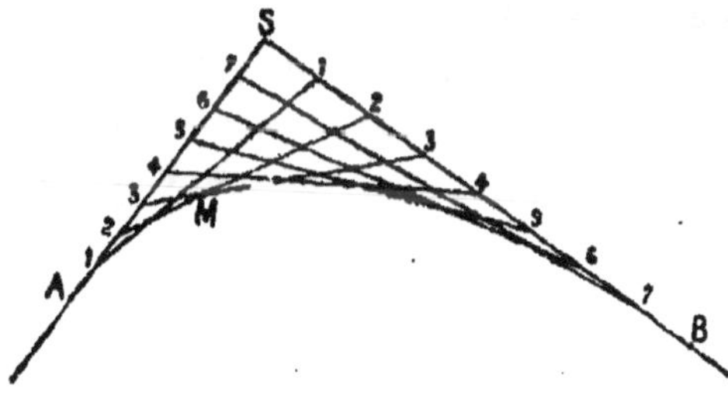

On divise chacune des tangentes SA et SB en un même nombre des parties égales, et l'on place des jalons sur les points de division, numérotés en sens inverse dans chaque tangente. Si l'on fait planter un jalon M à l'intersection de deux droites consécutives joignant des points de même numéro, par exemple à l'intersection de 2—2 avec 3—3, ce jalon est sur la courbe.

Remarques. — Toutes les méthodes autres que celle des coordonnées sont à peu près abandonnées aujourd'hui, comme étant moins pratiques et donnant des résultats moins exacts. On est quelquefois obligé cependant de recourir à la cinquième méthode, lorsqu'on est gêné par des obstacles.

On commence toujours la courbe successivement par les deux bouts, et on n'en trace que la moitié de chaque côté. Si l'on a mal tracé, on en est averti par le jarret qui se produit au point de rencontre des deux parties.

152. Profils en long. — Pour lever les profils en long, on exécute suivant le tracé, jalonné comme il vient d'être dit, un chaînage et un nivellement. Ces deux opérations ont lieu simultanément. On plante des piquets (n° 141), au fur et à mesure qu'on avance sur le tracé, sur tous les points kilométriques et hectométriques, et partout où la pente change notablement de signe ou d'intensité.

On note en passant les distances des piquets intermédiaires aux piquets hectométriques. Puis on procède au nivellement de tous les piquets au niveau à lunette.

Ce nivellement doit être fait avec une grande précision. S'il était inexact, les pentes prévues au projet ne se retrouveraient pas les mêmes dans l'exécution. Il ne faut donc faire usage que de bons niveaux, vérifiés et rectifiés avec soin, et apporter à l'opération toutes les précautions voulues.

153. Profils en travers. — On termine le lever par celui des profils en travers du terrain. Ces profils ne s'étendent qu'à une faible largeur à droite et à gauche du tracé ; il suffit qu'ils indiquent la forme du sol dans l'espace occupé par l'emprise. Pour les routes, 10 mètres suffisent presque toujours ; pour les chemins de fer et les canaux, il faut davantage. On se rend compte, dans chaque cas, suivant le type de la voie à construire et l'importance moyenne des déclivités transversales du sol, de l'étendue qu'il faut relever.

Ces profils n'ont pas besoin d'être obtenus avec une grande précision ; ils ne servent guère qu'au calcul des terrassements, qui se fait toujours avec une large approximation.

On commence par déterminer la direction des profils en faisant porter, au droit de chaque piquet, un jalon sur la perpendiculaire au tracé, à l'aide de l'équerre d'arpenteur.

Dans les courbes, le profil en travers doit être dirigé suivant le rayon ; on y parvient de la manière suivante. On mesure, sur la courbe, à partir du piquet P, deux

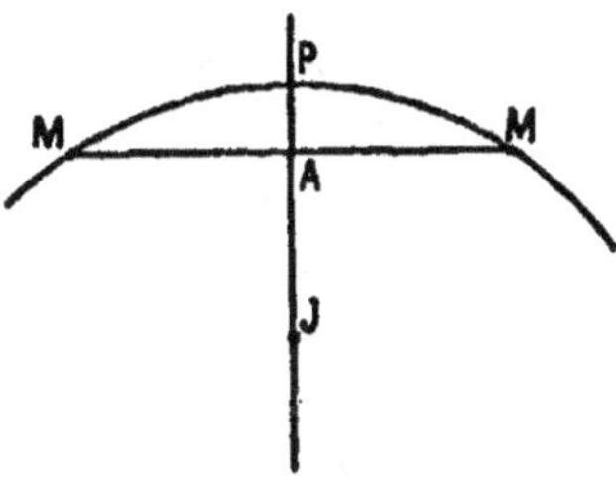

longueurs égales PM. On chaîne la corde M et l'on en marque le milieu A. Puis, à l'aide d'une équerre d'arpenteur placée en A, on fait porter un jalon J sur la perpendiculaire à M. La ligne AJ indique la direction du profil en travers : elle doit passer par le point P.

Quand le terrain est peu accidenté et présente des pentes transversales régulières, on se sert avec avantage du niveau de pente (nᵒˢ 124-125). On place l'instrument au-dessus du piquet d'axe, on appelle la bulle entre ses repères, et l'on met le réticule mobile au zéro. Faisant approcher la mire, on en élève le voyant au niveau du réticule ; puis on la fait porter à une distance quelconque, sur la perpendiculaire au tracé. On vise le voyant, et l'on amène le réticule mobile sur la ligne de foi : la lecture du vernier fait connaître la pente du sol. Cette opération se fait successivement à droite et à gauche du tracé.

Le plus souvent, on fait les profils en travers comme le profil en long par un chaînage et un nivellement. Mais on se sert de niveaux sans lunette. Les instruments les plus employés sont le niveau d'eau (nᵒ 92) et le niveau à collimateur (nᵒ 97) ; ce dernier surtout est d'un usage très commode et très rapide dans cette application.

On fait placer la mire au piquet d'axe, non sur la tête du piquet s'il est en saillie, mais sur le sol même, et on fait la lecture de la cote. Puis on fait porter la mire, dans la direction du profil, successivement à droite et à gauche de l'axe, soit en un seul point à 10 ou 20 mètres de distance, si la pente est régulière, soit sur les divers points où la pente se brise. On mesure la distance de ces points à l'axe avec la chaîne, mais on ne les signale pas par des piquets ou des jalons, car il est inutile d'en conserver la trace. On fait la lecture des cotes de ces points, et l'on en calcule la différence avec celle de l'axe.

Quand les piquets d'axe successifs sont rapprochés, on peut lever deux ou plusieurs profils en travers d'une même station.

151. Exécution des travaux. — L'exécution des travaux donne lieu à des opérations sur le terrain analogues à celles qui viennent d'être indiquées.

L'une des plus importantes est le piquetage. Si quelques-uns des piquets que l'on avait placés lors des études ont disparu, il faut les remplacer par d'autres piquets, qui doivent être repérés avec grand soin tant en plan qu'en nivellement. On marque ensuite par des piquets auxiliaires les limites des emprises et les points qui déterminent la position des diverses parties des ouvrages d'art.

Il faut plus tard s'assurer par des nivellements fréquents si les terrassements ont des hauteurs et des pentes conformes aux projets, et si les différentes assises des ouvrages d'art sont exactement au niveau voulu.

Dans la construction des chemins de fer, la pose de la voie donne lieu à des opérations minutieuses, surtout dans les courbes, pour assurer la correction du tracé, de la pente, du dévers et de l'écartement des rails.

On n'insistera pas sur le détail de toutes ces opérations, qui se font facilement et correctement si l'on observe les principes exposés dans cet ouvrage et si l'on se sert des instruments les mieux appropriés, dans la limite de précision qui paraît nécessaire au but qu'on se propose dans chaque cas.

DEUXIÈME PARTIE

OPÉRATIONS SOUTERRAINES

PAR

André PELLETAN

Ingénieur au corps des Mines
Professeur à l'École nationale supérieure de ce corps.

PRÉLIMINAIRES
CHAPITRE PREMIER : *LEVER A LA BOUSSOLE SUSPENDUE*
CHAPITRE DEUXIÈME : *EMPLOI DES APPAREILS OPTIQUES*
CHAPITRE TROISIÈME : *ORIENTATION DES PLANS.*
CHAINAGE DES PUITS.

PRÉLIMINAIRES

1. — La topographie souterraine a pour objet la représentation des travaux exécutés au-dessous du sol dans les mines ou carrières. Le plus souvent les parties accessibles d'une exploitation se composent d'une série de galeries, plus ou moins contournées, et la seule méthode applicable pour le lever est celle du cheminement ; on formera donc un contour polygonal, auquel on rattachera toutes les observations. Pour donner une existence matérielle à ce réseau, il y a deux manières de procéder ; la première consiste à tendre de proche en proche un cordeau dont les divers brins constitueront une ligne brisée, et à déterminer l'orientation et l'inclinaison de chacun de ses côtés. On peut aussi, comme dans les opérations au jour, figurer les sommets du polygone à relever par des signaux, mires ou jalons, et mesurer au moyen d'appareils optiques les azimuts et angles zénithaux des alignements successifs.

La première méthode est la plus généralement adoptée en France et sur le continent. Les observations sont faites avec la boussole suspendue et avec l'éclimètre, les opérations exécutées avec ces deux appareils forment l'objet du premier chapitre.

Nous étudierons dans le second les appareils employés

pour l'application de la deuxième méthode. Ce sont le théodolite de mines, la boussole d'arpenteur et le graphomètre ou les instruments qui en dérivent, et les niveaux.

L'orientation des plans de mines, le percement des galeries ou des tunnels, donnent lieu à des opérations quelquefois très délicates de lever et de nivellement, que nous décrirons dans le dernier chapitre.

LEVER A LA BOUSSOLE SUSPENDUE

CHAPITRE PREMIER

LEVER A LA BOUSSOLE SUSPENDUE

SOMMAIRE

§ 1.

USAGE DE LA BOUSSOLE SUSPENDUE ET DE L'ÉCLIMÈTRE.

2. Généralités. — La méthode la plus employée en France, dans les mines qui ne renferment pas de substances magnétiques, consiste, comme nous l'avons dit, à tendre un cordeau de proche en proche entre les parois des diverses galeries. On forme ainsi un polygone funiculaire ABCD... L'inclinaison des côtés est mesurée au moyen de l'éclimètre, qui est un niveau à perpendicule, leur orientation est déterminée au moyen d'une boussole,

disposée de telle sorte que, accrochée sur le fil, elle indi
que l'azimut de l'alignement. La direction de chacun des

côtés étant connue, on dressera le plan soit par un pro
cédé purement graphique, soit par un procédé mixte,
comportant des calculs un peu plus compliqués, mais
beaucoup plus précis que le précédent.

3. Détermination du polygone de cheminement. —
Le cordeau employé est ordinairement en chanvre, quelquefois en soie, ce qui vaut mieux, parce qu'alors il offre
plus de résistance et se courbe moins sous le poids des
instruments. Quelques opérateurs se servent de chaînes
de laiton. On assujettit les sommets au moyen de clous
ou de vis qu'on fixe dans les boisages, ou à leur défaut
dans les parois naturelles; au besoin on implante des
chevilles de bois dans la roche, et on y enfonce les clous
ou les vis.

Les portées successives, ou stations, peuvent être de
dix mètres si la nature des lieux le permet, mais elles ne
doivent pas dépasser vingt mètres, parce que le cordeau
n'aurait plus une rigidité suffisante. On tend ordinairement chaque brin d'un côté à l'autre de la galerie, pour
qu'il ne frotte pas contre les parois, et à une hauteur de
$1^m,20$ à $1^m,40$ au-dessus du sol pour que les lectures à
faire sur les instruments soient faciles.

La première opération, celle de la pose des points, exige un géomètre et un aide. Celui-ci tient la lampe à côté du dernier sommet fixé; celui-là avance pour choisir l'emplacement d'un nouveau sommet, jusqu'à une distance de 10^m ou 20^m si la lumière de l'aide reste visible jusque-là. Dans le cas contraire, il place un nouveau clou au point le plus éloigné d'où il puisse apercevoir le précédent. Il fait alors poser le fil et s'assure qu'il est bien tendu et n'est dévié par aucun obstacle. Dans quelques exploitations on installe sur le sol de la galerie des chevalets sur lesquels on tend le cordon.

4. Métrage des côtés. — La mesure des longueurs se fait toujours suivant la pente. On emploie ordinairement la chaîne d'arpenteur ou le ruban d'acier. Mais ces appareils ont une action magnétique, et il faut avoir soin de ne pas les laisser dans le voisinage pendant les opérations ultérieures qui seront faites à la boussole. Aussi préfère-t-on souvent des décamètres en laiton. Dans le cas où le côté a moins de 10^m, une seule mensuration suffit; elle se fait comme au jour par le géomètre et l'aide. Dans le cas contraire, le géomètre tient l'ongle du pouce à l'extrémité de la première portée, et l'aide vient y appliquer sa poignée pour la seconde partie du chaînage.

Dans les levés plus précis, il faut employer le mètre ou le double mètre en bois. On marque sur le cordeau le point où affleure le bout de la règle au moyen d'une épingle ou d'un trait de crayon, et on la reporte de proche en proche.

5. Mesure des inclinaisons. — Pour mesurer les pentes on se sert d'un niveau à perpendicule, qu'on appelle *Eclimètre, Clinomètre* ou *demi-cercle*.

Cet appareil doit être aussi léger que possible, pour que son poids ne fasse pas fléchir sensiblement le cordeau, car alors l'inclinaison observée serait entachée d'erreur. C'est un demi-cercle évidé, ordinairement en laiton, terminé par deux crochets inversement disposés qui s'agrafent sur le fil. La perpendicule, aussi fine que possi-

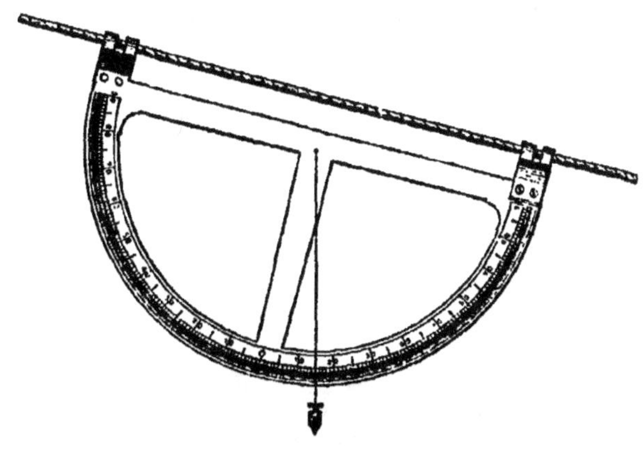

ble, est attachée au centre. L'origine des divisions est au milieu de la demi-circonférence, et la graduation marche de 0 à 90° dans chaque sens ; la ligne de foi, celle qui passe par les deux extrémités de la division, est parallèle à la ligne de suspension.

L'appareil est mis en station, au jugé, au milieu de chaque alignement, parce que c'est vers ce point que l'inclinaison varie le moins par la flexion du cordeau. La division près de laquelle s'arrête le fil à plomb indique l'angle de la pente. Théoriquement, on obtient plus de précision en suspendant successivement l'éclimètre aux deux extrémités de la station et en prenant la moyenne des lectures ; cela se fait quelquefois.

6. Mesure des orientations. — L'appareil destiné à mesurer les azimuts consiste en une boussole de forme ordinaire qu'on suspend au cordeau, et qui, grâce à une

articulation à la Cardan, se place d'elle-même horizontalement. Elle est supportée par une pièce arquée en
forme de fer à cheval terminée comme l'éclimètre par
deux crochets inversement disposés, qui s'agrafent sur
le fil. Sur cette pièce tourne un anneau mobile autour
d'un axe parallèle à la ligne de suspension, et sur celui-
ci à son tour pivote la boussole qui lui est reliée par un
second axe perpendiculaire au précédent.

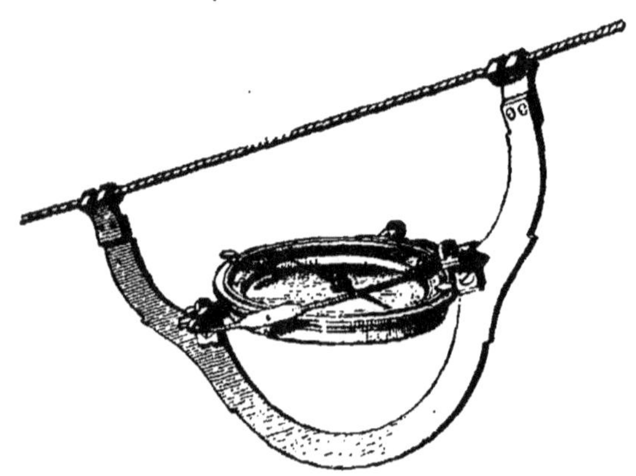

Comme il est facile de le voir, quand l'instrument a
pris sa position d'équilibre et que le plan médian du fer
à cheval est vertical, le plan de l'anneau est nécessairement normal à celui-ci ; le premier axe n'entre donc pas
en jeu. Aussi, aujourd'hui, la plupart des constructeurs
suppriment l'articulation de l'anneau sur le fer à cheval,
ou du moins paralysent son mouvement au moyen d'un
taquet d'arrêt.

Quoiqu'il en soit, l'un des diamètres du limbe de la
boussole reste constamment dans le plan médian du fer à
cheval ou, ce qui revient au même, dans le plan vertical de
la ligne de suspension. L'aiguille aimantée formera avec
ce diamètre un certain angle, qu'on lira sur le limbe et

qui donnera l'azimut de la direction du cordeau, rapporté au nord magnétique.

Il existe d'autres types de boussoles tels que celui qui est représenté par la figure ci-dessous. L'appareil fixé sur un plateau rectangulaire, et suspendu par deux demi-cercles articulés, est équilibré de façon à prendre de lui-même la position horizontale. Cet instrument, moins précis que le précédent, n'est employé que pour les levés de détail.

Le boîtier de la boussole est ordinairement en laiton, parce que cet alliage exerce sur l'aiguille aimantée une action retardatrice qui a pour effet d'amortir rapidement ses oscillations sans influer sur sa position définitive.

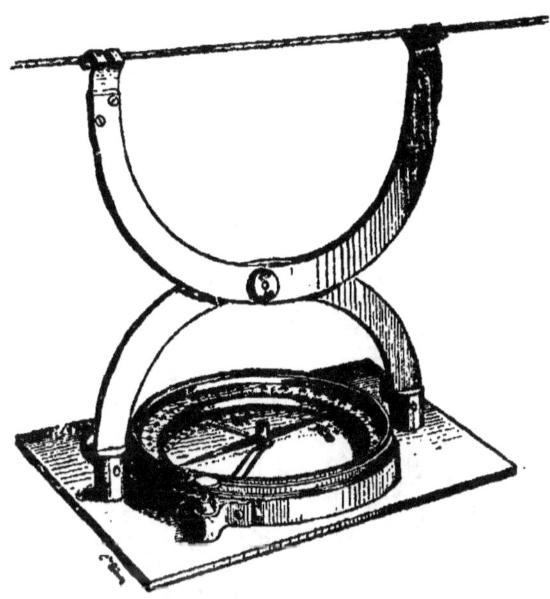

Dans les mines sulfureuses, on préfère employer les appareils construits en nickel. Le limbe a de $0^m,07$ à $0^m,08$ de diamètre, quelquefois plus. La division en degrés ou demi-degrés marche dans le sens rétrograde, en sens inverse des aiguilles d'une montre. En Allemagne le limbe est parfois divisé en deux fois douze heures, et chaque heure en huitièmes. Il est très rare que les boussoles portent des verniers ; ce perfectionnement a pourtant été réalisé sur certains appareils. La boussole peut être démontée pour être adaptée au rapporteur qui sert aux opérations graphiques. Quand l'appareil n'est pas en service, on immobilise l'aiguille au moyen d'une vis de pression placée au-dessous du fond de la boîte.

La ligne de foi de la boussole, la ligne 0 — 180°, est généralement tracée dans le plan médian de l'appareil, de telle sorte que la lecture donne l'azimut rapporté au méridien magnétique. Cependant l'usage des boussoles à limbe mobile, dans lesquelles la ligne de foi a une orientation relative variable, comme nous l'expliquerons plus loin, tend à se généraliser.

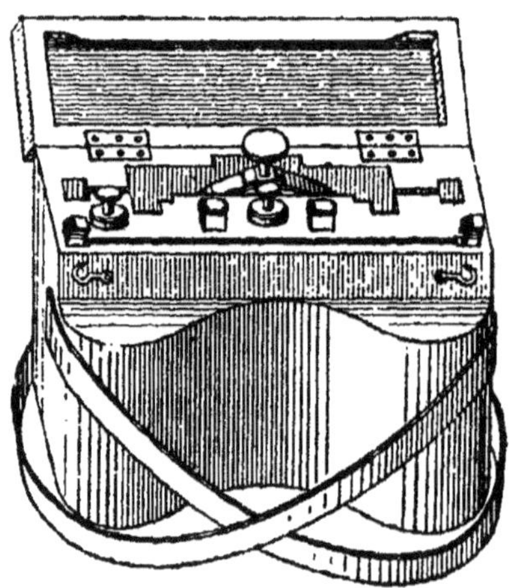

7. Pochette de mineur. — Le demi-cercle et la boussole sont renfermés dans une boîte munie d'une bandoulière et d'une gibecière en cuir placée par derrière.

Elle contient, outre ses instruments, des épinglettes en laiton que l'on fiche sur le cordeau, quand il est très incliné, pour soutenir les appareils et les empêcher de glisser. On y met également des vis en laiton, des clous et la massette pour les enfoncer. Cette sacoche porte le nom de *pochette de mineur*.

Le cordeau usuel a environ quatre millimètres de diamètre et s'enroule pendant les transports sur une longue bobine en bois.

8. Vérifications de l'éclimètre et de la boussole suspendue. — Avant de faire usage d'un instrument, il faut toujours s'assurer qu'il remplit les conditions d'exactitude requises.

Pour le demi-cercle on vérifie d'abord la graduation au moyen d'un compas que l'on ouvre de façon que les deux points interceptent sur les bords du limbe un axe d'amplitude donnée, par exemple de 10°. On reporte ensuite cette ouverture de proche en proche, en s'assurant que les deux pointes coïncident toujours avec les extrémités d'un axe de même longueur.

On reconnaît si la perpendicule est bien centrée, en tendant un fil très fin suivant la ligne de foi, et le centre de l'orifice où est engagé le fil à plomb doit être situé sur ce diamètre; on place ensuite une règle sur cette ligne et on s'assure, au moyen d'une équerre appliquée contre la règle, que le zéro de la division se trouve à l'extrémité du rayon perpendiculaire.

Pour s'assurer que la ligne de suspension est parallèle à la ligne de foi, on installe l'appareil sur un cordeau ayant une inclinaison quelconque et on fait la lecture. On le retourne ensuite bout pour bout et on recommence. Les deux opérations doivent donner le même résultat. Dans le cas contraire, il faudra refuser l'appareil, ses dispositifs ne permettant pas de le corriger.

Pour la boussole, on vérifie la graduation comme celle de l'éclimètre. On reconnaît si l'aiguille est bien centrée à ce que les deux pointes Nord et Sud s'arrêtent toujours devant deux divisions distantes de 180°, quelle que soit l'orientation. On sait qu'on pourrait remédier au défaut de centrage en faisant à chaque station deux lectures, l'une à la pointe Sud, l'autre à la pointe Nord, et en ajoutant ou en retranchant 90° à leur moyenne. Mais les levés à la boussole devant être des levés rapides, il faut rejeter les instruments qui présentent ce défaut d'une manière appréciable, et éviter d'avoir à effectuer cette correction.

L'instrument ne doit contenir ni fer ni aucune substance magnétique. Pour s'en assurer, le mieux est de contrôler ces indications par celles d'une boussole étalon. A défaut de cette dernière, on pourra constater que la suspension ou la boîte n'ont pas d'action magnétique sensible en faisant tourner lentement l'appareil sur lui-même. L'aiguille doit conserver une direction constante sans suivre, même sur une faible amplitude. le mouvement de rotation du limbe.

Le limbe et l'aiguille doivent être équilibrés de façon à se placer d'eux-mêmes horizontalement, mais une faible inclinaison n'a pas d'influence sensible sur la lecture des azimuts. Pour vérifier cette condition, il suffit de suspendre l'instrument suivant diverses orientations, et de s'assurer que les pointes de l'aiguille affleurent toujours sur les bords du limbe. Car il est aisé de voir que la première, qui s'oriente librement, a une direction fixe en chaque lieu, et qu'elle ne saurait constamment rester parallèle au plan du second, qui a toujours la même inclinaison, qu'autant que l'un et l'autre sont horizontaux.

Si les conditions précédentes ne sont pas remplies, la boussole est mauvaise et doit être refusée. Il est deux autres défauts auxquels il est facile de remédier : la ligne de foi peut n'être pas tracée exactement dans le plan médian de la ligne de suspension, l'axe magnétique de l'aiguille peut différer de son axe géométrique ; de l'un et l'autre de ces défauts résulte une erreur constante dans la lecture de l'azimut. Cette correction s'ajoute ou se retranche de celle de la déclinaison, qu'on doit toujours effectuer pour rapporter les observations au nord vrai. On aura donc, au total, à retrancher des lectures un angle constant que l'on détermine comme nous l'indiquerons ci-après.

9. Erreurs dues aux variations de l'action magnétique. — La déclinaison varie d'un lieu à un autre ; en 1879 elle était à Vannes de 18°59′ et à Nice de 13°55′. L'Annuaire du Bureau des Longitudes donne sa valeur pour les principales villes de France. Outre la variation géographique, elle subit une variation séculaire. Ainsi à Paris elle était orientale en 1580 et l'écart moyen atteignait 11°30′. Cette amplitude a diminué progressivement jusqu'en 1663, époque à laquelle elle était nulle. Depuis elle a passé à l'ouest, et l'écart a atteint en 1814 le maximum de 22°34′ : elle est maintenant en décroissance.

Ces variations géographiques et séculaires ont comme on le voit une très grande importance. Autrefois on rapportait les plans de mines au nord magnétique, et on rattachait les nouveaux levés aux anciens sans tenir compte de la variation que la déclinaison avait subie dans l'intervalle. Il en est résulté des erreurs très graves, qui ont été causes de nombreux accidents ; aujourd'hui les exploitants sont tenus d'orienter les plans sur le nord vrai, et de tracer à cet effet sur le carreau de la mine une méridienne, c'est-à-dire une ligne dirigée suivant le méridien astronomique. Les procédés employés pour cela seront décrits plus loin ; nous admettrons, pour ce qui va suivre, que l'on ait déterminé la méridienne dans un « observatoire » voisin de la mine, en un lieu où les influences magnétiques ne se fassent pas sentir, et qu'on ait tendu suivant cette direction un fil, dirigé par conséquent du nord au sud vrai.

10. Réduction des azimuts au nord vrai. — Nous venons de voir que pour avoir l'azimut d'une direction rapporté au nord vrai, il faut corriger l'angle lu sur la boussole suspendue pour trois raisons : 1° le méridien magnétique forme avec le méridien astronomique l'angle appelé déclinaison ; 2° l'axe magnétique de l'aiguille peut différer de son axe géométrique : 3° la ligne de suspension de la boussole peut ne pas être située dans le même vertical que la ligne de foi. Ces trois causes combinées produisent un écart total, qui dans la durée des opérations journalières peut être considéré comme constant. Il faudra donc, chaque fois qu'on descendra dans la mine pour y faire un lever, déterminer la valeur de cette correction. Pour cela on suspendra la boussole sur le fil tendu suivant le méridien. Si les causes que nous venons d'énumérer n'existaient pas, l'angle azimutal serait de 0°. La lecture faite sur le limbe donnera donc la différence totale dont devront être corrigées les observations ultérieures. Si par exemple la boussole suspendue sur la méridienne indique un angle de + 15°, ce chiffre devra être retranché de tous les angles horizontaux observés dans la mine. Si elle indique un angle de + 345° il faudra ajouter à tous les angles 360° — 345° = 15°.

On peut éviter ces calculs qui, si simples qu'ils paraissent, ne laissent pas d'être pénibles quand le nombre des observations est considérable. Les boussoles à limbe mobile effectuent la correction, de telle sorte que la lecture faite sur le limbe donne directement l'azimut rapporté au nord vrai. Voici en quoi consiste ce perfectionnement : le limbe divisé peut tourner dans le boîtier et être assujetti de telle sorte que le vertical de la ligne de foi fasse avec celui de la suspension tel angle qu'on voudra ; il n'est pas besoin d'insister sur ce que la différence de leurs azimuts restera constante, quelle que soit l'inclinaison et l'orientation de la ligne de suspension.

Avant de descendre dans la mine pour y faire un lever, on suspend la boussole sur le cordeau tendu suivant la méridienne, et l'on amène par la rotation du limbe le zéro de la division en face de la pointe bleue de l'aiguille aimantée, et on fixe le limbe dans cette position. Dans les observations ultérieures, l'aiguille marquera 0° quand le cordeau sera dirigé suivant le méridien, et pour les autres orientations elle donnera l'azimut rapporté au nord vrai. L'influence de la déclinaison et des causes d'erreur secondaires se trouvent ainsi éliminées du même coup.

11. Perturbations de la boussole. — L'aiguille aimantée subit outre la variation séculaire une variation diurne ; son influence se fait surtout sentir lorsque le soleil est sur l'horizon. L'écart total entre les positions extrêmes peut sous certains climats atteindre un demi-dégré, mais en Europe il ne dépasse pas 9 minutes. On peut négliger cette différence. Certains phénomènes météorologiques, tels que les orages violents, et d'autres que nous ne mentionnons que pour mémoire, les tremblements de terre et les aurores boréales, amènent des perturbations importantes dans la direction magnétique, et l'on ne doit pas faire d'opérations à la boussole quand ces circonstances se présentent.

Indépendamment de ces causes générales, il y en a d'autres, purement locales, qui sont bien plus à craindre. La présence de la magnétite et de la pyrite de fer magnétique, celle de certaines roches éruptives, troublent les indications de la boussole, qui ne peut être employée lorsque les mines renferment des quantités appréciables de ces substances. Le voisinage de voies ferrées intérieures, de cages, bennes, outils ou machines en fer a le même effet.

Diverses expériences ont été faites sur l'influence magnétique des rails ; elles ont montré que la déviation de l'aiguille aimantée est variable suivant l'orientation de la voie et la nature du métal, mais qu'elle n'est nullement négligeable ; dans les unes cette déviation a été de 3°25′, dans les autres de 3°45′, et cela en se plaçant dans des conditions pratiques, c'est-à-dire en tendant le cordeau à 1ᵐ20 ou 1ᵐ40 au-dessus du sol. D'ailleurs l'erreur est de même sens, soit qu'on se tienne sur l'entre-voie, soit sur les côtés, et il n'y a pas à songer à la corriger en prenant la moyenne d'observations répétées tant au milieu de la galerie que près des parois ; il faudra donc, si l'on s'astreint à employer la boussole, « faire déferrer » les régions de la mine où l'on voudra opérer.

12. Emploi des appareils dans les mines magnétiques. — Quelques géomètres font quand même usage de

la boussole dans les mines magnétiques. Mais alors ils établissent le polygone funiculaire en croisant les brins comme le montre la figure ci-contre, de façon qu'ils se touchent en D, G, K... sans se dévier. Le polygone de cheminement aura ces points pour sommets.

Dans ce système on ne mesurera plus les azimuts des côtés successifs, tels que DG et GK, mais seulement leur différence. Pour cela on suspend la boussole sur la ligne

CE, l'un des crochets étant agrafé à gauche de G, l'autre
à droite, de façon que le centre du limbe soit à l'aplomb
de ce point, et on fait la lecture. On la suspend ensuite,
dans les mêmes conditions, suivant là direction GH. Dans
les deux positions, le milieu de l'aiguille occupe le même
point de l'espace, et par suite l'orientation de celle-ci ne
varie pas, quelles que soient les actions magnétiques. La
différence des lectures donne donc celle des azimuts,
c'est-à-dire l'angle en G de la projection du polygone sur
le plan.

18. Compas d'angle. — La méthode précédente est
d'une application très-délicate, parce qu'il faut réaliser
cette condition que les brins du cordeau soient en contact en D, G, K... sans qu'il y ait frottement entre eux et
sans qu'ils se dévient l'un l'autre. Car il est évident que si
les trois points D, G, E n'étaient pas en ligne droite, si
cette ligne se trouvait brisée en G, la méthode serait en
défaut. La pose des clous exige pour arriver à un bon résultat des tâtonnements longs et minutieux.

On peut obvier à cette difficulté en employant ce que l'on
appelle des « compas d'angle ». Dans ce système le polygone funiculaire ABCD est établi sans croisement des fils,
mais de telle sorte que les sommets soient assez éloignés
des parois pour que les appareils puissent être librement
suspendus au-dessous d'eux. Ce résultat peut être obtenu
de bien des façons, par exemple en fixant le cordeau à
des clous assez longs pour donner une saillie suffisante
sur les boisages. Dans ces conditions on peut centrer à
l'aplomb du point B le limbe du goniomètre, et repérer
deux de ces directions sur celles des alignements AB et
BC, au moyen de mécanismes plus ou moins compliqués.

En Allemagne on a employé des instruments de formes
diverses, qui dérivent de la boussole suspendue. Le résultat à obtenir est le suivant : les deux crochets doivent

reposer sur le même brin, BC par exemple, et le centre du limbe doit se trouver à l'aplomb du point B. Il en résulte qu'il faut : 1° que la boussole se trouve en porte-à-faux par rapport à la suspension et soit au besoin convenablement équilibrée par un contre-poids ; 2° qu'elle soit mobile par rapport à cette suspension, pour qu'on puisse, quand l'appareil est fixé sur le cordeau, rectifier la position du limbe et le centrer sur la verticale de B aussi exactement que possible. Nous n'entrerons pas dans le détail des dispositifs très divers employés pour réaliser cette condition.

Le compas d'angle de Wuillaume, mécanicien à Saint-Étienne, ne comporte point de boussole. Deux tiges articulés à charnière et munies chacune de deux crochets sont suspendues sur les deux brins, c'est-à-dire l'une sur AB, l'autre sur BC, de façon que la charnière se trouve sur la verticale du sommet B. La première porte un limbe gradué qui est lesté de manière à se placer de lui-même horizontalement, la seconde manœuvre une aiguille centrée sur le limbe. La lecture faite sur la division donne directement l'angle des deux projections de AB et BC.

Toutes ces méthodes ont un inconvénient capital qui les fait rejeter par la plupart des opérateurs. C'est qu'elles ne donnent pas l'azimut des alignements successifs rapporté à une direction fixe ; quand on reporte le levé sur le plan, l'orientation de chacun des côtés dépend de celle du précédent, et par suite les erreurs vont en s'accumulant, tandis que si la direction de l'aiguille aimantée ne varie pas sensiblement, et qu'on mesure individuellement chacun des azimuts, les observations sont indépendantes les unes des autres et l'orientation du dernier côté est aussi exacte que celle du premier ; il en résulte une très grande différence dans la précision des levés.

14. Carnet d'opérations. — Le polygone funiculaire n'est qu'un canevas auquel il faut rattacher le plus grand nombre de points possible. Il faut en relever un nombre suffisant : 1° sur les parois pour tracer le plan ; 2° sur le sol et le plafond des galeries pour dresser les coupes ou projections verticales. Ces opérations de détail n'exigent pas les mêmes soins minutieux que les opérations d'ensemble, parce qu'elles sont indépendantes les unes des autres, et qu'une erreur même de quelques centimètres dans la position d'un point d'une paroi irrégulière est tout-à-fait négligeable. Cependant la situation de quelques points de repère, qui sont marqués dans les mines et qui y restent à demeure, doit être déterminée avec le plus grand soin.

En général, on relève les points de la paroi situés à la hauteur du cordeau. Pour cela l'opérateur place au jugé une règle divisée de 1^m ou 2^m, dans une position horizontale, de façon qu'elle butte à l'une de ses extrémités contre une des parois, et s'applique sur le cordeau en formant avec lui un angle sensiblement droit. Il lit alors sur la règle la longueur de l'*ordonnée*, c'est-à-dire la longueur du segment compris entre la paroi et le cordeau, et fiche sur celui-ci une épinglette au point où il est rencontré par la règle. Il répète l'opération au même point pour la paroi opposée ; puis en tenant à simple vue la règle verticale, il mesure la hauteur du plafond au-dessus du fil, et celle de celui-ci au-dessus du sol.

Pour avoir la position de l'épinglette on mesurera son *abscisse*, c'est-à-dire sa distance au sommet précédent dans le sens du cheminement.

Toutes ces observations sont inscrites sur un carnet d'opérations : la page de droite est réservée aux croquis figuratifs sur lesquels on représente d'une façon sommaire la forme générale des divers polygones de cheminement, et la position approximative des divers points de détail qu'on y a rattachés. Ces dessins, sans avoir aucune précision, servent à guider l'opérateur pour mettre au net les résultats.

Sur la page de gauche figure le tableau ci-dessous :

LEVÉ A LA BOUSSOLE DE MINE — Carnet d'opérations

Désignation des côtés	Longueurs inclinées des côtés	Inclinaisons des côtés		Directions magnétiques des côtés	OBSERVATIONS					Observations diverses — Détails sur la nature des parois
		Montantes	Descendantes		FORME DE LA GALERIE					
					abscisse le long du cordeau	ordonnées à gauche	ordonnées à droite	hauteur du plafond en dessus du fil	hauteur du fil au-dessus du sol	
a	b	c	d	e	f	g	h	i	k	

L'inclinaison du cordeau est dite montante quand il s'élève dans le sens du cheminement, descendante dans le cas contraire.

§ 2

REPORT SUR LE PLAN

15. Divers procédés en usage. — Le plan doit toujours être orienté sur le nord vrai. Pour reporter les observations sur l'épure on peut employer deux méthodes :

la première, dite méthode graphique, simplifie les calculs, mais ne donne qu'une approximation grossière lorsque les périmètres relevés ont une certaine étendue. La seconde, celle des coordonnées, est plus compliquée, mais elle fournit des résultats beaucoup plus exacts.

16. Méthode graphique. — L'opérateur commence par réduire les longueurs de tous les côtés à l'horizon, en multipliant les longueurs prises le long du cordeau (colonne b du carnet d'opérations) par le cosinus de l'angle de pente (angle qui figure dans les colonnes c ou d). Il calcule aussi les différences de cotes en multipliant la même longueur par le sinus du même angle, mais ici il faut avoir soin de remarquer si la différence est positive ou négative, et affecter le résultat du signe + ou du signe — suivant que l'inclinaison est montante ou descendante. Ces opérations se font au moyen des tables des sinus et cosinus naturels ; on a ainsi la longueur de chacun des côtés du polygone plan ; la somme algébrique des dénivellations, ajoutée à l'altitude de l'origine des levés, donnera les cotes que l'on devra écrire à côté de chacun des sommets.

Pour tracer le polygone fondamental sur l'épure, on

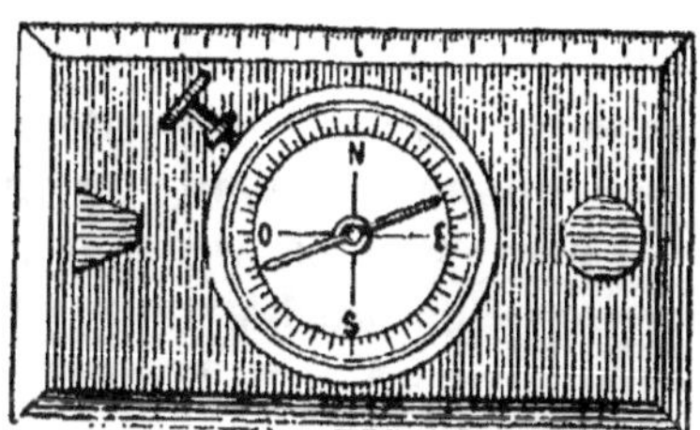

fait usage du *rapporteur*. C'est une plaque rectangulaire en laiton ; l'un de ses bords taillé en biseau est divisé en centimètres et millimètres. Au centre se trouve un tambour cylindrique dans lequel on fixe par une vis de pression la boussole qui a servi aux levés, après l'avoir détachée de la suspension.

La planche à épure est placée sur une table bien horizontale et assujettie dans une position invariable. On doit éloigner du bureau des dessinateurs toute pièce en fer qui pourrait faire dévier l'aiguille aimantée; la direction du nord vrai est tracée préalablement sur le papier, généralement suivant la direction d'un des côtés du cadre.

Le dessinateur applique l'un des longs côtés du rapporteur, celui qui porte une division sur la ligne Nord-Sud. Il place ensuite la boussole dans la cuvette centrale et l'assujettit dans la position pour laquelle l'aiguille marque la déclinaison locale. Le rapporteur se trouve alors réglé.

Soient ABCD les sommets du polygone à figurer. L'origine A se trouve généralement marquée sur le plan. On applique le bord gradué du rapporteur contre ce point, et on le fait tourner jusqu'à ce que l'aiguille indique l'angle azimutal du premier côté AB, angle donné par la colonne c du carnet d'opération. On trace alors cette direction, et on mesure sur elle, au moyen de la graduation du rapporteur, la longueur qui, à l'échelle du dessin, représente celle de AB réduite à l'horizon. On marque l'extrémité de ce segment, laquelle représente le point B; puis on applique le bord du rapporteur en B et on détermine par une opération analogue le point C, et ainsi de suite de proche en proche.

La méthode graphique a un inconvénient. C'est que chacun des sommets est déterminé par une série de constructions qui sont subordonnées les unes aux autres, et que par suite les erreurs dues à l'imperfection du dessin vont en s'accumulant et se superposant à celles qui proviennent des opérations sur le terrain.

276   DEUXIÈME PARTIE — OPÉRATIONS SOUTERRAINES

17. Méthode des coordonnées. — Dans ce système on rapporte tous les points à trois plans de coordonnées perpendiculaires entre eux ; l'un de ces plans est horizontal

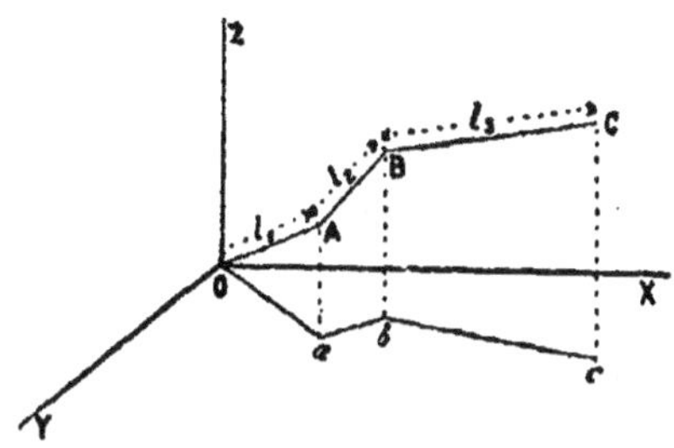

et les deux autres par conséquent verticaux. On prend pour origine un point de repère, soigneusement établi dans la mine, par exemple le centre du fond d'un puits ;

BOUSSOLE DE MINE. — R

Désignation des côtés	Longueurs inclinées des côtés	INCLINAISONS		Angles de direction observés avec le méridien magnétique	Angles de direction des côtés avec le plan méridien coordonné	ANGLES AIGUS avec le méridien coordonné compris dans les quarts de cercles				Logarithmes des longueurs	Logarithmes des cosinus des inclinaisons	Logarithmes des sinus des inclinaisons	Logarithmes des sinus des angles de direction	Logarithmes des cosinus des angles de direction	Logarithmes des projections
		Montantes	Descendantes			Nord-Est	Nord-Ouest	Sud-Ouest	Sud-Est	a	b	c	d	e	

généralement on suppose l'axe des x dirigé suivant la ligne nord-sud, l'axe des y suivant la ligne est-ouest et l'axe des z vertical. Les trois coordonnées exprimées en mètres portent les noms de latitudes, longitudes et hauteurs. Sont considérées comme positives les latitudes comptées vers le nord, les longitudes vers l'est et les élévations au-dessus du plan xoy.

Les coordonnées peuvent se calculer facilement à l'aide des éléments inscrits sur le carnet d'opérations. Soit OABC le polygone funiculaire, l_1 la longueur du premier côté, p_1 l'angle de pente, a_1 son azimut, l_2, p_2, a_2 les éléments analogues pour le second côté, x_1, y_1, z_1 les coordonnées du point A, $x_2 y_2 z_2 \ldots$ celles des sommets suivants.

On trouvera facilement les formules :

$$x_1 = l_1 \cos p_1 \cos \alpha_1 \qquad y_1 = l_1 \cos p_1 \sin \alpha_1 \qquad z_1 = \pm l_1 \sin p_1$$
$$x_2 = x_1 + l_2 \cos p_2 \cos \alpha_2 \qquad y_2 = y_1 + l_2 \cos p_2 \sin \alpha_2 \qquad z_2 = z_1 \pm l_2 \sin p_2$$
$$x_n = x_{n-1} + l_n \cos p_n \cos \alpha_n \qquad y_n = y_{n-1} + l_n \cos p_n \sin \alpha_n \qquad z_n = z_{n-1} \pm l_n \sin p_n$$

Registre des calculs.

Logarithmes des projections horizontales des côtés $p = a+b-10$	Logarithmes des coordonnées partielles des côtés			Coordonnées partielles des extrémités des côtés						Coordonnées des extrémités des côtés, par rapport à trois plans fixes qui se croisent au point de départ ou origine d'un premier côté						Observations
	$\log z = a+c-10.$	$\log y = p+d-10.$	$\log x = p+e-10$	Hauteurs z		Longitudes y		Latitudes x		Hauteurs Σz		Longitudes Σy		Latitudes Σx		
				Elév.	Dépr.	Est	Ouest	Nord	Sud	Elév.	Dépr.	Est	Ouest	Nord	Sud	
				+	−	+	−	+	−	+	−	+	−	+	−	

Pour les z, on prendra le signe $+$ ou le signe $-$, suivant que le côté sera montant ou descendant.

Le registre de calcul est disposé comme le montre le tableau ci-dessus ; la marche des opérations est suffisamment expliquée par les en-têtes des colonnes pour qu'il ne soit pas nécessaire d'entrer dans de plus amples explications à cet égard.

On reporte le plan sur du papier quadrillé ; les côtés des carrés ont un millimètre, et à l'échelle de $\dfrac{1}{1000}$ représentent chacune un mètre. On choisit pour directions N S et E O celles du réseau, et l'on place l'origine à la croisée de deux lignes.

Il est alors facile de déterminer sur le plan la position d'un point en comptant, suivant les deux directions perpendiculaires et dans le sens convenable, le nombre de divisions correspondant aux latitudes et longitudes ; on tient compte au jugé des fractions de mètre, qui sont représentées par des fractions de millimètre. On inscrit ensuite les cotes. Supposons par exemple qu'on ait trouvé pour un point les valeurs

$$x = 27^m,50$$
$$y = -50^m,30$$
$$z = 9^m,10$$

et que la cote de l'origine O soit $12^m,80$. L'opérateur comptera vingt-sept carreaux à partir du point O, et de bas en haut, puis cinquante de droite à gauche puisque l'ordonnée y est négative. Le point auquel il arrive a pour abscisse $+27^m$ et pour ordonnée -50^m. Le point à déterminer tombera donc dans le carré situé en dessus et à gauche, à des distances des côtés qui à l'échelle du plan seront de $0^{mm},5$ et $0^{mm},3$. On fixera sa position au jugé. Il faut remarquer que toutes les opérations graphiques étant indépendantes les unes des autres, l'erreur commise sur la fixation d'un sommet n'influe pas sur celle des suivants. En outre, quand le plan se déforme par la vétusté, le quadrillage permet toujours de retrouver les coordonnées d'un point, et par suite de déterminer sa position.

Dans le cas où le dessinateur juge préférable, par exemple pour faire tenir son épure sur une seule feuille, de tracer la direction méridienne obliquement par rapport aux côtés du cadre, on prendra pour axes des x et des y deux horizontales perpendiculaires, qui seront orientées parallèlement aux directions représentées sur le plan par les lignes du quadrillage. Dans cette méthode les calculs ne sont pas plus compliqués, si ce n'est que les angles azimutaux doivent être augmentés ou diminués d'une quantité constante.

On inscrit à côté des sommets la cote du point, c'est-à-dire la valeur de z augmentée de l'altitude de l'origine, comptée ordinairement à partir du niveau moyen de la mer. Dans l'exemple choisi ci-dessus, la cote à inscrire serait $9^m,10 + 12^m,80 = 21^m,90$.

Quand le réseau fondamental est tracé, on y rattache les points de détail au moyen de la règle, de l'équerre et du double décimètre.

EMPLOI DES APPAREILS OPTIQUES

CHAPITRE II

EMPLOI DES APPAREILS OPTIQUES

SOMMAIRE

§ 1. *Lever au théodolite de mines.* — 18. Diverses formes de théodolite. — 19. Théodolite de Combes. — 20. Mires. — 21. Réglage. — 22. Théodolite de Breithaupt. — 23. Mires. — 24. Dispositifs divers. — 25. Supports. — 26. Usage des instruments. — 27. Mise en station et visées. — 28. Report sur le plan.

§ 2. *Boussole d'arpenteur et instruments divers.* — 29. Divers types d'appareils. — 30. Boussole à lunette excentrique. — 31. Boussole à lunette centrée. — 32. Boussole anglaise. — 33. Graphomètre. — 34. Usage de la boussole d'arpenteur. — 35. Report sur le plan. — 36. Appareils de nivellement. — 37. Appareils divers.

Lorsqu'on emploie les appareils optiques tels que le théodolite et la boussole d'arpenteur, de même que lors-

qu'on opère avec la boussole suspendue, la méthode est toujours celle du cheminement. L'opérateur choisit pour sommets du polygone un certain nombre de points

A, B, C...; puis il installe l'instrument de visée en B, des mires en A et C, et mesure les azimuts et angles zénithaux des deux alignements AB et BC. Ensuite il le transporte en C, les mires en B et D, et opère de même pour les côtés BC et CD.

Les théodolites de mines se distinguent en deux types principaux, théodolites à lunette excentrique, théodolites à lunette centrée ; on s'en sert pour toutes les opérations dans les mines magnétiques, et au moins pour le lever du réseau des galeries principales dans les autres. L'usage de la boussole d'arpenteur et du graphomètre est moins répandu en France, mais il est absolument général en Angleterre où ces appareils ont été perfectionnés. Enfin dans les galeries de faible pente et de hauteur suffisante on peut effectuer le nivellement avec la mire parlante et le niveau à bulle.

§ 1.

LEVER AU THÉODOLITE DE MINES

18. Diverses formes de théodolites. — Les théodolites de mines sont construits sur les mêmes principes que ceux qui sont destinés aux opérations géodésiques, c'est-à-dire qu'ils sont formés d'une lunette astronomique et de deux limbes gradués, l'un horizontal qui sert à déterminer les azimuts, l'autre vertical, qui donne les angles zénithaux. Ces appareils donnent une approximation qui peut varier de 30 secondes à deux minutes.

On conçoit facilement que lorsque la lunette est placée excentriquement, la visée est possible sous toutes les inclinaisons, mais qu'il n'en est plus de même lorsque la lunette est centrée sur le pied, parce que celui-ci masque la vue quand la direction de l'axe optique est voisine de la verticale. Le premier type permet donc de faire les observations dans toutes les directions, tandis que le second ne peut guère fonctionner, à moins d'artifices particuliers, sous des angles de pente supérieurs à 60°. Par contre dans le premier, l'excentricité du viseur produit une parallaxe qu'il faut corriger par des méthodes spéciales, et cet inconvénient n'existe pas dans le second. On emploiera donc le premier modèle dans les couches ou filons très inclinés, et le second sera préférable dans les autres. Nous prendrons comme spécimen des deux genres les modèles les plus classiques, le théodolite à lunette excentrique de Combes, et le théodolite centré de Breithaupt.

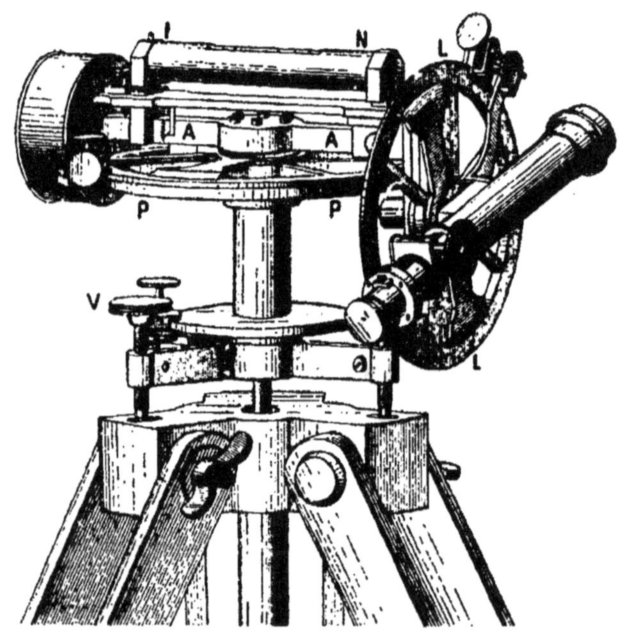

10. Théodolite de Combes. — Cet appareil, représenté ci-dessus repose sur une embase à trois vis calantes VVV, appelée le Triangle, laquelle se place sur le plateau d'un trépied en bois de 1 m. à 1 m. 30 de hauteur dont nous parlerons plus loin. Il s'y assujettit au moyen d'une vis à pompe.

Le plateau horizontal PP est supporté par un montant vertical, appelé la Colonne; le plus souvent le triangle, la colonne et le plateau forment corps ensemble: mais quelquefois, comme dans le modèle représenté ci-dessus, les deux dernières pièces seulement sont solidaires entre elles et tournent d'un mouvement commun sur l'embase, à laquelle elles peuvent être fixées par une pince. Cette disposition a pour objet de permettre l'emploi de la méthode bien connue de la répétition pour la mesure des azimuts, méthode que nous ne décrivons pas ici parce qu'elle n'est pas passée dans la pratique courante des levés de mines. Dans le limbe horizontal est incrusté un cercle en argent, divisé en tiers de degrés.

Sur le plateau tourne, autour de son axe vertical, un groupe de pièces qui sont : 1° une traverse AA, dite la règle, portant d'un côté le limbe des inclinaisons L et la lunette, de l'autre une poignée formant contre-poids, et par-dessus le niveau NN; 2° deux alidades munies de verniers au quarantième, implantées normalement sur la règle et glissant sur le cercle gradué,

Sur le limbe des inclinaisons, et parallèlement à son plan, pivote la lunette, à laquelle sont reliées deux autres alidades portant des verniers au trentième. Ce limbe est divisé en demi-degrés : la ligne de foi est verticale, c'est-à-dire que les deux zéros sont au point le plus bas et au point le plus élevé. La graduation marche de 0 à 90° à partir de ces deux origines, sur chacun des quadrants.

Les verniers du cercle horizontal étant au quarantième pour une division en tiers de degrés, la lecture des azimuts donne la demi-minute. Ceux du cercle vertical étant au trentième pour une division en demi-degrés, la lecture des angles zénithaux se fait à la minute près.

Comme le théodolite comporte une grande précision, il faut que ses dispositifs permettent de ramener les différents organes dans leur position normale, pour peu qu'ils se soient déformés ou qu'ils aient joué les uns sur les autres. Les trois corrections principales, auxquelles le mécanisme de l'appareil doit se prêter, ont pour but de rendre horizontal l'axe de rotation de la lunette et verticale la ligne de foi du limbe des inclinaisons, et enfin de régler le niveau.

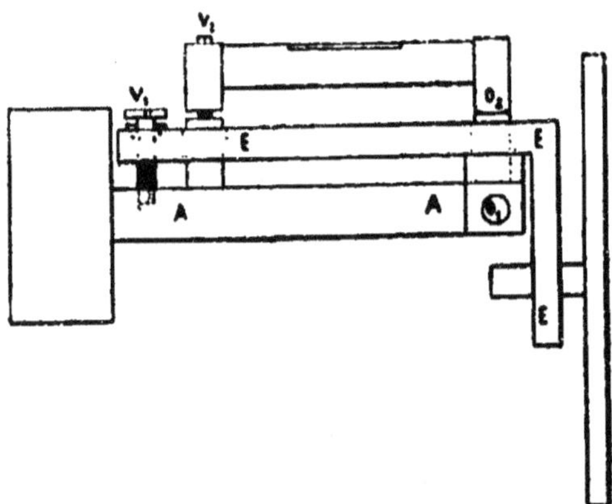

Pour le premier point, si le limbe des inclinaisons était implanté directement sur la traverse de l'alidade, son inclinaison aussi bien que celle de l'axe de rotation de la lunette, lequel lui est perpendiculaire, ne pourrait être corrigée. Pour que ces deux pièces puissent prendre un certain mouvement relatif l'une par rapport à l'autre, on les réunit par l'intermédiaire d'une équerre E, qui fait corps avec le limbe, mais est articulée sur la règle par une charnière o_1. Une vis V₁ permet de l'assujettir sous une inclinaison variable.

Pour le second point, le réglage de la ligne de foi, il

faut que le limbe des inclinaisons ne soit pas fixé à demeure, mais qu'il puisse tourner d'un certain angle sur son axe. Une vis à pas très réduit, placée derrière lui, permet d'effectuer cette correction avec une grande précision.

Le niveau est aussi articulé à charnière en o_2 et muni d'une vis de correction V_2; il faut remarquer que ses montants sont implantés directement dans la règle et qu'ils traversent l'équerre à jeu libre, si bien qu'il se meut, verticalement, indépendamment de celle-ci.

Nous indiquerons plus loin comment se font les diverses rectifications.

30. Mires. — Elles sont construites de façon à pouvoir être établies sur le même trépied que le théodolite. Quand on les substitue à celui-ci, il faut que leur axe vertical occupe la même place que celui de l'instrument; elles sont à un ou deux voyants. Elles doivent être de hauteur telle que leurs points de mire, quand elles sont installées sur le support, tombent au niveau où se trouvait le milieu de la lunette du théodolite, lorsque celui-ci était en station sur le même support.

Les plus perfectionnées reposent sur trois vis calantes, et on les y réunit par une vis à pompe. Mais le plus souvent elles s'adaptent au pied par une simple goupille.

Généralement le voyant est unique; il est en verre, divisé en quatre carrés blancs et rouges en damier, et est éclairé par transparence au moyen d'une lampe de mineur. Les lignes de séparation du damier forment une croix, sur laquelle on amène dans les visées celle des fils du réticule. On emploie aussi des signaux en tôle, peints comme les précédents, mais éclairés par devant. Quelquefois aussi ce sont des plaques métalliques dans lesquelles on a découpé des croix, derrière lesquelles on place la lumière. Enfin divers opérateurs remplacent les

mires à voyants par des fils à plomb, blanchis à la craie
et suspendus au plafond de la mine. Il n'y a pas alors
à proprement parler de point de mire, mais une ligne
verticale déterminant un plan de collimation, dont on
mesure l'azimut. Ce mode d'opérer n'est en usage que
lorsqu'on ne demande au théodolite que des éléments
de planimétrie, et qu'on doit mesurer ensuite les pentes
par une opération de nivellement spéciale.

On a vu, à propos des opérations faites au jour, que
l'excentricité de la lunette produisait une parallaxe, et
qu'on pouvait la corriger soit par un calcul, soit par une
double opération, en visant le but d'abord avec l'alidade
à droite, ensuite avec l'alidade à gauche, et en prenant
la moyenne des deux lectures.

Ces complications sont évitées au moyen de la mire
représentée par la figure ci-dessus. Elle se fixe sur le tré-

pied par une vis à pompe et porte deux voyants, dont l'excentricité est la même que celle du théodolite. Quand la lunette sera à droite de l'observateur, on visera sur la croix de droite, et inversement ; il est clair que la parallaxe se trouvera ainsi corrigée. La seule précaution à prendre est de faire en sorte que l'horizontale qui passe par les deux points de mire soit perpendiculaire à l'alignement qu'on relève. L'aide réalise cette condition en pointant le viseur que l'on voit entre les deux signaux, sur l'axe du théodolite en station.

91. Réglage. — Nous énumérerons les rectifications à faire subir aux divers organes, sans rappeler les principes sur lesquels on s'appuie, ces principes ayant déjà été exposés à propos des instruments employés au jour :

1° *Rectification du niveau à bulle.* — On place le théodolite sur une table à peu près horizontale, et on oriente la traverse de l'alidade parallèlement à l'un des côtés du triangle formé par les pointes des trois pieds ; puis on amène la bulle entre ses repères au moyen des vis calantes. On retourne alors l'alidade de 180°. Si le niveau est réglé, la bulle doit revenir entre ses repères ; dans le cas contraire on corrige l'écart, moitié par les vis calantes, moitié par la vis propre du niveau. Par un mouvement rétrograde, on replace ensuite l'alidade dans sa position primitive, et l'on recommence jusqu'à ce que la bulle conserve sa position après une rotation de 180°.

2° *Rectification du zéro du limbe des inclinaisons.* — Il faut que l'axe optique soit horizontal, lorsque les zéros des verniers de l'alidade et du limbe des inclinaisons coïncident. Pour cela on opère au jour. Le géomètre installe le théodolite sur son trépied, et rend le plateau horizontal au moyen des vis calantes et du niveau ; nous supposons cette opération faite une fois pour toutes pour les corrections ultérieures ; l'aide tient une mire parlante à une distance d'environ 300ᵐ ; le géomètre amène alors les zéros des verniers sur ceux du limbe des inclinaisons, vise sur la mire et lit la division, la lunette étant par exemple à sa droite. Il fait ensuite tourner l'instrument sur son axe, la lunette sur son pivot, ramène les zéros en coïncidence, et recommence la lecture. Si la ligne de foi est bien établie, les deux observations doivent donner le même résultat. Sinon on corrige la moitié de l'erreur au moyen de la vis de rappel qui fait mouvoir le limbe. Théoriquement cette correction devrait réussir du premier coup. Mais dans la pratique on n'arrive à un bon résultat qu'après quelques tâtonnements.

3° *Rectification de l'axe optique*. — Il faut qu'il soit perpendiculaire à l'axe de rotation de la lunette, pour que, lorsqu'on fait tourner celle-ci, il décrive un plan et non un cône.

Le géomètre fait placer à 20ᵐ ou 30ᵐ une mire à deux voyants, comme celle qui est représentée ci-dessus, et dont l'excentricité est égale à celle du théodolite ; la lunette étant à droite, il vise sur la croix de droite, puis il la fait passer à gauche et vise sur l'autre croix. Si l'appareil est bien réglé, les deux azimuts observés doivent différer de 180°. Supposons que cela n'ait pas lieu, et que la différence des deux lectures soit par exemple de 179° ; dans ce cas on commence par faire mouvoir la vis de rappel de l'alidade horizontale, de façon à corriger la moitié de l'erreur, soit 30'. Puis on desserre la vis du réticule, et, au moyen d'un écrou latéral, on ramène la croisée de ses fils au centre du voyant.

4° *Rendre l'axe de rotation de la lunette horizontal*. — Il y a deux méthodes : la première consiste à viser sur un fil à plomb, et à s'assurer que le plan de collimation le contient constamment, quelle que soit l'inclinaison de l'axe optique. Si cela n'a pas lieu, le centre de la croix du réticule paraît décrire une oblique par rapport au fil à plomb. On corrige la totalité de l'écart au moyen de la vis qui réunit l'équerre à la traverse.

La seconde méthode consiste à pointer sur une lampe placée au fond d'un puits d'au moins 300ᵐ. On fait une seconde observation après avoir fait tourner l'alidade horizontale de 180⁰. L'axe optique doit retomber sensiblement sur le même point.

5⁰ *Rendre horizontal le fil axial du réticule.* — Pour cela on dirige la lunette sur une verticale, l'arête d'un mur ou un fil à plomb ; on desserre les vis du réticule, et on le fait tourner sur lui-même sans déplacer son centre, jusqu'à ce que l'image du fil collimateur, qui est perpendiculaire au fil axial, coïncide avec celle de la verticale sur laquelle on vise.

Toutes ces corrections sont théoriquement indépendantes les unes des autres ; mais il est bon de les répéter deux fois pour s'assurer qu'elles ont bien réussi, et que les dernières n'ont pas nui aux précédentes.

22. Théodolite de Breithaupt. — Cet appareil est centré, comme nous l'avons dit, et n'a point de parallaxe. Il se compose d'une embase à vis calante, d'un plateau horizontal et d'un support en forme d'U, sur lequel se trouve le limbe des inclinaisons et la lunette. Celle-ci se meut, comme on le voit, dans le plan diamétral de l'appareil ; elle peut accomplir une révolution presque complète, en ce sens que le tube porte-oculaire est assez court pour pouvoir passer librement entre les deux jambages de l'U formant le support.

Les cercles gradués sont garantis par un couvercle percé de fenêtres vitrées contre la poussière et l'humidité.

Ici, contrairement à ce qui a lieu pour le théodolite de Combes, c'est le limbe des inclinaisons qui suit le mouvement de la lunette, et les deux verniers correspondants sont fixes. L'alidade qui porte ces derniers peut être ramenée avec précision à l'horizontalité, au moyen d'un niveau spécial qui se voit à gauche et en haut de la figure.

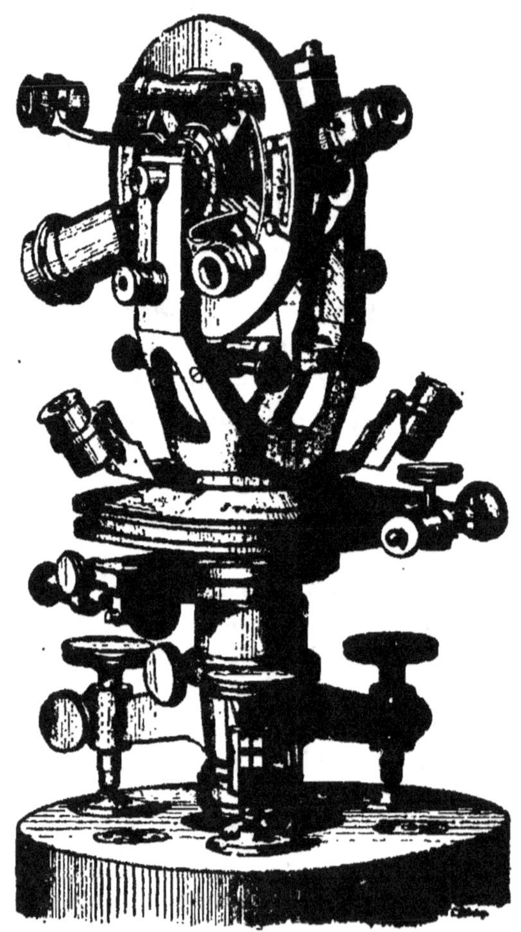

Pour rendre horizontal l'axe de rotation de la lunette, on a adopté le dispositif ci-dessus. L'un des tourillons repose (comme les colliers de la lunette dans le niveau

d'Egault) sur une fourche formée par deux plans inclinés, représentée dans la figure précédente à l'extrémité
de la branche de gauche du support en U. Ces deux
plans peuvent être rapprochés ou écartés l'un de l'autre,
ce qui fait selon le cas monter ou descendre le tourillon.
Pour obtenir cette mobilité relative des deux branches
de la fourche, une fente est pratiquée dans le montant,
et l'élasticité du métal permet, sur une certaine amplitude, d'augmenter ou de diminuer la largeur de l'ouverture. Une vis à pas très réduit, implantée perpendiculairement aux parois de la fente, règle avec précision
leur écartement.

Au centre du plateau se trouve un niveau sphérique :
la fiole qui renferme la bulle est terminée à sa partie

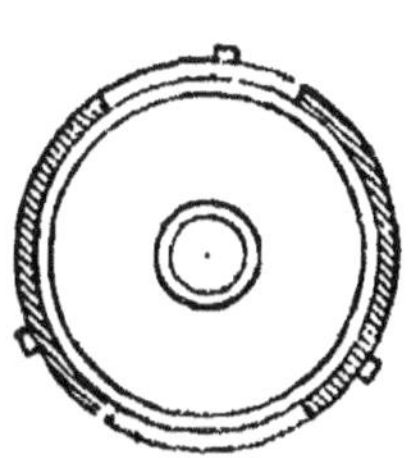

supérieure par un verre bombé circulaire, sur lequel sont tracées deux
cercles concentriques. On dit que la
bulle est entre ses repères lorsque son bord tombe entre les deux
circonférences. On l'amène rapidement dans cette position par une
seule opération, en manœuvrant
simultanément deux vis calantes, et
sans qu'il soit nécessaire de retourner l'alidade : on
évite ainsi tous les tâtonnements qu'impliquent les appareils ordinaires.

Les niveaux sphériques sont moins précis que les
autres : c'est pourquoi la lunette en porte deux autres
du type courant, c'est-à-dire à fiole tubulaire, qui servent à contrôler le premier.

Un autre dispositif, qui est à imiter, simplifie beaucoup le transport du théodolite et des mires d'un support sur l'autre, opération qui, comme nous le verrons
plus loin, se renouvelle à chaque station. Il supprime la
manœuvre de la vis à pompe, qui exige un certain effort ;

en l'effectuant, on risque de déplacer le trépied, et il
faut alors rectifier sa position, ce qui fait perdre du
temps.

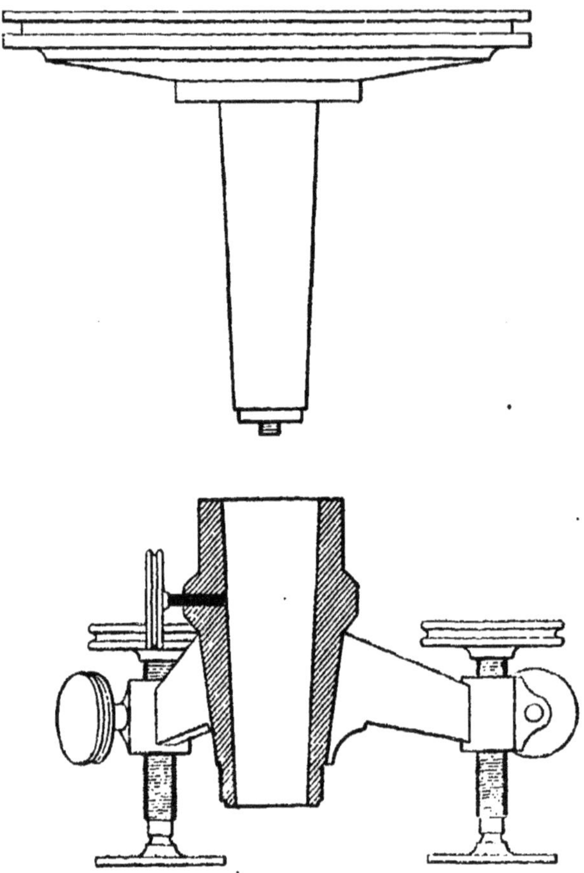

Ici le triangle ne fait pas corps avec le reste de l'appareil, qui peut à volonté y être relié ou en être séparé.
Il reste assujetti à demeure à son trépied pendant toute
la durée d'un lever ; à son centre se trouve une douille
cylindro-conique. et les divers instruments sont montés

sur des goupilles de même forme, qui s'y fixent par une vis de pression. On peut donc les substituer l'un à l'autre sans toucher au support ni à l'embase, qui conservent une position stable.

83. Mires. — Les mires, éclairées par transparence, sont en verre dépoli ; au centre se trouve une croix

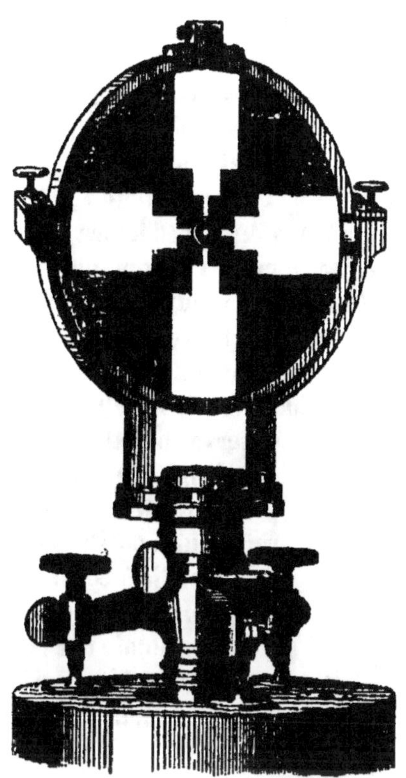

blanche qui se découpe sur un fond noir. On apprécie très exactement, au jugé, la position pour laquelle les fils du réticule découpent la croix suivant les diamètres de ses branches.

L'appareil porte un niveau sphérique, qui permet de le rendre vertical.

21. Dispositifs divers. — Les formes de théodolites peuvent varier, mais toutes rentrent dans les deux types principaux que nous venons de décrire. Quelquefois le limbe vertical porte une graduation indiquant non pas les degrés, mais les valeurs de leurs tangentes trigonométriques.

Il est nécessaire, dans les mines, d'éclairer les fils du réticule. Pour cela il suffit de faire tenir par l'aide une lampe au-devant de l'objectif : mais il est préférable d'y placer à demeure un « illuminateur », c'est-à-dire un petit miroir incliné à 45° qui réfléchira dans la lunette la lumière de cette lampe. Quelquefois aussi l'un des tourillons de la lunette est creux ; on y fait pénétrer un faisceau de rayons qu'un réflecteur placé à l'intérieur du porte-objectif renvoie sur le réticule.

Même avec les théodolites à lunette excentrique, les

observations dans les grandes inclinaisons sont toujours difficiles, parce qu'elles imposent à l'opérateur une position malcommode. On remédie à cet inconvénient en adaptant à l'oculaire un prisme à réflexion totale (disposé comme le montre la figure ci-contre), qui permet de faire la visée en plaçant l'œil non pas dans le prolongement de l'axe optique, mais dans une direction perpendiculaire. On construit aussi des lunettes coudées dans lesquelles les rayons lumineux sont renvoyés à angle droit par un prisme ou un miroir.

22. Supports. — L'installation des supports dans les

galeries est difficile, lorsque la hauteur du plafond est faible et que le sol est irrégulier. Il est commode de faire usage de trépieds à coulisse dont chacune des jambes peut être allongée ou raccourcie à volonté, ce qui permet de les établir même sur un terrain très inégal. Lorsque leur mise en station n'est pas possible, on visse dans les boisages des bras de fer terminés par un plateau destiné à recevoir les appareils.

La plateforme du trépied doit être horizontale et centrée sur le point du sol ou du plafond qui marque chaque sommet du polygone de cheminement ; il faut remarquer qu'une erreur de quelques millimètres dans le centrage peut, dans les conditions pratiques, entraîner une erreur de plusieurs minutes sur l'azimut et que cet écart ne serait pas négligeable. On peut arriver par tâtonnement à un résultat approximatif, en déplaçant progressivement les pieds, mais cette façon de procéder est peu exacte et de plus elle exige beaucoup de temps. Il se construit aujourd'hui des supports à plate-formes articulées de telle sorte qu'elles puissent encore, après la mise en station du trépied, être déplacées sur une certaine amplitude et centrées sur le point à relever. Ces tablettes mobiles portent le nom de chariots.

Quels que soient les dispositifs adoptés pour obtenir ce résultat, le dessus du trépied est formé non pas d'un disque plein, mais d'une couronne évidée dont le diamètre intérieur est de 15ᶜ à 40ᶜ. C'est sur celle-ci que repose le chariot, c'est-à-dire la planchette sur laquelle on place le théodolite ou les mires ; il est mobile, et, par un mécanisme plus ou moins compliqué, peut être manœuvré de façon à prendre la position voulue, où on l'amènera au moyen du fil à plomb.

Les systèmes usités, très divers, se rapportent à deux types principaux. Dans l'un le chariot glisse dans les rainures d'un cadre rectangulaire, qui se déplace lui-même sur deux autres rainures perpendiculaires aux premières. Dans l'autre, il se meut sur une coulisse horizontale articulée sur la couronne.

Le *pied à translation* de H. Morin appartient au second type. Les figures ci-contre représentent le trépied, vu de côté et par dessous. La tablette repose sur la couronne à jeu libre, si bien qu'on peut la déplacer à la main pour amener son centre au point voulu. Quand elle est dans

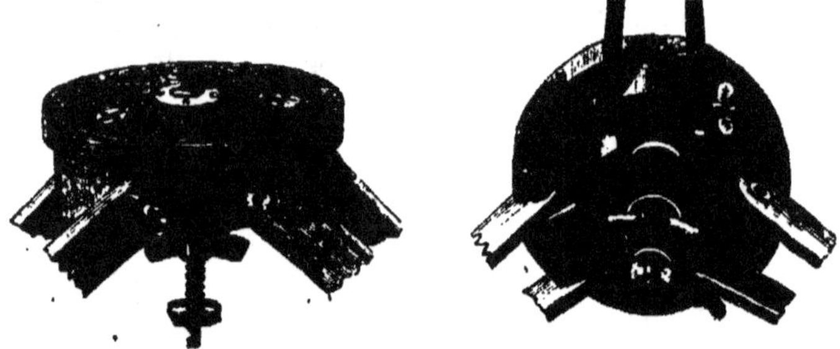

cette position il faut l'y assujettir, ce qu'on obtient au moyen de la vis à pompe du théodolite, qui produit le serrage de toutes les pièces les unes contre les autres et les solidarise.

26. Usage des instruments. — La première opération à faire, celle de la pose des points, consiste à déterminer le polygone ABCDE... en plantant des fiches dans le sol, ou des clous soit sur les boisages du plafond, soit sur les traverses des voies ferrées. Elle exige un géomètre et un aide ; celui-ci place sa lampe à côté du dernier sommet, celui-là s'éloigne en se tenant toujours au milieu de la galerie, tant que la lumière de l'aide lui reste visible, et il choisit alors l'emplacement d'une nouvelle station assez loin des parois pour qu'il ne se trouve pas gêné par elles quand il installera le trépied et fera les observations. Les portées successives doivent être aussi longues que la nature des lieux le permet.

Lorsque l'on n'emploie pas les supports à chariots, décrits ci-dessus, ce premier tracé n'est pas définitif. Pour installer les appareils, on perdrait beaucoup de temps et de peine à placer les trépieds de telle sorte que le centre de la plate-forme tombât juste à l'aplomb du point arbitraire pris pour sommet. On ne cherchera donc pas à réaliser rigoureusement cette condition ; quand on aura établi le support, on enlèvera la fiche ou le clou qui marquait la position approximative de la station, et on le replacera en rectifiant sa position au moyen d'un fil à plomb centré sur l'instrument. Ce sont ces nouveaux points qui détermineront le polygone définitif auquel on rapportera toutes les observations de détail, et c'est sur eux qu'on fixera à demeure, s'il y a lieu, les fiches qui doivent rester pour servir de points de repère. — Il faut remarquer cependant que certains sommets, les points de départ par exemple, font nécessairement partie du polygone de cheminement et que par suite l'usage des chariots est presque indispensable.

L'opération exige trois trépieds, un théodolite et deux mires : le géomètre se fera accompagner au moins par un aide.

Soit AB la base à laquelle on veut rattacher le polygone de cheminement. Le géomètre installe les supports en les centrant sur A, B et C au moyen du fil à plomb. Il fixe l'appareil en B, puis les mires lumineuses en A et C. Puis il donne, suivant les cas, un ou deux coups arrière, de B vers A, et un ou deux coups avant de B vers C, et il inscrit les angles horizontaux et verticaux comme nous l'indiquerons plus loin. Ensuite on retire le théodolite et les mires, et on tend le cordeau entre les orifices des trépieds de A en B et de B en C. Enfin on chaîne, ou on mètre, comme dans le lever à la boussole, la longueur de ces deux côtés.

Ceci fait on retire le cordeau, et sans toucher aux deux trépieds B et C on transporte le premier de A en D. Le géomètre installe alors l'instrument en C, les mires en B et D, et fait les lectures, et ainsi de suite. Au fur et à mesure de l'avancement, il rattache au cordeau les points de détail comme dans le lever à la boussole.

Lorsque la nature des lieux le permet, on peut aussi chaîner la longueur des côtés rapportée à l'horizon comme dans les levers au jour. Ce chaînage ne se fait alors qu'après coup, quand les opérations goniométriques sont terminées et que les trépieds sont enlevés. Ce sont les fiches ou clous implantés dans le sol qui déterminent les extrémités des segments à mesurer.

97. Mise en station et visées. — Quand l'appareil est installé sur le trépied on l'amène à avoir son axe vertical en plaçant le niveau parallèlement à la ligne de deux vis calantes, et en faisant jouer celles-ci jusqu'à ce que la bulle se place entre ses repères. On tourne ensuite de 90° et on recommence la même opération en ne touchant qu'à la troisième vis. Après quelques tâtonnements, on reconnaît que la bulle ne bouge pas sensiblement quand l'alidade accomplit une révolution complète.

Avec le théodolite centré, on ne fait que deux visées à chaque station, l'une à l'avant, l'autre à l'arrière. Chacune d'elles comporte quatre lectures, savoir deux sur les verniers du plateau horizontal, et deux sur ceux du limbe des inclinaisons.

Avec le théodolite excentrique, et la mire à un seul voyant, on corrige la parallaxe, en faisant deux visées dans chaque direction, l'une avec la lunette à gauche, l'autre avec la lunette à droite, et en prenant la moyenne des lectures. Cela fait donc en tout 16 observations d'angles à chaque station.

On peut simplifier un peu les opérations et les écritures pour la mesure des pentes ; remarquons en effet que les coups avant et arrière suivant le même côté donnent plusieurs fois le même angle zénithal. On pourrait donc ne faire les lectures que dans un sens, par exemple dans celui du cheminement. Mais alors les résultats seraient moins exacts, puisqu'ils ne résulteraient plus d'une moyenne.

Les observations sont inscrites sur un carnet dont la page de droite est réservée aux croquis ; sur celle de gauche figure le tableau suivant, qui est usité dans les levers au théodolite excentrique.

LEVÉ SOUTERRAIN AU THÉODOLITE DE MINES. — Carnet d'opérations

Stations	Désignation des angles	Longueurs inclinées des côtés	ANGLES horizontaux		Désignation du côté	ANGLES VERTICAUX				FORME DE LA GALERIE				
			lunette à droite	lunette à gauche		lunette à droite		lunette à gauche		Hauteur de l'axe de la lunette au-dessus du sol	Abscisses le long du côté	Ordonnées à droite	Ordonnées à gauche	Hauteur du plafond
						montants	descendants	montants	descendants					

Quand on emploie les théodolites à lunette diamétrale, on ne fait que deux visées à chaque station. Le tableau est alors un peu plus simple, la moitié des colonnes relatives aux angles se trouvant supprimée.

98. Report sur le plan. — Le plan peut être tracé au moyen du rapporteur comme pour les levers à la boussole suspendue; mais ce procédé doit être rejeté, parce que les erreurs graphiques seraient beaucoup trop considérables et hors de proportion avec la précision que comportent les levés au théodolite. La seule méthode à employer est donc celle des coordonnées.

Le registre des calculs est disposé de la manière suivante (voir page 304) :

Les en-têtes des colonnes expliquent suffisamment la façon dont les observations doivent être transcrites, ainsi que la marche des calculs. Le tracé graphique, quand les coordonnées sont calculées. s'effectue comme dans le cas de la boussole suspendue.

Quelques opérateurs, pour éviter la double visée dans chaque direction, lorsqu'ils se servent du théodolite excentrique, corrigent la parallaxe par un calcul. Voici la formule de cette correction, en supposant que, dans le lever, le géomètre ait tenu constamment la lunette du même côté de l'instrument , par exemple à droite. Soient :

A la différence des azimuts observés,

A_1 cette différence corrigée de la parallaxe,

d et d' les longueurs des deux côtés,

e l'excentricité de la lunette.

On calculera A_1 par la formule :

$$A_1 = A \pm e \frac{d' - d}{dd'}$$

Le signe dépend du sens de la graduation.

Désignation des côtés	Longueurs inclinées des côtés	INCLINAISONS		Angles extérieurs du polygone	Angles des côtés avec le plan méridien coordonné (méridien astronomique)	ANGLES AIGUS avec le méridien coordonné compris dans les quarts de cercles				Logarithmes des longueurs	Logarithmes des cosinus des inclinaisons	Logarithmes des sinus des inclinaisons	Logarithmes des sinus des angles de direction	Logarithmes des cosinus	horizontales $p = a + b - 10$
		Montantes	Descendantes			Nord-Est	Nord-Ouest	Sud-Ouest	Sud-Est	a	b	c	d	e	

§ 2

BOUSSOLE D'ARPENTEUR ET INSTRUMENTS DIVERS

49. Divers types d'appareils. — La boussole d'arpenteur, montée sur trépied comme le théodolite, est d'un usage très répandu, plus cependant à l'étranger qu'en France. Les types diffèrent suivant que le viseur est une lunette ou une alidade à pinnules, et qu'il est centré ou non. Nous donnerons comme spécimen les trois modèles les plus usuels. Le graphomètre est employé dans les mines magnétiques.

Les niveaux à lunette et à mire parlante ne sont pas aussi faciles à manier dans les exploitations souterraines egistre des Calculs.

Horizontales $p = a + b - 10$	Logarithmes des coordonnées partielles des côtés			Coordonnées partielles des extrémités des côtés						Coordonnées des extrémités des côtés par rapport à trois plans fixes qui se croisent au point de départ ou origine d'un premier côté						Observations
				Hauteurs z		Longitudes y		Latitudes x		Hauteurs Σz		Longitudes Σy		Latitudes Σx		
	$\log z = a + c - 10$	$\log y = p + d - 10$	$\log x = p + c - 10$	Elév.	Dépr.	Est	Ouest	Nord	Sud	Elév	Dépr.	Est	Ouest	Nord	Sud	
				$+$	$-$	$+$	$-$	$+$	$-$	$+$	$-$	$+$	$-$	$+$	$-$	

qu'à la surface, et on ne peut guère faire de nivellement proprement dit que dans les galeries principales. Pourtant on se sert quelquefois utilement de ces instruments.

20. Boussole carrée. — C'est le type le plus courant en France. La boussole est contenue dans une boîte carrée en bois; souvent elle se fixe sur le trépied par une douille, qui grâce à une articulation à genouillère, serrée par une vis de pression, peut prendre toutes les inclinaisons possibles ; mais il est préférable de la monter sur trois vis calantes, comme le montre la figure ci-après. La lunette est excentrique et on corrige la parallaxe comme pour le théodolite, soit par un calcul, soit par une double visée, soit encore par l'emploi d'une mire à deux voyants. Un limbe vertical gradué permet de mesurer les angles zénithaux.

Quelques constructeurs substituent à la lunette un viseur à pinnules, qui est un prisme carré en bois, et au limbe des inclinaisons un demi-cercle à perpendicule. Quelquefois même l'instrument ne porte pas d'éclimètre et ne sert à mesurer que les azimuts. Dans ce cas, les cotes seront déterminées par une opération spéciale de nivellement. Pour éclairer le limbe on se sert de lampes spéciales, avec réservoir d'huile annulaire dont les faces supérieure et inférieure sont en verre, ou avec réservoir d'huile supérieur comme dans les lampes de chemin de fer.

Les mires sont en verre, éclairées par transparence, ou en tôle peinte en triangles blancs et rouges, ou encore en porcelaine.

Cet appareil a deux inconvénients graves : l'excentricité de la lunette complique les opérations et le boîtier en bois se déjette et se déforme rapidement.

81. Boussole à lunette centrée. — Ce système a sur le précédent cette supériorité qu'il supprime la parallaxe, et cette infériorité que l'on ne peut pas faire de visée sous des inclinaisons de plus de 60ᵍ.

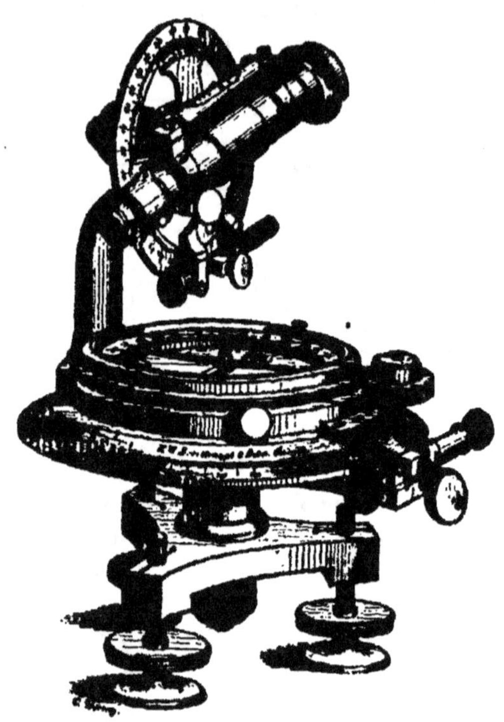

L'appareil figuré ci-dessus se comprend sans explications ; il est entièrement métallique. Dans d'autres modèles, la lunette se trouve au dessous de la boussole, laquelle est supportée par deux montants. Dans d'autres encore, c'est la lunette seule qui est centrée et la bous sole qui est excentrique, disposition avantageuse parce que celle-ci, se trouvant de côté, masque un espace moins étendu du champ de visibilité.

Les instruments de ces divers types se construisent surtout en Allemagne.

89. Boussole anglaise. — La boussole d'arpenteur est employée dans les mines d'Angleterre, à l'exclusion presque absolue de tous les autres instruments. Le modèle représenté ci-dessous est du type le plus courant. Le

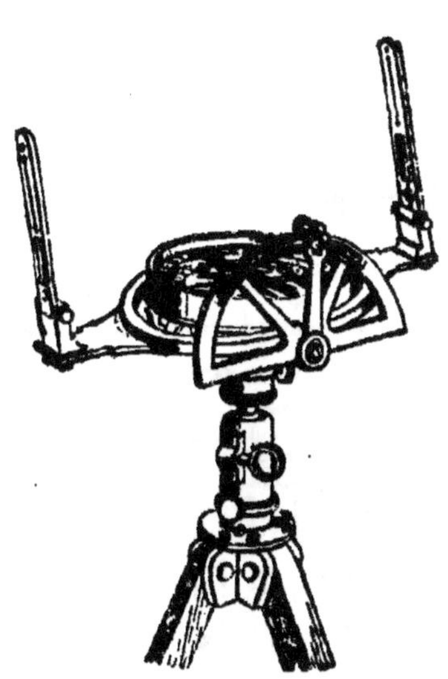

limbe sur lequel se meut l'aiguille aimantée est muni de niveaux à bulle, et, par une articulation à genouillère, peut être amené dans la position horizontale. L'alidade est annulaire et pivote librement autour de la boussole, à laquelle elle est reliée par un axe horizontal. A ses deux extrémités se trouvent deux branches à pinnules, assez élevées pour que, sous toutes les inclinaisons, on puisse faire la visée, sans que la vue soit masquée par le boîtier. Elle porte latéralement un demi-cercle gradué sur lequel on lit les angles de pente marqués par un index vertical invariablement fixé au limbe.

Quand on veut se servir, non pas de pinnules, mais d'une lunette astronomique, on réalise par un dispositif analogue cette double condition : qu'elle soit centrée et qu'elle puisse viser sous toutes les inclinaisons.

23. Graphomètre. — Dans les mines magnétiques, et même dans quelques autres, on fait usage du graphomètre qui a déjà été décrit pour les opérations à la surface. Souvent on y encastre une boussole permettant de l'employer comme les appareils précédents.

24. Usage de la boussole d'arpenteur. — On peut suivre la même méthode qu'avec le théodolite. On opérera avec trois trépieds et deux mires ; chacun des sommets du polygone principal sera une station, de laquelle on donnera suivant les cas un ou deux coups arrière et un ou deux coups avant.

Pour les instruments non centrés, le carnet, sur lequel la page de droite est comme toujours réservée aux croquis, porte sur l'autre le tableau suivant :

LEVER A LA BOUSSOLE D'ARPENTEUR. — Carnet d'opérations.

SOMMETS		LONGUEURS des côtés		ANGLES HORIZONTAUX						ANGLES VERTICAUX				Observations
				Lecture de la boussole				Moyennes ou azimuths magnétiques des côtés	Différences ou angles extérieurs du polygone	Coup arrière		Coup avant		
				Coup arrière		Coup avant								
Stations	Points visés	Inclinées	Horizontales	Alidade à droite	Alidade à gauche	Alidade à droite	Alidade à gauche			Alidade à droite	Alidade à gauche	Alidade à droite	Alidade à gauche	

Pour les instruments centrés, on supprime la moitié des colonnes relatives aux angles.

On peut simplifier les opérations par une méthode de lever qui est spéciale à la boussole d'arpenteur.

Soit à relever un polygone $A_1A_2A_3\ldots$: le géomètre se

place au premier sommet de rang pair, au point A_2 ; il y installe la boussole et donne un coup arrière sur la mire placée en A_1 et un coup avant sur celle qui est établie en A_3 ; ces deux visées lui fournissent les azimuts et les angles zénithaux des deux premiers côtés A_1A_2, A_2A_3. Il se transporte ensuite au second sommet pair A_4, et renouvelle la même opération qui lui donne les deux directions A_3A_4 et A_4A_5, et ainsi de suite de proche en proche. On voit que dans ce système on brûle la moitié des sta-

BOUSSOLE D'ARPENTEUR — Reg

Désignation des côtés	Longueurs inclinées des côtés	INCLINAISONS		Angles de direction observés avec le méridien magnétique	Angles de direction des côtés avec le plan méridien coordonné	ANGLES AIGUS avec le méridien coordonné compris dans les quarts de cercles				Logarithmes des longueurs	Logarithmes des cosinus des inclinaisons	Logarithmes des sinus des inclinaisons	Logarithmes des sinus des angles de direction	Logarithmes des cosinus des angles de direction	Logarithmes des projections horizontales des côtés
		Montantes	Descendantes			Nord-Est	Nord-Ouest	Sud-Ouest	Sud-Est	a	b	c	d	e	

tions, et qu'on ne fait à chacune d'elles que quatre lectures ; cette méthode est beaucoup plus rapide que les autres, et dans beaucoup de cas suffisamment exacte. Quand on la suit, il est inutile d'installer les mires sur trépieds, ce qui est toujours une complication ; on les place au sol même de la galerie sur les points à relever.

85. Report sur le plan. — Pour reporter les observations sur le plan, on peut, comme avec les autres instruments, prendre la méthode graphique ou celle des coordonnées. La seconde est toujours préférable.

La disposition du registre des calculs est donnée par le tableau ci-dessous :

86. Appareils de nivellement. — On peut opérer dans les mines avec les niveaux à lunette et les mires parlantes, comme au jour, pourvu que la pente des galeries soit assez faible pour que les longueurs des nivelées ne

Registre des calculs.

Logarithmes des projections horizontales des côtés $p = a + b - 10$	Logarithmes des coordonnées partielles des côtés			Coordonnées partielles des extrémités des côtés						Coordonnées des extrémités des côtés, par rapport à trois plans fixes qui se croisent au point de départ ou origine d'un premier côté						Observations
	$\log z = a + c - 10.$	$\log y = p + d - 10.$	$\log x = p + e - 10$	Hauteurs z		Longitudes y		Latitudes x		Hauteurs Σz		Longitudes Σy		Latitudes Σx		
				Élév.	Dépr.	Est	Ouest	Nord	Sud	Élév.	Dépr.	Est	Ouest	Nord	Sud	
				+	—	+	—	+	—	+	—	+	—	+	—	

soient pas inférieures à 5 mètres au minimum, et que le plafond soit assez élevé pour permettre l'installation de la mire.

Les niveaux ne diffèrent pas de ceux qui sont employés au jour ; on éclaire le réticule en tenant une lampe de mineur devant l'objectif.

Les mires parlantes n'ont en général que $1^m,50$ de hauteur ; leur éclairage présente quelque difficulté. On obtient d'assez bons résultats en y adaptant un plateau mobile, qui porte deux fortes lampes à réflecteur ; l'aide, sur les indications de l'opérateur, l'abaisse ou le relève jusqu'à ce que la division visée soit en pleine lumière.

D'autres appareils sont en verre blanc et rouge et éclairés par transparence ; il y a aussi des mires à coulisse, dans lesquelles le voyant est une plaque de tôle percée d'un orifice circulaire derrière laquelle l'aide tient la lampe ; dans ce cas c'est celui-ci qui fait la lecture.

Au lieu de placer les mires sur le sol, comme dans les levers au jour, il arrive souvent qu'on les suspend au plafond et dans ce cas leur graduation doit marcher de haut en bas.

Le niveau Aïta donne de bons résultats pratiques dans les mines. Cet instrument est fondé sur le principe des vases communiquants. Il se compose de deux tubes gradués en verre, d'une hauteur de 1^m à 1^m50, qu'on place verticalement sur deux sommets consécutifs du polygone à relever ; ils sont réunis par un tuyau en caoutchouc, qui a de 10 à 20^m de long, quelquefois plus, et le tout est rempli d'eau. Le liquide affleure au même niveau dans les deux tubes, à des hauteurs au-dessus du sol h et h', qu'on lit sur la graduation. La différence $h - h'$ est la différence des cotes des deux sommets.

37. Appareils divers. — On construit encore sous le

nom de pantomètres, passe-partout, instruments univer-sels, etc., des appareils mixtes qui sont composés de tous les éléments du théodolite, de la boussole d'arpenteur et des niveaux. Leurs formes sont très diverses.

Beaucoup de théodolites allemands, notamment celui de Breithaupt, sont disposés pour recevoir le cas échéant une boussole, comme celle qui est représentée ci-dessous, qui se place à cheval sur le support et y est assujettie par des vis de pression. Quelquefois encore la

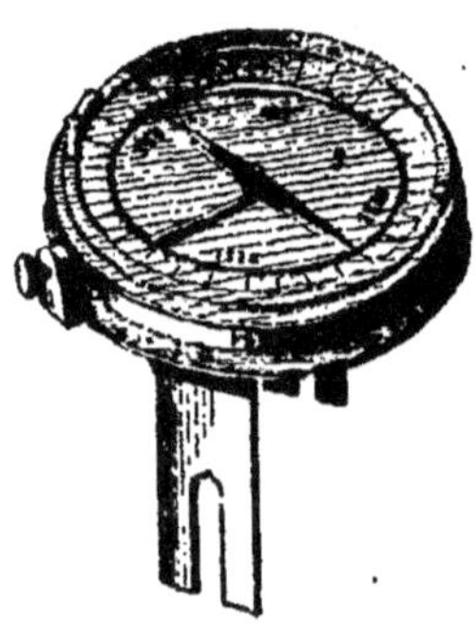

même boussole peut être à volonté suspendue sur le cordeau, ou montée sur une alidade à viseur et un tré-pied. On emploie aussi, mais très rarement, le cercle géodésique ou même la planchette.

ORIENTATION DES PLANS. CHAINAGE DES PUITS

§ 1. *Tracé de la méridienne*
§ 2. *Orientation des plans souterrains*
§ 3. *Chainage des puits*

ORIENTATION DES PLANS. CHAINAGE DES PUITS

§ 1. *Tracé de la méridienne.* — Méridienne: sa détermination par l'observation des astres ; observation de la polaire à ses passages ; méthode de Francœur ; observation de la polaire à ses plus grandes digressions ; méthode des hauteurs correspondantes ; observation du soleil ; comparaison des méthodes.

§ 2. *Orientation des plans souterrains.* — Divers cas qui peuvent se présenter: premier cas ; deuxième cas ; troisième cas ; repérage de deux bases au jour et au fond ; rattachement des bases aux levés ; orientation.

§ 3. *Chainage des puits.*

§ 1.

TRACÉ DE LA MÉRIDIENNE.

29. Méridienne. — On désigne ainsi un alignement N. S. qui est figuré à demeure dans le voisinage des travaux souterrains, soit par des signaux optiques, soit par d'autres modes de représentation. C'est une ligne de repère sur laquelle on oriente les plans; elle sert aussi à contrôler les indications de la boussole et à mesurer les déclinaisons de l'aiguille aimantée avant et après chaque lever.

Dans quelques districts miniers existent des établissements nommés « observatoires », qui offrent aux géomètres toutes les ressources nécessaires pour régler les boussoles et orienter les plans — mais, en général, la méridienne est tracée au jour sur le carreau même de la mine ; pour lui donner une existence matérielle, on met en œuvre divers procédés, suivant que l'on fait usage de tel ou tel instrument topographique. Pour la boussole suspendue, la ligne N.S. sera représentée par un' fil en laiton, tendu à demeure, auquel on accrochera l'appareil. Pour la boussole d'arpenteur, on établira deux bornes en bois ou mieux en pierre de taille. La première portera une mire fixe, à un ou deux voyants suivant que les instruments employés seront à lunette diamétrale ou non, la seconde une plate-forme convenablement aménagée pour que ceux-ci puissent y être exactement centrés. Si les levers sont effectués au théodolite, la méridienne sera figurée par deux jalons, qui formeront les extrémités de la base à laquelle on rattachera toutes les triangulations.

Quelques opérateurs, pour obtenir un tel alignement, suivent la méthode dite cartographique, qui consiste à le tracer sur une bonne carte, et à le rapporter sur le terrain en le rattachant à des points connus. Il ne faut pas compter, en employant ce procédé, obtenir une approximation supérieure à un quart de degré, ce qui n'est pas suffisant.

Le mieux est d'avoir recours à des observations astronomiques ; on vise sur un astre à un moment pour lequel son azimut a été calculé, et on jalonne la trace de son vertical sur le terrain. On obtient ainsi une ligne dont l'orientation est connue, et on en déduit les directions cardinales. Les observations peuvent être faites soit avec le théodolite de mines, soit avec la boussole d'arpenteur ou le graphomètre, soit même, plus simplement, avec deux fils à plomb. C'est le premier qui donne les résultats les plus exacts.

89. Détermination de la méridienne par l'observation des astres. — L'annuaire du bureau des longitudes

fournit tous les éléments nécessaires pour déterminer
l'azimut du soleil ou d'une étoile pour un lieu et une
heure donnés. L'observation peut donc se faire sur tout
astre, et à tout instant du jour ou de la nuit; toutefois
comme le mouvement apparent de la voûte céleste est
appréciable, même pour un intervalle de quelques minutes, il convient de choisir de préférence le moment où l'azimut de l'astre choisi varie le moins rapidement; il est bon
également de le viser quand il occupe une position qui
puisse se déduire facilement des tables astronomiques,
sans calculs laborieux.

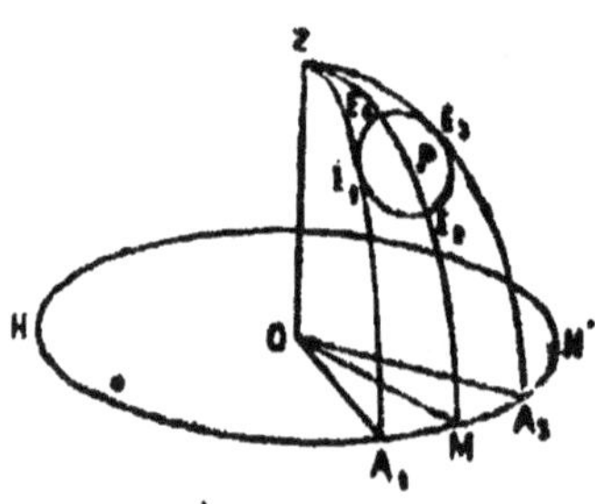

On sait que les étoiles décrivent dans le ciel des cercles concentriques. Soit sur la sphère céleste HH' l'horizon d'un lieu, Z le zénith, P le pôle. Le grand cercle ZM
est le méridien.

Figurons le petit cercle décrit par l'étoile, $E_1E_2E_3E_4$, et
menons-lui deux verticaux tangents ZOA_1, ZOA_2. Marquons
les points de contact E_1E_3, ainsi que les deux points dia-
métralement opposés entre eux E_2E_4, où le cercle est
coupé par le méridien ZM.

On dit que l'étoile est à son *passage*, supérieur ou inférieur, quand elle traverse le méridien en E_2 ou en E_4, à
sa plus grande digression orientale ou occidentale quand
elle passe par E_1 ou E_3; l'angle maximum de digression,
ou plus simplement la digression, c'est l'un quelconque
des deux azimuts égaux MOA_1, MOA_2.

On appelle hauteur d'une étoile E_1, en un temps donné, l'arc de cercle vertical $E_1 A_1$ compris entre elle et l'horizon. On dit quelle prend des *hauteurs correspondantes* quand elle occupe successivement deux positions E_1 et E_2, pour lesquels les arcs $E_1 A_1$, $E_2 A_2$ sont égaux. Il est clair : 1° que les deux points E_1 et E_2 sont symétriques par rapport au méridien OMZ; 2° que les azimuts A_1 OM et A_2 OM sont égaux.

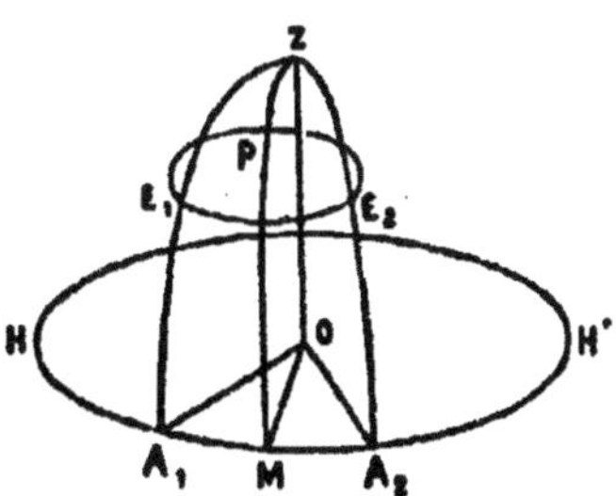

Entre toutes les autres, l'étoile polaire se prête bien aux observations parce que, comme elle est très voisine du centre de gyration, le pôle, son mouvement apparent est très lent, et par suite son azimut change peu dans une période de temps donnée.

On sait que le mouvement du soleil est complexe, que sa trajectoire n'est pas circulaire et que sa vitesse n'est pas uniforme: il en résulte que l'heure de ses passages diffère notablement du midi moyen indiqué par les horloges, et que ses positions pour des hauteurs correspondantes ne sont pas exactement symétriques, par rapport au méridien. De plus, son diamètre apparent n'est pas négligeable, et comme le centre du disque n'est qu'un point géométrique qui n'est indiqué par rien pour l'observateur, c'est sur son bord qu'on amène le fil vertical du réticule : il en résulte des calculs de correction qui sont une nouvelle complication. Pour toutes ces raisons, les méthodes fondées sur l'observation du soleil sont peu pratiques.

40. Observations de la polaire à ses passages. —
Pour déterminer les heures des passages de la polaire
au méridien d'un lieu, on a recours à l'annuaire du Bureau des longitudes qui en donne chaque année le tableau pour la longitude de Paris ; la note placée au bas
indique comment on calculera la correction à faire subir
aux chiffres du tableau pour un autre lieu.

HEURE DU PASSAGE DE L'ÉTOILE POLAIRE AU MÉRIDIEN DE PARIS EN 1884, TEMPS MOYEN

		Passage supér. h. m. s.			Passage supér. h. m. s.
JANVIER ..	1	6.33.34 S.	JUIN	29	6.45.40 M.
	11	5.54. 6 S.	JUILLET...	9	6. 6.34 M.
	21	5.14.38 S.		19	5.28.22 M.
		Passage infér.		29	4.48.12 M.
	21	5.46.36 M.	AOUT......	8	4. 9. 1 M.
	31	4.37. 8 M·		18	3.29.51 M.
FÉVRIER ..	10	3.57.40 M.		28	2.50.39 M.
	20	3.18.13 M.	SEPTEMB..	7	2.11.25 M.
MARS	1	2.38.48 M.		17	1.32.12 M.
	11	1.59.23 M.		27	0.52.57 M.
	21	1.20. 1 M.	OCTOBRE..	7	0 13.40 M.
	31	0.40.40 M.		10	0. 1.33 M.
AVRIL......	10	0. 1.20 M. 11.57.24 S.		10	11.57.57 S.
	20	11.18. 7 S.		17	11.30.26 S.
	30	10.38.52 S.		27	10.51. 6 S.
MAI	10	9.59.38 S.	NOVEMB...	6	10.11.45 S.
	20	9.20.25 S.		16	9.31.22 S.
	30	8.41.14 S.		26	8.52.58 S.
JUIN	9	8. 2. 4 S.	DÉCEMB...	6	8.13.33 S.
	19	7.22.54 S.		16	7.34. 7 S.
	29	6.43.44 S.		26	6.54.39 S.
				31	6.34.55 S.

Soit p l'heure du passage au méridien de Paris ; elle sera
$p \pm n \times 0^s,164$ dans le lieu dont la longitude est de n minutes de
temps. La correction $n \times 0^s,164$ est additive ou soustractive,
suivant que le lieu est à l'est ou à l'ouest de Paris ; elle est fort
petite pour la France. A Brest, où $n = 27^m$ O., elle est de 4^s,4 soustractive.

Les lettres M et S indiquent matin et soir.

Supposons par exemple que j'aie voulu avoir l'heure

du passage de la polaire pour le 20 février 1884, à Saint-Etienne. Je consulte le tableau ci-dessus, et je trouve qu'elle est à Paris de

$$3^h\ 57^m\ 40^s\ \text{matin}$$

Je me reporte, dans le même annuaire, au « Tableau des positions géographiques de différents lieux du globe », et je trouve dans la troisième colonne la longitude de Saint-Etienne exprimée en temps :

$$0^h\ 8^m\ 43^s$$

Je calcule la correction d'après la note finale du tableau ci-dessus. Elle est de

$$0^s164 \times \left(8 + \frac{13}{60}\right) = 1^s35$$

Elle est soustractive : l'heure cherchée est donc

$$3^h\ 57^m\ 28^s\ \text{(heure de Saint-Étienne)}.$$

La correction n'a, comme on le voit, qu'une faible importance.

L'opération se fait au moyen du théodolite ; le géomètre l'installera sur une borne préalablement établie et fera en sorte que l'axe optique décrive un plan bien vertical ; puis il attendra le passage de l'étoile, en suivant sa marche dans la lunette et en maintenant l'image de l'astre à la croisée des fils du réticule au moyen des vis micrométriques. En même temps, son aide observera un chronomètre soigneusement réglé sur l'heure du lieu, et annoncera au géomètre par un signal convenu l'instant du passage. Celui-ci lira alors l'azimut et fera jalonner sa direction sur le terrain.

41. Méthode de Francœur. — Le calcul de l'heure où l'observation doit être faite, aussi bien que la nécessité de régler exactement le chronomètre, sont des complications dont on peut s'affranchir en suivant la méthode dite de Francœur. Voici en quoi elle consiste :

La polaire P et l'étoile ε de la grande ourse, qui sont  l'une et l'autre très faciles à reconnaître, passent au méridien presque en même temps. Le grand cercle idéal qui les réunit tourne sur la sphère céleste, et, lorsqu'il arrive à être vertical, la polaire se trouve à peu de distance du méridien. Il suffira donc de suivre les deux astres dans la lunette, en pointant alternativement sur l'un et sur l'autre, et de guetter l'instant pour lequel ils passeront dans le même plan de collimation. Celui-ci se trouvera alors très approximativement orienté du nord au sud.

Appliquée sous cette forme, la méthode n'est pas rigoureusement exacte, parce que, en réalité, la polaire n'effectue son passage qu'après l'étoile ε de la grande ourse. Sous notre latitude, elle ne traverse le méridien que 7 minutes (plus exactement 7ᵐ25ˢ) après le moment où la ligne Pε a atteint la verticalité ; il est facile de corriger cette erreur en comptant 7 minutes à partir de cet instant et en pointant alors sur la polaire.

Il faut deux opérateurs : le premier installera le théodolite de façon que le plan de collimation soit bien vertical, et. suivra, comme il a été dit précédemment, la marche des deux étoiles jusqu'à ce qu'elles paraissent l'une au-dessus de l'autre ; à ce moment il avertira son second, qui lira l'heure sur une bonne montre ; puis il pointera sur la polaire en fixant le limbe horizontal et en ne manœuvrant que la vis micrométrique. — Le second observe la montre et donne au premier opérateur un signal, lorsque les 7 minutes sont écoulées. Celui-ci immobilise alors la lunette et lit l'azimut. Il fait ensuite jalonner la direction suivant les procédés ordinaires.

Si l'on opère à une latitude autre que celle de Paris, l'intervalle n'est plus de 7 minutes et quelques secondes; mais il s'en écarte très peu, et la différence, qui peut d'ailleurs être calculée rigoureusement par les formules de la géodésie, est le plus souvent négligeable.

L'inconvénient fondamental des méthodes basées sur l'observation des astres à leurs passages consiste en ce que leur mouvement de digression, c'est-à-dire leur vitesse horizontale, atteint précisément son maximun en ce moment, et une erreur même très faible sur l'heure peut en entraîner une très sensible sur l'orientation.

L'opération est donc nécessairement hâtive, et il faut beaucoup d'habileté et d'habitude pour la réussir convenablement.

42. Observation de la polaire à sa plus grande digression. — On s'affranchit de cet inconvénient en observant la polaire vers le temps de sa plus grande digression, parce qu'alors sa vitesse horizontale est insensible. Sous nos latitudes, son azimut au moment des passages varie environ d'une minute d'arc pour une minute de temps; tandis que, vers le temps de la plus grande digression, il ne varie pas de la même quantité en une demi-heure. On a donc presque une heure pleine pour faire l'opérration et la réitérer au besoin, et elle est à la fois beaucoup plus commode et beaucoup plus précise. Seulement l'alignement observé ne sera pas celui du méridien; il formera avec lui un certain angle horizontal qu'il faudra déterminer, ce qui est d'ailleurs très facile.

La première chose à faire est de rechercher dans les tables l'heure de la plus grande digression. Reprenons l'exemple choisi ci-dessus. Supposons qu'on ait voulu l'avoir pour le 10 février 1884, à Saint-Etienne. Je cherche d'abord l'heure du passage, comme nous l'avons vu plus haut, et je trouve

$$3^h\ 57^m\ 40^s \text{ (heure de Saint-Étienne).}$$

L'annuaire contient la note suivante :

« Pour les latitudes boréales comprises entre 32° et
« 51°, l'instant de la plus grande digression orientale ou
« occidentale a lieu environ $5^h\,54^m$, temps moyen, avant
« ou après le passage supérieur, ou bien $6^h\,4^m$ après ou
« avant le passage inférieur. »

Pour le cas choisi, on retranchera $6^h\ 4^m$ de $12^h + (3^h\ 57^m\ 40^s)$ et on arrivera au résultat $9^h\ 53^m\ 40^s$. L'opérateur installera donc le théodolite vers $9^h\ 1/2$, pointera sur la polaire, et fera jalonner sur le terrain le plan de collimation. Il pourra prolonger ses observations jusque vers $10^h\ 1/2$.

L'orientation de cet alignement n'est pas celle du méridien. Il forme avec celui-ci un certain angle azimutal dont il faudra le corriger. Pour déterminer cet angle on a recours au tableau ci-dessous, également extrait de l'annuaire (de 1884), mais qui, étant applicable à une longue période de temps, n'est pas reproduit chaque année.

PLUS GRANDE DIGRESSION DE L'ÉTOILE POLAIRE	
LATITUDE BORÉALE	AZIMUT
51°	2°. 4'.30"
50	2. 1.53
49	1.59.25
48	1.57. 5
47	1.54.53
46	1·52.47
45	1.50.48
44	1.48.55
43	1.47. 8
42	1.45.26
41	1.43.49
40	1.42.17
39	1.40.49
38	1.39.28
37	1.38. 7
36	1.36.51
35	1.35.36
34	1.34.31
33	1.33.26
32	1.32.24

Voici comment on fait usage de ce tableau. On prend, dans la partie géographique du même ouvrage, la latitude du lieu où l'on opère. Pour Saint-Etienne, par exemple, elle est de 45° 26′ 9″ N.

On cherche l'azimut correspondant sur le tableau ci-dessus.

Pour 45°	1°50′ 48″
Pour 46°	1°52′ 47″

Par interpolation on calcule la valeur correspondante à 45° 26′ 9″, soit 1° 51′ 42″.

Le problème est alors ramené à tracer sur le terrain

une ligne formant avec une autre un angle azimutal connu. Cette opération s'effectue par les procédés ordinaires au moyen du théodolite.

43. Méthode des hauteurs correspondantes. — Si l'on n'a pas de tables astronomiques, on peut obtenir le Nord en visant sur une étoile dans deux instants pour lesquels sa hauteur au-dessus de l'horizon est la même. Nous avons vu que ces deux positions sont symétriques par rapport au méridien, et permettent par conséquent de le déterminer.

L'opérateur installera le théodolite à un moment quelconque, au commencement de la nuit ; il visera sur une étoile, et lira l'azimut. Puis il rendra libre le limbe horizontal, sans toucher à l'alidade verticale. Il attendra alors que l'étoile, dans son mouvement circulaire, remonte ou redescende à la même hauteur après avoir traversé le méridien. Dès qu'elle apparaîtra dans le champ de la lunette il fixera le limbe horizontal, et maintiendra le fil collimateur sur l'astre au moyen de la vis micrométrique. Il arrêtera le mouvement de l'appareil au moment précis où l'image de l'astre sera occultée par le fil axial. On obtient ainsi deux azimuts correspondants. Le méridien est le bissecteur des deux verticaux qu'ils définissent. On le jalonnera sur le terrain par les méthodes topographiques usuelles.

44. Observation du soleil. — On peut faire les mêmes déterminations par l'observation du soleil ; mais dans ce cas les opérations sont peu précises, parce que sa marche apparente est rapide.

L'heure de son passage au méridien est donnée par l'Annuaire pour chaque jour de l'année au tableau intitulé *soleil*, dans la 6e colonne, celle du « temps moyen à midi vrai ». Ainsi pour le 11 février 1884, l'heure marquée est $0^h 14^m 28^s$, ce qui veut dire qu'à cette date, le soleil passe au méridien vers midi et quart de l'heure locale. On voit que l'on commettrait une très grosse erreur si l'on prenait pour instant du passage le midi indiqué par les horloges ; car à la différence de temps de 15' correspond un déplacement de plusieurs dégrés d'arc.

On emploie aussi la méthode des hauteurs correspondantes. Les opérations, dans l'un et l'autre cas, se font comme pour les étoiles, sauf qu'il faut placer devant l'objectif ou l'oculaire un verre enfumé pour pouvoir fixer l'astre. Dans tous les cas il y a une correction à effectuer, qui provient de ce qu'on vise non pas sur le centre du soleil mais sur son bord ainsi que nous l'avons vu plus haut. Il en résulte une différence d'azimut qu'il faut calculer par les méthodes de la géodésie.

45. Comparaison des méthodes. — En raison des difficultés que nous venons d'énumérer, on doit rejeter les observations faites sur le soleil. C'est en visant sur la polaire, vers le moment de sa plus grande digression, qu'on obtiendra avec le plus de facilité et de précision une direction orientée, de laquelle on déduira la méridienne.

§ 2.

ORIENTATION DES PLANS SOUTERRAINS

46. Divers cas qui peuvent se présenter. — Lorsque la méridienne est tracée, il est toujours facile d'y rattacher les levés superficiels par les procédés topographiques usuels. Mais il faudra repérer les travaux souterrains sur les plans de surface, et cette opération est plus ou moins compliquée suivant que le fond de la mine communique au jour : 1° par des galeries plus ou moins inclinées ; 2° par des puits verticaux ; 3° par un seul puits vertical ; et dans ce dernier il y a lieu de distinguer, selon que les roches encaissantes sont ou ne sont pas magnétiques.

47. Premier cas. — Lorsque la communication est établie par une galerie CDE débouchant en C sur le carreau, on trace sur celui-ci un alignement AB qu'on rattache d'une part à la méridienne, de l'autre aux travaux

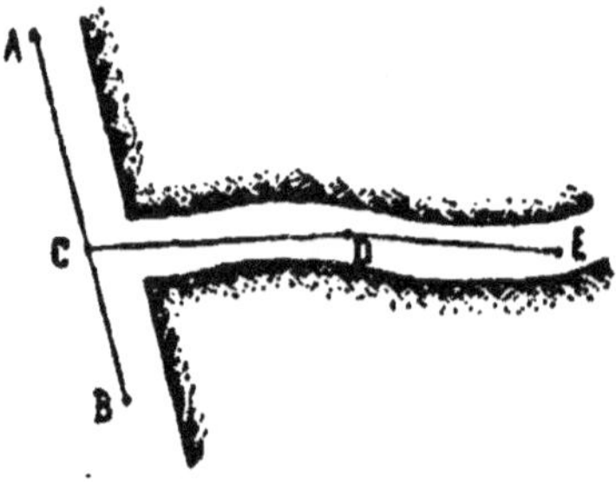

du fond. L'orientation de ceux-ci sera donc connue. Si la mine a plusieurs issues, on pourra relier le réseau souterrain à plusieurs points et à plusieurs directions du jour, ce qui donnera des vérifications.

48. Deuxième cas. — Lorsque la communication est établie par des puits verticaux, la méthode précédente est en défaut, puisque l'azimut de leur axe est indéterminé et qu'on ne peut y rattacher par des opérations goniométriques les directions horizontales.

Quand il y en a plusieurs, on repère sur chacun d'eux un point au jour et un au fond, qui soient en projection l'un de l'autre. Pour cela on fait usage du fil à plomb.

L'opérateur fixe sur le bâtis extérieur un clou en A, et y suspend un fil à plomb, ayant la longueur convenable, de façon qu'il descende presque jusqu'à toucher le fond. Quand ses oscillations sont amorties, le plomb s'arrête sur un point A, qui est la projection du premier. On fera de même pour les autres puits et on obtiendra ainsi des couples de points correspondants $B_1 B_2$, $C_1 C_2$, etc.

Pour les grandes profondeurs, les oscillations des fils troublent les observations. On les atténue en faisant plonger le plomb dans un seau rempli d'eau, ou mieux d'huile ou de goudron. Quelques topographes laissent osciller librement la perpendicule, et suivent son mouvement dans la lunette ; ils notent ses écarts extrêmes et en déduisent sa position moyenne.

On rattache ensuite $A_1 B_1 C_1$, etc., à la méridienne, $A_2 B_2 C_2$ aux travaux souterrains, et on superpose le plan de surface à celui du fond en mettant en coïncidence les points homologues ; l'orientation de ce dernier est alors connue.

49. Troisième cas. — Supposons que la communication ne soit établie que par un seul puits vertical : c'est ce qui arrive le plus souvent pour les recherches, les travaux préparatoires et dans le creusement des tunnels qu'on attaque par plusieurs sections.

Il n'y a pas de difficulté lorsque le lever souterrain se fait à la boussole. L'azimut magnétique est donné directement par les lectures effectuées sur le limbe, et par suite chaque ligne se trouve orientée.

Pour obtenir des résultats d'une haute exactitude, on fait usage de « déclinatoires » qui sont des boussoles de précision ; l'aiguille aimantée peut avoir 40 centimètres de longueur, quelquefois plus ; elle est contenue dans un boîtier rectangulaire qui lui permet de se mouvoir sur une certaine amplitude, et qui se fixe au plateau d'un cercle géodésique conforme au modèle décrit dans la première partie de cet ouvrage : le déclinatoire n'est comme on le voit qu'une boussole d'arpenteur perfectionnée, et on l'emploie comme elle, mais seulement pour orienter un ou deux alignements du réseau souterrain ; la grande longueur de l'aiguille permet d'obtenir son azimut avec une approximation très forte, de une ou deux minutes au moins ; avec des appareils aussi sensibles, les variations diurnes de la direction magnétique ne sont plus négligeables ; il sera donc nécessaire d'en tenir compte, et pour cela il faudra deux opérateurs : le premier relèvera avec son déclinatoire l'orientation d'un alignement au fond de la mine et notera l'heure de l'observation ; pendant ce temps, le second suivra la marche de l'aiguille d'un appareil semblable installé au jour sur la méridienne, et lira la déclinaison à des intervalles de temps rapprochés. On connaîtra ainsi sa valeur précise au moment où l'observation aura lieu dans la mine, et l'on en déduira la correction à faire subir aux azimuts.

Lorsqu'on rejette l'emploi de la boussole, soit parce que les roches encaissantes sont magnétiques, soit parce que ses indications ne sont pas jugées suffisamment précises, l'opération est beaucoup plus délicate, et exige des précautions spéciales. La difficulté provient de ce que, le puits n'ayant que quelques mètres d'ouverture, les deux bases qu'on peut repérer au fond et à la surface soit au moyen du fil à plomb, soit par toute autre méthode, sont nécessairement très courtes, et qu'une faible erreur sur la position de l'une de leurs extrémités produit une déviation importante lorsque leurs alignements sont prolongés à distance ; en outre, même quand ces lignes sont bien exactement en correspondance, il y a encore quelque difficulté, vu leur faible longueur, pour les rattacher au reste du réseau topographique.

L'opération comprend donc deux parties distinctes :
la première consiste à déterminer au fond et au jour
deux horizontales AB et A₁B₁, en projection l'une de l'autre
ou tout au moins parallèles ; la seconde à rattacher chacune d'elles aux plans superficiel et souterrain.

50. Repérage de deux bases au jour et au fond. —
On pourra faire usage de fils à plomb AP et BQ qu'on
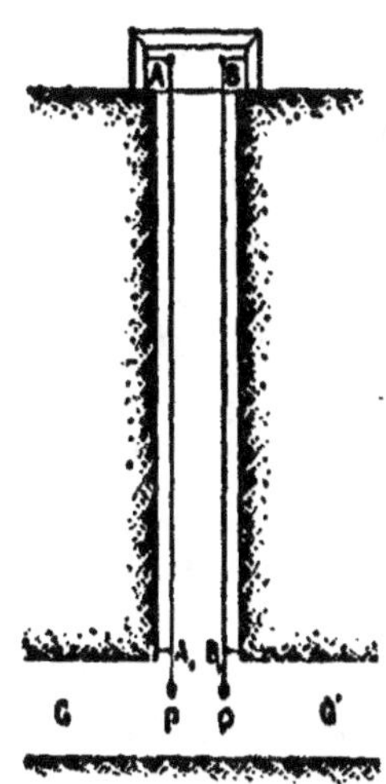
suspendra à deux clous fixés sur le
bâtis extérieur, et disposés autant
que possible suivant la direction de
la galerie principale G G'. Quand les
oscillations seront amorties on plan-
tera au fond, à « l'accrochage », au
plafond de la galerie principale, deux
autres clous A₁ et B₁ en regard des
deux fils et dans leur plan commun.

Cette méthode, même en prenant
les précautions que nous avons indiquées ci-dessus, n'est pas suffisamment exacte pour les mines très profondes, parce que les oscillations des
fils à plomb d'une grande longueur
sont très difficiles à amortir. On
emploie aussi pour déterminer une verticale AB un instrument appelé « lunette d'aplomb ». Cet appareil
est un théodolite simplifié et construit pour pointer de
haut en bas. Il a pour base un triangle à vis calantes,
percé en son milieu d'une ouverture cylindrique qui
permet de faire des visées plongeantes. Sur son centre
est disposée une lunette supportée par deux tourillons
sur deux montants. Ceux-ci sont implantés dans un plateau horizontal qui peut tourner autour de l'axe de l'appareil.

Les dispositifs pour le réglage des divers organes sont

les mêmes que pour les appareils que nous avons déjà
étudiés. Pour s'en servir on installe la « lunette d'aplomb »
au sommet du puits et on la centre sur le point A. Ceci
fait, on place au fond une mire horizontale convenablement éclairée, et portée sur un chariot à coulisse qui
permet un mouvement dans deux directions perpendiculaires. L'opérateur rend alors l'axe optique vertical en
visant sur un horizon artificiel, par exemple sur un bain
de mercure ; puis il fait enlever celui-ci et pointe sur la
mire, que, par des signaux convenus, il fait déplacer dans
un sens ou dans l'autre, jusqu'à ce que le centre du
voyant coïncide avec la croisée des fils du réticule.

On évite l'emploi d'un horizon artificiel par la méthode
suivante. L'opérateur, après s'être assuré que le plan de
collimation de la lunette est bien vertical, fait déplacer

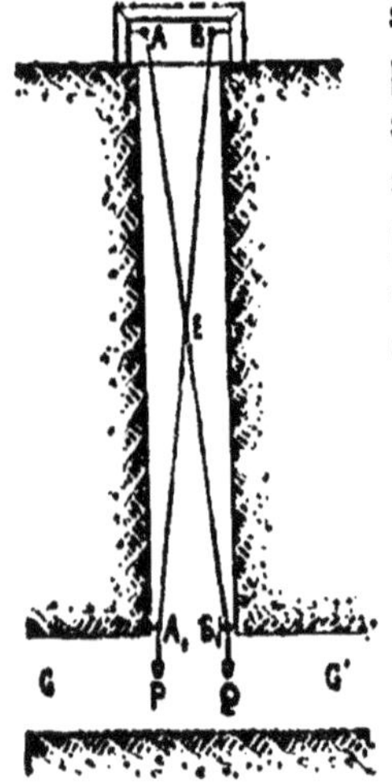

la mire jusqu'à ce que son centre
se trouve dans ce plan. Puis il fait
pivoter l'instrument de 90° sur son
axe vertical, et recommence. Il s'assure ensuite, en faisant tourner le
plateau dans toutes les orientations,
que dans toutes ces positions le plan
de collimation de la lunette passe
par le centre du voyant.

Voici une autre méthode pour tracer deux horizontales parallèles AB
et A₁B₁ au sommet et à la base du
puits ; elle est fondée sur ce principe évident : que si les deux lignes
AB₁ et A₁B se rencontrent en un point
E, elles sont dans un même plan, et
que par suite les horizontales AB et A₁B₁ qui s'appuient
sur elles, sont nécessairement parallèles.

L'opérateur fixera deux clous ou mieux deux pattes
percées d'un trou très fin en A et B : puis il tendra un

cordeau très mince, au besoin un fil de soie, de A en B_1. Enfin il en suspendra un second en B et le fera passer dans l'orifice d'une quatrième patté A_1, qu'il fera déplacer par tâtonnement jusqu'à ce que les deux brins AB_1 et A_1B se touchent sans se dévier. A ce moment leurs bords intérieurs se trouveront dans le même plan. Pour arriver à ce résultat, l'opérateur se tiendra vers le milieu du puits, et par des signaux convenus indiquera à son aide, chargé de fixer le point A_1, dans quel sens il doit le déplacer.

51. Rattachement des bases aux levés. — Quand on a obtenu deux alignements parallèles AB et A_1B_1, il s'agit de les rattacher aux autres parties des levés ; pour cela il y a deux procédés ; le premier comporte l'emploi du théodolite centré et consiste en une triangulation.

L'opérateur le place en un point C voisin de A et de B, et il fait fixer à distance une mire D. Le problème consiste à trouver la différence d'azimuts de la petite base AB et du long alignement CD. Pour cela il détermine les angles horizontaux et verticaux sous lesquels sont vus de la station les trois points A, B et D ; puis il mesure, avec un soin minutieux, les longueurs des deux lignes BC, CA, côtés du triangle formé par les extrémités de la base et le centre de la lunette. De ces éléments il est facile de déduire par un calcul très simple la différence des azimuts de AB et de CD.

Soit

a la longueur de BC réduite à l'horizon
b »   CA   »
c »   AB   »
A l'angle BAC réduit à l'horizon
B   »   CBA   »
C   »   ACB   »
D   »   BAD   »
x la différence d'azimut de AB et CD.

On trouve facilement

$$\sin A = \frac{a}{c} \sin C$$

$$x = D - A.$$

C, D et A sont donnés directement par les lectures sur le limbe horizontal ; a et b s'obtiennent en multipliant respectivement les longueurs BC, CA par les cosinus de leurs angles de pente ; c peut se calculer par la formule

$$c^2 = a^2 + b^2 - 2ab \cos C$$

Une seconde méthode consiste à prolonger les alignements AB, A₁B₁ au jour comme au fond. Pour cela il faut supposer que leur orientation commune ait été choisie, et déterminée de façon à suivre d'aussi près que possible la direction de la galerie du fond.

On fait usage d'une lunette astronomique bien réglée, par exemple celle d'un théodolite retirée de ses supports, et on la suspend par deux fils aux deux points A₁B₁. Puis on jalonne la direction de son axe optique ; pour cela

l'opérateur fera mettre au-devant d'elle, le plus loin possible, une mire lumineuse, que son aide déplacera progressivement jusqu'à ce qu'elle arrive dans le plan de collimation. La lunette sera ensuite transportée au jour et suspendue en AB ; son axe reprendra la même orientation, et on tracera de même ce nouvel alignement sur le terrain. On obtiendra ainsi deux longues bases parallèles qui serviront de lignes de repère.

59. Orientation par le théodolite seul. — On peut aussi déterminer en profondeur un alignement AB, correspondant à un autre de la surface, par une observation directe faite au théodolite. Voici en quoi consiste la méthode. On installe l'instrument sur la margelle du puits et on le règle de façou que son plan de collimation soit dans l'orientation voulue, figurée au jour par des signaux

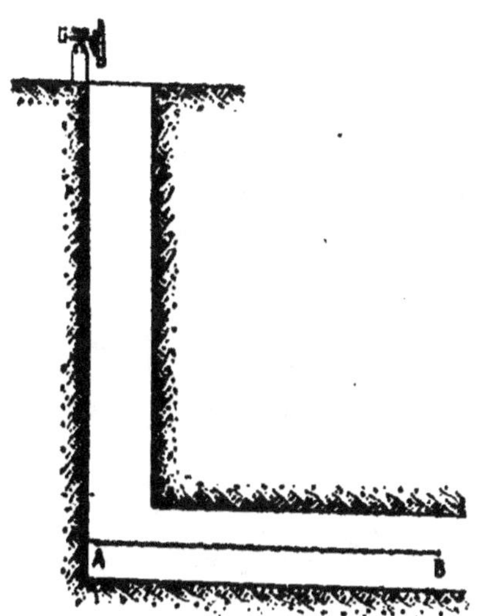

optiques. Puis on détermine un point A à l'aplomb de la lunette, à partir duquel on tend un fil très fin dans le sens de l'avancement. L'extrémité A est fixe, mais l'autre B est mobile et peut être assujettie dans telle position qu'on voudra. Le fil AB étant convenablement éclairé au moyen de lampes puissantes, on vise sur lui, et, par tâtonnements, on déplace son extrémité antérieure B jusqu'à ce que toute sa partie visible soit dans le plan de collimation du théodolite.

§ 3.

CHAINAGE DES PUITS

48. Puits verticaux. — La méthode la plus simple pour mesurer la hauteur consiste à y descendre un fil à plomb jusqu'à ce qu'il touche au fond, et à le ramener au jour pour mesurer sa longueur.

Pour les puits très profonds on fait usage de fils métalliques ; mais ils subissent, par l'action de leurs propres poids et des poids tenseurs qu'ils supportent, un allongement temporaire qui n'est pas négligeable. Il faut donc, pour que les résultats soient exacts, que pendant

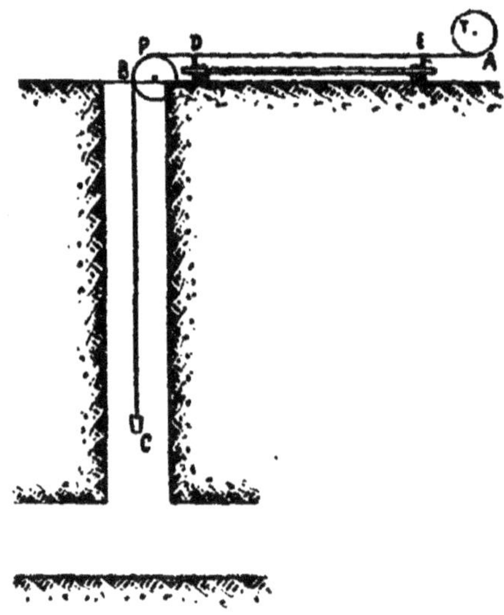

leur mensuration ils soient soumis à des efforts de traction équivalents.

Pour cela on emploie la méthode dite de Firminy. Le

fil en laiton s'enroule sur un tambour T manœuvré à la
main ; il passe sur une poulie P, installée sur la margelle
du puits, qui le renvoie au fond. En face du brin horizontal AB se trouve une règle munie de deux repères E, D
qui sont à une distance soigneusement mesurée, de 5ᵐ00
par exemple. La règle est mobile dans une coulisse longitudinale.

La méthode comporte deux opérateurs et un aide.
L'aide déroule progressivement le fil, et l'arrête à la volonté des opérateurs. La première chose à faire est de
repérer à l'orifice du puits la position initiale du plomb
ou poids tenseur. Ceci fait, le premier opérateur place
l'ongle du pouce sur le point du fil qui se trouve au-dessus de E, et fait dérouler environ 5ᵐ00 de câble ; il
suit le mouvement de celui-ci jusqu'à ce qu'il arrive à
peu près en regard de D, et arrête alors par un signal
donné à l'aide le mouvement du tambour. Il amène alors
cet index D vis-à-vis du point qu'il marque avec le pouce,
en faisant glisser la règle dans sa coulisse. Le second
saisit alors le câble au droit de l'index E et effectue la
même opération. Quand le plomb arrive près du fond,
on repère sa position. Il faut avoir soin, pour la dernière
portée de 5ᵐ, de ramener la règle dans sa position
initiale, sans quoi la mesure serait entachée de toute la
différence.

On effectue aussi cette mesure au moyen des câbles
d'extraction, en mesurant leur longueur sur le tambour
d'enroulement. Les câbles neufs ont des allongements
irréguliers, et l'on obtiendra des résultats plus exacts
avec ceux qui ont déjà fait un certain usage.

On peut aussi opérer avec la chaîne ou le cordeau. La
principale difficulté provient de ce que les aménagements
du puits ne permettent pas en général d'accéder facilement en ses divers points ; il faut un aide et un opérateur : le premier tient la poignée à l'orifice et laisse

pendre la chaine; le second, placé 10^m plus bas, fixe un clou dans la paroi contre la poignée inférieure. Puis le premier opérateur vient prendre la place du second et suspend la chaine au clou précédemment fixé et ainsi de suite de proche en proche.

Pour faciliter les opérations on installe quelquefois à 10^m au-dessus du toit de la cage un siège qu'on fixe solidement et sur lequel se place le premier opérateur. Le second se tient alors sur le toit de la cage, et, au moyen de signaux conventionnels, la fait descendre de 10^m en 10^m.

On substitue avantageusement aux chaines des tringles de 2 mètres, qui ont été préalablement soumises à de fortes tensions pour que leur allongement devienne négligeable; elles sont réunies par des écrous et forment des portées qui peuvent atteindre jusqu'à 40^m.

ANNEXE DE LA DEUXIÈME PARTIE

NOTE SUR LA PRÉCISION DES INSTRUMENTS

Principes généraux. — L'exactitude des levés peut être troublée par trois sortes de causes, les erreurs accidentelles, les erreurs systématiques, les erreurs matérielles ou fautes.

Les *erreurs accidentelles* sont celles qui proviennent de causes perturbatrices indéterminables, et qui se produisent indifféremment tantôt en plus tantôt en moins : les instruments n'ayant pas une précision absolue, les résultats de mensurations répétées sur un même élément oscillent autour de la valeur vraie, et l'amplitude des écarts dépend de l'exactitude de l'appareil.

Les *erreurs systématiques* sont celles qui sont toujours de même sens, et qui par suite vont en s'accumulant, lorsque le résultat définitif s'obtient en combinant une série de résultats partiels ; dans ce cas, l'écart total est la superposition des écarts de chaque observation, et quand même chacun d'eux pris individuellement serait inappréciable, leur résultante n'en ressort pas moins à un chiffre souvent très important.

C'est par la discussion des observations qu'on les découvre. C'est par le choix des méthodes et des instruments qu'on les élimine.

Les *erreurs matérielles* sont celles qui proviennent d'une faute dans les lectures ou dans les transcriptions ; toute observation, faisant partie des constatations multiples d'un même fait, qui s'éloigne notablement de la moyenne des autres doit être rejetée ; mais il n'y a pas de criterium absolu pour fixer en dehors de quelles limites une détermination suspecte cesse d'être recevable ; il est clair, en effet, que l'amplitude des écarts n'est assujetti à aucune loi, et qu'une faute peut porter aussi bien sur les gros chiffres que sur les petits.

Erreurs accidentelles. — Le calcul des probabilités permet dans beaucoup de cas de réduire ces sortes d'erreurs ou d'en évaluer l'importance.

Les principes sont les suivants :

1° Le milieu à prendre entre une série d'observations présentant des garanties égales d'exactitude est la *moyenne arithmétique*.

Ainsi, si l'on mesure plusieurs fois la même grandeur et qu'on trouve N résultats $a_1, a_2.., a_n$, la valeur la plus probable est

$$A = \frac{a_1 + a_2 + \ldots + a_n}{N}.$$

2° *L'écart* de chaque observation est sa différence avec la moyenne. L'écart *moyen* d'une série d'observations répétées sur la même grandeur s'obtient en prenant la racine de la somme des carrés des écarts partiels, divisée par le nombre des observations diminué d'une unité.

$$c_m = \sqrt{\frac{(A - a_1)^2 + (A - a_2)^2 + \ldots (A - a_n)^2}{N - 1}}$$

3° La *précision* avec laquelle les observations ont été effectuées a pour mesure un nombre p inversement proportionnel à l'écart moyen :

$$p = \frac{1}{c_m\sqrt{2}}$$

4° Si l'on répète N fois la même observation, la précision *de la moyenne* sera $\sqrt{N}$ fois plus forte que celle d'une observation isolée.

5° On appelle *poids moral* d'un instrument le carré de la précision.

Si son écart est e_m le poids P sera donné par la formule $P=\dfrac{1}{2e_m^2}$.

6° Si l'on a mesuré la même grandeur avec divers instruments dont les « poids moraux » soient P_1, P_2, P_3.... P_n, et qu'on ait trouvé les diverses valeurs a_1, a_2... a_n, la moyenne à prendre sera

$$\frac{P_1 a_1 + P_2 a_2 + \ldots + P_n a_n}{P_1 + P_2 + \ldots + P_n}$$

Ainsi quand on dispose de plusieurs mensurations faites les unes avec des instruments très-exacts, les autres avec des appareils moins parfaits, il ne faut pas rejeter ces dernières, mais les faire entrer en ligne de compte d'après la formule précédente.

Ces principes permettent de déterminer l'écart total que l'on peut admettre dans un lever, et de discuter le choix des instruments et des méthodes de façon à avoir toute la précision voulue, et pas davantage pour ne pas compliquer inutilement les opérations.

Erreurs systématiques. — En voici un exemple. Si l'on mesure une base avec la chaîne d'arpenteur, et qu'on ne fasse pas reposer celle-ci sur le sol, elle s'infléchit par son propre poids suivant la courbe appelée chaînette. Il en résulte une différence en moins qui est environ de 0^m02 pour chaque portée de 10^m: pour 10 kilom., la mensuration sera fautive de 20^m.

Ici l'erreur est saisissable et il est facile de reconnaître la flexion de la chaîne ; si cet instrument comportait des calculs de rectification, on pourrait simplement trouver la mesure de la correction. Mais ce qui est à remarquer, c'est que, si minime que soit l'importance d'une cause perturbatrice, si inappréciable que soit son action, son influence ne s'en fait pas moins sentir à la longue, et elle intervient tout entière au résultat.

Les erreurs systématiques quoique individuellement très-petites, arrivent souvent à primer les erreurs accidentelles, en apparence beaucoup plus importantes. Supposons par exemple qu'on veuille métrer avec précision une base de 10 kilomètres ; nous rejetterons l'emploi de la chaîne d'arpenteur, qui est peu exacte, et nous ferons usage d'une règle d'un mètre que nous reporterons de proche en proche sur la ligne.

Il y a deux sortes d'erreurs à craindre : les premières sont accidentelles et peuvent être en plus ou en moins ; elles proviennent de ce que l'extrémité postérieure de la règle doit être rapportée au point où affleurait son extrémité antérieure ; nous admettons que le géomètre opère avec assez de soin pour que l'écart probable entre la fin et l'origine de deux portées consécutives ne dépasse pas 1^{mm}. Les secondes sont systématiques, elles proviennent de ce que le mètre n'est pas rigoureusement exact ; supposons que sa différence en plus ou en moins avec la longueur vraie soit de un dixième de millimètre. Cette seconde cause pertubatrice est inappréciable et semblerait négligeable; mais en réalité il n'en est pas ainsi, car si nous calculons les écarts dus aux deux défauts dont nous venons de parler nous trouvons pour 10000 mensurations :

Pour le premier

$$1^{mm}\sqrt{10000} = 0^m10$$

Pour le second

$$0^{mm}1 \times 10000 = 1^m$$

L'erreur systématique est décuple de l'erreur accidentelle.

55. Erreurs matérielles. — Nous avons déjà dit qu'il n'y avait pas de règle absolue pour reconnaître si une observation qui s'écarte notablement de la moyenne est fautive. Toutefois dans divers cas il est, sinon certain, au moins extrêmement probable qu'une erreur a été commise.

Ainsi lorsqu'une mesure diffère de toutes les autres d'un nombre entier de divisions, et que l'écart probable n'est qu'une faible fraction de ce chiffre, il y a lieu à correction. Supposons, par exemple, qu'on ait trouvé pour le métrage d'une distance 99 résultats variant entre 10753^m et 10754^m et qu'une centième observation soit représentée par 19753^m,50. Toutes les chances sont pour qu'il y ait erreur matérielle sur ce dernier chiffre, et il convient de le corriger en remplaçant le 9 par un zéro.

De même, si une mesure s'écarte beaucoup des autres, si par exemple 99 résultats d'un métrage donnent comme ci-dessus des chiffres variant entre 10753^m et 10754^m, et que le centième donne 20881^m, personne n'hésitera à rejeter la dernière mesure. Mais la difficulté naît lorsqu'on veut déterminer avec précision la limite à partir de laquelle une observation divergente cesse d'être recevable.

On fait quelquefois usage, pour cet objet, d'une formule appelée le criterium de Pierce, qui donne une règle fixe. Nous n'en parlerons pas ici parce qu'elle est compliquée, et que d'ailleurs la plupart des auteurs la repoussent ; on trouvera, dans la troisième partie de cet ouvrage, l'exposé des méthodes selon lesquelles on élimine, pour les opérations de haute précision, les observations suspectes.

Précision des métrés. — La chaîne, le cordeau

et la règle en bois sont sujets à des erreurs systématiques et à des erreurs fortuites ; l'écart total dû aux premières est proportionnel à la longueur L de l'alignement
mesuré, l'écart à craindre par suite des secondes varie
en raison de la racine de la même longueur : leur somme
est une expression de la forme

$$AL + B \sqrt{L}$$

Divers géomètres ont déterminé par des moyennes
d'expériences prolongées les valeurs des coefficients A et B
suivant les appareils employés ; le résultat auquel ils
sont arrivés est que les erreurs systématiques sont très
fortes avec la chaîne d'arpenteur, moindres avec le ruban d'acier, minimes pour la règle en bois. Pour les erreurs accidentelles, le degré de précision a classé ces
appareils dans le même ordre ; on a trouvé ces nombres
relatifs :

Pour la chaîne d'arpenteur	0,36
Pour le ruban d'acier	0,50
Pour la règle en bois	2,04

Précision des goniomètres. — On peut admettre
qu'en moyennne le théodolite donne la minute ; la boussole d'arpenteur, le huitième de degré ; la boussole suspendue, le quart. Leurs précisions sont mesurées par
les nombres

$$\frac{1}{\sqrt{2}}, \quad \frac{1}{7,50\sqrt{2}} \quad \frac{1}{15\sqrt{2}}.$$

Cela veut-il dire que le théodolite donnera toujours
des indications plus exactes que la boussole d'arpenteur ? En aucune façon : quand on relève un polygone
de cheminement avec le premier instrument, l'orientation de chaque côté dépend de celle de *tous les précédents* et par suite les erreurs accidentelles vont en s'accumulant ; avec le second, au contraire, tous les aligne-

ments sont rapportés à une même direction, celle du nord magnétique, et par suite l'orientation du dernier côté est aussi exacte que celle du premier. Si l'on fait N stations les écarts à craindre pour le dernier alignement seront

Avec la boussole d'arpenteur	$7',30''$
Avec le théodolite	$1' \times \sqrt{N}$

Si donc le polygone de cheminement a plus d'une soixantaine de côtés et qu'on ne puisse repérer que le premier, le théodolite perd toute sa supériorité et l'avantage reste à la boussole pour les levés plus prolongés.

TROISIÈME PARTIE

NIVELLEMENT DE HAUTE PRÉCISION

PAR

Charles LALLEMAND

Ingénieur au corps des Mines.
Secrétaire du Comité du Nivellement général de la France.

EXPOSÉ PRÉLIMINAIRE.
CHAPITRE PREMIER : *THÉORIE.*
CHAPITRE DEUXIÈME : *INSTRUMENTS.*
CHAPITRE TROISIEME : *OPÉRATIONS SUR LE TERRAIN.*
CHAPITRE QUATRIÈME : *CONTROLE ET CALCULS.*
COMPENSATION ET PUBLICATION DES RÉSULTATS.
CHAPITRE CINQUIÉME : *SURFACE DE COMPARAISON.*
DES ALTITUDES.— NIVEAU MOYEN DE LA MER.

EXPOSÉ PRÉLIMINAIRE

1. Objet des nivellements de précision. — 2. Aperçu historique. — 3. Divisions de ce travail.

1. Objet des nivellements de haute précision[1]. — La connaissance exacte du relief du sol est indispensable pour la rédaction des projets relatifs à la création des grandes voies de communication, pour la distribution des eaux la plus profitable au commerce et à l'agriculture. Elle ne l'est pas moins pour l'établissement du réseau vicinal et pour la défense du territoire.

Quand l'opération doit embrasser toute l'étendue d'un grand pays, il faut faire en sorte qu'en s'accumulant, les erreurs n'atteignent nulle part une grandeur notable. D'où la nécessité d'appuyer l'entreprise sur des nivellements de base aussi exacts que possible.

Tel est l'objet principal des nivellements de haute précision ; mais ils ont encore d'autres buts. Ils servent de traits d'union entre l'hypsométrie des pays voisins. Ils permettent, par la mise en relation des marégraphes établis sur les côtes, de déterminer les dénivellations respectives des différentes mers, en même temps que de suivre, le long d'un littoral, les variations locales du niveau moyen. Par leur répétition dans un même pays à des époques plus ou moins éloignées, et par la compa-

1. D'après une décision de l'Association géodésique internationale, on doit considérer comme *nivellements de précision* les nivellements dont l'erreur probable est, en moyenne, inférieure à 3ᵐᵐ par kilomètre et ne dépasse nulle part 5ᵐᵐ par kilomètre.

raison des altitudes anciennes et nouvelles des mêmes points, ils permettent encore de mesurer les mouvements lents du sol.

Enfin, les nivellements de précision ont à remplir un dernier rôle, qui rentre plus spécialement dans le domaine de la géodésie. Ils doivent permettre en effet, comme nous le montrerons plus loin (n° 18), d'obtenir une *représentation géométrique* de la *surface de niveau* choisie comme définition de la figure de la terre.

2. Aperçu historique. — Les premiers nivellements de précision, d'une grande étendue, ont été exécutés en France par le Ministère des Travaux publics, qui en a chargé Bourdalouë. Cet habile opérateur a effectué, de 1857 à 1864, le nivellement d'un réseau de 15.000 kilomètres, embrassant tout le territoire. L'erreur accidentelle probable de ces opérations ne dépasse pas 2 à 3^{mm} par kilomètre.

A la suite d'un vœu émis en 1864 par l'Association géodésique internationale, pour recommander l'exécution, dans tous les pays, d'opérations analogues, la nouvelle méthode a pris une rapide extension, et, à l'heure actuelle, la surface de l'Europe est en train de se couvrir d'un réseau de nivellements de haute précision [1].

3. Divisions de ce travail. — Supposant connu tout ce qui regarde le nivellement ordinaire, ses principes, ses instruments et ses procédés, nous exposerons, dans le premier chapitre de ce travail, les modifications essentielles que doit subir la théorie du nivellement, eu égard au défaut de parallélisme des surfaces terrestres de niveau,

---

1. Une commission nommée en 1878 par M. de Freycinet, alors Ministre des Travaux publics, a dressé le programme, actuellement en cours d'exécution, d'un nouveau Nivellement général de la France, ayant pour base un Réseau fondamental de 12000 kilomètres, qui sera deux à trois fois plus précis que le Réseau Bourdalouë.

et nous examinerons l'influence exercée par la réfraction aérienne sur la précision des résultats.

Le second chapitre traitera des améliorations apportées aux instruments et aux méthodes, en vue d'obtenir, pour les opérations, le maximum d'exactitude.

Le troisième chapitre sera consacré aux opérations sur le terrain.

Nous aborderons, dans le quatrième chapitre, les méthodes de calcul et de contrôle des données brutes fournies par ces opérations, leur compensation et le mode de publication des résultats définitifs.

Enfin, dans le cinquième chapitre, nous définirons la surface générale de comparaison des altitudes, et nous indiquerons les procédés employés pour déterminer le niveau moyen de la mer.

Les paragraphes consacrés à des questions d'un intérêt secondaire sont imprimés en petits caractères.

M. l'Inspecteur général L. Marx, Vice-président de la Commission du Nivellement général de la France, M. le Colonel Goulier, MM. L. Durand-Claye et Cheysson, Ingénieurs en chef des ponts et chaussées, membres de la commission, ont bien voulu nous honorer de leurs conseils éclairés pour la rédaction de ce travail. Nous tenons à leur adresser ici nos vifs remerciements[1].

---

[1]. Nous devons également reconnaître le concours intelligent de MM. Prévot, Dreux et Cuvigny, employés au service du Nivellement général.

THÉORIE

CHAPITRE PREMIER

THÉORIE

SOMMAIRE

§ 1

THÉORIE DU NIVELLEMENT

La théorie admise jusqu'ici pour le nivellement géométrique est fondée sur l'hypothèse que les *surfaces terrestres de niveau* [1] sont des sphères concentriques, ou tout au moins des surfaces *parallèles* entre elles.

Or, en fait, comme nous allons le montrer, cette hypothèse n'est pas tout à fait conforme à la réalité. De là résultent dans les définitions, des anomalies; dans les résultats du nivellement, des inexactitudes qui ont pu longtemps passer inaperçues [2], noyées au milieu des erreurs pratiques des opérations, mais que les progrès réalisés aujourd'hui, dans les instruments et les méthodes, ne permettent plus de négliger, quand il s'agit surtout de nivellements de haute précision.

Nous nous proposons de faire ressortir ces anomalies, et d'exposer les deux principaux moyens que l'on peut employer pour les faire disparaître : l'un, auquel M. le colonel Goulier a donné le nom de *théorie orthométrique,*

1. Surfaces (définies par Clairaut et étudiées par Laplace) normales en chacun de leurs points à la direction du fil à plomb, et sur lesquelles, par suite, un déplacement quelconque s'effectue sans travail de la pesanteur. Par chaque point du globe, il passe une surface de niveau et une seule. La surface des mers — *si leurs eaux restaient en repos* et présentaient partout la même température et le même degré de salure — serait une de ces surfaces.

2. Ces erreurs, cependant, ont été signalées, en France et à l'étranger, par un certain nombre de savants. On peut, à cet égard, citer (dans l'ordre chronologique) : Breton (de Champ), Villarceau, Wittstein, Wand, Zachariæ, Helmert, Oudemans, Baeyer, Haupt, Börsch, Bruns, Clarke, Ch. Lallemand, Colonel Goulier.

conservant au nivellement son caractère actuel d'opération *géométrique*; l'autre, substituant à la définition habituelle de l'altitude une définition *mécanique*, basée sur le travail de la pesanteur, et, pour cette raison, appelé par M. Cheysson, *théorie dynamique*.

Nous décrirons ensuite les procédés graphiques à l'aide desquels nous avons pu faire l'application pratique de ces deux théories aux opérations du Nivellement général de la France.

I. Théorie actuelle. — Ses anomalies.

1. Définitions. — Dans la théorie actuelle du nivellement géométrique, on appelle *hauteur au-dessus du niveau de la mer*, ou simplement *altitude* d'un point, la hauteur de ce point, comptée sur la verticale, au-dessus de la surface moyenne des mers, prolongée sous les continents par la pensée.

On appelle *différence de niveau* de deux points la distance de l'un de ces points à la *surface de niveau* qui passe par le second.

On admet que *toutes les surfaces de niveau sont parallèles entre elles et, par suite, équidistantes en tous leurs points.*

Soient (fig. 1) deux points A et B;

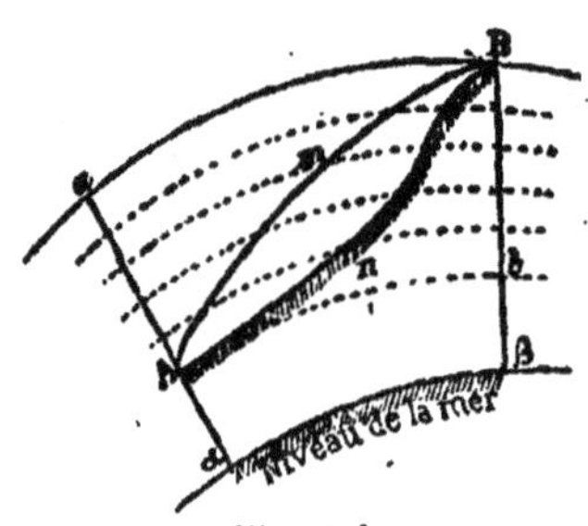

Figure 1.

A*b*, B*a*, les surfaces de niveau qui passent respectivement par ces deux points ;

α β, la *surface générale de comparaison* des altitudes.

D'après l'hypothèse précédente, on a :

$$A\alpha = b\beta \, ; \, a\alpha = B\beta$$

On en déduit les relations suivantes :
En premier lieu,

$$B\beta - A\alpha = Bb,$$

c'est-à-dire que la *différence d'altitude* de deux points est égale à leur *différence de niveau* ;

Ensuite,

$$Bb = Aa,$$

c'est-à-dire que, d'une manière générale, et abstraction faite du signe, la différence de niveau d'un point A par rapport à un point B est égale à celle de B par rapport à A.

Enfin, si l'on imagine entre les deux points A et B deux itinéraires A*m*B, A*n*B, la somme des différences partielles de niveau franchies pour aller de A à B est la même pour les deux itinéraires, puisque, dans les deux cas, cette somme est composée des mêmes éléments, savoir : les *écartements constants* des surfaces de niveau successivement comprises entre la surface qui passe par le point A et celle menée par le point B. En d'autres termes, cette somme est égale à la différence de niveau Aa ou Bb des deux points extrêmes ; elle est donc *indépendante de l'itinéraire suivi entre ces deux points.*

3. Défaut de parallélisme des surfaces de niveau. — Mais ces conséquences ne sont vraies que si l'hypothèse primordiale du parallélisme des surfaces de niveau est exacte.

Il est facile de prouver qu'elle ne l'est pas.

On sait, en effet, que, entre deux points donnés, *le*

*travail de la pesanteur est indépendant du chemin suivi pour
aller de l'un à l'autre de ces points*[1].

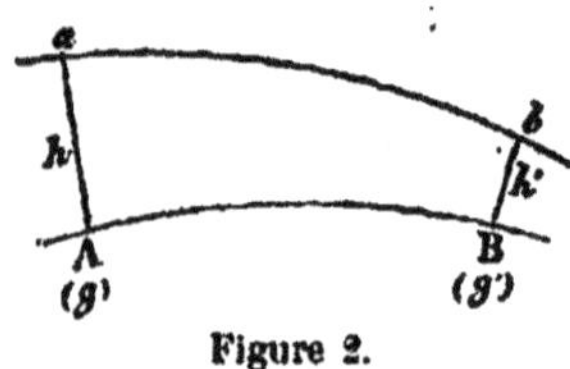
Figure 2.

Soient (fig. 2) :

AB, *ab*, deux surfaces de niveau infiniment voisines ;

h et *h'* leurs écartements, mesurés respectivement sur les verticales des points A et B ;

g et *g'* les accélérations de la pesanteur aux mêmes points.

On peut aller de A à *b* en suivant, soit le chemin A*ab*, soit le parcours AB*b*.

Dans le premier itinéraire, le travail de la pesanteur[2], pour l'unité de masse, se réduit simplement à gh, répondant au parcours A*a*, puisque, entre *a* et *b*, on suit une surface de niveau, sur laquelle le travail est nul.

De même, pour le second itinéraire, le travail est $g'h'$.

Ces deux travaux étant égaux en vertu du principe, énoncé précédemment, que le travail de la pesanteur est indépendant du chemin suivi, on a :

$$gh = g'h'.$$

Si les surfaces de niveau étaient parallèles, on aurait d'autre part :

$$h = h';$$

ce qui exige :

$$g = g'.$$

Mais, sans compter les irrégularités connues sous le nom d'*attractions locales*, la pesanteur, en raison de la force centrifuge et de la forme ellipsoïdale de la terre, varie de l'équateur aux pôles.

g' n'est égal à g que dans des cas exceptionnels ; par suite, h diffère de h'.

Le parallélisme en question n'existe donc pas.

---

1. Nous avons donné une démonstration simple de ce principe, dans les Annales des Ponts et Chaussées. Livraison d'octobre 1887 (*Note sur la théorie du Nivellement*, par M. Ch. Lallemand).

2. Ce travail, pour un mobile de masse M parcourant un chemin vertical *h*, en un lieu où l'accélération de la pesanteur est *g*, a pour expression, comme on sait, le produit M*gh*.

6. Équidistance dynamique des surfaces de niveau.
— Les points A et B ayant été choisis arbitrairement
sur la surface de niveau AB, la relation

$$gh = g'h'$$

signifie, d'une manière générale, qu'étant données deux
surfaces de niveau, le travail de la pesanteur pour aller
de l'une à l'autre [1], est constant.

Il y a *équidistance dynamique*, mais non *équidistance géométrique* entre ces deux surfaces.

De l'égalité précédente on tire, en effet :

$$\frac{h}{h'} = \frac{g'}{g}$$

C'est à dire que l'écartement des surfaces de niveau
varie en raison inverse de la pesanteur [2].

1. Ce que l'on appelle encore, en mécanique, la *différence de potentiel*.
2. Du défaut de parallélisme des surfaces de niveau, il résulte aussi, qu'à
l'exception de l'axe terrestre et des rayons de l'équateur, les trajectoires de
points matériels pesants abandonnés à eux-mêmes, et tombant sans vitesse
appréciable, — trajectoires qui convergent toutes vers le centre de la terre

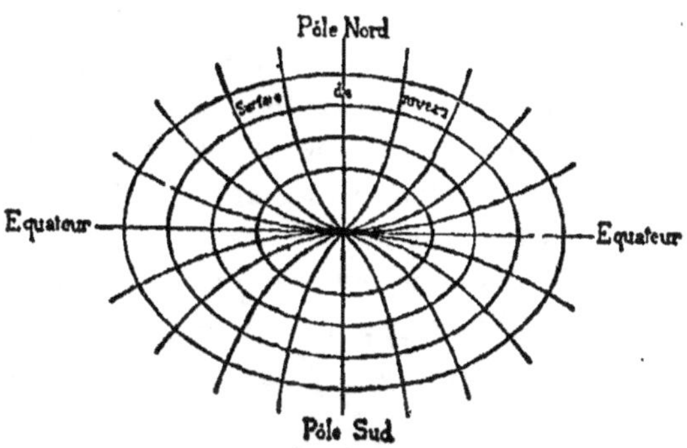

Figure 3.

*Coupe schématique du globe terrestre
montrant la disposition relative des surfaces de niveau
et de leurs trajectoires orthogonales.*

en coupant orthogonalement les surfaces de niveau, — sont des *lignes
courbes* tournant leur concavité vers les pôles (fig. 3). Les *verticales* sont
les *tangentes* à ces courbes en chacun de leurs points. Il suit de là que la
latitude d'un lieu — angle formé par la verticale en ce lieu avec le plan de
l'équateur — doit augmenter légèrement quand on s'élève au-dessus du sol.

7. Anomalies. — Les surfaces de niveau n'étant pas équidistantes en tous leurs points, il en résulte que, d'une manière absolue, on doit trouver *autant de valeurs pour la différence de niveau de deux points qu'il y a de chemins pour aller de l'un à l'autre de ces points.*

Dans l'exemple qui précède, en effet, la différence de niveau trouvée entre A et b, serait h par le chemin Aab, et h' par l'itinéraire ABb [1].

En revenant au point de départ, après avoir parcouru le circuit fermé ABbaA, on obtiendrait comme résultat final, pour la différence de niveau de ce point par rapport à lui-même, au lieu d'une quantité nulle, la différence h'—h, ce qui est absurde.

Ces anomalies disparaissent dans les deux théories dont nous allons maintenant indiquer le principe et le mode d'application.

II. Théorie orthométrique.

8. Principe et formule. — La *théorie orthométrique* [2] a pour but, avons-nous dit, de conserver la définition habituelle de l'*altitude* et de corriger les résultats du nivellement pour faire en sorte que les altitudes obtenues représentent effectivement les *distances verticales de chaque point à la surface moyenne des mers* (ou plutôt à une *surface de niveau zéro* aussi proche que possible de cette surface moyenne, et définie par sa distance verticale à un point fixe choisi comme *repère fondamental*, voir chap. V, § 1).

Voici comment on peut calculer cette correction.

---

1. On trouve 65 millimètres en plus ou en moins sur la différence de niveau entre Avignon (altitude 23 mètres) et Clermont-Ferrand (altitude 358 mètres), suivant que l'on passe par Lyon, Roanne et Gannat d'une part, ou bien par Alais, Villefort et Brioude.

2. Le principe en a été indiqué pour la première fois par M. Wittstein (*Astronomische Nachrichten*, 1873, n° 1939).

Soient (fig. 4) :

AMB, le cheminement suivi,
XY, la surface de niveau zéro,
$Aa = H_0$; $Mm_0 = H'$; $Nn_0 = H$; $Bb = H_1$, les altitudes orthométriques des points A, M, N et B, mesurées sur les verticales de
ces points.

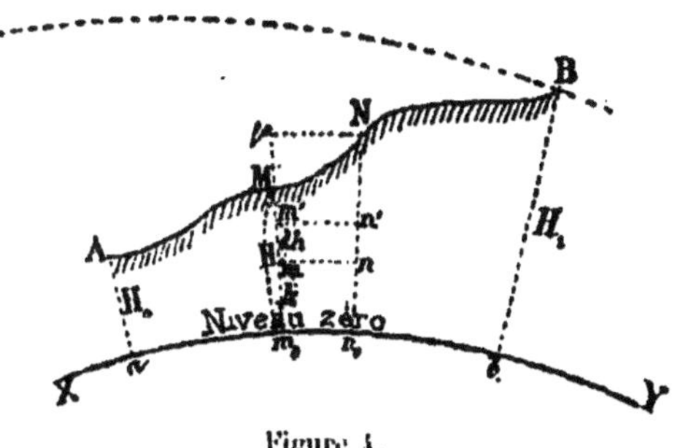

Figure 4.

Connaissant H_0 et les différences partielles de niveau
successivement fournies par les stations intermédiaires
du nivellement comprises entre A et B, on en déduit, par
le procédé habituel, les *altitudes brutes* de tous les points
intermédiaires, et finalement celle du point B.

On démontre facilement que, pour transformer ces
altitudes brutes en *altitudes orthométriques*, il suffit d'ajouter à chaque différence partielle de niveau une correction : [1]

$$\varepsilon = -2\alpha H . \sin 2l . dl \qquad (2)$$

H et l désignent respectivement l'*altitude* et la *latitude* moyennes de
la station ;
dl,   la différence de latitude des deux extrémités ;
α,   une constante égale à 0,0026.

1. Établissement de la formule de correction orthométrique. —
Nous avons donné de cette formule (*Annales des Ponts et Chaussées*, 1887),
la démonstration suivante :
Considérons une station MN (fig. 4).
D'après la figure, pour déterminer l'*altitude orthométrique* du point N,

Cette correction, comme on le voit, est proportionnelle

connaissant celle H′ du point M, et la différence de niveau Mμ des deux points M et N, on a la relation identique :

$$H = H' + M\mu - (\mu m_0 - N n_0)$$

Il faut évaluer la quantité entre parenthèses.

Décomposons pour cela les hauteurs μm_0 et $N n_0$ en éléments infiniment petits, au moyen de surfaces intermédiaires de niveau, telles que mn et $m'n'$.

Posons :

$$m_0 m = h ; \quad m m' = dh,$$

et soit g la valeur *normale* de la pesanteur au point m, c'est-à-dire la valeur donnée par la formule de Clairaut, complétée, d'après la règle de Bouguer, par un terme représentant l'influence de l'altitude :

$$g = g_{45}^0 \, (1 - \alpha \cos 2l - \beta h) \qquad (1)$$

g_{45}^0 accélération de la pesanteur au niveau de la mer, sous la latitude de 45°,

l latitude du point m,

h altitude   id.

$$\alpha = 0,0026 ; \quad \beta = 0,000000196$$

Entre les deux surfaces de niveau mn, $m'n'$, on a, comme nous l'avons montré précédemment (n° 5) :

$$g . dh = \text{constante}$$

ou, en différentiant par rapport à l :

$$g . d^2h + (dg)_l \, dh = 0$$

d'où :

$$d^2h = - \frac{(dg)_l}{g} \, dh.$$

d^2h mesurant la différence $mm' - nn'$.

Mais l'équation (1), différentiée par rapport à l, donne :

$$(dg)_l = 2\alpha g_{45}^0 \, \sin 2l . dl$$

Par suite, on a :

$$d^2h = \frac{- 2\alpha \sin 2l . dl . dh}{1 - \alpha \cos 2l - \beta h}$$

ou, en négligeant les quantités de l'ordre de α^2, de $\alpha\beta$, ou de β^2 :

$$d^2h = - 2\alpha \sin 2l . dl . dh$$

Si nous intégrons pour toute la hauteur $H = N n_0$, il vient :

$$\varepsilon_N^M = \int_0^H d^2h = \mu m_0 - N n_0 = - 2\alpha \sin 2l . dl . \int_0^H dh = - 2\alpha H . \sin 2l . dl.$$

C. Q. F. D.

23

à l'altitude moyenne de la station. Nulle au pôle, où $l = 90°$, et à l'équateur où $l = 0°$, elle atteint son maximum sous la latitude de 45°. Elle est négative quand on marche vers le nord ($dl > 0$), positive dans le sens contraire.

La correction totale entre le point initial A et l'extrémité B du cheminement s'obtiendra en intégrant l'expression précédente, par rapport à l, entre les deux limites l_0 et l_1, latitudes des points extrêmes, H étant considéré comme une fonction de l, définie par le profil même du cheminement dans l'intervalle de A à B.

On a donc :

$$\overset{B}{\underset{A}{\iota}} = -2\alpha \int_{l_0}^{l_1} \text{H}.\sin 2l.dl \qquad (2\ bis)$$

9. Détermination graphique de la correction orthométrique. — Cette intégrale peut être représentée *graphiquement* et calculée *mécaniquement* d'une manière très simple.

Construisons en effet (fig. 5) une courbe AMPB ayant pour abscisses

$$x = -\alpha \cos 2l \qquad (3)$$

et, comme ordonnées, les valeurs correspondantes de H pour tous les points du profil nivelé, définis individuellement par leur latitude l et par leur altitude H. C'est une sorte de *projection anamorphosée* de ce profil sur le plan d'un méridien.

L'aire élémentaire dS comprise entre la courbe et deux ordonnées voisines Mm_0, Nn_0, a pour expression :

$$dS = \text{H}dx,$$

ou bien, en remplaçant dx par sa valeur obtenue en différentiant l'équation (3) :

$$dS = \text{H} \times 2\alpha \sin 2l.dl,$$

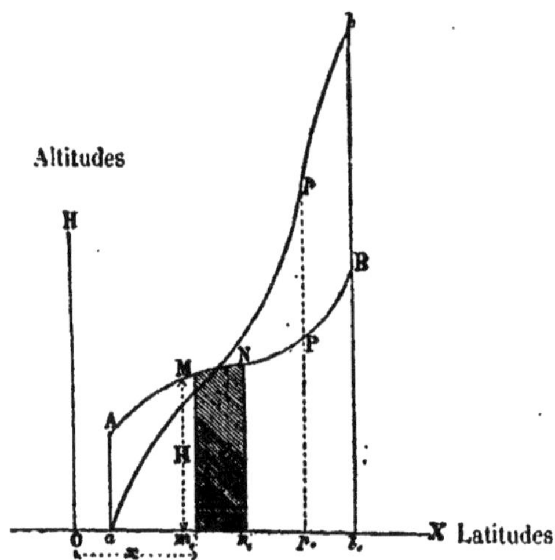

Figure 5.

c'est-à-dire précisément, au signe près, la correction ε_{M}^{N} exprimée par la formule (2).

Entre le point A et le point N, la correction — que nous appellerons *orthométrique* — est donc représentée par la somme des aires élémentaires telles que $M m_0 n_0 N$; par suite elle est égale à l'aire $A a n_0 N A$ du profil, prise avec le signe *moins*.

Pour un polygone fermé, tel que celui représenté fig. 6, cette correction serait représentée par l'aire totale comprise dans l'intérieur de la courbe correspondante, construite comme nous venons de le dire.

Ces aires s'évaluent de la manière la plus commode à l'aide d'un planimètre. On n'a pas ainsi à s'occuper des boucles que peut former la courbe, ni des changements de signe qui peuvent en résulter pour la correction.

Si l'on porte sur l'ordonnée de chacun des points, tels que P, par exemple, du profil AMB (fig. 5), une longueur $p_0 p$ égale à la correction, changée de signe, afférente au point P, c'est-à-dire proportionnelle à l'aire $A a p_0 P A$, le lieu *apb* des points obtenus est ce qu'on appelle la *courbe intégrale* du profil AMB.

Cette courbe peut être obtenue mécaniquement, d'une façon très simple, en faisant usage d'un des instruments connus sous le nom d'*intégraphes*.

Pendant que l'une des *pointes* de l'appareil suit le chemin AMB, le *style* conjugué trace, sur le papier, la courbe *apb*.

Application. — La fig. 6 montre l'application de la méthode précédente à un polygone du Réseau fondamental du Nivellement général de la France, choisi dans la région des Cévennes (voir Chap. III, § 1, la carte du Réseau, polygone Q′).

On a tracé un canevas composé :

1° d'horizontales équidistantes cotées de 100 en 100 mètres, représentant les altitudes H ;

2° de verticales espacées suivant les valeurs de l'expression

$$x = - \alpha \cos 2l = - 2^{mm}6 \cos 2l,$$

quand on y remplace l successivement par 49ᵍ, 50ᵍ... 52ᵍ [1].

Sur ce canevas, on a porté les points principaux du cheminement, c'est-à-dire les points de changement brusque de direction ou de pente, définis chacun par sa latitude l et par son altitude H, et l'on a réuni par un trait continu ABRTA, les points déterminés ainsi.

On a tracé ensuite la *courbe intégrale a b r t a′* du profil ABRTA. Les ordonnées telles que $b\beta$, de cette courbe, représentent les *corrections orthométriques* afférentes aux *altitudes brutes* des points B correspondants, obtenues en partant de l'*altitude orthométrique*, supposée connue,

---

1. On a adopté, pour la construction de ces profils, la division *centésimale* du cercle en *grades*, qui se prête mieux à l'estime des fractions d'unités.

du point initial A. Ainsi cette correction atteint à Roanne
92 millimètres pour une altitude de 300 mètres.

**Correction orthométrique d'un cheminement polygonal
du Nivellement général de la France**

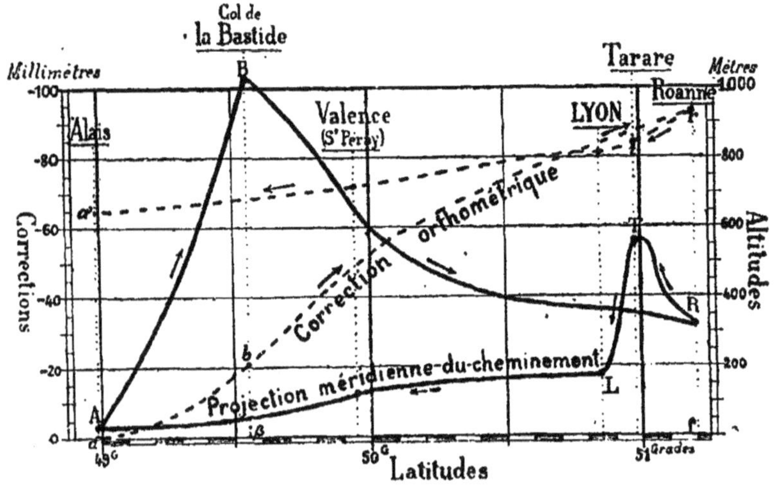

Figure 6.

L'ordonnée *aa'* de la courbe intégrale, quand on est
revenu au point A de départ (en suivant le cheminement
dans le sens des flèches), mesure l'*écart théorique de fermeture*[1] du polygone en raison de la variation de la pesanteur. — Cet écart — que nous appellerons l'*écart orthométrique de fermeture* — atteint, dans le cas représenté
sur la figure, le chiffre de *65 millimètres*.

Or, d'après le calcul des probabilités, si l'on admet
pour les opérations mêmes du nivellement une erreur
accidentelle probable de 1 millimètre par kilomètre, répondant à un degré de précision fréquemment obtenu,

1. C'est à dire, *en supposant les opérations totalement exemptes d'erreurs*,
la différence finale de niveau que l'on trouverait en revenant au point de
départ.

l'*écart brut de fermeture*[1] du polygone, en raison des seules *erreurs d'observations*, ne devrait pas dépasser en moyenne (la longueur du circuit étant de 741 kilomètres) :

$$1^{mm} \sqrt{741^{kil}} = 27 \text{ millimètres.}$$

La simple comparaison de ces deux chiffres suffit à montrer, en passant, que les corrections dues à la variation de la gravité ne sont plus négligeables dès que le nivellement sort des pays peu ondulés, comme les plaines de l'Allemagne du Nord, de la Russie ou de la Hollande, pour aborder les contrées plus accidentées du Centre ou du Midi de l'Europe.

III. Théorie dynamique.

10. Principes et définitions. — La seconde théorie[2] est basée sur la propriété fondamentale de l'*équidistance dynamique* des surfaces de niveau[3] (n° 6).

Elle consiste à remplacer, dans le calcul de la différence de niveau de deux points, *l'écartement géométrique* dH des surfaces de niveau infiniment voisines que l'on rencontre successivement dans l'opération, par *le travail* que la *pesanteur* développerait sur la *masse de l'unité de poids* tombant de cette même quantité dH. — Quel que soit le point où l'on se trouve, ce travail est constant, comme nous l'avons montré, quand on passe d'une surface de niveau à une autre.

Si l'on représente par g°_{0} l'accélération de la pesanteur

---

1. Somme *algébrique* de toutes les différences partielles de niveau, pour le circuit complet.

2. M. Helmert en a, le premier, exposé nettement les principes en 1873 (*Astronomische Nachrichten*, n° 1939).

3. Ou, en d'autres termes, sur la *constance du potentiel* dans l'étendue de chacune de ces surfaces.

au niveau de la mer et sous la latitude de 45° [1], la masse de l'unité de poids est $\dfrac{1}{g^0_{45°}}$ [2], et le travail nécessaire pour l'élever de la quantité dH, a pour expression [3] :

$$\frac{1}{g^0_{45°}}\, g.\, dH,$$

g étant l'accélération de la pesanteur au point considéré.

Entre deux points donnés A et B, le travail total — que nous appellerons la *différence dynamique de niveau* Δ^B_A — est l'intégrale de l'expression précédente :

$$\Delta^B_A = \int_A^B \frac{g}{g^0_{45°}}\, dH \qquad (4)$$

au lieu que, d'après l'ancienne définition, la *différence brute de niveau* est représentée par

$$d^B_A = \int_A^B dH \qquad (5)$$

Si le point A appartient à la *surface de comparaison*

1. C'est-à-dire, pratiquement, la *valeur moyenne* de g dans ces conditions, calculée d'après l'ensemble des mesures de la pesanteur.

2. En effet, si, dans la formule connue :
$$P = Mg,$$
qui lie entre eux le *poids* P et la *masse* M d'un corps avec l'*accélération* g de la pesanteur, nous faisons : $P = 1$ et $g = g^0_{45°}$, nous avons bien :
$$M = \frac{1}{g^0_{45°}}.$$

3. Si l'on exprime dH en *mètres*, et si l'on prend comme *unité de poids* le *kilogramme absolu* (poids de 1 décimètre cube d'eau distillée, à 4°, *sous la latitude de 45° et au niveau de la mer*), le travail se trouve évalué en *kilogrammètres absolus* (*unité de travail* représentant l'énergie dépensée pour élever la masse de 1 kilogramme à 1 mètre de hauteur, *à partir du niveau de la mer, sous la latitude de 45°*).

En raison de la variabilité de g, le *kilogramme*, tel qu'il est défini par les *étalons* identiques existant dans les divers pays, représente, en réalité, non un *poids*, mais une *masse invariable*. Au fond, il est vrai, ce qui importe, dans les usages de la vie, c'est à proprement parler la *masse* des objets et non leur *poids*.

(surface de niveau zéro), la formule (4) exprime ce que nous appellerons la *cote dynamique* C du point B :

$$C = \int_0^B \frac{g}{g_{45}^0} \, dH ; \qquad \text{(4 bis)}.$$

C'est, comme on le voit, *le travail qu'il faut dépenser pour vaincre la pesanteur en allant de la surface de niveau zéro jusqu'au point B.*

La formule (4) peut s'écrire aussi :

$$\Delta_A^B = \int_0^B \frac{g}{g_{45}^0} \, dH - \int_0^A \frac{g}{g_{45}^0} \, dH.$$

C'est-à-dire que la *différence dynamique de niveau de deux points est égale à la différence de leurs cotes dynamiques.*

11. Formules. — Voyons comment, en pratique, on peut obtenir les cotes dynamiques d'un profil nivelé.

Remplaçons, dans l'équation (4), le quotient $\dfrac{g}{g_{45}^0}$ par l'expression équivalente $1 + \gamma$

$$\gamma = \frac{g - g_{45}^0}{g_{45}^0}$$

γ désignant ce que nous appellerons la *variation relative de la pesanteur.* Il vient :

$$\Delta_A^B = \int_A^B dH + \int_A^B \gamma \, dH = d_A^B + \int_A^B \gamma \, dH.$$

Cela veut dire que la *différence dynamique de niveau* de deux points A et B s'obtient en ajoutant à leur *différence brute de niveau,* une *correction dynamique* :

$$\eta_A^B = \int_A^B \gamma \, dH. \qquad (6)$$

Reste à évaluer cette correction.

12. Corrections dynamiques absolues. — Si l'on pouvait mesurer directement la pesanteur, ou du moins si l'on possédait un instrument, à la fois portatif et suffisamment exact, donnant la *variation relative* de g ', le calcul de η_A^B s'effectuerait aisément de la manière suivante : On construirait une courbe, telle que AMB (fig. 7), ayant pour abscisses les valeurs successives de γ le long du cheminement, et, pour ordonnées, les altitudes approchées H des points correspondants.

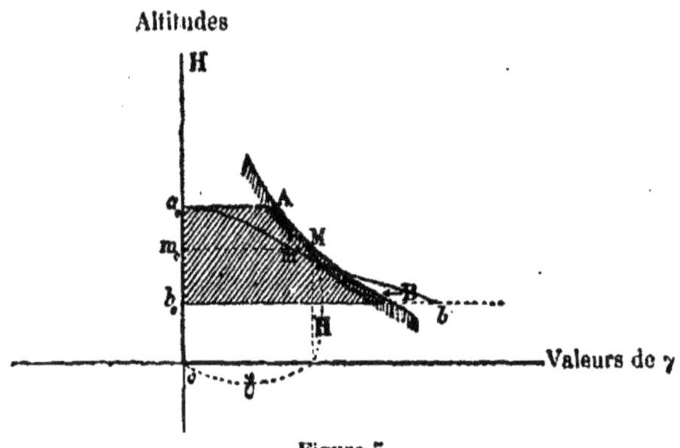

Figure 7.

L'aire de cette courbe entre les horizontales Aa_0, Bb_0, par exemple, aurait, comme on sait, pour expression :

$$S = \int_A^B \gamma\, dH$$

1. Le problème de la construction d'un pareil instrument doit être singulièrement facilité par ce fait que, pour les besoins du nivellement, il n'est pas nécessaire de déterminer g avec une très grande approximation.

Ainsi, connaissant g le long du cheminement au 10 000ème près de sa valeur, comme erreur accidentelle maxima (soit avec la 3e décimale exacte), on n'aurait pas à craindre, de ce chef, une erreur probable supérieure à $0^{mm},033$ par mètre de différence de niveau ; soit, pour une différence de niveau D, une erreur probable de

$$0^{mm}033\sqrt{D}$$

(soit, par exemple, 1 millimètre pour 1000 mètres de différence d'altitudes).

Ce serait donc la correction cherchée η_A^B.

Pour un nivellement polygonal revenant au point de départ, la correction à apporter, du chef de la variation de g, à l'*écart brut de fermeture* du polygone, — c'est-à-dire, au signe près, l'*écart dynamique de fermeture*, — serait égale à l'aire comprise dans l'intérieur de la courbe fermée, construite d'après la règle précédente.

Comme pour la correction orthométrique, on pourrait évaluer ces aires à l'aide du planimètre, ou bien employer un *intégraphe* pour tracer la *courbe intégrale* $a_0 mb$ du profil AMB; les abscisses, telles que $m_0 m$, de cette courbe, représenteraient les *corrections dynamiques* afférentes aux différences brutes de niveau des points M correspondants, par rapport au point A de départ.

13. Corrections dynamiques provisoires. —En attendant l'appareil qui donnera g directement, on peut, *comme première approximation*, se contenter de la variation relative de la pesanteur, déduite de la formule de Clairaut-Bouguer (voir p. 365, formule 1) :

$$g = g_{v_0}^0 \, (1 - \alpha \cos 2l - \beta H).\qquad\text{(1)}$$

d'où l'on tire :

$$\gamma = - \alpha \cos 2l - \beta H$$

Portant cette valeur dans l'équation (6), on a :

$$\eta_A^B = - \alpha \int_A^B \cos 2l.dH - \beta \int_A^B H.dH$$

ou enfin :

$$\eta_A^B = - \alpha \int_A^B \cos 2l.dH - \beta \frac{H_B^2 - H_A^2}{2}\qquad\text{(6 \textit{bis})}$$

H_A et H_B étant les altitudes brutes des points A et B.

A. — *Correction dynamique d'altitude.* — Dans le second membre de la formule précédente, le dernier terme, dépendant de l'*altitude*, peut s'écrire :

$$z_1 = -\beta \frac{H_B + H_A}{2}(H_B - H_A) = -\beta\left(\frac{H_A + H_B}{2}\right)d_A^B, \qquad (7)$$

c'est-à-dire que la *correction dynamique d'altitude* entre deux points donnés est proportionnelle à leur *altitude moyenne* et à leur *différence brute de niveau*.

Pour un polygone fermé, cette correction est nulle, puisque

$$d_A^B = H_B - H_A = 0.$$

Si le point A se trouve au niveau zéro,

$$H_A = 0,$$

la correction dynamique d'altitude se réduit à :

$$z_1 = -\frac{\beta}{2} H_B^2 .$$

Elle est proportionnelle au carré de l'altitude du point B.

L'*échelle double* ci-contre (fig. 8), donne la valeur de cette correction pour des altitudes comprises entre 0 et 2.000 mètres. On y voit, par exemple, qu'à 100 mètres elle n'atteint pas 1 millimètre, tandis qu'elle dépasse 35 centimètres à 2.000 mètres de hauteur.

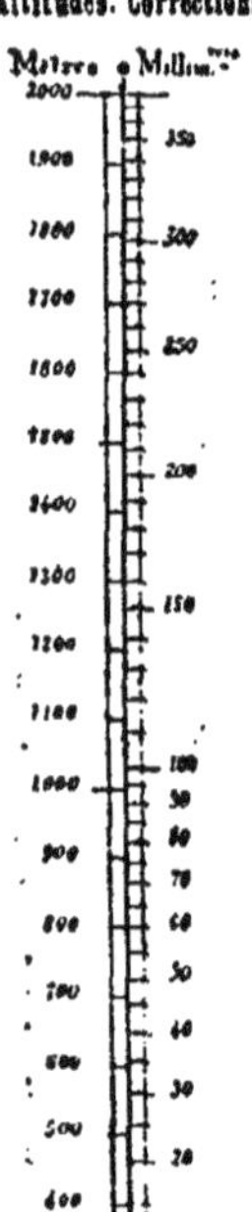

Figure 8.

B. *Correction dynamique de latitude.* — Le premier terme du second membre de l'équation (6 *bis*) :

$$z_2 = -\alpha \int_A^B \cos 2l.\,dH.$$

— que nous appellerons la *correction dynamique de latitude* — peut se calculer — comme nous l'avons fait (n° 9) pour la correction orthométrique — en construisant une projection anamorphosée du profil nivelé sur le plan d'un méridien, avec des *abscisses* égales à — $\alpha \cos 2l$, et les altitudes H correspondantes pour *ordonnées*.

Mais, dans ce cas, comme dans celui du n° 12, la correction pour une section AB, par exemple, du profil, est égale à l'aire comprise, non plus entre les deux *ordonnées* des points extrêmes A et B, mais entre les *horizontales* des mêmes points.

. *L'erreur théorique de fermeture* d'un polygone est encore représentée, dans ce cas, par l'aire totale de la courbe fermée correspondante. — Par suite, *l'écart dynamique de fermeture est égal à l'écart orthométrique.*

C. *Application.* — Pour rendre les comparaisons plus faciles, on a appliqué (fig. 9) cette méthode au même cheminement polygonal dont la fig. 6 donne déjà la *correction orthométrique.*

Ayant construit, comme dans le premier cas, la *projection méridienne anamorphosée* ABRTA du cheminement, on a déterminé la *courbe intégrale* $a_0 b_0 r_0 t_0 a_0'$ de ce profil par rapport à la verticale répondant à la latitude de 50^g ; puis, sur l'ordonnée de chacun des points, tels que B, du cheminement, on a porté à partir de la base, une longueur βb égale à l'ordonnée horizontale correspondante $\beta_0 b_0$ de la *courbe intégrale* ; on a obtenu ainsi la ligne $a b r t a'$, qui exprime la *correction dynamique de latitude.*

Chacune des ordonnées βb de cette ligne a été ensuite prolongée d'une quantité bb' égale à la différence des *corrections d'altitude* — prises directement sur l'échelle de la fig. 8 — respectivement pour le point B du profil et pour le point initial A.

Le lieu $a b' r' t' a'$ des points b' ainsi déterminés figure la *correction dynamique totale* du cheminement. L'ordonnée finale $a a'$, changée de signe, mesure *l'écart dynamique de fermeture* du polygone.

**Correction dynamique d'un cheminement polygonal
du Nivellement général de la France.**

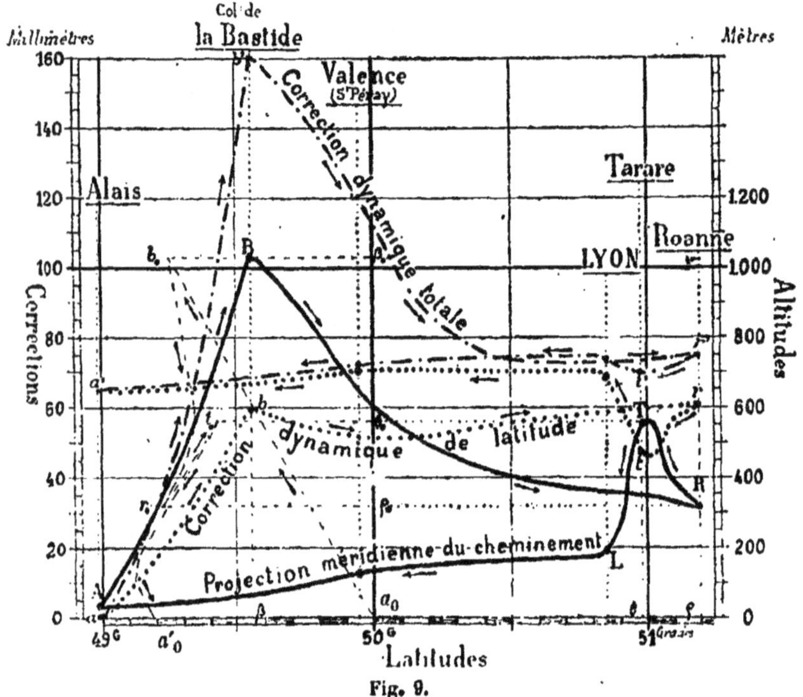

Fig. 9.

On voit, par exemple, que pour *Roanne*, où la *correction orthométrique* dépasse 90 millimètres, la *correction
dynamique totale* n'en atteint pas 75. Au *col de la Bastide*,
au contraire, on a 160 millimètres environ de *correction
dynamique*, contre 25 seulement de *correction orthométrique*.

**14. — Abaque donnant la correction dynamique
pour une différence donnée de niveau.** — A défaut
du procédé graphique pour calculer la *correction dyna-*

mique, on peut faire usage de l'*abaque* ci-contre [1] (fig. 10), qui donne séparément les deux *corrections de latitude* r_{l_2}, et *d'altitude* r_h, pour les valeurs des variables comprises entre les limites suivantes :

1° La *latitude* l, entre 43 et 57 grades (deux parallèles embrassant toute la France) ;

2° L'*altitude* H, entre 0 et 1200 mètres (limites pratiques entre lesquelles s'effectuent les nivellements de précision dans notre pays) ;

3° La *différence de niveau* d, entre 0 et 20 mètres (différence rarement dépassée entre deux repères consécutifs).

La *correction de latitude*, pour la France, atteint son maximum positif vers Dunkerque, où elle dépasse $0^{mm}53$ par mètre de différence de niveau ; elle est nulle dans la région du parallèle de $45°$ (50^g), où elle change de signe ; elle atteint son maximum négatif à la pointe des Pyrénées-Orientales, où elle est de $0^{mm}27$ par mètre.

La *correction d'altitude*, au contraire, par suite de la configuration du relief de notre sol, est presque nulle dans la France septentrionale ; mais elle atteint $0^{mm},21$ par mètre au Lioran, le point le plus élevé de passage des chemins de fer français (1.152 mètres).

15. Transformation des altitudes orthométriques en cotes dynamiques. — On peut se proposer de passer de l'un des systèmes à l'autre ; en d'autres termes, connaissant, par exemple, l'*altitude orthométrique* H d'un point B, on peut chercher sa *cote dynamique* C, ou inversement.

Imaginons que l'on s'élève, par la pensée, le long de la verticale du point B considéré, depuis le niveau zéro

---

1. Cet abaque a été établi d'après un procédé général, dont le principe se trouve indiqué dans une note insérée aux Comptes-rendus de l'Académie des Sciences (séance du 26 mars 1886) : *Sur une nouvelle méthode générale de calcul graphique au moyen des abaques hexagonaux*, par M. Ch. Lallemand.

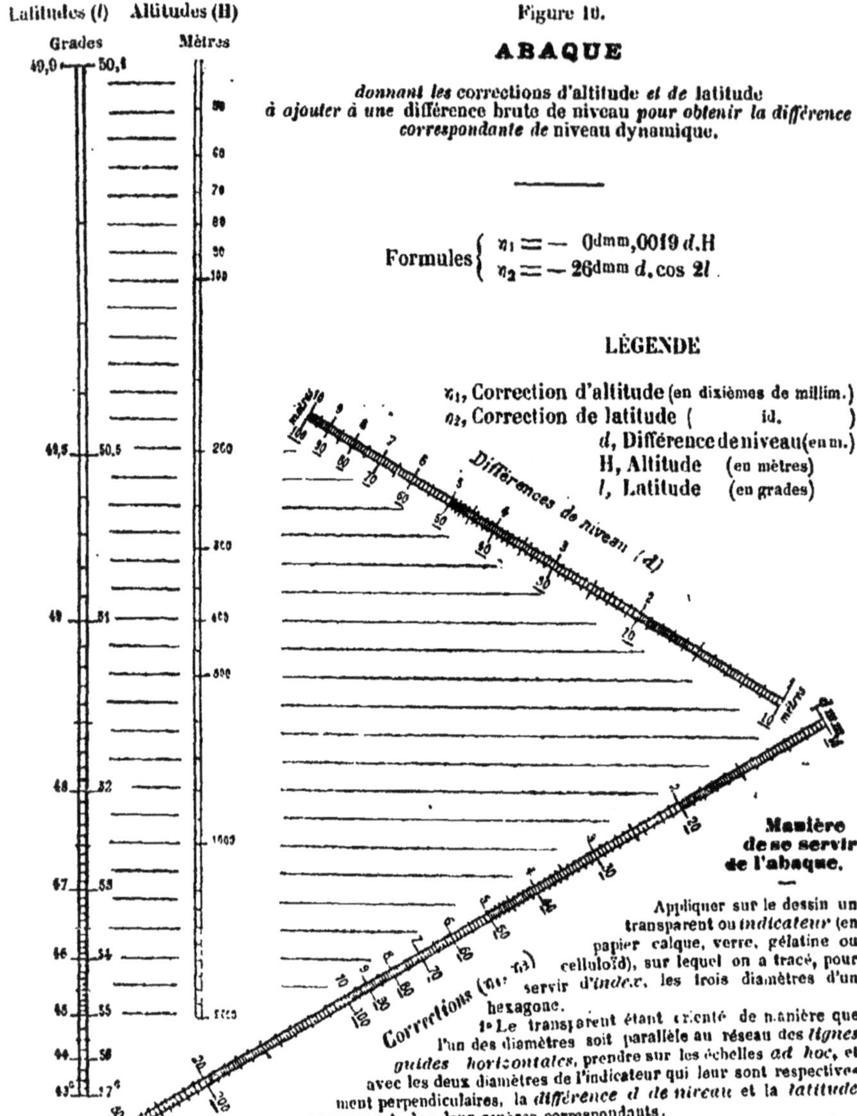

Appliquer sur le dessin un transparent ou *indicateur* (en papier calque, verre, gélatine ou celluloïd), sur lequel on a tracé, pour servir d'*index*, les trois diamètres d'un hexagone.

1° Le transparent étant orienté de manière que l'un des diamètres soit parallèle au réseau des *lignes guides horizontales*, prendre sur les échelles *ad hoc*, et avec les deux diamètres de l'indicateur qui leur sont respectivement perpendiculaires, la *différence d de niveau* et la *latitude moyenne l* des deux repères correspondants. A la rencontre du troisième diamètre avec l'échelle correspondante, on lira la *correction n_2 de latitude*. Cette correction doit être prise avec le *signe de la différence de niveau*, pour les latitudes *supérieures à 50°*, et avec le signe contraire pour les latitudes *inférieures à 50°*.

2° Déplacer le transparent perpendiculairement à l'échelle des différences de niveau, de manière que, tout en gardant la même division sous l'index correspondant à cette échelle, on lise avec le diamètre horizontal de l'indicateur et sur l'échelle *ad hoc*, l'*altitude moyenne* H des deux repères. On aura alors, en face du troisième index, la *correction* cherchée n_1 *d'altitude*, à prendre avec un signe contraire à celui de la *différence de niveau* — sauf dans le cas, très exceptionnel, de régions situées en contre-bas du niveau de la mer (H négatif). Pour les différences de niveau comprises entre 10 et 100 mètres, prendre pour les chiffres soulignés de l'échelle des *corrections n_1 et n_2*.

jusqu'au point B lui-même, on a, en vertu des équations 4 *bis* (n° 10) et 1 (n° 13) combinées :

$$C = \int_0^B \frac{g}{g_{45°}^0}\, dH = \int_0^B dH - \alpha \cos 2l \int_0^B dH - \beta \int_0^B H\, dH.$$

Mais la latitude étant ici constante $(dl = 0)$ la *correction orthométrique* ε_0^B (équation 2bis, n° 8) est *nulle*; par suite, $\int_0^B dH$ représente *exactement* l'altitude orthométrique H du point B, et l'on a :

$$C = H - \alpha\, H \cos 2l - \frac{\beta}{2}\, H^2.$$

D'où, en désignant par ζ *l'appoint dynamique*, c'est-à-dire la quantité à ajouter à une altitude orthométrique pour la transformer en cote dynamique :

$$\zeta = C - H = - \alpha\, H \cos 2l - \frac{\beta}{2}\, H^2. \tag{8}$$

16. Abaque donnant l'appoint dynamique. — Cette relation entre les trois variables l, H et ζ peut être traduite en abaque.

Prenons, en effet (fig. 11), un canevas rectangulaire constitué, comme celui de la fig. 9 :

1° par des horizontales espacées proportionnellement aux *altitudes* ;

2° par des ordonnées chiffrées suivant les *latitudes*, et espacées proportionnellement aux valeurs de l'expression :

$$x = - \alpha \cos 2l.$$

Portons sur ce canevas les systèmes de valeurs de H et de l qui satisfont ensemble à l'équation (8) dans laquelle on a fait préalablement :

$$\zeta = 1^{mm}\ldots,\ 2^{mm}\ldots,\ 1^{cent}\ldots,\ 10^{cent}\ldots,\ \text{etc.}$$

Figure 11.

Abaque donnant l'appoint à ajouter à une altitude orthométrique pour obtenir la cote dynamique correspondante.

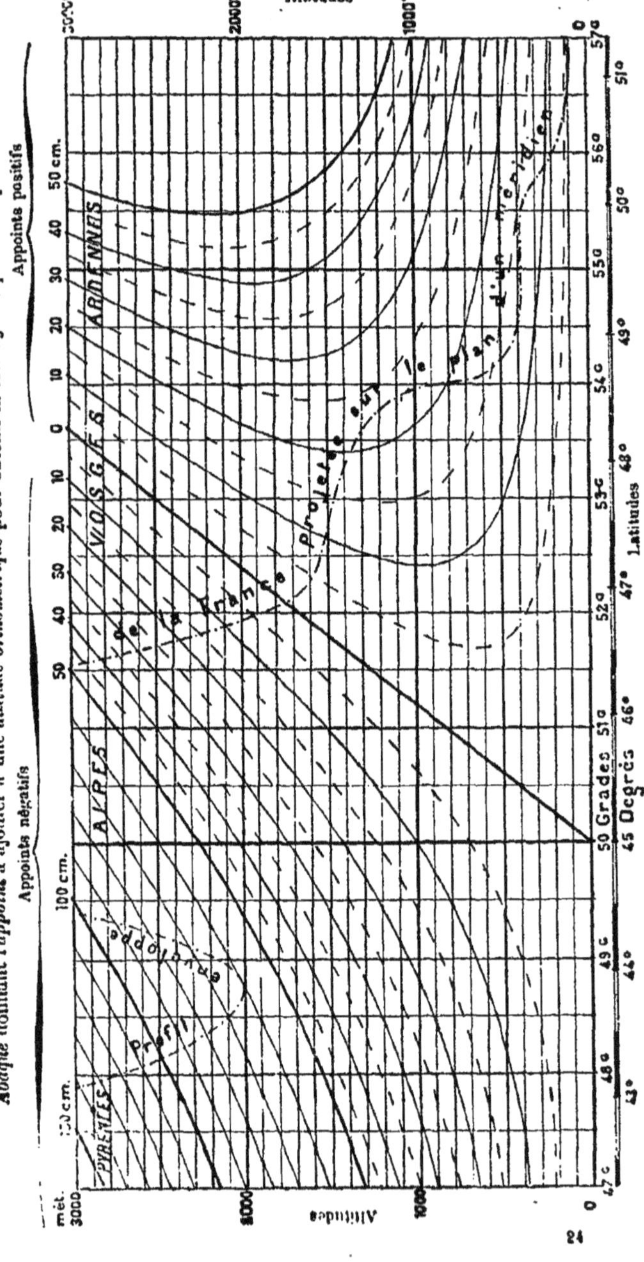

Joignons par un trait continu les points répondant à une même valeur de ζ; les courbes obtenues auront des équations de la forme :

$$Hx - \frac{\beta}{2} H^2 = \zeta \text{ (constant)}.$$

Ces courbes sont des hyperboles dont les asymptotes communes, déterminées par la condition : $\zeta = 0$, sont :

1° L'axe des latitudes $\qquad\qquad H = 0$.

2° La droite oblique cotée
zéro d'appoint dynamique $\left\{ \quad x = \frac{\beta}{2} H. \right.$

Le diagramme ci-dessus donne pour l'étendue de la France, c'est à dire entre les limites de 47 à 57 grades pour les latitudes, et de 0 à 3000 mètres pour les altitudes, la série de ces hyperboles cotées.

Tout point du relief, défini par sa *latitude* et par son *altitude*, se trouve représenté sur cet abaque par un point. La *cote* de l'hyperbole qui passe par ce point, exprime, en centimètres, l'*appoint dynamique* cherché.

Pour délimiter la zône utile dans cette table graphique, on y a figuré le *profil enveloppe* du relief de la France projeté sur le plan d'un méridien, c'est-à-dire, en d'autres termes, le lieu des points les plus élevés sous chaque latitude.

On voit, sur ce diagramme, que dans le nord de la France, la différence entre les deux systèmes d'altitudes dépasse rarement 10 centimètres; au contraire, dans les Pyrénées, elle peut atteindre jusqu'à 1^m60, mais pour des hauteurs de 3.000 mètres au moins.

IV. Résumé et Conclusions.

17. Résumé. — D'après la *théorie actuelle* du nivellemènt géométrique, le relief du sol, rapporté à la *surface* *de niveau zéro*, se trouverait déterminé par ses intersections avec une série de *surfaces auxiliaires, parallèles et de niveau*, ayant chacune pour caractéristique d'être affectée d'une *cote unique* dans toute son étendue.

Or, nous l'avons démontré, le *parallélisme* et la *conservation du niveau* sont deux propriétés incompatibles. Il faut opter pour l'une ou pour l'autre.

La *théorie orthométrique*, calculant la *distance* (en *mètres*) de chaque point du relief à la surface de niveau zéro, sacrifie la considération du niveau pour conserver le *parallélisme* des surfaces auxiliaires.

La *théorie dynamique*, au contraire, détermine (en *kilogrammètres*) le *travail* à dépenser, en raison de la pesanteur, pour s'élever du repère ou de la surface de niveau zéro à tous les autres repères. Elle conserve ainsi les surfaces de *niveau*, en se résignant à perdre le bénéfice de l'équidistance géométrique.

Les deux systèmes ont chacun leurs avantages et leurs inconvénients.

18. Critique de la théorie orthométrique. — Avec la théorie orthométrique, la définition habituelle de l'altitude n'est pas modifiée ; les corrections à apporter aux résultats bruts du nivellement sont relativement faibles et régulières d'allure.

Dès lors il suffit de les introduire dans le calcul des altitudes du Réseau fondamental des nivellements, sans avoir à s'en préoccuper pour les opérations de détail qui viendront plus tard s'appuyer sur ce réseau.

En revanche, on peut faire à cette méthode les critiques suivantes :

1° Les *altitudes orthométriques* des points nivelés ne peuvent rigoureusement être données comme étant les *distances* de ces points à la surface de comparaison, puisque ces altitudes sont mesurées sur les trajectoires orthogonales des surfaces de niveau, et que ces trajectoires sont des *lignes courbes*.

2° Si l'on voulait rapporter le nivellement à une autre surface de niveau, celle-ci n'étant pas parallèle à la première, au lieu d'ajouter ou de retrancher simplement une constante à tous les résultats, comme on le fait d'habitude, il faudrait, en toute rigueur, appliquer *en chaque point* une *correction différente*.

3° Les surfaces de niveau n'étant pas parallèles, *les points d'une même surface de niveau ont des altitudes orthométriques différentes, et deux points de même altitude ne sont pas forcément de niveau.* Dès lors, *la différence de niveau* cessant d'avoir pour mesure la *différence des altitudes*, perd, dans cette théorie, toute espèce de sens.

La théorie orthométrique doit, dès lors, abandonner le nom de *nivellement* — qui, par son étymologie même, implique essentiellement, comme base du système, la recherche des *surfaces* ou des *courbes de niveau* — pour l'échanger contre la dénomination plus appropriée *d'altimétrie*, les courbes de même cote dans ce système étant appelées des *équialtes*, comme l'a proposé M. le colonel Goulier.

Les altitudes orthométriques offriraient un grand intérêt, si la surface de niveau zéro sur laquelle elles s'appuient se confondait avec *l'ellipsoïde de comparaison* [1]; car elles donneraient alors du relief du sol une véritable *définition géométrique*, dans toute l'acception du mot.

Mais à cause des attractions locales et des différences de densités des matières constitutives de l'écorce terrestre, la surface de niveau zéro, suivant les régions, s'écarte de l'ellipsoïde de comparaison, en dessus ou en dessous, de

---

1. Ellipsoïde (de *Bessel* ou de *Clarke*) représentant, d'après l'ensemble des mesures géodésiques, la *figure moyenne* de la terre.

quantités difficiles à calculer d'une manière exacte en l'état actuel de la science [1].

Tout au plus les altitudes orthométriques pourraient-elles, par leur comparaison avec les altitudes des mêmes points, déduites d'un *nivellement trigonométrique*, servir à déterminer les ordonnées correspondantes de la surface de niveau zéro, par rapport à l'ellipsoïde de comparaison. Mais ceci supposerait les *altitudes trigonométriques* dépouillées au préalable des *erreurs de réfraction* — soúvent considérables — que l'on parvient rarement à éviter, et plus difficilement encore à éliminer par le calcul.

Bref, l'objet *principalement géodésique* des altitudes orthométriques reste encore un but problématique.

19. Critique de la théorie dynamique. — Avec la méthode dynamique au contraire, où chaque surface de niveau est affectée d'une *cote unique, le passage d'un niveau à un autre se fait sans difficulté par l'addition d'une constante.*

On a fait à la théorie dynamique le reproche de conduire, en l'état actuel, à des résultats moins précis que la théorie orthométri , et cela parce qu'en l'absence d'un instrument propre à ... mesure rapide de la pesanteur, on est obligé de se contenter de la valeur de g donnée par la formule de Clairaut-Bouguer, dont le second terme, exprimant l'influence de l'altitude, est relativement incertain.

1. D'après M. Yvon Villarceau (Comptes-rendus de l'Académie des Sciences, tome LXXIII, n° 14. — 1871), la surface de l'Océan Pacifique, le long des côtes du Pérou, serait relevée d'une centaine de mètres au-dessus de l'ellipsoïde de comparaison, par suite de l'attraction exercée sur les eaux par le massif des Andes. On aurait constaté, d'autre part, dans le Caucase, des écarts de 10 à 20 mètres entre la surface de niveau et l'ellipsoïde.

Enfin, d'après M. Helmert *(Höhere Geodäsie)*, les exhaussements probables du *Geoïde* (surface moyenne des mers idéalement prolongée sous les continents) par rapport à l'*ellipsoïde de comparaison*, atteindraient plusieurs centaines de mètres sous les massifs continentaux ; des dépressions du même ordre existeraient au centre des principaux océans,

Mais cette situation changera complètement le jour, peu éloigné il faut l'espérer, où l'on pourra mesurer rapidement dans une région, sinon g lui-même, du moins son rapport $\frac{g}{g'}$ à une valeur g' déterminée avec toute la précision possible, en une station située au centre de la région considérée[1].

Il suffirait alors d'une dizaine de ces stations centrales, réparties convenablement sur tout le territoire de la France, pour permettre d'obtenir des cotes dynamiques irréprochables.

Les altitudes orthométriques ne pourront bénéficier en aucune façon de cette mesure directe de g, car il faudrait au préalable ramener à la surface de niveau zéro les valeurs de g obtenues à la surface du sol, et y introduire par conséquent ce même terme de variation en fonction de l'altitude, dont l'incertitude constitue actuellement le principal grief contre la méthode dynamique.

90. Conclusion. — Si la pesanteur variait notablement de l'équateur au pôle — comme c'est le cas pour certaines planètes, — la différence entre les résultats d'application des deux méthodes serait tellement frappante qu'elle n'aurait pu passer inaperçue, et que depuis longtemps on aurait dû faire un choix entre les deux systèmes. Sans nul doute, on aurait adopté le système dynamique, qui répond le mieux aux besoins de la pratique, puisque le travail de la gravité constitue, en fait, la véritable donnée utile à connaître, qu'il s'agisse de construire un chemin de fer, une route, un canal, ou d'alimenter d'eau une ville ou une usine.

1. Les remarquables résultats obtenus, à ce point de vue, par le Service géographique de l'armée, et dont M. le capitaine Defforges a récemment donné communication à l'Association géodésique internationale, font entrevoir la prochaine réalisation de ce vœu.

En réalité, les variations relatives de g ne dépassant pas 2 à 3 p. 1000 de part et d'autre de la valeur moyenne qui répond à la latitude de 45°[1], les différences respectives entre les cotes exprimées suivant les deux méthodes sont sans importance pratique, du moins pour la France. Le mieux est donc de publier côte à côte — comme a décidé de le faire le Comité du Nivellement général — les résultats des deux méthodes, qui ont chacune leur intérêt et leur objet spécial.

§ 2

INFLUENCE DU DÉFAUT DE SPHÉRICITÉ

DES SURFACES DE NIVEAU

91. Erreur de sphéricité. — Dans une station de nivellement où le niveau N (fig. 12) est placé à *égale distance* des deux mires aA, bB (comme cela a lieu généralement pour les nivellements de précision), l'*erreur de sphéricité* (écart Aα ou Bβ entre le *niveau vrai* αNβ et le *niveau apparent* AB) est la même pour le coup d'arrière et pour celui d'avant ; c'est-à-dire que :

$$A\alpha = B\beta = \frac{d^2}{2R} \tag{1}$$

d, *portée*, ou distance du niveau à la mire;
R, *rayon de courbure* moyen de la surface de niveau αNβ en N.

L'erreur de sphéricité disparaît donc dans la différence de niveau.

Mais ce résultat suppose que la courbure de la surface de niveau

---

[1] Le rapport $\dfrac{g}{g_{45}}$ est toujours très voisin de 1. Ses limites extrêmes sont respectivement : 1,0026 aux pôles terrestres, et 0,9974 à l'équateur et au niveau de la mer (ou 0,9970 si l'on s'élève en outre à une altitude de 000 mètres).

entre la mire d'arrière et l'instrument N est la même qu'entre celui-ci et la mire d'avant ; en d'autres termes, le profil de la surface de niveau dans la direction du cheminement doit être un cercle.

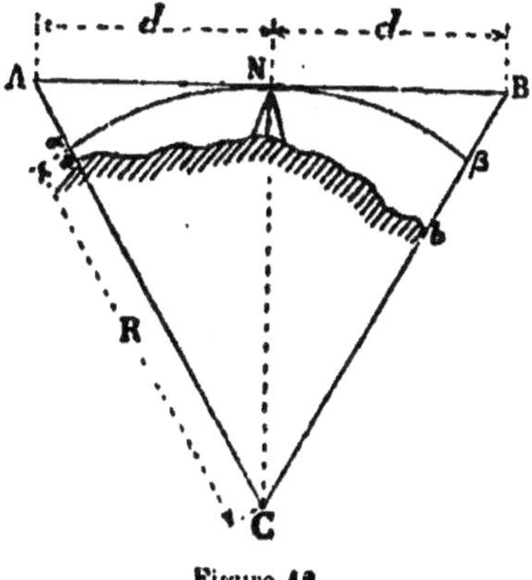

Figure 12.

Cette hypothèse est sensiblement exacte pour une opération restreinte, ou bien lorsque le profil est dirigé suivant un *parallèle* de latitude ; mais, lorsque le cheminement embrasse un arc notable de méridien, on peut se demander quelle erreur introduit dans les résultats le fait que les surfaces terrestres de niveau sont aplaties au pôle et renflées à l'équateur (ce qui suppose une courbure décroissant depuis cette dernière région jusqu'au pôle).

22. Calcul de l'erreur pour un nivellement le long d'un méridien. — Considérons (fig. 13) les stations successives, AB, BC, CD,... d'un cheminement dirigé du Sud vers le Nord suivant un méridien, le long d'une surface de niveau.

Soient : Aa, Bb, Bβ, Cc...... Dd, les *erreurs de sphéricité* correspondant aux *portées* successives NA, NB, etc..., supposées toutes égales entre elles.

L'erreur finale sur la différence de niveau entre les points A et D sera :

$$e = (Aa - Bb) + (B\beta - Cc) + (C\gamma - Dd). \qquad (2)$$

Mais les portées ayant toutes la même longueur d, et la courbure du profil décroissant, comme nous l'avons dit, depuis A jusqu'à D,

il en est de même par conséquent pour les erreurs de sphéricité,
c'est-à-dire que l'on a :

$$Aa > Bb > B\varsigma > Cc > C\gamma > Dd$$

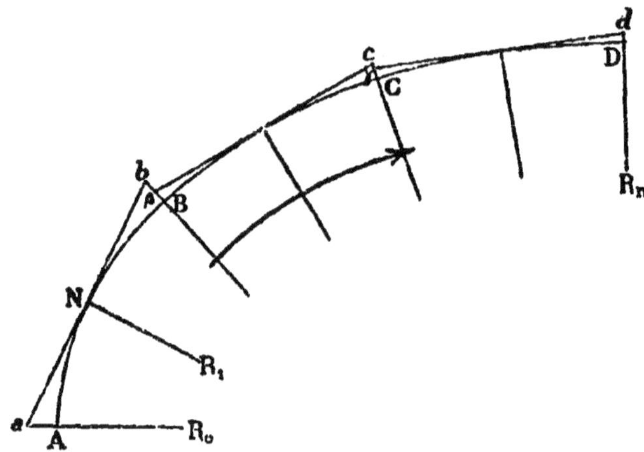

Figure 13.

Remplaçons, dans l'équation (2),

       Bς par la quantité plus grande Bb, et Cγ par Cc,

nous ne ferons qu'augmenter le second membre (lequel se réduira
simplement à $Aa - Dd$),   et nous aurons :

$$e < Aa - Dd$$

ou, en substituant à Aa et à Dd leurs valeurs déduites de la
formule (1) :

$$e < \frac{d^2}{2} \left\{ \frac{1}{R_0} - \frac{1}{R_n} \right\} \tag{3}$$

    R_0 et R_n étant les rayons de courbure correspondant aux deux
points extrêmes A et D du cheminement.

Pour un nivellement s'étendant de l'équateur jusqu'au pôle, avec
des portées moyennes de 100 mètres, par exemple, l'erreur totale ne
dépasserait pas $\frac{1}{400}$ de millimètre ! Elle est donc tout à fait négligeable.

Si le nivellement, au lieu de s'étendre le long du méridien, suivait une direction oblique, l'erreur se trouverait encore atténuée.

Enfin si le cheminement, au lieu de se tenir dans une surface de niveau, allait constamment en montant, par exemple, les rayons de courbure iraient progressivement en croissant et, les erreurs partielles correspondantes de sphéricité diminueraient, toutes choses égales d'ailleurs, à mesure qu'on s'élèverait. L'erreur finale serait donc encore plus faible que dans le cas précédent.

En résumé, dans aucun cas, il n'y a lieu de se préoccuper de cette cause d'inexactitude.

§ 3

THÉORIE DE LA RÉFRACTION TERRESTRE

DANS LE CAS SPÉCIAL DU NIVELLEMENT GÉOMÉTRIQUE.

23. Exposé. — La *réfraction astronomique*, c'est-à-dire la déviation qu'éprouvent les rayons lumineux en traversant l'épaisseur totale de l'atmosphère — problème si important pour l'observation des astres — a fait, en France et à l'Étranger, l'objet de nombreuses recherches. On a beaucoup étudié aussi la *réfraction terrestre* appliquée aux opérations de triangulation et aux nivellements trigonométriques à grandes portées[1].

Mais on s'est moins occupé de la réfraction au *voisinage immédiat du sol* et sur de *très petites portées*, qui seule intéresse le nivellement géométrique. Les erreurs à craindre de ce chef sont loin, cependant, d'être négligeables[2].

---

1. On peut citer les travaux de *Laplace, Babinet, Lœwy, Radau*, etc., pour la France ; ceux de *von Oppolzer*, en Autriche ; de *Bessel, Jordan, von Bauernfeind*, en Allemagne ; de *Fearnley*, en Norwège, etc..

2. M. le *Colonel Goulier* a mis en évidence des erreurs de réfraction atteignant *plusieurs millimètres*, sur des portées d'environ 100 mètres, en comparant les hauteurs interceptées sur une mire au moyen d'une lunette réticu-

Nous allons reprendre, sur de nouvelles bases, l'étude théorique de cette importante question.

I. — Établissement des formules.

24. Loi de variation de la température de l'air avec la hauteur, au voisinage du sol.—A l'inverse des hautes régions de l'atmosphère, dont la température reste sensiblement constante, les couches inférieures présentent une température incessamment variable, liée étroitement à celle du sol, avec lequel ces couches sont en contact, et qui, tantôt s'échauffe sous l'influence des rayons solaires, tantôt se refroidit par l'effet du rayonnement.

Lorsque, dans l'après-midi, par exemple, le sol est *plus chaud* que l'air, il communique de sa chaleur aux molécules gazeuses en contact avec lui; celles-ci, s'élevant en raison de leur moindre densité, produisent des courants qui brassent les couches atmosphériques et en égalisent la température. On constate alors des *ondulations*[1] dans les images des objets, mais peu de réfraction.

Si, au contraire, le sol est *plus froid* que l'air, comme il arrive souvent le matin, après une nuit claire, les couches gazeuses se trouvant superposées dans l'ordre décroissant de leurs densités, l'équilibre n'est pas détruit. Dès lors, en raison du pouvoir diathermane des gaz, la transmission de chaleur d'une couche à l'autre ne peut

---

laire à 3 fils équidistants (la visée inférieure, il est vrai, rasait le sol, ou à peu près, sur une grande partie de sa longueur).

M. l'Ingénieur en chef, *L. Durand-Claye*, avec le concours de M. *Klein*, Chef du Dépôt des Instruments de l'École des Ponts et Chaussées, a obtenu des résultats analogues, avec deux voyants fixes, placés l'un au niveau du sol, l'autre à trois mètres de hauteur, dont on mesurait, à 70 mètres de distance, l'écartement angulaire au moyen d'un réticule bifilaire à mouvement micrométrique.

1. Ces ondulations, dont le calcul serait fort compliqué, croissent très rapidement avec la portée (environ comme le carré de celle-ci); considérables au voisinage du sol, elles diminuent très vite à mesure qu'on s'élève.

se faire que par conductibilité. Ce sont là les conditions les plus favorables à la *réfraction* terrestre.

Des observations directes, faites par M. Marcet à Genève, et par M. le Colonel Goulier, ont montré que, dans ce cas, la température de l'air varie sensiblement en progression arithmétique pour des hauteurs au-dessus du sol croissant en progression géométrique. Il en est vraisemblablement de même lorsque le sòl est plus chaud que l'air. On peut donc généralement exprimer la *température t* de l'air, en fonction de la *hauteur h* au dessus du sol, par la formule logarithmique :

$$t = a + b \log (h + c), \qquad (1)$$

a, b, c, étant trois constantes à déterminer dans chaque cas particulier au moyen de trois observations de température, t_1, t_2, t_3, faites à des hauteurs h_1, h_2, h_3 ;

b est un coëfficient *positif*, si la température *croît* à mesure qu'on s'élève, *négatif* dans le cas contraire ;

c est une quantité toujours *positive* ; autrement, on aurait pour la température au niveau du sol ($h = o$), une expression imaginaire.

Quelle que soit d'ailleurs la relation vraie existant entre la température et la hauteur, l'indétermination des trois constantes a, b, c, permet de faire coïncider, en trois points, la courbe théorique représentée par la formule (1) avec la courbe réelle. Dans la zône restreinte où se meut notre étude, la substitution de la première courbe à la seconde doit être regardée comme donnant une approximation suffisante.

25. Calcul de l'erreur de réfraction pour une nivelée[1].

Soient (fig. 14) :

OB, la ligne de visée — sensiblement horizontale et infléchie par la réfraction — dirigée sur la mire d'avant ;

mm_1, un élément de cette ligne, situé à une distance x de la mire ;

h, la hauteur de l'élément mm_1 au-dessus du sol ;

---

1. On appelle *nivelée* l'ensemble des opérations qui s'effectuent dans une station de nivellement.

H,   la hauteur de la lunette;

I,   l'angle aigu formé par la trajectoire lumineuse, en m, avec la normale au sol;

dI la variation de cet angle, c'est à dire la déviation du rayon lumineux, dans l'étendue de l'élément mm_1;

L_3, les distances du niveau à la mire d'*avant* et à la mire d'*arrière*;

L', la longueur totale de la nivelée $= L_1 + L_3$;

h_1, h_3, les hauteurs lues respectivement sur les deux mires.

p,   la pente du terrain, supposée uniforme dans l'étendue de la nivelée et prise avec le signe $+$ quand le sol va en montant dans le sens du cheminement.

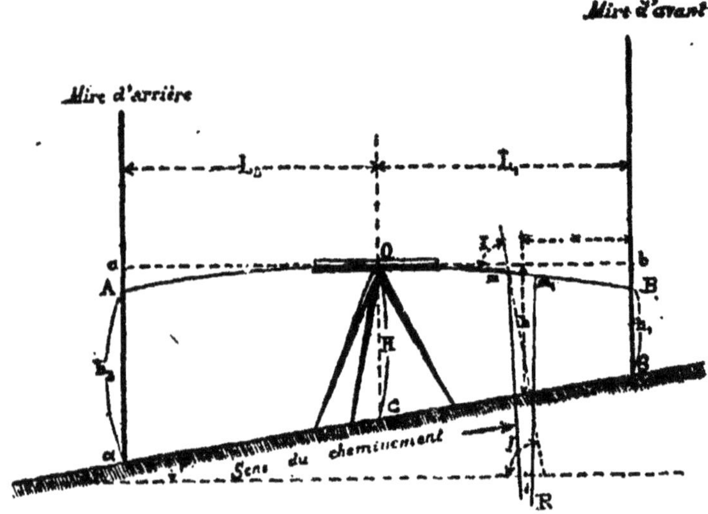

Figure 14.

La correction e_1 à ajouter à la lecture h_1 est :

$$e_1 = Bb = \int_0^{I_1} x\, dI \qquad (2)$$

Calculons x et dI en fonction de h.

La ligne OB s'écartant infiniment peu de l'horizontale Ob, on a d'abord :

$$x = \frac{h - h_1}{p} \qquad (3)$$

D'autre part, les couches d'égale température étant

supposées planes et *parallèles au sol* [1], la physique enseigne que l'*angle* I *d'incidence* du rayon lumineux, et l'*indice* n *de réfraction* de l'air obéissent aux deux lois suivantes [2] :

$$\begin{cases} n \sin I = \text{constante} \\[2mm] n = 1 + 0{,}000294 \, \dfrac{B}{0{,}76} \cdot \dfrac{1}{1 + \alpha t} \end{cases}$$

B, pression barométrique ;
t, température de l'air en m ;
α, coefficient de dilatation de l'air $= 0{,}00366$.

Différentiant ces deux équations, il vient :

$$\begin{cases} d\,\mathrm{I} = -\operatorname{tg}\mathrm{I} . \dfrac{dn}{n} & \qquad (4) \\[4mm] dn = -0{,}00000108 \, \dfrac{B}{0{,}76} \cdot \dfrac{dt}{(1 + \alpha t)^2} & \qquad (5) \end{cases}$$

1. Cette hypothèse, lorsque le sol est incliné, paraît en contradiction avec le principe de statique d'après lequel les fluides doivent se disposer en tranches *horizontales* d'égale densité.

Mais il faut remarquer que, dans la courte étendue d'une nivelée (200 mètres au plus), sur une ligne de chemin de fer ou sur une route, le sol, quelle qu'en soit la pente, présente, en général, une température sensiblement égale partout, et qu'il en est forcément de même de la couche d'air immédiatement en contact avec lui.

D'autre part, en raison de sa capacité calorifique, qui est considérable relativement à celle de l'air, le sol joue vis-à-vis de celui-ci le rôle d'une source quasi indéfinie de froid ou de chaleur, ce qui a pour effet de conserver aux surfaces isothermes la disposition anormale que la gravité, si elle agissait seule, ferait bientôt disparaître.

Enfin, cette hypothèse se trouve confirmée pratiquement par le fait, souvent constaté, des couches de vapeurs qui enveloppent, *en se moulant sur leurs formes*, les sommets des hautes montagnes. Ces couches, rendues apparentes par la condensation à l'état vésiculaire, au contact du sol refroidi, de la vapeur d'eau qu'elles renferment, possèdent évidemment une température uniforme dans toute leur masse, — la température qui répond à la limite de saturation de l'air.

2. Toutes choses égales d'ailleurs, l'indice de réfraction varie aussi avec le *degré d'humidité* de l'air ; mais si la vapeur d'eau est un peu plus réfringente que l'air, en se mélangeant avec lui elle en diminue la densité (et par suite la puissance réfractive). En pratique, les deux effets se compensent à peu près.

La trajectoire lumineuse OB étant à peu près horizontale[1], on a sensiblement :

$$\operatorname{tg} I = \frac{1}{p} \qquad\qquad (6)$$

D'autre part, n ne différant de l'unité que d'une quantité inférieure à 0,0003, on peut le remplacer par 1 dans l'équation (4).

De même, t ne variant que d'une quantité relativement petite dans le trajet du rayon lumineux de A à B, on peut, dans l'équation (5), substituer à t (dans le binôme de dilatation) sa valeur moyenne :

$$\theta = \frac{1}{3}(t_1 + t_2 + t_3)$$

t_1, t_2 t_3, températures de l'air aux trois points B, O, A.

Si, d'ailleurs, on remplace, dans la même équation (5) dt par l'expression obtenue en différentiant la relation (1) :

$$dt = \frac{\mu\, b.dh}{(h + c)}$$

μ, module des logarithmes népériens $= \log. e = 0,434$,

on trouve :

$$dn = -0,00000108 \frac{B}{0,76} \frac{\mu b}{(1 + \alpha\theta)^2} \frac{dh}{(h + c)} \qquad (7)$$

Si l'on porte les valeurs de $tg\ I$, formule (6), et de dn, formule (7), dans l'équation (4) simplifiée, puis la valeur obtenue pour dI, et celle de x, formule (3), dans l'équation (2), celle-ci devient, après remplacement des limites o et L_1 de l'intégrale, par les limites correspondantes h_1 et H :

$$I_1 = \frac{0,00000108}{p^2} \frac{B}{0,76} \frac{\mu b}{(1 + \alpha\theta)^2} \int_{h_1}^{H} \frac{(h - h_1)dh}{h + c}$$

1. La déviation angulaire la plus forte qui ait été relevée dans les expériences ci-dessus mentionnées de M. le colonel Goulier, ne dépasse pas, en effet, *un centième de degré* (3^{qq}), la pente du cheminement, d'autre part, étant comprise entre 0° et 2°.

ou, en intégrant :

$$\varepsilon_1 = \frac{0,00000108}{p^2}\ \frac{B}{0,76}\ \frac{\mu b}{(1+\alpha\theta)^2}\left\{(H-h_1)+(h_1+c)\,\mathcal{L}\cdot\frac{h_1+c}{H+c}\right\}.$$

On aura de même, pour la lecture h_3 faite sur la mire d'*arrière*, une correction :

$$\varepsilon_3 = Aa = \frac{0,00000108}{p^2}\ \frac{B}{0,76}\ \frac{\mu b}{(1+\alpha\theta)^2}\left\{(H-h_3)+(h_3+c)\,\mathcal{L}\cdot\frac{h_3+c}{H+c}\right\}$$

La correction finale ε à ajouter à la différence brute de niveau :

$$D = h_3 - h_1$$

est :

$$\varepsilon = \varepsilon_3 - \varepsilon_1$$

ou :

$$\varepsilon = -\frac{0^{mm},00108}{p^2}\ \frac{B}{0,76}\ \frac{\mu b}{(1+\alpha\theta)^2}\left\{D-(h_3+c)\,\mathcal{L}\cdot\frac{h_3+c}{H+c}+(h_1+c)\,\mathcal{L}\cdot\frac{h_1+c}{H+c}\right\} \quad (8)$$

ε étant exprimé en millimètres, tandis que h_1, h_3 et H le sont en mètres

II. — Discussion des formules.

La formule de réfraction une fois établie, il reste à discuter l'influence de chacune des variables qui y figurent.

86. Influence de la hauteur barométrique. — Toutes choses égales d'ailleurs, l'erreur de réfraction est proportionnelle à la pression atmosphérique.

Ainsi la valeur de ε subit des variations de $\pm\ 4\ ^0/_0$ lorsque la hauteur barométrique s'écarte de la moyenne de $0^m,760$, pour s'élever, par exemple, à $0^m,790$, ou pour descendre à $0^m,730$.

87. Influence de la température moyenne. — L'erreur de réfraction est inversement proportionnelle au carré du *binôme de dilatation* $(1+\alpha\theta)$. Quand la température θ passe de la valeur moyenne de 12° aux valeurs extrêmes de $+$ 30° ou de $-$ 6°, par exemple, l'erreur ε subit, de ce chef, des variations de 13 %, en plus ou en moins.

28. Cas où le niveau se déplace entre les deux mires. — La loi de variation de la température avec la hauteur étant connue — en d'autres termes, b et c étant donnés ($b > o$ par exemple), — on peut se demander comment varie l'erreur de réfraction quand on déplace le niveau entre les deux mires, la lunette restant toujours dans le même plan horizontal par exemple.

Lorsque l'instrument se trouve près de la mire d'avant, l'erreur sur cette mire est très faible, et l'erreur totale pour la différence de niveau se réduit sensiblement à l'erreur sur la lecture d'arrière. La correction finale est donc *positive* (si, comme le suppose la figure 14, le cheminement va *en montant*).

Lorsque le niveau se rapproche ensuite de la mire d'arrière jusqu'à la toucher, c'est l'erreur sur la seule lecture d'avant qui intervient. La correction est alors *négative*.

Comme elle a varié d'une manière continue pendant le déplacement du niveau, on est fondé à dire qu'elle a passé par une valeur nulle dans l'intervalle.

Cette valeur s'obtient en résolvant par rapport à H — seule quantité variable dans ce cas — la parenthèse de l'équation (8) égalée à zéro, ce qui donne :

$$\mathcal{L}(H + c) = -1 + \frac{h_2 + c)}{D}\,\mathcal{L}(h_2 + c) - \frac{(h_1 + c)}{D}\,\mathcal{L}(h_1 + c). \quad (9)$$

La valeur de H tirée de cette formule permet de déterminer la distance correspondante L_1 de l'instrument à la mire d'avant.

On a, en effet, la relation :

$$L_1 = \frac{L}{D}(H - h_1) \qquad (10)$$

Exemple. Soient :

$$h_3 = 2^m,60 \; ; \; h_1 = 0^m,60 \; ; \; D = 2^m,00 \; ; \; L = 150^m \; ; \; c = 0,06 \text{ (condi-}$$
tion répondant à un état atmosphérique défini plus loin, n° 40).

En transportant ces valeurs dans les deux équations, on trouve :

$$H = 1^m49 ;$$

d'où il résulte que, pour compenser les effets de la réfraction, le niveau doit être placé à 67 mètres de la mire d'avant et à 83 mètres de la mire d'arrière.

Si c'est, au contraire, la hauteur H de l'instrument qui reste constante, on remplacera, dans l'équation (9), h_3 par $h_1 + D$ et l'on résoudra par rapport à h_1. L'équation (10) donnera ensuite L_1.

39. Cas où l'on opère en terrain horizontal. — On a, dans ce cas :

$$p = 0 ; \qquad D = 0 ; \qquad h_1 = h_3 = H.$$

L'expression de ε (équation 8) se présente alors sous la forme indéterminée $\frac{0}{0}$; mais, en réalité, elle a pour limite [1] :

$$\varepsilon_0 = \mu b \, KL. \frac{(L_3 - L_1)}{2(H + c)} , \qquad (11)$$

K désignant le groupe ci-après de facteurs supposés constants dans l'espèce :

$$K = 0^{mm},00108 \, \frac{B}{0,76} \cdot \frac{1}{(1 + \alpha b)^2} . \qquad (12)$$

L'erreur, comme on le voit, est proportionnelle à la différence des deux portées d'arrière et d'avant et à la longueur totale de la nivelée. Elle est d'autant plus faible que la lunette est plus élevée au-dessus du sol.

---

[1]. Une démonstration directe, pour ce cas spécial, conduirait au même résultat.

Exemple. Soient :

$L = 150^m$; $L_1 = 55^m$; $L_2 = 95^m$; $H = 1^m,60$; $B = 0^m,76$; $\theta = 10^\circ$: $b = 1,5$; $c = 0,06$, (valeurs répondant à un état thermique défini au n° 40) :

On trouve :

$$t_0 = 1^{mm},2.$$

30. Cas où la température varie uniformément avec la hauteur. Les deux variables t et h sont liées alors par une relation linéaire de la forme :

$$t = t_0 + \beta h, \qquad (11^{bis})$$

t_0, température au niveau du sol,
β, variation de température par mètre d'élévation.

Déterminons, pour ce cas particulier, les valeurs des coefficients a, b et c de l'équation 1 (n° 24).

En y remplaçant $\log (h + c)$ par son développement logarithmique suivant les .puissances croissantes de h, cette dernière équation s'écrit :

$$t = a + \mu b \left(\mathcal{L}.c + \frac{h}{c} - \frac{h^2}{2c^2} + \frac{h^3}{3c^3} - \ldots \right).$$

Identifiant avec l'équation (11bis), il vient :

$$\left\{ \begin{aligned} & a + \mu b\, \mathcal{L}.c = t_0, \\ & \mu \frac{b}{c} \ldots\ldots = \beta, \\ & \mu \frac{b}{c^2} = \frac{\beta}{c}. = 0, \\ & \mu \frac{b}{c^3} = \frac{\beta}{c^2}. = 0, \\ & \ldots\ldots\ldots \quad . \end{aligned} \right.$$

relations qui, pour être satisfaites, exigent :

$$c = \infty, \quad b = \infty, \quad \text{avec } \frac{b}{c} = \text{constante}^1 = \frac{\beta}{\mu}.$$

1. Et aussi, comme conséquence : $a = -\infty$.

Portons ces valeurs dans l'équation (8) : la parenthèse se présente, comme au n° 29, sous une forme indéterminée, et tend vers la même limite. On retrouve ainsi la formule (11).

Si l'on y remplace le quotient $\dfrac{\mu b}{H + c}$ par sa limite : $\mu \dfrac{b}{c} = \beta$, on a finalement :

$$\varepsilon = \frac{K}{2}\, \beta L\, (L_3 - L_1).\tag{13}$$

Comme dans le cas précédent, l'erreur est proportionnelle à la différence des deux portées et à la longueur de la nivelée ; mais elle est, en outre, proportionnelle au coefficient β de variation de la température avec la hauteur. On remarquera qu'elle est indépendante de l'inclinaison p du terrain et de la hauteur H de l'instrument.

Exemple. Soient :

$$B = 0^m{,}76; \quad \theta = 10°; \quad \beta = 0°{,}5; \quad L_2 = 95^m; \quad L_1 = 55^m.$$

La formule (13) donne :

$$\varepsilon = 1^{mm}{,}5.$$

31. Cas où le niveau est placé à égale distance des deux mires [1]. Dans cette hypothèse —, et en supposant constantes la pression barométrique B et la température moyenne θ — on peut se proposer de résoudre les deux problèmes suivants :

I. — Les éléments d'une nivelée : — pente du terrain, hauteur du niveau, longueur de la nivelée —, étant donnés, comment l'erreur de réfraction varie-t-elle avec la répartition de la température suivant la hauteur ?

II. — Etant donnée la loi de variation de la température avec la hauteur, que devient l'erreur de réfraction quand on fait varier les éléments de la nivelée ?

---

1. Ce qui est presque toujours le cas dans les nivellements de haute précision.

Avant d'aborder ces deux questions, nous allons simplifier l'équation (8).

Nous avons, dans le cas actuel :

$$h_2 - H = H - h_1 = \frac{D}{2};\qquad(14)$$

et, par suite :

$$h_2 + c = (H + c) + \frac{D}{2} = (H + c)\left(1 + \frac{D}{2(H + c)}\right),$$

$$h_1 + c = (H + c) - \frac{D}{2} = (H + c)\left(1 - \frac{D}{2(H + c)}\right).$$

Posons :

$$\delta = \frac{D}{2(H + c)},\qquad(15)$$

δ étant une variable auxiliaire comprise, en *valeur absolue*, entre : $\delta = 0$, pour $D = 0$, ou $c = \infty$) valeurs limites et $\delta = 1$, » $D = 2H$ et $c = 0$ { de D et de c[1].

Mettons D en facteur commun dans l'équation (8); remplaçons les termes de la parenthèse par leurs valeurs en fonction de δ, nous aurons, en introduisant le facteur K (équation 12) :

$$t = -\mu K \frac{b \cdot D}{\mu^3}\left\{1 - \frac{1}{2\delta}\,\mathcal{L}\cdot\frac{1 + \delta}{1 - \delta} - \frac{1}{2}\,\mathcal{L}\cdot(1 - \delta^2)\right\}.\qquad(16)$$

D'autre part, si dans la formule 1 (n° 24), on remplace successivement h et t par h_1 et t_1, puis par H et t_1, enfin par h_2 et t_2, et si l'on retranche membre à membre les équations ainsi obtenues, il vient :

$$t_2 - t_1 = b \log \frac{h_2 + c}{h_1 + c} = b \log \frac{1 + \delta}{1 - \delta} = \mu b.\,\mathcal{L}\cdot\frac{1 + \delta}{1 - \delta}.\qquad(17)$$

$$t_2 - t_1 \doteq b \log \frac{H + c}{h_1 + c} = -b \log (1 - \delta)\qquad(17\ bis)$$

1. En effet, d'après l'équation (14), D, étant égal à 2(H — h_1), a pour maximum 2H (quand $h_1 = 0$).

c, d'autre part, est une quantité forcément positive (n° 24).

D'où :

et

$$l_3 - l_2 = b \log (1 + \delta),$$ (17 ter)

$$\tau = \frac{l_3 - l_2}{l_2 - l_1} = - \frac{\log (1 + \delta)}{\log (1 - \delta)}.$$ (18)

τ désignant une nouvelle variable auxiliaire.

Cette dernière équation définit δ en fonction du rapport τ.

Les valeurs extrêmes de τ, et celles correspondantes de δ, sont :

1° $$\tau = 0,$$

quand l'écart de température porte tout entier sur la visée d'avant, c'est-à-dire quand $l_3 - l_2$ est infiniment petit par rapport à $l_2 - l_1$.

La valeur correspondante de δ est :

$$\delta = 1.$$

2° $$\tau = 1 \text{ (et, par suite, } \delta = 0\text{),}$$

quand, la température variant d'une manière uniforme avec la hauteur, on a :

$$l_3 - l_2 = l_2 - l_1.$$

Les deux échelles en τ et en δ, disposées parallèlement l'une au-dessous de l'autre, dans la fig. 15, montrent la relation qui existe entre ces deux variables dans l'intervalle de 0 à 1. — Elles permettent en outre de déterminer δ quand τ est donné, ou inversement.

Ainsi, à la valeur : $\tau = 0,5$, correspond : $\delta = 0,62$.

L'équation (17) donne ensuite b quand on connaît l'écart total $l_3 - l_1$ de température entre les deux extrémités de de la ligne de visée.

33. Premier problème. — Éléments de la nivelée constante. — État thermique variable. —Remplaçons, dans l'équation (16), le produit μb par sa valeur tirée de l'équation (17), il vient :

$$t = -\frac{KD}{p^3}(t_3 - t_1)\left\{ \frac{1 - \frac{1}{2}\mathcal{L}(1 - \delta^2)}{\mathcal{L}\dfrac{1+\delta}{1-\delta}} - \frac{1}{2\delta} \right\}.\qquad(19)$$

On voit que l'erreur de réfraction est proportionnelle :

1° A l'écart total $t_3 - t_1$ des températures entre les points visés sur les deux mires d'arrière et d'avant.

2° A une fonction :

$$\varphi(\delta) = \frac{1 - \frac{1}{2}\mathcal{L}(1 - \delta^2)}{\mathcal{L}\left(\dfrac{1+\delta}{1-\delta}\right)} - \frac{1}{2\delta}.$$

dépendant exclusivement de δ, et par conséquent de τ.

Le diagramme ci-après (fig. 15) donne les valeurs suc-

Variation de l'erreur de réfraction avec la répartition
de la température.
(la différence totale de température entre les deux extrémités de la ligne de visée
étant supposée constante).

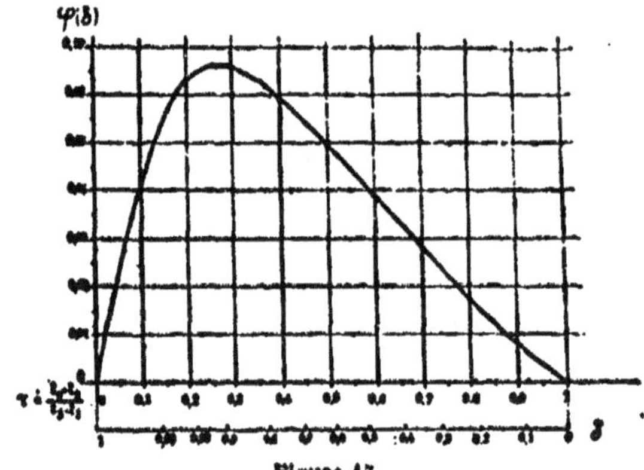

Figure 15.

cessives de φ quand τ varie de 0 à 1 (ou, ce qui revient au même, δ de 1 à 0).

φ passe par un maximum égal à 0,066, pour :

$$\delta = 0,904, \qquad \text{ou} \qquad \tau = 0,27.$$

On a :

$$\delta = 1 \quad , \qquad \text{ou} \qquad \tau = 0$$

pour :

$$\varphi = 0,$$

Même valeur quand :

$$\delta = 0, \qquad \text{ou} \qquad \tau = 1.$$

c'est-à-dire quand la température varie uniformément avec la hauteur.

Ce dernier résultat était facile à prévoir. En effet, la température, dans ce cas, variant, entre la mire d'avant et le niveau, exactement comme entre ce dernier et la mire d'arrière, les erreurs partielles de réfraction, sur les deux lectures d'arrière et d'avant, sont égales et, par suite, s'annulent dans la différence [1].

33. Abaque de réfraction. — Si, dans la formule (19), on remplace p par son équivalent :

$$p = \frac{D}{L}, \tag{20}$$

et les logarithmes népériens par des logarithmes ordinaires, il vient :

$$\epsilon = -\, 0^{mm},00108 \, \frac{B}{0,76} \, \frac{l_2 - l_1}{(1 + \alpha \theta)^2} \, \frac{L^2}{D} \left\{ \frac{\mu - \frac{1}{2} \log (1 - \delta^2)}{\log \frac{1 + \delta}{1 - \delta}} - \frac{1}{2\delta} \right\}. \tag{21}$$

---

1. Ce résultat pouvait être également déduit de l'équation (13). Quand on y fait :

$$L_2 = L_1.$$

elle donne, en effet :

$$\epsilon = 0.$$

L'abaque ci-contre [1] (fig. 16) donne, sans calculs, la valeur de ε quand on connaît celles de B, ϑ, L, D, $t_3 - t_1$ et $t_3 - t_2$.

La mesure, assez délicate, des différences $t_3 - t_2$ et $t_2 - t_1$, pourrait, comme l'a proposé M. Fearnley, s'effectuer à l'aide de thermomètres différentiels très sensibles.

---

1. Cet abaque, qui appartient, comme celui de la fig. 10 (no 15), à la famille des *abaques hexagonaux*, présente cette particularité qu'on y a fait disparaître par une *élimination graphique*, la variable auxiliaire ϑ.

˙ABAQUE

donnant l'erreur de réfraction dans le nivellement géométrique

(le niveau étant supposé à égale distance des deux mires).

FORMULE :

$$t = -0^{m},06108 \cdot \frac{B}{76} \cdot \frac{t_3 - t_1}{(1+\alpha\theta)^2} \cdot \frac{L^2}{D} \left\} \frac{\mu - \frac{4}{3} \operatorname{Log}(1-\delta^2)}{\operatorname{Log}\frac{1+\delta}{1-\delta}} - \frac{1}{2\delta} \right\}.$$

δ, variable auxiliaire définie par la relation :

$$\frac{t_3 - t_2}{t_2 - t_1} = -\frac{\operatorname{Log}(1+\delta)}{\operatorname{Log}(1-\delta)}.$$

LÉGENDE :

B   Pression barométrique.

t_3, t_1 Températures de l'air aux points où la ligne de visée rencontre les deux mires d'arrière et d'avant.

t_2 Température de l'air à la hauteur de la lunette.

θ   Température moyenne de l'air $\frac{t_1 + t_2 + t_3}{3}$.

α   Coefficient de dilatation de l'air $= 0.00366$.

L   Long^r. de la nivelée   ⎫ en

D   Différ^ce br^le de niveau ⎭ mètr.

μ   Module des logarithmes népériens $= \log. e = 0,4343$.

ε   Correction de réfraction, à ajouter à D.

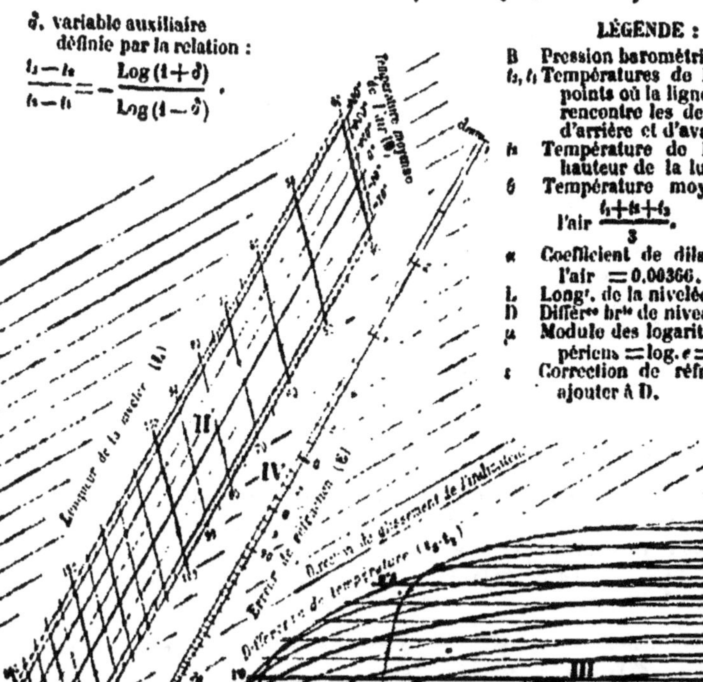

Figure 18.

MANIÈRE

DE SE SERVIR DE L'ABAQUE

Appliquer sur le dessin un transparent ou *indicateur* (en papier calque, verre, gélatine ou celluloïd), sur lequel on a tracé les 3 diamètres d'un hexagone, numérotés 1, 2, 3, et orientés comme dans le croquis ci-contre.

Modèle d'indicateur.

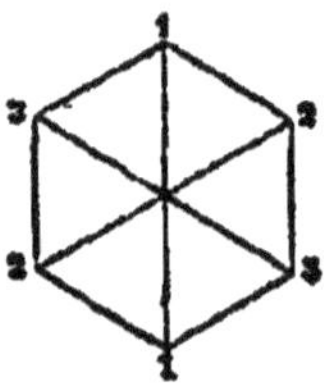

1° Faire passer le diamètre 1 de l'indicateur par le point de l'échelle I situé à la rencontre des lignes ayant pour cote :

    a) la *pression barométrique* donnée B (lignes horizontales) ;

    b) la *différence de niveau* brute D, abstraction faite du signe (lignes obliques).

2° Prendre en même temps, avec le diamètre 2, le point répondant, sur l'échelle II, aux valeurs données pour :

    a) la *longueur* L *de la nivelée* ;

    b) la *température moyenne* θ de l'air.

3° Faire glisser le diamètre 3 de l'indicateur parallèlement aux *lignes guides* tracées sur le dessin, jusqu'à ce que le diamètre 1 vienne passer par le point de l'échelle III situé à la rencontre des lignes cotées :

    a) $t_4 - t_1$ (droite horizontale)   abstraction faite du signe de ces

    b) $t_3 - t_2$ (ligne courbe)   différneces.

4° Lire alors sur l'échelle IV, avec le diamètre 3, la valeur de la *correction* cherchée ε, et l'affecter :

    a) d'un *signe contraire* à celui de D, si le quotient $\dfrac{t_3 - t_1}{D}$ est *positif*.

    b) du *même signe* que D, si ce quotient est *négatif*.

Exemple. Soient :

$B = 0^m,76$; $D = -2^m,22$; $L = 150^m$; $\theta = 1°,6$; $t_4 - t_1 = 0°,75$; $t_3 - t_2 = 0°,25$.

L'abaque donne :

$$\varepsilon = 0^{mm},6 ;$$

D étant négatif, la correction cherchée est : $+0^{mm},6$.

84. Deuxième problème. — État atmosphérique constant. — Éléments de la nivelée variables. — Pour simplifier, nous ferons les hypothèses suivantes, qui se trouvent, d'ailleurs, généralement réalisées [1] :

I. Les mires présentent, à la partie inférieure, une *partie non divisée*, de hauteur e, sur laquelle, par conséquent, on ne peut faire de lectures.

II. La hauteur H de l'instrument au-dessus du sol (sensiblement égale à la hauteur de l'œil de l'opérateur), ne change pas dans le cours des opérations.

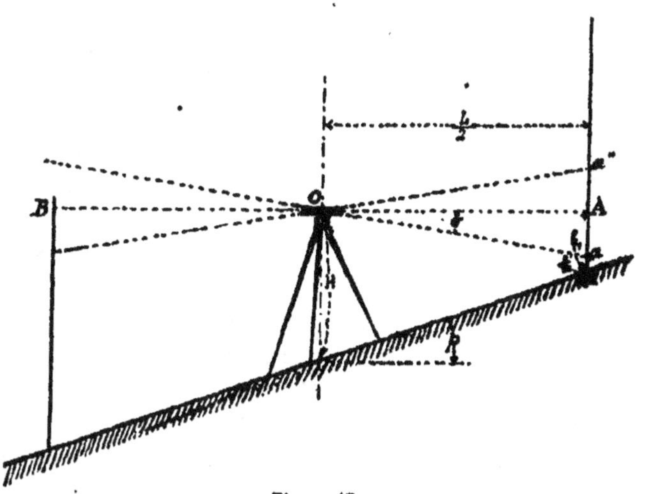

Figure 17.

III. Le réticule de la lunette porte, au-dessus et au-dessous du fil moyen ou *fil niveleur*, deux fils équidistants, dits *fils stadimétriques*, qui embrassent, sur la mire placée à une distance $\frac{L}{2}$, une hauteur $\sigma\frac{L}{2}$ (σ étant ce que nous appellerons le *coëfficient stadimétrique* de la lunette [2]).

---

1. Ces règles ont été adoptées notamment pour les opérations du Nivellement général de la France.

2. Nous négligerons, dans cette étude, la petite erreur provenant de ce

Afin de diminuer l'influence de la réfraction sur la lecture du fil niveleur, on s'astreint — *en réduisant au besoin les portées* — à rendre toujours possible la lecture du fil stadimétrique le plus rapproché du pied la mire. Pour restreindre le moins possible la longueur des nivelées en terrain incliné, on fait en sorte que ce fil atteigne la limite de la division dans le bas de la mire la plus élevée.

IV. La longueur L des nivelées ne dépasse jamais un certain maximum L_m, déterminé à l'avance d'après les conditions atmosphériques, la puissance de la lunette et le mode de division de la mire.

Il s'agit de voir comment la réfraction varie lorsque l'inclinaison du terrain croît progressivement depuis le *palier* $(p = o)$ jusqu'à la verticale $(p = \infty)$.

Nous avons établi précédemment (n° 31, équation 16) l'expression de l'erreur ε de réfraction, en fonction de la variable auxiliaire δ.

Déterminons maintenant la relation qui existe entre δ et la pente p.

Pour cela, deux cas sont à distinguer :

1° On se trouve en terrain peu incliné, où la longueur des nivelées reste constante et égale au maximum L_m ;

2° Ou bien l'on opère sur de fortes pentes, où les nivelées sont raccourcies d'après l'inclinaison du sol (condition III ci-dessus).

On a d'abord, entre les deux quantités p et δ, la relation générale :

$$\delta = \frac{pL}{2\,(H + c)} \, , \tag{22}$$

combinaison des équations 15 (n° 31) et 20 (n° 33).

que, avec une lunette non *anallatique*, les distances fournies par la *stadia* doivent être comptées à partir du *foyer principal antérieur* de l'objectif, et non depuis l'axe vertical du support de l'instrument (voir 1re partie, n°s 43 et 44).

Dans le premier cas, L étant une constante, la relation (22) suffit à exprimer δ en fonction de p.

Pour $p = 0$, on a : $\delta = 0$.

Dans le second cas, L devient une fonction de p définie par la relation :

$$(p + \sigma)\frac{L}{2} = (H - e) \cdot \qquad (23)$$

résultant de l'examen de la fig. 17.

Éliminant L entre les équations (22) et (23), il vient :

$$\delta = \frac{H - e}{H + e} \frac{p}{p + \sigma} \cdot \qquad (24)$$

Pour $p = \infty$, on a :

$$\delta = \frac{H - e}{H + e} \cdot$$

Le point de passage d'un cas à l'autre s'obtient en remplaçant, dans l'équation (23), L par L_m ; ce qui donne la *pente* p_m *de transition*,

$$p_m = \frac{2(H - e)}{L_m} - \sigma, \qquad (25)$$

à partir de laquelle les nivelées commencent à se raccourcir.

Soient, par exemple, les opérations du Nivellement général de la France, où l'on a :

H = $1^m,60$; $e = 0^m,10$; $\sigma = 0,005$; $L_m = 150^m$.

On en déduit : $p_m = 0,015$.

Les nivelées deviennent plus courtes à partir de 15 millimètres de pente par mètre.

p_m étant forcément positif, on doit d'ailleurs avoir toujours :

$$2(H - e) > \sigma L_m. \qquad (25 \text{ bis})$$

Dans l'exemple qui précède, on a :

$$2(H - e) = 3^m ; \quad \sigma L_m = 0^m,75.$$

La valeur de δ répondant à la pente de transition s'obtient en portant l'expression de p_m dans l'équation (22), où, L a été remplacé par L_m ; il vient :

$$\delta_m = \frac{2\,(H - e) - \sigma L_m}{2\,(H + c)}\,.\tag{26}$$

Dans l'exemple choisi, on a : $\delta_m = 0,68$.

Les valeurs extrèmes de δ_m sont :

1o $\delta_m = 0$,

quand $\left\{ \begin{array}{l} L_m = \dfrac{2\,(H - e)}{\sigma}\,, \\[2mm] \text{ou}\quad C = \infty \quad \text{(température uniformément crois-} \\ \qquad\qquad\qquad\text{sante avec la hauteur).} \end{array} \right.$

2o $\delta_m = \dfrac{H - e}{H + c}$,

quand $\left\{ \begin{array}{l} L_m = 0, \\[2mm] \text{ou}\quad \sigma = 0 \quad \text{(lunette dépourvue de fils stadimé-} \\ \qquad\qquad\qquad\text{triques).} \end{array} \right.$

Le maximum de δ_m peut même atteindre l'unité quand, simultanément :

$$e = 0 ;\quad c = 0.$$

En résumé, p croissant de o à p_m et de p_m à ∞, δ augmente parallèlement de o à δ_m, puis de δ_m à $\dfrac{H - e}{H + c}$.

Voyons maintenant quelle est la variation correspondante de l'erreur ϵ de réfraction.

A. *Nivelées de longueur constante.* — Substituons dans l'équation (16), à D et à p, leurs valeurs déduites de l'équation (20) et de l'équation (22), où L a été remplacé par L_m ; mettons en outre dans le premier membre, pour éviter ultérieurement des confusions, la lettre r à la place de ϵ. il vient :

$$r = -\frac{\mu b K L_m^2}{2\,(H + c)}\,\frac{1}{\delta}\left\{ 1 - \frac{1}{2\delta}\,\mathcal{L}\,\frac{1 + \delta}{1 - \delta} - \frac{1}{2}\,\mathcal{L}\,(1 - \delta)^2 \right\},\tag{27}$$

ou bien :

$$r = - \frac{b K L_m^2}{2(H + o)}\, \Phi(\delta),\qquad\text{(27 bis)}$$

avec :

$$\Phi\delta = \frac{1}{\delta}\left\{\ 1 - \frac{1}{2\delta}\,\mathcal{L}\frac{1+\delta}{1-\delta} - \frac{1}{2}\,\mathcal{L}(1-\delta^2)\ \right\} = \frac{1}{\delta}\,\mathcal{L}\frac{1+\delta}{1-\delta}\,\varphi(\delta).$$

Variation de l'erreur de réfraction avec la pente du terrain
(l'état thermique étant supposé constant).

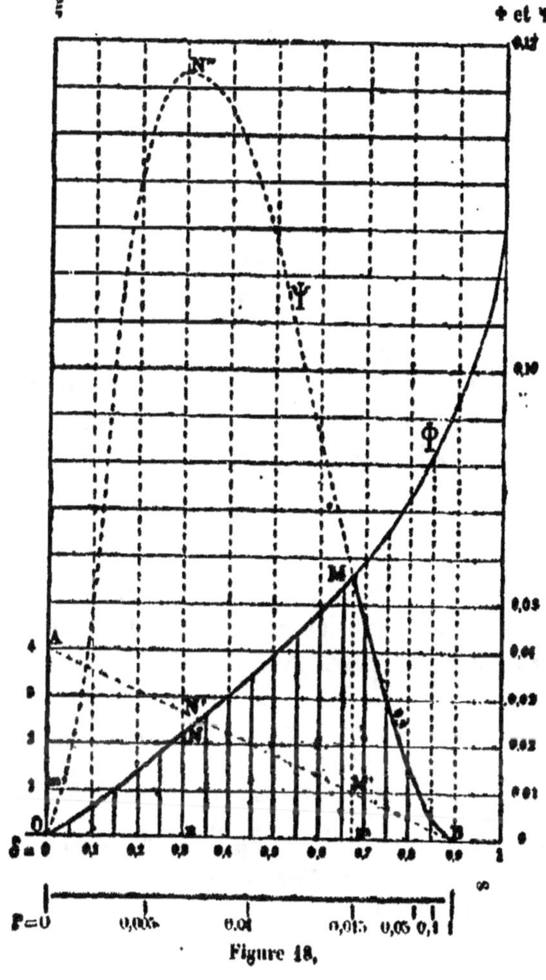

φ étant cette même fonction de δ dont nous avons déjà étudié l'allure (n° 32).

Pour connaitre la marche de r en fonction de δ, il suffira de construire (fig. 18) la courbe

$$y = \Phi(\delta)$$

entre $\delta = 0$ et $\delta = \delta_m$ (ou même jusqu'à $\delta = 1$, limite supérieure de δ_m).

Les ordonnées de ce diagramme s'obtiendront en multipliant celles de la courbe $\varphi(\delta)$ (fig. 15) par les valeurs correspondantes du produit

$$\frac{1}{\delta} \, \ell \, \frac{1+\delta}{1-\delta}$$

Pour $\quad \delta = 0, \quad$ on a : $\quad \Phi = 0.$
$\quad - \quad \delta = 1, \quad - \quad \Phi = 0,132.$

La courbe Φ part de l'origine et s'élève ensuite régulièrement comme le montre la figure 18.

B. *Nivelées de longueur variable.* — L'équation (27 bis) peut encore, dans ce cas, représenter l'erreur de réfraction, à condition qu'on y remplace la constante L'' par la quantité variable L, et celle-ci par son expression en fonction de δ :

$$L = \frac{2}{\sigma}[(H - e) - \delta(H + e)],$$

tirée de l'équation (26), où l'on a supprimé les indices m des lettres δ et L (l'équation 26 n'étant qu'un cas particulier d'une relation générale).

Posons :

$$\xi = \frac{L}{L_m} = \frac{2}{\sigma L_m}[(H - e) - \delta(H + e)] , \qquad (28)$$

ξ étant une nouvelle variable auxiliaire.

Remplacer, dans l'équation (27 bis), L_m par L (c'est-à-dire par ξL_m) revient à multiplier par ξ^2 le second membre de cette relation.

En désignant, dans ce second cas, l'erreur cherchée par ρ, au lieu de r (afin d'éviter des confusions), on a donc :

$$\rho = \xi^2 r.$$

Pour connaître la variation de ρ entre

$$\delta = \delta_m$$

(ou mieux depuis $\delta = o$, valeur minima de δ_m), et

$$\delta = \frac{H - e}{H + e},$$

il suffit de chercher la variation du produit

$$\Psi(\delta) = \xi^2 \Phi(\delta),$$

lequel ne diffère de ρ que par une série de facteurs constants dans l'espèce.

Pour déterminer l'allure de Ψ, nous porterons (fig. 18), sur les ordonnées de la courbe Φ, les valeurs obtenues en multipliant graphiquement — au moyen d'une construction dont nous donnons ci-après un exemple (n° 35) — ces ordonnées par le carré du facteur ξ.

Ce facteur, fonction linéaire de δ (équation 28), est représenté sur la figure par une droite, telle que AB, ayant pour ordonnée à l'origine :

$$\xi_0 = OA = \frac{2(H - e)}{e\,L^m} \quad (\text{pour } \delta = o), \qquad (28\ bis)$$

et rencontrant l'axe des abscisses à une distance :

$$\delta_1 = OB = \frac{H - e}{H + e} \quad (\text{pour } \xi = 0)$$

Avec les données de l'exemple précédent, jointes à $e = 0{,}06$, on a :

$$\xi_0 = 4 \ ; \quad \delta_1 = 0{,}9,$$

valeurs répondant au cas représenté sur la figure.

Pour $\delta = o$, on a : $\Phi = 0$, et, par suite : $\Psi = 0$.

D'autre part, on vérifierait aisément que :

Pour $\delta = \delta_m$ (équation 26),   on a $\xi = 1$,   et par suite : $\Psi = \Phi$

» $\delta = \dfrac{H - c}{H + c}$,   » $\xi = 0$,   » $\Psi = 0$.

Ainsi la courbe Ψ part de l'origine O comme la courbe Φ. En raison de l'inégalité (25 bis), ξ_0 étant toujours supérieur à 1, Ψ s'élève d'abord au-dessus de Φ ; puis, après avoir atteint un maximum[1] en N″, elle rencontre la courbe Φ en M, sur l'ordonnée correspondant à $\delta = \delta_m$; elle revient enfin à l'axe des abscisses en B, et, cette fois, tangentiellement à cette axe, comme il est facile de s'en assurer[2].

La seule portion utile de cette courbe est comprise entre le point M et le point B.

Ainsi, dans les conditions où nous nous sommes placés, lorsque l'inclinaison du terrain croît depuis le palier jusqu'à la verticale, l'erreur de réfraction varie proportionnellement aux ordonnées du triangle curviligne OMB.

[1]. Ce maximum a lieu sensiblement pour :

$$\delta = \frac{H - c}{3(H - c)} = \frac{1}{3}\,\delta_1$$

La valeur correspondante de Ψ est :

$$\Psi_0 = \frac{8\,(H - c)(H + c)\,\log\left[1 - \frac{1}{9}\left(\frac{H - c}{H + c}\right)^2\right]}{9\,c^2\,L^2_m}$$

Pour que ce maximum se présente avant la rencontre des deux courbes en M, il faut :

$$\delta_m > \frac{\delta_1}{3}$$

ce qui exige (équations 26 et 28 bis) :

$$\xi_0 > \frac{3}{2}$$

Cette condition est remplie dans l'exemple choisi plus haut et représenté sur la figure.

[2]. On vérifierait aisément, en effet, que :

$$\text{pour } \delta = \frac{H - c}{H + c}, \quad \text{on a : } \frac{d\Psi}{d\delta} = 0.$$

Nulle en palier, cette erreur croît d'abord à peu près proportionnellement à δ, et par suite à la pente p, tant que la longueur des nivelées ne change pas ; *le maximum correspond à la pente de transition* ; au-delà, l'erreur décroît avec la longueur des nivelées.

Le maximum a pour expression (équation 27 bis) :

$$r_m = \frac{b K L^2_m}{2(H+c)} \Phi(\delta_m) \qquad (29)$$

Dans l'intervalle de m à B, la différence entre les ordonnées respectives des deux courbes Ψ et Φ mesure la diminution d'erreur que vaut l'emploi des fils stadimétriques.

En effet, pour $\sigma = 0$, on a, comme nous l'avons vu :

$$\delta_m = \frac{H-c}{H+c} = \delta_1$$

Le point de transition se trouverait ainsi reporté de m en B, et l'erreur maxima de réfraction serait alors proportionnelle, non plus à Mm, mais à l'ordonnée de la courbe Φ pour le point B.

Dans le cas de la figure, l'accroissement d'erreur serait de 86 °/o, et la pente p_m de transition (équation 25) passerait de 0,013 à 0,020

Voyons maintenant comment se comporte l'erreur maxima r_m, quand, tous les autres éléments restant les mêmes, on fait varier, soit la longueur maxima des nivelées, soit la hauteur normale de l'instrument au-dessus du sol, soit la hauteur non divisée au pied de la mire, soit enfin le coefficient stadimétrique.

84. Influence de la longueur maxima des nivelées. — Pour étudier l'influence propre de la variable L_m sur l'erreur correspondant à la *pente de transition*, il suffit de considérer, dans l'expression de r_m (équation 29), la partie dépendant de L_m, c'est-à-dire :

$$\chi(l_m) = L_m^2 \Phi(\delta_m), \qquad (30)$$

δ_m étant défini en fonction de L_m par la formule (26).

Si l'on élimine δ_m entre ces deux relations[1], et si l'on met en courbe les valeurs corrélatives de χ et de L_m, on obtient le diagramme ci-après (fig. 19).

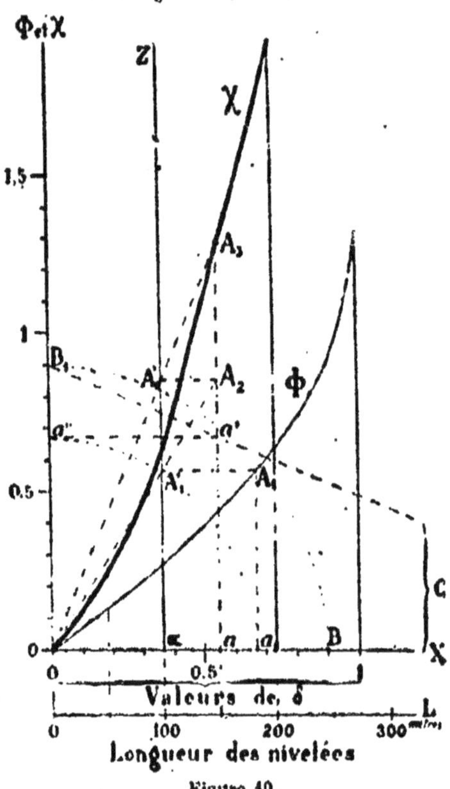

Figure 19.

1. Cette élimination de δ_m s'effectue aisément de la manière suivante, constituant une application d'une méthode générale à laquelle nous avons donné le nom d'*élimination graphique.*

Reprenons (fig. 19) le diagramme représentatif de Φ (δ) (fig. 18). Sur l'axe horizontal OX (ou mieux sur une échelle parallèle OL), portons les valeurs de

L'allure de la courbe χ montre que *l'erreur maxima de*

L_m, et, sur l'axe vertical $O\Phi$, portons celles correspondantes de δ_m données par l'équation (26) :

$$\delta_m = \frac{2(H - e) - \sigma L_m}{2(H + e)}.$$

Cette dernière relation, étant du 1er degré en δ_m et L_m, se traduit graphiquement par une droite B_1C, dont l'ordonnée OB_1, à l'origine (répondant à $L_m = o$), a pour grandeur :

$$OB_1 = \delta_m^{\,o} = \frac{H - e}{H + e} = OB . \quad \text{(voir fig.18)}.$$

La rencontre avec l'axe horizontal (pour $\delta_m = o$) a lieu, d'autre part, en un point C tel que :

$$OC = L_m^{\,o} = \frac{2(H - e)}{\sigma}.$$

Ces deux limites correspondent d'ailleurs :
      la première, à $p_m = \infty$ (en vertu de l'équation 25) ;
      la seconde, à $p_m = o$ (—   équation 24).

Dans l'exemple choisi plus haut (n° 34), et représenté sur la figure, on a :

$$\delta_m^{\,o} = 0,9 \quad \text{et} \quad L_m^{\,o} = 600 \text{ mètres.}$$

Ceci posé, soit à obtenir $\Phi(\delta_m)$ pour une grandeur donnée de L_m (150 mètres par exemple). Soit a le point correspondant sur l'échelle OX, on a :

$$L_m = Oa \; ; \; \delta_m = aa' \text{ (ordonnée correspondante de la droite } BC) = O\,a''.$$

Rabattons Oa'' en Oa_1 sur l'axe OX, et traçons l'ordonnée A_1a_1 de la courbe Φ, nous avons :

$$A_1 a_1 = \Phi(\delta_m).$$

Reste à multiplier cette grandeur par L_m^2 pour avoir $\chi(L_m)$.
Pour cela, projetons A_1 en A'_1 sur la verticale aZ du point 100 mètres de l'échelle OL (l'hectomètre étant choisi comme unité de longueur). Joignons OA'_1 et prolongeons jusqu'à la rencontre, en A_2, avec la verticale du point a. Il vient :

$$\frac{A_2 a}{A'_1 a} = \frac{Oa}{Oa} = \frac{L_m}{1},$$

d'où :

$$A_2 a = L_m \Phi(\delta_m).$$

Pour multiplier une seconde fois par L_m, on projetera de même A_2 en A'_2 sur aZ ; puis A'_2, obliquement, en A_3, sur la verticale du point a.
On aura encore :

$$A_3 a = L_m \times A_2 a = L_m^2 \Phi(\delta_m).$$

Le lieu des points A_3 est la courbe χ cherchée.

réfraction croît plus vite que la longueur maxima des nivelées. Dans le cas représenté sur la figure, cette erreur devient décuple, par exemple, lorsque la longueur normale des nivelées passe de 50 à 200 mètres.

26. Influence de la hauteur de l'instrument. — Le rôle de H dans l'expression de r_m (équation 29) se détermine à peu près comme celui de L_m. La seule partie de r_m qui varie avec H, est :

$$\chi(H) = \frac{\phi(\delta_m)}{H + c},\qquad (31)$$

δ_m étant d'ailleurs lié à H par l'équation (26).

Si l'on effectue, comme dans le cas précédent, l'élimination de δ_m entre ces deux dernières relations [1], et que l'on porte sur deux axes rectangulaires, les valeurs respec-

---

[1]. Voici comment, dans ce cas, s'effectue l'élimination graphique de δ_m. Reproduisons (fig. 20) la courbe $\phi(\delta)$. L'équation (26) peut s'écrire :

$$(H + c)(1 - \delta_m) = e + c + \frac{\sigma L_m}{2}.$$

Portons sur deux axes rectangulaires OX et OY, en abscisses et ordonnées, les valeurs respectives de H et de δ_m. L'équation précédente, du 2e degré par rapport à ces deux variables, représente une hyperbole équilatère $\beta\gamma$, dont les deux asymptotes sont :

1° La droite PQ, correspondant à $H = -c$ (pour $\delta_m = \infty$) ;
2°   »   PR,   » $\delta_m = 1$ (pour $H = \infty$).

Dans cette hyperbole, il suffit de considérer la portion MN comprise entre es ordonnées des deux points m et n qui répondent respectivement à :

$$H = 1^m,20, \qquad H = 1^m,80,$$

luites pratiques entre lesquelles peut varier la hauteur de l'instrument.

A une valeur donnée de H (1^m50 par exemple) correspond un point a sur l'axe OX ; la valeur corrélative de δ_m est l'ordonnée $aA = OA'$ de l'hyperbole.

Rabattons OA' sur OX, en Oa_1. Traçons l'ordonnée $A_1 a_1$ de la courbe ϕ et projetons-la en $A'_1 a$ sur la verticale du point a. Nous avons :

$$A'_1 a = A_1 a_1 = \phi(\delta_m).$$

Pour diviser cette grandeur par $(H + c)$, il suffit de joindre $A'_1 C$

tives de Z et de H, on obtient le diagramme ci-après (fig. 20), où la variation relative de Z — et partant de r_m — en fonction de H, est figurée par la courbe M'N'. Cette courbe, on le voit, se tient sensiblement horizontale dans les limites pratiques de la variation de H.

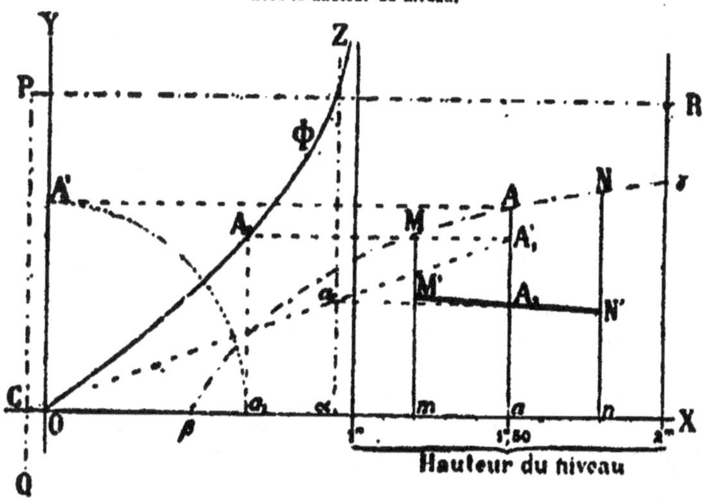

Figure 20.

L'erreur maxima de réfraction, correspondant à la pente

(le point C répondant, sur l'axe OX, à $OC = -c$), et de projeter ensuite en A_2, sur l'ordonnée du point a, le point a_2 de rencontre de la droite CA'_1 avec la verticale aZ, ayant pour équation :

$$Oa = 1^m - c,$$

On a, en effet :

$$\frac{a_2 a}{A'_1 a} = \frac{Ca}{Ca} ;$$

avec :

$$a_2 a = A_2 a ; \quad Ca = 1 ; \quad Ca = Oa + CO = H + c.$$

D'où :

$$A_2 a = \frac{\Phi(\delta_m)}{H + c}$$

Le lieu M'N' des points A_2 est la courbe Z cherchée.

de transition, est donc à peu près indépendante de la hauteur normale de l'instrument.

Ce résultat s'explique. En effet, si l'instrument est normalement tenu plus élevé au-dessus du sol, la *pente p_m de transition* augmente, — p_m (équation 25) étant une fonction croissante de H —. Par suite, le rayon lumineux traverse un plus grand nombre de couches d'air ; mais, en revanche, il les rencontre moins obliquement, ce qui détermine une sorte de compensation dans la déviation finale de la ligne de visée.

27. Influence de la portion de mire non divisée. — Voyons maintenant ce qui se passe lorsqu'on fait varier la quantité e, sans toucher aux autres éléments.

Dans la formule (29), la valeur de e n'influe que sur la quantité δ_m (équation 26) et, par suite, sur $\Phi(\delta_m)$.

Eliminant[1], comme tout à l'heure, δ_m, et traduisant

1. Cette élimination s'obtient de la manière suivante :
Reprenons (fig. 21) la courbe $\Phi(\delta)$ comme précédemment. Juxtaposons à l'axe horizontal OC une échelle divisée suivant les valeurs de c, et portons sur l'axe perpendiculaire OA les valeurs correspondantes de δ_m données par l'équation (26) :

$$\delta_m = \frac{2(H - e) - \sigma L_m}{2(H + c)}.$$

Cette équation étant du premier degré par rapport à e et à δ_m, représente une droite CD qui coupe :

1° pour $\delta_m = o$ (et, par suite, $p_m = o$); l'axe horizontal, en un point C tel que :

$$OC = e_0 = H - \frac{\sigma L_m}{2} ;$$

2° l'axe OA (pour $e = o$) à une distance de l'origine :

$$OD = \delta_m^0 = \frac{2H - \sigma L_m}{2(H + c)} = \frac{OC}{(H + c)} .$$

En supposant, pour H, L_m et σ, les valeurs précédemment adoptées (n° 34), on a :

$$e_0 = 1^m,225, \quad \text{et} \quad \delta_m = 0,74$$

Soit maintenant une valeur donnée de e (0^m20 par exemple), répondant

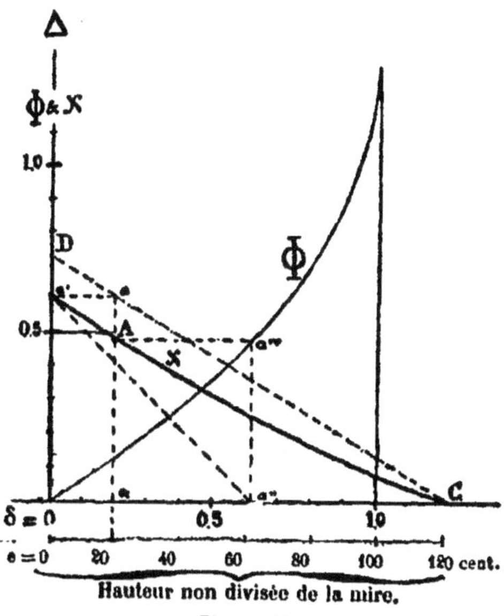

Figure 21.

en diagramme la relation résultante entre r_m et e, on obtient une courbe $\mathcal{X}$, représentée ci-dessus (fig. 21).

Cette courbe est presque rectiligne. Toutes choses égales d'ailleurs, *l'erreur maxima de réfraction décroît donc uniformément à mesure qu'augmente la hauteur non divisée au pied de la mire.*

Quand on porte cette hauteur, par exemple, à 0^m30 au lieu de 0^m10, l'erreur devient environ cinq fois plus petite.

88. Influence du coefficient stadimétrique. — Com-

au point α de l'axe OC ; $a \alpha = O a'$ figure la valeur correspondante de δ_m. Rabattons $O a'$ en $O a''$ sur OC ; l'ordonnée $a'' a'''$ de la courbe Φ représente la valeur cherchée de Φ (δ_m). Ramenons enfin, le point a''' en A, sur la verticale du point α : le lieu des points tels que A est la courbe $\mathcal{X}$ cherchée.

me celle de e, la valeur de σ n'intéresse, dans l'équation (29), que la quantité $\Phi(\delta_m)$, dont il suffit, par conséquent, de tracer la courbe χ (fig. 22)[1], en fonction de σ, pour

Variation de l'erreur maxima de réfraction
avec le coefficient stadimétrique.

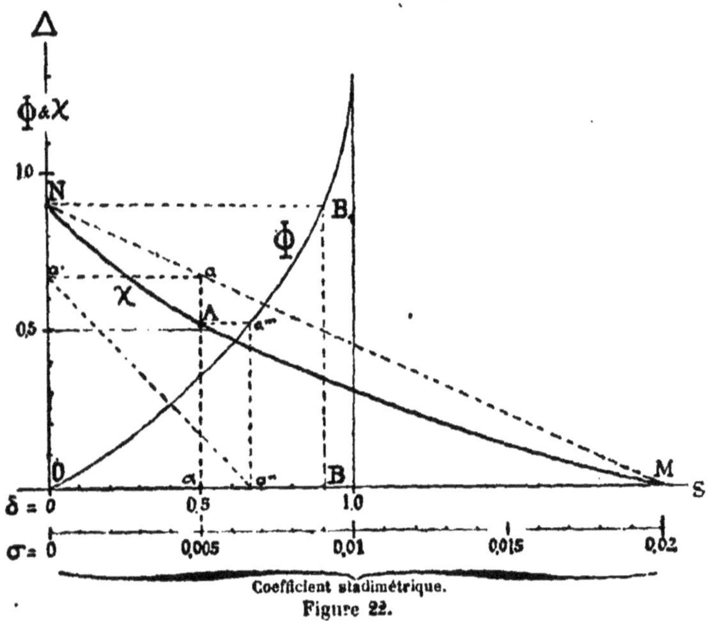

Coefficient stadimétrique.
Figure 22.

1. L'élimination de δ_m se fait à peu près comme dans le cas précédent. L'équation (26), en effet :

$$\delta_m = \frac{2(H-e) - \sigma L_m}{2(H+e)},$$

où, cette fois, δ_m et σ varient seuls, représente encore une droite MN rencontrant les axes OS et OΔ en deux points, M et N, tels que :

$$OM = \sigma_0 = \frac{2(H-e)}{L_m}, \quad \text{pour } \delta_m = o \ (\text{ou } p_m = o, \text{ équation 22}),$$

$$ON = \delta_m^o = \frac{H-e}{H+e} = OB, \text{ pour } \sigma = o \ (\text{ou } p_m = \sigma_0, \text{ équation 25}).$$

H, L_m et e, conservant, par hypothèse, leurs valeurs précédentes (no 34), on a :

$$\sigma_0 = 0,02 ; \quad \delta_m^o = 0,9.$$

définir, du même coup, la variation de la réfraction avec le coefficient stadimétrique.

A l'inspection de la figure, on reconnaît que *l'erreur maxima de réfraction diminue assez vite à mesure qu'augmente le coefficient stadimétrique.*

Dans l'espèce, elle baisse de 40 °/₀ lorsque le coefficient stadimétrique est porté, par exemple, de 0,005 à 0,010.

APPLICATION.

39. Calcul numérique de l'erreur de réfraction dans un cas donné. — Nous terminerons le chapitre de la réfraction en faisant l'application des formules précédentes à un exemple choisi dans la pratique du service du Nivellement général de la France.

Pour définir l'état thermique de l'air, nous prendrons les chiffres suivants, qui ont été relevés dans les expériences mentionnées au début de cette théorie :

$$\text{Température à } 0^m,10 \text{ au-dessus du sol } + 0^o,3$$
$$— \qquad \text{à } 1^m,60 \qquad — \qquad + 1^o,8$$
$$— \qquad \text{à } 3^m,10 \qquad — \qquad + 2^o,2$$

Si l'on y remplace t_1, t_2 et t_3, par ces nombres, l'équation 18 (n° 31) donne :

$$\tau = 0,27,$$

valeur qui, d'après les deux échelles juxtaposées de la fig. 15 (id.), correspond à :

$$\delta = 0,9.$$

Soit maintenant à trouver la valeur de φ (δ_m) pour une valeur donnée de τ (0,005 par exemple) répondant au point α sur l'axe OS.

$a\alpha$ étant l'ordonnée correspondante de la droite MN, on projettera le point a sur OA, en a' ; puis on portera sur OS une longueur

$$O a'' = O a' ;$$

on tracera l'ordonnée $a'' a'''$ de la courbe φ, et l'on ramènera cette ordonnée en. αA, au droit de α. Le lieu des points A est la courbe $\mathcal{Z}$ cherchée.

D, dans les expériences en question, étant égal à 3 mètres, et H à 1^m60, les équations (15) et (17) donnent ensuite respectivement :

$$c = 0,06 \quad \text{et} \quad b = 1,55.$$

Avec ces deux coefficients, qui déterminent la loi de variation de la température en fonction de la hauteur, reprenons les données précédemment admises (n° 34) :

$$\sigma = 0,005 ; \quad H = 1^m,60 ; \quad L_m = 150 \text{ m.} ; \quad e = 0^m,10 ; \quad \text{avec} \quad B = 0,76$$

et t_2 (température de l'air à la hauteur H du niveau) $= 1°,8$,

et cherchons l'erreur maxima r_m de réfraction répondant à la pente p de transition.

Comme nous l'avons vu, on a, dans l'exemple choisi :

$$p_m = 0,015 ; \quad \delta_m = 0,68 ,$$

et, par suite, d'après le diagramme du n° 34 (fig. 18) :

$$\phi(\delta_m) = 0,056.$$

Pour avoir la température moyenne θ, il est nécessaire de connaître, en outre de t_2, les températures t_1 et t_3, correspondant aux deux extrémités de la ligne de visée.

b et δ_m étant remplacés par les valeurs ci-dessus trouvées, les équations (17bis) et (17ter) donnent :

$$t_2 - t_1 = 0°,77 ; \quad t_3 - t_2 = 0°,35.$$

D'où :

$$t_1 = 1°,03 \quad \text{et} \quad t_3 = 2°,13 ,$$

et, par suite :

$$\theta = \frac{t_1 + t_2 + t_3}{3} = 1°,66.$$

Remplaçant enfin, dans la formule 29 (n° 34), toutes les variables [y compris K, équation 12 (n° 29)], par leurs valeurs, il vient :

$$r_m = 0^{mm},63$$

L'abaque du n° 33 (fig. 16) donne, d'ailleurs, immédiatement, le même résultat.

Les conditions que nous avons supposées sont loin d'être exceptionnelles ; elles doivent, au contraire, se trouver assez fréquemment réunies. Si la pente du terrain est continue, l'erreur que nous venons de calculer se reproduit systématiquement — dans le même sens et avec la même grandeur — pour chaque nivelée ; elle peut atteindre, dans ces conditions, le chiffre de *1 millimètres par kilomètre*, alors que l'erreur accidentelle probable des opérations mêmes, ne dépasse pas en moyenne *1 millimètre* à *1 millimètre 5* par kilomètre !

Quand on se trouve dans des circonstances faisant craindre de fortes réfractions, il y a donc lieu de ramener franchement la longueur maxima des nivelées — le seul élément que l'on puisse faire varier en cours d'opérations — de 150 mètres, par exemple, à 120 mètres et même au-dessous ; ce qui, d'après la fig. 19 (n° 35), réduit de 40 %, l'importance des erreurs à redouter du chef de la réfraction.

INSTRUMENTS

§ 1. *Niveau.*
§ 2. *Mire.*

CHAPITRE II

INSTRUMENTS

SOMMAIRE

Les questions générales concernant le *niveau* et la *mire* — instruments essentiels du nivellement, — leur vérification et leur mode d'emploi, ont été traitées, dans la première partie de ce volume, avec des détails suffisants pour nous dispenser d'y revenir. Nous nous bornerons à donner, sur cet objet, quelques indications complémentaires, suivies d'une brève description du niveau et de la mire adoptés, après de longues expériences, pour le Nivellement général[1].

§ 1

NIVEAU

40. Détermination des éléments d'un niveau. — Les données caractéristiques d'un niveau sont :

1° Le *rayon de courbure de la fiole*, d'où dépend la *sensibilité* de la bulle, et, par suite, la précision avec laquelle se trouve définie la *direction de l'horizontale*;

2° Le *grossissement* de la lunette et *l'ouverture* ou le *diamètre* de l'objectif, avec lequel augmente la *quantité de lumière* concentrée sur l'image. De ces deux éléments, ouverture et grossissement, qui, d'ailleurs, doivent rester dans un rapport constant, ou à peu près, dépend la *puissance* de la lunette — c'est-à-dire la facilité pour l'œil d'observer les images — et, par suite, l'exactitude avec laquelle on *estime* les fractions de divisions sur la mire.

En vue de diminuer les erreurs, on serait donc porté à employer des *fioles* plus *sensibles* et des *lunettes* plus *puissantes*.

Mais on se trouve rapidement arrêté dans cette voie par les conditions pratiques des opérations :

1° Les changements insensibles, mais continuels, de la température produisent, dans les différentes parties de l'instrument, des dilatations et des contractions alternatives, qui mettent la bulle dans un état perpétuel *d'instabilité* et rendent ainsi le *calage* à la fois *pénible* et *incertain*, dès que le rayon de courbure de la fiole dépasse une soixantaine de mètres.

2° Le poids de l'instrument croît sensiblement comme

---

1. A part deux ou trois exceptions, les améliorations que réalisent ces Instruments sont dues à M. le colonel Goulier.

le *cube* de la puissance et, dès que le grossissement est supérieur à trente fois, ce poids atteint aisément 17 à 20 kilogrammes, limite à partir de laquelle le transport du niveau cesse d'être facile en cours d'opérations.

D'ailleurs, les *ondulations* aériennes, corrélatives des modifications thermiques dans les couches basses de l'atmosphère, donnent fréquemment à l'image de la mire une *mobilité* qui rend *incertaine* l'estime des fractions de divisions ; un excès de puissance de la lunette ne ferait qu'accuser davantage ce défaut.

41. Description générale du niveau à fiole indépendante et à prismes. — Le niveau employé pour le Nivellement général est construit[1] d'après les données suivantes :

Rayon de courbure de la fiole.................... 50 mètres.
Grossissement de la lunette...................... 25 fois.
Ouverture efficace de l'objectif................. 36 millimètres.
Distance focale .... 36 centimètres.
Poids total de l'instrument (niveau et son pied).. 12 kilogrammes.

Ce niveau[2] est à *fiole indépendante*. La figure 23, qui le représente, et la légende qui accompagne cette figure,

1. Par la maison Berthélemy, à Paris.
2. **Calcul de la précision d'un niveau.** — **Erreur probable d'une nivelée.** — En faisant abstraction des causes *systématiques* d'inexactitude — au nombre desquelles nous rangerons la *réfraction* proprement dite et les erreurs, comme celles de division et de longueur des mires, qui peuvent être corrigées après coup — il est facile de se rendre compte du degré de précision accessible avec un instrument établi d'après les données ci-dessus.

L'*erreur accidentelle*, pour un *coup de niveau*, est la résultante de trois sortes d'erreurs :

1° Erreur de *calage* de la bulle ;

2° Erreur d'*estime* de la fraction de division sur la mire ;

3° Erreurs, excessivement variables, dues à l'*instabilité de la température* pendant la durée de l'opération.

Evaluons séparément chacune de ces erreurs pour une *portée* de 75 mètres (*portée normale* pour les opérations du Nivellement général) :

1° ERREUR DE CALAGE. — Les traits de repères gravés sur la fiole sont espacés de 3 millimètres. En appréciant l'égalité des distances des extrémités de la bulle aux traits correspondants, l'œil commet difficilement une erreur supérieure à un demi-millimètre ; ce qui correspond à une *inégalité probable* de 2 décimillimètres environ, et par suite à une *erreur probable* moitié

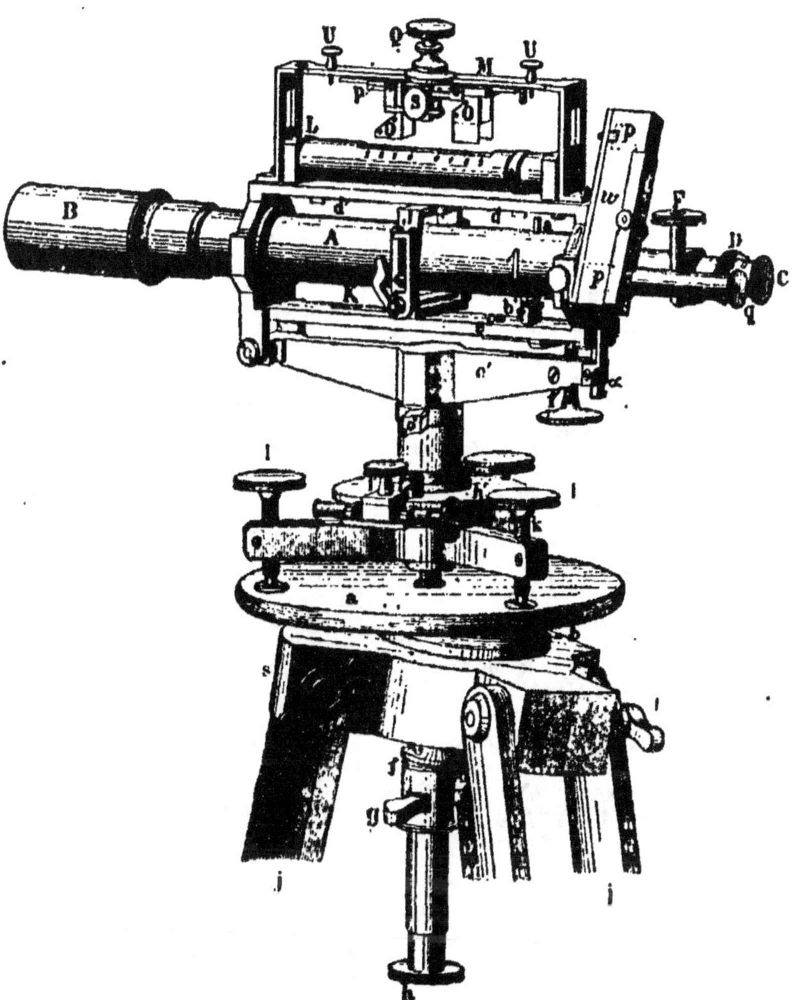

Fig. 23

I. — Pied ou support en Bois
(voir la coupe fig. 24).

a, *Plateau mobile* sur la *calotte sphérique b.*

s, *Tête fixe du support.*

t t, *Ecrous à oreilles* servant à fixer les *jambes* à la tête, pour assurer la rigidité du support.

e, *Coquille* adaptée à la *tête.*

f, *Petite bague sphérique* mobile dans cette coquille.

g, *Ecrou à oreilles* se vissant sur le canon de la tige à pompe.

c, *Tête de la tige à pompe* (fig. 24).

h, *Bouton de manœuvre* id.

II. — Support Métallique.

l, l, l, *Vis calantes* du trépied.

b', *Disque* venu de fonte avec la colonne.

i, *Pince de serrage* du disque.

k, *Vis de rappel* id.

n, *Nivelle sphérique* adaptée au disque.

o, *Prisme* à réflexion totale, fixé à la colonne, au-dessus de cette nivelle.

e', *Traverse fixe.*

e'', *Traverse mobile.*

α, *Aiguille de repérage* de la position de la traverse mobile (voir les détails, fig. ci-dessous).

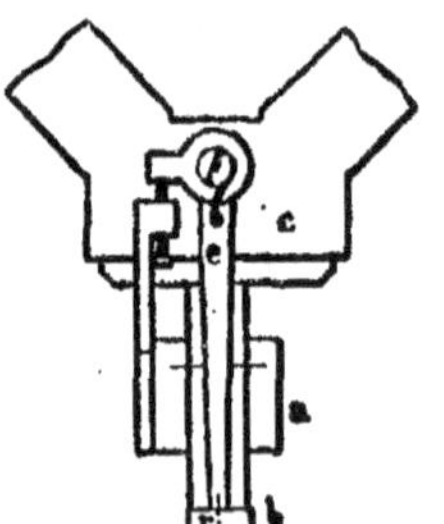

e Levier coudé porté par la traverse mobile *e.*

r Trait de repère gravé sur une pièce *b* adaptée à la traverse fixe *a.*

f', *Vis de fin calage.*

b' b', *Vis butantes* portées par deux bornes adaptées à la traverse mobile.

K, *Secteur* servant à maintenir l'étrier J de la nivelle.

III. — Lunette.

A, *Corps* de lunette.

B, *Garde-soleil* et *Objectif* (serti dans une bague conique fixée de manière à annuler le *décentrement* dans le sens vertical).

C, *Œilleton de l'oculaire.*

D, *Coulant porte-réticule.*

F, *Pignon* de la *crémaillère du coulant.*

a' a', *Taquets* fixés sur le corps de la lunette et venant buter contre les vis **b' b'.**

IV. — Nivelle.

d d', *Heurtoirs* adaptés à la règle de la nivelle.

J, *Étrier d'accrochage* de la nivelle.

L, *Vis de réglage* de la nivelle.

M, *Anse* de manœuvre de la nivelle.

O O, *Prismes* isocèles rectangles, à faces hypoténuses argentées, faisant fonctions de miroirs.

p p, *Curseurs* sur lesquels sont fixés les prismes.

S, *Bouton molleté* servant à régler l'écartement des prismes.

Q, *Bouton de manœuvre* de la nivelle.

U U, *Vis* servant à fixer au-dessus de la nivelle, pour la protéger contre le soleil, un *abri* en papier parchemin se rabattant sur les côtés.

w, *Gaine* renfermant deux prismes de renvoi *pp.*

q, *Œilleton* des prismes.

suffisent à expliquer le rôle des pièces principales. Sans parler des modifications de détail, nous dirons seulement quelques mots des perfectionnements essentiels apportés au *support*, à la *lunette* et à la *nivelle*[1].

moindre — soit de *un décimillimètre* — pour la position du *milieu* de la bulle.

Il en résulte une erreur de même importance pour la lecture faite sur une mire placée à une distance égale au rayon de courbure de la fiole, soit à 50 mètres. Pour une portée de 75 mètres, l'erreur correspondante, — qui est proportionnelle à la distance — est donc de 15 *centimillimètres*.

2° ERREUR D'ESTIME. — Avec un grossissement de 25 fois, les *divisions centimétriques* de la mire, placée à 75 mètres, apparaissent dans la lunette avec la même grandeur que si on les regardait à l'œil nu à la distance de 3 mètres, ou encore comme une division en millimètres que l'on verrait à la distance de 0ᵐ30, répondant, en moyenne, à la vision distincte.

Dans ces conditions, un œil exercé apprécie facilement le *dixième* d'une division, et l'erreur probable de l'estime ne dépasse pas le *tiers* de cette fraction, soit 33 millièmes de division — qui correspondent sur la mire à 33 *centimillimètres*.

3° ERREURS DUES A L'INSTABILITÉ DE LA TEMPÉRATURE. — L'expérience montre qu'il n'est pas exagéré d'attribuer à ces erreurs, dans l'ensemble des opérations, une importance moyenne égale à celle de l'erreur d'estime.

En se combinant comme l'indique le calcul des probabilités, toutes ces erreurs donnent une incertitude probable η égale à la racine carrée de la somme de leurs carrés :

$$\eta = \sqrt{15^2 + 33^2 + 33^2} = 5^{\text{dmm}}.$$

Pour une *nivelée* — composée de deux portées égales, de 75 mètres chacune — l'erreur résultante est, en vertu de la même règle :

$$\eta' = \sqrt{\eta^2 + \eta^2} = \eta \sqrt{2}$$

Si les lectures sont recommencées par un second opérateur, et qu'ensuite on répète intégralement une deuxième fois les mêmes opérations (suivant la méthode adoptée pour le Nivellement général), l'erreur finale η_n, pour la moyenne des 4 déterminations de la différence de niveau, se trouve réduite proportionnellement à la racine carrée de leur nombre, c'est-à-dire que l'on a :

$$n_n = \frac{\eta'}{2} = \frac{\eta}{\sqrt{2}} = 3^{\text{dmm}},5.$$

A raison de 150 mètres par nivelée, le kilomètre de cheminement comprend, en moyenne, 6 nivelées 66 ; par suite, *l'erreur accidentelle probable kilométrique* η_k du nivellement est :

$$\eta_k = \eta_n \sqrt{6,66} = \eta \sqrt{3,33} = 9^{\text{dmm}}.$$

C'est, à peu près, l'erreur déduite, comme on le verra plus loin (chap. IV), de la comparaison des deux opérations d'*aller* et de *retour*, pour les lignes fondamentales du nouveau Nivellement général de la France.

1. M. le colonel Goulier a donné ce nom à l'ensemble — vulgairement désigné sous le nom de *niveau à bulle d'air* — composé de la *fiole* et de sa *monture*, que celle-ci soit ou non fixée à l'instrument.

I. Support.

42. Support en bois à plateau mobile. — Avec les *supports* ordinaires, on est obligé, pour mettre à peu près horizontal le *plateau*, de régler par tâtonnements la position des *jambes* et leur enfoncement dans le sol. Cette manière d'opérer empêche de donner à l'installation de l'instrument toute la stabilité désirable, les *pointes* des jambes n'étant pas enfoncées *à refus*. Elle oblige, en outre, à se servir des *vis calantes* du *trépied métallique*, pour rendre approximativement vertical le *pivot* du niveau ; ce qui entraîne des pertes de temps.

Le dispositif représenté en élévation (fig. 24) évite ces inconvénients.

Support à plateau mobile.

Fig. 24.
(Voir la légende de la fig. 23).

Le *plateau* a peut se déplacer à frottement gras sur une *calotte sphérique b*, contre laquelle il est pressé par l'effet du *ressort à boudin* logé dans la *pompe*.

Les *jambes* du support ayant été enfoncées jusqu'à refus, on agit sur le plateau de manière à le rendre à peu près horizontal — ou mieux de façon à rendre sensiblement vertical le *pivot* de l'instrument (voir ci-après, n° 43). Un quart de tour donné à *l'écrou à oreilles g*, se vissant sur le canon de la pompe, suffit ensuite pour fixer le plateau dans cette position.

42. Support métallique à nivelle sphérique et prisme réflecteur. — Les supports ordinaires obligent à employer la *fiole* pour amener la colonne de l'instrument dans une position verticale. Pour les opérations du nivellement, cette verticalité n'a besoin d'être qu'approximative, du moins dans le sens du cheminement, et l'emploi de la fiole, beaucoup trop sensible pour cet objet, fait perdre du temps.

Pour rendre plus rapide cette opération, une nivelle sphérique n (fig. 23), de 0^{m}65 de rayon de courbure, a été montée sur le *disque* h' de la *colonne* métallique. M. Klein a fait disposer, au-dessus, un prisme à réflexion totale o', qui renvoie l'image de la bulle à l'œil de l'observateur, placé près de l'oculaire C de la lunette.

Cette nivelle est réglée, une fois pour toutes, de telle manière que l'image de la bulle paraisse au centre de la boîte lorsque la colonne est *verticale*.

On se sert seulement de la fiole et des vis calantes du trépied pour améliorer le *calage de l'axe vertical*, dans le sens *transversal* au cheminement[1].

II. Lunette.

44. Oculaire négatif. Réticule sur verre. — L'oculaire adapté aux niveaux du Nivellement général, re-

____

1. Une inclinaison transversale de l'axe du niveau pourrait, en effet, occasionner une erreur, dans le cas où *l'axe optique* de la lunette ne serait pas exactement *parallèle* à la *directrice de la fiole* — appelée aussi quelquefois improprement « *l'horizontale de la bulle* » — (Voir 1re Partie, n° 107, 4°).

présenté en coupe fig. 25, est un *oculaire négatif*[1], avec *réticule* sur verre *à 3 traits* ou *fils horizontaux* et *coefficient stadimétrique* de 1/200ème (n° 34). Voici les raisons de ce choix.

Oculaire négatif.

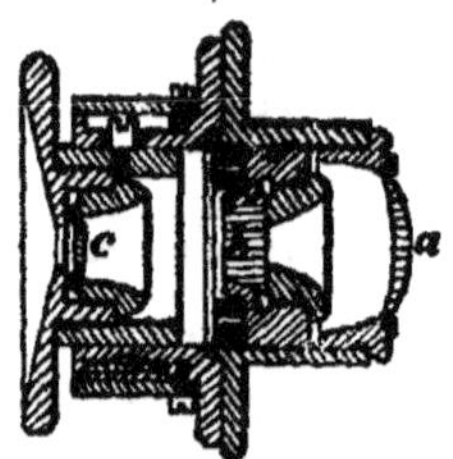

Figure 25.

a. Verre de champ. — *b*. Verre porte-réticule. — *c*. Verre d'œil.

Les lunettes de nivellement sont habituellement munies d'un oculaire de Ramsden et d'un réticule en fils d'araignée.

Le plus souvent, ce réticule comprend plusieurs fils horizontaux, destinés à donner un *contrôle des lectures* en même temps qu'une *mesure des distances*. La hauteur de mire interceptée entre deux fils horizontaux est, en effet, proportionnelle à la distance de la mire au *foyer principal antérieur* de l'objectif. En vue de la commodité des calculs, on choisit pour le rapport — appelé *coefficient stadimétrique* — une *fraction décimale* : généralement 1/100ème ou 1/200ème.

Lorsque les fils horizontaux sont au nombre de deux seulement, ils servent concurremment pour la détermination des différences de niveau. Lorsqu'il y en a trois, le fil du milieu entre généralement seul dans les calculs du nivellement proprement dit — on l'appelle, pour cette raison, *fil niveleur* — ; les deux autres fils — disposés symétriquement par rapport au premier — sont em-

1. L'oculaire *négatif* est caractérisé par l'interposition d'une lentille, appelée *verre de champ*, entre l'objectif et le *réticule*.

ployés simplement pour le contrôle des lectures et le calcul des portées : on leur donne, pour ce motif, le nom de *fils stadimétriques*.

La difficulté consiste à donner exactement aux fils l'écartement convenable, eu égard à la distance focale de l'objectif, pour réaliser le *coefficient stadimétrique* voulu.

L'oculaire négatif permet d'obtenir exactement ce *coefficient stadimétrique*, en faisant simplement varier l'écartement du *verre de champ* par rapport au *réticule*[1].

1. Détermination des positions relatives du verre de champ et du réticule pour réaliser un coefficient stadimétrique donné.

Soient (fig. 26) :

C,   le *verre de champ*;
R,   le *verre porte-réticule*;
F,   le *foyer principal antérieur* de l'objectif O ;
f,   la *distance focale principale*,   id.   ;
Fa_1, Fb_1, deux rayons lumineux passant par le foyer principal F, symétriques par rapport à l'axe de la lunette FX, et formant entre eux un *angle* correspondant au double du *coefficient stadimétrique* donné σ, de telle sorte que :

$$a_1 b_1 = 2\,\sigma.f. \tag{1}$$

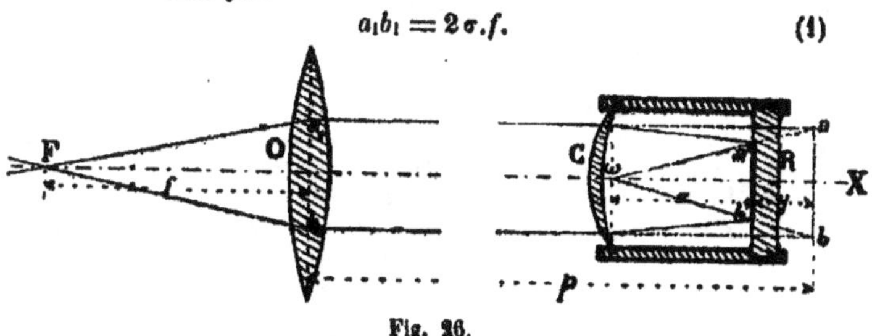

Fig. 26.

Les deux rayons Fa_1, Fb_1 interceptent sur la mire, placée à la distance D en avant du point F, une portion de hauteur 2σD, qui viendrait former à une distance p derrière l'objectif, s'il n'y avait pas de *verre de champ*, une image réelle ab. Après leur passage à travers la lentille O, les deux rayons Fa_1, Fb_1, deviennent *parallèles* à l'axe FX et passent respectivement aux points a et b. On a, par suite :

$$ab = a_1 b_1 \tag{2}$$

et, en même temps, d'après l'équation connue des lentilles :

$$\frac{1}{p} + \frac{1}{D+f} = \frac{1}{f},$$

équation qui détermine p, c'est-à-dire la position de l'image ab, en raison de l'éloignement D de la mire.

Les fils d'araignée, d'autre part, étant sujets à se détendre sous l'action de l'humidité, ou à se rompre par la sécheresse — inconvénients assez graves pour des instruments appelés à faire un long séjour sur le terrain—, on leur a substitué des réticules formés de traits gravés sur verre.

Mais il fallait alors craindre le dépôt, sur les faces du verre, de poussières qui, en raison de leur voisinage du *plan focal*, auraient obscurci considérablement la lunette. Pour éviter cet inconvénient, on a gravé le réticule sur une plaque de 3^{mm} d'épaisseur. La face antérieure, qui porte les traits, et que la *mise au point* amène au *foyer*, est renfermée dans un espace hermétiquement clos à l'avant par le verre de champ; elle se trouve donc à l'abri des poussières. Celles qui peuvent se déposer sur l'autre face de la plaque, se trouvent, en raison de l'épaisseur même de celle-ci, rejetées assez loin du plan focal pour n'être pas gênantes.

Mais, par l'effet de la lentille convergente C, interposée sur le trajet des rayons lumineux, l'image se forme *plus près* de l'objectif, en $a'b'$. Il faut :

1° Que cette image $a'b'$ se trouve dans le plan du réticule, résultat que l'on obtient par la *mise au point* de la lunette;

2° Que $a'b'$ soit égal à l'écartement donné e des 2 *traits stadimétriques*. Pour exprimer cette condition, appelons :

f', la distance focale principale du *verre de champ* C;

x et y, les distances respectives de l'image $a'b'$ à la lentille C et à l'image ab.

On a, toujours d'après la formule des lentilles :

$$\frac{1}{x} - \frac{1}{x+y} = \frac{1}{f'} \tag{3}$$

et, d'autre part, en vertu de la similitude des triangles $\omega a'b'$, ωab :

$$\frac{x}{x+y} = \frac{a'b'}{ab} = \frac{e}{2\sigma f}, \tag{4}$$

d'après les relations (1) et (2), et en supposant remplie la deuxième condition ci-dessus.

Éliminons y entre les deux équations (3) et (4), il vient :

$$x = f'\left(1 - \frac{e}{2\sigma f}\right).$$

L'écartement cherché x est donc *indépendant* de la *distance* D de la mire. On le déterminera, une fois pour toutes, par la *formule* précédente, ou mieux par tâtonnements successifs.

45. Dispositif de mise au point pour deux opérateurs. — Pour obtenir des garanties supplémentaires d'exactitude, on adjoint le plus souvent à l'opérateur, dans les nivellements de précision, un aide ou *lecteur* qui répète les lectures sur la mire. Si ce dernier n'a pas la même vue, ou à peu près, et ne peut, sans changer le tirage de l'oculaire, lire sans fatigue les cotes après l'opérateur, il perd du temps à remettre l'oculaire au point.

Le dispositif représenté fig. 27 permet aux deux opérateurs de retrouver immédiatement et sans hésiter, les positions de l'oculaire qui conviennent respectivement à leur vue.

Dispositif de mise de l'oculaire au point successivement pour deux opérateurs.

Elévation   Coupe suivant LM

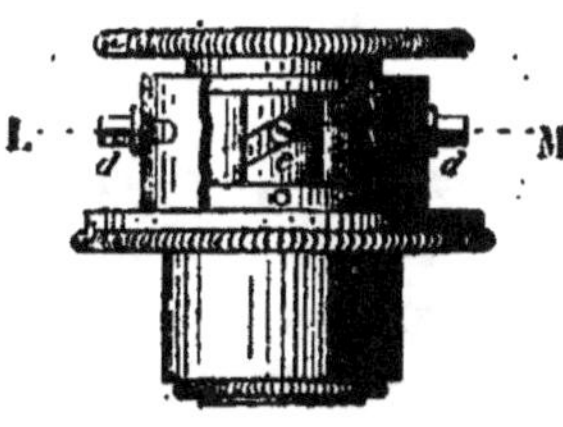
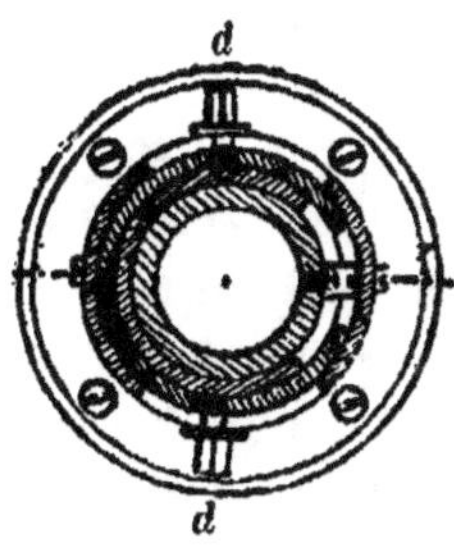

Fig. 27.

e, *Goupille* mobile dans une rainure héliçoïdale.
dd, *Vis à carrés* fixant les *taquets* mobiles qui limitent la course de la goupille *e.* — On fixe une fois pour toutes ces taquets dans la position convenable.

III. Nivelle.

46. Dispositif pour assurer le retournement simultané de la lunette et de la nivelle. — Les erreurs de *centrage* de la lunette et de *réglage* de la fiole sont compensées, comme on sait, par le double retournement de la lunette *sens dessus dessous* et de la fiole *bout pour bout* sur les *anneaux*. Il peut arriver que l'opérateur omette l'un de ces deux retournements; on n'a plus alors qu'une compensation partielle.

Pour rendre impossible cette omission, on a disposé, sous la règle de la nivelle, deux heurtoirs *d, d'* (fig. 23), dans des positions telles que si l'on retourne, par exemple, la nivelle sans toucher à la lunette. l'un de ces heurtoirs vient s'appuyer sur le taquet correspondant **a**, fixé sur le corps de la lunette ; ce qui empêche les *jambes* de la nivelle de venir reposer sur les *anneaux*, et rend par suite impossible le calage de la fiole.

47. Dispositif à prismes. — Une condition essentielle pour l'exactitude d'une opération de nivellement est que la bulle ne subisse aucun dérangement entre l'instant où l'on a vérifié sa position et le moment de la lecture sur la mire.

On réalise habituellement cette condition en donnant à l'opérateur un aide, qui surveille la bulle pendant que le premier fait les lectures, ou inversement.

Il vaut mieux donner à l'opérateur lui-même le moyen d'effectuer ce contrôle, sans se déranger.

Dans plusieurs instruments construits à l'étranger, ce résultat est obtenu en employant un miroir long et étroit, disposé au-dessus de la fiole avec une inclinaison telle qu'en élevant un peu l'œil au-dessus de l'oculaire, l'opérateur peut voir l'image réfléchie de la bulle[1].

---

1. Étant donnée la position de la fiole au-dessus de la lunette, ce système offre encore un autre avantage. L'opérateur n'étant plus obligé de regarder la bulle directement, peut tenir sa lunette un peu plus haut ; ce qui a pour résultat, d'une part, de diminuer, dans les parties faiblement inclinées du cheminement, l'effet des réfractions ou des ondulations atmosphériques ; d'autre part, d'augmenter un peu la longueur des nivelées dans les pentes,

Mais ce miroir peut donner lieu à des erreurs si l'inclinaison n'en est pas bien réglée[1].

1. Détermination de l'inclinaison du miroir. — Si l'on donne au miroir une inclinaison quelconque, l'image de la fiole se présente obliquement à l'œil ; par suite, les divisions égales du tube paraissent avoir des grandeurs différentes (inversement proportionnelles à leur éloignement de l'œil) ; de même, les extrémités de la bulle semblent être également distantes des repères correspondants, alors qu'il n'en est pas rigoureusement ainsi.

Pour empêcher cette illusion de se produire, il faut amener à la même distance de l'œil les images des extrémités de la bulle. La position à donner au miroir, pour qu'il en soit ainsi, se détermine de la manière suivante :

Soient (fig. 28) :

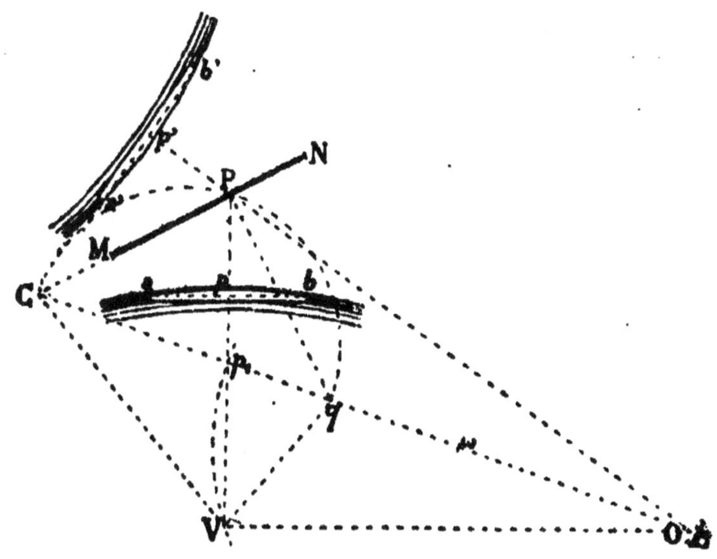

Figure 28.

ab,   la bulle ;
pP,   la verticale passant par son milieu p ;
$a'b'$,   l'image de la bulle, vue dans le miroir MN mobile autour d'un point C ;
O,   la position de l'œil, près de l'oculaire de la lunette.

Pour que les extrémités a' et b' de l'image de la bulle se trouvent à égales distances de l'œil, il faut que la perpendiculaire Pp', élevée sur le milieu de $a'b'$, passe par le point O.

Supposons réalisée cette condition.

Menons Pq perpendiculaire à MN, et joignons OC, qui rencontre, en p_i et q, les droites Pp prolongée et Pq ; MN et Pq étant respectivement les *bissec-*

Le Comité du Nivellement général a préféré un système de prismes à réflexion totale, dû à MM. Klein et Lallemand.

Deux prismes isocèles rectangles O, O (fig. 23), renvoient les images des extrémités de la bulle dans la direction et un peu au-dessus de la ligne de visée. Deux autres prismes p, p, ramènent ces images au niveau même de l'oculaire, dans un œilleton spécial q, où elles apparaissent comme le montre la figure 29.

L'opérateur peut ainsi vérifier la position de la bulle *immédiatement avant de faire la lecture sur la mire*, et s'assurer, *aussitôt après*, que cette position n'a pas changé.

Les prismes présentent encore d'autres avantages.

Image de la bulle entre ses repères

(vue dans l'œilleton des prismes).

Fig. 29.

trices extérieure et *intérieure* de l'angle au sommet P du triangle p_1PO, on a, d'après une propriété connue :

$$\frac{qp_1}{qO} = \frac{Cp_1}{CO} \tag{1}$$

Les quatre points C, p_1, q et O divisent *harmoniquement* la droite OC.

Trois de ces points : O, C et p_1, sont donnés par avance. Pour déterminer le quatrième, q, traçons du point ω (milieu de Op_1), avec ωp_1 comme rayon, un arc de cercle p_1V ; prenons sur cet arc un point quelconque V, joignons VC, Vp_1 et VC, et faisons un angle

$$\widehat{p_1Vq} = \widehat{p_1VC}.$$

Vp_1 étant bissectrice intérieure de l'angle $\widehat{CVq}$, VO, qui est perpendiculaire à Vp_1 (l'angle $\widehat{p_1VO}$ étant inscrit dans une demi-circonférence), est la bissectrice extérieure du même angle.

On démontrerait, comme précédemment, que la droite OC est divisée *harmoniquement* par les quatre points C, p_1, q et O.

Le point q est donc le point cherché.

Pour déterminer maintenant la direction CP du miroir (l'angle $\widehat{CPq}$ étant droit), on décrira, sur Cq comme diamètre, une demi-circonférence, dont le point de rencontre avec l'axe pP de symétrie de la bulle, donnera le point P cherché.

En ne laissant voir, à la fois, que deux couples de traits chiffrés de *mêmes cotes*, sur la fiole, ils empêchent presque totalement les *fautes* de calage.

En outre, les images des extrémités de la bulle se trouvant rapprochées, on compare plus facilement les écartements de ces extrémités par rapport aux traits correspondants de repères tracés sur la fiole.

Mais, les deux images étant inégalement distantes de l'œil, les divisions correspondantes de la fiole *paraîtraient* avoir des dimensions différentes : des écarts, *égaux en apparence*, entre les extrémités de la bulle et les traits correspondants de la fiole, répondraient en réalité à des écarts *inégaux. La bulle paraîtrait ainsi entre ses repères alors qu'elle ne le serait pas rigoureusement.* On a remédié à cet inconvénient en donnant à certaines faces des prismes, des courbures convenablement calculées [1], qui ont pour effet

1. Calcul des courbures à donner aux faces des prismes. — On peut calculer, de la manière suivante, la courbure à donner à certaines faces des prismes, pour faire disparaître l'erreur tenant à l'inégale distance à l'œil des images des deux extrémités de la bulle, et, au besoin, pour amplifier, en même temps, ces images.

Premier cas. — *Compensation simple des images.* Pour obtenir ce résultat il suffit de rendre légèrement convexe l'une des faces rectangulaires du prisme postérieur.

Soient (fig. 30) :

l,	la demi-longueur de la bulle ;
a et b,	les écartements respectifs de ses extrémités, par rapport aux traits correspondants de repère II, 11 ;
a' et b',	les images de ces mêmes écartements, réfléchies sur les faces hypoténuses des prismes isocèles rectangles Q et P ;
b'',	l'image de l'écartement b', virtuellement agrandie en raison de la courbure donnée à la face antérieure du prisme P (cette courbure équivalant à une lentille de distance focale f, supposée accolée à la face en question) ;
p' et p'',	les distances respectives des images b' et b'' à la face antérieure du prisme P ;
δ'	la hauteur de la face inférieure de ce prisme au-dessus de la fiole ;
h,	le *côté* des prismes P et Q ;
II,	la distance, — mesurée suivant le trajet des rayons lumineux, — entre les faces hypoténuses des deux *prismes* R et S *de renroi* ;
d,	la distance de l'œil au milieu de l'hypoténuse du prisme S ;
D,	la distance des milieux des prismes R et S à l'axe XY de symétrie de la bulle ;
Δ' et Δ'',	les distances respectives des images a' et b'' à l'œil, mesurées en suivant le parcours des rayons lumineux.

de donner aux deux images la même grandeur apparente

**Croquis schématique montrant la marche des rayons lumineux
à travers les prismes.**

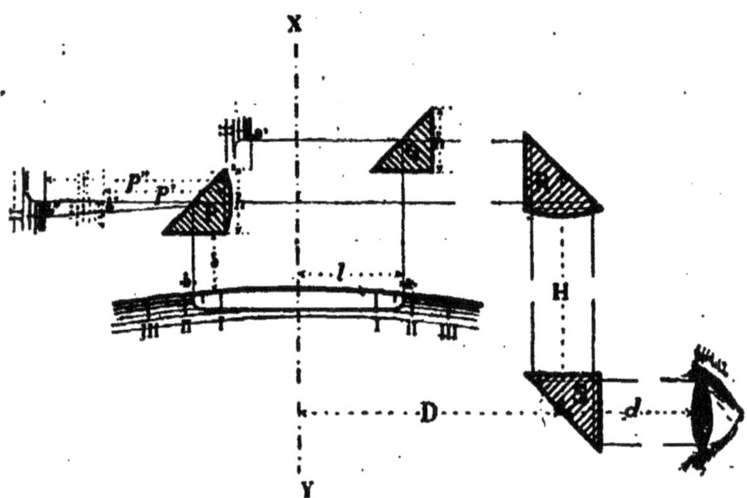

Figure 30.

La bulle étant supposée entre ses repères, on a :

$$a = b. \tag{1}$$

D'autre part, les images a' et b'' des écartements a et b, devant présenter
à l'œil la même grandeur apparente, on doit avoir :

$$\frac{a'}{\Delta'} = \frac{b''}{\Delta''} \cdot \tag{2}$$

Or, d'après les lois connues de la réflexion, l'on a aussi :

$$a' = a, \qquad b' = b, \tag{3}$$

et, en vertu de la similitude des images b' et b'' :

$$\frac{b''}{b'} = \frac{p''}{p'} \cdot \tag{4}$$

D'où, en combinant les relations (1), 3) et (4) :

$$b'' = a' \frac{p''}{p'} \cdot \tag{4 bis}$$

Portons cette valeur de b'' dans l'équation (2), elle s'écrit :

$$\frac{p''}{p'} = \frac{\Delta''}{\Delta'} \cdot \tag{5}$$

23

que si l'on regardait directement les extrémités correspondantes de la bulle, l'œil étant placé à une distance de

Il reste à exprimer les quantités p', p'', Δ' et Δ'', en fonction des *données* δ, h, l, H, D, d, et de l'*inconnue* f.

Les milieux des faces horizontales des prismes P et Q étant, par hypothèse, amenés au-dessus des extrémités correspondantes de la bulle, on a :

$$p' = \delta + h. \tag{6}$$

D'autre part, la formule connue des lentilles donne :

$$\frac{1}{p'} - \frac{1}{p''} = \frac{1}{f} \;;$$

d'où l'on tire (en combinant avec la relation 6) :

$$\frac{1}{p''} = \frac{1}{\delta + h} - \frac{1}{f} \cdot \tag{7}$$

D'un autre côté, le prolongement de la face inférieure du prisme Q étant supposé raser l'arrête supérieure du prisme P, on a, sur la figure :

$$\left\{ \begin{aligned} \Delta' &= \delta + \frac{3h}{2} - l + D + H + d, \\ \Delta'' &= p'' - \frac{h}{2} + l + D + H + d. \end{aligned} \right. \tag{8}$$

Remplaçant, dans l'équation (5), p', p'', Δ', Δ'', par leurs valeurs tirées des relations (6), (7) et (8), et résolvant par rapport à f, il vient :

$$f = \frac{(\delta + h)\left(D + H + d + l - \frac{h}{2} \right)}{2l - h}, \tag{9}$$

formule qui donne la distance focale cherchée.

Le rayon r de courbure de la face convexe du prisme P s'obtient ensuite au moyen de la relation connue, pour les lentilles plan-convexes :

$$r = (n - 1) f,$$

n, *indice de réfraction* du verre.

Pour le crown-glass et le verre ordinaire, par exemple, on a :

$$n = \frac{3}{2}, \quad \text{et, par suite,} \quad r = \frac{f}{2} \cdot$$

Exemple. — Soient :

$$D = 0^m,14; \quad d = 0^m,07; \quad H = 0^m,08; \quad \delta = 0^m,01; \quad h = 0^m,013; \quad l = 0^m,02;$$

données prises sur un instrument du Nivellement général ; on trouve :

$$f = 0^m,25; \quad r = 0^m,125; \quad \Delta' = 0^m,30.$$

Si f était donné, c'est δ qu'on tirerait de la formule (9).

DEUXIÈME CAS. — *Compensation et amplification des images.* — Pour ce double objet, il faut également rendre convexe une des faces non réfléchissantes de l'un des *prismes de renvoi*, R ou S. Si l'on donne, par exemple, à chacune d'elles égale à la distance moyenne de la vision distincte.

la face inférieure du prisme R (fig. 30), la courbure d'une lentille plan-convexe, de distance focale f', les deux images a' et b'' se trouvent virtuellement *agrandies*, et, en même temps, *éloignées* de l'œil.

On peut déterminer f et f' de manière à donner aux écartements a et b la *grandeur apparente* qu'ils auraient pour un œil regardant, à la distance V de la vision distincte, les extrémités de la bulle.

Soient :

a_1', b_1'',   les nouvelles grandeurs des images a' et b'';
Δ_1', Δ_1'',   leurs nouvelles distances à l'œil ;
ρ,   la distance, mesurée suivant le trajet des rayons lumineux, de l'œil à la face courbe du prisme R.

On a, d'après la figure, en supposant le *côté* du prisme R égal à celui h des prismes P et Q :

$$\rho = H + d - \frac{h}{2} .$$

Les équations (1), (3), (4), (4 bis), (6), (7) et (8), établies dans le cas précédent, subsistent. La condition exprimée par la relation (2) se trouve, au contraire, remplacée par la suivante :

$$\frac{a_1'}{\Delta_1'} = \frac{b_1''}{\Delta_1''} = \frac{a}{V} . \tag{2 bis}$$

D'autre part, la similitude des images nouvelles et anciennes donne :

$$\begin{cases} \dfrac{a_1'}{a'} = \dfrac{\Delta_1' - \rho}{\Delta' - \rho}, \\[2ex] \dfrac{b_1''}{b''} = \dfrac{\Delta_1'' - \rho}{\Delta'' - \rho}, \end{cases}$$

ou, en substituant à a_1' et b_1'' leurs valeurs tirées des équations (2 bis), (3) et (4 bis) :

$$\begin{cases} \dfrac{\Delta_1'}{V} = \dfrac{\Delta_1' - \rho}{\Delta' - \rho}, \\[2ex] \dfrac{p'}{p''} \dfrac{\Delta_1''}{V} = \dfrac{\Delta_1'' - \rho}{\Delta'' - \rho}. \end{cases} \tag{10}$$

Remplaçons, dans cette dernière relation, le quotient $\dfrac{p'}{p''}$ par sa valeur obtenue en faisant le produit, membre à membre, des équations (6) et (7), il vient :

$$\left(1 - \frac{\delta + h}{f} \right) \frac{\Delta_1''}{V} = \frac{\Delta_1'' - \rho}{\Delta'' - \rho} . \tag{11}$$

D'autre part, la formule ordinaire des lentilles donne :

$$\frac{1}{f'} = \frac{1}{\Delta' - \rho} - \frac{1}{\Delta_1' - \rho} = \frac{1}{\Delta'' - \rho} - \frac{1}{\Delta_1'' - \rho} . \tag{12}$$

Éliminant Δ_1' et Δ_1'' entre les équations (10), (11) et (12), il reste, pour

§ 2

MIRE.

49. — Exposé. — La mire doit satisfaire aux conditions suivantes :

1° Elle doit être suffisamment *rigide* pour ne pas s'infléchir, étant en station, et, en même temps, assez *légère* pour être facile à transporter sur le terrain. Le bois, surtout d'essence résineuse, le *sapin* en particulier, est la substance qui se prête le mieux à la réalisation de cette double condition.

2° Sa longueur doit varier le moins possible et les variations doivent être faciles à mesurer pour corriger les lectures.

3° La *division* et la *chiffraison* doivent être disposées de manière à empêcher autant que possible les *fautes* de lecture et à faciliter l'*estime* des fractions de division.

déterminer les inconnues f et f', les deux relations :

$$f' = \rho \frac{\Delta' - \rho}{\Delta' - V}, \tag{13}$$

$$\left(1 - \frac{\delta + h}{f}\right) \frac{\Delta''(V - \rho) + \rho(\Delta' - V)}{\Delta' - \rho} = V. \tag{14}$$

Substituant à Δ' et Δ'' leurs valeurs données par les formules (8), où l'on a préalablement remplacé p'' par son expression tirée de l'équation (7) ; enfin résolvant, par rapport à f, l'équation (14) transformée, il vient :

$$f = \left(H + d - \frac{h}{2}\right) \frac{\delta + 2h + D - l}{\delta + \frac{3h}{2} + D + H + d - (V + l)},$$

$$f' = \frac{\delta + h}{2l - h} \frac{V(l + D) + \left(H + d - \frac{h}{2}\right)[\delta - 2(l - h)]}{V + \frac{h}{2} - (H + d)}.$$

En adoptant les données de l'exemple précédent, avec V $= 0^m,25$, on trouve :
$$f = 0^m,315, \qquad \text{et} \qquad f' = 0^m,85.$$

Ces conditions se trouvent réalisées dans la *mire à compensation* du colonel Goulier, qui a été adoptée pour les opérations du Nivellement général.

Nous décrirons successivement les particularités de construction de cette mire [1]; le dispositif de compensation dont elle est munie pour mettre en évidence les changements de longueur de la règle portant la division ; enfin la disposition même de cette division et son étalonnage.

Nous indiquerons, en terminant, la construction et l'emploi d'abaques permettant de corriger rapidement les erreurs de division des mires dans les résultats du nivellement.

I. — Description générale de la mire à compensation.

50. — Dimensions de la mire. — Pour atténuer l'influence du vent sur la mire et diminuer le poids de la règle, il faut en restreindre autant que possible les dimensions :

1° La *largeur* doit être réduite aux 7 à 8 centimètres nécessaires pour inscrire convenablement la *division*.

2° L'*épaisseur* doit simplement être suffisante (25 millimètres environ) pour assurer la rigidité de la mire tenue verticalement.

3° Si, comme on doit le faire dans tout nivellement de précision, l'on s'astreint à placer toujours le *niveau à égales distances des deux mires*, il est inutile de donner à celles-ci une *longueur* supérieure au *double de la hauteur de la lunette* au-dessus du sol. Cette hauteur, variable avec la taille des opérateurs, étant généralement comprise entre 1^m,50 et 1^m,60, il suffirait donc de donner aux mires 3^m,00 à 3^m,20 de longueur.

---

1. Les dessins de la mire et des appareils d'étalonnage reproduits ci-après, ont été exécutés sous la direction de M. le colonel Goulier, aux notes duquel nous avons également fait de nombreux emprunts pour les descriptions.

Mire en station.

LÉGENDE
des fig. 31 et 32.

j j'   (fig. 31 et 32 — I, II, VII et VIII), *Arcs-boutants* tenus à la main en même temps que les poignées **pp'**, pour assurer l'immobilité de la mire en station.

f f'   (fig. 32 — VII et VIII), *Pointes* des arcs-boutants.

o   (fig. 32 — I et II), *Embrasse* supérieure des arcs-boutants.

o'   (fig. 32 — III, VII et VIII), *Embrasse* des pointes des arcs-boutants.

w   (fig. 32 — III, VII et VIII), *Lame-ressort* portant une traverse qui s'engage dans des gorges pratiquées dans les *pointes*, et par là, immobilise les arcs-boutants.

d   (fig. 32 — III, VII et VIII), *Bouton* servant à presser sur la *lame ressort* pour dégager les arcs-boutants.

v v   (fig. 32 — I, IV et V), *Vis à olive* destinées à fixer le *couvercle* sur le dos ou sur la face de la mire.

k'   (fig. 32 — VIII), *Logement* pour

les *crochets* latéraux **k** (fig. 33 et 34) servant à fixer le couvercle, conjointement avec les vis **vv**.

p p'   (fig. 32 — VI, VII et VIII), *Poignées* pour tenir la mire en station.

b b'   (fig. 32 — VI, VII et VIII), *Boutons molletés* servant à fixer les poignées, conjointement avec des *goupilles* **a** (fig. 32 — VI), s'engageant dans des *logements* **a'** (fig. 32 — VI, VII) [poignée ouverte], ou **a''** (fig. 32 — VII) [poignée rabattue].

N N   (fig. 31), *Nivelles sphériques* servant à contrôler la verticalité de la mire. (La nivelle inférieure sert seulement lorsque la mire est placée sur un repère élevé).

n'   (fig. 32 — VII), *Fenêtre* ménagée dans le couvercle, pour permettre au porte-mire en station de voir la nivelle.

q   (fig. 32 — V, VII et 35 — II), *Courroie* servant à réunir les deux mires d'une même paire pour le voyage.

M   (fig. 32 — IX), *Bouton-poignée* à l'aide duquel le porte-mire tient sa mire sur l'épaule pendant le trajet d'une station à la suivante.

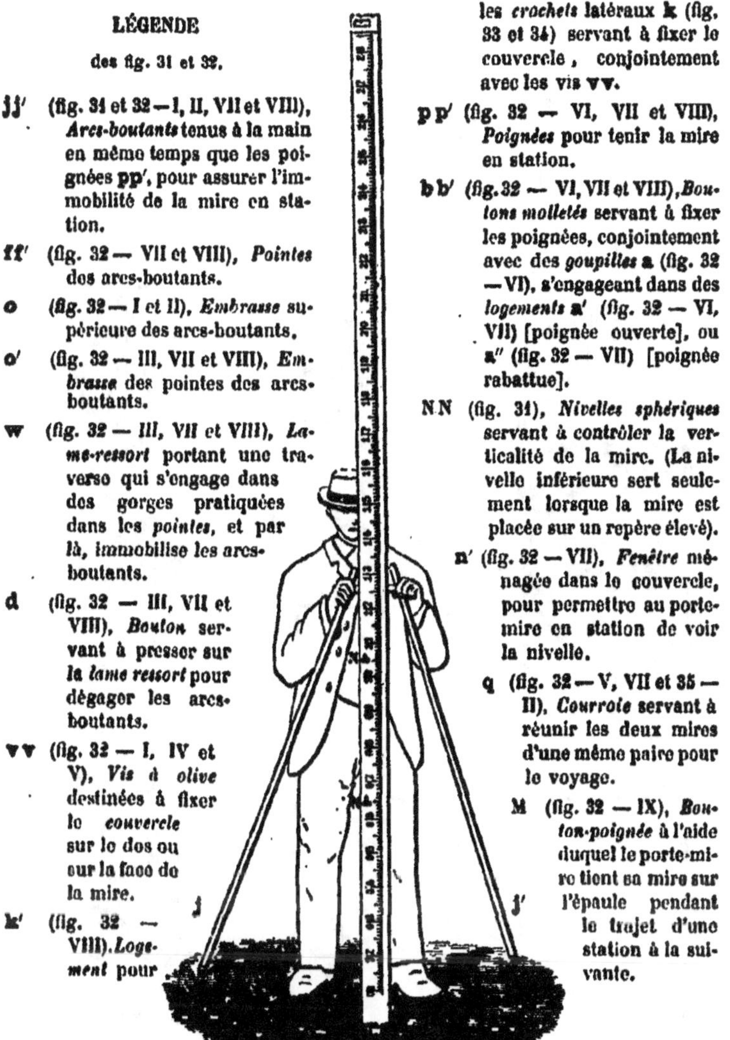

Fig. 31.
(Echelle de 1/20)

Couvercle.

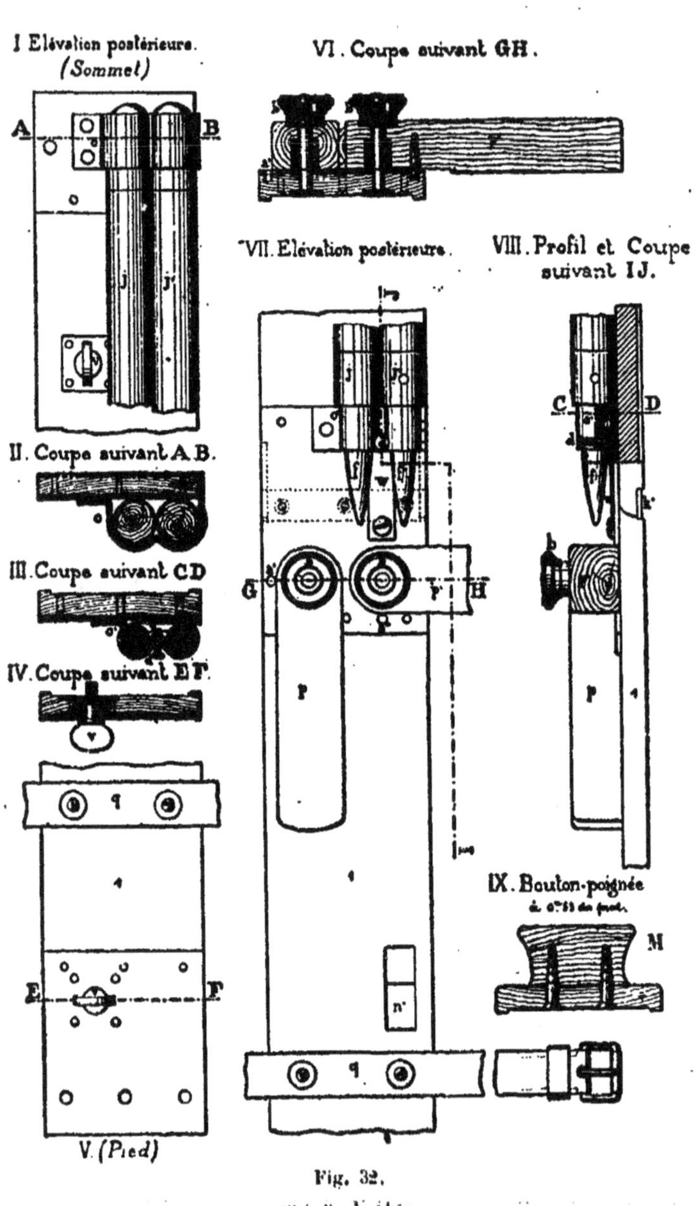

Fig. 32.

(Echelle de 1/6).

Mais si, comme on l'a dit précédemment (n° 34), la mire présente au pied une partie non divisée ; si la lunette est pourvue de fils stadimétriques, et si l'on s'astreint à lire toujours le fil le plus rapproché du pied de la mire, la hauteur de celle-ci peut être réduite à 2ᵐ,90 [1].

La *mire à compensation* représentée, dans l'ensemble et dans les détails, par les fig. 31 à 35, offre les dimensions suivantes :

Longueur..................	2ᵐ,90 à 3ᵐ00
Largeur...............	0ᵐ,080
Epaisseur (couvercle compris)..	0ᵐ,036
Poids (idem.)..	8ᵏᵍ,500

51. — Construction de la mire à compensation. — Pour constituer le corps d'une mire, on débite trois voliges 1, 2, 3 (fig. 35 — V), dans un madrier en sapin de droit fil et sans nœud, choisi de telle sorte que les

----

1. En effet, dans les conditions énoncées au n° 34 et représentées fig. 17, la lecture la plus forte relevée sur les mires, est la *cote d'arrière* h_3 répondant au fil niveleur.

L'équation 14 (n° 31) donne à cet égard :

$$h_3 = H + \frac{D}{2}$$

H, hauteur du niveau ;
D, différence de niveau entre les extrémités de la nivelée.

D'autre part, en éliminant D et L entre cette formule et les équations 20 (n° 33) et 23 (n° 34), on a :

$$h_3 = H + \frac{p}{p + \sigma} (H - e)$$

p, pente du terrain ;
σ, coefficient stadimétrique de la lunette.

La longueur cherchée l de la mire est la limite de h_3, quand on donne à p la valeur la plus grande p_1 que l'on puisse rencontrer pratiquement.

Si l'on suppose, comme nous l'avons déjà fait (n° 34),

H = 1ᵐ,60 ; e = 0ᵐ,10 ; σ = 0,005 ; avec p_1 = 0,015, pente limite des chemins de fer constituant le Réseau fondamental du Nivellement de la France (n° 67),

on trouve :

$$l = \lim. h_3 = 2ᵐ,90.$$

couches annuelles soient symétriques ou à peu près, par rapport à l'axe transversal des voliges, comme l'indiquent les figures.

La volige n° 1 est affectée au *couvercle*. Le *corps* de la mire est formé par la réunion des voliges n°s 2 et 3 assemblées *dos à dos* (fig. 35 — IV) au moyen de grosses vis en laiton, pour combattre la courbure que le bois pourrait prendre sous l'action de la sécheresse ou de l'humidité. Cette disposition facilite en outre l'exécution du canal central dans lequel se loge le système compensateur dont il sera question plus loin (n° 53).

A. Couvercle (fig. 32). — Il se fixe tantôt sur la face de la mire, pour en protéger la division pendant les voyages (fig. 35 — II); tantôt sur le dos de la mire, pendant les opérations sur le terrain.

Ce couvercle porte des *poignées* et des *arcs-boutants* qui servent à maintenir la *mire en station* (fig. 31).

Pour les transports, les poignées se rabattent le long du couvercle, et les arcs-boutants se fixent au dos de celui-ci (fig. 32).

B. Talon. — Il est indispensable que la mire ne change pas de hauteur quand on la fait pivoter (n° 73 — VI) pour passer du coup d'avant d'une station au coup d'arrière de la station suivante.

En vue d'assurer cette invariabilité, quelques constructeurs ont adapté au talon de leurs mires une saillie s'engageant dans une cavité correspondante du support, ou inversement. Mais quand on doit relever d'anciens repères n'ayant pas une forme convenable, cette disposition est gênante et expose à des fautes. En outre, des poussières ou de la boue sèche peuvent se loger dans ces cavités et en diminuer la profondeur ; ou bien, en s'écrasant sous le poids de la mire, déterminer un changement de hauteur du talon dans l'intervalle de deux stations consécutives.

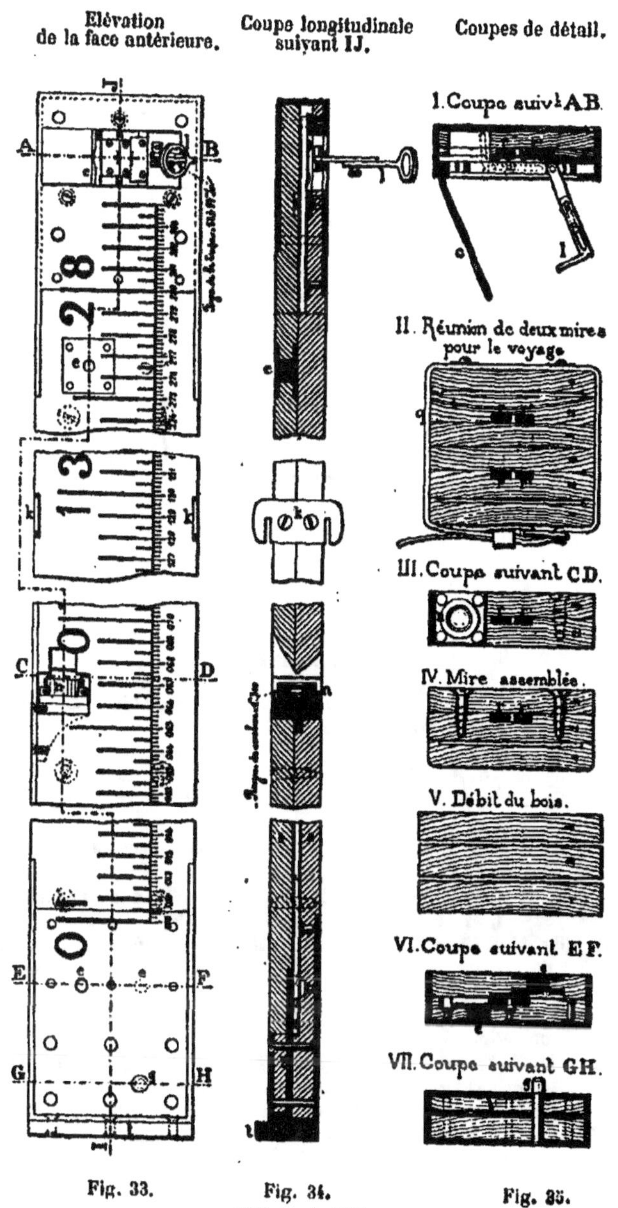

Fig. 33.   Fig. 34.   Fig. 35.
(Échelle de 3/10).

Aussi, dans le cas actuel, a-t-on préféré conserver le *talon plan* des mires ordinaires, tout en prenant des pré-

**Disposition des plaquettes
portant les échelles de compensation.**

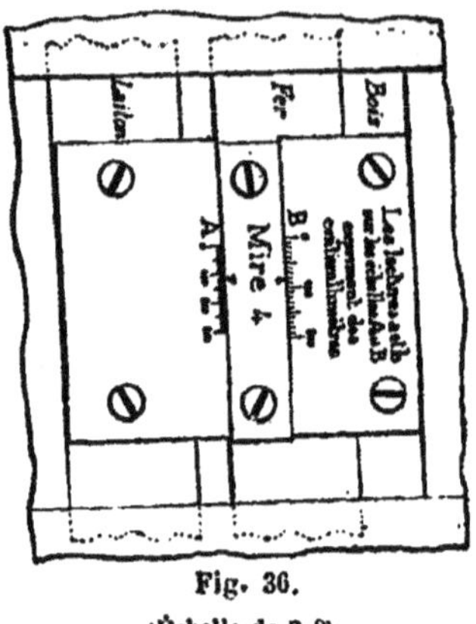

Fig. 36.

(Échelle de 3/2).

LÉGENDE

des figures 33 à 36.

t   (fig. 33 et 34), *Talon* plan en acier, parfaitement ajusté d'équerre sur la direction moyenne de la règle.

g   (fig. 33 et 35 — VII), *Goupille* ⎱ servant à réunir les deux mires

q   (fig. 32 — VII et 35 — II), *Courroie* ⎰ d'une même paire pour le voyage.

n   (fig. 33, 34 et 35), *Nivelle sphérique* servant à contrôler la verticalité de la mire.

k k   (fig. 33 et 34), *Crochets* s'engageant dans des logements **k'** (fig. 32 — VIII) pour fixer le couvercle.

e   (fig. 33, 34 et 35 — VI), *Écrous* pour le logement des *vis à olive* ▼ (fig. 32 — I, IV et V) servant à fixer le couvercle.

r r'   (fig. 34 et 35 — I, II, III et IV), *Règles de compensation* fixées au talon de la mire par la plaque **t'** (fig. 34 et 35 — VII) et libres à leur extrémité supérieure.

c   (fig. 33 et 35 — I), *Trappe* fermant la chambre des échelles de compensation (fig. 36).

l   (fig. 33, 34 et 35, — I), *Loupe* servant à faire les lectures sur les *échelles de compensation*. Elle se rabat dans la chambre, comme l'indique le trait en pointillé (fig. 35 — I), sans changer la mise au point.

1,2,3   (fig. 34 et 35 — II, III, IV et V), *Voliges* au nombre de trois, constituant le corps d'une mire et son couvercle.

cautions spéciales pour assurer sa perpendicularité sur la direction moyenne de la règle [1].

C. NIVELLES SPHÉRIQUES. — La mire, au moment des lectures, doit être verticale. Le contrôle de cette verticalité s'obtient par des nivelles sphériques NN (fig. 31), *n* (fig. 33, 34 et 35 — III) dont la bulle doit *paraître* au *centre du verre* pour le porte-mire placé derrière, en station.

Ces nivelles ont un rayon de courbure de $0^m,30$, qui est très suffisant, comme on va le voir.

La verticalité de la mire, en effet, est exposée dans le service à deux sortes d'erreurs :

I. *Erreurs accidentelles* tenant à ce que la bulle de la nivelle n'a pas été mise exactement *au centre du verre* par le porte-mire ;

II. *Erreurs systématiques* tenant à un défaut de réglage de la nivelle.

Ces erreurs produisent (fig. 38) :

1° Comme le défaut de perpendicularité du talon de la mire, une *dénivellation oz* entre le zéro *o* de l'échelle et le point *c* sur lequel la mire est posée ;

2° Un *raccourcissement apparent de la division*, d'où résulte, pour la hauteur lue, un nombre trop fort.

Evaluons séparément ces deux effets :

a). L'expérience montre que le porte-mire cale facilement sa nivelle à $0^{mm},5$ près [2] dans le *sens transversal*

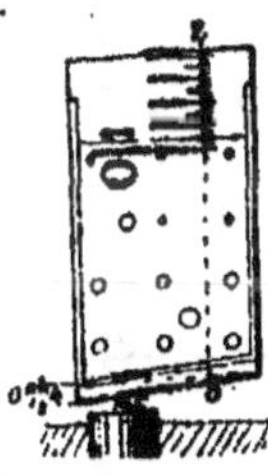

Fig. 37.

1. Si l'on admet une tolérance de $0^{mm},4$ — limite rarement atteinte — pour la différence de niveau entre les bords extrêmes du talon de la mire tenue verticale (fig. 37), il en résulte pour les hauteurs de mire lues, dont le zéro part d'un point situé au quart environ de la largeur du talon, une *erreur maxima* de $0^{mm},3$, et une *erreur probable* de $0^{mm},07$ environ, soit à peu près le cinquième de l'erreur probable de la lecture elle-même (n° 41, note 2).

2. Ce qui correspond à une différence maxima de 1^{mm} entre les distances respectives des bords de la bulle aux points les plus voisins de la circonférence du verre.

(soit avec un écart probable de $0^{mm},2$ environ). *L'incli-naison accidentelle probable* correspondante i de la mire est égale au quotient de cet écart par le rayon de courbure ($0^{m},30$) de la nivelle :

$$i = \frac{0^{mm},2}{300^{mm}} = 0,000\,65$$

La précision est à peu près deux fois moindre pour le calage dans le *sens d'avant en arrière*, à cause de la

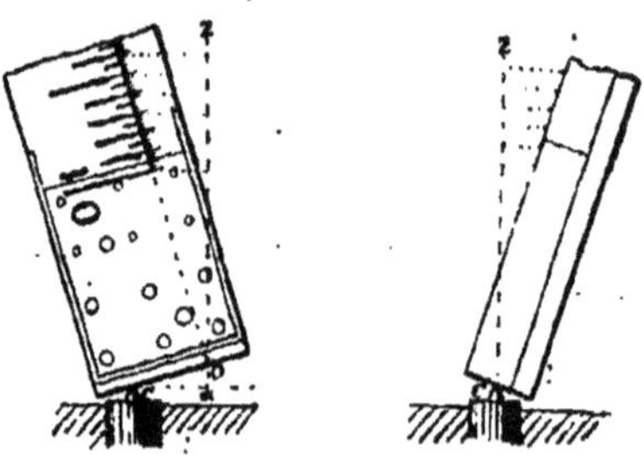

Fig. 38.

L'inclinaison de la mire a été exagérée à dessein pour mieux faire ressortir les erreurs correspondantes.

parallaxe, due à l'épaisseur du verre, qui se produit dans ce cas, et qui varie avec la position de l'œil. *L'inclinaison accidentelle probable* de la mire dans ce sens est par suite :

$$i' = 2i = 0,001\,3.$$

b). D'autre part, le défaut initial de réglage de la nivelle, et les petits dérangements qui peuvent se produire, en service, dans la position de celle-ci relativement à la mire, atteignent difficilement au total 1^{mm}, chiffre qui répond à une *inclinaison systématique* :

$$i'' = 0,003\,3\text{ environ.}$$

c). L'inclinaison probable I résultant de toutes les causes réunies est, par suite :

$$I = \sqrt{i^2 + i'^2 + i''^2} = 0,003\,6.$$

A cette inclinaison répondent :

1° Une *erreur t du zéro*, dont le maximum, dans les conditions limites indiquées ci-dessus (note 1), est :

$$t = 0{,}003\ 6 \times 0^{mm}{,}3 = 0^{mm}{,}001$$

2° Une *erreur ρ par mètre de hauteur de mire* (1re partie, n° 84) :

$$\rho = \frac{lt}{2} = 0^{mm}{,}006$$

Ces deux erreurs sont absolument négligeables.

II. Système de compensation.

52. Variations de longueur des mires. — La longueur d'une règle en bois change en raison des circonstances suivantes :

1° Le *temps écoulé depuis l'abatage* ou la mise en œuvre du bois ;

2° Les *variations de la température* ;

3° Les *changements d'humidité* de l'air ambiant.

I. — L'*oxydation progressive de la sève* détermine une contraction lente des fibres du bois, dont la longueur diminue peu à peu jusqu'à ce qu'on ait atteint un état normal. On dit alors que le bois est *sec*.

Les variations de longueur provenant de cette cause peuvent atteindre, en quelques mois, plusieurs décimillimètres par mètre.

II. — La *température* agit plus rapidement, mais ne produit son effet complet qu'au bout de 2 à 3 heures.

III. — L'*humidité* n'exerce son influence qu'avec un retard de plusieurs semaines. Toutefois, elle cesse de produire aucun effet dès qu'on atteint un *état hygrométrique* de 0,75 environ, entre les limites habituelles de la température dans nos climats.

Des expériences à ce sujet ont été faites par M. le colonel Goulier[1] sur des règles de bois sec, de diverses essences, que l'on étudiait séparément : 1° à l'*état naturel*; 2° recouvertes de trois couches de *peinture* à l'huile et au blanc de céruse; 3° *bouillies dans l'huile* de lin.

Ces expériences ont conduit aux conclusions suivantes pour ce qui regarde la *longueur* des règles :

A. L'action de la *température* est sensiblement la même dans les trois cas : les variations de longueur du bois sont à peu près proportionnelles aux changements de la température.

Dans un air moyennement humide (état hygrométrique 0,55), l'allongement d'un bois résineux, qu'il soit à l'état naturel, peint ou huilé, est d'environ 0mm,009 par mètre et par degré d'élévation de la température.

Ce coefficient est à peu près moitié moindre dans un air complètement sec ou saturé d'humidité.

B. Pour ce qui regarde *l'humidité* :

1° De tous les bois, les moins sensibles à cette influence sont les bois résineux, notamment le *sapin* ;

2° La dilatation des bois est incomparablement plus grande dans le sens transversal aux fibres que dans le sens de leur longueur ;

3° Contrairement à une opinion assez répandue, la sensibilité du bois à l'humidité diminue très peu lorsqu'on le fait bouillir dans l'huile. La diminution est, au contraire, très sensible quand le bois est recouvert, à froid, de plusieurs couches de peinture au blanc de céruse.

Dans les conditions ordinaires de la pratique, l'allongement est sensiblement proportionnel à l'accroissement de l'état hygrométrique, mais jusqu'à 0,60 seulement ; au delà, la longueur cesse à peu près de s'accroître.

Pour le sapin ordinaire des mires, *peint*, et entre les limites des températures de la pratique, le coefficient moyen d'allongement du bois, pour un changement hygrométrique de 0,01 est de 0mm,018 entre 0,10 et 0,60 (air sec ou moyennement humide).

Dans le cours d'une campagne de nivellement, la tem-

1. Avec le concours de M. le lieutenant-colonel Richard.

pérature peut varier, *au maximum*, entre —5° et +45°, et l'état hygrométrique de l'air entre 0,15 et 0,95.

Si la chaleur seule agissait, on aurait, d'après ce que nous avons dit, une dilatation de

$$0^{mm},009 \times 50° = 0^{mm},45 \text{ par mètre.}$$

Si, au contraire, l'humidité variait seule, on constaterait un allongement de

$$0^{mm},018 (60 — 15) = 0^{mm},81 \text{ par mètre.}$$

L'humidité produit donc, en moyenne, un effet double de celui qu'exerce la température.

Mais les deux causes agissent généralement en sens contraires. En été, l'humidité de l'air diminue pendant que la température augmente. L'inverse a lieu en hiver.

En fait, toutes les influences réunies déterminent rarement, dans le cours d'une campagne, des variations de longueur supérieures à *un demi-millimètre par mètre*.

53. Dispositif de compensation. — Les variations de longueur dont nous venons de parler — inconnues ou négligées il y a peu d'années encore — introduisent, dans le nivellement, des erreurs qui peuvent devenir importantes (n° 54).

Dans certains cas, on a cherché à en tenir compte, en déterminant la longueur exacte des mires *au commencement et à la fin de chaque campagne*; on admettait ensuite une *variation régulière* dans l'intervalle. Mais cette hypothèse, très commode pour le calcul des corrections, est en opposition avec les faits, comme le montre un diagramme reproduit plus loin (fig. 37).

Dans d'autres nivellements, on constatait chaque jour la longueur exacte de la mire, en mesurant, à l'aide d'une règle métallique préalablement étalonnée — dont on connaissait la température et par suite la dilatation — l'écartement de deux points fixes de la face divisée de la mire. Mais c'était là une opération délicate, entraînant des pertes de temps et sujette à erreurs.

M. le colonel Goulier a imaginé d'adapter à la mire elle-même un dispositif simple, permettant de connaître *à chaque instant* les variations de sa longueur.

Ce dispositif consiste en deux règles *rr'* (fig. 34 et 35), l'une en *fer*, l'autre en *laiton*, logées dans l'âme de la mire, fixées invariablement au *talon* de celle-ci et libres à leur extrémité supérieure. Par leur réunion, ces deux règles constituent un *thermomètre bi-métallique de Borda*.

La règle en *fer* porte, au sommet, une plaquette en argent sur laquelle sont gravés deux *index*. En regard, se trouvent deux échelles A et B (fig. 36) — dites *échelles de compensation* — fixées, l'une A sur la règle en *laiton*, l'autre B sur le *bois* même de la mire.

Ces deux échelles sont renfermées dans une chambre placée au sommet de la mire, et fermée habituellement par une trappe. La lecture se fait au moyen d'une loupe (fig. 33, 34 et 35 — I).

Une division de l'échelle A correspond à un *allongement absolu de 10 centimillimètres par mètre* de la règle en fer.

Une division de l'échelle B répond à une *dilatation relative de 10 centimillimètres par mètre* du bois de la mire par rapport à la règle en fer[1].

---

1. **Calcul de la grandeur des divisions des échelles de compensation.**

1º *Pour l'échelle A*, la largeur λ d'une division doit être égale à la *dilatation relative* de la règle en laiton par rapport à la règle en fer, quand cette règle subit un *allongement absolu* de 10 *centimillimètres* par mètre (ou de 0,0001).

L'accroissement correspondant θ de la température satisfait, par suite, à la relation :

$$\alpha\theta = 0,0001, \tag{1}$$

α, coefficient de dilatation linéaire du fer $= 0,000\ 011\ 5$.

D'autre part, dans les mêmes conditions, l'*allongement relatif* λ de la règle en laiton par rapport à celle de fer a pour expression :

$$\lambda = (\beta - \alpha)\,\theta\,L, \tag{2}$$

β, coefficient de dilatation linéaire du laiton $= 0,000\ 019$,
L, longueur commune des deux règles métalliques $= 2^m,80$.

Par suite, une augmentation de 10 centimillimètres, par exemple, dans la somme a + b *des lectures* a *et* b *faites respectivement sur les deux échelles* A *et* B*, à deux époques différentes, indique, pour le bois de la mire, un allongement absolu de 10 centimillimètres par mètre, quelle que soit d'ailleurs la cause de cet allongement.*

54. Diagramme des lectures journalières de compensation. — En opérations courantes, les lectures a et b de compensation sont faites trois fois par jour, au commencement, vers le milieu et à la fin du travail, sur chacune des deux mires — numérotées 1 et 2, par exemple —, simultanément employées (n° 73, V).

Ces mires subissant presque toujours, l'une et l'autre, les mêmes influences atmosphériques, les lectures a_1 et a_2 d'une part, b_1 et b_2 d'autre part, respectivement faites sur leurs échelles de compensation, doivent éprouver sensiblement les mêmes variations. En d'autres termes, tant que les dispositifs de compensation n'ont pas subi de dérangement, et si aucune faute n'a été commise dans les lectures, les différences $a_2 - a_1$, $b_2 - b_1$, doivent rester à peu près *constantes*.

Si l'opérateur constate accidentellement un désaccord, il recommence aussitôt les deux lectures intéressées, de

Éliminant θ entre les équations (1) et (2), il vient :

$$\lambda = \frac{\beta - \alpha}{\alpha} \frac{L}{10.000}, \qquad (3)$$

Remplaçant β, α et L par leurs valeurs numériques, on obtient :

$$\lambda = 0,000\ 005.\ L = 18^{cmm},25.$$

Une variation de température de $1°$ se traduit dans la lecture a de compensation par un accroissement ou une diminution :

$$\Delta a = \frac{10^{cmm}}{\theta} = 100\ 000\ \alpha = 1^{cmm},15.$$

2° *Pour l'échelle* B, une division répond à un *allongement relatif* de 10 centimillimètres par mètre (0,000 1) de la règle en bois par rapport à la règle en fer. La grandeur cherchée ς de cette division est donc égale à l'allongement relatif correspondant pour la longueur entière L de la mire :

$$\varsigma = 000\ 1\ \ L = 28^{cmm}.$$

manière à retrouver et à corriger, s'il y a lieu, la faute commise. Si le désaccord persiste, et s'accentue même pendant plusieurs jours, cela indique un dérangement dans l'un des systèmes compensateurs; il faut alors renvoyer les deux mires au constructeur pour être réparées.

Les indications fournies par les échelles de compensation sont ultérieurement traduites en un diagramme (voir le spécimen fig. 39) sur lequel on figure :

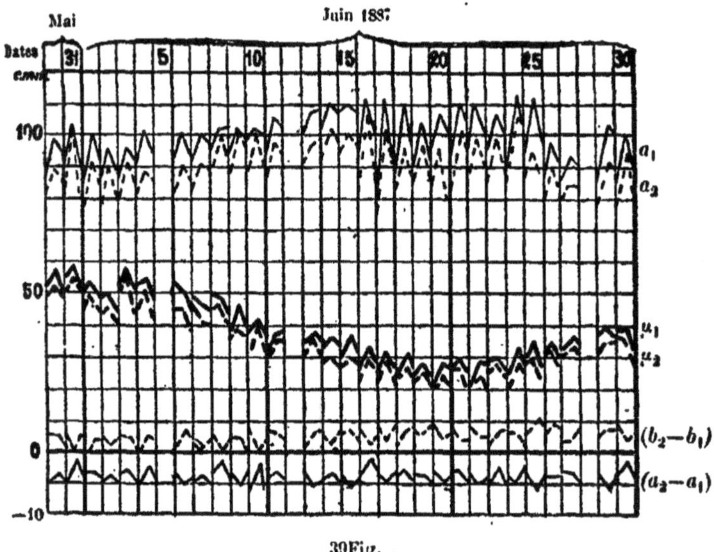

Fig. 39.

LÉGENDE

1° Les lectures a_1 et a_2, dont l'allure reproduit celle de la température ;

2° Les différences $a_2 - a_1$, $b_2 - b_1$, qui, d'après une remarque précédente, doivent dessiner à peu près deux horizontales ;

3° Les sommes : $\mu_1 = a_1 + b_1$, $\mu_2 = a_2 + b_2$ — que nous appellerons les *indices de compensation* — dont les changements expriment les variations métriques de longueur des deux mires.

On a pu constater ainsi qu'en général, les mires subissent, dans le cours de la journée, une variation périodique de plusieurs centimillimètres par mètre, liée à la marche diurne de la température. Le maximum de longueur a lieu dans l'après-midi.

Mais, en outre, on peut avoir pendant certaines périodes, par suite d'un changement notable et persistant de la température ou de l'humidité de l'air, une dilatation ou une contraction progressive beaucoup plus importante.

Ainsi, dans le diagramme ci-dessus, on voit les *indices de compensation* des deux mires baisser régulièrement depuis 53cmm en moyenne, le 3 juin. jusqu'à 23cmm le 20 juin suivant ; soit une diminution de 30cmm par mètre, en 17 jours. L'erreur correspondante, pour une dénivellation de 1000 mètres mesurée avec ces mires, sur une pente continue, atteindrait le chiffre relativement considérable de 0m,15.

III. Division.

55. Division à traits noirs sur fond blanc. — Pour la division d'une mire, on a le choix entre deux systèmes :

1° On peut chercher à obtenir, au prix de soins minutieux, une *division aussi exacte que possible*.

2° On peut se contenter d'une *division approchée*, et faire ensuite aux lectures les corrections indiquées par l'étalonnage.

La première méthode serait à préférer si la division restait invariable. Mais, comme on l'a vu (n° 52), le bois de la mire, sous diverses influences, éprouve des changements de longueur qui, dans **tous les cas**, rendent nécessaires des corrections. Avec des abaques comme ceux dont nous indiquerons plus loin la construction (n°s 65 et 66), ajouter aux corrections précédentes d'autres corrections relatives à la division ne complique pas sensiblement les calculs. Dès lors, mieux vaut adopter le second système, plus facile à réaliser.

Le mode habituel de division des mires, avec cases alternativement blanches et de couleur et chiffraison en décimètres seulement, présente quelques inconvénients pour les petites portées, fréquentes surtout dans les opérations en pays de montagnes, où la raideur des pentes oblige à raccourcir les nivelées. Le grossissement nécessaire de la lunette ne permet pas alors de voir, dans le champ, deux nombres consécutifs de la chiffraison ; ce qui expose à des fautes de un ou plusieurs centimètres. D'autre part, la division en centimètres seulement ne permet d'estimer que le millimètre.

Le mode adopté pour la mire à compensation échappe à ces inconvénients.

Les divisions de cette mire sont formées simplement de traits noirs sur fond blanc, ayant une épaisseur égale au 1/6 de la largeur des divisions correspondantes, et disposés comme le montre la figure 33.

Ces divisions sont au nombre de trois :

1° Une division en *centimètres*, avec chiffraison en *décimètres*, pouvant servir jusqu'à 170 mètres ;

2° Une division en *demi-centimètres*, visible nettement jusqu'à 80 mètres ;

3° Une division en *doubles millimètres*, avec chiffraison en *centimètres*, utilisable jusqu'à 35 mètres, et permettant d'apprécier, dans ces conditions, des fractions de millimètres.

On emploie l'une ou l'autre de ces divisions suivant la distance à laquelle se trouve la mire.

L'expérience a fait voir que la portée-limite est un peu plus faible avec ce mode que dans le système à divisions alternativement blanches et rouges. En revanche, l'erreur probable de lecture ou d'appréciation des fractions de division est sensiblement la même dans les deux cas.

On remarquera que, dans le mode nouveau, les chiffres sont *couchés* et se présentent comme sur les mètres et les double-décimètres de dessinateurs. Par cette disposition, l'observateur, en inclinant la tête, voit la chiffraison croître dans le sens habituel (c'est-à-dire de sa gauche à sa droite). Ce système, combiné avec une forme convenable pour les chiffres, empêche beaucoup de fautes de lecture.

56. Division irrégulière. — Afin d'avoir un contrôle de l'exactitude des opérations, on fait généralement exécuter le nivellement de chaque section deux fois, dans des sens différents — *aller* et *retour* — et en conservant les mêmes points intermédiaires rendus fixes (n° 73 — I, II, III).

La somme des différences de niveau obtenues dans les deux opérations, entre deux points intermédiaires consécutifs, doit être nulle s'il n'y a pas eu de faute commise.

Mais, pour que ce contrôle ait une pleine efficacité, il est indispensable que les deux opérations soient tout-à-fait indépendantes l'une de l'autre, c'est-à-dire que, pendant l'exécution de la seconde, l'opérateur n'ait pas connaissance des résultats de la première.

En vue d'assurer d'une manière certaine cette indépendance nécessaire, nous avons imaginé de donner aux deux mires employées ensemble, des divisions systématiquement erronées suivant des lois différentes que fait connaître l'étalonnage (voir, n° 62, l'exemple figuré sur le diagramme).

L'ordre des mires étant interverti pour la deuxième

opération (n° 73 — VI), la somme des différences de niveau trouvées — à l'aller et au retour — pour une même nivelée, au lieu d'être nulle comme précédemment, est alors, au contraire, une *quantité variable* avec la grandeur de la différence de niveau et changeant alternativement de signe d'une nivelée à la suivante.

Le calcul de cette quantité serait trop compliqué pour qu'on puisse être tenté de l'effectuer sur le terrain.

D'autre part, comme il faudrait toujours corriger les erreurs provenant de la division et des changements de longueur des mires, ce procédé n'augmente pas les calculs au bureau. Avec des abaques établis comme nous l'indiquons plus loin (n°ˢ 65 et 66), le travail est à peu près le même dans les deux cas.

57. Impression de la division. — Pour obtenir économiquement les divisions, subdivisions et chiffraisons de la mire, on les a gravées sur une planche de zinc où toute la mire est représentée, décomposée en cinq fragments de 65 centimètres chacun.

Avec la presse lithographique, on imprime en noir cette gravure sur des feuilles de *papier-pelure* ayant reçu cinq couches d'une peinture blanche à l'huile, savoir : trois couches sur la face destinée à recevoir l'impression (la la dernière de ces couches est mate), et deux couches sur face opposée. On colle cette dernière face au moyen d'un vernis siccatif, dit *coldor*, sur le corps de la mire préalablement couvert de trois couches de peinture à l'huile.

Dans toutes ces opérations, il faut prendre des précautions particulières — dont le détail nous entraînerait trop loin — pour empêcher la feuille de papier et le dessin imprimé de se déformer sous l'influence de l'humidité, ou par le retrait qui accompagne la dessication.

IV. Étalonnage.

58. Appareils d'étalonnage. — La mire ayant reçu ses divisions, on détermine leurs erreurs en les comparant avec un *étalon*, dont la longueur, rapportée au mètre légal, est rigoureusement connue. C'est ce qu'on appelle *étalonner la mire.*

Pour effectuer cette opération, on couche la mire sur le *banc d'étalonnage* (fig. 40) ; ou pose sur elle l'*étalon* (fig. 41); puis, s'aidant d'un *microscope* spécial (fig. 42), on met les traits de la division-type en concordance avec les traits correspondants de la mire (fig. 44).

Avant d'aborder les détails mêmes de l'opération, nous dirons quelques mots de l'*étalon* et du *microscope coudé*, établis par M. le colonel Goulier spécialement pour cet objet.

59. Étalon des mires. — L'*étalon*, pour les mires de précision, est constitué par une règle r_1 (fig. 41) en *laiton*, logée dans une feuillure ménagée sur le plat d'une règle R en sapin.

Cette règle en laiton — dite *règle principale* — est divisée en parties égales, représentant des *centimètres*.

Mais la valeur de ces divisions change avec la température. Pour connaître à chaque instant cette valeur, rapportée au mètre légal, on a, comme dans la mire à compensation, constitué un *thermomètre bimétallique* en associant à la règle en laiton, une règle r_2 en fer, de même longueur, portée sur les mêmes guides. Les deux règles sont fixées, par l'une de leurs extrémités, sur une même pièce en bronze. L'autre extrémité de la règle en fer porte, gravée sur une plaquette d'argent, une fine division — dite *échelle de compensation. c* (fig. 44 — V et VI) — sur laquelle, au moyen d'un *vernier* fixé à la règle en laiton, on lit, en

Banc d'étalonnage.

I. Vue de face.

II. Coupe AB.

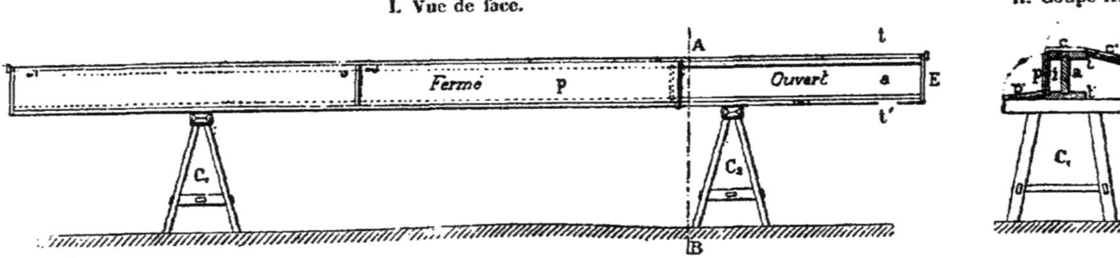

Fig. 40.

(Echelle de 1/30).

LÉGENDE.

E — **Banc d'étalonnage** constitué par une poutre en sapin, (longueur 4 mètres), à section en double **T**, formée d'une *âme* **a** assemblée à rainures et à vis avec deux *semelles* ou *tables*, **t, t'**.

i — *Armoire* ménagée sur un des côtés du banc, servant à remiser l'étalon avec les autres objets nécessaires pour l'étalonnage.

p — *Porte* fermant l'armoire i et se rabattant en **p'** pour recevoir les mires ou l'étalon.

c — *Couvercle* de la table supérieure, se rabattant en **c'** pour servir de pupitre.

C₁, C₂ — *Chevalets* supportant le banc, disposés au 1/5 de sa longueur à partir des extrémités, de manière à conserver aux tranches extrêmes leur verticalité, malgré la flexion de la poutre sous son propre poids.

centimillimètres, la *correction métrique* γ *de l'étalon*, c'est-à-dire l'excès actuel de 100 divisions de la règle étalon sur le mètre légal [1].

Pour que cette correction soit exacte, il faut que les règles métalliques aient, en tous leurs points, la même température. Pour favoriser cette égalité, les règles métalliques sont isolées de la règle en sapin, en dessous et latéralement, par un intervalle de 1 millimètre. Néanmoins, il est prudent de n'employer l'étalon qu'après l'avoir laissé séjourner deux heures au moins dans un milieu à température constante. Il faut en outre, pendant les étalonnages, éviter de produire des températures irrégulières dans les règles, soit par le contact des mains,

1. Calcul de la grandeur des divisions et réglage de l'échelle de compensation de l'étalon. — I. La grandeur λ à donner aux divisions de l'échelle c, pour qu'on y lise directement la *correction métrique γ de l'étalon*, se détermine à peu près comme on l'a vu précédemment (n° 53, note 1) pour l'échelle A du système compensateur de la mire.

La formule (3) trouvée alors est applicable ici, à la seule condition d'y remplacer, au dénominateur, le coefficient α de dilatation du fer par celui β du laiton, puisque c'est l'allongement de ce dernier métal, et non plus celui du fer, qu'il s'agit maintenant de mesurer.

La formule (3) s'écrit alors :

$$\lambda = \frac{\beta - \alpha}{\beta} \, \frac{L}{10.000} \; . \tag{3 bis}$$

Substituant à α et à β leurs valeurs numériques (n° 53), et faisant $L = 3^m.20$, il vient :

$$\lambda = 12^{cmm},6 .$$

II. Le réglage de l'échelle et du vernier s'effectue, de la manière suivante :

L'étalonnage préalable de la règle étalon ayant montré, par exemple, qu'à une température t_0, 100 divisions de cette règle valent 1 mètre *plus* l_0 *centimillimètres*, et la température au moment du réglage étant t, la longueur de 100 divisions de la règle, à cet instant, excède le mètre légal d'un nombre γ de centimillimètres :

$$\gamma = l_0 + 100\,000\,\beta\,(t - t_0).$$

On dispose le vernier de manière à lire sur l'échelle c la quantité γ.

Par exemple, soient :

$$l_0 = 33^{mm} ; \quad t_0 = 12^\circ ; \quad t = 22^\circ ;$$

on doit lire sur l'échelle c :

$$\gamma = 94^{mm} .$$

Etalon des mires.

I. Coupe suivant EF.

II. Elévation (Extrémité de gauche).

III.
Coupe AB.

IV.
Coupe CD.

V. Elévation (Extrémité de droite).

VI. Echelle de compensation
(2 fois la grandeur naturelle).

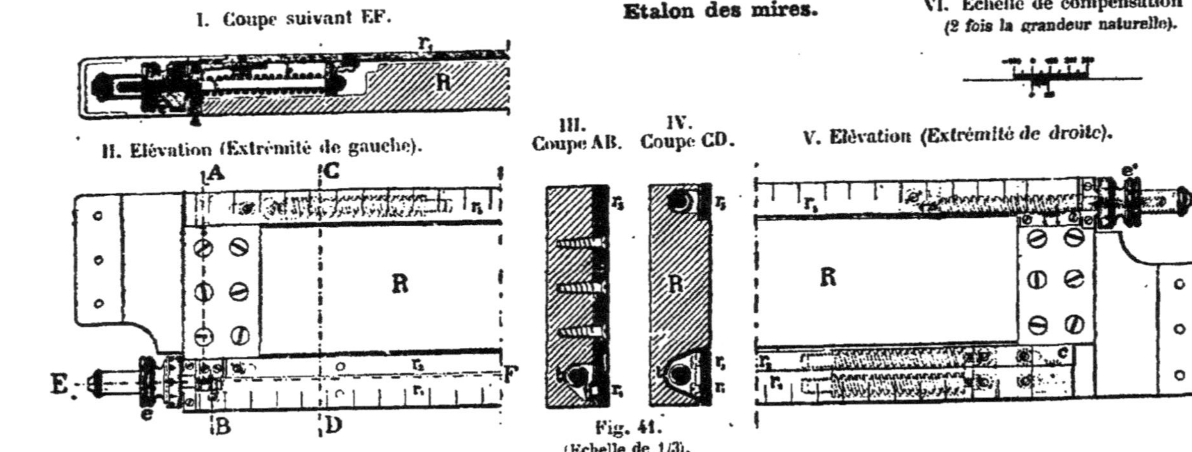

Fig. 41.
(Echelle de 1/3).

R, Règle en sapin formant le support de l'étalon.
r₁, Règle principale en laiton (longueur 3ᵐ,20) constituant l'étalon pour les mires de précision.
r₂, Règle en fer, formant, avec la précédente, un thermomètre bi-métallique.
r₃, Règle secondaire en laiton, servant d'étalon pour les mires ordinaires.
t, (I, III et IV). Tige de rappel des règles associées r₁ et r₂.
e, (I et II). Tambour divisé, avec écrou agissant sur la tige filetée t pour faire glisser les règles r₁ et r₂ le long du support R.
b, (I). Ressort antagoniste, à boudin, destiné à maintenir l'écrou

e constamment appuyé sur la plaque a (I) fixée à la règle R en sapin, et à empêcher ainsi le temps perdu lors des changements de sens de la rotation du tambour.
i, (II), Echelle indiquant le nombre des révolutions entières du tambour e (équivalant chacune à un déplacement de 1/2 millimètre pour la règle principale r₁).
e′, (V). Tambour de la règle secondaire.
c, (V et VI). Echelle de compensation de la règle principale. (La lecture faite sur cette échelle exprime en centimillimètres, l'excès, sur un mètre, de 100 divisions centimétriques de la règle principale r₁).

soit par le rayonnement du corps de l'observateur, soit surtout par l'action de son haleine sur le métal.

Comme on le verra plus loin (n° 61), pour mettre en concordance les divisions de la mire avec celles de l'étalon, il est nécessaire de pouvoir imprimer à ce dernier un petit déplacement longitudinal allant jusqu'à 8 millimètres environ.

Pour produire et mesurer ce déplacement, on a muni d'une longue tige filetée t, de 1/2 millimètre de pas, la pièce en bronze qui réunit les extrémités solidaires des deux règles. Cette tige s'engage dans un écrou e qui vient buter contre un arrêt a solidement fixé à la règle en sapin. Le contact des deux pièces, avec pression, est assuré par l'action de ressorts à boudin disposés sous les deux extrémités de chacune des règles métalliques.

Lorsque, tournant le bouton moleté e, on *visse* l'écrou, celui-ci ne pouvant avancer, la règle bi-métallique se trouve attirée; si, au contraire, on *dévisse* l'écrou, la règle s'éloigne, entraînée par les ressorts à boudin.

Chaque révolution entière du tambour imprime à la règle bi-métallique un déplacement de 1/2 millimètre, qu'on lit sur une *échelle* i portée par cette règle, en regard d'un index fixé à la règle en sapin. L'appoint, exprimé en centimillimètres, se lit, d'autre part, sur la circonférence même du tambour, divisée, à cet effet, en 50 parties égales [1].

60. Microscope coudé. — Nous avons dit que, pendant l'étalonnage, il importe d'éviter, pour les règles de l'éta-

---

[1] Outre l'étalon des mires de précision, la règle en sapin porte, en r_3 (fig. 11 — 11 à V), une seconde règle en laiton, dite *règle secondaire*, destinée à l'étalonnge des mires ordinaires. Cette règle est divisée en centimètres à 16° (température moyenne à laquelle s'effectuent les divisions de mires ordinaires). La règle secondaire ne comporte pas de système de compensation : mais elle possède, comme la *règle principale*, un dispositif avec echelle et tambour micrométrique e', pour produire et mesurer le déplacement longitudinal.

lon des mires, un échauffement irrégulier produit par
le rayonnement du corps de l'opérateur, ou par l'action
de son haleine.

Microscope coudé

disposé pour l'étalonnage.

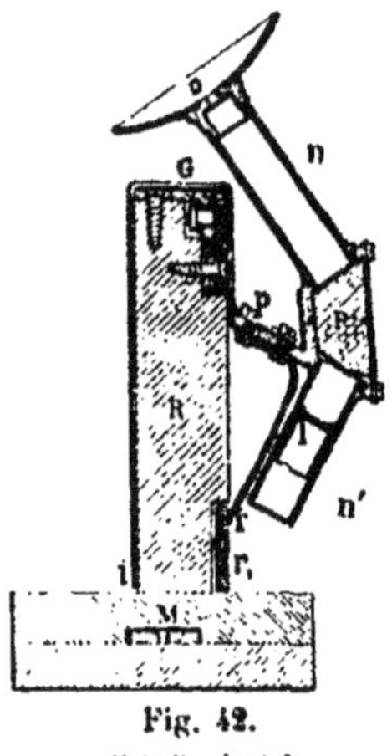

Fig. 42.

(Echelle de 1/3)

LÉGENDE

M,   *Mire* couchée sur le banc d'étalonnage.

R,   *Etalon* des mires.

P,   *Prisme* de verre équilatéral tronqué, à face inférieure convexe (foyer 50 millimètres).

l.   *Lentille* plan-concave de même foyer, sertie dans une bague mobile, pour permettre la *mise au point* du microscope.

n n',   Tubes normaux aux faces du prisme.

o,   *Œilleton.*

G,   *Curseur* en laiton glissant sur la tranche de l'étalon **R** et portant le microscope au moyen d'une patte **p.**

i.   *Alidade pendante* portée par le curseur **G,** avec *index* servant à déterminer la position du microscope.

i',   *Doigt* fixé à la *patte* **p,** s'appuyant sur la règle en fer.

Cette condition serait difficile à remplir si l'on se servait d'une loupe ordinaire pour observer la coïncidence des divisions de la mire avec celles de l'étalon. L'observation serait en outre gênée, à cause de l'ombre portée sur les divisions par la tête de l'observateur.

Dans le but d'éviter ces inconvénients, M. le colonel Goulier a organisé un dispositif donnant à l'observateur, placé *derrière l'étalon*, le moyen de voir, *par réflexion* sur la face verticale d'un prisme P (fig. 42) formant miroir, les divisions contiguës de la mire et de l'étalon.

Mais le système, réduit à ce miroir, ne serait pas complet. L'opérateur, s'il avait la vue un peu longue, serait obligé de reculer l'œil pour amener les images à la distance la plus convenable, et le pointé perdrait en précision. Pour échapper à cette difficulté, on a donné à la face inférieure du prisme P une forme sphérique convexe, et l'on y a joint une lentille plan-concave *l*, de même courbure, que l'on peut, à volonté, éloigner ou rapprocher du prisme.

Quand la lentille et le prisme sont en contact, leurs faces courbes s'emboîtant exactement l'une sur l'autre, les choses se passent comme si la face inférieure du prisme était plane : étant données les dimensions du système, les images se trouvent alors à 0ᵐ,14 environ de l'œil.

Si l'on écarte, au contraire, la lentille, les images s'éloignent de plus en plus, jusqu'à l'*infini*; elles sont alors au point pour un œil *emmétrope* (œil normal).

Entre ces deux limites, et sans que l'œil cesse d'être près de l'œilleton, l'observateur trouve facilement la position de la lentille qui convient à sa vue[1].

---

1. **Théorie du microscope coudé.** — Nous n'avons pas à tenir compte des faces planes du prisme, dont l'une remplit simplement l'office de miroir, et dont l'autre est traversée normalement par les rayons lumineux.

L'instrument se comporte à peu près comme une *lunette de Galilée* dans laquelle on regarderait par l'*objectif*.

Appelons (fig. 43) :

f, la distance focale commune de la lentille L et de la face courbe du prisme P ;

e, la distance du prisme à la lentille (en négligeant l'épaisseur de cette dernière);

**Les traits dont il s'agit d'observer la coïncidence n'étant
pas en contact immédiat, il faut que le plan de symétrie**

D,   la distance de l'objet *ab* à la face convexe AB du prisme ;
d,   la distance de cette même face à l'œilleton (mesurée sur le trajet O $\alpha\beta$
      d'un rayon lumineux, et égale à la distance Oβ' de l'œilleton à l'image
      AB' de la face AB réfléchie dans le miroir AC) ;
Δ,   la *distance de vue distincte* de l'opérateur.

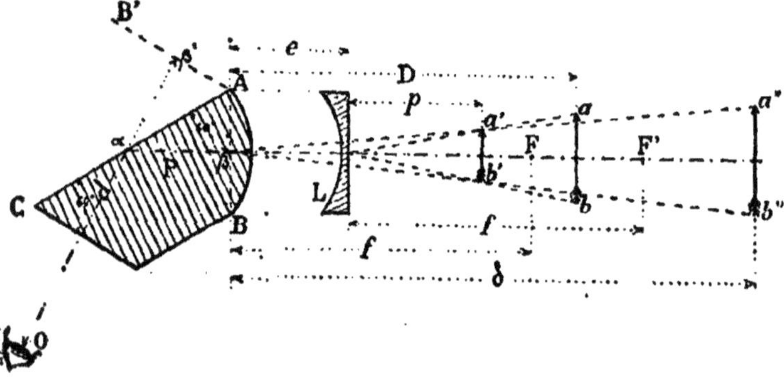

Fig. 43.

L'objet *ab* donne, à travers la lentille L, une image virtuelle *a'b'*, placée
à une distance *p* qui est donnée par la formule des lentilles concaves :

$$\frac{1}{D-e} - \frac{1}{p} = -\frac{1}{f}. \tag{1}$$

Mais, en traversant la face convexe du prisme, les rayons virtuellement
issus de *a'b'* donnent une seconde image virtuelle *a"b"*, dont la distance δ à
la face AB est donnée par la formule des lentilles convexes :

$$\frac{1}{e+p} - \frac{1}{\delta} = \frac{1}{f}. \tag{2}$$

Éliminant *p* entre les équations (1) et (2) et résolvant par rapport à δ,
on a :

$$\delta = f \frac{\dfrac{D}{D-e} + \dfrac{e}{f}}{\dfrac{1-e}{D-e} - \dfrac{e}{f}}. \tag{3}$$

Pour $e = o$, on trouve bien $\delta = D$, c'est-à-dire que *a"b"* coïncide avec *ab*,
comme c'était à prévoir.

D'autre part, la condition :

$$\delta = x,$$

de l'instrument passe par ces traits. Pour rendre cette condition plus facile à réaliser, on a disposé les choses une fois pour toutes, de telle manière que les traits à faire coïncider apparaissent suivant le diamètre vertical du champ du microscope, lorsque le prolongement du trait considéré de la mire se trouve en regard de l'index *i* de l'*alidade* pendante portée par le *curseur* G.

61. Exécution de l'étalonnage. — L'exécution de l'étalonnage exige certaines précautions :

1° La température de la pièce où l'on opère doit être constante depuis deux heures au moins, et doit varier le moins possible pendant la durée de l'opération ;

suppose nul le dénominateur de l'expression (3), c'est-à-dire exige que l'on ait :

$$\frac{f - e_m}{D - e_m} = \frac{e_m}{f},$$

e_m étant l'écartement limite cherché, c'est-à-dire la *course maxima* à donner à la lentille L.

Résolvant par rapport à e_m, et supprimant la solution parasite, on tire :

$$e_m = \frac{D + f}{2} - \sqrt{\left(\frac{D + f}{2}\right)^2 - f^2}. \tag{4}$$

Soient, par exemple, comme dans le cas de l'étalonnage, où l'objet ab est constitué par la ligne d'intersection des faces divisées de la mire et de l'étalon :

$$D = 57^{mm}, \quad f = 50^{mm} ;$$

l'équation (4) donne :

$$e_m = 31^{mm},5.$$

Pour avoir l'écartement e qui convient à une distance donnée Δ de vue distincte, il faut, dans l'équation (3), remplacer δ par $\Delta - d$, puis résoudre par rapport à e ; ce qui donne (en négligeant la solution étrangère) :

$$e = \lambda - \sqrt{\lambda^2 - f(\Delta - d - D)},$$

λ étant une quantité auxiliaire définie par la relation :

$$\lambda = \frac{1}{2}\left[D + (\Delta - d) + \frac{D(\Delta - d)}{f} \right].$$

Par exemple, aux données précédentes, joignons :

$$d = 80^{mm}, \quad \Delta = 300^{mm} ;$$

on trouve :

$$e = 15^{mm}.$$

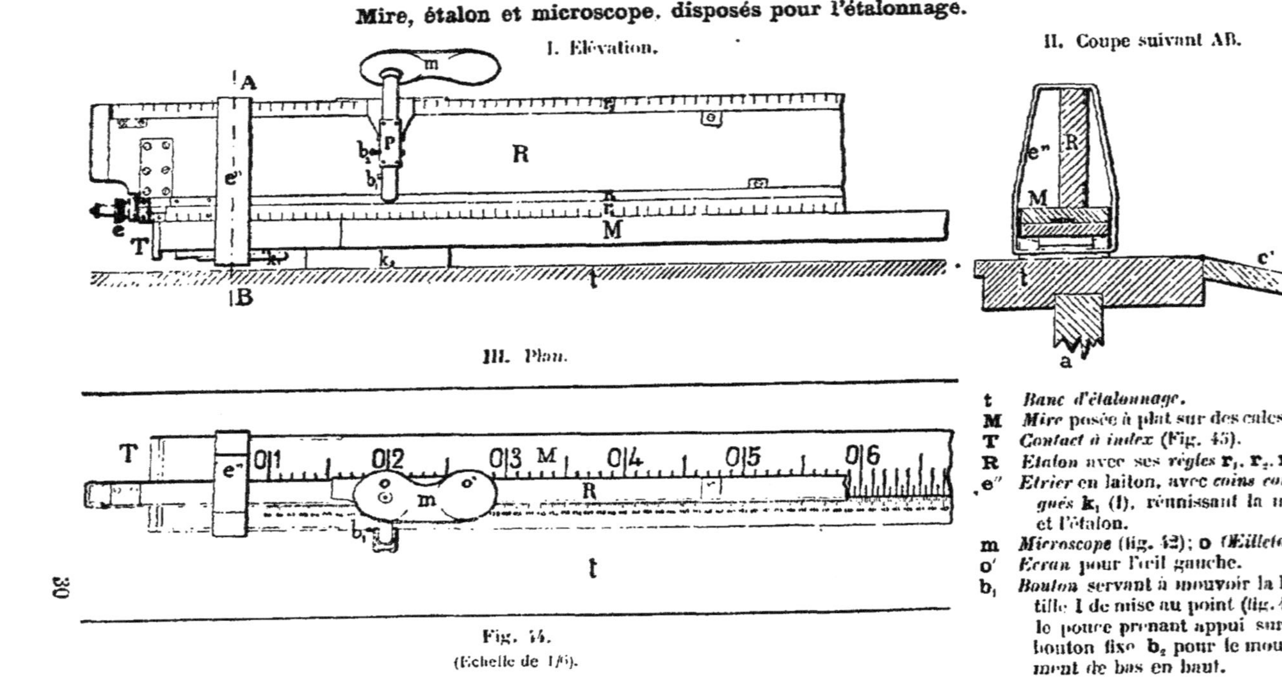

Fig. 44.
(Échelle de 1/6).

t   Banc d'étalonnage.
M   Mire posée à plat sur des cales k₂.
T   Contact à index (Fig. 45).
R   Étalon avec ses règles r₁, r₂, r₃.
e"   Étrier en laiton, avec coins conju-
      gués k₁ (1), réunissant la mire
      et l'étalon.
m   Microscope (fig. 42); o Œilleton.
o'   Écran pour l'œil gauche.
b₁   Bouton servant à mouvoir la len-
      tille 1 de mise au point (fig. 42),
      le pouce prenant appui sur le
      bouton fixe b₂ pour le mouve-
      ment de bas en haut.

2° Le banc d'étalonnage doit être placé de manière que la lumière le frappe du côté opposé à ses armoires renfermant l'étalon.

3° Ces conditions préliminaires étant supposées remplies, et la *mire* M (fig. 44) étant couchée sur le *banc*, portée par 4 ou 5 cales k_2 (I), son talon à la droite de l'opérateur, on pose de champ, sur elle, l'*étalon* R, le bouton moleté de celui-ci étant près du talon, et la *règle principale* r_1 couvrant en partie l'échelle en double-millimètres de la mire (fig. 44 — III) ; puis on assemble les deux parties au moyen de deux *étriers* en laiton e″, placés vers les extrémités, et maintenus par des *coins conjugués* k_1 (I), que l'on insère entre le dos de la mire et la semelle des étriers.

Contact à index.

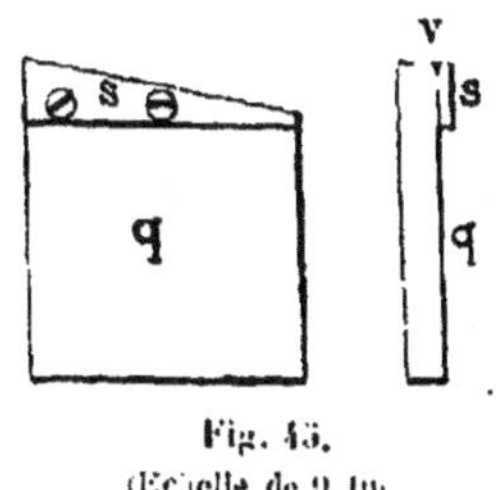

Fig. 45.
(Échelle de 0 10).

q   *Plaque* de maillechort bien plane.
s   *Épaulement* fixé par deux vis sur la plaque **q**.
v   *Double chanfrein* formant un sillon, rempli de noir
       pour servir d'index.

Cela fait, on tourne le *bouton moleté* e de manière à mettre en regard du zéro les index de l'*échelle* i (fig. 41) et du tambour e : puis on amène, par de légers coups de maillet donnés alternativement sur les bouts de la mire et de l'étalon, le trait *zéro* de la règle r_1 exactement en concordance avec le *plan* du talon de la mire.

Pour constater avec précision cette concordance, on applique contre le talon une pièce auxiliaire, appelée *contact à index* (fig. 45), dont le sillon noir v se trouve exactement sur le prolongement du plan du talon.

La correspondance des zéros de la mire et de l'étalon étant établie, on serre les coins k_1 pour assurer l'invariabilité du système.

Dans les mires en usage, les divisions sont systématiquement un peu trop larges, afin que les corrections des hauteurs lues sur la mire soient toujours *positives* : de plus, ces divisions ne sont pas rigoureusement égales.

Si donc l'opérateur compare les traits décimétriques de la mire, chiffrés 010, 020, 030 .... sur l'échelle en double-millimètres, avec les traits correspondants de l'étalon, il doit constater que ceux-ci se trouvent tous à gauche des premiers, c'est-à-dire plus près du talon : les écarts doivent aller en augmentant avec la hauteur, mais d'une manière irrégulière.

Pour mesurer un de ces écarts, on fait avancer progressivement l'échelle de laiton, en tournant le bouton moleté c du tambour, jusqu'à ce qu'il y ait concordance entre les deux traits correspondants. Cette concordance s'observe au moyen du *microscope coudé* (n° 60), dont, à cet effet, l'index postérieur i (fig. 42) est successivement mis en regard des traits chiffrés 01, 02, 03.... sur la division en décimètres de la mire.

Les images des deux traits à comparer n'ayant généralement ni même largeur, ni même intensité, on obtient plus de précision en bissectant l'image la plus large par la plus étroite, ou mieux en bissectant, au moyen du trait imprimé sur la mire, l'intervalle de 1 millimètre que présentent deux traits consécutifs de la division gravée sur la règle principale r_1[1].

La concordance de deux traits étant obtenue avec toute

____

1. Avec les traits de l'échelle en centimètres, qui ont $1^{mm},6$ de largeur, on bissecte les intervalles des couples de traits de l'étalon qui sont distants de 2 millimètres

la précision possible, on lit sur l'*échelle i* et sur le *tambour c* de l'étalon, la quantité, exprimée en *centimillimètres*, dont la règle bi-métallique s'est déplacée, c'est-à-dire l'*écart* ε entre les divisions correspondantes de la mire et de l'étalon, ou encore l'excédent de la hauteur chiffrée H sur la mire par rapport à la cote du trait correspondant de l'étalon.

On opère de même successivement pour toutes les *divisions décimétriques* de la mire, sans qu'il soit nécessaire de faire rétrograder chaque fois la règle principale pour repartir du zéro.

62. Tableau et diagramme d'étalonnage. — Au fur et à mesure qu'ils sont obtenus, les écarts ε sont inscrits sur un tableau du modèle ci-après (modèle I), avec les circonstances diverses de l'étalonnage, notamment la *correction métrique* γ *de l'étalon* et l'*indice p de compensation* de la mire.

Les écarts ε représentent, avons-nous dit, les corrections à ajouter aux hauteurs H lues sur la mire, pour les exprimer en unités de la règle étalon. Pour obtenir en *mètres* normaux ces hauteurs, il faut leur appliquer une seconde correction tenant compte de l'erreur même de l'étalon, erreur qui est proportionnelle à H. En d'autres termes, il faut ajouter à chacun des écarts ε une quantité $\frac{\gamma_d}{10}$ H égale au produit de la hauteur correspondante, H décimètres, multipliée par la *correction décimétrique* $\frac{\gamma_d}{10}$ de l'étalon (n° 59).

La *correction absolue* E_d *d'une hauteur* H de mire, au moment de l'étalonnage de départ, — correction que nous désignerons aussi par $f(H)$, pour montrer qu'elle dépend surtout de H — a ainsi pour expression :

$$E_d = f(H) = \varepsilon + \frac{\gamma_d}{10} H. \tag{1}$$

On obtient facilement les quantités E_d ou $f(H)$ en traduisant en diagramme les résultats de l'étalonnage.

A cet effet, on porte (modèle 1) :

1° En *abscisses*, sur un axe vertical OH, de haut en bas et à une échelle arbitraire, les *hauteurs* H *de mire* ;

2° En *ordonnées* horizontales, à *droite* de l'axe OH et à une échelle décuple par exemple, les *écarts bruts* ε correspondants (supposés tous positifs).

Soit ainsi pour la mire n° 2 : $H = H'' = 24^{dm}$; on a, d'après le tableau d'étalonnage : $\varepsilon = 420^{cmm}$. Le point répondant à H'', sur l'axe des abscisses, est π, et l'ordonnée représentant ε : πP_2.

En joignant les points P_2 ainsi obtenus, on a une ligne brisée OP_2M_2, — que nous appellerons la *courbe d'étalonnage* de la mire n° 2 — dont la discontinuité met en évidence les irrégularités de la division, voire même les fautes commises dans l'étalonnage [1], quand elles dépassent une vingtaine de centimillimètres.

Pour tenir compte de la correction propre de l'étalon, on trace ensuite, à partir de l'origine O et à *gauche* de l'axe OH, une droite OD qui découpe sur les prolongements des ordonnées horizontales de la ligne OP_2M_2, des longueurs représentant, à l'échelle adoptée pour les écarts ε, les erreurs correspondantes $\frac{\gamma_d}{10}$ H d'étalon.

Ainsi, la *correction métrique* γ_d de l'étalon étant de 25^{cmm}, par exemple, la droite OD coupe le prolongement de l'ordonnée πP_2 $(H = 24^{dm})$ en un point π_d tel que l'on a :

$$\pi_d \pi = \frac{\gamma_d}{10} H = \frac{25^{cmm}}{10} \times 24 = 60^{cmm},$$

1. Dans l'exemple reproduit modèle 1, les écarts ε, et la ligne OP_2M_2 qui en est la traduction, présentent une allure à peu près régulière. Dans la réalité cependant, on constate des ressauts brusques, plus ou moins importants, aux points de jonction des diverses bandes portant la division de la mire (n° 57). Pour simplifier les explications, nous avons supprimé ces ressauts, dont l'importance est d'ailleurs secondaire. Dans la pratique, on en tient compte par de petits artifices, dont le détail nous entraînerait trop loin.

ÉTALONNAGE DES MIRES N° 1 ET 2

DIVISIONS des mires	ÉCARTS AVEC L'ÉTALON					
	Mire n° 1			Mire n° 2		
n	au départ z	à la rentrée z	Différences δ	au départ z	à la rentrée z	Différences δ
dm	cmm			cmm		
01	18	20	2	10	13	3
02	15	20	5	24	29	5
03	22	29	7	32	39	7
04	25	33	8	40	49	9
05	32	43	11	46	56	10
06	31	43	12	42	55	13
07	37	49	12	55	70	15
08	39	53	14	65	84	19
09	42	57	15	88	110	22
10	40	57	17	95	120	25
11	46	64	18	100	127	27
12	36	58	22	110	139	29
13	40	63	23	118	147	29
14	35	61	26	128	159	31
15	45	75	30	138	172	34
16	45	77	32	162	198	36
17	56	91	35	190	228	38
18	70	106	36	218	260	42
19	84	120	36	258	303	45
20	92	131	39	308	356	48
21	99	138	39	330	379	49
22	94	137	43	310	391	51
23	106	151	45	392	446	54
24	112	158	46	420	475	55
25	118	167	49	468	524	56
26	129	179	50	492	551	59
27	138	187	49	542	601	59
28	150	202	52	568	631	63
29	163	217	54	586	653	67
30	170	226	56	633	703	70
Totaux $\Sigma\delta =$		883				1070

INDICATIONS ET CALCULS DIVERS

I. — Circonstances de l'étalonnage

	ÉTALONNAGE de départ	ÉTALONNAGE de rentrée
Date de l'étalonnage....	5 mars 1887	13 oct. 1887
Opérateur.............	M. Richard	M. Richard
Températ. de l'enceinte.	13°	9°
État hygromètr. de l'air.	53d	66d
Correct. métr. de l'étalon.	$\gamma_d = 25^{cmm}$	$\gamma_r = 33^{cmm}$

Lectures de compensation

	Mire N° 1	N° 2	Mire N° 1	N° 2
	cmm		cmm	
Echelle A........ $a=$	73	84	78	89
— B........ $b=$	33	42	41	51
Indices de compensation ..... $a+b=$	106	$\mu_d = 126$	119	$\mu_r = 140$

II. — Corrections métriques initiales moyennes des deux mires (n° 66).

	MIRE N° 1	N° 2
$\gamma_d =$	cmm. 65	cmm. 172

III. — Vérification du système compensateur des mires à la rentrée (n° 63).

		MIRE N° 1	N° 2
		cmm	
Variat. métr. apparte de long. de mire.	$i = \dfrac{20\,\Sigma\delta}{30\,(30+1)} =$	+19	+23
Diff⁰ des correct. métriques de l'étalon.	$\gamma_r - \gamma_d =$	+ 8	+ 8
Variat. métrique nette de longueur de mire	$I = i - (\gamma_r - \gamma_d) =$	+11	+15
Diff⁰ des indices de compensation au départ et à la rentrée.	$\mu_r - \mu_d =$	+13	+14
Dérangement du système compensateur	$I - (\mu_r - \mu_d) =$	− 2	+ 1

DIAGRAMME D'ÉTALONNAGE

OD est ce que nous appellerons la *droite d'erreur d'étalon*. On la trace après avoir déterminé le point où elle rencontre la base du diagramme ($H = 30$).

D'après la formule (1), la correction E_d ou $f(H)$, pour une hauteur H de mire, est représentée par la somme des ordonnées correspondantes de la ligne OP_2M_2 et de la droite OD. Autrement dit, cette correction est égale à la portion d'ordonnée comprise entre la courbe d'étalonnage et la droite d'erreur d'étalon.

Ainsi, pour la mire n° 2, la *correction* du trait 24^{dm} a pour valeur :

$$E_d = f(24) = 420 + 60 = 480^{kmm} ;$$

elle est figurée, à l'échelle du diagramme, par la longueur :

$$\pi_d P_2 = \pi P_2 + \pi_d \pi.$$

Le diagramme ainsi établi sert, comme on le verra plus loin (n°ˢ 65 et 66), à construire les abaques de correction des erreurs de division des mires.

La série des opérations que nous venons de décrire s'effectue, pour une mire, avant son entrée en service, qu'il s'agisse d'une mire nouvelle ou d'une mire dont on a renouvelé le papier portant la division. — C'est ce que nous appellerons l'*étalonnage de départ*.

63. Vérification du système compensateur. — Nous avons vu (n° 54) qu'en cours d'opérations, la constance des écarts entre les lectures a (ou les lectures b) de compensation simultanément faites sur les deux mires *conjuguées* (c'est-à-dire employées ensemble sur le terrain), est une garantie du bon fonctionnement de leurs dispositifs de compensation. Ce contrôle est complété par une vérification directe, obtenue en exécutant à la *rentrée*, après chaque campagne, un nouvel étalonnage des mires, et en comparant, pour chacune d'elles, les nouveaux résultats avec ceux de l'étalonnage de départ.

La variation de longueur ainsi directement constatée doit être égale à celle accusée par le système compensateur. Cette comparaison s'effectue de la manière suivante :

Les résultats des deux opérations étant portés sur le même tableau (voir modèle 1), on calcule, pour la mire considérée, et dans la colonne *ad hoc*, les différences δ entre les écarts bruts ε, pour chaque hauteur de mire, au départ et à la rentrée. Ces différences, tenant presque exclusivement aux variations métriques de longueur de l'*étalon* et du *bois* de la mire, sont sensiblement proportionnelles aux hauteurs correspondantes de mire[1], et forment, par conséquent, à peu de chose près, une progression arithmétique telle que :

$$w, \ 2w, \ 3w, \ \ldots\ldots \ (n-1)\,w, \ n\,w.$$

w désignant *l'allongement moyen apparent* (ou la contraction) de un décimètre de la mire.

n, le nombre total des divisions décimétriques de la mire.

La valeur moyenne de w s'obtient en égalant la somme des quantités δ à la somme des termes de la progression précédente[2], ce qui donne la relation :

1. Cette proportionnalité n'a lieu, toutefois, que s'il n'y a pas eu de faute ou d'erreur commise dans l'étalonnage, et s'il ne s'est produit, dans l'intervalle des deux opérations, ni dérangement du talon de la mire, ni décollements partiels du papier portant la division.

Le cas échéant, on met aisément en évidence ces effets, en traçant, sur le même canevas que la courbe d'étalonnage (voir le modèle), le diagramme, tel que $O'M'_2$, des différences δ entre les résultats des étalonnages de départ et de rentrée pour la mire n° 2, par exemple. Les points obtenus doivent peu s'écarter d'une droite passant par l'origine O'.

Une faute se traduit par une dent sur ce diagramme. On la corrige.

Si la droite moyenne passe un peu au-dessous de l'origine, d'une quantité h par exemple, cela indique une diminution h de hauteur du talon (due généralement à l'usure).

Enfin, un ressaut brusque pour la cote répondant à la jonction de deux bandes divisées, dénote un décollement du papier au voisinage de ce joint.

À la condition d'alterner l'ordre des mires dans le nivellement (n° 73 — V), ces deux derniers effets influent peu sur l'exactitude finale des opérations : ils en augmentent seulement un peu *l'erreur accidentelle* (n° 90).

2. On verrait aisément que w est le coefficient angulaire de la droite issue

$$\Sigma\delta = \frac{n\,(n+1)}{2}\,w\,.$$

d'où l'on tire, en appelant i la *variation apparente de longueur de un mètre de la mire* :

$$i = 10\,w = \frac{20\,\Sigma\delta}{n\,(n+1)} \qquad (2)$$

(Voir un exemple de ce calcul modèle 1, tableau-annexe III).

Pour avoir la *variation métrique nette* I, il faut retrancher de la *variation apparente* i, la *variation métrique de longueur de l'étalon* entre les deux étalonnages, variation qui est exprimée par la différence $\gamma_r - \gamma_d$ des corrections métriques de l'étalon, respectivement relevées lors des deux étalonnages de *rentrée* et de *départ*. On a donc :

$$I = i - (\gamma_r - \gamma_d).$$

D'autre part, si y_r et y_d désignent, pour la mire considérée, les *indices de compensation* respectivement constatés à la *rentrée* et au *départ*, on en déduit, pour la division de cette mire, une *variation métrique* égale à la différence $y_r - y_d$.

Si le dispositif de compensation de la mire n'a subi aucun dérangement pendant la campagne, on doit avoir :

$$I = y_r - y_d.$$

La différence $I - (y_r - y_d)$, si elle n'est pas nulle, mesure l'importance du dérangement (voir les exemples, modèle 1, tableau annexe III).

de l'origine, qui traverse la courbe O'M'₂ des différences δ (note 1, page précédente) en laissant des aires équivalentes de part et d'autre.

Si l'on a constaté (ibid) une diminution h de hauteur du talon, on ajoute à $\Sigma\delta$ l'appoint nh, avant de calculer w.

V. Correction des erreurs de division des mires.

64. Formules de correction. — On a vu (n° 62) comment l'étalonnage de *départ* donne la *correction absolue* $f(H)$ afférente à une cote H. lue à ce moment sur la mire.

Mais, avec le temps et sous l'influence des variations de la température et de l'humidité, la mire change de longueur (n° 52), et à la *correction initiale* $f(H)$ vient s'ajouter une correction complémentaire $\left(\frac{\mu - \mu_d}{10}\right)$ H. égale à la hauteur H. exprimée en *décimètres*, multipliée par la *variation décimétrique* $\frac{\mu - \mu_d}{10}$ de longueur de la mire (n° 54) :

μ étant l'*indice de compensation* de la mire à l'instant considéré.

D'une manière générale, la *correction absolue* E pour une *hauteur* H *de mire* a donc pour expression :

$$E = f(H) + \left(\frac{\mu - \mu_d}{10}\right) H \tag{3}$$

C'est ce qu'on appelle *l'équation de la mire.*

Voyons quelles erreurs résultent de là pour un nivellement effectué à l'aide de deux mires (n° 73 — V). numérotées 1 et 2 par exemple.

Considérons une nivelée, et soient respectivement :

$f_1(H)$. $f_2(H)$. les *corrections initiales des erreurs de division* des deux mires n° 1 et n° 2, au moment de l'étalonnage de départ ;

μ'_d. μ''_d les *indices de compensation* des deux mires à ce même moment ;

μ'. μ'', leurs *indices de compensation* pendant l'exécution de la nivelée en question, à un moment quelconque ;

H', H'', les *hauteurs* (en décimètres) respectivement lues sur les deux mires, placées. par exemple. la mire n° 1 à l'arrière et la mire n° 2 à l'avant :

E'. E''. les *corrections* à ajouter aux deux cotes H' et H''.

D'après la formule (3), on a :

$$E' = f_1(H') + \left(\frac{\mu' - \mu'_d}{10}\right) H', \qquad (4)$$

$$E'' = f_2(H'') + \left(\frac{\mu''_, - \mu''_d}{10}\right) H''. \qquad (5)$$

Pour passer de la différence brute $H' - H''$ de niveau à la différence corrigée : $(H' + E') - (H'' + E'')$, il faut ajouter à $H' - H''$ une correction :

$$e = E' - E'', \qquad (6)$$

qui dépend de quatre variables : μ', H', μ'' et H''.

Les quantités E', E'', et finalement la différence e, seraient d'un calcul assez long par les moyens ordinaires. En vue de simplifier le travail pour les opérations du Nivellement général, nous avons, pour chaque paire de mires, traduit les relations (4), (5) et (6) en un abaque d'un système particulier : pour déceler sûrement les fautes auxquelles pourraient donner lieu la construction ou l'emploi de cet abaque, nous avons ensuite effectué la transformation suivant un second système totalement différent, qui est mis simultanément en service, et dont les résultats se contrôlent mutuellement avec ceux du premier abaque[1].

En raison même de leur disposition, ces instruments de calculs portent respectivement les noms d'*abaque à échelles binaires juxtaposées* et d'*abaque à échelles mobiles*. Nous allons expliquer comment on les établit et comment on s'en sert.

---

[1] Ces abaques, que nous avons établis avec le concours du regretté M. Ch. Renard, employé chargé des calculs du Nivellement général, dérivent de la nouvelle méthode de calcul graphique dont nous avons déjà donné plusieurs exemples d'application (nos 15 et 33), et qui fait l'objet d'une publication actuellement en préparation. Ils permettent, après quelques heures seulement d'exercice, de corriger en 25 à 30 minutes les 60 ou 70 nivelées qui constituent en moyenne, pour une brigade, le travail d'une journée d'opérations sur le terrain.

65. Abaque à échelles binaires juxtaposées. — Dans le premier système (fig. 46), les corrections E' et E" afférentes aux cotes lues respectivement sur les deux mires, et dépendant l'une et l'autre, de deux variables, μ et H, sont exprimées chacune par une *échelle binaire*, ou diagramme à deux cours de lignes ayant respectivement pour cotes les valeurs de μ et de H.

Ces deux échelles, *juxtaposées* de manière que leurs bases se trouvent dans le prolongement l'une de l'autre, constituent *l'abaque de correction*.

Pour effectuer la différence :

$$c = E' - E'',$$

on se sert d'une échelle mobile transparente, appelée *indicateur* (fig. 47).

CONSTRUCTION D'UNE ÉCHELLE BINAIRE. — D'une manière générale, l'échelle binaire représentative de *l'équation* d'une mire est construite d'après les principes suivants :

La formule 3 (n° 64) :

$$E = f(H) + \left(\frac{\mu - \mu d}{10}\right) H \tag{3}$$

établit une relation entre les *éléments fixes* donnés par l'étalonnage de départ, les deux *variables* indépendantes μ et H, et la *correction* E, pour la hauteur H.

Cette équation est du premier degré par rapport à μ et à E ; par suite, quand on y suppose H constant, elle représente une droite ayant pour *coefficient angulaire* $\frac{H}{10}$ et pour *ordonnée à l'origine* : $f(H) - \frac{\mu d H}{10}$.

Imaginons qu'on donne à H toutes les valeurs possibles, et qu'on trace les droites correspondantes[1], telles

---

1. Si l'on portait sur trois axes rectangulaires les valeurs corrélatives de μ, H et E, l'équation (3) serait représentée par une *surface gauche* ayant toutes ses génératrices parallèles au plan des Eμ. Le mode de figuration décrit ici revient à définir cette surface au moyen de coupes planes et rectilignes parallèles au plan des Eμ.

Manière de se servir de l'abaque ci-contre.

Fixer, à l'aide de punaises de dessinateur ou autrement, contre l'échelle de droite de l'abaque et parallèlement aux ordonnées de cette échelle, une bande de carton ou une règle échancrée à son bord inférieur, destinée à servir de *guide* pour *l'indicateur*; appliquer contre le bord gauche de cette règle le long côté droit de l'indicateur, de manière que les bandes divisées de celui-ci soient parallèles à la base commune des échelles.

I. — Étant donnés les *indices moyens* μ'_m et μ''_m de compensation des deux mires n° 1 et n° 2, pendant la journée où ont été exécutées les opérations à corriger — dans l'exemple représenté sur le modèle, μ'_m et μ''_m ont été pris respectivement égaux à μ'_d et à μ''_d, pour ne pas charger le dessin —, marquer d'un trait de crayon, sur les deux échelles, les ordonnées $a'_d\,\mu'_d$, $a''_d\,\mu''_d$, correspondant respectivement à ces deux indices.

II. — Puis, H' et H'' étant les cotes (arrondies au centimètre) respectivement lues, dans une nivelée, sur les mires n° 1 et n° 2 :

1° Faire passer l'axe de la bande cotée *zéro* de l'indicateur par le point μ'_d situé, sur l'échelle de la mire n° 1, à la rencontre de l'ordonnée $a'_d\,\mu'_d$ avec l'*oblique* cotée H', interpolée au besoin par la pensée.

2° Chercher, sur l'échelle de la mire n° 2, le point p''_d déterminé de même par la rencontre de l'*ordonnée* $a''_d\,\mu''_d$ avec l'*oblique* cotée H''.

La *cote* de la bande de l'indicateur dans laquelle tombe ce point, exprime, en *décimillimètres*, la correction c cherchée, arrondie à 5^{dmm}. Si cette cote est précédée du signe +, la correction c doit être prise avec le signe attribué à la hauteur H''. Si la cote lue sur l'indicateur est affectée du signe —, il faut donner à la correction un signe contraire à celui de la lecture H''.

L'exemple représenté ci-contre répond aux données suivantes :

<table>
<tr><td></td><td>Mire N° 1.</td><td>Mire N° 2.</td></tr>
<tr><td>Indices moyens de compensation</td><td>$\mu'_m = 106$</td><td>$\mu''_m = 126$</td></tr>
<tr><td>Hauteurs de mire [1]</td><td>H' = — 11^{dm},0</td><td>H'' = + 21^{dm},0</td></tr>
</table>

Le point p''_d correspondant, sur l'échelle n° 2, aux valeurs ci-dessus de μ''_m et de H'', se trouve dans la bande cotée + 40 sur l'indicateur. D'autre part, la hauteur H'' est affectée du signe +. Par suite, la correction à ajouter à la différence brute H'' — H' de niveau, est :

$$c = + 40^{dmm}.$$

[1] On sait que, dans une nivelée, la hauteur H lue sur la mire d'arrière est affectée du signe +; celle relevée sur la mire d'avant prend le signe —.

I. — MODÈLE D'ABAQUE
à échelles binaires juxtaposées.

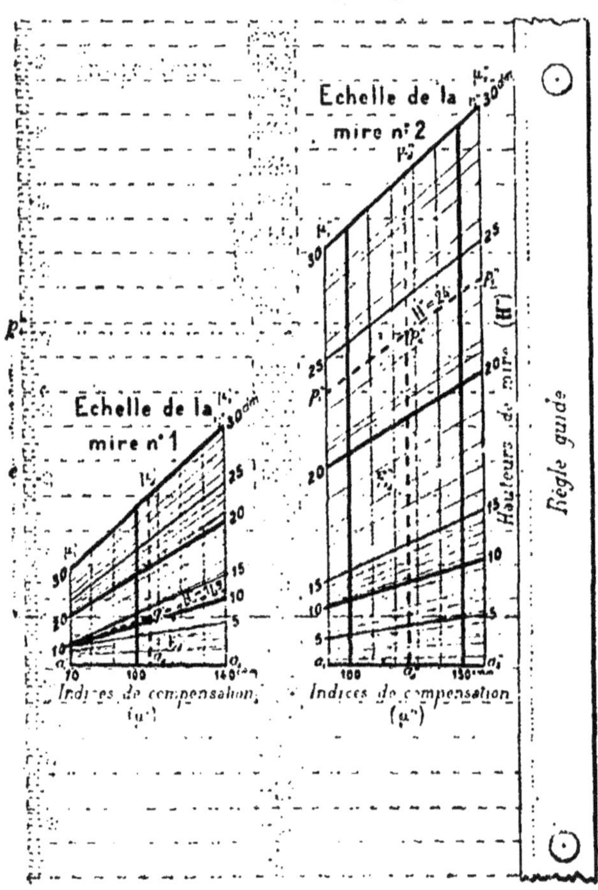

Fig. 46.
(Échelle de 3/5).

que p''_i p''_s (fig. 46, échelle de la mire n° 2). *Chaque point,* tel que p''_d, d'une de ces droites répondant à une valeur constante de H, a pour abscisse une valeur déterminée de μ, aboutissant à un point a''_d, et pour *ordonnée* l'erreur correspondante E ou, dans l'espèce : $E''_d = p''_p \, a''$.

On remarquera que pour $H = 0$, $f(H)$ étant nul par définition (voir le diagramme d'étalonnage, n° 62), on a aussi : $E = 0$, quelque soit μ. Par suite, la droite $a''_i \, a''_s$ répondant à $H = 0$, qui forme la *base* du diagramme, se confond avec l'axe des abscisses.

Le réseau composé de *verticales* cotées μ et d'*obliques* cotées H, constitue l'*échelle binaire* cherchée.

A. Règles pratiques pour la construction d'une échelle binaire. — En pratique, une échelle binaire s'établit simplement de la manière suivante :

L'étalonnage de départ ayant donné, pour la mire n° 2 par exemple, avec un indice initial $\mu''_d = 126^{cmm}$, les résultats portés au tableau-diagramme du n° 62 (modèle I), on trace (fig. 46, échelle de la mire n° 2) une série de verticales équidistantes, auxquelles on attribue les valeurs de μ à cotes rondes :

$$\mu = \mu'' = 90,\ 100,\ 110\ \ldots\ldots\ldots\ 150,\ 160^{cmm},$$

comprises entre deux limites : $\mu''_i = 90$ et $\mu''_s = 160$, qui laissent, de part et d'autre de l'indice initial $\mu''_d = 126$, une marge de $\pm 35^{cmm}$ environ pour les dilatations ou les contractions éventuelles de la mire.

On subdivise les intervalles si on le juge convenable.

Cela fait, on détermine, comme il va être dit, les obliques répondant aux valeurs principales de H :

$$H = H'' = 1,\ 2,\ 3\ \ldots\ldots\ldots\ 28,\ 29,\ 30\ \text{décimètres.}$$

Chacune de ces obliques est définie par deux de ses points, répondant aux deux limites présumées, μ''_i et μ''_s, de l'indice de compensation.

1° Pour $\mu'' = \mu''_i$, l'équation 5 (n° 64) de la mire n° 2, s'écrit :

$$E''_i = f_2(H'') - \left(\frac{\mu''_d - \mu''_i}{10}\right) H'',$$

E''_i désignant les *corrections minima* de division.

Cette relation montre que, pour obtenir la correction minima E''_i relative à une hauteur H'' de mire, il suffit de retrancher de la *correction initiale* correspondante $E''_d = f_2(H'')$, — représentée par une ordonnée, telle que $\pi_d P_2$, de la courbe $OP_2 M_2$ d'étalonnage de la mire n° 2 (modèle I) — une quantité :

$$\frac{\mu''_d - \mu''_i}{10} H'' = \pi_d \pi_i$$

Cette soustraction s'effectue simplement en traçant, à partir de l'origine O, sur le diagramme, une *sécante* rectiligne OI, qui découpe à la base de chaque ordonnée $\pi_d P_2$ la quantité voulue $\pi_d \pi_i$. Pour déterminer cette sécante, on porte sur la base DM_2 du diagramme — c'est-à-dire sur l'ordonnée horizontale qui, dans l'espèce, correspond à $H = 30$ —, à partir du point D et vers la droite, une grandeur :

$$DI = \frac{\varkappa''_d - \varkappa''_i}{10} \times 30 = \frac{30}{10} \times 30 = 108^{\text{cmm}},$$

figurée à la même échelle que les écarts z.

Les valeurs E''_i sont ainsi figurées par les *ordonnées*, telles que $\pi_i P_2$ de la courbe OP_2M_2 d'étalonnage, limitées à la sécante OI, comme les valeurs $E''_d = f_2(H'')$ le sont à la sécante OD.

On obtient une première série de points des obliques en question, en portant (fig. 46, échelle n° 2) sur la verticale cotée $\varkappa''_i = 90$, les ordonnées ainsi tronquées de la courbe d'étalonnage : par exemple, $\pi_i P_2$ en $o''_i p''_i$. On donne pour cotes à ces différents points, les valeurs correspondantes de H''.

2° On obtient de même, pour la limite supérieure $\varkappa''_s$ de l'indice de compensation, une seconde série de points, tels que p_s'' (fig. 46), répondant aux mêmes valeurs de H''.

L'équation (5) s'écrit, en effet, dans ce cas :

$$E''_s = f_2(H'') + \left(\frac{\varkappa''_s - \varkappa''_d}{10}\right) H''. \qquad (7$$

E_s désignant les *corrections maxima de division*.

La correction initiale $f_2(H'') = \pi_d P_2$ (diagramme d'étalonnage) doit être augmentée, cette fois, d'une quantité :

$$\frac{\varkappa''_s - \varkappa''_d}{10} H'' = \pi_s \pi_d.$$

Cet appoint est déterminé par une seconde sécante OS passant par le point S situé, sur la *base* DM_2 du diagramme, à *gauche* de D, à une distance :

$$DS = \frac{160 - 126}{10} \times 30 = 102^{\text{cmm}}$$

On porte (fig. 46) sur la verticale ayant pour cote $\mu''_s = 160$, les ordonnées $\pi_s P_2$ de la courbe d'étalonnage *prolongées* jusqu'à leur rencontre avec cette sécante OS.

Réunissant enfin par des droites les points, tels que p''_i et p''_s, de même cote H'', on a l'échelle binaire cherchée.

L'échelle relative à la mire n° 1 s'obtient exactement de même : e'le se dispose à gauche de la première, comme on le voit fig. 46, pour constituer l'abaque.

31

La différence de hauteur des deux échelles et l'irrégularité d'espacement des obliques telles que p''_i p''_s, traduisent l'irrégularité et la discordance systématiques des divisions des deux mires (n° 56).

L'indice μ de compensation d'une mire varie relativement peu dans le cours d'une journée de travail ; ce qui permet de substituer à μ, pour le calcul des corrections, sa valeur moyenne pendant le cours de cette journée. Il est commode de pouvoir marquer au crayon, chaque jour, par un trait que l'on efface ensuite le lendemain, sur chacune des deux échelles conjuguées, l'ordonnée qui répond à cette valeur moyenne de μ. Pour obtenir ce résultat, on dessine l'abaque au dos d'une toile transparente, que l'on colle ensuite sur une feuille de carton ou sur une planchette de bois.

Modèle d'indicateur

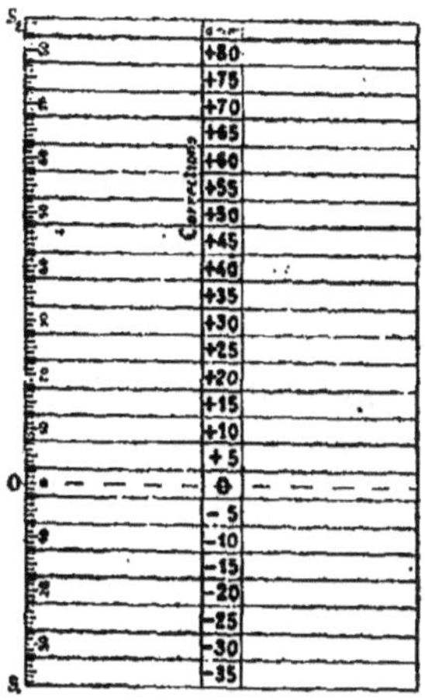

B. Indicateur. Pour constituer l'*indicateur* (fig. 47), on prend une feuille rectangulaire transparente (en papier calque, en verre, ou mieux en celluloïd [1]).

Sur l'un des grands côtés du rectangle, on porte, de part et d'autre d'un point O situé vers le milieu et coté zéro, l'échelle, chiffrée en décimillimètres, des écarts ε du diagramme d'étalonnage (n° 62). Des deux côtés du zéro, on arrête cette division à des distances OS_1, OS_2, respectivement égales ou un peu supérieures aux valeurs les plus fortes que puissent atteindre, en pratique, dans les couples de mires en service, les ordonnées maxima, telles que $a_s' c_s'$, $a_s'' v_s''$, des deux échelles conjuguées.

Puis, par les points de division cotés

$$2,5, \quad 7,5, \quad 12,5, \dots\dots 77,5, \quad 82,5^{\text{dmm}}$$

Fig. 47
(Échelle de 3/10)

on mène des parallèles aux petits côtés du rectangle, et l'on donne à chacune des *bandes* ainsi déterminées la cote de son milieu, sur l'échelle $S_1 S_2$; soient successivement les cotes :

$$0, \quad 5, \quad 10, \quad 15 \dots\dots\dots 75, \quad 80^{\text{dmm}}$$

On attribue le signe $+$ aux cotes de la partie la plus longue OS_1 de l'échelle disposée verticalement, et le signe $-$ à celles de l'autre partie.

Cet indicateur s'emploie, comme l'indique la légende placée en regard du modèle d'abaque (fig. 46), pour effectuer la différence des deux ordonnées, telles $q'_s a'_s$, $p''_s a''_s$, figurant, sur l'abaque, les corrections E' et E''

1. Les indicateurs en celluloïd du modèle représenté fig. 47, et ceux destinés à consulter les abaques hexagonaux (n°s 15 et 33) qui sont employés dans le service du Nivellement général, ont été fabriqués par la maison Guyard et Canary, 13, rue de la Cerisaie, à Paris.

(égales à E_d' et à E_d'', dans l'espèce) afférentes aux deux cotes H' et H'', respectivement lues sur la mire n° 1 et sur la mire n° 2.

Ayant amené le zéro de l'échelle S_1S_2 (fig. 47) à la hauteur du point q'_d (fig. 46) on lit en p''', en regard du point p''_d, la différence e cherchée.

66. Abaque à échelles mobiles. — Dans le second système, l'abaque (fig. 48) est encore constitué par deux échelles — une pour chaque mire —; on s'en sert avec le même indicateur (fig. 47). Les différences dans la construction et dans l'emploi d'une échelle sont les suivantes :

1° Dans la construction, il n'entre plus qu'une seule variable : la *hauteur* H *de mire*.

2° Dans l'emploi, on tient compte de la valeur de l'autre variable — l'*indice* μ *de compensation* — en donnant à l'échelle, par rapport aux bandes de l'indicateur, une inclinaison déterminée par cet indice.

Nous avons dit précédemment qu'en raison de la lenteur de sa variation, l'indice de compensation peut, sans erreur appréciable, être regardé comme constant dans le cours d'une journée de travail. Pour corriger les résultats de cette journée, il suffit, par suite, de donner, une fois pour toutes, à chacune des deux échelles, l'inclinaison répondant à la valeur moyenne, pendant la journée considérée, de l'indice μ pour la mire correspondante. On n'a plus ensuite à se préoccuper que des hauteurs de mire.

Construction d'une échelle mobile. — Nous examinerons d'abord le cas d'une mire à division régulière; nous verrons ensuite quelles modifications l'échelle obtenue doit subir quand cette condition n'est pas remplie.

1° *Cas d'une mire à division régulière.* — Reprenons, par exemple, la mire n° 2. Si la division de cette mire était parfaitement régulière, autrement dit si les intervalles décimétriques avaient tous exactement la même grandeur, sa courbe OP_2M_2 d'étalonnage (diagramme, modèle 1) se confondrait avec une droite moyenne Om_2 issue de l'origine O, que nous appellerons la *droite de comparaison* de la mire n° 2.

Supposons, pour un instant, cette condition réalisée. *La correction initiale* f_2 (H'') — représentée, comme on sait, par l'ordonnée, telle que $\pi_d P_d$, par rapport à la droite OD, de la courbe $O P_2 M_2$ — est alors simplement proportionnelle à H''; on a :

Manière de se servir de l'abaque ci-contre.

L'échelle de la mire n° 2 ayant été amenée dans sa position limite vers la droite, c'est-à-dire son index i'' se trouvant en D'', en regard de la division $\mu'' = 160$ sur le *secteur d'orientation* de cette échelle, appliquer contre son bord droit, c'est-à-dire parallèlement à la verticale O'Z, et fixer dans cette position, au moyen de vis, de punaises de dessinateur ou autrement, une règle échancrée à son bord inférieur, ou simplement une bande de carton destinée à guider ultérieurement les mouvements de l'indicateur.

I. — Étant donnés les *indices* moyens de compensation, μ'_m et μ''_m (égaux à μ'_d et à μ''_d dans l'exemple ici choisi), des deux mires n° 1 et n° 2, pendant la journée où ont été exécutées les opérations à corriger, amener respectivement en regard des divisions correspondantes les index i' et i'' des deux échelles mobiles. Fixer alors, au moyen de punaises, telles que P' et P'', placées de manière à ne pas gêner les mouvements de l'indicateur, les deux feuilles de carton portant ces échelles.

II. — Soient H' et H'' les cotes lues, dans une nivelée, respectivement sur les mires n° 1 et n° 2 :

1° Amener l'axe de la bande zéro de l'indicateur à toucher tangentiellement le cercle coté H' (interpolé, au besoin, par la pensée) sur l'échelle de la mire n° 1 ;

2° Voir, sur l'échelle de la mire n° 2, dans quelle bande de l'indicateur tombe le *sommet* de l'arc de cercle coté H'', virtuellement interpolé s'il est nécessaire, — ou le *point le plus bas* de cet arc, s'il tourne sa convexité vers le bas. La cote de cette bande exprime, en *décimillimètres*, la correction cherchée, arrondie à 5dmm.

Si cette cote est précédée du signe +, la correction doit être prise avec le signe attribué à la lecture H''. Si, au contraire, la cote lue sur l'indicateur est affectée du signe —, la correction est de signe contraire à H''.

L'exemple représenté ci-contre répond aux données suivantes :

	Mire N° 1.	Mire N° 2.
Indices moyens de compensation	$\mu'_m = 100\,cmm$	$\mu''_m = 120\,cmm$
Hauteurs de mire............	$H' = -11dm,0$	$H'' = +21dm,0$

Le sommet de l'arc de cercle coté 21 dans l'échelle de la mire n° 2, répond, sur l'indicateur, à la cote + 10. La hauteur H'' étant affectée du signe +, la correction à ajouter à la différence H'' — H' de niveau, est :

$$c = +10dmm,$$

CORRECTION DES ERREURS DE DIVISION DES MIRES

II. — MODÈLE D'ABAQUE
à échelles mobiles.

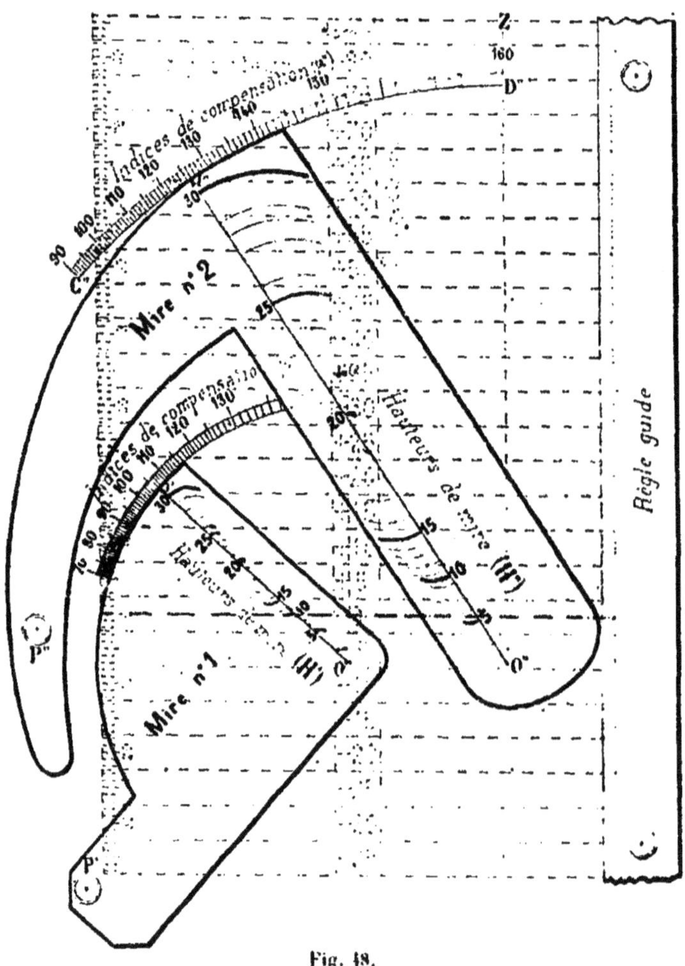

Fig. 48.
(Échelle de 3 5)

Nota. — La partie du dessin exécutée en *traits tiretés* (— — —) figure l'indicateur mobile (fig. 47).

$$f_2 (H'') = \pi_d P_2 = \pi_d p_2 = \frac{v''_d}{10} H'',$$

v''_d étant la *correction moyenne* par mètre de hauteur de la mire au moment de l'étalonnage de départ. — Cette correction est égale à l'ordonnée $\beta_d\, b_2$ de la *droite* Om_2 *de comparaison*, pour $H' = 10$dm. prolongée jusqu'à la droite OD *d'erreur d'étalon*.

Dans l'exemple actuel, on lit sur le diagramme (n° 62, mod. 1) :

$$v''_d = \beta_d\, b_2 = \beta_d\, h + b\, b_2 = 28 + 144 = 172^{cmm}.$$

On obtient v''_d avec plus de précision en divisant par 3 le nombre de centimillimètres que représente la longueur Dm_2 (correction pour $H'' = 30$ dm) sur la *base* du diagramme d'étalonnage.

L'équation (5) de la mire n° 2 :

$$E'' = f_2 (H'') + \left(\frac{\mu'' - \mu''_d}{10} \right) H''. \qquad (5)$$

s'écrit alors, en désignant par E''_0 la correction simplifiée, proportionnelle à H'' :

$$E_0'' = \left(\frac{v_d'' + \mu'' - \mu''_d}{10} \right) H''. \qquad (8)$$

et les corrections E_0'', pour une valeur déterminée de μ'', peuvent être figurées par une simple échelle en parties égales, dont chaque division, correspondant à un décimètre de hauteur lue, a pour grandeur la correction décimétrique $\dfrac{v_d'' + \mu'' - \mu''_d}{10}$, figurée à la même échelle que les écarts ε sur le diagramme d'étalonnage.

Afin de n'avoir pas à construire une échelle différente pour chaque valeur de μ'', on établit une fois pour toutes l'échelle — dite *échelle de comparaison* (voir ci-après, A) — des corrections E''_s répondant à la *limite supérieure* présumée μ''_s de l'indice de compensation. D'après l'équation (8), on a :

$$E_s'' = \left(\frac{v''_d + \mu''_s - \mu''_d}{10} \right) H''. \qquad (9)$$

Pour toute autre valeur de μ'' plus petite que μ''_s, il suffit ensuite de donner à l'échelle de comparaison l'inclinaison qui est indiquée sur une échelle circulaire, appelée *secteur d'orientation*, obtenue comme il est dit plus loin (B).

A. CONSTRUCTION DE L'ÉCHELLE DE COMPARAISON. — Pour établir l'échelle de comparaison, on procède de la manière suivante :

Ayant tracé comme précédemment (n° 65) sur le diagramme d'étalonnage, la sécante OS relative à la limite supérieure μ''_s de l'indice de compensation, on porte sur une droite ON (fig. 49), à partir d'un point O, des longueurs telles que Op_s, respectivement égales aux ordonnées $\pi_s p_s$ (mod. 1) de la droite Om_2 de comparaison, tracées de décimètre en décimètre de hauteur de mire et prolongées jusqu'à la sécante OS.

Posons :

$$v''_d + \mu''_s - \mu''_d = v''_s. \qquad (10)$$

v''_s désignant la *correction métrique maxima*, correspondant à l'indice *maximum* μ''_s.

En vertu des équations (9) et (10), on a :

$$E''_s = \frac{v''_s}{10} H'' = \pi_s p_2 = O p_2. \tag{11}$$

Dans l'exemple précédemment choisi, on a :

$$v''_d = 172^{cmm} ; \quad \mu''_s = 160^{cmm} ; \quad \mu''_d = 120^{cmm} ;$$

d'où :

$$v''_s = 200^{cmm}.$$

Construction d'une échelle mobile

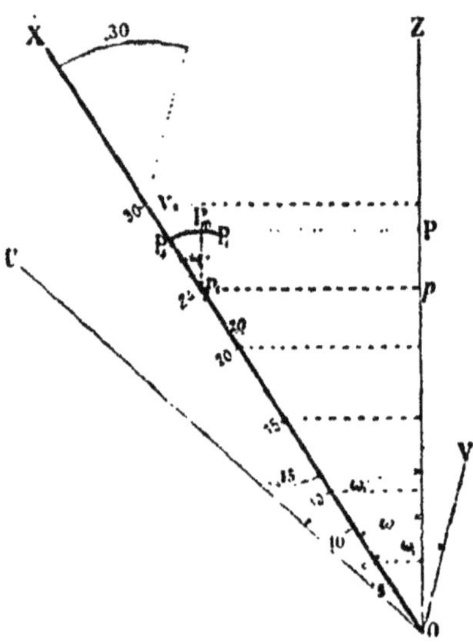

Fig. 49.

L'échelle de comparaison répondant à une correction métrique maxima v''_s donnée s'obtient, sans calculs, en faisant usage d'un abaque auxiliaire (fig. 50) établi comme il est expliqué plus loin (note annexe 1, à la fin du chapitre). Dans l'exemple ci-dessus, répondant à $v''_s = 200^{cmm}$, l'échelle de comparaison O v_s (fig. 49), est représentée avec ses subdivisions par l'ordonnée a' v' de cet abaque.

B. Secteur d'orientation. — L'échelle répondant à une valeur de μ'' autre que le maximum μ''_s s'obtiendrait en projetant l'échelle OX (fig. 49) sur un axe OZ faisant avec elle un angle $\widehat{XOZ} = \omega$ défini par la relation :

$$\cos \omega = \frac{v''_d + \mu'' - \mu''_d}{v''_s}. \tag{12}$$

En effet, d'après les équations (8), (11) et (12), on aurait, pour la projection Op d'un segment Op₂ de l'échelle OX :

$$Op = Op_s \times \cos \omega = E''_s \times \frac{v''_d + x'' - x''_d}{v''_s} = \left(\frac{v''_d + x'' - x''_d}{10}\right) H'' = E''_o \quad (13)$$

Mais on n'effectue pas réellement cette projection. On se contente de donner à l'échelle OX l'inclinaison voulue ω par rapport à une direction fixe OZ. Op peut alors être mesuré à l'aide de l'indicateur précédemment décrit (n° 65. B). Si l'on dispose parallèlement à OZ la bande verticale chiffrée, et si l'on fait passer par le point O l'axe de la bande horizontale zéro, la cote de la bande où tombe le point p exprime la correction E''_o cherchée.

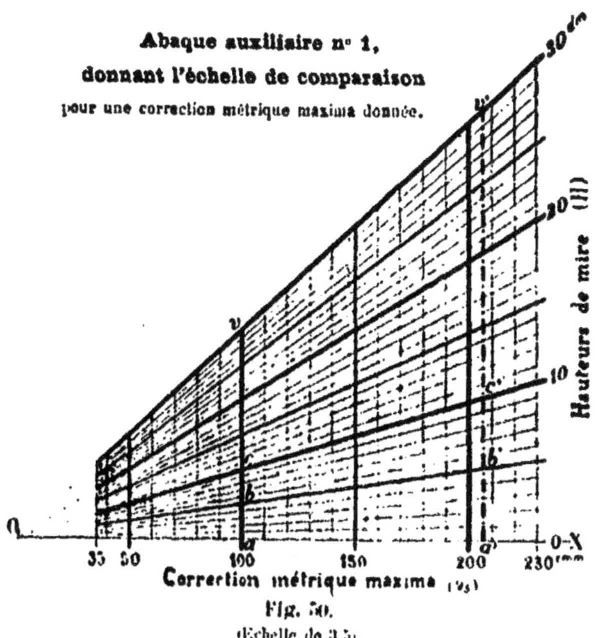

Fig. 50.
(Échelle de 3 5).

La valeur la plus forte, $\overline{ZOV} = \omega_i$, de l'angle ω de projection correspond à la limite inférieure μ''_i adoptée pour l'indice μ''. L'ensemble des directions correspondant aux valeurs de ω comprises entre o et ω_i constitue le *secteur d'orientation* de l'échelle de comparaison.

Ce secteur peut être obtenu, sans calculs, en faisant usage d'un abaque auxiliaire (fig. 51), dont la construction est expliquée plus loin (note annexe II).

Pour avoir le *secteur d'orientation* répondant à la valeur de v''_s dans l'exemple déjà choisi ($v''_s = 200^{cmm}$), il suffit de tracer, dans cet abaque, l'arc de cercle CD correspondant à cette correction maxima, puis de joindre au centre O les points α, β, γ, δ,..... où cet arc rencontre les courbes respectivement cotées :

$$x'' - x''_d = 0. \ -10. \ -20. \ -30. \ \dots \dots \ 70^{cmm}$$

On donne aux rayons obtenus les cotes respectives :

$$\mu'' = \mu''_s, \quad \mu''_s - 10^{\text{cmm}}, \quad \mu''_s - 20^{\text{mm}}, \quad \ldots\ldots\ldots \quad \mu''_s - 70^{\text{cmm}} \; (\text{ou } \mu''_i$$

d'après les relations posées, n° 65 A, entre μ''_d, μ''_i et μ''_s), c'est-à-dire, dans l'exemple actuel, où $\mu''_s = 160^{\text{cmm}}$.

$$\mu'' = 160, \; 150, \; 140, \; \ldots\ldots, \; 90^{\text{cmm}}.$$

et l'on détermine par estime les subdivisions.

Abaque auxiliaire n° 2, donnant le secteur d'orientation

pour une correction métrique maxima donnée.

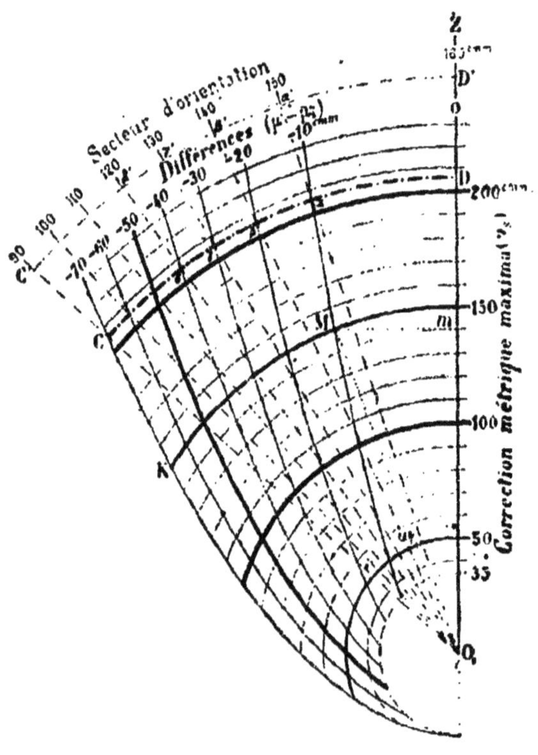

Fig. 51
(Echelle de 3 5).

2° Cas d'une mire à division irrégulière. APPOINTS. — Jusqu'alors nous avons raisonné dans l'hypothèse d'une mire divisée d'une manière irréprochable. Mais, en pratique, pour les raisons données aux n°° 55 et 56, cette parfaite régularité de division n'existe pas, et, comme on le voit dans le modèle 1, la *courbe* OP_2M_2 *d'étalonnage* serpente autour de la *droite* Om_2 *de comparaison*, au lieu de se confondre avec elle. A une correction telle que π_4p_4, proportionnelle à H'', il est donc nécessaire d'ajouter un *appoint* p_2P_2, positif ou négatif suivant le cas — et que, pour abréger, nous désignerons désormais par $\varphi(H'')$. — L'équation (8) et *l'échelle de comparaison* Or_4 (fig. 49) qui en est la traduction graphique, doivent être complétées pour tenir compte de cette correction supplémentaire.

Ajoutons l'appoint $\varphi(H'')$ à conserver au second membre de l'équation (8), elle devient :

$$E'' = E''_0 + \varphi(H'') = \frac{v''_d + \mu'' - \varkappa''_d}{10} H'' + \varphi(H'') \qquad (14)$$

D'autre part, l'échelle OX *de comparaison* précédemment obtenue (fig. 49) étant orientée d'après une valeur quelconque de μ'', si l'on veut représenter la quantité $\varphi(H'')$ répondant à un point de division p_4 de cette échelle, il suffit de porter en p_4P_m, à partir du point p_4, parallèlement à OZ et vers le haut s'il est *positif*, l'appoint correspondant p_2P_2 relevé sur le diagramme d'étalonnage (modèle 1). Dans la projection sur OZ de l'échelle ainsi complétée, le segment p_4P_m, en effet, s'ajoute en vraie grandeur, en pP, à la projection Op de Op_4, et l'on a, en vertu des équations (13) et (14) :

$$OP = Op + p_4P_m = E''_0 + \varphi(H'') = E''.$$

Quand on donne à l'échelle OX toutes les inclinaisons ω comprises entre zéro et le maximum $\omega_i = \widehat{CO_1D}$ (fig. 51) donné par le secteur d'orientation, le segment p_4P_m gardant toujours une direction fixe, parallèle à OZ, son extrémité P_m décrit un arc de cercle $P_i P_4$, d'amplitude ω_i. Cet arc de cercle étant tracé, le point P sur OZ, pour une position donnée de l'échelle OX, se trouve déterminé par la tangente PP_m à cet arc, menée perpendiculairement à OZ.

3° *Règles pratiques pour la construction d'un abaque à échelles mobiles.* — En pratique, la construction d'une échelle s'effectue au moyen des abaques auxiliaires, comme on va maintenant l'indiquer.

Résumons en quelques mots, sur l'exemple déjà choisi, la série des opérations à effectuer pour construire et assembler les deux échelles mobiles constituant l'abaque relatif au couple de mires n° 1 et n° 2.

I. — Pour établir l'échelle de la mire n° 2 :

1° On trace sur le diagramme d'étalonnage (mod. 1) la *droite de comparaison* Om_2, et l'on détermine la *correction métrique initiale* correspondante $v''_d = 3db_2$.

Ici, $v''_d = 172^{cmm}$ (mod. 1, tableau annexe II).

2° Cela fait, étant donné *l'indice initial* μ''_d *de compensation*

$$\mu''_d = 126^{cmm} \text{ (tableau-annexe I)}.$$

on calcule les *indices maxima et minima* correspondants, μ''_s et μ''_i, en ajoutant à μ''_d, puis en retranchant, 35^{cmm} (ou un nombre voisin choisi de manière que le dernier chiffre de la somme, ou de la différence, soit un 0 ou un 5), on a ainsi :

$$\mu''_i = 126 - 36 = 90^{cmm}$$

$$\mu''_s = 126 + 34 = 160^{cmm}.$$

3° On détermine ensuite la *correction métrique maxima* v''_s (équation 10) :

$$v''_s = v''_d + \mu_s'' - \mu''_d = 172 + 34 = 206^{cmm}.$$

4° On relève, à l'aide d'une feuille de papier calque, sur l'abaque auxiliaire n° 1 (fig. 50), *l'échelle de comparaison a'c'* répondant à $v''_s = 206$. On colle ensuite le calque sur une feuille de carton mince.

Pour compléter cette échelle OX (fig. 49), de chaque point p_i de division coté H″, comme centre, avec une ouverture de compas p_iP_m égale à *l'appoint* correspondant, $p_iP_2 = \varphi$ (H″), relevé sur le *diagramme d'étalonnage*, on décrit un arc de cercle P_iP_s, qu'on limite au rayon p_iP_i : mené parallèlement à la direction OV faisant avec celle OX de l'échelle un angle $\widehat{VOX}$ égal à l'ouverture $\omega_i = \widehat{CO_iD}$ (fig. 51) du secteur d'orientation (voir ci-après, 5°).

Cet arc est tracé *au-dessus* du centre, si l'appoint est *positif* : *au-dessous*, s'il est *négatif*. On donne pour cote à chacun de ces arcs la valeur correspondante de H″.

5° On relève de même, à l'aide d'une feuille de papier calque, sur l'abaque auxiliaire n° 2 (fig. 51) le *secteur* CO_iD *d'orientation*. On projette *radialement* les subdivisions, telles que

$$D, \alpha, \beta, \gamma, \delta \ldots, C,$$

en

$$D', \alpha', \beta', \gamma' \ldots C',$$

sur un cercle de rayon O_iD' un peu supérieur à la longueur totale OX (fig. 49) de l'échelle de comparaison augmentée des appoints.

6° On transporte le calque portant l'arc divisé D′ α β' .... C′ et son centre O_i, en D″ O′ C″ (fig. 48), le rayon O″ D″ disposé verticalement, sur la feuille de carton, ou sur la planchette de bois tapissée d'une feuille de papier, destinée à servir de support à l'abaque. On fixe au centre O″, le pied O de l'échelle complète OX (4°).

II. — On construit exactement de même pour la mire n° 1 :

1° l'échelle de comparaison, puis l'échelle complète avec les appoints :
2° Le secteur d'orientation de cette échelle.

Puis, sur l'horizontale O″ O′ du pivot O″ de la première échelle, on fixe en O′, à gauche de O″, le pivot de l'échelle n° 1 et le centre du secteur correspondant d'orientation, dont on dispose parallèlement à O″ D′ le rayon relatif à l'indice maximum $\mu'_s = 140^{cmm}$ (dans l'exemple représenté sur la figure).

L'abaque ainsi construit s'emploie comme l'indique la légende placée en regard de la fig. 48.

Construction de l'abaque auxiliaire donnant les échelles de comparaison.

I. — Cet abaque doit donner les échelles de comparaison relatives à toutes les valeurs de la correction métrique maxima,

$$v_s = v_d + \mu_s - \mu_d .$$

qui sont comprises entre une limite inférieure v_1 et une limite supérieure v_x. Cherchons d'abord ces limites.

La correction métrique initiale v_d sera supposée comprise entre 0 et 195cmm, limites très suffisantes en pratique.

Comme nous l'avons dit (n° 65, A), on peut, d'autre part, admettre que la différence $\mu_s - \mu_d$ n'atteindra jamais 35cmm.

Le maximum de v_s correspondant à $v_d = 195$cmm, est, par suite :

$$v_x = 195 + 35 = 230\text{cmm}.$$

et le minimum (pour $v_d = 0$:

$$v_1 = 35\text{cmm}.$$

II. — Sur un axe horizontal OX (fig. 50), à partir d'une origine O, portons, à une échelle arbitraire, les valeurs à cotes rondes, de v_s,

$$v_s = 35, 40, 50, 60 \dots\dots\dots 220, 230\text{cmm},$$

comprises entre les limites v_1 et v_x ; par les points de division, menons des ordonnées verticales. Puis, sur l'ordonnée ar cotée $v_s = 100$, portons l'échelle des écarts s du diagramme d'étalonnage (mod. 1), après y avoir remplacé les cotes :

$$s = 100 \dots\dots 200 \dots\dots 300\text{cmm},$$

respectivement par les hauteurs :

$$H = 10 \dots\dots 20 \dots\dots 30\text{mm}.$$

On obtient ainsi l'échelle de comparaison répondant à $v_s = 100$. En effet, pour $H = 10$ par exemple, cote du point c de cette échelle, l'équation (11) donne, d'une manière générale, c'est-à-dire abstraction faite des indices c^i, une correction :

$$E_c = v_d = 100\text{cmm}$$

et, par construction, la longueur ac, mesurée avec l'échelle de l'indicateur (n° 65, B), représente effectivement cette correction.

III. — Pour avoir ensuite les échelles de comparaison répondant aux autres valeurs de v_s, il suffit de joindre à l'origine O les points a, b, $c \dots r$, de division de l'échelle ar, puisque, d'après l'équation (11), la correction E_s, toutes choses égales d'ailleurs, est proportionnelle à v_s.

En complétant les subdivisions pour les deux cours de lignes, on a finalement le diagramme représenté fig. 50.

Construction de l'abaque auxiliaire donnant les secteurs d'orientation.

En vertu de la relation (10), l'équation (12) peut s'écrire d'une manière générale, c'est-à-dire en supprimant les indices (") :

$$\cos \omega = \frac{\nu_s + \mu - \mu_s}{\nu_s} \qquad (12\,\text{bis})$$

Sur une verticale OZ (fig. 51), à partir d'une origine O_1, portons, à une échelle quelconque, les valeurs de ν_s à cotes rondes, comprises entre $\nu_1 = 85^{\text{cmm}}$ et $\nu_8 = 230^{\text{cmm}}$.

L'abaque se composera de deux cours de lignes :

1º des *arcs de cercles* concentriques, tels que MK, ayant pour centre le point O_1, et passant par les points de division de OZ cotés ν_s ;

2º des *lignes courbes*, cotées $\mu - \mu_s$. Pour construire une de ces courbes, celle cotée $\mu - \mu_s = -10$ centimillimètres, par exemple, on procède de la manière suivante :

Par les points de division de l'échelle OZ, on mène des horizontales, telles que m M ; puis on prend les points d'intersection des arcs cotés ν_s, respectivement avec les horizontales cotées $\nu_s - 10^{\text{cmm}}$: par exemple, le point M de rencontre du cercle MK coté 150, avec l'horizontale m M cotée 140. Le lieu des points M ainsi obtenus est la courbe cherchée, à laquelle on donne pour cote : $\mu - \mu_s = -10^{\text{cmm}}$.

Il est aisé de voir que l'angle $\widehat{MOZ}$ formé par le rayon OM avec la verticale OZ, représente bien l'angle ω de projection donné par la formule (12 bis) quand on y fait :

$$\nu_s = 150^{\text{cmm}} ; \quad \mu - \nu_s = -10^{\text{cmm}}.$$

En effet, on a, par construction :

$$Om = \nu_s + \mu - \mu_s = \nu_s - 10^{\text{cmm}} = 140^{\text{cmm}} \quad \text{et} \quad OM = \nu_s = 150^{\text{cmm}} ;$$

par suite :

$$\cos \widehat{MOZ} = \frac{Om}{OM} = \frac{140}{150} = \cos \omega, \ (\text{d'après l'équation 12 bis})$$

En cherchant de même les intersections des cercles ν_s respectivement avec les horizontales cotées : $\nu_s - 20^{\text{cmm}}$, on aura la courbe correspondant à $\mu - \mu_s = -20^{\text{cmm}}$, et ainsi de suite.

CHAPITRE TROISIÈME

OPÉRATIONS SUR LE TERRAIN.

§ 1. *Reconnaissance et scellement des repères.*
§ 2. *Nivellement proprement dit.*
§ 3. *Fautes ou erreurs à craindre dans le nivellement, et moyens de les éviter.*

CHAPITRE III

OPÉRATIONS SUR LE TERRAIN.

SOMMAIRE

67. Programme des opérations. Réseau fondamental. — 68. Personnel employé sur le terrain.

§ 1. Reconnaissance et scellement des repères. — 69. Conditions générales auxquelles un repère doit satisfaire. — 70. Repères principaux et repères secondaires. — 71. Numérotage des repères. — 72. Reconnaissance de l'emplacement des repères.

§ 2. Nivellement proprement dit. — 73. Principes de la méthode de nivellement.

   I. *Exécution d'une nivelée* — 1° PHASE PRÉPARATOIRE : DÉTERMINATION DES EMPLACEMENTS DU NIVEAU ET DE LA MIRE D'AVANT. — 74. Cas où la position de la mire d'avant est facultative : A) Emplacement du niveau ; B) Emplacement de la mire d'avant ; C) Vérification de l'égalité des portées ; D) Mise en place du piquet. — 75. Cas où la position de la mire d'avant est obligée : A) Emplacement du niveau ; B) Vérification de l'égalité des portées.

   2° PHASE D'EXÉCUTION : LECTURES. — 76. Opérations du lecteur. — 77. Lectures de l'opérateur.

   II. *Cas particuliers.* — 78. Repères pris par rayonnement. — 79. Opérations interrompues sur un piquet. — 80. Opérations dans les tunnels. — 81. Rattachement des sections du réseau entre elles et avec les nivellements anciens ou étrangers.

§ 3. Fautes ou erreurs à craindre dans le nivellement et moyens de les éviter. — 82. Distinction des fautes et des erreurs. Erreurs accidentelles, erreurs systématiques. — 1° *erreurs tenant au niveau ; 2° erreurs tenant à la mire et à ses supports ; 3° erreurs tenant aux opérateurs ; 4° erreurs tenant aux circonstances atmosphériques.*

Les instruments étant étalonnés et vérifiés, nous arrivons sur le terrain.

Fig. 52.

LÉGENDE

Continuant à prendre pour type les opérations du Nivellement général de la France, nous en indiquerons brièvement le *programme* d'ensemble et le *personnel*. Puis, le but qu'on se propose étant de déterminer l'altitude d'un certain nombre de points fixes, qu'on appelle des *repères*, nous dirons en quoi consistent ces repères et la méthode suivie pour le *nivellement*[1]. Enfin nous passerons rapidement en revue les *fautes* et les *erreurs* à craindre dans les opérations, et les moyens de les éviter.

67. Programme des opérations. Réseau fondamental. — L'orographie d'un grand pays doit, avons-nous dit (n° 1), s'appuyer sur un *réseau fondamental* (fig. 52) de nivellements très exacts. se rattachant aux nivellements des pays limitrophes et aux marégraphes ou *médimarèmètres* (chap. V, § 2) établis le long des côtes (n° 104).

Ce réseau est constitué par des voies publiques — chemins de fer, routes, canaux ou rivières, — dont les recoupements forment des *polygones* aussi réguliers que possible[2], de 300 à 700 kilomètres de tour, et des *zones périphériques* limitées aux frontières et aux différents littoraux[3].

Pour ce *nivellement fondamental*, on suit de préférence les chemins de fer, qui présentent sur les routes, par exemple, divers avantages :

1° Les alternatives de pentes et de rampes y sont moins nombreuses et les déclivités moins fortes : ce qui

---

1. Pour plus de détails sur ces différents sujets, voir les *Instructions préparées par le Comité du nivellement général de la France, 1re partie : Opérations sur le terrain* (lib. Baudry, Paris).

2. Cette condition a pour objet de rendre minimum le cheminement et, par suite, les erreurs à craindre entre deux points du Réseau.

3. Pour compléter l'opération, des nivellements intercalaires, portant sur les voies de communication de toutes natures, subdiviseront ensuite ces *polygones* et ces *zones* en *mailles* successivement de plus en plus petites. Enfin. dans l'intérieur de ces mailles, le relief du terrain sera déterminé au moyen de *courbes de niveau*, fixées directement sur le sol partout où la chose sera possible.

diminue, pour un parcours horizontal donné, le nombre des stations, et la somme arithmétique des différences partielles d'altitudes : deux éléments dont l'exagération est préjudiciable à l'exactitude du nivellement.

2° Sur les voies ferrées, on trouve des constructions relativement plus *nombreuses* et plus *solides* que sur les routes : ce qui donne de grandes facilités pour la fixation des repères. Ceux-ci, de plus, s'y trouvent généralement mieux surveillés et plus à l'abri des atteintes malveillantes.

Numérotage des polygones. — Chaque zône ou polygone constitutif du réseau fondamental est désigné, pour ordre, par une *lettre indicatrice*. [Exemples : Polygone L, Zône E (fig. 52)].

L'élément du réseau formé par le côté commun à deux polygones, ou à un polygone et à une zône périphérique, s'appelle une *section*. Cette section est désignée par les deux lettres indicatrices des zônes ou polygones adjacents (Exemples : Section LP, côté commun aux deux polygones L et P ; Section EZ', côté commun au polygone Z' et à la zône E).

68. Personnel employé sur le terrain. — Les opérations sont effectuées par des *brigades* composées chacune d'un *opérateur*, chef de la brigade, d'un opérateur-adjoint désigné sous le nom de *lecteur*, et de deux *porte-mires*.

L'opérateur et le lecteur sont chargés concurremment de la *Reconnaissance préalable de l'emplacement des repères* (n° 72) et du *Nivellement* proprement dit (n°ˢ 76 et 77). Le lecteur est, en outre, chargé du transport et de la mise en station du niveau (n°ˢ 74 et 75).

Les porte-mires, outre leurs fonctions spéciales, plantent les piquets (n° 73-III) et scellent les repères et les rivets aux endroits préalablement marqués (n° 72).

§ 1

RECONNAISSANCE ET SCELLEMENT DES REPÈRES.

69. Conditions générales auxquelles un repère doit satisfaire. — Un repère, avons-nous dit, est un point fixe dont on détermine l'altitude. Ce point doit satisfaire à plusieurs conditions :

1° *Il doit être pris sur une construction solide,* aisément accessible par les voies transversales au cheminement, de manière à faciliter les opérations ultérieures de rattachement des nivellements intercalaires.

2° *Il doit être choisi de telle façon qu'on puisse y poser directement le talon de la mire,* pour éviter les opérations et calculs auxiliaires de rattachement, qui sont des causes de fautes.

Sur les constructions présentant de larges surfaces horizontales, comme les plinthes d'aqueducs, les seuils d'édifices, par exemple, cette condition se trouve naturellement réalisée — ce qui a souvent fait donner, un peu improprement il est vrai, le nom de *repères naturels* aux repères choisis de la sorte.

Sur les parements verticaux, comme ceux offerts par les façades de bâtiments, les culées de ponts, etc., on est, au contraire, obligé de créer artificiellement des repères, en fixant, dans la maçonnerie, des pièces spéciales qui présentent une saillie horizontale destinée à recevoir la mire[1], et qui gardent, par extension, le nom de repères.

---

1. Dans certains pays cependant, on a employé, comme repères, des *boulons creux* scellés *horizontalement* dans les parois verticales des constructions et protégés par une plaque en fonte, percée, au centre, d'une ouverture concentrique à celle du boulon. L'altitude indiquée correspond à l'axe de

3° *Le point servant de repère doit être arrêté d'une manière précise.* — Avec des mires à talon plat, le sommet d'une calotte convexe présente, à la fois, la forme la plus appropriée pour résister aux chocs et la base la plus convenable pour y poser le talon de la mire.

4° *Les repères doivent être d'une matière à la fois économique, résistante et peu altérable.* — Ces diverses qualités se trouvent réunies dans le *bronze*, et, à un degré moindre mais encore suffisant, dans la *fonte* couverte d'une couche protectrice d'oxyde magnétique de fer[1].

70. Repères principaux et repères secondaires. — Les repères adoptés pour le Nivellement général satisfont convenablement aux diverses conditions qui précèdent. Suivant leur forme et leur destination, ils se divisent en repères *principaux* et repères *secondaires*.

I. — Le REPÈRE PRINCIPAL (fig. 53), destiné à être appliqué contre une paroi verticale, est formé d'une console munie d'une queue que l'on scelle, avec du ciment à prise rapide, dans une cavité préalablement creusée au ciseau dans la pierre.

Ce repère est placé à 0^m,50 environ du sol, pour le mettre, dans une certaine mesure, à l'abri des chocs et de l'humidité, et pour permettre la lecture facile des inscriptions. sans cependant rendre difficile au porte-mire le maintien de la mire en station sur la console.

Le repère principal porte sa désignation d'ordre, dite « *matricule* » (n° 71) et sa *cote d'altitude* inscrites en noir sur deux plaquettes blanches de porcelaine. Les inscrip-

cette ouverture. Pour la relever, on y ajuste une broche à laquelle on fixe une règle divisée formant *mire*.

Ce système a l'avantage d'assurer à la partie essentielle du repère une protection absolue contre les chocs : mais il nécessite l'emploi d'une mire spéciale pour les rattachements.

1. On a parfois fait usage, cependant, de repères en *porcelaine* et même en *verre* (Würtemberg). moins altérables que le métal, mais aussi plus fragiles.

tions ainsi obtenues sont très nettes, malgré leur petit format, et à l'abri des altérations[1]

Repère principal

du Nivellement général de la France

(en bronze ou en fonte oxydée).

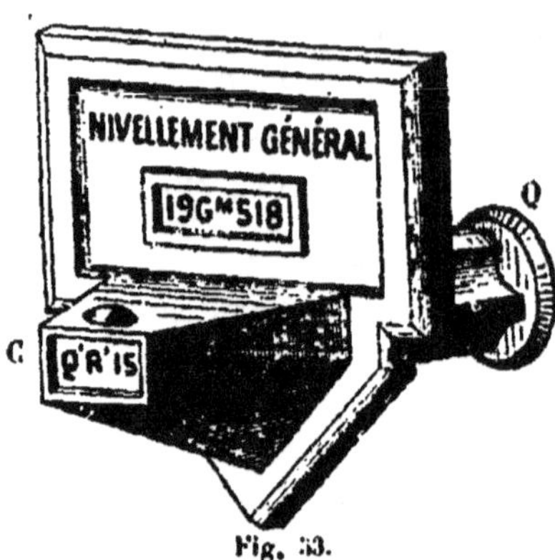

Fig. 53.

(Echelle de 1 2)

C   *Console* (en saillie de 0ᵐ,05) munie, à la partie antérieure, d'une *pastille* de 3ᵐᵐ de hauteur en forme de calotte sphérique, sur laquelle se pose la mire.

Q   *Queue* de scellement, avec âme en fer pour la renforcer, et nervures pour retenir le ciment.

Q'R'.15   *Matricule* (n° 71) du repère, inscrit sur une plaquette de porcelaine blanche, que l'on scelle dans une cavité *ad hoc*.

196ᵐ,518   *Altitude* de la pastille, inscrite sur une seconde plaquette, qu'on met en place après l'achèvement et la compensation du réseau et le calcul des altitudes définitives (n° 95).

Repère Bourdalouë

(en fonte peinte).

Fig. 54.

(Echelle de 1 4)

1. On trouve, en France, beaucoup de repères appartenant à des nivellements divers, et constitués, soit par une plaque en fonte surmontée d'une tablette où l'on pose la mire (Ex. : Repères du nivellement de la Ville de Paris), soit par un cylindre de même métal, à génératrices horizontales et perpendiculaires au mur, avec plaque fixée au centre, portant l'altitude de la génératrice supérieure (Ex.: Repères Bourdalouë, fig. 54).

Mais ces repères présentent souvent une saillie insuffisante pour permettre d'y tenir bien verticalement la mire. De plus, en beaucoup de points, les inscriptions sont altérées par la rouille ou par les émanations acides, sulfureuses ou ammoniacales, qui les détruisent vite, surtout dans les lieux humides comme les tunnels.

II. — Le REPÈRE SECONDAIRE remplace avec avantage, sur les seuils ou les plinthes d'ouvrages, le *repère naturel* (n° 69) simplement défini par une marque conventionnelle, croix ou cercle, gravée dans la pierre.

Repère secondaire

(Rivet en bronze).

Fig. 55,

{ Diamètre de la tige,   6^m
  Id.   de la tête, 13^m
{ Hauteur de la tête,   7^m

Ce repère est constitué par un *rivet en bronze* à tête hémisphérique (fig. 55), que l'on fixe de la manière suivante :

A l'aide d'un vilbrequin et d'une mèche ayant un diamètre égal à celui de la tige du rivet, on fore, dans la pierre, un trou un peu plus profond que la longueur de cette tige ; puis, au moyen d'une bouterolle et d'un marteau, on enfonce en quelques coups le rivet, jusqu'à ce que sa tête vienne s'appliquer sur les bords du trou.

71. Numérotage des repères. — Pour la facilité des recherches, les repères sont distingués par une désignation spéciale, dite « *matricule* », dont il a déjà été question précédemment (n° 70) et qui est définie d'après les règles suivantes :

1° Pour un *repère tête de section* (repère principal établi à l'une des extrémités d'une section), le matricule est constitué par la réunion des lettres indicatrices des polygones ou zônes dont ce repère forme le sommet commun (Ex. : CJZ, sommet commun aux trois polygones C, J et Z) ;

2° Pour un *repère principal* scellé dans le cours d'une section, le matricule se compose des lettres indicatrices de la section, suivies d'un numéro, en *chiffres arabes*, exprimant le rang du repère depuis l'une des extrémités choisie comme *origine* de la section (Ex. : JR.14, quatorzième repère principal depuis l'origine de la section JR) ;

3° Pour un *repère secondaire* compris entre deux repères principaux, le matricule est formé de celui du repère principal précédent, et d'un numéro, en *chiffres romains*, exprimant, à partir de ce dernier, le rang du repère secondaire (Ex. : J'R'. 14-III, troisième repère secondaire après le repère principal J'R'. 14).

72. Reconnaissance de l'emplacement des repères. — Les repères principaux doivent être mis en place quelques jours au moins avant l'exécution du *nivellement*, de façon que le scellement ait pu acquérir une solidité suffisante pour résister au poids de la mire.

A cet effet, quelque temps avant de commencer le nivellement sur une section, les opérateurs en font une *Reconnaissance*, au cours de laquelle ils marquent, sur les ouvrages, les emplacements que devront y occuper les repères.

Ils relèvent en outre ces emplacements sur une carte et sur un carnet spécial (mod. 2) :

I. — Sur la *carte* (voir le spécimen sur le modèle de *répertoire graphique*, n° 100) ils indiquent par un point la place de chaque repère. Tout près, et du côté de la voie où se trouve le repère, ils écrivent le *matricule* réduit au *numéro d'ordre*.

II. — Dans le *carnet*, ils consignent la nature et la désignation des constructions devant porter des repères, et ils précisent, par des croquis, la place que ces derniers doivent y occuper (voir ci-après modèle 2) :

1° Les *repères principaux* sont indiqués sur un plan et sur une élévation au 1000ème du bâtiment ou de l'ouvrage, rabattue du côté de la voie où se trouve le repère ;

2° Pour les *rivets*, fixés, comme nous l'avons dit, sur des surfaces horizontales et placés le plus souvent à une très faible hauteur au-dessus du sol, les croquis se réduisent à des dessins conventionnels, sur lesquels la position du repère est figurée en plan.

SECTION P'Z'

		DÉSIGNATION DES REPÈRES			
Numéros des repères	Points kilométriques	Distances entre les repères	Côté de la voie	Indication des Bâtiments et Ouvrages d'art	Coefficient de stabilité
I	II	III	IV	V	VI
78 — I	km 109,55	Reports m²t.			
78 — II	411,03	1480	g²	PN 38³. — Route départementale n° 5 de Lodève à St-Pons. — Pignon. — Angle vers Rodez. RB, alt. 213,648	2
78 — III	411,11	380	d²	Pont. — Ruisseau du Nizoir. — Milieu de la plinthe.	3
MP'Z'	413,58	2170	d	Gare de Faugères. — Bâtiment des voyageurs. — Socle à gauche de la porte de service.	1

1 (Col. II). Donnée résultant du bornage de la voie.
2 (Col. IV). d. Droite ; g. Gauche.
3 (Col. V). PN, Passage à niveau.
4 (Col. VI). *Coefficient 1.* — Ouvrages importants, exempts de fissures indices de tassements, et construits depuis *plus* de dix ans.
Coefficient 2. — Ouvrages construits depuis *moins* de dix ans.
Coefficient 3. — Plinthes d'aqueducs, bahuts de ponts, seuils de bâtiments, etc..
5 (Col. VII). Origine de la section. — 6 Fin de la section.

NAISSANCE DES REPÈRES

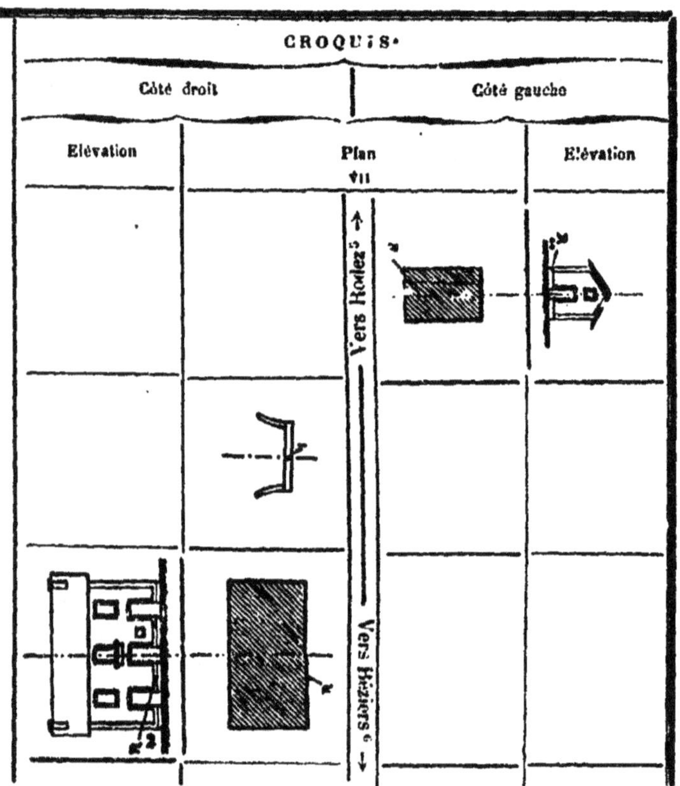

* Pour faciliter le travail, on a reproduit d'avance, en vignettes réduites à l'échelle voulue, découpées et gommées au dos, les types courants des maisons de garde et des bâtiments de stations que l'on rencontre sur les chemins de fer.

Une collection de ces vignettes est remise aux opérateurs. Lorsqu'ils se trouvent en présence d'un bâtiment dont le type rentre dans cette collection, ils collent simplement sur le carnet la vignette correspondante, à la place convenable, et y marquent la position du repère.

Étant données les chances nombreuses de détérioration et de disparition auxquelles sont exposés les repères, il convient de les multiplier le plus possible, et d'en placer sur tous les ouvrages suffisamment stables que l'on rencontre dans le cheminement.

§ 2

NIVELLEMENT PROPREMENT DIT

Les repères une fois en place, on procède au nivellement proprement dit. Avant d'aborder les détails de l'opération, nous indiquerons les principes de la méthode suivie.

73. Principes de la méthode de nivellement. — Les opérations du Nivellement général s'effectuent d'après les règles suivantes que l'expérience a consacrées :

I. — *Pour chaque section, le nivellement est effectué deux fois*, de manière à obtenir, par la comparaison des résultats, un contrôle de l'exactitude des opérations (n° 87).

II. — *La seconde opération est exécutée en sens inverse de la première*, de façon à détruire en grande partie l'effet de certaines erreurs systématiques tenant au *sens de la marche*, comme celles dues, par exemple, à l'affaissement du niveau pendant le passage du coup d'arrière au coup d'avant [1], ou à l'enfoncement du support de la mire sous

---

1. Ce résultat est facile à démontrer. Soient en effet (fig. 56) :

Δh, l'affaissement du niveau pendant l'intervalle du coup d'arrière au coup d'avant,

D, la différence correcte de niveau, que l'on obtiendrait si le niveau restait à la même hauteur pour les deux coups,

h_3 et h_1, les cotes lues respectivement sur les mires d'arrière et d'avant.

Piquet
(en bois)

Longueur   0^m,30
Diamètre   0^m,03

Fig. 57

c *Gros clou* à tête hémisphérique, de 5 à 6^{mm} de hauteur, sur lequel on pose le milieu du talon de la mire.

le poids de celle-ci, pendant l'intervalle du coup d'avant d'une station au coup d'arrière de la station suivante[2]. ·

**III. — *Dans les intervalles des repères, on emploie, comme supports des mires, des piquets (fig. 57) solidement fixés dans le sol.* — Outre leur stabilité plus grande, les piquets présentent sur les supports mobiles employés par certains opérateurs[3], un double avantage :

1° L'opération de *retour* se faisant exactement sur les mêmes points intermédiaires que l'opération d'*aller*,

La différence de niveau D_a trouvée à l'*aller* est :
$$D_a = h_3 - h_1 = D + \Delta h,$$
résultat indépendant du signe de **D**.

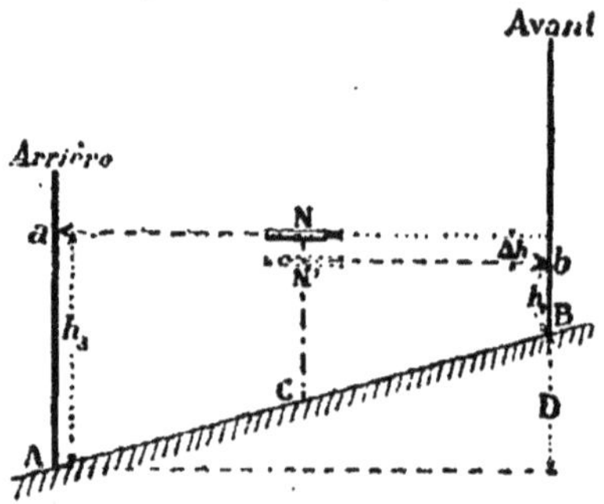

Fig. 56.

Au *retour*, l'affaissement du niveau étant supposé le même qu'à l'aller, on obtient pour la différence D_r de niveau :
$$D_r = - D + \Delta h.$$
La moyenne entre le premier résultat et le second changé de signe, est :
$$\frac{D_a - D_r}{2} = D \qquad \text{C.Q.F.D.}$$

2. L'enfoncement progressif des piquets sous le poids de la mire produit une erreur analogue à celle causée par l'affaissement du niveau (note précédente) ; elle disparaît de même dans la moyenne entre l'*aller* et le *retour*.

3. A défaut de point résistant pour y poser la mire, Bourdalouë se servait

la comparaison des résultats peut se faire *nivelée* par *nivelée* (n° 87). De la sorte, une discordance un peu forte étant constatée, par exemple, entre les deux différences de niveau trouvées entre deux repères, à l'aller et au retour, on voit immédiatement, pourvu que les piquets n'aient pas été dérangés dans l'intervalle des deux opérations, si l'écart tient à une faute commise dans l'une des nivelées intermédiaires — auquel cas une vérification s'impose (n° 88) —; ou bien, au contraire, si cette discordance est due à une accumulation de petites erreurs accidentellement de même signe —, cas dans lequel une vérification ne donnerait pas de résultat.

2° Les piquets restant en place après les opérations, il suffit, en cas de faute constatée, de recommencer la nivelée suspecte, et tout au plus les deux nivelées contiguës afin d'avoir un contrôle de la stabilité des piquets. Avec des supports mobiles, on serait obligé de refaire le nivellement de toute la portion, souvent assez longue, comprise entre les deux repères les plus voisins de part et d'autre.

IV. — *Dans l'espace compris entre deux repères, les deux opérations sont exécutées dans la même journée,* de façon à restreindre autant que possible les chances de dérangement des piquets dans l'intervalle des deux nivellements.

V.—*On emploie simultanément deux mires,* pour pouvoir, dans chaque nivelée. passer plus rapidement du coup d'arrière au coup d'avant, et réduire au minimum l'influence d'un changement d'état de la nivelle dans le cours de l'opération.

VI. — *L'ordre des mires est interverti d'une nivelée à la suivante :* la mire d'*avant* pour une station, devenant,

d'un support mobile constitué par une fiche en acier que l'on enfonçait dans le sol.

Dans certains nivellements étrangers, on a fait usage, dans le même but, de supports en fonte, plus ou moins lourds, munis de pointes à leur base, pour les fixer temporairement sur le sol.

sans changer de place, mire *d'arrière* pour la station d'après. De cette manière, certaines erreurs tenant aux mires, comme, par exemple, celles dues à une modification accidentelle dans la hauteur du talon, changent alternativement de signe avec les cotes auxquelles elles se rapportent et, par suite, se détruisent dans la somme algébrique de ces cotes ou hauteurs de mires, au lieu de s'accumuler comme cela aurait lieu, par exemple, si la même mire restait toujours à l'arrière.

VII. — *L'ordre des mires est interverti pour la seconde opération*, de façon qu'au *retour*, dans chaque station, les deux mires se trouvent avoir respectivement permuté de places par rapport aux piquets ou repères. Cette pratique, combinée avec l'emploi d'une *division irrégulière* pour l'une des mires, permet de contrôler l'indépendance des deux opérations (n° 56).

VIII. — *Dans chaque nivelée, les deux portées sont égales* (niveau à égales distances des deux mires, avec une tolérance de 1 mètre), pour annuler l'effet des erreurs de réglage de la nivelle et de sphéricité de la terre (n° 21), qui, dans ces conditions, affectent également les deux cotes d'arrière et d'avant et, par suite, disparaissent dans la différence de niveau, en même temps qu'une partie de l'erreur de réfraction (n°ˢ 31 à 39).

IX. — *La longueur des nivelées ne dépasse pas 110 à 150 mètres*, sauf dans des cas exceptionnels. Entre deux repères consécutifs, elle est réglée d'après l'espacement de ces repères, la déclivité de la voie et les circonstances atmosphériques. En règle générale, la lunette étant dirigée vers une mire, et la fiole calée[1], *le fil moyen et le fil supérieur*[2] *du réticule doivent porter sur l'image de la partie divisée de cette mire.* Cette dernière condition a pour

---

1. Le *calage de la fiole* est l'opération qui consiste à mettre entre ses repères la bulle de la nivelle indépendante.

2. Le *fil supérieur* du réticule est le fil stadimétrique que l'on voit dans le haut du champ de la lunette. L'autre fil extrême s'appelle le *fil inférieur.*

but de diminuer l'influence des ondulations et des réfractions atmosphériques sur la lecture du fil niveleur (n° 34-III).

X. — *Le support du niveau est installé de manière que deux de ses pointes aa' (fig.58) se trouvent sur une ligne parallèle à la direction XY du cheminement, et alternative-*

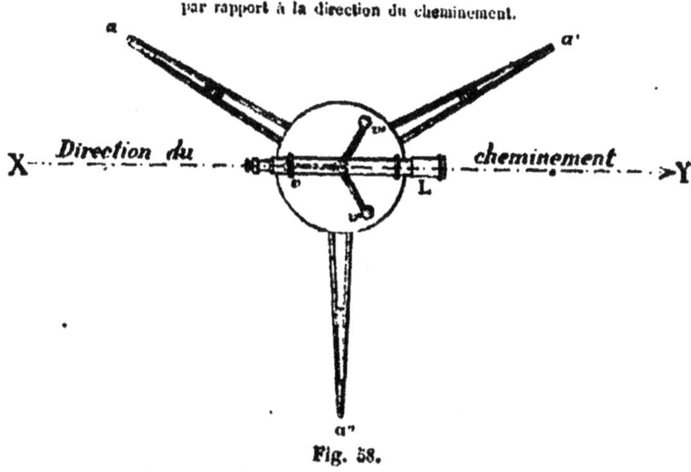

Orientation du support du niveau

par rapport à la direction du cheminement.

Fig. 58.

{ a a' a", *Pointes* du support vu en plan.
{ v v' v", *Vis calantes* du trépied métallique du niveau,
{ L, *Lunette* de l'instrument.

ment à droite et à gauche de cette ligne, quand on passe d'une nivelée à la suivante. De cette manière, la déformation du sol sous le poids de l'opérateur et les erreurs qui peuvent en résulter sont à peu près les mêmes pour le coup d'arrière et pour le coup d'avant ; elles achèvent de se compenser dans les nivelées consécutives.

XI. — *Le calage de la fiole est fait aussi exactement que possible.* — Ce système dispense de lire les positions des extrémités de la bulle sur l'échelle de la fiole, et de faire ultérieurement des calculs de réduction pour tenir compte du défaut de calage. De plus, en restreignant le nombre des lectures à effectuer pour chaque coup de niveau, cette méthode permet de passer plus rapidement du coup d'arrière au coup d'avant, condition favorable pour la précision (V).

XII. — *On achève le calage de la fiole en faisant marcher la bulle toujours dans le même sens,* de manière à compenser, autant que possible, les erreurs provenant de la paresse de cette bulle à prendre sa position d'équilibre. Ces erreurs sont alors, en effet, sensiblement égales pour le coup d'arrière et pour le coup d'avant. et, par suite, disparaissent en grande partie dans la différence de niveau.

XIII. — *L'opérateur et le lecteur exécutent successivement deux opérations indépendantes l'une de l'autre,* qui se contrôlent d'elles-mêmes au triple point de vue des *lectures de mires,* du *calage de la fiole* et de *l'égalité des portées* :

A. — Dans la PREMIÈRE OPÉRATION. le *lecteur* donne un coup d'arrière, puis un coup d'avant, en lisant chaque fois les trois fils équidistants du réticule (n° 44).

Les deux *différences stadimétriques*[1] sur une mire doivent être égales à deux ou trois millimètres près. Leur comparaison met par suite immédiatement en évidence une *faute de lecture,* s'il en existe[2].

D'autre part. les deux portées d'avant et d'arrière étant égales à 1 mèt. près (VIII), les différences stadimétriques sur les deux mires doivent être égales à 5^{mm} près ; ce qui donne un contrôle de *l'égalité des portées.*

---

1. On entend par *différences stadimétriques* les différences respectives entre les lectures des deux fils stadimétriques (n⁰ˢ 31 et 44) et la lecture du fil moyen, faites sur la même mire.

2. Ce contrôle disparaît, toutefois, dans le cas fort rare où l'on a commis exactement la *même erreur* sur les trois fils.

On peut employer aussi, dans le même but de contrôle, des mires portant, sur les deux faces. des divisions différentes, affectées respectivement à chacune des deux opérations.

B. — Dans la DEUXIÈME OPÉRATION, l'*opérateur*, après un *double retournement* de la nivelle bout pour bout et de la lunette sens dessus dessous, lit, sur chacune des mires, le fil niveleur seulement.

Les portées d'avant et d'arrière étant égales, le *déréglement* [1] doit être le même sur les deux mires. Une discordance de plus de deux millimètres indique une *faute de calage* dans l'une des deux opérations, ou bien une *faute de lecture* ou une *erreur d'estime* commises par l'opérateur.

XIV. — *Les deux coups de niveau de l'opérateur sont donnés dans un ordre inverse de ceux du lecteur*, de manière à établir une compensation, au moins partielle, des erreurs tenant aux déformations de la fiole ou de son support, ou à l'affaissement du niveau (II), pendant le temps qui s'écoule entre le coup d'arrière et le coup d'avant.

I. — Exécution d'une nivelée.

Traçons maintenant la monographie d'une nivelée. L'opération présente deux phases : une *phase préparatoire*, consacrée à la recherche des emplacements et à la mise en station des instruments ; une *phase d'exécution*, dans laquelle on relève les cotes qui serviront à calculer la différence de niveau.

1° PHASE PRÉPARATOIRE. — DÉTERMINATION DES EMPLACEMENTS DU NIVEAU ET DE LA MIRE D'AVANT.

La mire d'arrière étant en station, deux cas sont à distinguer, suivant que la mire d'avant doit être placée sur un *piquet*, de position non déterminée, ou sur un *repère* existant.

1. On appelle *déréglement*, sur une mire, la différence des deux lectures du fil moyen faites sur cette mire par le lecteur et par l'opérateur. Les deux anneaux de la lunette étant supposés *égaux*, le *déréglement* mesure le double de la hauteur qu'intercepte, sur la mire, l'angle formé par l'axe optique de la lunette avec la *directrice de la fiole* (n° 13, note I).

74. Cas où la position de la mire d'avant est facultative. —

A. EMPLACEMENT DU NIVEAU. — 1° Si la déclivité de la voie est inférieure à 15ᵐᵐ par mètre, la longueur des nivelées reste normalement comprise entre 140 et 150 mètres (n° 73-IX).

Si l'inclinaison de la voie dépasse 15 millimètres par mètre et qu'elle soit connue d'avance, comme c'est le cas sur les chemins de fer, la longueur des nivelées est réduite d'après les indications de l'échelle ci-contre à double graduation (Fig. 59).

Enfin cette longueur est réduite davantage encore si le brouillard ou les ondulations rendent les lectures difficiles.

Dans ces trois cas, le lecteur, partant du point occupé par la mire d'arrière, se porte en avant avec le niveau, jusqu'à la distance qui lui est indiquée par l'opérateur. Cette distance est mesurée au double pas, si l'on est sur une route ; par le nombre de rails de longueur connue, si l'on opère sur un chemin de fer.

Le lecteur met provisoirement en place le support du niveau, dirige la lunette vers la mire d'arrière et la met sensiblement au point. Puis il cale à peu près la fiole. Si les deux fils supérieurs du réticule ne portent pas sur la partie divisée de la mire (n° 73-IX) à l'exclusion du premier décimètre et du décimètre supérieur[1], il éloigne ou rapproche le niveau, l'élève ou l'abaisse suivant le cas, jusqu'à ce que cette condition soit remplie.

2° Si un obstacle ou un changement de pente empêchent de donner à la nivelée sa longueur normale, ou bien si l'inclinaison de la voie n'est pas connue, comme c'est généralement le cas sur les routes, et dépasse 15 millimètres par mètre, le lecteur détermine par tâtonnements la portée, de manière que la condition précédente soit remplie.

B. EMPLACEMENT DE LA MIRE D'AVANT. — Pendant que le lec-

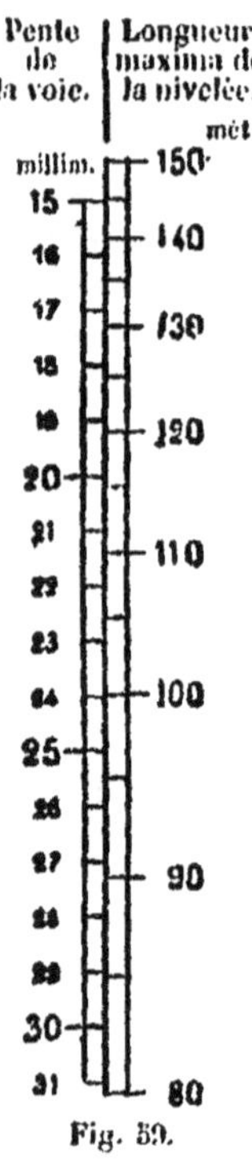

Échelle double

donnant la longueur maxima des nivelées sur des déclivités comprises entre 0,015 0,030.

Pente de la voie.	Longueur maxima de la nivelée.
millim.	mét.
15	150
16	140
17	130
18	
19	120
20	
21	110
22	
23	
24	100
25	
26	
27	90
28	
29	
30	
31	80

Fig. 59.

---

1. Cette exclusion a pour objet de laisser un peu de marge en vue du calage définitif de la fiole.

leur détermine l'emplacement du niveau. le deuxième porte-mire compte le nombre de double pas (ou de rails) depuis la mire d'arrière jusqu'au niveau, et s'avance d'une quantité égale au-delà.— Il place alors sa mire verticalement sur la banquette de la voie ou sur l'accotement du chemin, et attend que le lecteur ait vérifié l'égalité des deux portées.

C. VÉRIFICATION DE L'ÉGALITÉ DES PORTÉES. — Ayant déterminé l'emplacement du niveau et l'objectif étant tourné vers la mire d'arrière, le lecteur agit sur la vis calante v (fig. 58) placée sous la lunette, pour amener le fil supérieur du réticule en coïncidence avec un trait chiffré de la mire. Il note la cote de ce trait, puis il lit le *nombre arrondi de centimètres* marqués par le fil inférieur, et fait la différence.

Exemple. Soient :

160, la cote du trait chiffré en coïncidence avec le fil supérieur du réticule :
223, la cote exacte répondant au fil inférieur. Le lecteur lit simplement 223 (centimètres) et fait la différence :

$$223 - 160 = 63 \text{ (mètres)}.$$

Il répète ensuite la même opération sur la mire d'avant. Les deux nombres ainsi obtenus doivent être égaux à une unité près (n° 73. VIII). Si la différence excède une unité. le lecteur indique au porte-mire d'avant, par des signaux convenus, le nombre de pas d'un mètre. égal à la différence constatée. dont il doit se rapprocher ou s'éloigner.

Puis il achève de mettre le niveau en station. et fait les lectures sur la mire d'arrière (n° 76.

D. MISE EN PLACE DU PIQUET. Pendant ce temps, le porte-mire d'avant prépare, avec un marteau à pointe, un avant-trou sur l'emplacement assigné à la mire ; puis il y place un piquet (n° 73. III, fig. 57) de longueur proportionnée à la résistance du terrain, et l'enfonce à coups de marteau jusqu'à ce que la tête n'émerge plus que de un à deux centimètres au-dessus du sol.

Il badigeonne ensuite de peinture rouge la tête du piquet, pour permettre de le retrouver plus facilement dans l'opération de retour ; il enfonce au centre un gros clou à tête ronde, et enfin poinçonne. à l'aide d'un jeu de chiffres, sur la tête du piquet, le numéro d'ordre de ce dernier à partir du repère précédent.

74. Cas où la position de la mire d'avant est obligée. —

A. EMPLACEMENT DU NIVEAU. — Si, pour une raison quelconque (comme la rencontre d'un obstacle, l'arrivée sur un repère. etc.), la mire d'avant doit occuper une position connue. le porte-mire d'avant, en se rendant à son poste, mesure la longueur de la nivelée en comptant le nombre de doubles pas ou de rails depuis la mire d'arrière. Il indique le résultat au lecteur, qui, prenant la moitié de ce nombre, en déduit l'emplacement à donner au niveau.

B. VÉRIFICATION DE L'ÉGALITÉ DES PORTÉES. — Avant de mettre l'instrument en station, le lecteur vérifie, comme dans le cas précédent (nº 74. C), si les deux portées sont égales à un mètre près. Si elles ne le sont pas, il déplace le niveau, dans le sens convenable, d'une quantité égale à la moitié de la différence constatée.

Cela fait, le lecteur s'assure que, la fiole étant à peu près calée, les deux fils supérieurs du réticule, ou tout au moins le fil niveleur si la mire est posée sur un repère scellé à 0ᵐ40 ou 0ᵐ50 de hauteur au-dessus du sol, portent bien sur l'image de la portion divisée de chacune des deux mires (nº 73-IX). Au besoin, il relève ou abaisse un peu le niveau pour réaliser cette double condition. S'il ne peut y réussir, l'intervalle est partagé en deux nivelées par un piquet intermédiaire.

2ᵉ PHASE D'EXÉCUTION. — LECTURES

76. Opérations du lecteur. — A. COUP D'ARRIÈRE. — Après avoir averti, par un signal, le porte-mire d'arrière d'avoir à tenir sa mire verticale, et vérifié que l'un des taquets a' (fig. 23, nº 11) de la lunette est bien en contact avec la pointe de la vis butante b' qui lui correspond, le lecteur achève de mettre exactement au point l'image de la mire, cale avec précision la fiole, puis fait la lecture des trois fils sur la mire d'arrière, dans l'ordre suivant : fil stadimétrique supérieur, fil niveleur, fil stadimétrique inférieur.

Il dicte, *au fur et à mesure*, ces lectures à l'opérateur, en appelant successivement, pour chacune d'elles :

1º Les *décimètres* (nombre formé de deux gros chiffres, *lu* directement sur la division en centimètres de la mire);

2º Les *centimètres* (comptés) et les *millimètres* (estimés);

3º La *fraction de millimètre*, quand il a pu l'apprécier.

Image d'une portion de mire
vue dans la lunette placée à une distance de 25 mètres.

Fig. 60.

FF   Fil niveleur.

Exemple : Une hauteur de mire de 0m043 (fig. 60) se dicte :

> *Zéro six — quatre, trois (ou quarante-trois) :*

Une auteur de 2m3725 s'énonce :

> *Vingt-trois — soixante-douze — cinq.*

L'opérateur écrit, au fur et à mesure, ces nombres sur le carnet (modèle 3 ci-après, col. II et III) et calcule aussitôt (col. I) les deux *différences stadimétriques* (n° 73 — XIII).

Exemple : Soient (mod. 3, première nivelée, coup d'arrière) :

> 20 36, 24 03, 27 69,

les lectures faites respectivement sur les trois fils.
Les différences stadimétriques correspondantes sont (*id.* col. I) :

$$2403 - 2036 = 367,$$
$$2769 - 2403 = 366.$$

Ces différences doivent être égales. Si elles diffèrent de plus de 3 millimètres, une faute a été commise ; le lecteur doit replacer l'œil à la lunette et lire de nouveau, *sans se préoccuper des lectures primitives,* jusqu'à ce que la faute ait été reconnue et rectifiée.

Cela fait, le lecteur s'assure que la bulle ne s'est pas déplacée d'une quantité appréciable pendant la durée des lectures ; dans le cas contraire, il ramène la bulle entre ses repères et recommence l'opération.

B. Coup d'avant. — Le lecteur dirige ensuite la lunette vers la mire d'avant, en agissant sur la traverse qui porte les fourches, *et en évitant de toucher à la lunette.* Puis il répète exactement la même série d'opérations (calage précis, lectures sur les trois fils, vérification de la fixité de la bulle).

L'opérateur consigne de même les résultats sur le carnet (col. V et VI) vérifie l'absence de fautes de lecture, et s'assure que les différences stadimétriques d'arrière et d'avant (col. I et VII) sont égales, à 5mm près.

77. Lectures de l'opérateur. — Le lecteur ayant terminé ses opérations, l'opérateur soulève la nivelle et la retourne, bout pour bout ; en même temps, le lecteur fait faire à la lunette une rotation de 135° environ autour de son axe de figure, puis, la nivelle étant reposée sur les anneaux, il complète la demi-révolution de la lunette[1] en amenant le second taquet en contact avec la vis butante qui lui correspond.

La lunette restant dirigée vers la mire d'avant, l'opérateur, après avoir exercé sur l'oculaire une légère pression de haut en bas, pour détruire, s'il y a lieu, l'effet du ballottement du coulant porte-

---

1. Cette précaution a pour but d'écarter les poussières, et d'empêcher que des méplats, résultant du choc de la nivelle quand on la repose sur les anneaux de la lunette, ne se forment aux points habituels de contact de ces anneaux avec les jambes de la nivelle et avec les fourches de la traverse.

réticule, met à sa vue l'oculaire, en faisant tourner le moleté de l'œilleton jusqu'à refus, dans le sens convenable (n° 45); puis il cale exactement la fiole à l'aide de la vis de fin calage *r* (fig. 23), fait la lecture du fil moyen, et inscrit lui-même cette lecture sur le carnet (mod. 3, col. III).

Il retourne ensuite la lunette vers la mire d'arrière, et recommence la même série d'opérations.

L'opérateur calcule de suite (col. IV), pour chacune des deux mires et *en tenant compte des signes imprimés sur le carnet*, les *dérèglements* (n° 73-XIII. B, note 1). Il vérifie que la somme algébrique des deux nombres ainsi trouvés ne dépasse pas 2 millimètres en valeur absolue.

Exemple : Soient (mod. 3, col. III et V, première nivelée) :
+ 2403 et — 1101 les lectures du fil niveleur faites par le lecteur respectivement sur la mire d'arrière et sur la mire d'avant ;
— 2405 et + 1103 les lectures correspondantes de l'opérateur ;
Les dérèglements sur les deux mires sont :

— 2 à l'arrière,   + 2 à l'avant,

et leur somme algébrique :   0

Si la somme algébrique des dérèglements excède 2^{mm}, l'opérateur revoit immédiatement et corrige, s'il y a lieu, ses propres lectures. Si la condition précédente n'est pas encore remplie, le lecteur doit recommencer ses opérations jusqu'à ce que la faute, d'où provient la discordance, ait été reconnue et rectifiée.

II. Cas particuliers.

79. Repères pris par rayonnement. — Deux repères sont parfois trop rapprochés l'un de l'autre pour qu'il y ait intérêt à faire une nivelée entre les deux. Dans ce cas, on fait entrer l'un directement dans le *cheminement* et on prend l'autre par *rayonnement*, une fois la nivelle normale terminée. Les lectures ainsi faites sont inscrites sur le carnet, comme coup d'avant (voir l'exemple, modèle 3, 2me nivelée); puis comme elles sont moins précises que les lectures normales, pour qu'elles n'altèrent pas l'exactitude générale du nivellement, on répète au-dessous (id. 4me case horizontale), comme si elles répondaient à un nouveau coup d'arrière fictif, les lectures faites sur le fil niveleur, qui, seules, interviennent dans le calcul des différences de niveau. De cette manière, les lectures faites par rayonnement se détruisent mutuellement dans le cumul algébrique des cotes

On procède de même pour un repère situé en dehors de la voie suivie, à une distance inférieure à 60 ou 70 mètres.

Modèle 3 — CARNET

SECTION P' Z. — Chemin de fer de *Rodez*

Différences stadimétriques	HAUTEURS DE MIRE LUES					Différences stadimétriques	Corrections de mires	
	COUPS D'ARRIÈRE			COUPS D'AVANT			+	—
	Fils stadimétriques	Fil niveleur	Dérèglements	Fil niveleur	Fils stadimétriques			
1	II	III	IV	V	VI	VII	VIII	
Reports		*109 580¹*		*427 555³*			dmm 5	dmm 340
367²	20 36⁵	{ +24 03¹	— 2⁴ ÷ 2⁴	—11 91¹	{ 08 25	365	40⁵	
366²	27 69⁹	—24 05⁵ }		+11 93¹	13 50 }	365		
371	03 15	{ + 06 86	+3 — 4	—18 61⁷	15 04¹ }	357		5
372	10 58	— 06 83 }		+18 57⁷ }	22 18⁷	357		

Diff. de niv. cor.	+*171 350*	...Totaux...	−*488 575*	Différ. de niv. cor.	45	345
D + e > 0		2D = − *317 225*		D + e < 0		
		D = − *158 613*		− *15ᵐ.891³* e = −*300*		

	{ + 18 61	.1. / — 1	{ — 11 65	07 94 }	371	5
	— 18 57 }		+ 11 61 }	15 35	370	
A reporter...	37 18	Totaux...	23 26 }			5

* Sur ce modèle, les nombres imprimés en **romaine** sont ceux qu'écrit l'opérateur **sur le terrain.** — Les nombres en *italique* représentent les calculs effectués au *bureau central* (nᵒˢ 8¹ et 9¹). — Pour guider le calculateur et diminuer les écritures, les *totalisations* se font sur des bandes spéciales comme celle figurée sur le modèle par un rectangle entouré d'un double trait, imprimées, gommées au dos, que l'on colle sur le tableau, à la suite du nᵒ de chaque repère, dans la case laissée en blanc à cet effet par l'opérateur.

1,1 (Col. II). Lectures faites par le lecteur sur les fils stadimétriques.

2,2 (Col. I). Différences respectives entre les lectures 1,1 (col. II), et la lecture 4 (col. III).

3. (Col. III et V). Sommes *arithmétiques* des nombres respectivement inscrits dans ces colonnes, depuis le repère précédent (78−1) jusqu'au rivet 8.

4,4 (Col. III et V). Lectures du lecteur sur le fil niveleur.

5,5   Id.   id.   de l'opérateur   id.

Les lectures de l'opérateur étant faites dans un *ordre inverse* de celles du lecteur, on leur attribue des signes contraires aux cotes du lecteur. Ces signes sont d'ailleurs imprimés à l'avance sur le carnet, de manière à faciliter le calcul des *dérèglements* (0, col. IV), et, comme on le verra plus loin (nᵒ 87, note 1) celui des *discordances* par nivelée.

à *Béziers.* — Carnet n° 57. du 1er Octobre 1887.

Numéro du repère précédent : 78—1.

Nos des mires (IX)	Numéros d'ordre des repères et des piquets (X)	OBSERVATIONS — DÉSIGNATION DE L'EMPLACEMENT DES REPÈRES. Lectures de compensation des mires.[10] (XI)	Circonstances atmosphériques [12] (XII)
2	r. 8	**Commencement de l'aller à 7 h. 15 du matin**	Plu. V₁↘
1	p. 9		
2	78 — 11		
	78 — 11	à g. : à 1 p. k". 411,030. — P N. 38. Route départementale n° 5 de Lodève à St Pons. — Pignon. Angle vers Rodez. — R R, alt. 263, 648. — S₂.	Sl.
2	p. 1		Ond. 2ᵐᵐ

Table des lectures de compensation (col. XI) :

Indication des lectures	Mire n° 1. Lectures de comp.		Mire n° 2. Lectures de comp.		CONTRÔLE
	individuelles	moyennes	individuelles	moyennes	
$a\begin{cases}O^{10}\\ L^{10}\end{cases}$	67 / 66	$a' = 66,5$	87 / 87	$a'' = 87$	$a'-a'' = -20,5$
$b\begin{cases}O\\ L\end{cases}$	35 / 37	$b' = 36$	35 / 35	$b'' = 35$	$b'-b'' = +1$
	$\mu' = a'+b' = 102,5$		$\mu'' = a''+b'' = 122$		$\mu'-\mu'' = -19,5$

6. (Col. IV). Somme *algébrique* des lectures 4 et 5 (col. III ou col. V du fil niveleur.

7.5 (Col. V et VII. Lectures de la mire placée sur le repère 78—11, pris par rayonnement (n° 78).

8. (Col. VIII). Correction de mires obtenue à l'aide de l'abaque 1, n° 65 (fig. 16), comme il est indiqué dans la légende placée en regard de cet abaque.

c. (même col.). Somme algébrique des corrections de mires depuis le repère 78—1.

9. (Case des totaux). Résultat à collationner avec le nombre 11 (mod. 5, col. III).

r. (Col. X). Rivet formant le point *terminus* des opérations de la journée précédente, et, par suite, numéroté comme un piquet ; — p., piquet.

10. Lectures faites sur les échelles de compensation (n° 50) successivement par l'opérateur (O) et par le lecteur (L) à titre de contrôle.

11. (Col. XI) — p. k. *Point kilométrique* résultant du bornage de la voie.

12. (Col. XII). Pl. Pluie.   Sl. Soleil.

V₁↘ Vent fort soufflant de l'arrière et de la gauche.   Ond. 2ᵐᵐ. Ondulations de 2 millimètres d'amplitude dans l'image de la mire.

Lorsqu'un repère se trouve placé dans une position telle qu'il est impossible d'y poser verticalement la mire, on détermine, comme le montre la fig. 61, sa hauteur au-dessus d'un *repère auxiliaire* **r** formé d'un piquet ou d'un rivet, que l'on a fixé au-dessous et fait entrer dans le cheminement. Cette hauteur est ultérieurement ajoutée à l'altitude trouvée pour le repère auxiliaire.

Relèvement de la hauteur d'un repère

sur lequel on ne peut placer verticalement la mire.

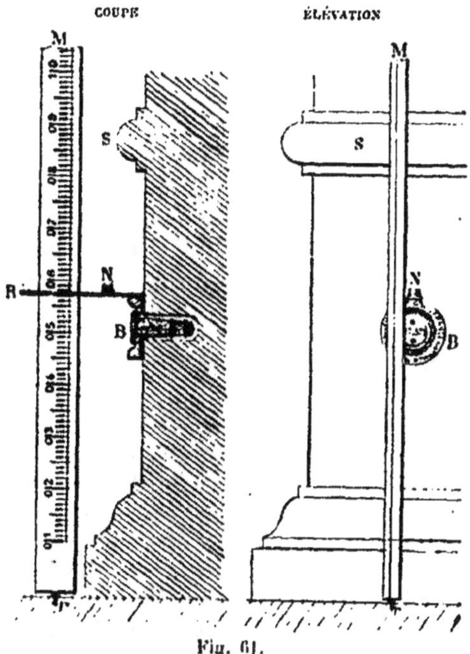

Fig. 61.

B, Repère à relever.	**R,** Règle métallique à biseau.
r, Rivet ou *piquet* fixé au-dessous du repère.	**N,** Nivelle sphérique posée sur la règle.

79. Mesures à prendre en cas d'interruption du nivellement sur un piquet. — En principe, les opérations journalières ne doivent être interrompues que sur des points d'une stabilité assurée, comme en offrent les repères. Si, pour une cause quelconque, on est obligé de s'arrêter sur un piquet, il faut prendre des dispositions permettant de vérifier, à la reprise des opérations.

si le *piquet terminal* n'a subi aucun dérangement ; le cas échéant, il faut être en mesure de déterminer avec précision le changement d'altitude de ce piquet, pour en tenir compte dans les calculs ;—ou, ce qui revient au même, il faut pouvoir effectuer le rattachement sur un autre piquet d'une stabilité démontrée.

Pour obtenir ce résultat, il suffit de reprendre, dans la nouvelle opération, trois points du premier nivellement, et de comparer les valeurs respectivement obtenues dans la première et dans la seconde opération, pour les différences de niveau entre ces trois points considérés deux à deux. Cette comparaison montre de suite si l'un des piquets a été déplacé, quel est ce piquet, et de combien il s'est enfoncé ou relevé. — Avec deux points seulement de rattachement, il serait impossible de savoir, en cas de désaccord entre la nouvelle et l'ancienne différences de niveau, lequel des deux points a varié.

En pratique, on opère de la manière suivante :

On plante en face du piquet terminal, et du côté opposé de la voie — pour diminuer les chances de dérangement simultané des deux points — un *contre-piquet*, sur lequel, à la fin du cheminement, on donne un coup de niveau, en y faisant placer la mire d'avant, une fois la nivelée normale terminée.

Lors de la reprise des opérations, le lendemain ou quelques jours après, on recommence cette même nivelée, en prenant également le contre-piquet.

80. Nivellement dans les tunnels. — Moyennant quelques précautions simples, on arrive à niveler dans les tunnels aussi rapidement qu'à ciel ouvert, et même avec plus d'exactitude, à raison de la constance de la température (n° 82 — XXI), et à cause de l'absence d'ondulations dans les images (n° 82 — XXIV).

Les précautions à employer sont les suivantes :

1° Si l'on ne peut compter les rails, on mesure les portées à l'aide d'une corde ayant la longueur voulue.

2° On éclaire les mires au moyen de lanternes à réflecteurs disposées à cet effet, portées par deux manœuvres supplémentaires.

3° On éclaire de même la fiole de la nivelle avec une petite lanterne spéciale, que l'un des opérateurs tient à la main, pendant les lectures de l'autre. Pour cette opération, il faut avoir soin d'entourer la nivelle de son abri, pour éviter l'échauffement direct de la fiole par le rayonnement de la lanterne.

81. Rattachement des sections du réseau entre elles et avec les nivellements anciens. — On a souvent à rattacher les opérations nouvelles à d'autres plus anciennes.

Le cas se présente, notamment, au début ou à la fin du nivellement d'une section aboutissant à d'autres sections déjà terminées ; ou bien au croisement d'une ligne faisant partie d'un nivellement antérieur (comme le nivellement de Bourdaloüe par exemple) ; ou encore pour les raccordements, à la frontière, avec les nivellements étrangers.

Dans ces divers cas, il est indispensable de contrôler l'invariabilité d'altitude du *repère de jonction*, depuis l'époque de l'opération primitive.

Pour cela, le moyen le plus simple est de recommencer le nivellement sur la ligne ancienne, entre le repère de jonction et le repère contemporain le plus rapproché. La comparaison des différences ancienne et nouvelle de niveau entre ces deux repères fournit le contrôle cherché.

En cas de discordance, on remonte sur la ligne ancienne jusqu'à ce qu'on ait trouvé deux repères ayant conservé la même différence de niveau. Le rattachement s'effectue alors au moyen de ces deux repères.

§ 3

FAUTES OU ERREURS A CRAINDRE DANS LE NIVELLEMENT ET MOYENS DE LES ÉVITER.

82. Définition des fautes et des erreurs. — Erreurs accidentelles. Erreurs systématiques. — Toute mesure s'accompagne fatalement d'erreurs ou de fautes.

Les *erreurs* sont les *petites inexactitudes* inévitables, tenant à l'imperfection de nos organes et à celle des instruments. On leur donne le nom de *fautes* lorsque, par suite d'une maladresse ou d'une négligence, elles atteignent une *grandeur notable*.

Par exemple, l'*estime*, dans la lecture d'une mire, s'obtient, en général, à 1mm ou, au plus, à 2mm près. Une inexactitude de cette grandeur sera donc regardée comme une simple *erreur*. Une inexactitude de 1cm ou de 1dm serait une *faute*.

On distingue les erreurs accidentelles et les erreurs systématiques.

Les *erreurs accidentelles* se produisent indifféremment dans un sens ou dans l'autre, entre certaines limites, et se détruisent plus ou moins dans la somme ou dans la *moyenne* des résultats. Par suite, leur influence sur le résultat final peut rester faible, même quand, individuellement, ces erreurs sont assez grandes.

Les *erreurs systématiques*, au contraire, conservent toujours le même signe ; leur importance dans la somme des résultats partiels va donc toujours en augmentant. Par ce motif, les erreurs de cette nature, si faibles qu'elles soient individuellement, peuvent devenir extrêmement dangereuses pour la précision du résultat final ; on doit les rechercher, les combattre et les éliminer avec le plus grand soin.

Les erreurs, dans le nivellement, ont pour causes, soit les défauts de construction ou de réglage des instruments, soit la négligence ou la maladresse des opérateurs, soit enfin la nature du sol, les variations de la température ou l'état de l'atmosphère. — Nous allons passer sommairement en revue ces diverses catégories d'erreurs, en indiquant, pour chaque cas, la limite pratique des inexactitudes à craindre et les moyens d'éviter ces erreurs ou tout au moins d'en atténuer les effets.

FAUTES OU ERREURS			PRÉCAUTIONS A PRENDRE
LEURS CAUSES	LEUR NATURE	Leur grandeur possible	pour les éviter ou les atténuer
1° Erreurs tenant à la mire.			
I Courbure de la mire.	Lectures faussées par suite de l'allongement de la division et du déréglage des nivelles sphériques, résultant d'une courbure permanente prise par le bois de la règle.	0 à 0mm,2 par mètre de hauteur de mire	Vérifier de temps à autre que la flèche de l'arc formé par la mire est inférieure à 3mm. Pour mesurer cette flèche, tendre un fil appuyé contre les extrémités de la mire, tenue verticale, ou posée *de champ* sur une table ou sur le sol; ou encore « bornoyer » le long d'une des arêtes concaves après avoir fixé vers son milieu un index de 3mm d'épaisseur. Serrer, s'il y a lieu, les vis d'assemblage des voliges pour rendre à la mire sa rectitude et sa rigidité premières.
II Défaut de réglage d'une nivelle sphérique.	Lectures trop fortes par suite de l'inclinaison de la mire, tenant à un défaut de réglage de la nivelle sphérique.	1 à 2 mm.	Vérifier de temps en temps, à l'aide d'un fil à plomb, les nivelles sphériques des mires (n° 51 — C).
2° Erreurs tenant au niveau.			
III Paresse de la bulle.	Inclinaison de la ligne de visée, différente pour le coup d'arrière et pour le coup d'avant : *la bulle n'ayant pas encore atteint sa position d'équilibre au moment où l'on fait les lectures.*	0 à 2 mm.	Terminer le calage très lentement, en ayant soin, pour cette opération, de tourner la vis de fin calage *toujours dans le même sens* (en faisant le mouvement de *visser*, par exemple). Si la bulle, dans ce mouvement, dépasse la position voulue, la ramener franchement en arrière et recommencer l'opération. Attendre l'arrêt complet de la bulle avant de faire les lectures.
IV Défaut de	Incertitude de la lecture sur la mire : le fil niveleur traversant obliquement les divisions.	0 à 2 mm.	Vérifier la perpendicularité du fil niveleur à l'axe du pivot. Pour cela, ayant amené ce fil à bissecter, par son extrémité droite,

| FAUTES OU ERREURS | | | PRÉCAUTIONS A PRENDRE |
LEURS CAUSES	LEUR NATURE	leur grandeur possible	pour les éviter ou les atténuer
perpendicularité du fil niveleur à l'axe du pivot.			une division de la mire, s'assurer qu'il la bissecte encore par son extrémité gauche, quand on a légèrement fait tourner la lunette autour du pivot.
V Défaut de parallélisme en plan, de la directrice de la fiole avec l'axe optique de la lunette.	Inclinaisons verticales de sens contraire de la ligne de visée dans les deux coups d'arrière et d'avant, par suite d'une inclinaison transversale du pivot.	0 à 2 mm.	Vérifier le parallélisme, en plan, de la directrice de la fiole avec l'axe optique de la lunette. Pour cela, tourner de 2 tours entiers, l'une à droite et l'autre à gauche, les deux vis calantes (r'r'', fig. 58) situées de part et d'autre du plan vertical de visée, et s'assurer que les lectures faites sur la mire, à la croisée centrale des fils, sont les mêmes avant et après ce *déversement transversal* du pivot. Vérifier le réglage de la nivelle sphérique du disque (voir plus loin, XVII) et, en cours de nivellement, caler complètement le pivot.
VI Jeux entre les différentes pièces du niveau (*Fautes graves*)	Variation du *déréglement* (n° 73 — XIII-B, note 1) entre le coup d'arrière et le coup d'avant, par suite d'un défaut de fixité de la fiole dans sa monture, ou à cause d'un ballottement de l'objectif dans sa virole, ou du porte-réticule dans sa chemise.	0 à 5 mm.	Vérifier de temps à autre la fixité de la fiole. Pour cela, mettre la bulle entre ses repères, puis enlever et replacer plusieurs fois de suite la nivelle sur les anneaux de la lunette ; la bulle doit toujours revenir à la même position. Faire tourner l'instrument avec précaution, pour passer du coup d'arrière au coup d'avant, de manière à ne déranger l'équilibre ni de la fiole, ni du réticule, ni de l'objectif. Pour effectuer cette rotation, agir sur la traverse qui porte les fourches.

3° Erreurs tenant aux opérateurs.

VII Inclinaison de la mire.	Lectures trop fortes par suite de la négligence du porte-mire, qui ne tient pas sa mire verticale.		S'assurer, au moment des lectures, que le fil vertical du réticule est parallèle aux bords de l'image de la mire.

FAUTES OU ERREURS			PRÉCAUTIONS A PRENDRE
LEURS CAUSES	LEUR NATURE	Leur grandeur possible	pour les éviter ou les atténuer
VIII **Changement de position du talon de la mire** entre deux stations consécutives.	Lecture d'arrière trop forte ou trop faible : la mire, posée sur le clou d'un piquet ou sur la *pastille* d'un repère pour le coup d'avant de la station précédente, ayant été, par négligence, posée à côté de ce clou ou de la pastille, pour le coup d'arrière de la station qui suit : ou inversement.	3 à 7 mm.	Recommander aux porte mires de prévenir quand ils s'aperçoivent, après les lectures faites, que le talon de la mire est placé à côté de la pastille ou du clou : dans ce cas, recommencer entièrement les lectures.
IX **Faute de lecture.**	Lecture fautive des chiffres ou des divisions de la mire, par suite d'un mauvais éclairage, ou d'obstacles cachant une partie de ces chiffres ou de ces divisions.	3 mm. 1 cm. 5 cm. 1 dm. 1 m.	Faire toutes les lectures indépendamment les unes des autres ; en particulier, redoubler d'attention lorsqu'un obstacle cache en partie la division. *Avant de quitter la station*, calculer les *différences stadimétriques* (n° 76) et les *dérèglements* (n° 77). S'il y a désaccord, rectifier les fautes, en lisant de nouveau sur la mire, *sans se préoccuper des lectures primitives*.
X **Erreur d'estime**	Incertitude dans l'estime des fractions de division, ayant pour causes :e défaut d'éducation de l'œil, l'épaisseur des fils du réticule et celle des traits de division de la mire.	0 à 1 mm.	S'exercer à apprécier, sur la mire placée à 30 ou 35 mét., les fractions : 1, 2, 3, 4, 5, 6, 7, 8, 9 dixièmes de centimètres : comme contrôle de l'estime, se servir des divisions bi-millimétriques qui se trouvent sur le bord de la mire. Quand le fil tombe dans le voisinage d'un trait de division, et que la portée est faible, faire l'estime en comparant avec l'épaisseur connue de ce trait (n° 55) la largeur de l'intervalle blanc laissé entre le fil et lui.
XI **Mauvaise**	Incertitude de l'estime, par suite d'un défaut de netteté dans les images, tenant	0 à 2 mm.	Avancer ou reculer alternativement et d'une très faible quantité, l'oculaire pour voir nette-

| FAUTES OU ERREURS | | | PRÉCAUTIONS A PRENDRE |
LEURS CAUSES	LEUR NATURE	leur grandeur possible	pour les éviter ou les atténuer
mise au point de l'oculaire.	à ce que l'oculaire n'est pas exactement à la distance des fils qui convient à la vue de l'observateur.		ment les fils, et le porte-réticule pour voir nettement la mire. Recommencer jusqu'à ce que, les muscles de l'accomodation étant au repos, les fils et l'image de la mire paraissent également nets.
XII **Mauvaise mise au point du réticule.**	Erreur d'estime, par suite d'une parallaxe tenant à ce que l'image de la mire ne se trouve pas exactement dans le plan des fils.	0 à 3 mm.	Vérifier, en élevant et abaissant l'œil devant l'oculaire, l'absence de déplacements relatifs des fils sur l'image de la mire. S'il n'en est pas ainsi, modifier le tirage du coulant porte-réticule jusqu'à ce que cette parallaxe ait disparu. Si alors l'image de la mire n'est plus nette, agir sur le moleté de l'oculaire jusqu'à ce qu'elle soit vue, ainsi que les fils, *nettement et sans fatigue pour l'œil.*
XIII **Faute d'une division dans le calage.**	Faute résultant de ce que l'on amène les extrémités de la bulle en regard de deux traits de division de la fiole *ne portant pas le même numéro.*	6ᵐᵐ 1 pour une portée de 100 mètres	Vérifier que les prismes mobiles sont bien placés symétriquement par rapport au milieu de la fiole, c'est-à-dire qu'on voit, dans les deux prismes, des divisions portant les mêmes numéros. Vérifier, avant de faire les lectures, les numéros des traits en regard desquels se trouvent les extrémités de la bulle.
XIV **Dérangement de la visée après le calage.**	Dérangement de la ligne de visée entre le calage et les lectures, par suite d'un changement dans la position de l'opérateur ou dans la forme ou l'équilibre des différentes parties du niveau.	0 à 2 mm.	Éviter de déplacer les pieds ou le corps après le calage et pendant les lectures; ce qui pourrait modifier la dépression subie par le sol sous le poids de l'opérateur, et par suite, la direction de la ligne de visée. Toucher le plus légèrement possible à la vis de fin calage, en

1. Les divisions de la fiole étant supposées avoir 3ᵐᵐ de largeur, et la fiole 50 mèt. de rayon de courbure.

FAUTES OU ERREURS			PRÉCAUTIONS A PRENDRE
LEURS CAUSES	LEUR NATURE	leur grandeur possible	pour les éviter ou les atténuer
			évitant de tirer dessus, pour ne pas changer la position d'équilibre de la bulle. Pour la même raison, éviter qu'un pan de vêtement ne vienne, pendant le calage ou les lectures, effleurer les jambes du support. *Vérifier avant de passer aux lectures, et l'instrument étant libre de tout contact, l'invariabilité de position de la bulle.*
XV **Poussières interposées entre les jambes de la nivelle et les anneaux de la lunette.**	Variation du *déréglement* (VI) par suite de l'écrasement des poussières et de l'affaissement corrélatif de la nivelle, entre le coup d'arrière et le coup d'avant de la nivelée.	0 à 3 mm.	Maintenir dans un état constant de propreté les anneaux de la lunette et leurs contacts avec les jambes de la nivelle. Les nettoyer, pour cela, plusieurs fois chaque jour, en les frottant avec le doigt mouillé de salive, puis les essuyant avec un linge fin et propre. Avant de commencer les lectures sur le coup d'arrière, imprimer à la nivelle et à la lunette de faibles rotations autour de l'axe de figure des anneaux, pour provoquer la disparition ou l'écrasement préalable des poussières.
XVI **Défaut de stabilité du niveau.**	Lecture d'avant trop faible, en raison de l'affaissement du niveau pendant la station, les pointes du support étant insuffisamment enfoncées dans le sol.	0 à 2 mm.	Pour l'installation du niveau, appuyer *de tout son poids* sur les pédales des jambes du support. Ne toucher aux *écrous à oreilles* que de loin en loin, quand, l'état hygrométrique de la tête du support ayant changé notablement, la rotation des jambes devient trop libre ou trop dure. Éviter de marcher près des pointes du support pendant les lectures et entre le passage du coup d'arrière au coup d'avant.
XVII **Inclinai-**	Relèvement ou affaissement du plan de visée dans le passage du coup d'arrière	0 à 2 mm	Vérifier le réglage de la nivelle sphérique du disque (n° 43), en calant exactement le pivot à

| FAUTES OU ERREURS | | | PRÉCAUTIONS A PRENDRE |
LEURS CAUSES	LEUR NATURE	leur grandeur possible	pour les éviter ou les atténuer
son du pivot dans le sens du cheminement.	au coup d'avant, tenant à ce que le pivot de l'instrument étant incliné dans le sens du cheminement, la bulle se déplace pendant la rotation du niveau, et que, quand on ramène ensuite la bulle entre ses repères au moyen de la vis de fin calage, l'axe optique de la lunette tourne verticalement autour d'une charnière excentrique par rapport au pivot.		à l'aide de la fiole et des vis calantes; vérifier en même temps la position de l'alidade & de repérage de la traverse mobile (fig. 23, n° 41), en faisant décrire à la lunette un demi-tour d'horizon et en s'assurant que la bulle de la nivelle indépendante ne se déplace pas sensiblement. En cours d'opérations, compléter, à l'aide des vis calantes et de la fiole, le calage approximatif du pivot, obtenu au moyen de la nivelle sphérique.
XVIII Inégalité des portées.	Inégalité des erreurs sur les deux mires, tenant à l'inclinaison, sur l'horizontale, de la moyenne des visées de l'opérateur et du lecteur faites avec le fil moyen, cette inclinaison ayant pour cause. soit l'inégalité des anneaux de la lunette, soit un ballottement de l'objectif ou du coulant porte-réticule, soit encore un défaut de parallélisme entre l'axe optique de la lunette et la direction du tirage du coulant porte-réticule.	0 à 2 mm.	Placer toujours le niveau à égales distances des deux mires, à 1ᵐ près ; ce qui correspond à une discordance maxima de 5ᵐᵐ entre les différences stadimétriques d'arrière et d'avant (n° 76, B). Ne jamais toucher à la mise au point de la lunette entre le coup d'arrière et le coup d'avant. Si les deux mires sont inégalement éclairées, mettre d'abord au point sur celle qui l'est le moins, et ne rien changer pour l'autre mire.

4° Erreurs tenant à l'état du sol et aux circonstances atmosphériques.

XIX Défaut de stabilité des piquets.	Lecture d'arrière trop forte, par suite de l'enfoncement dans l'intervalle des deux opérations, du piquet commun à la nivelée actuelle et à la nivelée précédente ; cet enfoncement ayant pour cause le poids de la mire (combiné par exemple avec les vibrations du sol au moment du passage d'un train), et surtout le choc de cette mire lorsqu'on la pose sans précautions sur le piquet.	0 à 2 mm.	Dans les terrains peu solides, augmenter la longueur des piquets, et les enfoncer jusqu'à refus. Éviter soigneusement les chocs, toutes les fois qu'on replace la mire sur le piquet. Enlever la mire au moment du passage des trains. Dans les terrains rocailleux, planter autant que possible les piquets à l'avance, en même temps qu'on scelle les repères et les rivets, pour que les fibres du

| FAUTES OU ERREURS | | | PRÉCAUTIONS A PRENDRE |
LEURS CAUSES	LEUR NATURE	leur grandeur possible	pour les éviter ou les atténuer
	Ou inversement, lecture d'arrière trop faible : la réaction élastique des fibres du piquet ayant fait remonter ce dernier dans l'intervalle des deux nivelées auxquelles il appartient.		bois, qui se trouvent alors refoulées sous le choc du marteau, aient le temps de reprendre leur équilibre avant qu'on y pose la mire.
XX **Réaction élastique du sol.**	Lecture d'avant trop forte, par suite de la réaction élastique du sol, des racines ou des herbes, qui fait remonter le niveau entre le coup d'arrière et le coup d'avant.	0 à 3 mm.	A moins d'impossibilité, placer le niveau sur un sol incompressible.
XXI **Variations rapides de température.**	Déformation de la fiole et de ses supports et variation correspondante du dérèglement entre le coup d'arrière et le coup d'avant, par suite de changements brusques de température dus à l'action directe du soleil sur le niveau.	0 à 3 mm.	Préserver l'instrument, et surtout la nivelle (au moyen de l'abri *ad hoc*),de l'action directe du soleil pendant le transport d'une station à la suivante et pendant la station elle-même. Laisser le moins de temps possible entre les lectures du fil moyen, faites à l'arrière et à l'avant par un même opérateur.
XXII **Action du vent sur les mires.**	Lectures trop fortes, par suite de l'oscillation des mires sous l'action du vent.	0 à 1 mm.	Assujettir fortement les mires au moyen des arcs boutants. Ficher ceux-ci un peu sur le côté et en avant de la face divisée, si le vent vient de l'arrière, ou inversement.
XXIII **Action du vent sur les organes du niveau.**	Déviation de la ligne de visée, par suite de l'action du vent sur les différentes parties du niveau et notamment sur l'abri de la nivelle et sur le tube garde-soleil B (fig 23) de la lunette.	0 à 1 mm.	Abriter l'instrument derrière un parapluie pendant les lectures, lorsqu'il y a du vent. Enlever en outre l'abri de la nivelle si le temps est couvert.

| FAUTES OU ERREURS | | | PRÉCAUTIONS A PRENDRE |
LEURS CAUSES	LEUR NATURE	leur grandeur possible	pour les éviter ou les atténuer
XXIV Ondulations de l'image de la mire.	Incertitude de l'estime des fractions de division, par suite de la mobilité de l'image de la mire, résultant du mouvement ascensionnel de l'air échauffé au contact du sol (n° 24) *Cet effet se manifeste surtout au milieu de la journée, et le matin, au moment de l'évaporation de la rosée, par ciel découvert, sur un sol noir et dépourvu de végétation.*	0 à 4 mm.	Opérer autant que possible le matin avant l'évaporation de la rosée, et le soir après 3 heures; interrompre le nivellement pendant la période chaude de la journée. Placer le niveau et les piquets de manière à avoir une ligne de visée aussi élevée que possible au dessus du sol. Raccourcir les portées quand les ondulations apparentes du fil niveleur sur l'image de la mire dépassent 2 millimètres d'amplitude. Autant que possible, installer le niveau et les piquets sur les accotements herbus du chemin, et du même côté, de manière que la ligne de visée passe en dehors des parties de la voie dépourvues de végétation et ne croise pas le ballast ni les rails.
XXV Réfraction atmosphérique.	Inflexion vers le sol (supposé plus froid que l'air) de la ligne de visée, pour les lectures faites à une faible hauteur au-dessus du pied de la mire (n° 24). *Erreur surtout à craindre le matin avant le lever du soleil, et le soir au moment du coucher.*	0 à 6 mm.	Placer le niveau de manière à pouvoir faire la lecture sur le fil stadimétrique le plus rapproché du pied de la mire (n° 73 — IX).

CONTROLE ET CALCULS

COMPENSATION ET PUBLICATION DES RÉSULTATS

CHAPITRE IV

CONTROLE ET CALCULS

COMPENSATION ET PUBLICATION DES RÉSULTATS

SOMMAIRE

88. Exposé préliminaire. - Les opérations sur le terrain sont suivies et contrôlées à distance par un bureau central auquel, *chaque soir*, les opérateurs envoient, soit le carnet de *reconnaisance* (modèle 2), soit le carnet de *nivellement* (modèle 3), contenant les résultats des opérations de la journée. Les observations à faire, s'il y a lieu, au sujet de ces opérations, peuvent de la sorte être adressées en temps utile à la brigade intéressée.

Des données fournies par les carnets de nivellement, on tire :

I. — Les éléments d'un *journal graphique* sur lequel on suit la marche des opérations, et des *diagrammes statistiques* permettant de se rendre compte de la manière dont sont observées certaines règles essentielles de la méthode de nivellement.

II. — Une mesure de la *précision* des opérations, caractérisée par l'*erreur systématique* et par l'*erreur accidentelle kilométrique probable* du nivellement.

III. — Les résultats proprement dits du nivellement, c'est-à-dire les *altitudes orthométriques* des repères et leurs *cotes dynamiques* (chap. I, § 1).

Après avoir passé en revue ces diverses opérations, nous exposerons :

IV. — La théorie de la *compensation* d'un réseau de nivellement, c'est-à-dire les procédés permettant de faire disparaître, de la manière la plus rationnelle, les discordances d'altitude constatées aux points de croisement des différentes lignes du réseau.

V. — Le mode de publication des résultats, sous la forme d'un *Répertoire graphique* des repères.

VI. — En terminant, nous dirons un mot du *prix de revient* d'un nivellement général de haute précision.

§ 1.

JOURNAL GRAPHIQUE

ET DIAGRAMMES STATISTIQUES.

84. Journal graphique du nivellement. — Le journal graphique sert à enregistrer les éléments du travail journalier, tels que la durée du travail effectif (c'est-à-dire le temps consacré au nivellement proprement dit), la longueur et la durée moyennes d'une station, la longueur totale nivelée, etc. On met ainsi en relief le degré d'habileté ou d'activité des brigades.

Le calcul de ces éléments s'effectue sur un petit tableau spécial (modèle 4) ajouté à la fin de chaque carnet.

Les résultats obtenus pour chaque journée sont ensuite traduits graphiquement, au fur et à mesure, comme le montre la figure 62.

On calcule les résultats *moyens* à la fin de la campagne.

Ainsi le Service du Nivellement général de la France a obtenu, en 1886, pour une brigade et par journée de travail, les résultats moyens suivants :

Nombre de nivelées doubles (*aller et retour*)............ 27
Longueur nivelée, *aller et retour*........................ 3km6
Durée du travail effectif { pour l'opération d'aller...... 3h 55m
                          { —   de retour... 2h 30m
                                                Total ... 6h 25m
Durée moyenne d'une nivelée { à l'aller............. 9min
                            { au retour........... 6min

Ces résultats sont figurés, à titre de comparaison, sur la droite du diagramme (fig. 62).

Le journal graphique est complété par un fragment de

Modèle 4

I. CALCUL DE LA LONGUEUR NIVELÉE EN UN JOUR [1]

Longueur des nivelées I (m)	Différences stadimétriques d II (cm)	Diagramme III	Nombre de nivelées n IV	Produit $d \times n$ V
60	15			
64	16			
68	17			
72	18			
76	19			
80	20			
84	21			
88	22			
92	23			
96	24			
100	25			
104	26			
108	27		2	54
112	28			
116	29			
120	30		1	30
124	31			
128	32			
132	33		1	33
136	34			
Totaux à reporter ...			4	117

Longueur des nivelées I (m)	Différences stadimétriques d II (cm)	Diagramme III	Nombre de nivelées n IV	Produit $d \times n$ V
		Reports	4	117
140	35		1	35
144	36		2	72
148	37		1	37
152	38		13	494
156	39		1	39
160	40		3	120
164	41		11	451
168	42		4	168
172	43			
176	44			
180	45			
184	46			
188	47			
192	48			
196	49			
200	50			

Totaux... $\quad N = 40$; $\Sigma(d \times n) = 1533$

Longueur totale nivelée $\quad L = 4\Sigma = 6^k,132$

Longueur moyenne d'une nivelée $\quad l = \dfrac{L}{N} = 153^m$

II. CALCUL DE LA DURÉE MOYENNE D'UNE NIVELÉE

	ALLER	RETOUR
Durée des périodes de travail..............	4h¼ | 1h | »	4h | » | »
Totaux pour chacune des deux opérations, T =	5h¼	4h
Total pour la journée............	9h¼	
Durée moyenne d'une nivelée $\dfrac{T}{N}$ =	7min,8	6min

1. Pour effectuer ce calcul, on suit, sur le carnet (mod. 3, col. I et VIII), les différences stadimétriques relatives à l'opération d'aller, et, pour chaque nivelée, on remplit, dans le diagramme (col. III du tableau ci-dessus), la première case libre à gauche, en regard du nombre correspondant (col. II), *arrondi au chiffre des centimètres.*

Par exemple, si, pour une nivelée, les différences stadimétriques sont comprises entre 271 et 275, on remplit, col. III, en regard du nombre 27 de la col. II, la seconde case à gauche (la première étant supposée déjà remplie). La colonne I donne, à titre de renseignement, la *longueur de la nivelée,* qui est ici de 108 mètres.

Cela fait, on compte et l'on inscrit, col. IV, le nombre n de cases remplies dans chaque bande horizontale, répondant à une différence stadimétrique d; puis on porte dans la col. V le produit $n \times d$. La somme Σ des produits ainsi obtenus, multipliée par 4, exprime *en mètres,* la longueur L du nivellement contenu dans le carnet. Le quotient de cette longueur par le nombre total N des nivelées (somme des nombres n col. IV) représente *la longueur moyenne d'une nivelée.*

carte (fig. 63) à grande échelle, sur lequel on marque

Modèle de Journal graphique

(Extrait du Journal des opérations du Nivellement général)

Mai 1886

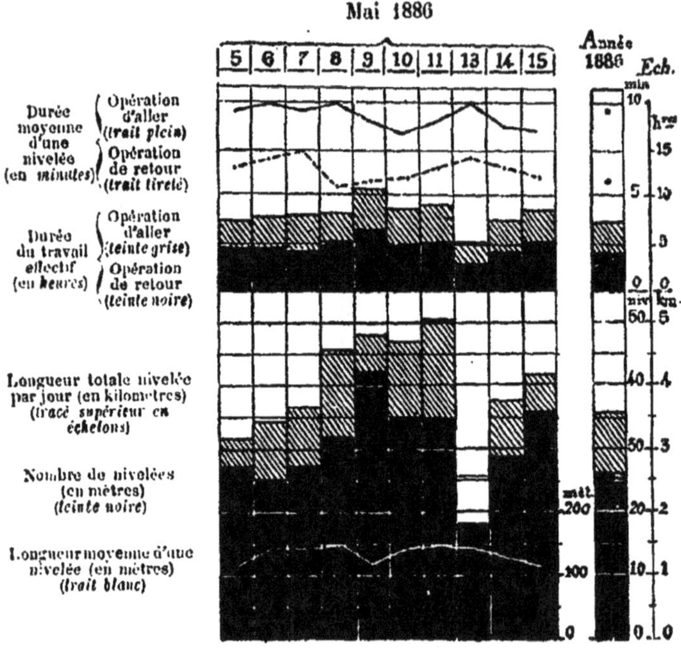

Fig. 62.

l'avancement journalier du travail pour chaque brigade.
On suit ainsi, d'un coup d'œil, la marche des opérations.

**85. Défaut d'égalité entre les portées d'arrière et
celles d'avant.** — L'équidistance des mires au niveau
(n° 73-VIII) détruit l'influence de certaines causes d'erreurs.
A ce titre, elle est une condition essentielle de précision
pour le nivellement : il importe donc de savoir dans
quelle mesure elle a été réalisée sur chaque section.

A cet effet, on calcule dans les carnets (mod. 3), pour

Modèle de carte figurative de l'avancement journalier.

Extrait de la carte des opérations du Nivellement général, exécutées en mai 1886,
sur la section MU'. Chemin de fer de Marseille à Arles et à Montpellier).

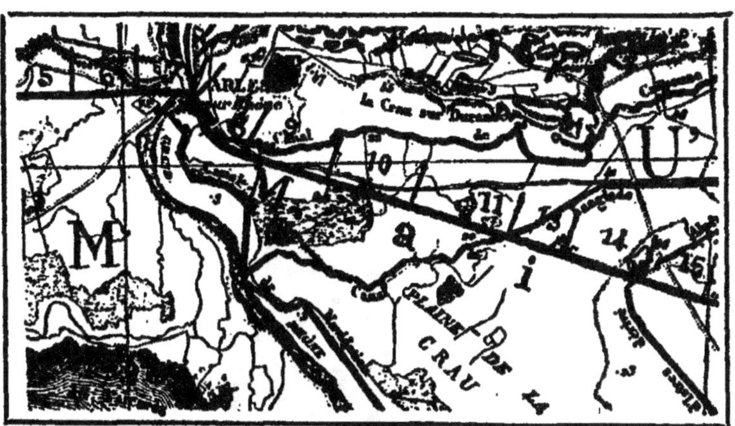

Fig. 63.
(Échelle de 1/360 000 ou 2ᵐᵐ,8 pour 1 kilomètre)

Nota. — Les nombres inscrits au-dessus de la voie indiquent les dates des
opérations. Les traits transversaux, dans les intervalles, limitent le travail
fait dans chaque journée.

chaque nivelée, l'écart algébrique entre la somme des
deux différences stadimétriques d'*arrière* (col. I) et la
somme correspondante pour l'*avant* (col. VI). Cet écart
mesure l'inégalité des deux portées.

Sur un canevas quadrillé, préparé à l'avance, où les
différences sont classées dans l'ordre croissant de leurs
grandeurs, on pointe, au fur et à mesure, ces écarts, en
disposant les uns au-dessus des autres ceux de la même
valeur [1].

On obtient ainsi un diagramme en forme de *cloche*
analogue à celui représenté fig. 64, où les inégalités des
portées se trouvent classées d'après leur grandeur et leur
nombre pour chaque grandeur.

1. Autrement dit, ce remplissage du canevas se fait comme il a été indiqué
plus haut, pour la tenue de la col. III du mod. 1 (n° 84).

Répartition, pour 1000 nivelées, des inégalités entre les portées d'arrière et celles d'avant,

pour la section IIL du Réseau fondamental du Nivellement général,
comprenant 632 nivelées.

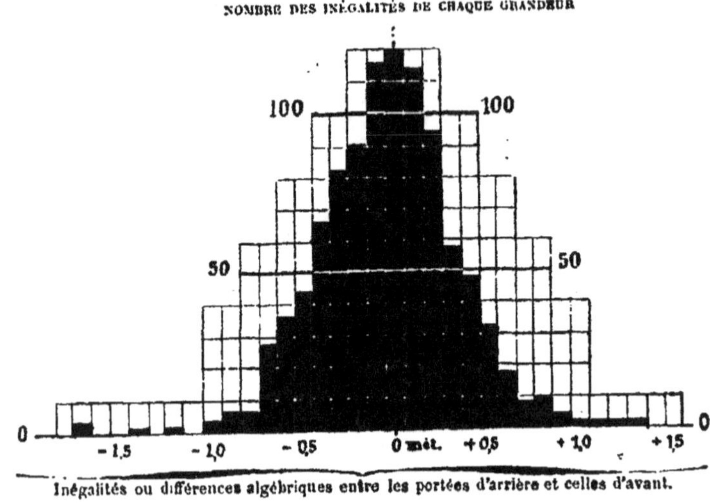

Inégalités ou différences algébriques entre les portées d'arrière et celles d'avant.

Écarts correspondants entre les différences stadimétriques d'arrière et d'avant.

Fig. 64.

Inégalité systématique moyenne........ — 0^m,04 par nivelée :
Inégalité accidentelle probable.......... ± 0^m,12   id.

Nota. Pour la définition et le calcul de ces éléments, voir n°s 89 à 92. — L'*inégalité accidentelle probable* donne une mesure de l'exactitude avec laquelle, en moyenne, le niveau a été placé à égales distances des deux mires.

Si les portées d'arrière sont indifféremment plus longues ou plus courtes que celles d'avant, en un mot si les inégalités sont purement *fortuites*[1], cette cloche doit être à peu près symétrique par rapport à la ligne verticale cotée *zéro*.

S'il existe, au contraire, une cause d'*inégalité systéma-*

1. En réalité, les écarts sont légèrement faussés par suite de l'irrégularité de la division des mires. Mais l'erreur ainsi produite est le plus souvent accidentelle et peu appréciable ; sur un pente continue, cependant, elle pourrait affecter un caractère systématique.

tique entre les portées d'arrière et celles d'avant, cette inégalité se traduit par un écart proportionnel entre l'axe de symétrie du diagramme et la verticale cotée *zéro*. Dans ce cas, la compensation d'erreurs sur laquelle on compte, disparaît en partie, et l'on peut avoir à craindre une erreur systématique dans les opérations, si en même temps, par exemple, les anneaux de la lunette ne sont pas rigoureusement égaux, ou bien si l'objectif ou le réticule ballottent dans leur monture.

En vue de faciliter la comparaison des résultats obtenus pour les différentes sections, on amplifie ou l'on réduit suivant le cas, dans le rapport $\dfrac{1000}{N}$ (N étant le nombre total des nivelées pour la section en cause), les ordonnées du diagramme. La cloche obtenue (fig. 64) présente une forme d'autant plus élancée que l'équidistance des mires au niveau a été réalisée, en moyenne, avec plus d'exactitude.

88. Fautes de lecture. — Pour reconnaître les défauts existant, soit dans le mode de division et de chiffraison des mires, soit dans l'éducation de l'œil des opérateurs, le meilleur moyen consiste à rechercher, dans les carnets de nivellement, les *fautes* ou les *erreurs* de lecture qui ont été commises par un même opérateur (ou lecteur) pendant toute une campagne, ou plutôt les *corrections* qui, après vérification, ont été apportées par l'opérateur aux lectures primitivement faites.

Ces corrections sont classées au fur et à mesure, d'après leur nombre et leur grandeur, sur un canevas tracé à l'avance, comme nous l'avons indiqué (n° 85) à propos des inégalités de portées. De même, pour faciliter les comparaisons entre les différents opérateurs, on ramène systématiquement le nombre des fautes de chaque grandeur à ce qu'il serait proportionnellement

Répartition, pour 1000 nivelées, des fautes de lecture

commises, sur le fil niveleur, par l'un des opérateurs du Nivellement général,
en 1885 (sur 2 560 nivelées).

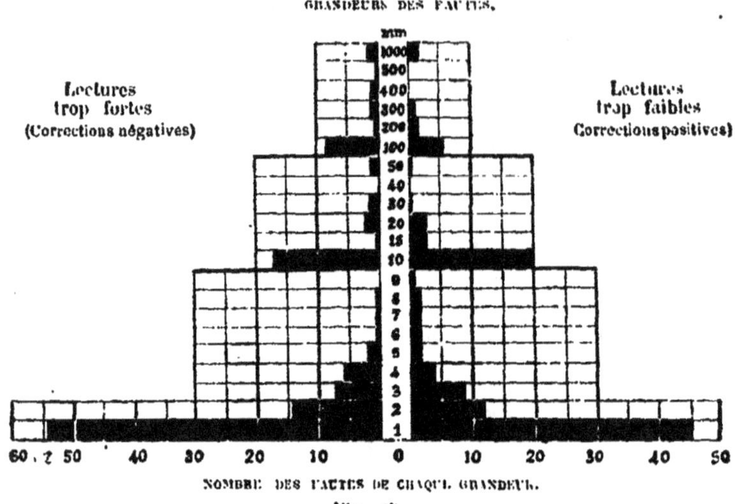

Fig. 65.

sur un total de 1000 nivelées (correspondant en réalité
à 2000 lectures). On obtient ainsi un diagramme dont la
figure 65 montre un spécimen.

Dans le service du Nivellement général, on a reconnu
ainsi :

1º Que les *fautes* ou les *erreurs* de lecture se produisent
à peu près indifféremment dans un sens ou dans l'autre ;
les lectures *trop fortes* étant en nombre sensiblement
égal à celui des lectures *trop faibles* ;

2º Que les petites *erreurs d'estime*, de 1 millimètre,
sont de beaucoup les plus fréquentes, puis, avec une
importance décroissante, celles de 2, 3, 4, 5 millimètres.

3° Qu'un nombre relativement grand de *fautes* porte
sur les traits chiffrés de la mire, mais qu'elles dépassent
rarement une unité de chaque ordre : 1 centimètre,
1 décimètre.

§ 2

MESURE DE LA PRÉCISION DU NIVELLEMENT

87. Contrôle journalier de l'exactitude des opérations. — On a vu précédemment (chap. III, § 3) de quelles précautions il est nécessaire d'entourer les opérations sur le terrain pour les mettre à l'abri des fautes et des erreurs de toutes natures. Pour apprécier la valeur des résultats obtenus, on s'est souvent contenté de vérifier qu'en revenant au point de départ, après avoir parcouru un cheminement fermé, on retrouvait à peu près l'altitude initiale. Mais cette vérification *in globo* est très aléatoire, la petitesse de l'*écart de fermeture* pouvant être due à une compensation accidentelle des erreurs ou des fautes, dans la somme algébrique des différences partielles de niveau relevées le long du cheminement. De plus, obligé d'attendre la fermeture d'un polygone souvent très étendu, on n'a ainsi qu'un contrôle tardif.

Le meilleur criterium de l'exactitude des opérations s'obtient en les répétant deux fois, en sens inverses — *aller* et *retour* (n° 73 — I et II) —, et en comparant, *nivelée à nivelée*, les résultats obtenus. Entre deux points consécutifs du cheminement, les deux différences moyennes de niveau déduites respectivement, pour l'aller et pour le retour, des cotes lues par l'opérateur et par le lecteur, une fois corrigées des erreurs de division des mires (n° 64), devraient, en effet, concorder exactement si les instruments étaient parfaits et les opérations exemptes d'erreurs ; mais, en pratique, on trouve presque toujours entre elles une *discordance* plus ou moins forte dont, *en moyenne*, la grandeur est en raison inverse de la précision des opérations (n° 90. B). Pour contrôler dans le détail, et d'une manière suivie, la marche du nivellement, il suffit de calculer cette discordance au fur et à mesure des opérations, et d'en surveiller l'allure.

Le calcul s'effectue sur un registre (reg. D) dont le tableau ci-après (modèle 5) montre la disposition et explique la tenue. '

1. Calcul de la discordance, pour chaque nivelée, entre l'opération d'aller et celle de retour. — Cette discordance s'obtient simplement en ajoutant à la *discordance brute* entre les deux opérations du lecteur (n° 76), la demi-somme algébrique, changée de signe, des *dérèglements* (n° 73 — XIII. B, note 1) à l'aller et au retour, pour tenir compte des résultats de l'opérateur, et la somme des *corrections de mires* (n° 64) pour les deux différences brutes de niveau.

Appelons, en effet, pour l'opération d'aller :

l_r et O_r, les lectures du fil moyen sur la *mire d'arrière*, faites respectivement par le lecteur et par l'opérateur (mod. 3, col. III).

l_v et O_v, les lectures correspondantes faites sur la *mire d'avant* (id. col. V).

$L\downarrow$, la différence brute de niveau $(l_r - l_v)$ déduite des cotes du lecteur.

$O\downarrow$, id. $(O_r - O_v)$ id.   de l'opérateur.

$\delta\downarrow$, l'écart $(L\downarrow - O\downarrow)$ entre ces deux résultats.

Les *dérèglements* sur les deux mires (n° 77), calculés sur le carnet (mod. 3, col. IV) par l'opérateur, ont respectivement pour expression :

$$l_r - O_r \; ; \; O_v - l_v.$$

Ayant le carnet sous les yeux, on effectue (mod. 5, col. III et V) pour l'*aller* : 1° la différence,

$$l_r - l_v = L\downarrow \; ;$$

2° et la somme algébrique des dérèglements :

$$(l_r - O_r) + (O_v - l_v) = (l_r - l_v) - (O_r - O_v) = L\downarrow - O\downarrow = \delta\downarrow.$$

Exemple : Pour la première nivelée du tableau (mod. 3), on a :

$$L\downarrow = + 2403^{mm} - 1101^{mm} = 1^m,212$$
$$\delta\downarrow = - \quad 2 \quad + \quad 2 \quad = \quad 0.$$

La moyenne des différences brutes de niveau trouvées, à l'*aller*, par l'opérateur et par le lecteur, a pour expression :

$$\frac{1}{2}(L\downarrow + O\downarrow) = L\downarrow - \frac{L\downarrow - O\downarrow}{2} = L\downarrow - \frac{\delta\downarrow}{2} \tag{1}$$

Ajoutant la *correction de mires* $e\downarrow$ (col. IX) qui correspond à $L\downarrow$ calculée

CALCUL DES DISCORDANCES PAR

SECTION P′ Z′. — Chemin de fer de *Rodez*

Numéro du repère précédent : 78–I

N°s des repères et des piquets (I)	Longueur des nivelées (II)	Diff. de niveau — Aller (L↓) +	Aller (L↓) − (III)	Retour (L↑) +	Retour (L↑) − (IV)	Somme dérègl. Aller (δ↓) +	Aller (δ↓) − (V)	Retour (δ↑) +	Retour (δ↑) − (VI)	L↓+L↑=λ +	L↓+L↑=λ − (VII)
Reports	1188	2,3910	18,2895	18,2945	2,3970	20	15	20	35	140	150
r. 8	148	1,212			1,209	0′		0		+ 30	
p. 0											
	146		1,175	1,172			10		10		30
78—II											
Totaux	**1482**	**3,6030**	**19,4645**	**19,4665**	**3,6060**	**20**	**25**	**20**	**45**	**170**	**180**
Sommes algébr.			15,8615	15,8605		$\delta\!\downarrow=5$		$\delta\!\uparrow=25$			10
Corrections		$-\dfrac{\delta\!\downarrow}{2}+c\!\downarrow=0{,}0298$		$0{,}0313=-\dfrac{\delta\!\uparrow}{2}+c\!\uparrow$		$2=-\dfrac{\delta\!\downarrow}{2}$		$13=-\dfrac{\delta\!\uparrow}{2}$			
Différ. de niv. corrigées		$D\!\downarrow=15{,}8913$		$15{,}8918=D\!\uparrow$							
p. 4	115	0,696		0,694		0		10		+ 30	

Nota. — Les données et les résultats du calcul des *discordances par nivelée* sont imprimés en romaine sur ce modèle. — Les *totalisations* effectuées pour la détermination des *différences de niveau de repère à repère* sont en **caractères gras**.

1. (Col. II). — Longueur lue directement (à 2 mètres près), sur le tableau mod. 4 (n° 81), en regard de la diff.ce stadimétrique portée au carnet (mod. 3) pour chaque nivelée.

2. (Col. III). — Somme algébrique des nombres (4) (4), col. III et VI du carnet de nivellement (mod. 3).

3. (Col. V). — Id. (6) (6), col. IV id.

4. (Col. IX et X). — Corrections calculées à l'aide de l'abaque II (n° 66), comme il est indiqué dans la légende placée en regard de cet abaque.

5. (Col. I). — Totaux des col. II à XI, depuis le repère précédent (78 — I).

(Registre D).

NIVELÉE ENTRE L'ALLER ET LE RETOUR.

à Béziers, entre Bédarieux et Faugères.

Année 1857.

DES	DISCORDANCES			CIRCONSTANCES ATMOSPHÉRIQUES[7]		Nᵒˢ des carnets. — Dates des opérations. — Indices de compensation des mires (μ). — Heures de commencement et de fin des périodes de travail.[7]		OBSERVATIONS — Désignation de l'emplacement des repères.[7]
1/2 écart entre op. et lect. $\dfrac{\delta{\downarrow}+\delta{\uparrow}}{2}=\delta^o$	Correction des erreurs de division des mires — Aller $e{\downarrow}$	Retour $c{\uparrow}$	DISCORDANCES corrigées $i+\delta^o+c{\downarrow}+c{\uparrow}=d$					
+ | −	+ | −	+ | −	+ | −	↓	↑	Aller (↓)	Retour (↑)	
VIII	IX	X	XI	XII		XIII		XIV
dᵐᵐ 15 | dᵐᵐ 10	dᵐᵐ 5 | dᵐᵐ 340	dᵐᵐ 345 | dᵐᵐ 40	dᵐᵐ 30 | dᵐᵐ 35			Carnet nᵒ 57. 1ᵉʳ octobre.		P N (p. k. 411,080).
0	40		10	Pl.[7] V₁ ↓		Cᵉ à 7h.15 matin | Fⁱ à 5h. soir		
10	5	25	60 } 0			$\mu'=102$ | $\mu'=107$		
						$\mu''=122$ | $\mu''=128$		
						$\mu'm=106$		
						$\mu''m=126$		
25 | 10	45 | 345	370 | 70	40 | 35					
15		300 | 300	5[13] $=\Sigma d=\Delta$					
			$2^{in}=-\dfrac{\Delta}{2}$					
	5	25	5[in] $=D{\downarrow}+D{\uparrow}=\Delta$					
5			5	St. Od...	St			

6. (Col. I). — Totalisations en vue du calcul des différences de niveau (*aller* et *retour*) entre le repère 78—I et le repère 78—II. Pour éviter au calculateur toute incertitude sur la nature et la marche des calculs, ces totalisations s'effectuent sur une bande mobile (figurée sur le modèle par un rectangle entouré d'un double trait) imprimée et gommée au dos, que l'on colle à la place convenable sur le tableau.

7. (Col. XII, XIII et XIV). — Indications relevées dans le carnet de nivellement.

8. 9. (Col. XIII). — C, Commencement des opérations. — F. Fin des opérations.

10. (Col. XI) et 11. (Col. III). — Résultats à transcrire dans le Reg. A (mod. 6, col. V et VI).

L'identité des résultats 12 et 13 (col. XI) est un indice de l'exactitude des calculs effectués dans les colonnes VII, VIII et XI.

Dans un nivellement de haute précision, dont l'*erreur accidentelle probable* est, en moyenne, de 3^{dmm} par nivelée (n° 41, note 2), et dépasse rarement 5^{dmm}, la discordance entre l'*aller* et le *retour*, pour une nivelée, ne doit atteindre que très exceptionnellement 4^{mm} en valeur absolue, et même, dans les opérations d'une journée, on ne doit pas

au moyen de l'abaque II (n° 66), on a pour la différence moyenne corrigée $D\!\downarrow$:

$$D\!\downarrow = L\!\downarrow - \frac{\partial\!\downarrow}{2} + c\!\downarrow\,; \qquad (2)$$

on verra plus loin (n° 94. A) l'emploi à faire de ce résultat.

On calcule de même, pour le *retour*, les quantités :

$$L\!\uparrow \text{ (col. IV), } \partial\!\uparrow \text{ (col. VI), et } e\!\uparrow \text{ (col. X).}$$

Puis on inscrit, col. VII, la *discordance brute* λ entre les deux opérations du lecteur :

$$\lambda = L\!\downarrow + L\!\uparrow, \qquad (3)$$

et, col. VIII, la *demi-somme* ∂' *des déréglements changés de signe* :

$$\partial' = - \frac{\partial\!\downarrow + \partial\!\uparrow}{2}$$

Exemple : Pour la première nivelée du tableau (mod. 5), on a :

$$\lambda = L\!\downarrow + L\!\uparrow = + 1212\text{mm} - 1200\text{mm} = + 30\text{dmm}$$

$$\partial' = - \frac{\partial\!\downarrow + \partial\!\uparrow}{2} = 0.$$

On effectue enfin (col. XI) la somme algébrique :

$$\lambda + \partial' + c\!\downarrow + c\!\uparrow = d. \qquad (4)$$

Dans l'exemple déjà choisi, l'on a :

$$d = + 30^{dmm} + 0 + 40\text{dmm} - 60\text{dmm} = + 10\text{dmm}.$$

La somme d représente la *discordance* entre les deux différences moyennes de niveau, $D\!\downarrow$ (équation 2) et $D\!\uparrow$, respectivement obtenues à l'aller et au retour. En effet, on a l'identité :

$$D\!\downarrow + D\!\uparrow = \left(L\!\downarrow - \frac{\partial\!\downarrow}{2} + c\!\downarrow\right) + \left(L\!\uparrow - \frac{\partial\!\uparrow}{2} + c\!\uparrow\right)$$

$$= (L\!\downarrow + L\!\uparrow) - \frac{\partial\!\downarrow + \partial\!\uparrow}{2} + c\!\downarrow + c\!\uparrow = \lambda + \partial' + c\!\downarrow + c\!\uparrow = d$$

relever, en moyenne, plus de 4 °/₀ de discordances égales ou supérieures à 3ᵐᵐ ².

Tant que ces conditions se trouvent réalisées, et que les discordances calculées restent purement *accidentelles*, c'est-à-dire se produisent indifféremment dans un sens ou dans l'autre, c'est l'indice d'une marche normale des opérations.

Au contraire, dès que les discordances affectent la moindre allure *systématique*, cela dénote, soit dans les instruments, soit dans la méthode de nivellement ou dans la manière dont elle est suivie par les opérateurs, la présence d'un vice qu'il importe de rechercher et de faire disparaître le plus promptement possible.

88. Vérification des opérations suspectes. — Dans le groupe de nivelées correspondant au travail d'une journée, se présentent parfois une ou plusieurs discor-

---

2. On verra plus loin (n° 90. B) que la limite des discordances admissibles peut être fixée pratiquement à 4 fois la discordance probable. Les discordances supérieures à cette limite doivent être regardées comme provenant de *fautes*.

L'erreur probable η_n par nivelée étant supposée inférieure à 5ᵈᵐᵐ, la discordance probable correspondante d_p a pour expression, d'après la formule 26 (n° 92. A, note 7) :

$$d_p = 2\eta_n = 1^{mm} :$$

d'où l'on tire pour la discordance limite :

$$4\,d_p = 4^{mm} \text{ (environ)}.$$

D'autre part, on voit sur l'échelle double, fig. 69 (n° 90. B), que le nombre des écarts supérieurs à 3 fois l'écart probable ne dépasse guère 4 0/0. Les discordances supérieures à 3 $d_p = 3^{mm}$ (environ) ne doivent donc pas excéder cette proportion.

Cette conclusion suppose, toutefois, que les piquets n'ont subi aucun dérangement dans l'intervalle des deux opérations. Il arrive cependant qu'un piquet a été enfoncé ou s'est relevé entre l'aller et le retour ; les deux nivelées de part et d'autre de ce piquet présentent alors des discordances notables, de *signes contraires*, qui seraient *égales* sans les erreurs accidentelles des deux opérations.

Quand la discordance positive *précède* la discordance négative, c'est l'indice d'un *enfoncement* du piquet ; il y a *relèvement* dans le cas contraire.

dances dépassant les limites ci-dessus fixées — ce qui est un indice de *fautes* — ; ou bien une série de discordances consécutives affectant toutes, ou presque toutes, le même signe — ce qui dénote une *erreur systématique*. Dans l'un ou l'autre cas, on revise les calculs ; si les anomalies subsistent, on fait vérifier sur le terrain les nivelées suspectes, et cela le plus tôt possible après les opérations primitives, afin de restreindre les chances de dérangement des piquets dans l'intervalle. Les résultats sont consignés sur une fiche de retombe intercalée dans le registre D, en regard des résultats des opérations primitives, avec lesquels les nouvelles différences de niveau doivent être comparées.

Cette vérification s'effectue d'une manière un peu différente suivant qu'il s'agit de fautes ou d'erreur systématique.

A. FAUTES. — Pour une discordance égale à 4^{mm} ou plus, la nivelée correspondante est recommencée une seule fois. La nouvelle valeur obtenue pour la différence de niveau doit concorder, au signe près, avec celle primitivement trouvée à l'aller, ou avec celle correspondant au retour : l'autre valeur, considérée comme fautive, est annulée et remplacée par le résultat de la vérification.

Pour faciliter cette comparaison, la vérification est effectuée en plaçant les mires et en donnant les deux coups de niveau dans le même ordre que pour l'opération primitive de retour.

Si la discordance entre les nouveaux résultats et ceux de l'opération primitive d'aller est inférieure à 2^{mm}, on en conclut que cette dernière opération était exacte, et l'on annule le premier *retour*, sur le carnet de nivellement et sur le registre D.

Si, au contraire, la nouvelle discordance est égale à la discordance primitive, à 2^{mm} près, on substitue les résultats de la vérification, après en avoir changé les signes, à ceux du premier *aller*, considéré comme entaché de faute.

Tel est, du moins, le mode d'opérer lorsque la nivelée suspecte est limitée par deux repères. Lorsqu'elle est comprise entre deux piquets, il convient de recommencer également les deux nivelées adjacentes, pour avoir un contrôle de la stabilité de ces piquets.

B. Discordances systématiques. — Lorsque, pour une série d'au moins 4 ou 5 nivelées consécutives, les discordances positives, par exemple, l'emportent notablement sur les discordances négatives, ou inversement ; en un mot, lorsque ces discordances affectent une allure systématique, on fait recommencer tout le cheminement qui se trouve compris entre les deux repères les plus rapprochés embrassant la portion suspecte. Cette vérification s'effectue dans les deux sens — *aller* et *retour* — exactement comme le nivellement primitif.

Si les nouvelles opérations se montrent exemptes de fautes ou d'erreur systématique, on les substitue purement et simplement, sur le carnet et sur le registre D, aux premières opérations regardées comme non avenues.

Il est important, pour l'étude des erreurs et de leurs causes, de rechercher si la discordance systématique qui a motivé la vérification provenait de l'opération primitive d'aller, de l'opération de retour, ou bien de toutes les deux à la fois. A cet effet, on compare entre eux les résultats des quatre opérations ; pour plus de clarté, cette comparaison s'effectue graphiquement :

A partir de l'origine du cheminement vérifié — soit le repère 10 — I, par exemple —, on cumule algébriquement les discordances entre les deux premières opérations, de manière à obtenir, pour chacun des points intermédiaires, la différence entre les deux altitudes que l'on déduirait séparément du nivellement primitif d'aller

et du nivellement de retour, partant tous deux du repère
initial 10 — I. Ces discordances cumulées sont figurées
par les ordonnées successives d'une ligne brisée telle que
OR₁ (fig. 66).

**Diagramme figuratif d'une vérification pour cause de discordance
systématique entre l'aller et le retour.**

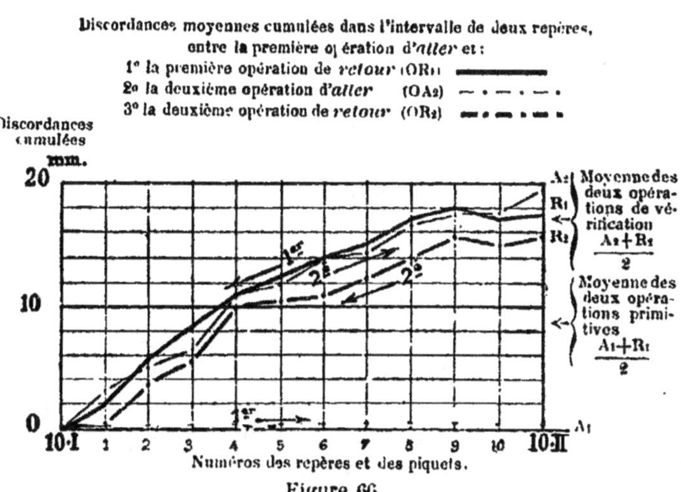

Figure 66.

On calcule et l'on traduit de même les discordances cumulées entre la première opération d'aller et l'opération
correspondante de vérification, dont, à cet effet, les signes sont changés par la pensée. Le calcul se trouve ici
facilité par le fait que, les mires ayant occupé les mêmes
positions relatives dans ces deux opérations, les corrections (n° 64) afférentes aux différences partielles de niveau
sont sensiblement les mêmes dans les deux nivellements,
et, par suite, ne modifient pas l'écart brut qui existe entre les résultats; il suffit dès lors de calculer et de cumu-
ler algébriquement l'écart entre les *différences brutes* (n° 87,

note 1, formule 1) de niveau qui se correspondent. On obtient ainsi une seconde ligne polygonale OA_2,

Enfin on calcule, comme pour le nivellement primitif, les discordances cumulées entre les deux opérations de vérification, et l'on rapporte ces discordances à la ligne brisée OA_2 prise comme axe, ce qui donne un troisième tracé OR_2 représentant la vérification de retour. A la seule inspection du diagramme, il est facile alors de reconnaître laquelle des opérations primitives était erronée[1].

Les parties défectueuses du nivellement ayant été reconnues et vérifiées, il faut exprimer la précision des résultats obtenus. On le fait au moyen de deux éléments qui sont: *l'erreur systématique* et *l'erreur accidentelle probable par kilomètre.*

89. Erreur systématique. — Pour rechercher si, dans l'ensemble, les discordances d par nivelée (n° 87, mod. 5, col. XI), présentent ou non un caractère systématique, on les cumule algébriquement comme il vient d'être indiqué. Cette totalisation s'effectue d'abord entre les repères consécutifs (n° 94. A, et mod. 5, case de totalisation, $\Sigma d = \Delta$). ensuite dans toute l'étendue de la section (n° 94.B, mod. 7, col. IV) à partir de son origine.

Puis, sur un axe des abscisses divisé en kilomètres, on marque, à leur distance de l'origine de la section, les principaux repères désignés par leur numéro : sur les ordonnées de ces points, on porte les discordances cumulées correspondantes, et l'on joint les sommets par un trait continu. On obtient ainsi une courbe telle que OM (fig. 67—I).

---

1. Le plus souvent (comme dans l'exemple reproduit ici), c'est l'opération de retour qui se trouve être la meilleure : ce résultat est dû peut être à l'absence de tâtonnements au *retour*, l'emplacement des instruments ayant été déterminé et les piquets plantés à l'*aller*, ce qui réduit de un tiers environ, pour le retour, l'intervalle de temps entre le coup d'arrière et le coup d'avant, pendant lequel le *déréglement* est susceptible de varier (n° 82—XXI).

1. Si les opérations étaient affectées seulement d'erreurs accidentelles, ce diagramme présenterait l'aspect d'une courbe ondulée ayant pour ligne moyenne l'axe des abscisses. La moindre erreur systématique liée au sens de la marche a pour effet d'incliner cette ligne moyenne par rapport à l'axe ; cette inclinaison, à peine sensible sur l'étendue correspondant à quelques kilo-

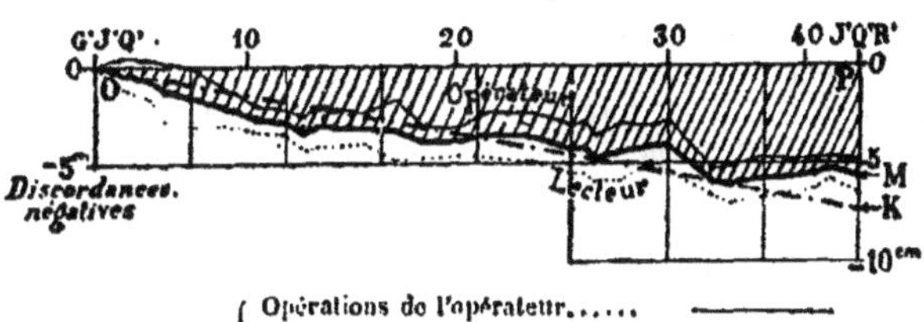

I. -- Discordances cumulées

entre les deux opérations d'aller et de retour.

(Extrait des tableaux de discussion graphique des opérations du nivellement général, pour la section J′ Q′, de Roanne à Lyon).

II. — Profil du cheminement.

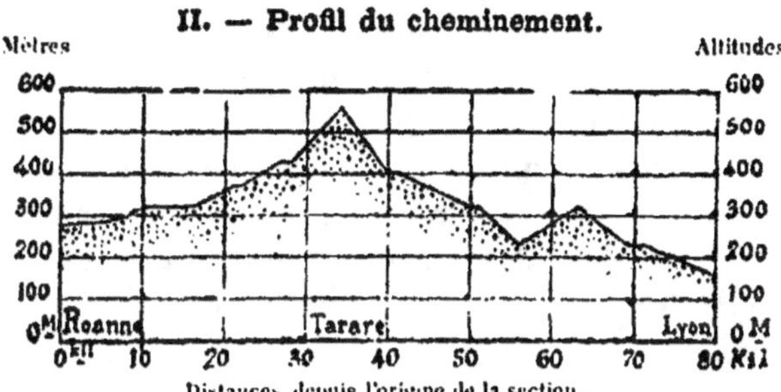

III. — Variation de la température moyenne des deux mires.

Figure 67.

mètres, devient très appréciable sur la longueur représentative de 100 ou de 200 kilomètres. Pour obtenir d'une manière assez précise le coefficient kilométrique de cette erreur, on mène à vue, à travers la courbe OM, une droite OK partant de l'origine et laissant des aires équivalentes de part et d'autre : puis on divise par le développement L en kilomètres de la section, la longueur PK $= s$ que la ligne OK intercepte sur l'ordonnée finale du diagramme. Le quotient représente la *discordance systématique moyenne* z_k *par kilomètre, entre l'aller et le retour,*

$$z_k = \frac{s}{L} \cdot \qquad (5)$$

Ainsi, dans l'exemple représenté fig. 67—1, relatif à une section J'Q' du nivellement général, de longueur L $= 80$ km., on a :
Discordance systématique totale entre l'aller et le retour, $s = -72^{mm}$,
. id. moyenne par kilomètre id. ... $z_k = -9^{imm}$.

II. Le caractère systématique des discordances étant constaté, on peut se demander si cette allure appartient exclusivement aux opérations du lecteur, ou bien à celles de l'opérateur, ou encore à toutes les deux à la fois.

Pour trancher cette question, on calcule et l'on figure sur le même diagramme, en les rapportant au même axe des abscisses, les discordances cumulées entre les deux opérations du lecteur à l'aller et au retour, envisagées isolément : puis on fait de même pour celles de l'opérateur. Point à noter : sur chaque ordonnée, les points appartenant aux deux dernières courbes sont symétriques l'un de l'autre par rapport au point situé sur la courbe moyenne OM'.

1. Le tracé des deux courbes supplémentaires, relatives au lecteur et à l'opérateur, se trouve notablement abrégé et facilité grâce à cette symétrie, et grâce à la remarque suivante :
Soit à construire la courbe répondant aux opérations du lecteur.
En employant les notations précédemment définies (n° 87, note 1), les deux différences de niveau trouvées par le lecteur à l'aller et au retour, corrigées des erreurs de mires, ont respectivement pour expression :

$$(L_1 \div c_1) \quad \text{et} \quad (L_1' + c_1') ;$$

par suite, en vertu des relations 3 et 4 (même note), la discordance d_1 entre

Lorsque les discordances entre les deux opérations d'aller et de retour présentent un caractère systématique, comme c'est le cas dans l'exemple représenté fig. 67—I, on constate généralement que ce caractère est plus accentué dans les opérations du lecteur que dans celles de l'opérateur. Ce résultat tient peut-être à ce que ces dernières étant un peu plus rapides (n° 77), se trouvent moins affectées par les changements d'état de la fiole et de son support, dans l'intervalle du coup d'arrière au coup d'avant d'une nivelée.

III. Enfin il est intéressant de savoir s'il existe ou non une relation entre l'erreur systématique constatée et les déclivités du terrain ou les circonstances atmosphériques. A cet effet, on trace, au-dessous du diagramme des discordances cumulées, un profil sommaire du cheminement (fig. 67—II), et la courbe des variations de température des mires (fig. 67—III) [1].

les deux opérations du lecteur est :

$$d_l = (L\!\downarrow + e\!\downarrow) + (L\!\uparrow + c\!\uparrow) = \lambda + e\!\downarrow + c\!\uparrow = d - \delta'.$$

On a donc :

$$\Sigma d_l = \Sigma d - \Sigma \delta'$$

Conclusion, la courbe des discordances cumulées relatives aux opérations du lecteur s'obtient en retranchant de chacune des ordonnées de la ligne moyenne OM, la somme algébrique $\Sigma\delta'$, prise depuis l'origine de la section, des demi-écarts δ' relevés sur le reg. D (mod. 5, col. VIII) et en joignant les points ainsi obtenus.

On construit, d'autre part, la courbe des discordances cumulées pour l'opérateur seul, en ajoutant algébriquement aux ordonnées de la courbe OM les mêmes quantités $\Sigma\delta'$.

1. La température des mires se déduit facilement des lectures a que les opérateurs font journellement sur les échelles A de compensation et qu'ils consignent sur le carnet de nivellement (n°ˢ 54 et 76 — mod. 3).

On a vu, en effet (n° 53, note 1), qu'une élévation de 1° de la température des deux régies du dispositif compensateur se traduit, dans la lecture a, par une augmentation :

$$\Delta a = 1^{mm},15.$$

On construit une échelle dont chaque division, correspondant à 10° de température, est égale à 10 Δa ou à $11^{mm},5$ figurés à la même échelle que les ordonnées a du diagramme des lectures journalières de compensation (n° 54, fig. 30). Cette *échelle de température* est ensuite chiffrée, puis on la place verticalement sur le diagramme des lectures de compensation, en ayant soin de mettre en regard l'une de l'autre : 1° la lecture a faite sur l'une des mires au moment de l'étalonnage de départ (n° 62, mod. 1, tableau-annexe I) : 2° la température de l'enceinte, directement observée au même moment (id).

Pour lire ensuite les températures répondant aux lectures journalières a faites sur cette mire, il suffit de rapporter horizontalement sur cette échelle, les points correspondants du diagramme des cotes a.

IV. Parmi les causes pouvant occasionner des erreurs systématiques, nous citerons encore l'enfoncement des piquets sous le poids de la mire, ou leur relèvement par réaction élastique du sol ou des fibres du bois entre le coup d'avant d'une station et le coup d'arrière de la station suivante, phénomènes auxquels il a déjà été fait allusion (n° 73 — II. note 2 et n° 82 — XIX).

Dans le premier cas, la lecture d'arrière étant toujours trop forte *de* la quantité dont le piquet s'est enfoncé, il en résulte une discordance systématique *positive* entre l'aller et le retour.

Si, au lieu de s'enfoncer, les piquets se sont relevés, on constate une discordance systématique *négative* entre les deux opérations[1].

V. En tous cas, d'après la formule 18 (n° 90. C) déduite de la théorie des probabilités, l'erreur systématique probable, par kilomètre, de la moyenne des résultats des deux nivellements d'aller et de retour, considérée comme donnant les résultats les plus voisins de la vérité, a pour valeur :

$$\pm \frac{\xi_k}{3}$$

Ainsi, dans l'exemple représenté fig.67—1, où l'on a : $\xi_k = -9^{dmm}$, l'erreur systématique probable par kilomètre est égale à $\pm 3^{dmm}$.

VI. La discordance systématique moyenne ξ_k par kilomètre ayant été déterminée en grandeur et en signe comme il a été dit, si, pour chaque nivelée de longueur *l* exprimée en kilomètres, on retranche de la discordance *d* correspondante, la partie systématique ξ_k *l*, le reste

---

1. Dans ce cas, comme dans le précédent, la discordance systématique totalisée a toutefois pour caractère d'être proportionnelle au nombre des nivelées, plutôt qu'à la longueur du cheminement, à moins que les nivelées ne soient toutes d'égales longueurs ou à peu près.

$$d - \tfrac{1}{3}k\,l = d', \qquad (6)$$

représente la partie *accidentelle* de l'erreur — celle qui détermine les ondulations de la ligne OM autour de la droite moyenne OK.

De ce résidu *d'* on déduit l'erreur *accidentelle probable* par kilomètre, dont la connaissance, jointe à celle de l'erreur systématique, achève de définir l'exactitude du nivellement.

Avant d'indiquer comment on obtient ce nouveau coefficient, nous rappellerons quelques formules de la théorie des probabilités, dont nous allons avoir à faire usage.

90. Rappel de quelques définitions et formules de la théorie des probabilités[1]. — A. ERREUR MOYENNE. ERREUR PROBABLE. — I. Supposons qu'on ait mesuré une grandeur déterminée B_0, et qu'on en ait obtenu n valeurs B exemptes d'erreur systématique, c'est-à-dire se répartissant d'une manière symétrique de part et d'autre de *la valeur exacte B_0 supposée connue*, et se groupant en plus grand nombre autour de cette valeur.

Si l'on désigne par ε l'*écart* ou *erreur* $B - B_0$ d'une mesure, la quantité

$$\varepsilon_m = \pm\sqrt{\frac{\Sigma \varepsilon^2}{n}} \qquad (7)$$

est, par définition, l'*erreur moyenne* ou l'*écart moyen* ε_m des mesures.

Supposons tous les écarts ε écrits sur une seule ligne, les uns à côté des autres, dans l'ordre croissant de leurs valeurs numériques, sans tenir compte des signes, le nombre ε_p qui occupe le *milieu* de la ligne représente l'*écart* ou l'*erreur probable* que l'on commettrait dans une nouvelle mesure de la même quantité B_0. Cette définition n'est toutefois applicable que si le nombre des mesures est suffisamment grand.

On démontre que l'*erreur probable est sensiblement les deux tiers de l'erreur moyenne*; d'où la relation :

---

1. Pour la démonstration de ces formules, voir le *Calcul des probabilités*, du Lieutenant-général *Laurent*, ou le *Cours d'astronomie de l'École polytechnique*, de M. *Faye* (T. I. Théorie des erreurs accidentelles).

$$\varepsilon_p = \frac{2}{3}\,\varepsilon_m. \tag{8}$$

La moitié des écarts ε, pris en grandeur et en signe, sont compris entre $-\varepsilon_p$ et $+\varepsilon_p$.

Dans un tir à la cible, par exemple, l'écart probable est le rayon du cercle qui contient la moitié des coups, supposés symétriquement répartis par rapport au centre.

Dans les calculs de précision, on se contente souvent d'envisager *l'erreur moyenne*. Nous adopterons de préférence *l'erreur probable*, qui représente à l'esprit quelque chose de moins abstrait.

II. Quand on ne connaît pas la valeur exacte B_0 de la quantité mesurée, on lui substitue, pour le calcul des écarts ε, la moyenne $\frac{\Sigma B}{n}$ des n mesures, cette moyenne étant considérée alors comme la valeur la plus probable de B_0.

Dans ce cas, pour calculer l'erreur moyenne, et par suite l'erreur probable, il faut diviser la somme des carrés des écarts individuels, non plus par le nombre n des mesures, mais par ce nombre diminué d'une unité[2]; la formule (7) s'écrit alors :

$$\varepsilon_m = \pm \sqrt{\frac{\Sigma \varepsilon^2}{n-1}}. \tag{9}$$

B. **Loi de répartition des erreurs accidentelles.** — Réunissons en groupes distincts les écarts ε de même grandeur ou à peu près : autrement dit, comptons les écarts respectivement compris entre deux termes consécutifs de la série suivante :

$$x = -(2K+1)\,i\ldots\ldots, -3i, -i, +i, +3i\ldots\ldots, +(2K+1)\,i, \tag{10}$$

l'intervalle arbitraire $2i$ étant pris au plus égal à l'écart probable présumé des mesures et, d'autre part, étant choisi d'autant plus

2. La nécessité de ce remplacement de n par $n-1$ est facile à comprendre. Si, en effet, les mesures se réduisaient à *une seule*, le résultat serait à lui-même sa propre moyenne et l'on aurait $\varepsilon = 0$. Or, dans ce cas, la précision est *indéterminée* ; la formule (9) doit donc donner $\varepsilon_m = \frac{0}{0}$: pour cela, il faut que le dénominateur de la fraction sous le radical s'annule pour $n = 1$: autrement dit, il faut que ce dénominateur soit $n-1$.

petit que le nombre total des mesures est plus grand et les observations plus précises.

Sur un axe horizontal X'X (fig. 68), portons, de part et d'autre

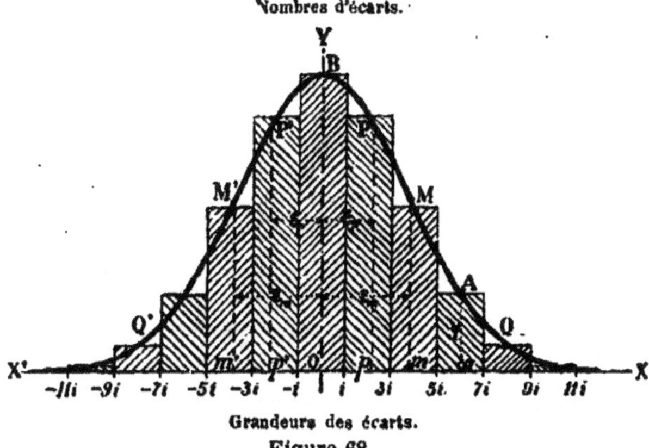

Figure 68.

de l'origine O, la division définie par la série (10). Puis, par le milieu, tel que a, de chacune des divisions. c'est-à-dire par chacun des points cotés :

$$x = - 2Ki,..... - 4i, - 2i, 0, + 2i, + 4i,...., + 2Ki, \qquad (11)$$

élevons une ordonnée y, telle que aA, proportionnelle au nombre d'écarts compris dans l'intervalle $2i$ correspondant ; les sommets de ces ordonnées appartiennent à une courbe *campaniforme* Q'BQ, symétrique par rapport à l'axe OY, ayant pour équation :

$$y = \frac{2nhi}{\sqrt{\pi}} e^{-h^2 x^2}, \qquad (12)$$

n étant le nombre total des mesures ;

h, un paramètre, appelé *module de précision*, lié à l'écart moyen ε_m (formule 7) et à l'écart probable ε_p (formule 8) par les relations :

$$h = \frac{1}{\varepsilon_m \sqrt{2}} = \frac{\sqrt{2}}{3\varepsilon_p} \qquad (13)$$

Les valeurs $x = \pm \varepsilon_m$ sont respectivement les abscisses des points d'inflexion, M et M', des deux branches de courbe BQ, BQ'. D'autre

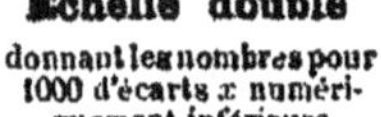

Figure 69.

part, les ordonnées pP, $p'P'$, répondant à l'écart probable $\pm \varepsilon_p$, embrassent entre elles la moitié de l'aire du diagramme Q'BQ.

La cloche Q'BQ — que nous appellerons la *courbe de répartition des erreurs accidentelles* — présente une forme d'autant plus élancée que les mesures sont plus précises, c'est-à-dire que ε_m est plus petit.

Les hypothèses faites quant à la symétrie de répartition des écarts et à leur groupement prépondérant autour de la valeur zéro, ne se réalisent jamais rigoureusement, il est vrai, dans la pratique, et, par conséquent, les lois et les formules précédemment données ne représentent que des approximations. On se rapproche toutefois d'autant plus de cette répartition théorique et, par suite, l'emploi des formules précédentes est d'autant plus légitime que les mesures sont plus nombreuses,

Connaissant simplement l'*erreur probable* ε_p et, par suite, le *module* h *de précision* d'une série de n mesures, on peut, inversement, calculer le nombre d'écarts respectivement compris entre les termes successifs de la série (10), et construire *a priori* la courbe Q'BQ de répartition des écarts.

Il suffit, pour cela, d'employer l'échelle ci-contre à double graduation (fig. 69) qui, pour un système quelconque de mesures, donne les nombres pour 1 000 d'écarts numériquement inférieurs à une limite x exprimée en fonction de l'écart probable ε_p pris comme unité.

La série des opérations à effectuer est la suivante :

1° On divise par ε_p les termes successifs de la série (10), pour les exprimer en fractions ou multiples fractionnaires $\frac{x}{\varepsilon_p}$ de l'erreur probable.

2° Avec les valeurs obtenues, prises comme *arguments*, on entre dans la division de gauche de l'échelle double, et en regard, sur la division de droite, on lit les nombres correspondants P pour 1 000 d'écarts numériquement inférieurs aux limites successives :

$$\frac{x}{\varepsilon_p} = \frac{i}{\varepsilon_p}, \quad \frac{3i}{\varepsilon_p}, \quad \frac{5i}{\varepsilon_p} \ldots, \quad \frac{(2K+1)i}{\varepsilon_p}.$$

3° On effectue les différences entre chacun des nombres P et le précédent. Multipliant ensuite ces différences par $\frac{n}{2\,000}$, on obtient les nombres absolus d'écarts positifs, ou les nombres respectivement égaux d'écarts négatifs, qui sont compris dans les intervalles correspondants de la série (10). Ces nombres, répondant aux valeurs intermédiaires de x (série 11), sont les ordonnées cherchées de la courbe théorique Q'BQ (fig. 68) de répartition des écarts.

Les calculs se disposent comme l'indique le tableau ci-après :

Divisions de l'échelle des écarts	Arguments $\dfrac{x}{\varepsilon_p}$	Nombres d'écarts pour 1000 P	Différences ΔP	Ordonnées ΔP $\times \dfrac{n}{2000} = y$
0.....	....	....	....	$P_1 \times \dfrac{n}{1000}$
i.....	$\dfrac{i}{\varepsilon_p}$	P$_1$		
$2i$.....			P$_2$—P$_1$	y_2
$3i$.....	$\dfrac{3i}{\varepsilon_p}$	P$_3$		
$4i$.....			P$_3$—P$_3$	y_4
$5i$.....	$\dfrac{5i}{\varepsilon_p}$	P$_5$		
.....	.....	.....	.....	.....

Voir plus loin (n° 92. A) un exemple d'application de cette méthode.

En examinant l'échelle représentée fig. 69, on voit que plus de 99 % des écarts sont inférieurs, en valeur absolue, au *quadruple de*

3. Le nombre p. 1000 des écarts compris entre — i et + i n'est en effet autre chose que le nombre P$_1$ des écarts numériquement inférieurs à i.

l'écart probable. On est donc autorisé à considérer cette dernière limite comme constituant le maximum pratique des écarts accidentels. Les écarts supérieurs à cette limite peuvent être regardés comme des *fautes*, et les observations correspondantes, annulées.

Les fautes ne doivent pas intervenir dans le calcul de l'erreur moyenne des mesures (formules 7 et 9).

C. ERREUR PROBABLE D'UNE SOMME OU D'UNE MOYENNE DE RÉSULTATS. — I. Lorsque, par l'effet de plusieurs causes distinctes, un résultat est affecté d'erreurs probables, systématiques ou accidentelles, simultanées, de même ordre de grandeur, individuellement représentées par

$$\pm \alpha, \ \pm \beta, \ \pm \gamma \ldots,$$

l'erreur probable résultante σ est égale à la racine carrée de la somme des carrés des erreurs individuelles ; autrement dit, on a :

$$\sigma = \pm \sqrt{\alpha^2 + \beta^2 + \gamma^2 \ldots} \qquad (14)$$

II. Il résulte de là que si plusieurs quantités

$$A, B, C, \ldots \text{ etc.,}$$

sont affectées chacune d'erreurs probables

$$\pm \alpha, \ \pm \beta, \ \pm \gamma \ldots,$$

ces erreurs affectent aussi la somme algébrique

$$S = \pm A \pm B \pm C \pm \ldots,$$

et cette somme, en vertu de la règle précédente, a pour erreur probable la quantité σ donnée par la formule (14).

Ainsi, *l'erreur probable d'une somme est égale à la racine carrée de la somme des carrés des erreurs probables de chacune de ses parties.*

III. Si les termes A, B, C... sont au nombre de n, et si, dans la formule (14), à chacune des erreurs α, β, γ... on substitue l'erreur moyenne ε donnée par la formule (7) :

$$\varepsilon = \pm \sqrt{\frac{\alpha^2 + \beta^2 + \gamma^2 + \ldots}{n}}, \qquad (15)$$

l'erreur probable de la somme S, devient :

$$\sigma = \pm \, \varepsilon \, \sqrt{n}. \tag{16}$$

En d'autres termes, *l'erreur probable d'une somme est égale au produit de l'erreur probable d'une de ses parties par la racine carrée du nombre de celles-ci.*

IV. En vertu de la formule précédente, la somme ΣB des n mesures dont il a été précédemment question (n° 90. A) aurait pour erreur probable :

$$\varepsilon_p \sqrt{n},$$

ε_p ayant ici la valeur exprimée par la formule (8) combinée avec la formule (9).

et l'erreur probable u_p de la moyenne $\dfrac{\Sigma B}{n}$ serait, par suite :

$$u_p = \frac{\varepsilon_p \sqrt{n}}{n} = \frac{\varepsilon_p}{\sqrt{n}} = \pm \frac{2}{3} \sqrt{\frac{\Sigma \varepsilon^2}{n(n-1)}} \, . \tag{17}$$

Ainsi, *l'erreur probable de la moyenne arithmétique de plusieurs mesures est égale à l'erreur probable des mesures divisée par la racine carrée de leur nombre.*

V. Comme cas particulier, si le nombre n des mesures se réduit à 2, et si δ exprime la différence des deux résultats, les écarts ε sont respectivement :

$$+ \frac{\delta}{2} \quad \text{et} \quad - \frac{\delta}{2},$$

et l'équation (17) donne :

$$u_p = \pm \frac{\delta}{3}. \tag{18}$$

En d'autres termes, *l'erreur probable de la moyenne arithmétique de deux mesures est égale au tiers de la discordance qui existe entre les deux résultats.*

Nous avons déjà fait usage de cette règle précédemment (n° 89. V).

Voyons maintenant les applications à faire des formules qui précèdent, au calcul de l'erreur accidentelle probable du nivellement.

Cette erreur peut être obtenue par différentes méthodes: une *méthode analytique*, assez compliquée, mais donnant le résultat exact, et des *méthodes graphiques*, beaucoup plus simples, mais fournissant néanmoins une valeur suffisamment approchée de l'erreur accidentelle.

Nous allons exposer ces divers procédés.

91. Méthode analytique pour la détermination de l'erreur accidentelle probable du nivellement. — Soit, après élimination de la partie systématique (n° 89), d' la discordance entre les deux opérations d'aller et de retour, pour une nivelée longue d'une fraction l de kilomètre.

En vertu de la formule 18 (n° 90. C), l'erreur probable ϵ_n de la *différence moyenne* correspondante de niveau, est :

$$\epsilon_n = \pm \frac{d'}{3}. \qquad \text{(18 bis)}$$

Un kilomètre de nivellement effectué dans les mêmes conditions, et comprenant par suite un nombre $\frac{1}{l}$ de ces nivelées, aurait, d'après la relation (16), pour erreur probable ϵ_k :

$$\epsilon_k = \epsilon_n \sqrt{\frac{1}{l}} = \pm \frac{d'}{3} \frac{1}{\sqrt{l}}. \qquad \text{(19)}$$

En vertu de la formule 7 (n° 90. A), la moyenne η_k des valeurs précédentes, pour une section de L kilomètres, comprenant N nivelées de longueurs l^{km} variables, aurait pour expression :

$$\eta_k = \pm \sqrt{\frac{\Sigma \epsilon_k^2}{N}} = \pm \frac{1}{3} \sqrt{\frac{\Sigma \frac{d'^2}{l}}{N}}. \qquad \text{(20)}$$

Remplaçant d' par sa valeur (formule 6, n° 89 — VI) :

$$d' = d - \xi_k l_1 \qquad \text{(6)}$$

ξ_k, discordance systématique moyenne par kilomètre,

on a finalement [1] :

$$z_k = \pm \frac{1}{3} \sqrt{\frac{\Sigma \frac{d^2}{l} - \frac{s^2}{L}}{N}} \; . \qquad (20\,\text{bis})$$

Pour avoir la valeur exacte de l'erreur accidentelle probable par kilomètre d'une section nivelée, on a donc à effectuer successivement les cinq opérations suivantes :

1° Calculer isolément les expressions $\frac{d^2}{l}$ (l exprimé en kilomètres), les quantités l et d étant prises dans le registre D (n° 87, mod. 5, col. II et XI);

2° Effectuer la somme $\Sigma \frac{d^2}{l}$ pour toute la section ;

3° Retrancher du résultat le quotient $\frac{s^2}{L}$ du carré de la discordance systématique totale s entre les deux opérations d'aller et de retour, par la longueur L de la section ;

4° Diviser la différence par le nombre total N des nivelées :

1. La relation (6) s'écrit en effet :

$$d = d' + \xi_k\, l, \qquad (6)$$

d'où l'on tire :

$$\frac{d^2}{l} = \frac{d'^2}{l} + 2d'\xi_k + \xi^2_k l.$$

et, par suite:

$$\Sigma \frac{d^2}{l} = \Sigma \frac{d'^2}{l} + 2\xi_k \Sigma d' + \xi^2_k \Sigma l. \qquad (\alpha)$$

Mais d' étant indifféremment positif ou négatif, on a :

$$\Sigma d' = 0;$$

d'autre part, d'après ce qui a été dit (n° 89 — 1), ξ_k a pour valeur :

$$\xi_k = \frac{s}{L} :$$

en troisième lieu, on peut écrire :

$$\Sigma l = L.$$

Substituant dans la relation (α) et résolvant par rapport à $\Sigma \frac{d'^2}{l}$, il vient enfin :

$$\Sigma \frac{d'^2}{l} = \Sigma \frac{d^2}{l} - \frac{s^2}{L}.$$

5° Extraire la racine carrée du quotient, et prendre le tiers du chiffre obtenu.

Dans la plupart des cas, il est vrai, le terme $\frac{s^2}{L}$ est tout à fait négligeable² à côté du total $\Sigma \frac{d^2}{l}$; la formule (20 *bis*)

2. Ce résultat s'explique aisément. Il est rare, en effet, que la discordance systématique entre les deux opérations d'aller et de retour dépasse 1ᵐᵐ par kilomètre ($\xi_k = 1^{mm}$). Avec des nivelées longues de 140 mètres en moyenne, soit au nombre de 7 environ par kilomètre, la discordance systématique moyenne $\xi_k l$ par nivelée atteint, en conséquence, très rarement 1ᵈᵐᵐ,5 :

$$\xi_k l = 1^{dmm},5.$$

D'autre part, l'erreur accidentelle probable (s_k ou z_k) du nivellement étant supposée de $\pm 1^{mm}$ environ par kilomètre, la discordance accidentelle moyenne correspondante d' pour une nivelée; est, en vertu de la relation (19) :

$$d' = 3 z_k \sqrt{l} = \pm 1^{mm} \times 3 \sqrt{0,14} = \pm 11^{dmm},22.$$

D'après la formule 14 (n° 90.C), la discordance d résultant de la combinaison de l'erreur systématique $\xi_k l$ avec la discordance accidentelle d', a finalement pour expression :

$$d = \pm \sqrt{\xi_k^2 l^2 + d'^2} = \pm \sqrt{\overline{11,22}^2 + \overline{1,5}^2} = \pm 11^{dmm},32$$

chiffre supérieur de 1 %₀ seulement à celui de 11ᵈᵐᵐ,22 qui exprime la discordance purement accidentelle.

Donc, en remplaçant, dans la formule (20), $\sqrt{\Sigma \frac{d'^2}{l}}$ par $\sqrt{\Sigma \frac{d^2}{l}}$, on ne commet généralement pas sur z_k une erreur de plus de 1 %₀.

Dans les nivellements qui s'effectuent à l'aide de supports mobiles pour les mires, au lieu de piquets fixes (n° 73 — III), et pour lesquels, par suite, on ne peut calculer de *discordances par nivelée*, l'erreur accidentelle probable des opérations s'obtient en comparant entre elles les différences de niveau obtenues, à l'aller et au retour, entre les repères consécutifs. On calcule les discordances correspondantes Δ, et, par analogie avec la formule (20 bis), on forme l'expression :

$$z_k = \pm \frac{1}{3} \sqrt{\frac{\Sigma \frac{\Delta^2}{\delta} - \frac{s^2}{L}}{N_r - 1}}, \tag{20 *ter*}$$

δ désignant la *distance* entre les deux repères auxquels répond la *discordance* Δ ; N_r le *nombre des repères* scellés sur la section considérée, laissant entre eux $N_r - 1$ intervalles.

Mais ici l'on ne peut plus, comme dans le cas précédent, négliger l'influence de l'élément systématique. En effet, conservant les mêmes hypothèse réduit alors à :

$$z_k = \pm \frac{1}{3} \sqrt{\frac{\Sigma \frac{d^2}{l}}{N}}. \qquad (21)$$

Exemple. — Pour la section J' Q' du Réseau fondamental du nivellement général de la France, on a :

$$\Sigma \frac{d^2}{l} = 283\,780^{dmm^2} \; ; \; s = -72^{mm} \; ; \; L = 80^{km} \; ; \; \frac{s^2}{L} = 0480^{dmm^2} \; ; \; N = 558.$$

D'où l'on tire :

$$z_k = \pm 7^{dmm},43, \quad \text{par la formule (20 bis)}$$
$$\text{et} \quad z_k = \pm 7^{dmm},51, \quad \text{par la formule (21)}.$$

L'écart dépasse à peine 1 °/₀.

Mais le calcul simplifié ainsi est encore très long.

On peut heureusement obtenir par des méthodes plus simples, que nous avons imaginées pour le Service du nivellement général et que nous allons maintenant décrire, une valeur suffisamment approchée de l'erreur accidentelle probable.

ses ($\bar{z}_k = 1^{mm}$, $z_k = \pm 1^{mm}$) et admettant un espacement moyen r de 2 kilomètres entre deux repères consécutifs, on a :

1° Pour la *discordance systématique* moyenne répondant à l'intervalle de deux repères :

$$\bar{z}_k = 1^{mm} \times 2;$$

2° Pour la *discordance accidentelle* Δ' correspondante :

$$\Delta' = 3\, z_k \sqrt{r} = \pm 1^{mm} \times 3 \sqrt{2} = \pm 4^{mm},21.$$

La *discordance résultante* Δ a ainsi pour expression, d'après la formule 14 (n° 90. C) :

$$\Delta = \pm \sqrt{\bar{z}_k^2 r^2 + \Delta'^2} = \pm \sqrt{2^2 + 4,23^2} = \pm 4,68.$$

La discordance résultante Δ excède ainsi de $0^{mm},44$, ou de 10 °/₀, la discordance accidentelle seule Δ'.

Par suite, en négligeant $\dfrac{s^2}{L}$ dans la formule (20 *ter*), on obtiendrait une erreur z_k trop forte d'environ 10 °/₀.

92. Détermination graphique de l'erreur accidentelle du nivellement. — Pour déterminer graphiquement l'erreur accidentelle du nivellement, on classe par ordre de grandeur et d'après leur nombre les discordances d par nivelée ; puis on construit le *diagramme de répartition* de ces discordances. Ce diagramme est ensuite comparé avec une série de diagrammes-types; ou bien, on anamorphose préalablement le diagramme effectif et les diagrammes types, pour en faciliter la comparaison.

Nous exposerons successivement ces deux méthodes, auxquelles nous avons donné les noms de *méthode par diagrammes types* et de *méthode par diagrammes anamorphosés*.

A. MÉTHODE PAR DIAGRAMMES-TYPES. — Deux cas sont à distinguer, selon que la longueur l des nivelées est constante ou non.

I. **Nivelées de longueur constante.** — Nous examinerons d'abord le cas où les discordances d sont purement accidentelles; puis celui où elles présentent, dans l'ensemble, une allure systématique.

1° *Discordances exclusivement accidentelles.* — Le nivellement étant exempt d'erreur systématique, on a :

$$\xi_k = 0; \qquad d' = d.$$

En outre, les nivelées étant supposées toutes égales entre elles, la quantité constante l sort du signe Σ dans la formule (21) qui devient alors :

$$x_k = \pm \frac{1}{3} \sqrt{\frac{1}{i}} \sqrt{\frac{\Sigma d^2}{N}}. \tag{22}$$

$\frac{1}{i}$ est égal au nombre moyen $\frac{N}{L}$ de nivelées par kilomètre; d'un autre côté, d'après la formule 7 (n° 90. A), la *discordance moyenne* d_m par nivelée a pour expression [1] :

---

1. Si les opérations étaient parfaites, les discordances d seraient toutes nulles. *Zéro* représente donc la valeur exacte dont il est question au n° 90 A. On doit, par suite, appliquer ici la formule (7) et non la formule (9).

$$d_m = \pm \sqrt{\frac{\overline{\Sigma d^2}}{N}},$$

et *l'erreur accidentelle probable* τ_n *par nivelée*, qui s'en déduit au moyen de la relation 18bis (n° 91), est à son tour :

$$\tau_n = \frac{d_m}{3} = \pm \frac{1}{3} \sqrt{\frac{\overline{\Sigma d^2}}{N}}. \tag{23}$$

Remplaçant, dans l'équation (22), $\frac{1}{i}$ et $\frac{1}{3}\sqrt{\frac{\overline{\Sigma d^2}}{N}}$ par leurs valeurs, on a finalement :

$$\tau_k = \tau_n \sqrt{\frac{N}{L}}, \tag{24}$$

formule que, du reste, on aurait pu écrire directement, en vertu de l'équation 16 (n° 90. C).

L'erreur probable τ_n *par nivelée* s'obtient, comme on va le voir, par un procédé graphique très simple.

Établissons un canevas (fig. 70) formé de colonnes séparées les unes des autres pour éviter la confusion, et divisées en cases par des traits horizontaux régulièrement espacés. Donnons à ces colonnes, à partir de la gauche, les cotes consécutives :

$$d = -30^{4mm}, \ldots\ldots\, -10, -5, \ 0, +5, +10 \ldots\ldots +30^{4mm} (^2)$$

et chiffrons de 5 en 5 les horizontales qui limitent supérieurement les cases.

Cela fait, parcourant la colonne XI du registre D (n° 87, mod. 5), depuis l'origine jusqu'à la fin de la section dont l'erreur probable est à déterminer, arrondissons, par la pensée, au nombre le plus voisin de demi-millimètres,

---

2. Ces cotes répondent aux termes de la série (11) dans le cas général précédemment exposé (n° 90 B). On a ici : $2i = 5^{mm}$.

Diagramme de répartition absolue des discordances par nivelée
pour la section J'Q' du Réseau fondamental du nivellement général.

I. Diagramme amorcé.

Nombres absolus des discordances de chaque grandeur.

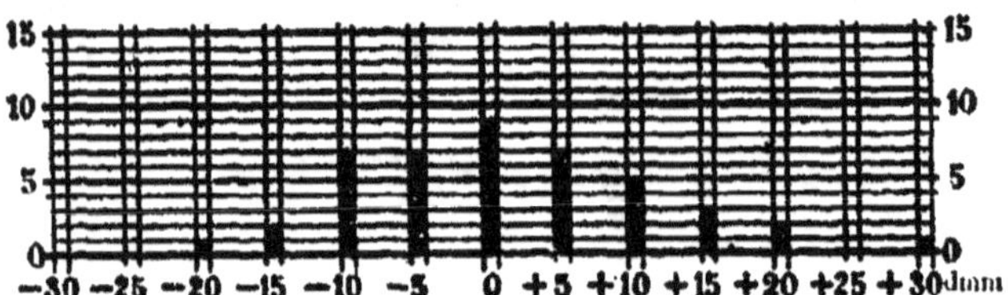

Grandeurs des discordances, exprimées en *décimillimètres*.

Figure 70.

(Echelle de 2, 3).

II. Diagramme complet.

Nombres absolus des discordances de chaque grandeur.

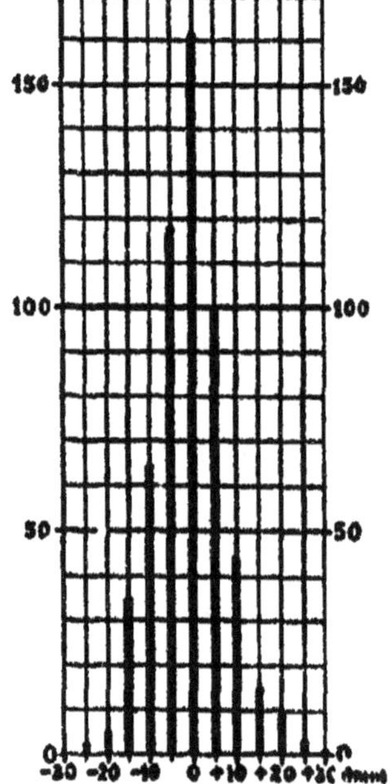

Grandeurs des discordances, exprimées en *décimillimètres*.

Figure 71.

(Echelle de 1/4).

chacune des discordances *d* par nivelée[3], et portons sur le canevas ces discordances arrondies[4], en pointant chaque fois, dans la colonne correspondante, la première case libre à partir du bas[5].

Nous obtenons ainsi ce qu'on peut appeler le *diagramme de répartition absolue des discordances*.

La fig. 70 représente, par exemple, l'amorce du diagramme établi pour la section J'Q', sur lequel sont déjà pointées les discordances relatives aux 44 nivelées contenues dans le carnet n° 1 de cette section.

La fig. 71 représente, à une échelle réduite, le diagramme complet, correspondant aux 558 nivelées de la section entière.

3. La différence entre une discordance *d* et la valeur arrondie la plus voisine est, par suite, de $2^{dmm},5$ au maximum, soit d'environ 1^{dmm} en moyenne, approximation très suffisante dans la pratique.

4. Pour les discordances exactement égales à $2^{dmm}5$, $7^{dmm}5$, $12^{dmm}5$, $27^{dmm}5$, $32^{dmm}5$, ... qui se trouvent appartenir, à la fois, à deux intervalles consécutifs, elles peuvent être attribuées indifféremment à l'une ou à l'autre des deux colonnes adjacentes intéressées. On répartit ces discordances par moitié et alternativement dans l'une et dans l'autre de ces deux colonnes.

Lorsqu'on rencontre deux discordances notables consécutives, de signes contraires, sensiblement égales, indice à peu près certain d'un dérangement du piquet intermédiaire, on se contente de porter deux fois de suite, sur le canevas, les 2/3 de la somme algébrique de ces deux discordances.

En effet, d_m étant la valeur moyenne inconnue de ces deux discordances supposées corrigées de l'enfoncement du piquet, leur somme σ, qui est indépendante de cet enfoncement, satisfait, d'après l'équation 16 (n° 90. C), à la relation :

$$\sigma = \pm d_m \sqrt{2} ;$$

d'où l'on tire :

$$d_m = \pm \frac{\sigma}{\sqrt{2}} = \pm \frac{2}{3} \sigma \quad \text{(environ)}.$$

C. Q. F. D.

5. Parvenu à la fin de la section, on s'assure, comme contrôle, que la somme des ordonnées du diagramme est égale au nombre total N des nivelées.

Pour faciliter les vérifications, en cas de fautes commises dans le pointage, on emploie utilement des crayons ou des encres de couleurs différentes, que l'on alterne pour distinguer, dans l'ensemble, les discordances provenant des carnets consécutifs.

On peut aussi, pour le même objet, fractionner la section en plusieurs segments, dont on construit séparément les diagrammes de discordances. On les réunit ensuite, après avoir constaté l'absence de fautes, pour constituer le diagramme complet.

Cela fait, pour rendre comparables entre eux les diagrammes relatifs à différentes sections, ramenons proportionnellement les résultats à ce qu'ils seraient pour un nombre constant de 1000 nivelées. A cet effet, réduisons si $N > 1000$, ou amplifions dans le cas contraire, dans le rapport de N à 1000 le nombre n des cases remplies dans chaque colonne cotée d. Autrement dit, calculons les quantités :

$$y = n \times \frac{1000}{N} \, ^{(6)}. \qquad\qquad (25)$$

et portons sur deux nouveaux axes rectangulaires, à une échelle arbitraire mais beaucoup plus petite, les abscisses d et les ordonnées y correspondantes.

Enfin réunissons par des lignes droites les sommets des nouvelles ordonnées, nous obtiendrons un tracé analogue à celui représenté sur la fig. 72, ayant l'aspect d'une *cloche* plus ou moins symétrique par rapport à la colonne des *zéros*, et dont .a forme paraîtra d'autant plus élancée que le nivellement sera plus précis, autrement dit que l'erreur accidentelle probable n_a par nivelée sera plus petite.

Sur cette cloche, on applique un *indicateur* constitué par une feuille transparente de papier ou de toile à calquer, sur laquelle, outre les deux axes de coordonnées, ont été tracées, une fois pour toutes, les *diagrammes-types*, c'est-à-dire les courbes théoriques campaniformes de répartition des discordances ' qui, pour un nombre total

---

6. Cette réduction ou cette amplification s'effectuent très commodément avec une règle logarithmique à calculs. Le nombre N, lu sur la réglette, est amené en regard du trait chiffré 1 au milieu de l'échelle supérieure de la règle. Les nombres absolus n de discordances étant lus ensuite sur l'échelle de la réglette, on lit en regard, sur l'échelle de la règle, les nombres proportionnels y correspondants

7. Ces courbes théoriques s'obtiennent en appliquant la méthode indiquée

Détermination graphique de l'erreur accidentelle probable d'une nivelée,

pour la section J'Q' du Réseau fondamental du nivellement général de la France.

(Méthode par diagrammes-types).

Nombres pour 1000 des discordances.

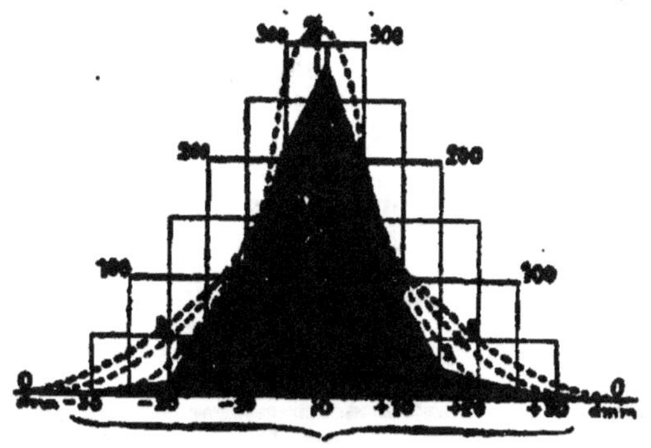

Grandeurs des discordances.

Figure 72.

(Echelle de 1 2).

Longueur de la section......................	80 km.
Nombre de nivelées dans la section..........	558
Longueur moyenne d'une nivelée............	1 44m.
Erreur accidentelle probable d'une nivelée..	± 2mm,7.

NOTA. — Les lignes figurées en *pointillé* (-·-·-), sur ce modèle, représentent les courbes tracées sur l'*indicateur* mobile transparent. Les cotes 2, 3, 4, 5, inscrites sur ces courbes, expriment, en *décimillimètres*, les *erreurs probables* correspondantes par nivelée.

au n° 90 B, et en se servant de l'échelle double représentée par la figure 69.

Soit, par exemple, à construire la courbe répondant à $z_a = \pm 3^{dmm}$.

D'après la formule (23), la valeur correspondante de la *discordance moyenne* d_m par nivelée est :

$$d_m = 3 z_a = \pm 9^{dmm},$$

Par suite, d'après la formule 8 (n° 90.A), la *discordance probable* d_p, a pour grandeur :

$$d_p = \frac{2}{3} d_m = 2 z_a = \pm 6^{dmm}. \tag{26}$$

de 1000 nivelées, répondent respectivement à des erreurs probables z_n par nivelée :

$$z_n = \pm\, 2,\ 3,\ 4,\ 5^{dmm},$$

et, au besoin, à des valeurs intermédiaires.

On ajuste le transparent de manière à faire coïncider ses deux axes rectangulaires avec ceux du diagramme. Dans cette position, la cote de la courbe théorique, réellement figurée sur l'indicateur ou interpolée par la pensée, qui concorde le mieux avec le diagramme, exprime l'erreur probable cherchée.

D'autre part, le demi-intervalle i (n° 90. B) est ici :

$$i = 2^{dmm},5.$$

La série des calculs et leurs résultats sont indiqués dans le tableau ci-après :

Echelle des discordances d	Arguments $\dfrac{d}{6^{dmm}}$	Nombres proportionnels pour 1000. P	Différences ΔP	Ordonnées $\dfrac{\Delta P}{2}$
0dmm....				... 221
2,5	 0,42	... 221		
5			... 379	... 189,5
7,5	 1,25	... 600		
10			... 230	... 119,5
12,5	 2,08	... 830		
15			... 112	 56
17,5	2,02	... 951		
20			 37	 18,5
22,5	 3,75	... 988		
25			 10	 5
27,5	 4,58	... 998		
30			 1	 0,5
32,5	 5,42	... 999		

Dans l'exemple de la fig. 72, établi en supposant toutes de même longueur les nivelées de la section J'Q', la courbe effective de répartition des discordances se trouve comprise entre la courbe théorique cotée 2 et celle cotée 3 sur l'indicateur ; de plus, elle se trouve, en moyenne, un peu plus près de la seconde de ces courbes que de la première. On est donc conduit à adopter $\pm\ 2^{dmm},7$ pour l'erreur probable par nivelée.

La section J'Q' ayant 80^{km} de longueur et comprenant 558 nivelées, l'erreur probable z_k par kilomètre, calculée au moyen de la formule (24), a pour valeur :

$$z_k = z_n \sqrt{\frac{N}{L}} = \pm\ 2^{dmm},7 \sqrt{\frac{558}{80}} = \pm\ 7^{dmm}\ \text{environ}$$

$2°$ *Erreur systématique greffée sur les discordances accidentelles.*—Si, à la discordance purement accidentelle d' pour une nivelée de longueur l, vient s'ajouter un appoint systématique $\xi_k\, l$, positif par exemple, et constant (toutes les nivelées ayant, par hypothèse, la même longueur), le diagramme de répartition des discordances d, construit comme nous venons de l'indiquer, conserve la même forme, mais il se déplace de la quantité $\xi_k\, l$ vers la droite. Il cesse ainsi d'être symétrique par rapport à la colonne des zéros.

A défaut d'une investigation préalable spéciale, relativement à la prépondérance possible des discordances positives ou des discordances négatives, ce fait, à lui seul, constituerait un indice suffisant de la présence d'un vice systématique dans les opérations. Cette indication est incomparablement moins sensible, toutefois, que celle donnée par le procédé direct (n° 89).

II. **Nivelées de longueurs inégales.** — Nous avons jusqu'alors supposé les nivelées toutes égales entre elles. En réalité, il n'en est jamais ainsi. Néanmoins on peut, sans erreur notable, conserver la méthode précédente pour déterminer l'erreur accidentelle probable du nivellement.

La fig. 73, par exemple, montre la répartition proportionnelle des longueurs de nivelées dans la section J'Q', dont la courbe de répartition des discordances a été donnée précédemment (fig. 72).

On voit la longueur des nivelées varier, d'une manière assez irrégulière, depuis 20 mètres jusqu'à 280 mètres. Cependant, malgré cette irrégularité, l'erreur probable kilométrique du nivellement, déduite de la méthode approchée que nous venons d'exposer, ne diffère pas beaucoup de l'erreur probable calculée par la méthode rigoureuse.

On a, en effet, comme nous l'avons vu :

$$z_k = \pm 7^{dmm} \qquad \text{par la méthode graphique (I. 1º).}$$
$$z_k = \pm 7^{dmm},13 \qquad \text{par la méthode rigoureuse (nº 91).}$$

L'écart est de 6 %; mais, comme on le verra plus loin (nº 92. B), la majeure partie de cette différence est imputable à l'incertitude inévitable du résultat donné par la méthode des diagrammes-types.

Répartition proportionnelle, d'après leur longueur, des nivelées

de la section J'Q' du Réseau fondamental du nivellement général.

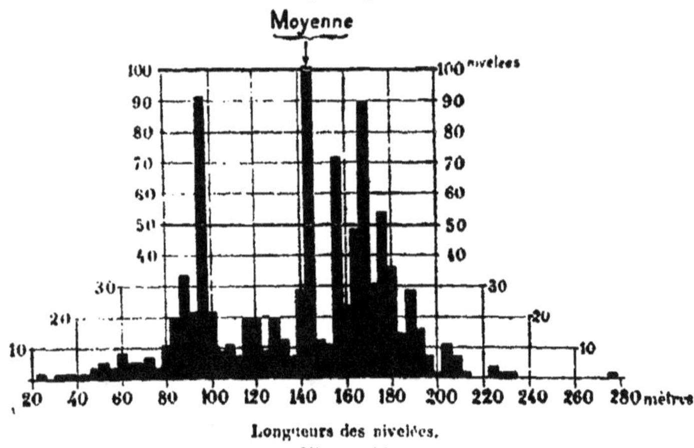

Figure 73.

III. Variante : Reploiement, l'une sur l'autre, des deux moitiés du diagramme de répartition proportionnelle des discordances. — Lorsque la section dont on calcule l'erreur ne comprend qu'un nombre relativement petit de nivelées, 100 à 200 par exemple, la cloche construite comme il a été indiqué ci-dessus (I. 1º) présente généralement des irrégularités qui rendent difficile et incertaine la détermination, sur l'indicateur, du diagramme-type concordant le mieux avec la courbe effective de répartition des discordances par nivelée. On remédie en partie à cet inconvénient en repliant les deux moitiés du diagramme l'une sur l'autre, par exemple la moitié de gauche sur la moitié de droite, de manière que chacune des ordonnées répondant à une discordance négative vienne s'appliquer, comme le montre la figure 74, sur l'ordonnée positive de même cote numérique.

Détermination graphique de l'erreur accidentelle probable d'une nivelée,

en superposant les deux moitiés du diagramme de répartition proportionnelle des discordances.

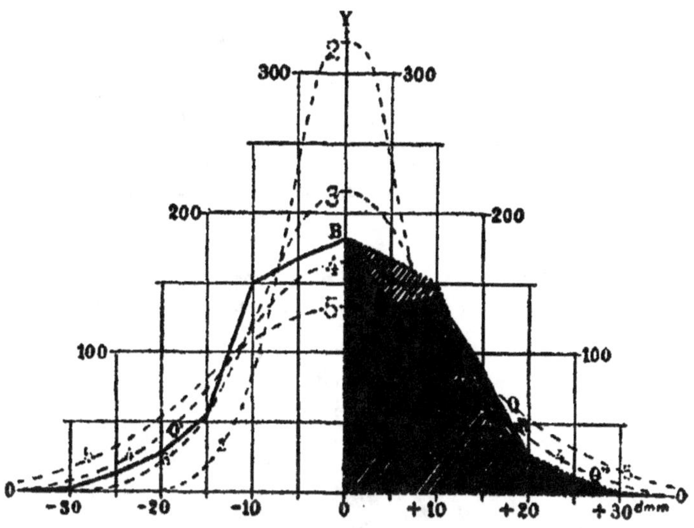

Figure 74.

Nota. La partie du diagramme qui est couverte de hachures représente la moitié de gauche du diagramme reportée symétriquement à droite de l'axe OY. — La ligne moyenne entre la branche primitive de droite (*trait plein* ——) et la branche de gauche reportée (*trait pointillé* .....) est figurée par un *trait tireté* (— · — · —)

En d'autres termes, la courbe Q'BQ de répartition étant une fois établie, la branche BQ' située à gauche de l'axe

OY, est reportée symétriquement à droite de cet axe, en BQ″.

Puis on trace, entre ces deux courbes, la ligne moyenne BR, d'allure plus régulière, avec laquelle l'estime de l'erreur probable, sur l'indicateur, se fait ensuite beau-coup plus sûrement et plus rapidement.

Toutefois, si les discordances par nivelée avaient une tendance systématique traduite par un notable défaut de symétrie de la cloche relativement à l'axe vertical OY, ce procédé conduirait à une valeur *trop forte* pour l'erreur probable [1].

8. Ce fait peut être établi facilement. Soient, en effet, (fig. 75) :

$Q'_1B_1Q_1$, le diagramme effectif de répartition des discordances ;

$Q'BQ$, le diagramme que l'on aurait obtenu si les discordances avaient été préalablement dépouillées de l'élément systématique. Ce diagramme n'est autre que le précédent, déplacé de la quantité OO_1 dans le sens horizontal, de manière à être rendu symétrique par rapport à l'axe OY. — OO_1 représente la discordance systématique moyenne par nivelée.

Résultat donné, en cas d'erreur systématique,
par la méthode de superposition des deux moitiés du diagramme.

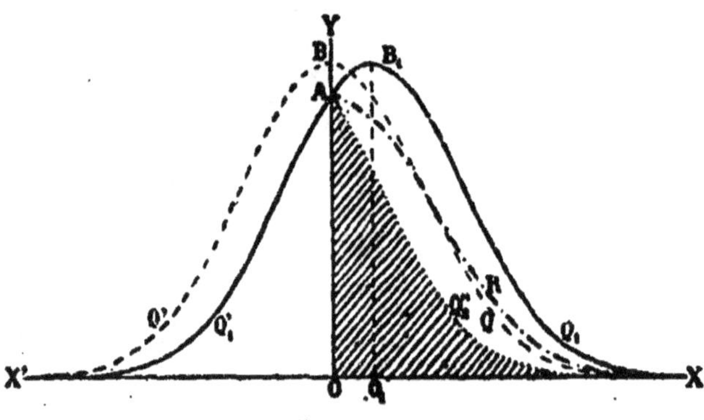

Figure 75.

Pour appliquer la méthode par superposition, reportons en AQ_2'', à droite de OY, la branche négative AQ'_1 du diagramme primitif, et traçons la ligne

L'inexactitude commise serait d'autant plus grande que la tendance systématique des discordances serait elle-même plus marquée ; toutefois cette inexactitude atteint rarement une grandeur appréciable, au moins dans les conditions habituelles des nivellements de haute précision (n° 91, note 2).

B. Méthode par diagrammes anamorphosés. — Par suite de la forme curviligne assez complexe des courbes de répartition proportionnelle des discordances, l'appréciation de la concordance entre la courbe effective et l'un des diagrammes-types dessiné sur l'indicateur ou virtuellement interpolé, prête à une incertitude plus ou moins grande qui n'existerait pas au même degré si les diagrammes-types, au moins, étaient rectilignes.

Cet avantage peut être obtenu par la transformation très simple qui va être exposée.

I. L'équation des courbes théoriques de répartition, est, en effet (formule 12, n° 90. B) :

$$y = \frac{2nhi}{\sqrt{\pi}}\,e^{-h^2x^2},\qquad(12)$$

le *module* h de précision étant ici lié à la discordance moyenne d_m et à l'erreur probable η_n d'une nivelée par les relations suivantes, déduites des formules 13 (n° 90. B) et 23 (n° 92. A) :

$$h = \frac{1}{d_m\sqrt{2}} = \frac{1}{3\varkappa_n\sqrt{2}},\qquad(13^{bis})$$

Posons :

$$y' = \log y,$$
$$x' = x^2.$$

Prenant les logarithmes des deux membres de l'équa-

moyenne AR entre la branche AB₁Q₁ et la branche AQ″₂. Cette ligne moyenne croise la branche BQ du diagramme rectifié ; elle se rapproche donc d'une cloche plus écrasée et, par suite, correspond à une erreur probable trop forte.

Détermination de l'erreur accidentelle probable d'une nivelée
pour la section J'Q' du Réseau fondamental.

(Méthode par diagrammes anamorphosés).

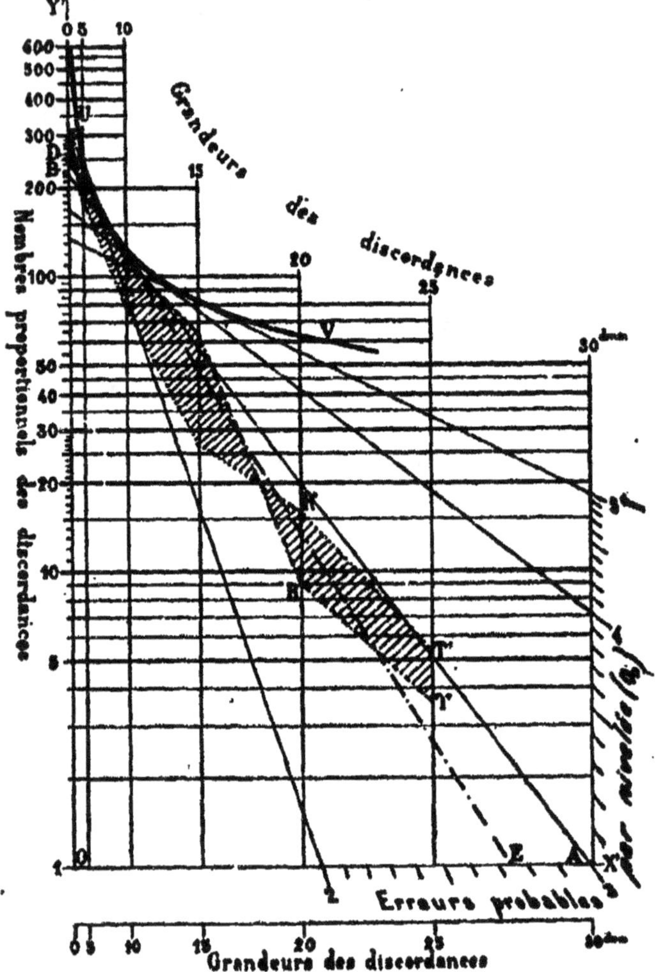

Figure 78.

tion (12), puis substituant à y et à x leurs valeurs en y' et en x', on a :

$$y' = \log \frac{2nhi}{\sqrt{\pi}} - \mu h^2 x' , \qquad (27)$$

μ, module des logarithmes népériens $= \log e = 0,434$.

Cette équation représente une droite AB (fig. 76). Pour pouvoir tracer commodément cette droite, recourons au procédé des *coordonnées graduées* de M. Lalanne.

A cet effet, d'une part, substituons à la graduation en parties égales de l'axe OY, une *division logarithmique*, c'est-à-dire une graduation dont les points se trouvent à des distances de l'origine respectivement proportionnelles aux logarithmes des valeurs correspondantes de y.

D'autre part, remplaçons l'échelle OX en parties égales, par une *échelle quadratique*, c'est-à-dire par une échelle dont les points de division soient espacés comme les carrés des cotes x correspondantes.

Pour fixer la position de la droite AB, il suffit maintenant de connaitre les cotes x_0 et y_0 des points A et B où elle rencontre les deux axes.

D'abord la valeur de y_0 s'obtient en faisant $x = o$ dans l'équation (27) ou, ce qui revient au même, en prenant $x = o$ dans l'équation (12). On a [*] :

$$y_0 = \frac{2nhi}{\sqrt{\pi}}. \qquad (28)$$

Remplaçant h par sa valeur (formule 13 *bis*) et prenant comme tout à l'heure (A, note 7) :

$$i = 2^{dmm},5 ; \qquad n = 1000 ;$$

on a finalement :

$$y_0 = \frac{985}{2n} \qquad (28 bis)$$

[*]. y_0 est le nombre des discordances comprises entre $-i$ et $+i$; il est égal à l'ordonnée médiane cotée zéro — *ordonnée maxima* — du diagramme-type répondant à la valeur donnée de h ou de z_a (fig. 72) Cette ordonnée maxima pourrait donc se calculer, comme nous l'avons indiqué (n° 92. A, note 7), à l'aide de l'échelle double représentée fig. 69 ; mais il est plus simple de calculer y_0 par la formule (28 *bis*).

D'autre part, la valeur de x_0 se détermine en faisant $y' = o$ dans l'équation (27) ; après y avoir remplacé $\frac{2nhi}{\sqrt{\pi}}$ par y_0 (formule 28), x'_0 par x'_0, et h par $\frac{1}{3\tau_n\sqrt{2}}$ (formule 13 *bis*), on en tire :

$$x_0 = 3\tau_n \sqrt{\frac{2 \log y_0}{\mu}} = 6,44\ \tau_n \sqrt{\log y_0} \cdot \qquad (29)$$

En admettant pour i et pour n les mêmes valeurs que ci-dessus, il vient :

$$x_0 = 0,44\ \tau_n \sqrt{2,823 - \log \tau_n}. \qquad (29\ bis)$$

II. Pour s'épargner la peine de calculer y_0 et x_0, on peut faire usage de l'échelle ci-contre (fig. 77), à triple graduation — traduction graphique des équations (28 *bis*) et (29 *bis*) —, qui, pour $n = 1000$, donne les nombres x_0 et y_0 répondant aux valeurs de τ_n comprises entre les limites extrêmes : 2^{dmm} et $6^{dmm},5$.

On porte respectivement sur OX' et sur OY' les valeurs de x_0 et de y_0 qui répondent successivement à des erreurs probables par nivelée :

$$\tau_n = 2,\ 2,5,\ 3,\ 3,5,\ 4,\ 4,5,\ 5^{dmm},$$

et l'on inscrit en regard des points obtenus les valeurs correspondantes de τ_n.

Après cela, pour obtenir la droite, telle que AB, répondant à une valeur donnée de τ_n, il suffit de réunir les deux points ayant cette cote sur les deux échelles en τ_n ainsi juxtaposées aux axes de coordonnées.

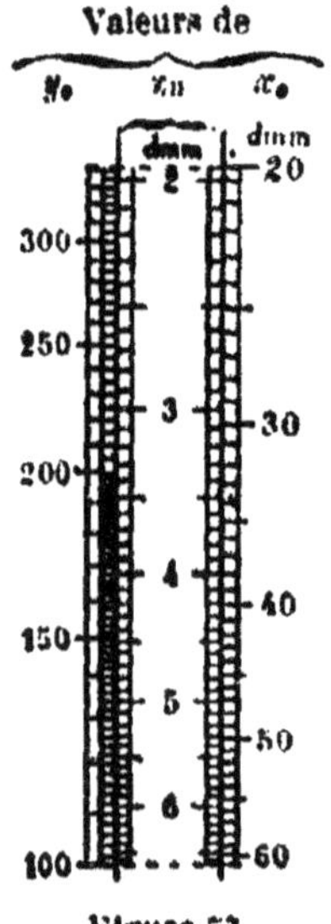

Figure 77.

III. Quand, n restant constant, on fait varier h, les droites représentées par la formule (27) enveloppent une courbe dont l'équation s'obtient en éliminant h entre cette équation et sa dérivée par rapport à h :

$$o = \frac{1}{h} - 2\mu x'.h;$$

d'où l'on tire :

$$h = \frac{1}{\pm\sqrt{2\mu x'}}.$$

Substituant dans la formule (27), il vient :

$$y' = -\frac{1}{2}\log x' + \left[\log n i \sqrt{\frac{2}{\mu x} - \frac{1}{2}}\right].$$

Cette équation est celle d'une *logarithmique*. On pourrait la construire par points ; mais on l'obtient plus commodément en traçant, par le procédé indiqué plus haut, un nombre de tangentes telles que AB, suffisant pour la déterminer.

On forme ainsi un *canevas-type* comprenant : 1° la courbe enveloppe UV ; 2° les axes OX′, OY′ de coordonnées ; 3° les parallèles à chacun de ces axes menées respectivement par les points de division de l'autre ; 4° l'échelle, juxtaposée à l'axe OX′, des erreurs probables r_n par nivelée.

Ce canevas est dessiné une fois pour toutes, puis reproduit à un nombre d'exemplaires égal au moins au nombre des sections dont l'erreur est à calculer.

IV. Soit maintenant à déterminer l'erreur probable par nivelée d'une section.

On forme comme précédemment (n°92.A) le *diagramme de répartition absolue* des discordances pour cette section (fig. 71) ; on calcule de même le nombre pour 1000, y (équation 25, n° 92. A), des discordances comprises dans chacun des intervalles $2i$ respectivement cotés :

$$d = -30^{dmm}, -10, -5, 0, +5, +10\ldots\ldots +30^{dmm}.$$

Puis, sur le canevas anamorphosé (fig. 76), on porte les valeurs correspondantes de d et de y, successivement pour les deux moitiés du diagramme campaniforme, sans se préoccuper du signe de d. On joint par des droites les points successivement obtenus, tels que P...R, T , P...R', T', répondant à chacune des deux moitiés du diagramme ; enfin, à travers les deux lignes polygonales PRT, PRT', on trace une droite moyenne DE qui soit en même temps tangente à l'enveloppe UV. Cette droite vient rencontrer, sur la base ou sur le bord de droite du canevas, l'échelle r_n en un point E où se lit l'erreur probable cherchée.

Dans l'exemple représenté sur la fig. 76, relatif à la section J'Q' du Réseau fondamental du nivellement de la France, cette erreur est :

$$r_n = 2^{dmm}75,$$

avec une incertitude de 2^{cmm} au plus, tenant à l'indécision qui pèse forcément sur le tracé de la tangente moyenne DE.

De la valeur qui précède, on déduit, pour l'erreur accidentelle kilométrique probable r_k de la section J'Q' :

$$r_k = r_n \sqrt{\frac{N}{L}} = \pm 2^{dmm},75 \sqrt{\frac{558}{80}} = \pm 7^{dmm},26,$$

$$L, \quad \text{désignant la longueur de la section} = 80^{km} ;$$
$$N \quad \text{le nombre total des nivelées} = 558.$$

Par la méthode rigoureuse (n° 91), on avait obtenu : $r_k = \pm 7^{dmm},43$.

L'écart entre les deux résultats dépasse à peine 2 %. Cependant les deux nivellements d'aller et de retour, dans la section J'Q', présentent une discordance systématique négative de 9^{dmm} par kilomètre, l'une des plus fortes qui aient été constatées dans les opérations du nivellement général de la France.

Le procédé par anamorphose donne, on le voit, une approximation plus grande que les deux précédents. Comme la méthode par superposition (n° 92. A. III), il exige, il est vrai, que les discordances par nivelée soient à peu près exemptes d'allure systématique : mais l'exemple précédent montre que, dans les conditions habi-

tuelles des nivellements de haute précision, l'erreur
accidentelle probable peut toujours être déterminée avec
avantage au moyen de la méthode par diagrammes anamorphosés, sans qu'on ait à se préoccuper de savoir si
les discordances partielles renferment ou non un élément systématique.

Pour les opérations du nivellement général de la France, l'erreur accidentelle probable varie entre ± 7^{dmm} et ± 11^{dmm} par kilomètre ; la
première limite correspondant à la saison froide, où les opérations ne
sont pas gênées par les réfractions ou les ondulations atmosphériques ; la
seconde répondant aux mois chauds, où les causes perturbatrices sont plus
nombreuses et les discordances accidentelles plus fortes par conséquent.

§ 3.

CALCUL DES ALTITUDES DES REPÈRES.

93. Principes de la méthode de calculs. — Les
opérations sur le terrain ayant été reconnues exemptes
de fautes et leur degré de précision étant jugé satisfaisant,
il reste à déduire des cotes inscrites dans les carnets,
l'altitude des repères, but final du nivellement.

Étant données la masse énorme de chiffres à élaborer,
la complexité de certains calculs et la facilité avec laquelle s'y glissent des fautes, il importe d'adopter, pour
ces calculs, une marche rationnelle et des procédés à la
fois rapides et sûrs.

Nous allons indiquer succinctement les principes dont
nous nous sommes inspiré pour l'organisation des calculs
du nivellement général. Nous donnerons ensuite quelques explications plus détaillées sur l'exécution des calculs
eux-mêmes.

A. Marche générale des calculs. — L'exécution des

calculs passe par sept phases distinctes, dans chacune desquelles les résultats sont totalisés pour des portions de plus en plus grandes du cheminement.

I. — Dans la première phase, on calcule *les différences de niveau de repère à repère.*

A cet effet, on cumule algébriquement sur le Reg. D (n° 87), dans l'intervalle de deux repères consécutifs, les différences moyennes de niveau trouvées, à l'aller et au retour, pour les nivelées intermédiaires. Le résultat obtenu pour chacune des deux opérations est comparé, pour vérification, à la demi-somme algébrique, calculée sur le carnet même (n° 76, modèle 3), des hauteurs de mires correspondantes, lues tant à l'arrière qu'à l'avant par l'opérateur et par le lecteur.

II. — Dans la deuxième phase, consacrée au calcul des *différences de niveau par section,* les différences de niveau de repère à repère sont transcrites du registre D sur un second registre, appelé *Registre des Altitudes* (VI) ou simplement Registre A (n° 94. B, mod. 6), puis cumulées algébriquement depuis l'origine de la section jusqu'à la fin.

A titre de contrôle, on effectue sur de petits tableaux récapitulatifs (n° 94. B, mod. 7), placés à la fin de chaque carnet, une totalisation parallèle des différences de niveau de repère à repère calculées directement sur ces carnets.

III. — Dans la troisième phase, affectée au calcul des *écarts de fermeture* des polygones, on transporte les différences de niveau par section dans un dernier registre, appelé *Registre des fermetures* ou Registre F (n° 94. C, mod. 8), où l'on groupe ensemble les sections appartenant à un même polygone du réseau. L'écart de fermeture de ce polygone s'obtient en totalisant les différences de niveau pour tout le périmètre, et en ajoutant au résultat la correction orthométrique (n° 9) destinée à compenser l'erreur provenant de l'aplatissement de la terre.

IV. — On procède ensuite à la *compensation* rationnelle des écarts de fermeture (§ 4), au moyen d'une correction, généralement peu importante, ajoutée à chacune des différences de niveau par section.

V. — La cinquième phase consiste dans le calcul des *altitudes orthométriques des sommets du réseau.*

Partant du repère fondamental (n° 104), on détermine d'abord l'altitude orthométrique du sommet du réseau qui en est le plus rapproché. Cela fait, on cumule algébriquement sur le registre F, avec cette altitude initiale, les différences de niveau par section, de manière à obtenir successivement les altitudes orthométriques de tous les sommets du réseau.

Comme vérification, chaque fois que, dans cette totalisation, on revient sur un nœud d'altitude déjà calculée, on doit retrouver le même résultat.

VI. — Dans la sixième phase, on détermine, *pour chaque section,* les *altitudes orthométriques de tous les repères.*

A cet effet, on transporte dans le registre A l'altitude du *repère initial* (n° 71, 1°) de chaque section ; on y ajoute la différence de niveau entre ce repère et le suivant, ce qui donne l'altitude de ce dernier repère ; en continuant ainsi de proche en proche, on obtient les altitudes orthométriques des repères consécutifs, et finalement celle du repère qui se trouve à l'extrémité de la section. Comme vérification, cette dernière altitude doit être égale à celle que l'on a trouvée, pour le même repère, dans le registre F.

VII.—Enfin on ajoute à chaque altitude orthométrique *l'appoint* nécessaire pour la transformer en *cote dynamique* (n°⁵ 15 et 16).

B. Procédés de calculs. — Les calculs, dont nous venons d'indiquer sommairement la succession, s'exécutent tous en double, à titre de contrôle, et, autant que possible, par deux méthodes et par deux calculateurs différents.

Les corrections sont obtenues, soit au moyen d'abaques spéciaux (n°s 16, 65 et 66), soit à l'aide de constructions graphiques appropriées (n°s 9 et 94. F).

Les résultats sont transcrits sur des tableaux imprimés (mod. 3, 5, 6, 7, et 8), disposés de manière à réduire au strict nécessaire les transcriptions, sources de fautes. Dans ces tableaux, la place de chaque chiffre est prévue et indiquée d'avance, et les signes amorcés ; tout, en un mot, est ménagé en vue de guider le calculateur, de lui éviter toute incertitude, et de réduire au minimum sa besogne matérielle.

91. Détail des calculs. — Nous allons maintenant entrer dans quelques détails relativement à l'exécution même des calculs et à la tenue des registres et tableaux où ils s'effectuent.

A. DIFFÉRENCES DE NIVEAU DE REPÈRE A REPÈRE. — Ce calcul, avons-nous dit, s'effectue en double, sur les registres D et sur les carnets de nivellement.

I. **Calcul sur le registre D.** — Entre deux repères consécutifs, on totalise les *différences de niveau*, $L\!\downarrow$ et $L\!\uparrow$, répondant aux lectures faites par le lecteur, pour les nivelées intermédiaires, respectivement à l'aller et au retour.

Exemple : Entre les repères 78-I et 78-II (mod. 5) on a :
$$\Sigma L\!\downarrow = -15^m,8615 \text{ (col. III)} ; \quad \Sigma L\!\uparrow = +15^m,8605 \text{ (col. IV)}.$$

A chacune de ces sommes on ajoute :

1° La demi-somme correspondante, changée de signe, des *déréglements* (n° 73-XIII, B), $-\dfrac{\delta\!\downarrow}{2}$ ou $-\dfrac{\delta\!\uparrow}{2}$, de manière à obtenir la moyenne entre les deux différences de niveau trouvées par l'opérateur et par le lecteur à l'aller et au retour (n° 87, note 1, équation 1) ;

2° Les corrections des erreurs de division des mires, $e\!\downarrow$ ou $e\!\uparrow$ séparément totalisées pour les mêmes opérations.

Exemple : Entre les repères 78-I et 78-II, on a, au total, pour l'aller :

1° $\Sigma\delta\!\downarrow$, ou simplement $\delta\!\downarrow = +\,20 - 25 = -\,5$dmm (col. V) ;

d'où :
$$-\frac{\delta\!\downarrow}{2} = +\frac{5}{2} = +\,2\text{dmm environ (id.)} ;$$

2°
$$e\!\downarrow = +\,45 - 345 = -\,300\text{dmm (col. IX)}.$$

et enfin :

$$D\!\downarrow = \Sigma L\!\downarrow - \frac{\delta\!\downarrow}{2} + e\!\downarrow = -\,15^{\mathrm{m}},8615 + 0^{\mathrm{m}},0002 - 0^{\mathrm{m}},0300 = -\,15^{\mathrm{m}},8913$$

$$(\text{col. III}).$$

On a ainsi les différences moyennes de niveau de repère à repère, respectivement à l'aller et au retour : $D\!\downarrow$ et $D\!\uparrow$. En faisant la somme algébrique de ces deux différences qui se correspondent, on a la discordance Δ (col. XI) entre les deux opérations.

Exemple : Entre les repères 78-I et 78-II, on a trouvé :

$$D\!\downarrow = -\,15^{\mathrm{m}},8913 \;(\text{col. III}) ; \quad D\!\uparrow = +\,15^{\mathrm{m}},8918 \;(\text{col. IV})$$

Donc :
$$\Delta = D\!\downarrow + D\!\uparrow = +\,5\text{dmm (col. XI)}$$

Une seconde valeur de cette même discordance est obtenue sur le même tableau, en totalisant entre les repères successifs les discordances partielles d. Les deux valeurs de Δ doivent être identiques, si les calculs effectués sur le registre D lui-même sont exacts.

II. Calcul sur les carnets de nivellement (mod. 3). — On calcule à l'aide de l'abaque II (n° 66), les corrections e des erreurs de mires pour chaque nivelée. Cela fait, dans l'intervalle de deux repères consécutifs, on additionne séparément les cotes d'arrière et les cotes d'avant répondant au fil niveleur, sans tenir compte des signes imprimés qui se trouvent devant ces cotes : on retranche le second résultat du premier ; on prend la moitié de la différence et l'on ajoute à cette moitié la somme algébrique des corrections de mires pour les nivelées intermédiaires.

On collationne enfin les différences de niveau de repère à repère ainsi obtenues sur le registre D et sur les carnets.

Exemple : Le nombre 11 (mod. 5, col. III) est collationné avec le nombre 9 (mod. 3, case de totalisation).

On recherche et l'on corrige, le cas échéant, les fautes mises en évidence par cette comparaison.

B. **Différences de niveau par sections.** — Les différences de niveau de repère à repère, pour une section, ayant été
reconnues correctes, la différence totale de niveau depuis l'origine
de la section jusqu'à la fin est calculée, d'une part sur le reg. A
(mod. 6), d'autre part sur les tableaux récapitulatifs placés à la fin
des carnets (mod. 7). A cet effet :

I. Transcription sur le registre A. — On transcrit du registre D
dans le registre A (mod. 6) les différences de niveau de repère à
repère relatives à l'opération d'aller seulement D↓, et les demi-
discordances correspondantes $-\frac{\Delta}{2}$ entre les résultats des deux
opérations ;

Exemple : Entre les deux repères 78-I et 78-II,
la différence de niveau :

$$D\downarrow = -15^m,8913 \text{ (mod. 5, col. III)}$$

et la demi-discordance :

$$-\frac{\Delta}{2} = -2^{dmm} \text{ (mod. 5, col. XI)}$$

sont transportés mod. 6, respectivement col. V et VI (2e case à partir du
haut).

II. Transcription sur les tableaux récapitulatifs des carnets. —
Les différences de niveau de repère à repère, D↓ et D↑, obtenues sur
les carnets, séparément pour les deux opérations d'aller et de
retour, sont de même transcrites sur les tableaux récapitulatifs
(mod. 7, col. II et III) placés à la fin de ces carnets.

Exemple : La différence de niveau trouvée à l'aller entre les repères
78 I et 78-II :

$$D\downarrow = -15^m,8913 \text{ (mod. 3, case de totalisation)}$$

est transportée mod. 7, col. II.

On fait ensuite la somme algébrique des couples de différences
correspondantes de niveau.

Exemple : Entre les mêmes repères que ci-dessus, on calcule (mod. 7) :
$$\Delta = D\downarrow + D\uparrow = -15^m,8913 + 15^m,8918 = +5^{dmm} \text{ (col. IV)}.$$

CALCUL DES ALTITUDES

1re Brigade. — Registre D, n° 9.

N°s des repères.	Nombre de nivelées. (entre les repères)	Distances. (entre les repères) km	Distance depuis l'origine de la section. km	DIFFÉRENCES brutes de niveau pour l'opération d'aller, D↓ (+) m	(−) m	$\frac{D\Psi+DA}{2}=\frac{\Delta}{2}$ (+) dmm	(−) dmm	Corr. orthométrique s (+) dmm	Corr. de compensation x (−) dmm
I	II	III	IV	V		VI		VII	VIII
Reports	1862	228,20		80,9436		456		430 [10]	80 [13]
78—I			228,20[3]						
	10	1,48[1]			15,8913[6]		2[4]	5 [11]	0 [14]
—II			229,68[3]						
	4	0,38			4,9155	+13		0	0
—III			230,08						
	16	2,17			27,2105		5	5	0
MP'Z'			232,23[5]						
Totaux	1892[23]	232,23[4]		80,9436	48,0173	469	7		
Sommes algébriques.........				32,9263[7]		+462[9]		440 [12]	80 [15]

NOTA.— Les nombres puisés directement dans les registres D (n° 87) ou F (n° 94.C), ou fournis par les diagrammes ou les abaques de correction, sont imprimés en romaine sur ce modèle. Les nombres calculés sur le registre A lui-même sont en **caractères gras**.

1 (Col. III). — Distance extraite du carnet de reconnaissance (n° 72, mod. 2, col. III).

3 (Col. IV). — Distance obtenue en ajoutant le nombre (1) à la distance (2) du repère 78—I à l'origine de la section.

6 et 8 (Col. V et VI). — Données extraites du registre D (n° 87, mod. 5, col. III et XI).

23 (col. II), 4 (col. III), 7 (col. V), 9 (col. VI), 16 (col. IX), 18 (col. X). — Éléments totalisés depuis l'origine de la section. — L'identité des nombres 4 (col. III) et 5 (col. IV) prouve l'absence de fautes dans les additions successives effectuées col. IV.

10 et 12 (Col. VII). — Corrections orthométriques depuis l'origine de la section respectivement jusqu'aux repères 78—I et MP'Z' (fin de la section), calculées par le procédé graphique indiqué au n° 9. Les corrections totales sont lues directement sur le diagramme ad hoc; on en déduit, par différences, les corrections, telles que (11), afférentes à chacune des différences partielles de niveau.

13 et 15 (Col. VIII). — Corrections totales de compensation depuis l'origine de la section, calculées comme il est indiqué au n° 94. F. II. — On en déduit par différences les corrections partielles, telles que (14).

(Registre A)

DES REPÈRES. — SECTION P'Z'

Année 1887

TOTAL $-\dfrac{\Delta}{2}+\varepsilon+x=\sigma$		DIFFÉRENCES D'ALTITUDES orthométriques, $D=D\!\downarrow+\sigma$		ALTITUDES orthométriques H	LATITUDES des repères	APPOINTS dynamiques ζ	COTES dynamiques, $A=H+\zeta$
+	−	+	−				
IX		X		XI	XII	XIII	XIV
dmm	dmm	m	m	m	G	dmm	hsm
806		81,0242			48 es	—	
				259,5517 [21]	37	390	259,5127
3			15,8910 [20]				
				243,6607 [22]	37	370 [24]	243,6237 [25]
13			4,9142				
				238,7465	37	365	238,7100
0			27,2105				
				211.5360	38	320	211,5040
822		81,0242	48,0157	178,5275	Altitude du repère initial de la section.		
822 [16]		33,0085 [18]		33,0085 [20]	Différence d'altitude depuis le repère initial.		
822 [17]		33,0085 [19]					

17 (Col. IX). — Somme algébrique des trois nombres 9 (col. VI), 18 (col. VII) et 15 (col. VIII). — L'identité des nombres 16 et 17 est une garantie de l'exactitude des calculs effectués dans les col. VI et IX.

19 (Col. X). — Somme des deux nombres 7 (col. V) et 17 (col. IX). L'identité des deux nombres 18 et 19 prouve l'exactitude des calculs effectués dans la colonne X. L'identité des nombres 18 et 20 indique l'absence de fautes dans les calculs de la col. XI (à l'exception, bien entendu, du cas où l'on aurait commis, dans la même colonne, deux fautes égales et de signes contraires se détruisant dans le total).

22 (Col. XI). — Nombre obtenu en cumulant l'altitude orthométique (21) du repère 78—7 avec la différence d'altitudes 20 (col. X) entre les repères 78—I et 78—II.

24 (Col. XIII). — Nombre lu directement sur l'abaque (fig. 11) du n° 16.

Pour transformer la *différence des altitudes orthométriques* 20 (col. X) de deux repères, en *différence de niveau dans le sens rigoureux du mot* (différence des cotes dynamiques), il suffirait d'ajouter à la première la différence des appoints dynamiques (col. XIII) afférents aux deux repères en question.

25 (Col. XIV). — Somme algébrique des der. nombres 22 (col. XI) et 24 (col. XIII).

23 (Col. II), 4 (col. III), 7 (col. V), 9 (col. VI). — Résultats à transcrire dans le reg. F (mod. 8).

Modèle 7

TABLEAU RÉCAPITULATIF

DES DIFFÉRENCES DE NIVEAU ENTRE LES REPÈRES CONSÉCUTIFS

SECTION P′ Z′. — Carnet de nivellement n° 57.

NUMÉROS des REPÈRES	DIFFÉRENCES MOYENNES DE NIVEAU				DISCORDANCES			
	Aller (D↓)		Retour (D↑)		$D\downarrow + D\uparrow = \Delta$		$-\dfrac{\Delta}{2}$	
	+	−	+	−	+	−	+	−
I	II		III		IV		V	
	m	m	m	m	dmm	dmm	dmm	dmm
K′P′Z′[1]	80,9436[3]			81,0348[4]			156[5]	
78 — I		15,8913[6]	15,8918[7]		5[8]			2[9]
— II		4,9155	4,9129			26	13	
— III		27,2105	27,2115		10			5
M P′Z′[2]								
	80,9436	48,0173	48,0162	81,0348			469	7
K′P′Z′[1] M P′Z′[2]	32,0263[10]			33,0186[11]		923[12]		
					$462[13] = -\dfrac{\Delta}{2} = 462[14]$			

1 (Col. I). Matricule du *repère initial* de la section.
2 (Id.)   id.   *final*   id.
3 (Col. II). Différence totale de niveau trouvée à *l'aller*, depuis l'origine de la section jusqu'au repère 78-I. — Les nombres 3 (col. II), 4 (col. III) et 5 (col. V) sont reportés du tableau récapitulatif placé à la fin du carnet précédent n° 56.
6 (Col. II). Nombre puisé dans le carnet (O, mod. 3, case de totalisation).
8 (Col. IV). Somme algébrique des deux nombres 6 et 7 inscrits en regard l'un de l'autre, dans les col. II et III.
9 (Col. V) et 13 (col. IV). Nombres respectivement égaux à la moitié, changée de signe, des nombres 8 et 12 (col. IV). — Les nombres 6 et 9 sont à collationner respectivement avec les nombres 6 (col. V) et 8 (col. VI) du Registre A (mod. 6).
10 (Col. II). Différence totale de niveau pour la section P′Z′ : opération d'*aller*.
11 (Col. III).   id.   opération de *retour*.
12 (Col. IV). Somme algébrique des nombres 10 (col. II) et 11 (col. III).
14 (Col. V). Somme algébrique des quantités inscrites col. V. — L'identité des nombres 13 (col. IV) et 14 (col. V) est une garantie de l'exactitude des calculs effectués sur le tableau. — Les nombres 10 (col. II) et 14 (col. V) sont à collationner respectivement avec les nombres 6,6 (col. X et XI) du Reg. F (mod. 8).

Pour s'assurer qu'aucune faute n'a été commise dans les transcriptions, on collationne enfin les différences de niveau D↓ et les demi-discordances $-\dfrac{\Delta}{2}$ respectivement portées sur le registre A et sur les tableaux récapitulatifs.

III. Totalisation des différences de niveau de repère à repère. — Les transcriptions étant vérifiées, on cumule algébriquement les résultats depuis l'origine de la section jusqu'à la fin, d'une part sur le registre A, d'autre part sur les tableaux récapitulatifs en reportant au fur et à mesure, d'un carnet au suivant, les totaux déjà obtenus.

Avant d'opérer le report des résultats calculés sur un tableau (mod. 7), on vérifie l'exactitude des calculs effectués sur ce tableau. A cet effet, on compare la somme des demi-discordances $-\dfrac{\Delta}{2}$ à la demi-somme algébrique des différences de niveau totalisées depuis l'origine de la section, respectivement pour l'aller et pour le retour, jusqu'au repère final du tableau. — Les deux nombres doivent être identiques.

Exemple : Au bas du tableau (mod. 7), on a :

$$\Sigma\,D\!\!\downarrow = + 32^m,0263 \qquad \text{(col. II)}$$
$$\Sigma\,D\!\!\uparrow = - 33\ ,0186 \qquad \text{(col. III)}$$
$$\overline{\Sigma\,D\!\!\downarrow + \Sigma\,D\!\!\uparrow = - \qquad 923^{dmm} \ \text{(col. IV)}}$$
$$-\frac{1}{2}(\Sigma\,D\!\!\downarrow + \Sigma\,D\!\!\uparrow) = + \qquad 462 \qquad \text{(id.)}$$

D'autre part, on a :

$$\Sigma\left(-\frac{\Delta}{2}\right) = + 462 \qquad \text{(col. V)}$$

A la fin de la section, pour s'assurer de l'absence de fautes dans les calculs, on collationne les différences de niveau $\Sigma\,D\!\!\downarrow$ et les demi-discordances $\Sigma\left(-\dfrac{\Delta}{2}\right)$ totalisées sur le registre A et sur le tableau récapitulatif du dernier carnet de la section.

Exemple : Pour la section P'Z' toute entière, on trouve :

$$\Sigma D\!\!\downarrow \qquad = + 32^m,0263 \qquad \text{(mod. 6, col. V, et mod. 7, col. II)}$$
$$\Sigma\left(-\frac{\Delta}{2}\right) = + \qquad 462^{dmm} \qquad \text{(mod. 6, col. VI, et mod. 7, col. V)}$$

C. Écarts de fermeture des polygones. — **I. Transcription des différences de niveau par section dans le registre F.**
La *différence totale de niveau* D↓ répondant, pour chaque section, à l'opération d'aller, et la *demi-discordance* $-\frac{\Delta}{2}$ entre les résultats des deux opérations, sont portés du registre A dans le registre F (mod. 8).

Ces résultats sont transcrits avec leur signe quand, le polygone étant parcouru dans le sens du mouvement des aiguilles d'une montre, la section est suivie dans le sens de l'aller, c'est-à-dire dans le sens de la numérotation des repères (n° 74). Au contraire, on change les signes lorsque la section est parcourue en sens inverse, c'est-à-dire lorsqu'on l'aborde par le dernier repère et qu'on finit par le premier.

Exemple : Pour le polygone Z' (n° 67, fig. 52), les données

$$\mathrm{D}\!\downarrow = +\ 32^{\mathrm{m}},9263, \qquad -\frac{\Delta}{2} = +\ 462^{\mathrm{dmm}},$$

relatives à la section P'Z' suivie dans le sens de l'aller, sont transportées avec leur signe du registre A (mod. 6, col. V et VI), dans le registre F (mod. 8, col. X et XI).
On fait l'inverse pour la section suivante MZ', qui est abordée par son repère terminal MP'Z'.

Pour reconnaître les fautes de transcription, s'il en existe, on collationne les résultats portés au registre F avec les résultats correspondants calculés sur le tableau récapitulatif placé à la fin du dernier carnet de chaque section.

II. Totalisation des différences de niveau par section. — Cela fait, on additionne algébriquement, dans chaque polygone, les différences de niveau D↓ et les demi-discordances $-\frac{\Delta}{2}$.

Exemple : Polygone Z' (mod. 8) ; on trouve :

$$\Sigma\mathrm{D}\!\downarrow \ = -\ 0^{\mathrm{m}},0561 \qquad (\text{col. X})$$

$$\Sigma\left(-\frac{\Delta}{2}\right) = +\ 646^{\mathrm{dmm}} \ (\text{col. XI})$$

Le total de ces deux quantités exprime *l'écart moyen brut de fer-meture*. On a, en effet, l'identité :

$$\Sigma D\!\downarrow + \Sigma\left(-\frac{\Delta}{2}\right) = \Sigma\left(D\!\downarrow - \frac{\Delta}{2}\right) = \Sigma\left(D\!\downarrow - \frac{D\!\downarrow + D\!\uparrow}{2}\right) = \Sigma\frac{D\!\downarrow - D\!\uparrow}{2}.$$

Exemple : Pour le polygone Z', l'écart moyen brut de fermeture est :

$$- 561^{dmm} + 646^{dmm} = + 85^{dmm}$$

Pour obtenir *l'écart moyen corrigé f de fermeture*, on ajoute à l'écart brut la *correction orthométrique ɛ de fermeture*, égale, en valeur abso-lue, à l'aire de la projection méridienne anamorphosée du poly-gone (n° 9).

Pour construire cette projection, il suffit de connaître, à quelques mètres près, les altitudes des principaux points de changement de pente sur chacune des sections. Ces altitudes approchées sont em-pruntées, le plus souvent, à des nivellements sommaires préexis-tants ; en France, on se sert, par exemple, des cotes figurant sur la carte d'État-major. Au besoin, on détermine rapidement ces cotes par un calcul direct.

La correction orthométrique de fermeture est représentée par l'ordonnée finale, telle que *a a'* (fig. 6), de la *courbe intégrale* du profil obtenu (n° 9).

Exemple : Pour le périmètre entier du polygone Z' (mod. 8), on a :

$$\varepsilon = + 210^{dmm} \text{ (col. XII)}.$$

Par suite, *l'écart moyen corrigé de fermeture* a pour valeur :

$$f_1 = + 85^{dmm} + 210^{dmm} = + 295^{dmm}.$$

D. COMPENSATION. — Les écarts de fermeture des polygones étant tous numériquement inférieurs aux limites fixées (n° 96), on calcule, par les procédés qui sont exposés plus loin (n° 98), la cor-rection x à ajouter à chacune des différences de niveau par section, pour compenser et faire disparaître ces écarts.

Exemple : Pour la section P'Z' (mod. 8), on a :

$$x = - 80^{dmm} \text{ (col. XIII).}$$

E. ALTITUDES ORTHOMÉTRIQUES DES SOMMETS DU RÉSEAU. On calcule ensuite les différences d'altitudes orthométriques :

Matricules des repères têtes de section.	Désignation des sections	Sens pour chaque section	Nombre des nivelées pour chaque section N	Longueur des sections L	Erreur accidentelle probable par nivelée z_a	par kilomètre z_k	Discordance systématique totale s	par kilomètre	DIFFÉRENCES BRUTES DE NIVEAU par sections pour l'opération d'*aller* D↓ +		−	CORRECTIONS Demi-discordances changées de signe D↓+D↑ / 2 +		−	Δ
I	II	III	IV	V	VI	VII	VIII	IX		X			XI		
				km	dam	dam	dam	dam	»		»	dam		dam	
K'P'Z'	--														
	P'Z'	↓	1892	232,23	3,5	9,9	90	4	32,9363			+ 462			
												−			
MP'Z'															
	MZ	↑	376	55.31	3,1	8,1	25	4			199,6386	+			131
												−			
EMZ															
	EZ	↓	970	149,66	3,3	8,1	60	4	134,5447			+ 324			
												−			
EK'Z'															
	K'Z'	↓	1141	153,46	3,5	9,5	»	»	32,1315			+			9
												−			
K'P'Z'															
Totaux }			4379	590,66					199,6025		199,6586	+ 796			160
												−			
Sommes algébriques.. }											0,0561	+ 646			

Écart moyen brut de fermeture : + 85 dam

* *Nota.* — Sur ce modèle, les nombres puisés directement dans les registres D et A, ou les corrections fournies par des constructions graphiques, sont imprimés en romaine courante ; les nombres calculés sur le registre F lui-même sont en **caractères gras**.

1 Polygone Z' (voir la carte générale du réseau, n° 67, fig. 52).

2 (Col. IV et V). — Indications extraites du registre A (mod. 6).

3 (Col. VI). — Erreur accidentelle calculée par la méthode graphique indiquée au n° 92, B.

3 (Col VII). — Erreur kilométrique déduite de la précédente par la formule 24 (n° 92. A).

4 (Col. VIII). — Discordance systématique totale pour la section P'Z' } tirées du diagramme des discordances cumulées

5 (Col. IX). Id. par kilomètre } (n° 89).

6 (Col. X et XI. — Données prises dans le registre A (col. V et VI), *avec leur signe*, la section P'Z' étant suivie dans le *sens de l'aller* (↓) quand on parcourt le polygone Z' dans le sens du mouvement des aiguilles d'une montre (*sens direct*). Pour la section MZ'.

FERMETURE. — POLYGONE Z'.

PAR SECTIONS

Corrections orthométriques ε (XII) + [d.mm]	– [d.mm]	Compensation x (XIII) – [d.mm]	Total : $-\frac{\Delta}{2} + \varepsilon + x = \sigma$ (XIV) + [d.mm]	– [d.mm]	Différences d'altitudes orthométriques par sections $D = D\!\downarrow + \sigma$ (XV) + [m]	– [m]	Altitudes orthométriques des sommets du réseau H (XVI) [m]	Numéros des registres A (XVII)
							178,5275 [18]	—
410			822		33,0065 [17]			3
		80						
							211,5360 [19]	4
20				141		199,6727		
		30						
							11,8633	
	65	150	100		134,5556			4
							146,4180	
	185	35		220	32,1066			4
							173,5275	
600	250		931	370	199,6727	199,6727		
210 [15]		295 [15]	561 [16]					

Écart moyen corrigé $f_{z'} = +295^{d.mm}$ [17].

suivie dans le *sens du retour* (↑), les données correspondantes (7,7) ont été prises avec le *signe contraire* à celui qu'elles ont dans le Reg. A.

8 (Col. XII). — Correction orthométrique pour la section PZ', obtenue par le procédé graphique indiqué au n° 9.

12 (Case des totaux). — Somme algébrique des quantités 9 et 10 (col. X et XI).

13 (— id. —). — Somme des nombres 11 (col. XII) et 12.

14 (Col. XIII). — Correction de compensation, obtenue comme il est dit au n° 98.

16 (Col. XIV). — Ce nombre doit être égal à la somme algébrique des quantités 10 (col. XI), 11 (col. XII) et 15 (col. XIII), si les totalisations dans les 4 colonnes XI, XII. XIII et XIV sont exactes. — En second lieu, il doit être égal et de signe contraire à la somme 9 (col. X), si les corrections de compensation (col. XIII) sont correctes.

19 (Col. XVI). — Altitude du repère tête de section MPZ', obtenue en ajoutant à l'altitude (18, même col.) du *repère tête de section* KPZ', supposée calculée dans un polygone antérieur, la différence d'altitude (17, col. XV) de ces deux repères.

a) entre les sommets consécutifs du réseau ;

b) entre le *repère fondamental* (n° 104) et le sommet le plus voisin.

Puis on cumule progressivement ces différences avec la cote, supposée connue, du repère fondamental, rapportée à la surface de niveau adoptée comme *surface de comparaison des altitudes.*

I. Correction orthométrique pour chaque section. — On détermine la correction orthométrique ε afférente à chacune des sections du Réseau; pour cela, on emploie, comme plus haut (C. II), le procédé graphique indiqué au n° 9. Ces corrections sont portées dans le registre F; on en fait la somme pour chaque polygone et l'on vérifie que cette somme est égale à la correction orthométrique de fermeture précédemment obtenue (C. II).

Exemple : Pour le polygone Z′ tout entier, la somme de ces corrections est égale à $+ 210^{dmm}$ (col. XII), nombre déjà indiqué (C. II) comme représentant l'aire du profil méridien anamorphosé du polygone.

Pour la section P′Z′ *(mod. 8),* la correction orthométrique est :

$$\varepsilon = + 440^{dmm} \text{ (col. XII)}$$

II. Correction totale et différence d'altitude pour chaque section. — On additionne ensuite algébriquement, pour chacune des sections constituant un polygone :

a) la demi-discordance $- \dfrac{\Delta}{2}$ entre les deux opérations d'aller et de retour ;

b) la correction orthométrique ε ;

c) la correction x de compensation.

Le total σ est ajouté à la différence $D\downarrow$ de niveau pour l'opération d'aller; ce qui donne la différence moyenne D d'altitude orthométrique des deux extrémités de la section.

Exemple : Pour la section P′Z′, on a (mod. 8) :

Demi-discordance :	$- \dfrac{\Delta}{2} = +$	462^{dmm} (col. XI)
Correction orthométrique :	$\varepsilon = +$	440 (col. XII)
Correction de compensation :	$x = -$	80 (col. XIII)
Total :	$\sigma = - \dfrac{\Delta}{2} + \varepsilon + x = +$	822 (col. XIV)
Différence de niveau pour l'aller:	$D\downarrow = + 32^{m},0203$	(col. X)
Total :	$D = D\downarrow + \sigma = + 33^{m},0085$	(col. XV)

Comme vérification des calculs, on fait, pour chaque polygone, la somme des différences D d'altitudes orthométriques par sections. Cette somme doit être nulle.

Exemple : Pour le polygone Z' (mod. 8), cette somme est :
$$+ 199^m,6727 - 199^m,6727 = 0 \text{ (col. XV)}$$

III. Altitude orthométrique du sommet de rattachement. — Le repère fondamental ayant été rattaché au sommet le plus voisin par un nivellement spécial formant une section du réseau, on prend la différence totale D de niveau pour cette section, on y ajoute la correction orthométrique *c* déterminée comme précédemment, puis l'altitude H_0 du repère fondamental au-dessus de la *surface de comparaison*. On obtient ainsi l'altitude orthométrique H_1 du sommet de rattachement ; on la transcrit dans le registre F, sur le tableau affecté au polygone auquel appartient ce sommet.

IV. Calcul successif des altitudes des autres sommets du réseau. A l'altitude H_1 du sommet de rattachement, on ajoute la différence algébrique D d'altitude orthométrique entre ce sommet et le sommet qui suit sur le registre F ; on obtient ainsi l'altitude orthométrique de ce dernier sommet. Continuant ainsi de sommet en sommet, on fait le tour complet du polygone.

En revenant au point de départ, on doit retrouver l'altitude initiale, si l'on ne s'est pas trompé dans la totalisation.

Connaissant les altitudes H des sommets d'un premier polygone du réseau, on passe à l'un des polygones adjacents. On prend cette fois, comme point de départ, l'un des deux sommets communs aux deux polygones, et l'on opère comme précédemment. Après avoir fait le tour de ce polygone, on passe à un autre, et ainsi de suite.

Exemple : Pour le polygone Z' (mod. 8), l'altitude du repère K'P'Z' de départ ayant été déterminée dans le polygone voisin P', on commence le calcul de la manière suivante :

Altitude orthométrique du repère K'P'Z' :	$H =$	$178^m,6275$ (col. XVI)
Différence d'altitude entre les repères K'P'Z' et MP'Z'	$D = +$	$33^m,0065$ (col. XV)
Altitude orthométrique du repère MP'Z'	$H =$	$211^m,5300$ (col. XVI)

F. Altitudes orthométriques des repères d'une section. — On transcrit du registre F dans le registre A, *l'altitude* du repère *initial* (n° 74, 1°) de chaque section, puis on répartit dans l'étendue de chacune d'elles : 1° la correction orthométrique ; 2° la correction de compensation.

I. **Répartition de la correction orthométrique.** — On relève sur une carte dont l'échelle ne soit pas inférieure au 500 000ème — la carte au 320 000ème de l'État-major, par exemple — les latitudes, exprimées en *grades* et en *centigrades*, de tous les repères. On inscrit au fur et à mesure ces latitudes sur le registre A (col. XII).

Puis, reprenant le diagramme, analogue à celui de la fig. 6 (n° 9), qui a donné la valeur totale de la correction orthométrique pour la section, on marque, sur l'axe des latitudes de ce diagramme, la place des repères figurant au bas de chacun des tableaux du registre A : on trace les ordonnées correspondantes de la *courbe intégrale du profil anamorphosé* (n° 9), et on lit les grandeurs de ces ordonnées, qui représentent respectivement les corrections orthométriques correspondantes, prises depuis l'origine de la section.

On porte, en tête et au bas de la col. VII dans les tableaux du registre des altitudes, ces corrections totalisées, puis, comme la différence de chacune à la suivante excède rarement un ou deux millimètres, on répartit cette différence par fractions successives de 5 ^{dmm}, entre les différentes cases de la colonne VII du tableau.

Exemple : Pour la section P'Z' (mod. 6), on a trouvé que les corrections orthométriques prises depuis le repère initial K'P'Z' respectivement jusqu'au premier et jusqu'au dernier repère du tableau mod. 0, ont les valeurs ci-après :

$$\begin{array}{lll} & & \text{dmm} \\ \text{1° Correction orthométrique totale jusqu'au repère 78-I :} & +\ 430 & \\ \text{2°} \qquad\qquad\qquad\text{id.} \qquad\qquad\qquad \text{MP'Z' :} & +\ 440 & \text{(col. VII)} \\ \hline \text{Différence :} & +\ 10\ ^{dmm} & \end{array}$$

Cette différence est répartie en deux fractions de 5 ^{dmm} chacune, dans la 1re et dans la 3e case de la colonne, qui renferment les différences de niveau les plus fortes.

II. **Répartition de la correction de compensation.** — La correction totale de compensation, déterminée par la méthode exposée plus loin (n° 98), peut être répartie dans l'étendue de la section, soit à l'aide de la règle logarithmique à calculs, soit par une construction graphique très simple.

1° *Règle à calculs.* — On ajuste la *réglette* de manière à mettre en regard l'une de l'autre, dans l'une des deux couples d'échelles juxtaposées : d'une part la correction totale x pour la section, d'autre part la longueur L de cette même section ; par exemple, on prend x sur l'échelle de la règle et L sur celle de la réglette. Cela fait, si l'on cherche, sur la réglette, le nombre représentant la distance d'un repère à l'origine de la section, on trouve en regard, sur la règle, la correction totale de compensation prise depuis la même origine.

On détermine ainsi les corrections totalisées pour les repères qui occupent successivement le bas des tableaux du registre A. On inscrit ces corrections totalisées (col. VIII) en tête et au bas de chaque tableau, et l'on répartit dans l'étendue de la colonne, en une ou plusieurs fractions de un demi-millimètre chacune, la différence, généralement insignifiante, entre ces deux quantités.

Exemple : Pour la section P'Z', dont la longueur totale est

$$L = 232^{km} \text{ (mod. 8, col. V)}$$

et la correction totale

$$x = -80^{dmm} \text{ (id., col. XIII),}$$

les corrections totalisées à faire figurer aux deux extrémités de la col. VIII du tableau mod. 6, sont :

1° Pour le repère 78-1, situé à 228km de l'origine : — $78^{dmm}5$, ou, en arrondissant, — 80^{dmm} ;

2° Pour le repère MP'Z', où finit la section : — 80^{dmm} (exactement).

La différence étant nulle, on porte des zéros dans chacune des cases de la col. VIII.

2° *Procédé graphique.* — La répartition par voie graphique s'effectue de la manière suivante :

Sur une feuille de papier quadrillé, on porte horizontalement une longueur AB (fig. 78), représentant, à une échelle arbitraire, la longueur L de la section. Sur cette ligne AB, on marque à leur distance de l'origine, les numéros des repères occupant le bas des tableaux du registre A ; puis, sur la verticale du point B, on porte une longueur BC représentant, à une échelle suffisamment grande pour la facilité des lectures, la correction totale correspondante x. On joint AC.

L'ordonnée bc, pour un repère quelconque représenté par un point b sur la base AB, mesure la correction totalisée pour la portion Ab de la section.

Diagramme figurant la répartition, dans l'étendue d'une section, de la correction correspondante de compensation.

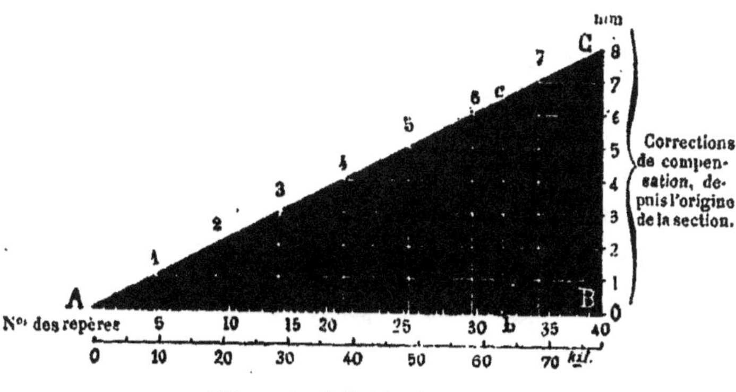

Distances depuis l'origine de : section.

Figure 78.

Pour faciliter la lecture des corrections, on projette horizontalement sur la droite AC les points à cote ronde de l'échelle BC, puis on ramène verticalement sur AB les points ainsi obtenus; on transforme ainsi la droite AB en une sorte d'échelle à double graduation sur laquelle on *estime*, en regard du numéro d'un repère, la correction correspondante depuis l'origine de la section.

On achève la répartition comme dans le cas précédent.

III. Correction totale entre deux repères consécutifs. — Ces diverses répartitions étant terminées, on totalise algébriquement dans chacun des intervalles de repère à repère : 1° la demi-discordance $-\frac{\Delta}{2}$; 2° la correction orthométrique ϵ ; 3° la correction x de compensation. On obtient ainsi la correction totale σ afférente à la différence de niveau D$\downarrow$ donnée par l'opération d'aller entre ces deux repères.

Exemple : Pour la section P'Z', entre les deux repères 78-I et 78-II, on a sur le registre A (mod. 6) :

Demi-discordance,	$-\dfrac{\Delta}{2} = -\ 2^{dmm}$ (col. VI)
Correction orthométrique,	$\varepsilon = +\ 5^{dmm}$ (col. VII)
Correction de compensation,	$x = \quad 0 \quad$ (col. VIII)
D'où : Correction totale,	$\sigma = +\ 3^{dmm}$ (col. IX)

Pour vérifier qu'aucune faute n'a été commise dans le calcul de ces corrections totales, on les cumule algébriquement depuis l'origine de la section ; puis, au bas de chaque tableau, on vérifie que la somme des demi-discordances $-\dfrac{\Delta}{2}$, prise depuis l'origine de la section et augmentée de la correction orthométrique et de la correction de compensation depuis le repère initial, reproduit bien la somme algébrique des corrections totales σ.

Exemple : Au bas du tableau mod. 6, on a :

Somme des demi-discordances,	$\Sigma\left(-\dfrac{\Delta}{2}\right) = +\ 462^{dmm}$ (col. VI)
Correction orthométrique depuis l'origine de la section,	$\varepsilon = +\ 440$ (col. VII)
Correction de compensation, — id. —	$x = -\ 80$ (col. VIII)
Total depuis l'origine de la section,	$\Sigma\sigma = +\ 822$ (col. IX)

IV. Différence d'altitude orthométrique entre deux repères consécutifs. — A la correction totale σ entre deux repères, on ajoute la différence correspondante $D\downarrow$ de niveau pour l'opération d'aller ; on obtient ainsi la différence moyenne corrigée D d'altitude orthométrique des deux repères correspondants.

Exemple : Entre les deux repères 78-I et 78-II, on a, sur le registre A (mod. 6) :

Différence brute de niveau pour l'opération d'aller	$D\downarrow = -\ 15^m,8913$ (col. V)
Correction totale correspondante	$\sigma = +\ 3$ (col. IX)
Différence corrigée d'altitude orthométrique	$D = D\downarrow + \sigma = -\ 15^m,8910$ (col. X)

Pour contrôler l'exactitude de ce calcul : d'une part, on cumule algébriquement, d'un tableau du registre A au suivant, les différences D d'altitudes depuis le repère initial de la section ; d'autre part, au bas de chaque tableau, on ajoute à la différence de niveau cumulée pour l'opération d'aller $\Sigma D\downarrow$, la somme algébrique $\Sigma \sigma$ des corrections totales depuis la même origine. Les deux résultats doivent être identiques.

Exemple : Pour la section P'Z', depuis l'origine jusqu'au repère terminal du tableau mod. 6, on a :

$$\Sigma D = + 33^m,0085 \text{ (col. X)}$$

D'autre part, on a :

$$\Sigma D\downarrow = + 32^m,9263 \text{ (col. V)}$$
$$\Sigma \sigma = + \quad\quad 822 \text{ (col. IX)}$$
$$\text{Total} = + 33^m,0085 \text{ (col. X)}$$

V. Altitudes orthométriques des repères. — Les différences d'altitudes se trouvant ainsi vérifiées, on passe finalement au calcul des altitudes elles-mêmes.

Pour cela, partant du repère initial de la section, on ajoute à son altitude orthométrique, prise dans le registre F, la différence D d'altitude entre ce repère et le suivant, ce qui donne l'altitude orthométrique H de ce dernier repère ; on continue ainsi de proche en proche jusqu'à la fin de la section.

Exemple : On a (mod. 6) :

Altitude orthométrique du repère 78-I, H = $\quad 259^m,5517$ (col. XI)
Différence d'altitude
  entre les repères 78-I et 78-II, $\quad\{ D = - \quad 15, 8910$ (col. X)
D'où : Altitude du repère 78-II, $\quad\quad$ H = $\quad 243, 6607$ (col. XI)

Au bas de chaque tableau, on vérifie les calculs en retranchant de l'altitude trouvée pour le dernier repère, l'altitude du repère initial ; la différence doit être égale à la somme algébrique, précédemment calculée (IV), des différences D d'altitudes depuis l'origine de la section.

Voir mod. 6, au bas de la col. XI, un exemple d'application de ce procédé de contrôle.

G. COTES DYNAMIQUES DES REPÈRES. — La dernière opération a pour objet de transformer en cotes dynamiques les altitudes orthométriques précédemment obtenues.

Pour cela, connaissant la latitude et l'altitude orthométrique de chacun des repères, on lit immédiatement sur l'abaque représenté fig. 11 (n° 16) l'appoint dynamique correspondant ; on inscrit cet appoint sur le registre A et on l'ajoute à l'altitude orthométrique du même repère, ce qui donne finalement la cote dynamique cherchée, exprimée en kilogrammètres.

Exemple : Pour le repère 78-I (mod. 6), on a trouvé :

$$\begin{aligned}
&\text{Altitude orthométrique,} \quad & H = {} & 259^m, \quad 5517 \ (\text{col. XI}) \\
&\text{Appoint dynamique,} \quad & \zeta = {} & \underline{\qquad - 390} \ (\text{col. XIII}) \\
&\text{Cote dynamique,} \quad A = H + \zeta = {} & & 259^{kgm}, 5127 \ (\text{col. XIV})
\end{aligned}$$

<h2 style="text-align:center">§ 4.</h2>

<h1 style="text-align:center">THÉORIE DE LA COMPENSATION</h1>

D'UN RÉSEAU DE NIVELLEMENT.

95. Nécessité de la compensation. — Quand on totalise, avons-nous dit (n° 94. C), après leur avoir appliqué les corrections orthométriques (n° 9) correspondantes, les différences moyennes de niveau trouvées pour les diverses sections d'un polygone, on ne trouve généralement pas une *somme nulle*, comme cela devrait avoir lieu si les opérations étaient rigoureusement exemptes d'erreurs. Autrement dit, en revenant au point de départ après avoir fait le tour complet du polygone, on obtient, pour la différence de niveau du repère initial par rapport à lui-même, une quantité différente de zéro. Si on laissait subsister cette anomalie, on serait conduit à attribuer à un même point autant d'altitudes différentes qu'il existe de cheminements reliant ce point au *repère fondamental* (n° 104). Un pareil résultat est évidemment inadmissible, et l'anomalie en question doit disparaître à tout prix. — Tel est l'objet de la *compensation*.

Mais si cette opération est nécessaire, il ne faut pas croire qu'elle atténue les erreurs déjà existantes, car les nouvelles corrections que l'on est conduit à apporter aux différences totales de niveau par section peuvent s'ajouter aux erreurs propres de ces sections, et en augmenter l'erreur totale.

96. Limite admissible pour les écarts de fermeture des polygones. — Avant d'opérer la compensation du réseau, il importe de s'assurer que les écarts trouvés dans les fermetures des polygones peuvent être exclusivement dus aux *erreurs* accidentelles ou systématiques des opérations; dans le cas contraire, on devrait les attribuer à des *fautes* (n° 82) ayant passé inaperçues dans les vérifications multiples que nous avons précédemment décrites.

Pour reconnaître si la condition précédente est remplie, dans un polygone donné, on détermine l'erreur totale probable de chacune des sections constituant ce polygone, puis la valeur probable qui en résulte pour l'écart de fermeture. Enfin, on compare à cette valeur théorique l'écart réellement constaté.

A. ERREUR TOTALE PROBABLE D'UNE SECTION. — L'erreur totale probable d'une section est la résultante des erreurs de toutes natures qui affectent le nivellement, savoir les *erreurs accidentelles*, les *erreurs systématiques d'opérations* et les *erreurs systématiques instrumentales*.

I. **Erreurs accidentelles.** — D'après la relation 16 (n° 90. C), exprimant l'erreur d'une somme en fonction de l'erreur probable d'une partie et du nombre de celles-ci,

l'incertitude probable, en raison des erreurs accidentelles, de la différence totale de niveau pour une section
est représentée par l'expression :

$$z_n \sqrt{N}. \tag{1}$$

N désignant le nombre des nivelées de la section,
z_n, l'erreur accidentelle probable d'une nivelée (n° 92).

II. Erreurs systématiques d'opérations. — Les erreurs
systématiques d'opérations sont mises en évidence, le cas
échéant, par la construction du *diagramme des discordances cumulées*[1] (n° 89), qui fait ressortir, à la fin d'une section, une discordance systématique *s*, telle que PK (fig.
67-I), entre les deux opérations d'aller et de retour.

A cette discordance *s* répond, en vertu de la relation 18
(n° 90. C), une incertitude probable

$$\pm \frac{s}{3} \tag{2}$$

sur la différence de niveau entre les deux extrémités de
la section, calculée en prenant la moyenne des résultats
des deux opérations.

III. Erreurs systématiques instrumentales. — L'expression
précédente ne tient compte que des erreurs systématiques provenant des opérations elles-mêmes. Elle néglige
les erreurs instrumentales qui, influant de la même manière sur les résultats obtenus à l'aller et au retour, n'apparaissent pas dans les *discordances d* (n° 87). De ce nombre sont les erreurs sur la longueur du mètre des mires,
— erreurs tenant, soit à ce qu'on ne connaît pas avec une
rigueur absolue la *correction métrique* γ de l'étalon[2] (n°⁵ 59

---

1. Ceci n'est vrai, toutefois, que pour les erreurs conservant le même
signe dans les deux opérations, comme, par exemple, celles résultant de l'affaissement du niveau ou des piquets (n° 73 — II, notes 1 et 2).

2. Une erreur de un demi-degré, par exemple, sur la température de
la règle-étalon, entraîne une erreur de 1 centimillimètre par mètre.

et 62), soit aux inexactitudes de l'étalonnage, soit encore aux imperfections du système compensateur (n° 53).

L'erreur sur la longueur du mètre des mires peut donc être décomposée en trois parties :

1° L'une, *fixe*, provient de ce que la longueur, à une température donnée, de la règle étalon avec laquelle les mires ont été comparées, est inexactement connue. Cette erreur affecte chacune des sections du Réseau proportionnellement à la différence de niveau de ses deux extrémités, mais elle n'influe en rien sur les écarts de fermeture ; nous n'en parlerons pas.

2° La seconde erreur tient à l'incertitude d'appréciation de la température de la règle étalon, au moment de l'étalonnage (n° 62). Cette erreur varie d'un étalonnage de mires à un autre ; par conséquent, elle n'est pas, comme la première, constante dans toute l'étendue du Réseau. Elle entre donc dans les écarts de fermeture, et il y a lieu d'en tenir compte au moins pour les sections qui présentent une forte dénivellation entre leurs deux extrémités.

Si l'on désigne par $\pm\varphi$ l'erreur probable par mètre de la mire[3], — ou plus exactement la partie accidentelle de cette erreur, celle qui varie d'une section à l'autre, — l'erreur correspondante sur la différence D de niveau entre les deux extrémités de la section considérée, a pour expression :

$$\pm\varphi D \qquad\qquad (3)$$

3° Enfin la troisième partie de l'erreur de mire répond aux petites variations accusées, dans le courant d'une journée de travail, par le dispositif de compensation.

---

3. Il est difficile de fixer exactement la valeur de φ. Dans le calcul des opérations du Nivellement général, on admet provisoirement le chiffre de $\pm 2^{mm}$ pour ce coefficient, sauf à l'augmenter plus tard, ou à le diminuer, si l'étude des écarts de fermeture en fait reconnaître la nécessité.

Ces variations atteignent (n° 54) jusqu'à 5 centimillimètres par mètre et l'on n'en tient pas compte dans
les calculs de correction des erreurs de division des mires
(n°s 65 et 66), où l'on considère seulement les valeurs
moyennes de l'*indice μ de compensation* (n°54). Il en résulte,
sur les cotes entrant dans le calcul des différences de niveau, des erreurs qui sont proportionnelles à ces cotes. Mais
ces erreurs peuvent être considérées comme noyées en
grande partie dans les erreurs accidentelles proprement
dites, dont l'influence est calculée directement (I). Il n'y a
donc pas lieu de se préoccuper spécialement de cette
dernière cause d'inexactitudes.

En résumé, les trois erreurs (1), (2) et (3), en se combinant ensemble, donnent, sur la différence de niveau
des deux extrémités d'une section, une *erreur totale
probable* θ, qui est égale, d'après la formule 14 (n° 90. C),
à la racine carrée de la somme de leurs carrés'. On a
donc :

$$\theta = \pm \sqrt{z_k^2 N + \frac{s^2}{9} + \rho^2 D^2} \tag{4}$$

4. **Mesure** *a posteriori* **de l'importance des erreurs systématiques dans un réseau de nivellement.** — Etant donné un réseau de
nivellement, on peut se rendre un compte immédiat de l'importance relative
des erreurs systématiques de toutes natures qui influent sur les résultats.

Pour cela, il suffit de comparer la valeur moyenne de l'erreur accidentelle
probable kilométrique z_k des différentes sections, calculée par les procédés
indiqués aux n°s 91 et 92, avec la valeur du même coefficient déduite des
écarts de fermeture au moyen de la formule ci-dessous, qui est établie en
supposant l'absence complète d'erreurs systématiques :

$$z_k = \pm \sqrt{\frac{\Sigma f^2}{\Sigma P}} \tag{α}$$

f désignant l'écart de *fermeture* d'un polygone,
P, son *développement*, exprimé en kilomètres. ,

Pour une raison analogue à celle qui a été développée plus haut (n° 91,

B. Écart probable de fermeture d'un polygone. — D'après la relation 14 (n° 90. C), l'écart probable f, de fermeture d'un polygone est égal à la racine carrée de la

note 2), on trouve généralement, par ce second procédé, une valeur de $\varkappa s$, *deux ou trois fois plus forte* que par la première méthode.

La formule (α) est facile à établir. Soient, en effet :

$P_1, P_2, P_3\ldots\ldots, P_n$, les développements, exprimés en kilomètres, de chacun des n polygones constitutifs du réseau ;

$f_1, f_2, f_3\ldots f_n$, les écarts correspondants de fermeture, supposés exempts de fautes (n°ˢ 96 B et 97) ;

$\varepsilon_1, \varepsilon'_1, \varepsilon''_1\ldots,$ les erreurs réelles affectant les kilomètres successifs du périmètre du premier de ces polygones ;

$\varepsilon_2, \varepsilon'_2, \varepsilon''_2\ldots,$ les erreurs relatives à chacun des kilomètres du périmètre du second polygone ;

et ainsi de suite.

On a :

$$\left.\begin{aligned}
\varepsilon_1 + \varepsilon'_1 + \varepsilon''_1 + \ldots\ldots\ldots &= f_1 \\
\varepsilon_2 + \varepsilon'_2 + \varepsilon''_2 + \ldots\ldots\ldots &= f_2 \\
\ldots\ldots\ldots\ldots\ldots\ldots\ldots\ldots &\;\; \ldots \\
\varepsilon_n + \varepsilon'_n + \varepsilon''_n + \ldots\ldots\ldots &= f_n
\end{aligned}\right\} \qquad (\beta)$$

D'après la formule 7 (n° 90. A), la valeur moyenne $\varkappa_k$ des quantités $\varepsilon_1, \varepsilon_2,$ $\ldots\varepsilon'_n,\ldots\varepsilon''_n$, a pour expression :

$$\varkappa_k = \pm \sqrt{\frac{\Sigma\varepsilon^2}{N}}, \qquad (\gamma)$$

N désignant ici le nombre total des erreurs ε.

Or, d'une part, on a :

$$N = P_1 + P_2 + P_3 \ldots + P_n = \Sigma P.$$

Pour calculer $\Sigma\varepsilon^2$, élevons au carré chacune des équations (β). Les quantités ε, ε', $\varepsilon''\ldots$ étant, par hypothèse, des erreurs accidentelles, et, par suite, étant indifféremment affectées du signe $+$ ou du signe $-$, les doubles produits de ces quantités se détruisent mutuellement, et il ne subsiste, dans les premiers membres, que les carrés, tels que ε^2. Le système des équations (β) devient alors :

$$\left.\begin{aligned}
\varepsilon_1^2 + \varepsilon'^2_1 + \varepsilon''^2_1 + \ldots\ldots\ldots &= f_1^2 \\
\varepsilon_2^2 + \varepsilon'^2_2 + \varepsilon''^2_2 + \ldots\ldots\ldots &= f_2^2 \\
\ldots\ldots\ldots\ldots\ldots\ldots\ldots\ldots &\;\; \ldots \\
\varepsilon_n^2 + \varepsilon'^2_n + \varepsilon''^2_n + \ldots\ldots\ldots &= f_n^2
\end{aligned}\right\}$$

Faisons la somme membre à membre de ces n équations, il vient :

$$\Sigma\varepsilon^2 = f_1^2 + f_2^2 + \ldots + f_n^2, = \Sigma f^2.$$

Remplaçant, dans la formule (γ), N et $\Sigma\varepsilon^2$ par leurs valeurs, on obtient finalement la relation (α).

somme des carrés des *erreurs totales probables* θ_1, θ_2, θ_3.....
des différentes sections qui le composent — ces erreurs
étant calculées au moyen de la formule (4) précédemment établie (A).

On a, par suite :

$$f_p = \pm \sqrt{\theta_1^2 + \theta_2^2 + \theta_3^2 + \ldots} \; . \tag{5}$$

D'autre part, on a vu (n° 90. B) que dans une
série de mesures dont on connaît l'erreur probable, la
limite admissible pour les écarts accidentels peut être
prise égale à 4 fois cette erreur probable. Dans le cas actuel, pour déterminer le maximum tolérable f_M de l'écart de fermeture, on a donc la condition :

$$f_M \leq 4 f_p. \tag{6}$$

Exemple : Examinons le cas le plus simple, celui d'un polygone nivelé
dans un pays de plaine, avec une *erreur accidentelle uniforme* et une *erreur systématique nulle*. Soient :

n_k, *l'erreur probable kilométrique*, constante pour les différentes sections,
de longueurs L_1, L_2, L_3.....;
P, le *périmètre* du polygone, exprimé en kilomètres, égal à la somme

$$L_1 + L_2 + L_3 + \ldots.$$

D'après les hypothèses faites, s étant nul et ρD négligeable, l'erreur
totale probable θ_1 de la première section, calculée par la formule 4(A), se
réduit à :

$$\theta_1 = n_n \sqrt{N},$$

N et n_n désignant respectivement le *nombre des nivelées* et *l'erreur accidentelle probable d'une nivelée* de la section considérée.

Mais, d'autre part, la formule 24 (n° 92. A) permet d'écrire :

$$\theta_1 = n_n \sqrt{N} = n_k \sqrt{L_1} . \tag{4 bis}$$

On aurait de même :

$$\theta_2 = n_k \sqrt{L_2} ; \quad \theta_3 = n_k \sqrt{L_3} : \text{etc}.....$$

La formule (5) donne ensuite :

$$f_p = \pm n_k \sqrt{L_1 + L_2 + L_3 + \ldots} = \pm n_k \sqrt{P}.$$

Enfin l'inégalité (6) s'écrit :

$$f_M < 4\tau_k \sqrt{P}.$$

Soient, par exemple :

$$P = 400^{km} ; \quad \tau_k = \pm 1^{mm} ;$$

on a, pour la limite f_M cherchée :

$$f_M = 80^{mm}.$$

97. Recherche des fautes révélées par des écarts anormaux de fermeture. — Si, pour un polygone, *l'écart réel de fermeture est supérieur à quatre fois l'écart probable*, on est en droit de soupçonner la présence d'une faute dans l'une des sections composant ce polygone. Pour localiser cette faute, la retrouver ensuite et finalement la faire disparaître, divers cas sont à considérer.

I. Si, par exemple, l'un des polygones adjacents au polygone suspect présente, lui aussi, un écart anormal de fermeture, et que cet écart soit de signe contraire au premier, il est fort probable que la faute se trouve sur la section commune aux deux polygones.

II. Lorsque la faute est assez importante — 1 décimètre, 1 mètre par exemple — on peut quelquefois la localiser dans une section ou dans une partie de section, quand le polygone est recoupé par des nivellements anciens qui le subdivisent en plusieurs mailles [1].

On calcule séparément les écarts de fermeture de chacune de ces mailles. Si l'un de ces écarts dépasse considérablement tous les autres, la faute cherchée se trouve probablement sur la partie du polygone appartenant à cette maille. On fait recommencer le nivellement de cette partie.

III. Si quelques indices particuliers, par exemple des incertitudes relevées dans les carnets de nivellement,

---

[1]. Cet avantage est obtenu, en France, avec le nivellement Bourdaloue, qui croise le nouveau Réseau fondamental en un grand nombre de points (fig. 521).

permettent de supposer que la faute a plus de chances de se trouver sur telle section ou sur telle partie de section que sur telle autre, on commence par vérifier cette partie. On arrête d'ailleurs l'opération dès que la faute a été retrouvée.

98. Compensation d'un réseau de nivellement. — Supposons maintenant que les recherches de fautes soient closes, et que les écarts f de fermeture rentrent tous dans les limites fixées (n° 96). Il reste à faire disparaitre ces écarts en les répartissant d'une manière rationnelle entre les diverses sections du réseau.

Nous étudierons d'abord le cas le plus simple, celui d'un réseau composé d'un polygone unique : puis nous aborderons le problème dans le cas général d'un réseau formé de plusieurs polygones.

A. CAS D'UN POLYGONE UNIQUE. — Nous ferons successivement les hypothèses suivantes :

1° Les opérations ne présentent pas d'erreur systématique et l'erreur accidentelle est uniforme sur tout le périmètre du polygone ;

2° L'erreur kilométrique, tout en restant accidentelle, varie d'une section à l'autre ;

3° L'erreur accidentelle se combine avec des erreurs systématiques.

I. **Erreur accidentelle uniforme. —** Les opérations étant exemptes d'erreurs systématiques, et les sections du polygone ayant toutes été nivelées dans les mêmes conditions — c'est-à-dire avec la même précision ou la même erreur kilométrique — la correction, égale et de signe contraire à l'écart f de fermeture, doit évidemment être répartie d'une manière uniforme sur tout le périmètre du polygone : il n'y a pas, en effet, de motif pour faire porter sur telle partie une correction plus forte que sur telle autre de même longueur. On est ainsi conduit à attribuer à chaque section une *correction* x *proportionnelle à sa lon-gueur* L.

Soient :

$x_1, x_2, x_3,\ldots$, les corrections afférentes aux diverses sections, de longueurs $L_1, L_2, L_3\ldots$

La somme des corrections devant compenser et détruire l'écart de fermeture, on a, d'une part :

$$x_1 + x_2 + x_3 + \ldots = -f,$$

avec :

$$\frac{x_1}{L_1} = \frac{x_2}{L_2} = \frac{x_3}{L_3} \ldots = \frac{x_1 + x_2 + x_3 \ldots}{L_1 + L_2 + L_3 \ldots} = \frac{-f}{\Sigma L}.$$

Autrement dit, d'une manière générale, on a :

$$x = -f\frac{L}{\Sigma L},\qquad(7)$$

ΣL désignant la somme des longueurs des sections, c'est-à-dire le périmètre P du polygone.

II. Erreur accidentelle variable d'une section à l'autre. — Ce cas est facile à ramener au précédent. Soient, en effet :

$z_1, z_2, z_3\ldots$, les erreurs accidentelles probables par kilomètre des différentes sections, de longueurs $L_1, L_2, L_3,\ldots$

D'après la formule 4 bis (n° 96. B), l'erreur totale probable θ_1 pour la première section a pour valeur :

$$\theta_1 = z_1 \sqrt{L_1}.$$

Au point de vue de la compensation, cette section équivaut à un nivellement d'erreur kilométrique égale à *l'unité*, et de longueur L', satisfaisant à la condition que l'erreur totale probable θ'_1 de ce nivellement virtuel :

$$\theta'_1 = \pm \sqrt{L'_1}$$

soit égale à l'erreur totale probable θ_1 de la section, c'est-
à-dire que l'on ait :

$$\theta'_1 = \theta_1 ,$$

ou bien :

$$L'_1 = u_1^2 L_1 = \theta_1^2 \tag{8}$$

Toutes les sections ayant de la sorte été ramenées à la
même erreur kilométrique, la répartition de l'écart f de
fermeture doit se faire, comme tout à l'heure, proportionnellement aux valeurs de L'_1 pour les différentes
sections, ou, ce qui revient au même, *proportionnellement
au carré de l'erreur totale probable θ de chacune des sections.*

Par analogie avec la formule (7) obtenue dans le premier cas, on a donc :

$$x = - f \frac{L'}{\Sigma L'} = - f \frac{\theta^2}{\Sigma \theta^2} \tag{9}$$

**III. Erreurs accidentelles combinées avec des erreurs sys-
tématiques.** — En raison de l'incertitude qui règne sur le
signe à leur attribuer, les erreurs systématiques II et III
(n° 96. A) peuvent, faute de mieux, être assimilées à
des erreurs accidentelles pour le calcul de la compensation.

Dès lors, comme dans le cas précédent, la correction,
égale et de signe contraire à l'écart de fermeture, sera répartie *proportionnellement aux carrés des erreurs totales probables θ des diverses sections* du polygone (formule 9).

B. Cas d'un réseau formé de plusieurs polygones. —
Lorsque le réseau se compose de plusieurs polygones, le
problème se complique, et la solution rationnelle ne
peut plus être obtenue qu'avec le secours de méthodes
spéciales, empruntées au calcul des probabilités.

L'exposé et la justification de ces méthodes sortiraient
du cadre de ce travail ; nous nous bornerons à résumer,

en quelques règles très simples et faciles à retenir, la
marche à suivre pour obtenir les valeurs les plus probables des corrections à appliquer aux différentes sections[1].

Pour plus de clarté, nous appliquerons en même
temps ces règles au cas relativement simple d'un réseau
formé seulement de 3 polygones A, B, C (fig. 79), l'es-

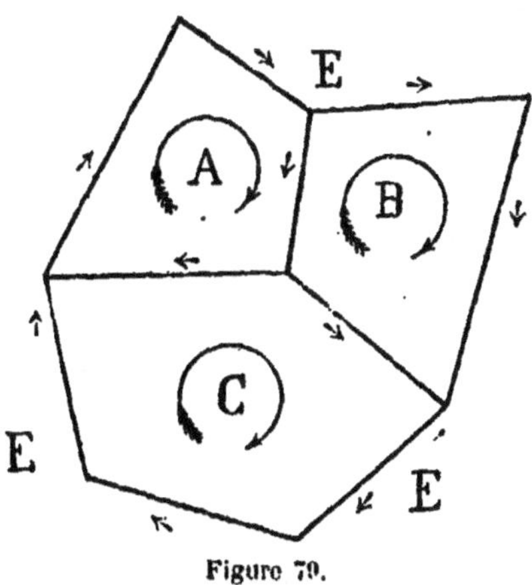

Figure 79.

pace extérieur étant désigné par la lettre E.

Soient :

f_a. f_b. f_c, les *écarts de fermeture* des trois polygones supposés parcourus dans le sens du mouvement des
aiguilles d'une montre :

θ_{AB}, θ_{BC}, ... θ_{GE}, les *erreurs totales probables* calculées comme il a

1. Pour plus de détails relativement à la compensation d'un Réseau de nivellement, voir, outre les ouvrages déjà cités (n° 00, note 1), les mémoires
spéciaux de Bayer (*Astronomische Nachrichten*, 1875, n° 2052), von Moro-
zowicz, Helmert, Jordan, Börsch (*Zeitschrift für Vermessungswesen*, 1876 et
1879), von Bauernfeind (*Sitzungsberichte der math. phys. Classe der Akad.
der Wissenschaften*, Münich, 1876), une étude de M. Haid sur le nivellement bavarois (Münich, 1880), etc.

été dit (nº 96), pour chacune des sections AB, BC, ... CE (CE désignant la portion de périmètre du polygone C qui confine à l'espace extérieur E: x_{AB}, x_{BC}....., x_{CE}, les *corrections* à appliquer, pour chacune des sections, à la différence totale de niveau prise dans le sens de l'aller, qui est indiqué par une flèche sur la figure.

On écrit d'abord :

1º *Pour chaque* POLYGONE : *que la somme des corrections est égale et de signe contraire à l'écart* £ *de fermeture.* Cette condition est *absolue,* c'est-à-dire qu'elle doit être vérifiée dans tous les cas ;

2º *Pour chaque* SECTION : *que la correction* x *est proportionnelle à l'erreur probable* 0 *de la différence totale correspondante de niveau, et que le rapport est aussi petit que possible, soit nul à la limite.* Cette condition n'est que *relative,* c'est-à-dire qu'elle est seulement à satisfaire *autant que possible.*

On obtient ainsi deux groupes d'équations :

$$
\begin{array}{ll}
\text{I} & \text{Polygone A :} \quad x_{AB} + x_{AC} + x_{AE} = - f_a \\
\text{Équations} & \qquad\quad\, \text{B :} - x_{BC} - x_{AB} + x_{BE} = - f_b \\
\text{absolues} & \qquad\quad\, \text{C :} - x_{AC} + x_{BC} + x_{CE} = - f_c
\end{array}
\tag{10}
$$

$$
\begin{array}{lll}
\text{II} & \text{Section AB :} & \dfrac{x_{AB}}{0_{AB}} = 0 \\[2mm]
 & \qquad\ \text{BC :} & \dfrac{x_{BC}}{0_{BC}} = 0 \\[2mm]
\text{Équations} & \qquad\ \text{AC :} & \dfrac{x_{AC}}{\theta_{AC}} = 0 \\[2mm]
\text{relatives} & \qquad\ \text{AE :} & \dfrac{x_{AE}}{\theta_{AB}} = 0 \\[2mm]
 & \qquad\ \text{BE :} & \dfrac{x_{BE}}{\theta_{BE}} = 0 \\[2mm]
 & \qquad\ \text{CE :} & \dfrac{x_{CE}}{\theta_{CE}} = 0
\end{array}
\tag{11}
$$

Soit 9 équations, renfermant 6 variables indépendantes :

$$x_{AB}, \quad x_{AC}, \quad x_{BC}, \quad x_{AE}, \quad x_{BE}, \quad x_{CE}.$$

Du groupe (10), on tire les valeurs de 3 inconnues, par exemple celles de x_{AE}, x_{BE}, x_{CE}, qui répondent aux trois sections contiguës à l'espace extérieur E; il vient :

$$
\left.
\begin{array}{l}
x_{AE} = -f_a - x_{AB} - x_{AC} \\
x_{BE} = -f_b + x_{AB} + x_{BC} \\
x_{CE} = -f_c + x_{AC} - x_{BC}
\end{array}
\right\}
\qquad (12)
$$

Portons ces valeurs dans les équations (11), elles deviennent — les trois premières ne changeant pas — :

$$
\left.
\begin{array}{l}
\dfrac{x_{AB}}{\theta_{AB}} \dotfill = 0 \\[2mm]
\dfrac{x_{BC}}{\theta_{BC}} \dotfill = 0 \\[2mm]
\dfrac{x_{AC}}{\theta_{AC}} \dotfill = 0 \\[2mm]
-\dfrac{x_{AB}}{\theta_{AE}} \dots -\dfrac{x_{AC}}{\theta_{AE}} \dotfill = +\dfrac{f_a}{\theta_{AE}} \\[2mm]
\dfrac{x_{AB}}{\theta_{BE}} + \dfrac{x_{BC}}{\theta_{BE}} \dotfill = +\dfrac{f_b}{\theta_{BE}} \\[2mm]
-\dfrac{x_{BC}}{\theta_{CE}} + \dfrac{x_{AC}}{\theta_{CE}} \dotfill = +\dfrac{f_c}{\theta_{CE}}
\end{array}
\right\}
\qquad (13)
$$

Il reste à résoudre un système de 6 équations ne renfermant que 3 inconnues :

$$ x_{AB}, \quad x_{BC}, \quad x_{AC}. $$

Pour obtenir les solutions les plus probables, on applique à ces relations la méthode, dite de Legendre, servant à résoudre un système d'équations en nombre supérieur à celui des inconnues [2]. Cette méthode consiste à établir les *équations respectivement les plus favorables à la*

2. Pour résoudre ce problème, on emploie généralement, en Allemagne, une méthode par coefficients indéterminés, due à Gauss. Les calculs acquièrent ainsi une symétrie qui guide le calculateur et prévient les fautes. Mais, ainsi effectuée, l'opération est beaucoup plus longue que par la méthode d'élimination directe, à laquelle, pour ce motif, nous donnons ici la préférence.

détermination de chacune des inconnues. La règle de Legendre s'énonce ainsi :

« Soit un système de m équations à n inconnues $x, y... t$; m étant plus
« grand que n. Pour obtenir l'équation la plus favorable à la détermina-
« tion de l'une des inconnues, x par exemple, on multiplie les deux mem-
« bres de chaque équation par le coefficient de x dans cette équation, ce
« coefficient étant supposé nul dans les équations où x ne figure pas. On
« fait ensuite la somme, membre à membre, des n équations.
« On obtient de même l'équation la plus favorable à la détermination
« de y, et ainsi de suite. »
« La résolution du système des n équations ainsi formées, que l'on appelle les *équations normales*, donne les valeurs les plus probables des n inconnues. »

Appliquant cette méthode au système (13), on obtient successivement les 3 équations ci-après :

$$
\text{III}\atop{\text{Equations}\atop\text{\textit{normales}}}
\begin{cases}
\left(\dfrac{1}{\theta^2_{AB}} + \dfrac{1}{\theta^2_{AE}} + \dfrac{1}{\theta^2_{BE}}\right)x_{AB} + \dfrac{x_{BC}}{\theta^2_{BE}} + \dfrac{x_{AC}}{\theta^2_{AE}} = -\dfrac{f_a}{\theta^2_{AE}} + \dfrac{f_b}{\theta^2_{BE}} \\[3mm]
\dfrac{x_{AB}}{\theta^2_{BE}} + \left(\dfrac{1}{\theta^2_{BC}} + \dfrac{1}{\theta^2_{BE}} + \dfrac{1}{\theta^2_{CE}}\right)x_{BC} - \dfrac{x_{AC}}{\theta^2_{CE}} = +\dfrac{f_b}{\theta^2_{BE}} - \dfrac{f_c}{\theta^2_{CE}} \\[3mm]
\dfrac{x_{AB}}{\theta^2_{AE}} - \dfrac{x_{BC}}{\theta^2_{CE}} + \left(\dfrac{1}{\theta^2_{AC}} + \dfrac{1}{\theta^2_{AE}} + \dfrac{1}{\theta^2_{CE}}\right)x_{AC} = +\dfrac{f_c}{\theta^2_{CE}} - \dfrac{f_a}{\theta^2_{AE}}
\end{cases} (14)
$$

Résolvant par l'une des méthodes habituelles ces 3 équations du 1er degré à 3 inconnues, on en tire les valeurs les plus probables de

$$x_{AB}, \quad x_{BC}, \quad x_{AC}.$$

Portant ensuite ces valeurs dans les équations (12), on obtient celles des trois autres inconnues :

$$x_{AE}, \quad x_{BE}, \quad x_{CE}.$$

Le cas d'un réseau formé d'un nombre de polygones supérieur à trois se traiterait de même, et donnerait des résultats analogues.

D'une manière générale : le nombre des *équations ab-solues* est toujours égal à celui des *polygones* et le nombre des *équations relatives*, à celui des *sections*, lequel varie avec la constitution du réseau ; enfin, le nombre des *équations normales* est égal au nombre des sections moins celui des polygones.

Pour simplifier les calculs, il est bon d'observer les règles suivantes :

1° Si tous les polygones confinent à l'espace extérieur E, on tire immédiatement des équations absolues, comme nous l'avons fait dans l'exemple qui précède, les valeurs des corrections x afférentes aux sections extérieures, dont chacune figure dans *une seule* des équations absolues.

2° Si le réseau se compose de p polygones périphériques et de q polygones intérieurs, on tire d'abord des p équations absolues répondant aux polygones périphériques, les valeurs des p corrections des sections extérieures; puis, des q équations absolues restantes, on tire les corrections x des sections n'appartenant à aucun des p polygones périphériques ; on n'a plus ainsi à revenir sur les p équations déjà résolues.

Mais si le problème de la compensation est théoriquement un problème simple, il n'en est pas de même au point de vue pratique, et l'on se trouve conduit à des calculs très longs, quand le nombre des polygones s'élève à 20 ou 30, par exemple.

En fait, on substitue souvent à la méthode rigoureuse une méthode approchée, consistant à déterminer par tâtonnements et par approximations successives, la correction afférente à chaque section. Etant donnée l'incertitude qui, malgré tout, plane sur les données mêmes de la question, notamment pour ce qui regarde les erreurs systématiques, cette méthode approchée peut souvent donner des résultats acceptables.

§ 5.

PUBLICATION DES RÉSULTATS.

99. Répertoire graphique des repères. — Les opérations sur le terrain étant terminées, et les données brutes obtenues ayant reçu toutes les corrections nécessaires, il reste à mettre à la disposition du public les résultats obtenus. On le fait de deux manières différentes :

1° Par l'inscription des *cotes d'altitude* sur les repères principaux (n° 70) ;

2° Par la rédaction d'un *catalogue* ou *répertoire*, présentant les résultats classés par sections.

Ce catalogue répète les altitudes inscrites sur le terrain, pour les repères principaux, et donne celles des repères secondaires, qui, généralement, ne sont pas pourvus de plaquettes altitudinales. Pour tous les repères, il contient la désignation de leur emplacement et de leur nature, de manière à permettre de les retrouver sans difficulté.

Pour constituer ce catalogue, on s'était jusqu'alors contenté de dresser une liste des repères des divers ordres, en inscrivant en regard de chacun d'eux : le numéro d'ordre (quand les repères en possédaient un), l'altitude, la définition succincte de l'emplacement, et, quand il y avait lieu, le nom du propriétaire de la maison à laquelle le repère était fixé.

Outre qu'il précise mal la position géographique des repères, un tel système présente encore l'inconvénient de donner lieu à de nombreuses incertitudes, par suite des mutations que le temps amène dans les noms des

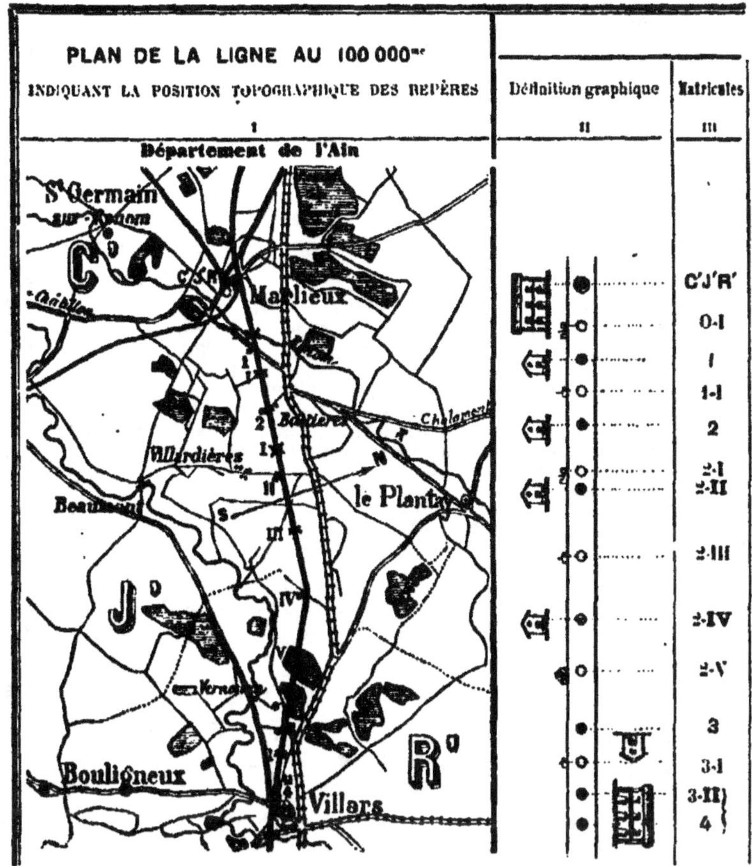

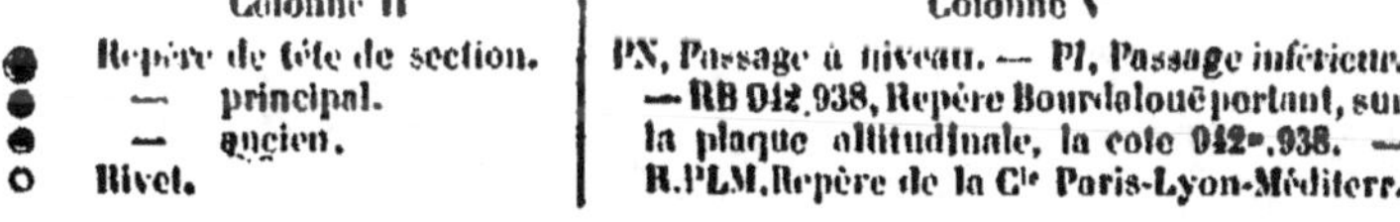

	Colonne II		Colonne V
●	Repère de tête de section.		PN, Passage à niveau. — PI, Passage inférieur.
●	— principal.		— RB 042.938, Repère Bourdaloué portant, sur
●	— ancien.		la plaque altitudinale, la cote 042ᵐ.938. —
○	Rivet.		R.PLM, Repère de la Cⁱᵉ Paris-Lyon-Méditerr.

(Col. I). — La nature des constructions portant les repères est indiquée, sur le plan,
à l'aide de signes conventionnels qui trouvent leur explication colonne V. Le matricule

EMPLACEMENT DES REPÈRES		ALTITUDES	COTES
Position kilomètr. IV km	DÉSIGNATION DES BATIMENTS ET OUVRAGES D'ART *Indication des repères anciens (N^{os} et Altitudes inscrits)* V	orthométriques VI m	dynamiques VII kgm

1° CHEMIN DE FER DE BOURG A LYON,
Entre Marlieux et Calluire.

38,85	**Station de Marlieux**............................	**237,029**	**237,048**
38,08	**Pont** *sur le Renom (ruisseau)*..............	*237,631*	*237,650*
37,93	**PN. 29** } *Chⁱⁿ de gr^{de} commu^{on} n° 17, de Chala- mont à Châtillon-sur-Chalaronne....*	**236,114**	**236,133**
37,49	**Aqueduc**	*236,547*	*236,566*
36,25	**PN. 28.** *Chⁱⁿ d'expl^{on} des domaines Battières et Barrat,*..........................	**240,161**	**240,180**
36,87	**P I.** *Chemin de desserte*......................	*243,803*	*243,822*
35,93	**PN. 27.** *Chⁱⁿ du Plantay aux Villardières (R. B. 942=938)*..........................	**242,907**	**242,926**
34,99	**Aqueduc**	*241,442*	*241,460*
34,09	**PN. 26.** *Chⁱⁿ d'expl^{on} du Tignat (R. PLM. N° 16, Alt. 941=853)*......................	**241,869**	**241,877**
33,30	**Pont** *sur un étang.*......................	*243,266*	*243,281*
32,58	**PN 25.** *Chⁱⁿ de la Vergouze à Beaumont*......	**243,749**	**243,767**
32,19	**Aqueduc**	*243,680*	*243,707*
31,22	**Station** de **Villars** } (R. B. 940=,913.......... Repère principal........	**240,988** **240,746**	**241,006** **240,764**

de chaque repère (n° 74), réduit au numéro d'ordre, est inscrit du côté de la voie où se trouve le repère, et en regard de la position occupée par celui-ci.

Les lignes nivelées par Bourdaloué sont distinguées, sur le plan, par des hachures transversales.

(Col. III). — L'emplacement des repères principaux et celui des repères anciens est indiqué par un point sur les élévations rabattues des bâtiments qui portent ces repères. Les rivets sont simplement marqués en plan sur des croquis conventionnels. Ces élévations et ces croquis sont placés du côté de la voie où se trouvent les repères correspondants.

(Col. IV). — Position des repères, définie d'après les bornes ou poteaux kilométriques de la voie.

propriétaires des bâtiments portant les repères. Aussi les recherches sur le terrain sont-elles parfois pénibles.

Pour le nouveau réseau du nivellement général de la France, on a précisé les indications en faisant du catalogue — au lieu d'un simple *tableau numérique* qui se serait mal prêté aux descriptions nécessaires — un *Répertoire graphique* (voir le spécimen ci-dessus, modèle 9), qui présente les résultats groupés par sections. Ce répertoire indique le *matricule*, l'*altitude orthométrique* et la *cote dynamique* des repères, le *point kilométrique* et la *désignation des ouvrages* sur lesquels ils sont fixés ; en outre, il précise, à l'aide d'une carte et d'un dessin, la situation topographique de ces repères, la nature des constructions qui les portent, et la position qu'ils y occupent.

§ 6.

PRIX DE REVIENT

D'UN NIVELLEMENT DE HAUTE PRÉCISION.

100. Mode de rémunération du personnel. — L'*exactitude* étant la condition fondamentale d'une opération géodésique, telle que le nivellement de haute précision, la question du prix de revient des opérations passe forcément un peu au second plan; elle n'est cependant pas indifférente. Comme le montrent les résultats obtenus par le service du nivellement général, la *précision* dans les mesures est ici parfaitement conciliable avec l'*économie* d'exécution.

Le prix de revient d'un nivellement dépend, pour une forte part, de la simplicité des méthodes d'opérations et de la commodité d'emploi des instruments ; mais il varie aussi avec l'activité déployée par le personnel occupé sur le terrain.

Après s'être entouré, comme on l'a fait à tous les degrés de l'opération, de garanties et de contrôles multipliés contre les fautes, il n'y a pas d'inconvénients à stimuler cette activité au moyen de primes, celles-ci étant calculées de manière qu'à l'élévation du salaire réponde une diminution du prix de revient, par suite de la réduction proportionnelle des frais généraux au fur et à mesure de l'augmentation du rendement.

Nous nous sommes inspiré de ces principes pour l'établissement du mode de rémunération du personnel des brigades du nivellement général.

En dehors du salaire journalier, les agents perçoivent une prime importante qui croît avec la longueur nivelée par eux. Cette prime diminue quand les opérations ne sont pas suffisamment correctes : le travail devant être recommencé sans que, la seconde fois, il en soit tenu compte dans la longueur nivelée. Les opérateurs sont donc également intéressés à faire bien et à faire vite.

Des abaques spéciaux permettent de calculer immédiatement, chaque quinzaine, l'importance de la prime. La fig. 80 représente, à titre d'exemple, l'abaque de calcul de la prime des porte-mires. On peut, en outre, y lire sur des échelles spéciales les résultats moyens pour la la quinzaine : longueur nivelée par jour, nombre de nivelées doubles (aller et retour), et longueur moyenne d'une nivelée.

101. Prix de revient kilométrique du nivellement. — Le nivellement de Bourdalouë, exécuté de 1857 à 1864, a été payé à forfait, à raison de 50 fr. le kilomètre. Le nivellement général de la Suisse, effectué de 1865 à 1883, dans des conditions relativement difficiles à cause

Abaque servant à calculer la prime des porte-mires du Nivellement général.

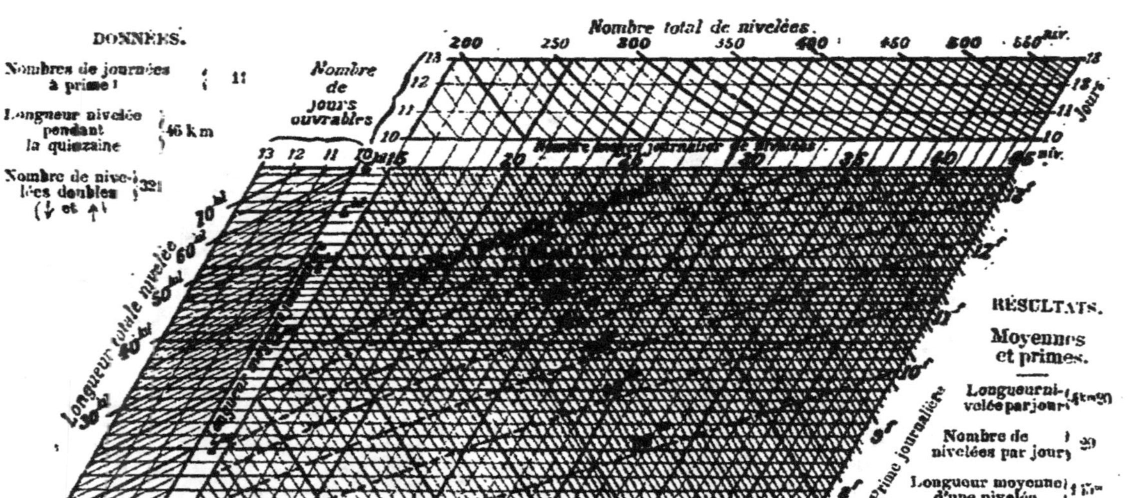

Figure 80.

Nota. — L'exemple répondant aux données ci-contre est figuré en traits tiretés (— - — - —) sur le modèle.

1. Journées consacrées au nivellement proprement dit.
2. La prime d'un porte-mire de 2e classe est les 9/10 de celle d'un porte-mire de 1re classe.

OBTENUS PAR LE SERVICE DU NIVELLEMENT GÉNÉRAL DE LA FRANCE

pendant les campagnes successives de 1884 à 1898.

I. — Longueur nivelée par jour [1].
Longueur et durée moyenne d'une nivelée.

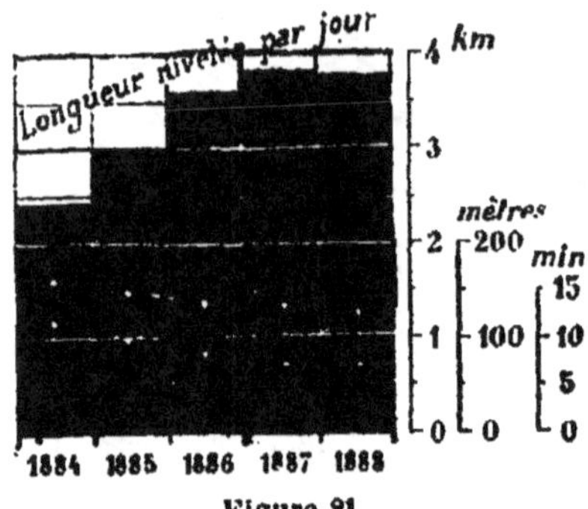

Figure 81.

II. — Diagramme montrant la décroissance du prix de revient
kilométrique et la progression simultanée de la prime moyenne
des portes-mires.

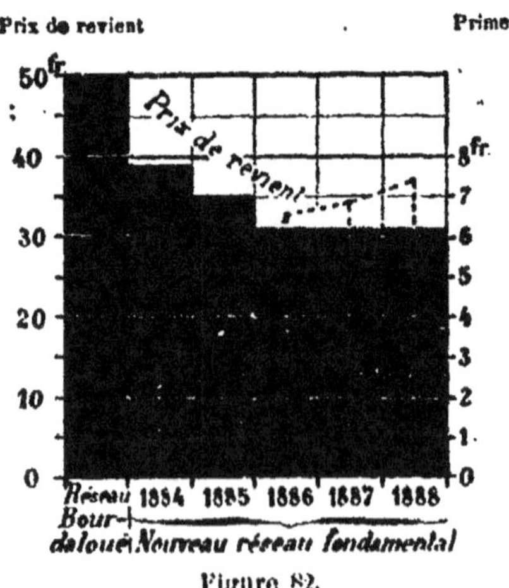

Figure 82.

1. Moyenne obtenue en défalquant les journées consacrées au repos du personnel et à la reconnaissance ou au scellement des repères.

des fortes déclivités des lignes parcourues, à coûté sensiblement le même prix.

Grâce aux améliorations diverses que nous avons passées en revue, le prix de revient des nouvelles opérations du nivellement général est descendu à 31 fr. environ, se décomposant comme suit :

	Prix par kilomètre.
Opérations sur le terrain (Traitement et indemnités des opérateurs et des porte-mires)	18f,50
Contrôle et Calculs (Traitement et indemnités de l'Ingénieur et des calculateurs)	6,10
Matériel (Repères, carnets, registres, fournitures générales de papeterie, entretien des instruments)	3,00
Publication des résultats (Préparation et impression du Répertoire graphique)	3,60
Total	31f,20

Ce prix représente une économie d'envion 40 % sur le prix du nivellement de Bourdaloue [1].

Les diagrammes ci-dessus (fig. 81 et 82) montrent depuis 1884 — année où les opérations du nouveau réseau fondamental ont commencé — les progrès successivement réalisés dans les campagnes suivantes. Ces progrès se traduisent par une augmentation do vitesse, de rendement et de salaires, et par un abaissement corrélatif de 25 % du prix de revient.

---

1. Ce nivellement ayant été exécuté en régie, il faudrait toutefois, pour que la comparaison fût absolument correcte, retrancher, du prix de 50 fr. payé par kilomètre du réseau Bourdaloue, le chiffre inconnu représentant le bénéfice de 'entrepreneur.

SURFACE DE COMPARAISON DES ALTITUDES

NIVEAU MOYEN DE LA MER

§ 1. *Exposé préliminaire.*
§ 2. *Médimarémètre.*
§ 3. *Calcul du niveau moyen d'une nappe liquide oscillante.*

CHAPITRE V

SURFACE DE COMPARAISON DES ALTITUDES

NIVEAU MOYEN DE LA MER

SOMMAIRE

§ 1.

EXPOSÉ PRÉLIMINAIRE

La détermination de la *surface moyenne des mers* touche de près au *nivellement du sol*. C'est en effet cette surface qui doit fournir un *horizon fondamental* pour les altitudes résultant des nivellements continentaux. Nous consacrerons un dernier chapitre à cette importante question.

Après avoir rappelé succinctement les divers mouvements dont la mer est animée, la définition du *niveau moyen* et les procédés plus ou moins longs et compliqués jusqu'alors employés pour l'obtenir, nous décrirons un nouvel appareil d'une extrême simplicité, le *médimarémètre* [1], qui facilite considérablement cette recherche.

Enfin nous exposerons le calcul du niveau moyen d'une nappe liquide oscillante, et nous analyserons les erreurs qui s'attachent à cette détermination dans les divers cas à considérer.

102. Mouvements de la mer. — Sous la triple action du soleil, de la lune, et de la pesanteur terrestre, combinée avec la rotation de notre globe sur lui-même, les eaux de la mer sont soumises à des oscillations périodiques très complexes, dont nous observons seulement la résultante.

Le plus connu de ces mouvements, l'*onde semi-diurne*, est, en réalité, la superposition d'une *onde solaire* et d'une

---

1. Cet instrument, que nous avons créé pour le service du Nivellement général, fonctionne à Marseille depuis 1885. Les résultats obtenus ont déterminé le Comité du Nivellement à en faire installer de semblables en de nombreux points du littoral de la France et de l'Algérie, notamment à Nice, Cette, Port-Vendres, Saint-Jean de Luz, les Sables-d'Olonne, Quiberon, le Camaret (Goulet de Brest) et Boulogne.

onde lunaire, dont les amplitudes sont entre elles à peu près dans le rapport de 2 à 5, et dont les périodes, sensiblement égales, sont respectivement de 12 h. de temps solaire moyen pour la première, et de $12^h 26^m$ pour la seconde.

La marée journalière dissimule une *onde semi-mensuelle* beaucoup moins importante, due aux variations de la déclinaison lunaire pendant la révolution de cet astre, en 28 jours, autour de la terre. Elle cache également une *onde semi-annuelle* plus faible encore, tenant aux changements de latitude du soleil avec les saisons.

Ces mouvements sont eux-mêmes astreints à des modifications, de périodes beaucoup plus étendues, liées aux variations lentes des éléments des orbites lunaire et terrestre.

Sur le tout viennent se greffer :

1° Les oscillations plus ou moins irrégulières produites par l'action du vent ou par l'influence directe de la pression atmosphérique ;

2° Les grands mouvements circulatoires — connus sous le nom de *courants marins* — provoqués, soit par les courants généraux de l'atmosphère comme les vents alizés, soit par les différences de température et de salure de l'eau entre les diverses régions du globe, notamment entre le pôle et l'équateur ;

3° Enfin les résistances perturbatrices apportées par la configuration même des côtes à la propagation de ces diverses ondes.

La résultante de tous ces mouvements, exprimée en fonction du temps, pourrait être figurée par un diagramme offrant quelque analogie avec le croquis schématique ci-après (fig. 83), dans lequel la sinusoïde ABC, par exemple, représenterait l'oscillation *semi-annuelle* ; les sinusoïdes plus courtes, telles que *abc*, l'équivalent de l'onde *semi-mensuelle* ; les sinusoïdes plus réduites encore,

comme αβγ, la marée *semi-diurne*; enfin lés petites dents
sur ces dernières courbes, l'effet de la *houle*.

Diagramme figuratif d'un mouvement oscillatoire composé.

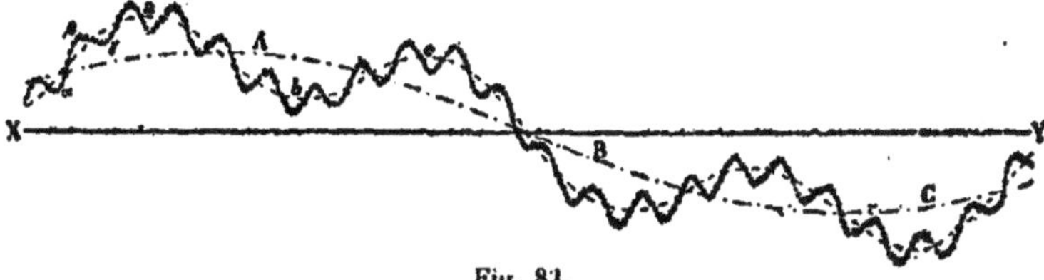

Fig. 83.

103. Définition du niveau moyen de la mer. — Au
milieu de tous ces mouvements, *le niveau moyen de la mer,
pour une période et en un point donnés, est le niveau correspondant à la moyenne des hauteurs de l'eau par rapport
à un point fixe, relevées en chacun des instants de la période
considérée.*

D'après ce que nous venons de dire, la cote obtenue
pour le niveau moyen doit varier suivant la longueur même
de la période sur laquelle portent les observations.

Pour avoir une valeur débarrassée des perturbations
périodiques, il faudrait prolonger l'expérience pendant un
temps égal à la plus longue des périodes ci-dessus énu-
mérées. Mais, comme nous le verrons dans un instant, le
résultat obtenu serait alors vicié par les mouvements
lents du sol.

En fait, si l'on néglige provisoirement cette dernière
influence, on peut, grâce à la faiblesse et à la lenteur des
perturbations, avoir déjà au bout de quelques années
d'observations, une cote assez stable du niveau moyen [1].

---

1. On peut même, comme l'a fait M. Bouquet de la Grye pour l'Océan à
Brest, abréger la durée nécessaire des observations en tenant compte, par le
calcul, de l'effet de certaines causes — comme le vent, la pression barométrique moyenne, les changements de déclinaison de la lune — dont l'influence
n'a pu être indirectement éliminée par la durée seule de l'expérience.

104. Nivellement littoral des mers. — Surface générale de comparaison des altitudes. — Repère fondamental. — Malgré les incertitudes que présente sa détermination, le niveau moyen de la mer présente un intérêt considérable. Aussi l'Association Géodésique internationale a-t-elle depuis longtemps recommandé de déterminer ce *niveau moyen* dans le plus grand nombre possible de points, le long des côtes, et de rattacher ensuite au Réseau général des nivellements continentaux, les résultats obtenus. On constituera ainsi une sorte de *nivellement littoral des mers*. Cette opération doit procurer plusieurs avantages :

1° Lorsque, au bout d'un certain nombre d'années, on connaîtra les hauteurs relatives des différentes mers, ou des diverses parties d'un même océan, les unes par rapport aux autres, on en déduira des indications utiles sur la direction et la vitesse des courants marins — premier résultat d'un haut intérêt pour la météorologie, la navigation et les travaux maritimes.

2° D'autre part, la variation, en chaque lieu, du niveau moyen de la mer avec le temps, mettra en évidence les mouvements relatifs du sol et des eaux dans la suite des années [1] — problème d'une importance fondamentale pour la géologie.

3° Enfin la connaissance du niveau moyen le long des côtes donnera le moyen de fixer la *surface de comparaison* à laquelle devront être finalement rapportées toutes les opérations géodésiques — en particulier les *nivellements continentaux* et *maritimes* — et qui sera, en même temps, la véritable expression de la *figure moyenne de la terre*.

Cet *horizon fondamental* ne peut être, évidemment, qu'une *surface de niveau*. Mais en raison de la prépon-

---

1. Les mouvements lents du sol à l'intérieur des terres seront, d'autre part, mesurés par la comparaison des résultats de nivellements effectués à différentes époques dans une même région (n° 1).

dérance, considérable dans notre planète, des océans sur les terres, cette surface, qui sera la *surface de niveau zéro*, devra, naturellement, s'écarter le moins possible de la *surface moyenne des mers*.

La surface de comparaison une fois déterminée, il faudra la repérer. On pourrait, pour cela, songer à la rapporter au *niveau moyen* même de la mer, pris dans celui des postes d'observation où ce niveau varierait le moins avec le temps, et où le sol, en conséquence, paraîtrait géologiquement le plus stable ; mais, en dehors de tout mouvement du sol et par le seul effet des ondes à longue période, la cote du niveau moyen change forcément un peu (n° 103) avec la durée même sur laquelle portent les observations. Dès lors, *quand on aura trouvé un poste d'une stabilité géologique satisfaisante*, le mieux, semble-t-il, sera de définir la *surface de niveau zéro* par rapport à un point relativement fixe — *dit Repère fondamental* — choisi dans le poste en question, et placé sous le sol, à une profondeur suffisante pour le soustraire à l'influence des dilatations ou contractions provoquées dans les couches superficielles du terrain par les variations de la température ou de l'humidité.

La surface de comparaison ainsi définie présentera le *maximum pratiquement réalisable de fixité*, mais sans constituer cependant, on ne doit pas l'oublier, une *base immuable et définitive*. Notre planète est soumise, en effet, à de lentes transformations, qui changent peu à peu les rapports de hauteur entre le sol et les mers :

1° A mesure que le globe se refroidit, l'écorce solide s'affaisse peu à peu. En même temps, les mers voient leur contenu, d'une part, augmenter en raison de la condensation progressive de l'eau contenue à l'état de vapeur dans l'atmosphère ; d'autre part, diminuer de toute l'eau absorbée par les infiltrations et par l'imbibition des roches solidifiées et refroidies ; peut-être aussi

la contraction de volume qui est la conséquence du refroidissement graduel des océans, n'est-elle pas négligeable.

En faisant varier les conditions d'équilibre des forces
en jeu, ces transformations réagissent par contre-coup,
bien que dans une mesure très atténuée, sur les surfaces
de niveau, dont la forme et la position se trouvent légèrement modifiées.

2° Les surfaces de niveau subissent, en outre, des oscillations périodiques analogues à celles des eaux de l'Océan,
et pour les mêmes causes.

Mais, de ces modifications, les premières sont heureusement très lentes, et les secondes n'exercent pas d'influence appréciable sur les résultats. *La surface de niveau
reste donc encore, après tout, la seule base possible pour les
opérations géodésiques.*

En résumé, la recherche du niveau moyen de la mer
doit fournir à la fois de précieuses indications pour l'his-
toire des continents actuels, des données utiles pour le
présent, et des indices pour l'avenir. Il y a donc une grande
utilité à multiplier les postes d'observation du niveau
moyen.

Mais, pour atteindre ce but, il fallait trouver un *instrument simple* et *peu coûteux*, qui facilitât les calculs en
éliminant les indications inutiles. Nous sommes parvenus
à réaliser à peu près ces conditions, en mettant à profit
l'amortissement des ondes déterminé par la filtration de
l'eau à travers un corps poreux. Avant de décrire l'appareil auquel nous avons été conduit, nous rappellerons en
quelques mots les procédés jusqu'alors suivis pour déterminer le niveau moyen de la mer.

**105. Procédés actuels pour la détermination du ni-
veau moyen de la mer. — A). Observations directes :**

41

ECHELLE DE PORT. — Le plus ancien des procédés en usage
pour la recherche du niveau moyen consiste à faire directement, et à des intervalles réguliers, sur une échelle de port
d'une stabilité assurée; des lectures dont on prend ensuite la moyenne. Mais ces lectures, toujours incertaines,
sont souvent erronées par suite de la négligence de l'observateur; en tous cas, ce procédé ne donne de résultats
exacts qu'à la condition de prolonger l'expérience pendant
une très longue suite d'années.

B). MARÉGRAPHE SIMPLE. — On obtient plus de précision
en se servant d'un marégraphe, appareil constitué, comme
on sait, par un flotteur placé dans un puits communiquant avec la mer, dont les mouvements dans le sens
vertical viennent s'inscrire, convenablement réduits, sur
un cylindre mû par une horloge [1].

La cote du niveau moyen (n° 103) est donnée par la
hauteur d'un rectangle d'aire équivalente à celle du diagramme tracé par l'appareil.

On calcule cette aire, soit au moyen d'une formule géométrique, soit, plus simplement, à l'aide d'un planimètre.
Mais c'est encore là une opération longue et délicate.

C). MARÉGRAPHE TOTALISATEUR. — M. Reitz, ingénieur al-
lemand, a imaginé d'abréger considérablement le travail
en ajoutant à l'appareil un planimètre qui mesure auto-
matiquement l'aire des diagrammes au fur et à mesure
de leur production [2].

Malheureusement, cet instrument, par lui-même et par
l'installation qu'il exige, est très coûteux, et ne peut
dès lors se répandre beaucoup.

---

1. Le marégraphe simple a été employé pour la première fois, vers 1810,
par l'ingénieur français *Chazallon*. Des appareils de ce genre sont établis en beaucoup de points, sur les côtes des différentes mers de l'Europe.

2. Le *dispositif totalisateur*, analogue au système introduit par le général
Morin dans ses dynamomètres, se compose d'une roulette en agate, portée
par un chariot relié à la pointe qui trace le diagramme. Cette roulette s'ap-

Le procédé auquel nous avons été conduit, et que nous allons maintenant décrire, échappe à ces inconvénients. Il permet d'obtenir, sans le secours d'aucun mécanisme et avec une dépense insignifiante, le niveau moyen cherché.

§ 2.

MÉDIMARÉMÈTRE.

I. Principe de l'appareil.

Le nouvel instrument, auquel nous avons donné le nom de *médimarémètre* (mesure de la mer moyenne), est basé sur le principe suivant :

166. Principe fondamental. — Supposons une nappe d'eau, animée d'un mouvement *oscillatoire* vertical, et un tube fixe, également vertical, à parois étanches, plongé

puie sur un disque de verre poli, tournant avec le cylindre enregistreur. Son axe est parallèle à la translation du chariot, et se trouve dans le plan vertical contenant l'axe du disque.

L'arc décrit pendant un instant dt, par un point de la circonférence de la roulette, et par conséquent l'angle dont elle tourne, sont proportionnels : 1º à la distance de cette roulette au centre du disque à cet instant — c'est-à-dire à l'*ordonnée* y du diagramme au même moment — ; 2º à l'angle infiniment petit de la rotation du disque — c'est-à-dire au *temps* dt.

L'angle de rotation de la roulette est donc proportionnel à ydt, c'est-à-dire à l'aire élémentaire comprise entre les deux ordonnées infiniment voisines qui limitent la portion correspondante du diagramme ; par suite, le nombre N de tours et fractions de tour décrits pendant un temps t, est

en raison directe de l'aire correspondante, $\int_0^t y\,dt$, du diagramme.

Pour avoir le niveau moyen, il suffit de diviser le nombre N, indiqué sur le compteur de tours de la roulette du planimètre, par le nombre n lu sur le compteur de tours du disque, qui est en même temps le *compteur du temps* exprimé en jours solaires moyens et fractions décimales de jours.

Un de ces appareils a été installé, en 1885, dans l'anse du Port Calvo à Marseille, par la Commission du Nivellement général de France. Il en existe également un dans le port de Cadix, et un autre dans l'île d'Helgoland, près de l'embouchure de l'Elbe.

dans le liquide et fermé à sa partie inférieure par une *paroi poreuse*, à travers laquelle l'eau doit filtrer pour pénétrer dans l'intérieur du tube ou pour en sortir.

L'appareil étant en fonction depuis un certain temps, si l'on suit les variations du niveau dans le tube, on y trouve les oscillations extérieures reproduites avec la *même période* et le *même niveau moyen*, mais avec une *amplitude réduite* et avec un *retard dans les phases*.

Toutes choses égales d'ailleurs, cette réduction et ce retard sont d'autant plus marqués :

1º Que la cloison est moins poreuse, ou sa surface plus petite, comparée à la section du tube ;

2º Que les oscillations extérieures sont plus rapides.

Nous donnerons plus loin (nº 114 et suivants) une théorie rigoureuse et complète justifiant ces résultats ; mais, dès maintenant, — que la porosité de la cloison soit supposée constante ou bien variable avec le temps — on peut se rendre approximativement compte des variations du niveau à l'intérieur du tube, lorsque le liquide extérieur est animé d'un mouvement oscillatoire simple, ou d'un mouvement composé résultant de la superposition de plusieurs mouvements périodiques simples.

107. Premier cas. Mouvement oscillatoire simple. — A) CLOISON DE POROSITÉ CONSTANTE. — Suivons, pendant la durée d'une période, les variations de niveau du liquide, simultanément à l'extérieur et à l'intérieur du tube, et représentons-les graphiquement.

Nous porterons pour cela (fig. 84) en *abscisses*, sur un axe horizontal RR', à partir du point R, des longueurs proportionnelles aux *temps*, et en *ordonnées* — telles que $m\mathrm{M}$ et mm' — les *hauteurs* respectives H et h du liquide, au même instant t, à l'extérieur du tube et à l'intérieur, comptées au-dessus d'un *niveau fixe de repère* représenté par la ligne RR'.

Le mouvement oscillatoire simple de la nappe extérieure sera représenté par une *sinusoïde*, telle que OMBCD,
ayant pour *ligne moyenne* l'horizontale XY, dont la cote
par rapport à RR' répond à la hauteur H_m du *niveau
moyen*.

Diagramme figurant les variations simultanées du niveau de l'eau

à l'*extérieur* du tube (*grande sinusoïde*) et à l'*intérieur* (*sinusoïde surbaissée*).

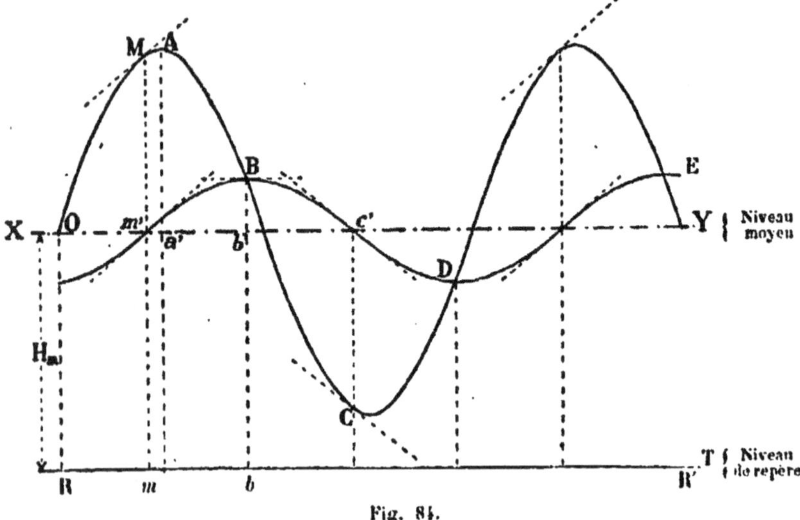

Fig. 84.

L'origine d'une période étant prise, par exemple, comme
origine du temps, l'équation de cette sinusoïde est :

$$H = H_m + A \sin 2\pi \frac{t}{T} \cdot \tag{1}$$

A   désignant la *demi-amplitude* des oscillations,
T,   leur *période*.

.Pour $t = 0,$ on a $H = H_m$;

la sinusoïde part du point O, situé sur la droite XY.

Le premier sommet A correspond à $t = \dfrac{T}{4}$, valeur pour laquelle le second membre de l'équation précédente atteint son maximum

$$H_A = H_m + A.$$

Pour $t = \dfrac{T}{2}$, on a une seconde fois $H = H_m$; la courbe rencontre de nouveau la ligne moyenne XY.

Au-delà, pour $t = \dfrac{3}{4} T$, elle passe par un minimum :

$$H_n = H_m - A.$$

Enfin, pour $t = T$, on a $H = H_m$; la sinusoïde se retrouve dans les mêmes conditions qu'à l'origine, en O.

Étudions maintenant les variations correspondantes de la hauteur du liquide dans le tube.

A un moment quelconque, il se produit à travers la lame poreuse, de l'extérieur vers l'intérieur si le niveau est plus élevé au dehors qu'en dedans, ou dans le sens inverse si c'est le niveau extérieur qui est le plus bas, un écoulement dont la *vitesse* — d'après les lois de la filtration des liquides à travers les corps poreux (n° 114) — *est proportionnelle à la différence des deux niveaux,* c'est-à-dire à la *charge,* à cet instant.

Supposons qu'à l'origine O de la période considérée, la surface de l'eau à l'*intérieur* se trouve — comme sur la figure — *au-dessous du niveau moyen;* une certaine quantité de liquide pénétrera dans le tube, où le niveau montera en même temps qu'à l'extérieur, mais *moins rapidement,* toutefois, à cause de la résistance opposée par la lame poreuse au passage de l'eau, et parce que le mouvement extérieur possède à ce moment son maximum de vitesse ascensionnelle.

La charge va donc en croissant, à partir de l'origine, et par suite aussi la vitesse de montée du niveau intérieur, qui est proportionnelle à cette charge ainsi que nous l'avons dit.

Dans la figure, les *vitesses ascensionnelles*, $\frac{dH}{dt}$ et $\frac{dh}{dt}$, des deux niveaux, prises au même instant, sont représentées par les *coefficients angulaires* des tangentes aux deux sinusoïdes, dont les points de contact, tels que m' et M, sont alignés sur l'ordonnée correspondant à cet instant.

Suivons la marche respective de ces deux vitesses ascensionnelles, à partir du point O situé à l'extrémité gauche de la figure.

D'après ce que nous venons de dire, la tangente à la sinusoïde surbaissée BDE — que nous appellerons désormais la *sinusoïde interne* —, d'abord moins inclinée sur la ligne des abscisses que la tangente correspondante à la *sinusoïde externe*, va en s'écartant de plus en plus de l'horizontale, tandis que, d'autre part, la vitesse ascensionnelle extérieure diminuant à partir du point O, la tangente à la sinusoïde externe se rapproche de cette même direction.

Il arrive donc un moment, représenté sur la figure par les points m' et M, où, les deux vitesses étant égales, les tangentes aux deux courbes sont parallèles.

Au-delà, la vitesse extérieure devenant la plus faible, la *charge* diminue, et avec elle la vitesse ascensionnelle intérieure et l'inclinaison de la sinusoïde correspondante. En d'autres termes, la courbure de la sinusoïde interne change de sens au point m', qui est ainsi un *point d'inflexion*.

La dénivellation entre les deux surfaces liquides continue à s'atténuer, jusqu'à disparaître complètement au point B, où les deux niveaux se rencontrent. La charge étant nulle en ce point, et par suite aussi la vitesse ascensionnelle intérieure, la tangente à la sinusoïde interne y est horizontale. Le point B est donc un *sommet* pour cette dernière courbe.

A partir de ce moment, la charge devenant *négative*, puisque le niveau extérieur est plus bas que le niveau intérieur, l'écoulement à travers la lame poreuse a lieu en sens inverse, avec une rapidité qui va croissant jusqu'en $c'C$, où, les deux vitesses de descente devenant égales par suite de l'atténuation de la vitesse extérieure à l'approche de l'étale, les tangentes aux deux courbes sont de nouveau parallèles; la sinusoïde interne présente en c' une inflexion comme tout à l'heure, mais en sens contraire.

Un peu plus loin, en D, on retrouverait un *sommet inférieur*, et ainsi de suite.

En résumé, les mouvements des deux nappes liquides se trouvent représentés par deux sinusoïdes entrelacées, dont les points de croisement sont les sommets de la sinusoïde interne.

Le *niveau moyen* H_m et la *période* T sont les mêmes pour les deux oscillations.

Mais, pour le niveau interne, l'amplitude des variations est réduite dans le rapport

$$r = \frac{a}{A} = \frac{b'B}{a'A},$$

a désignant la *demi-amplitude* de la sinusoïde interne.

D'autre part, le maximum de hauteur du liquide à l'intérieur se produit, *après l'étale extérieure*, avec un *retard* τ représenté par $a'b'$ sur la figure et d'autant plus grand que $b'B$ est lui-même plus petit.

Les phases du mouvement interne sont toutes retardées de cette même quantité τ.

Entre le *retard* τ et le *coefficient* r *de réduction d'amplitude*, il existe une relation simple. D'après la figure et d'après l'équation (1), t valant ici $\frac{T}{4} + \tau$, on a, en effet :

$$a = b'B = bB - bb' = bB - H_m = A \sin \frac{2\pi}{T}\left(\frac{T}{4} + \tau\right) = A \cos 2\pi \frac{\tau}{T}.$$

D'où :

$$r = \frac{a}{A} = \cos 2\pi \frac{\tau}{T}$$

ou bien encore :

$$\tau = \frac{T}{2\pi} \text{ arc cos } r.\qquad(2)$$

r est toujours compris entre 0 et 1 :

Pour $r = 0$,   on a :   arc cos $r = \frac{\pi}{2}$,   d'où: $\tau = \frac{T}{4}$;

— $r = 1$,   —   arc cos $r = 0$,   — $\tau = 0$.

Le retard τ atteint donc son maximum $\frac{T}{4}$ lorsque $a = 0$, c'est-à-dire lorsque la sinusoïde interne se confond avec la ligne moyenne XY.

Comme il est facile de s'en rendre compte, le *coefficient* **r** *de réduction et le retard* τ *sont d'autant plus grands que,* toutes choses égales d'ailleurs, *l'onde extérieure est plus courte* :

La quantité d'eau, en effet, qui, sous une charge déterminée, filtre à travers la cloison poreuse pendant un temps donné, est proportionnelle à cet invervalle de temps. Supposons que, l'amplitude restant la même, la période T de l'oscillation externe devienne deux fois plus petite et, par suite, le mouvement deux fois plus rapide. Le temps pendant lequel agit chaque valeur de la charge se trouvant réduit de moitié, et l'inertie n'ayant pas ici d'influence appréciable, la quantité totale d'eau qui pénètre dans le tube, ou qui en sort, est proportionnellement deux fois plus faible que dans le premier cas ; par suite, les variations extrêmes du niveau intérieur sont sensiblement deux fois plus petites[1].

Mais, point important, quelle que soit la réduction subie par

---

1. Pour l'étude rigoureuse de ce cas, voir n° 115 B.

l'amplitude, le niveau moyen reste le même, et l'on peut toujours, pour le déterminer, substituer la sinusoïde interne à la sinusoïde externe.

B). Cloison de porosité lentement décroissante. — Supposons maintenant que la porosité de la lame, au lieu de rester constante comme on l'a jusqu'alors admis, diminue progressivement (n°ˢ 110 et 118). Dans ce cas, *l'amplitude de l'oscillation intérieure va se réduisant de plus en plus, et les phases sont de plus en plus retardées ; d'où résulte un accroissement apparent dans la durée de la période. Mais le niveau moyen reste toujours celui de l'onde extérieure.*

108. Deuxième cas. — Mouvement oscillatoire composé. — Examinons à présent le cas où le mouvement oscillatoire extérieur résulte, comme dans la fig. 83, de la combinaison de plusieurs mouvements périodiques simples, différents d'amplitude et de période.

En vertu du principe de l'indépendance des mouvements simultanés, l'action de la lame poreuse s'exerce sur chacune des ondes composantes, exactement de même que si cette oscillation était isolée ; en d'autres termes :

« *Les ondes les plus rapides sont complètement éteintes (ou à très peu près) en traversant la cloison. Celles de moyenne vitesse passent, mais très atténuées dans leur amplitude, et avec un retard notable dans les phases. Enfin les oscillations les plus lentes se transmettent à travers la paroi sans réduction sensible quant à l'amplitude, mais toujours avec un retard important dans les phases* [1]. »

---

[1]. Ce dernier fait s'explique aisément. D'une part, en effet. un petit abaissement de r au-dessous de l'unité entraîne une variation relative beaucoup plus grande pour arc cos r (formule 2) et, par suite, pour le retard τ ; e outre. τ est proportionnel à la grandeur même T de la période correspondante.

Ces effets peuvent être rapprochés de ceux que l'on observe dans la transmission des sons à travers les parois peu sonores. Les notes aiguës so trouvent très atténuées. sinon tout-à-fait éteintes ; les sons graves, au contraire, traversent la cloison sans perdre autant de leur intensité.

Ces effets sont plus ou moins accentués suivant la résistance que la lame poreuse oppose au passage de l'eau. *Mais, dans tous les cas, le niveau moyen dans le tube reste le même qu'à l'extérieur* (n° 116).

109. Conditions d'établissement des appareils servant à la recherche du niveau moyen de la mer. — Les conclusions précédentes ne sont pas restreintes seulement au cas d'un tube en communication avec une nappe liquide par l'intermédiaire d'une paroi poreuse; elles s'appliquent, au moins en partie, à tout réservoir, naturel ou artificiel (baie, puits ou galerie) communiquant avec la mer.

La communication, en effet, quelles qu'en soient la nature, la grandeur et la disposition, entraîne forcément des frottements, des résistances analogues, bien que considérablement inférieures, à celles produites par une paroi poreuse. Dès lors, à condition de négliger l'inertie des molécules liquides, les raisonnements qui précèdent deviennent partiellement applicables. *Il y a toujours réduction dans l'amplitude des oscillations et retard dans les phases, mais le niveau moyen n'est pas altéré.*

Cette conclusion suppose toutefois que les conditions de résistance restent les mêmes pendant la durée d'une période. Tel ne serait pas le cas, par exemple, pour un réservoir à niveau variable qui communiquerait avec la mer par une fente verticale étroite, ouverte depuis le niveau des plus hautes mers. La hauteur de l'eau dans la fente, et par suite la section offerte au passage du liquide, étant plus grande pour la moitié supérieure de l'onde diurne, par exemple, que pour la moitié inférieure, l'effet des résistances se ferait moins sentir sur la première moitié que sur la seconde. Cette dernière subirait, par suite, une réduction plus forte d'amplitude, et *le niveau moyen dans le réservoir resterait au-dessus du niveau moyen extérieur; la différence serait d'autant plus grande que la fente serait plus étroite et descendrait moins bas.*

De là cette double conséquence :

1° Le niveau moyen au fond des baies fermées[1] *n'est pas rigoureusement le même qu'à l'entrée sur la pleine mer ; la différence est d'autant plus forte que le goulet est plus étroit.*

2° Pour que le niveau moyen soit le même à l'intérieur d'un réservoir et à l'extérieur, il faut que la communication avec la mer libre ait lieu par un orifice toujours entièrement immergé, et par conséquent situé au-dessous du niveau des plus basses mers.

Ces effets doivent être pris en considération pour le choix de l'emplacement et pour l'installation des appareils ayant pour objet la détermination du niveau moyen de la mer[2].

II. Description et emploi du médimarémètre.

L'appareil se compose de deux parties : le *tube* et la *sonde*.

110. Tube. — La partie principale de l'instrument (fig. 85) est un grand tube parfaitement étanche, que l'on fixe verticalement, d'une manière invariable, dans un puits en communication avec la mer, ou contre un mur de quai.

Ce tube est en relation par un tuyau B plus petit, également étanche, avec un vase Q, appelé *plongeur*, immergé au-dessous du niveau des plus basses mers. Une cloison poreuse V divise ce plongeur en deux parties. Le compartiment inférieur est rempli de sable[1] et son

---

1. Comme la baie d'Arcachon, par exemple, dans le golfe de Gascogne.

2. Pour l'installation des marégraphes et médimarémètres, on doit également éviter les embouchures des fleuves et des rivières, dont les eaux douces se mélangeant à l'eau de mer en diminuent la densité, et déterminent une surélévation anormale du niveau.

1. La couche de sable a pour objet d'arrêter les impuretés de l'eau et d'empêcher un engorgement trop rapide de la cloison poreuse.

Médimarémètre.

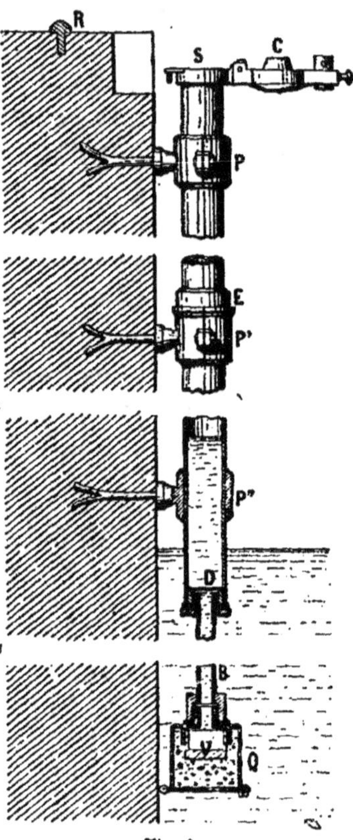

Fig. 85.
Echelle 1 5.

LÉGENDE.

S.   *Tube* en cuivre (diamètre intérieur $0^m,025$), d'une longueur suffisante pour que, la base D étant placée à $0^m 10$ environ au-dessous du *niveau moyen présumé* de la mer [2], le sommet émerge au-dessus des plus hautes eaux.

C.   *Couvercle* servant à fermer l'orifice supérieur, pour empêcher l'introduction intempestive d'eau ou la chute de corps étrangers dans le tube.

P P' P".   *Colliers à griffes* scellées dans la maçonnerie. — Le collier P", supportant l'épaulement E du tube, est mis en place seulement lorsque la position à donner au diaphragme est complètement arrêtée.

Q.   *Plongeur* divisé en deux parties par une cloison poreuse V en porcelaine dégourdie.

B.   *Tuyau* reliant le plongeur au tube S.

R.   *Rivet* en bronze, fixé sur la margelle du puits ou sur le couronnement du mur, pour permettre de contrôler la fixité du tube.

2. Le but de cette disposition est de faire que le niveau moyen corresponde à peu près au milieu de la hauteur de la *sonde* (n° 111).

enveloppe percée latéralement de trous pour l'accès de l'eau.

Pour régler l'appareil [3], on recouvre progressivement de peinture à l'huile une partie de la cloison poreuse, de manière à *ramener la surface filtrante à l'étendue strictement nécessaire pour que la marée semi-diurne s'accuse seulement par une faible oscillation à l'intérieur du tube* — résultat que l'on obtient facilement après quelques essais.

L'action de la peinture se trouve d'ailleurs renforcée, au bout de quelques années, par une espèce de colmatage naturel résultant de végétations cryptogamiques qui se développent sur la paroi filtrante, ou de l'invasion des pores par des animalcules marins. Mais dans tous les cas, comme l'expérience l'a démontré (n° 113), *la variation de la porosité est sans influence appréciable sur la cote obtenue pour le niveau moyen* (n° 118).

111. Sonde. — On pourrait facilement enregistrer d'une manière continue les variations du niveau de l'eau dans le médimarémètre : mais ce serait compliquer inutilement l'appareil, l'eau n'y présentant que des oscillations très lentes, dont une cote par jour suffit largement à définir l'allure.

La détermination du niveau de l'eau se fait simplement au moyen d'une *sonde* divisée (fig. 86), formée d'un tube mince en cuivre, qu'on laisse descendre dans le grand tube jusqu'à ce qu'elle vienne butter contre un diaphragme situé à la base, en **D** (fig. 85).

Pour faciliter la lecture du niveau de l'eau, on fixe, le long de la tige, une bande de papier préalablement sensibilisé par immersion dans un bain de sulfate de fer,

---

3. Connaissant le *coefficient de porosité* de la cloison (n° 114) et l'amplitude de la marée journalière, on peut éviter le réglage expérimental en calculant par avance (n° 117) la surface poreuse nécessaire pour ramener à une grandeur donnée, l'oscillation diurne dans le tube..

puis frotté avec un tampon recouvert de noix de galle en poudre. Au contact de l'eau, ce papier noircit par suite de la réaction du sel de fer sur le tannin.

LÉGENDE DE LA FIGURE 86.

BB', *Bagues* mobiles, avec *languettes l l'* formant ressorts, employées à maintenir le papier sensible.

aa', Vis engagées dans une rainure longitudinale, et destinées à fixer les bagues BB', tout en leur laissant la possibilité de glisser à frottement dur le long du tube, sans tourner.

c, *Poinçon emporte-pièce* fixé invariablement sur le tube de la sonde. Il sert à percer dans la bande de papier une fois en place, un trou servant de repère.

dd, *Ailettes* servant à guider verticalement la sonde dans son mouvement de descente.

f, *Fil de suspension* de la sonde.

112. Surélévation de niveau causée par l'introduction de la sonde dans l'eau. Echelle compensée. — En pénétrant dans le tube, la sonde y déplace un certain volume de liquide, et crée une surélévation de niveau dont il est nécessaire de tenir compte, soit par le calcul, soit mieux en introduisant la correction convenable dans la division même de l'échelle.

Appelons :

S, l'aire intérieure de la section du tube du médimarémètre ;

s, l'aire annulaire de la section du métal de la sonde ;

α, la surélévation, mesurée expérimentalement une fois pour toutes, qui répond à l'immersion de la partie inférieure de la sonde jusqu'à la hauteur du premier trait de l'échelle ;

l_m, la cote de ce trait, exprimant sa *hauteur* au-dessus du *zéro* de l'échelle placé à la base de la sonde ;

l, la cote du trait répondant au niveau de l'eau lorsque la sonde est descendue à fond ;

ξ, la surélévation du niveau de l'eau à cet instant.

On a :

$$\xi = \alpha + \frac{s}{S - s}\, l_m$$

Telle est la correction qu'il faudrait ajouter à la cote l.

On s'évite le calcul en compensant l'échelle de la sonde. A cet effet :

1° Le premier trait de division, coté l_m, est placé à une distance effective l'_m de la base de la sonde

$$l'_m = l_m + \alpha.$$

2° On donne aux divisions qui expriment nominalement des *millimètres*, une grandeur amplifiée

$$\lambda = \left(1 + \frac{s}{S - s} \right)^{\text{mm}}.$$

Exemple. Soient :

$$l_m = 50^{\text{mm}}, \quad \alpha = 3^{\text{mm}}, \quad s = 16^{\text{mm}^3}, \quad S = 190^{\text{mm}^2},$$

données répondant aux médimarémètres construits pour le Service du Nivellement général ; on prendra :

$$l'_m = 53^{\text{mm}} ; \quad \lambda = 1^{\text{mm}},034.$$

112. Manière d'effectuer les observations [1]. **Calcul des résultats.** — La bande de papier étant en place sur la sonde, on y perce, avec le *poinçon* c (fig. 86), un trou destiné à servir de repère. Puis, on introduit la sonde dans le grand tube, en la tenant par le fil f, et on la laisse descendre à fond.

Une ou deux secondes après, on la retire et on lit, sur

----

1. **Erreur de température, pour les médimarémètres installés dans l'Océan.** — Dans les mers à grandes marées, une portion notable du tube du médimarémètre se trouve découverte à mer basse. La colonne liquide renfermée dans le tube se met alors en équilibre de température avec l'atmosphère ambiante : d'où résulte, suivant que l'eau est plus chaude ou plus froide que l'air, une *contraction* ou une *dilatation* de volume, et par suite un *changement anormal de niveau*.

Si l'on fait, à ce moment, une observation, la cote obtenue se trouve affectée d'une erreur qui est :

1° Proportionnelle à la *hauteur* du niveau interne au-dessus de la surface de la mer à cet instant ;

2° Proportionnelle à l'*écart de température* entre l'air atmosphérique et l'eau.

D'une part, l'observation du médimarémètre se faisant d'habitude chaque l'échelle, la cote du niveau de l'eau, en regard de la limite du noir sur le papier.

À la fin de chaque mois, on colle sur une grande feuille, en alignant les points de repère, les bandes journellement détachées de la sonde, et l'on réduit[2], à l'échelle du 10ème par exemple, l'image ainsi obtenue (fig. 87).

Un tour de planimètre suffit ensuite pour calculer l'aire du diagramme par rapport à la *ligne des repères;* on en déduit la hauteur du rectangle équivalent. Cette hauteur, mesurée avec une échelle compensée comme celle de la sonde, est ensuite ajoutée à la cote du poinçon (ou retran-

---

jour à la même heure, et l'instant de la basse mer reculant, tous les jours, d'une heure environ, la *hauteur* de la colonne liquide à découvert au moment de l'observation, varie chaque jour. Le maximum de cette hauteur est égal à la demi-amplitude de la marée.

D'un autre côté, l'*écart de température* étant positif en été, où l'atmosphère est plus chaude que l'Océan, et négatif au contraire en hiver, l'erreur correspondante change de signe avec les saisons, et, par suite, disparaît, ou à peu près, dans la *moyenne annuelle.*

On pourrait, d'ailleurs, se mettre complètement à l'abri de cette influence perturbatrice en adoptant pour règle de toujours faire l'observation quand la mer est au-dessus du *niveau moyen.*

Il est facile de calculer l'erreur en question, dans un cas déterminé. Soient en effet :

ω, le *coefficient de dilatation absolue* de l'eau de mer normale $= 0,000\,283$

β, le *coefficient de dilatation linéaire* du cuivre $= 0,000187$

ω', le *coefficient de dilatation apparente de* l'eau de mer $\Big\} = \omega - 3\beta = 0,000\,227$

Δh. la *surélévation de niveau* pour une colonne d'eau de mer de hauteur h et pour une augmentation de température Δt.

On a :

$$\Delta h = \omega' h\, \Delta t.$$

Exemple. Soient :

$\Delta t = 10°$: $h =$ demi-amplitude de la marée $= 2^m,50$.

On trouve :

$$\Delta h = 5^{mm},6.$$

2. Cette réduction peut être opérée au moyen de la photographie, à la condition de supprimer au préalable, ou tout au moins de blanchir à la gouache, la partie non impressionnée des bandes, dont la couleur jaunâtre viendrait en noir sur le cliché.

MÉDIMARÉMÈTRE DE MARSEILLE.

Variations du niveau diurne.

Diagramme obtenu par juxtaposition des bandes journalières impressionnées et réduction du tout à l'échelle de $\frac{1}{10}$.

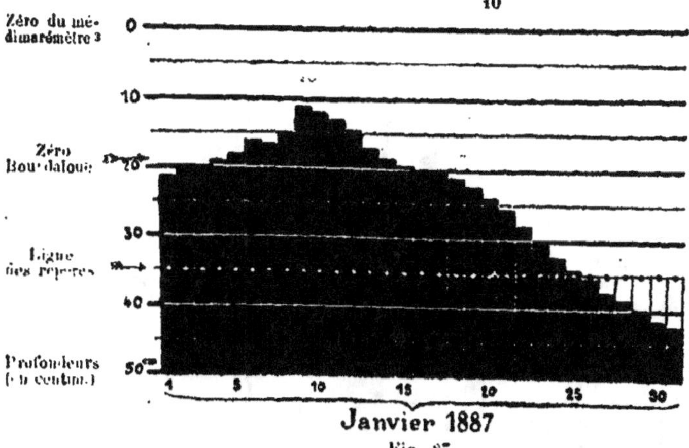

Fig. 87.

chée suivant le cas), ce qui donne la *hauteur du niveau moyen* au-dessus du *zéro du médimarémètre*, dont l'altitude est connue, d'autre part [4].

Ces hauteurs étant, pour les mois successifs, traduites en un diagramme récapitulatif (fig. 88), on obtient de la même manière le *niveau moyen annuel* et le *niveau moyen depuis l'origine*, c'est-à-dire la moyenne, à chaque

---

3. Dans le médimarémètre de Marseille, le premier qui ait été construit, le *zéro* de l'échelle se trouve à l'extrémité supérieure de la sonde.

4. L'altitude du *zéro du médimarémètre*, c'est-à-dire l'altitude du diaphragme D (fig. 85), se déduit de l'altitude du repère R de la margelle, en retranchant de cette dernière :

1° La différence de niveau entre le repère R et le sommet S du tube, différence mesurée deux ou trois fois par an pour vérifier la fixité de l'appareil ;

2° La hauteur du sommet S au-dessus du diaphragme D, mesurée une fois pour toutes, à l'aide d'une tige de longueur suffisante, qu'on laisse descendre à fond dans le tube, que l'on retire ensuite après y avoir marqué un trait de repère correspondant au sommet S, et que l'on compare enfin à une mire ou à une règle étalonnées.

MÉDIMARÉMÈTRE DE MARSEILLE.

1° Variation du niveau moyen mensuel (*teinte noire en échelons*) ;

2° Variation du niveau moyen calculé depuis l'origine,

à l'aide du médimarémètre   (*trait plein*) ——————
à l'aide du marégraphe totalisateur (*trait discontinu*) -----------

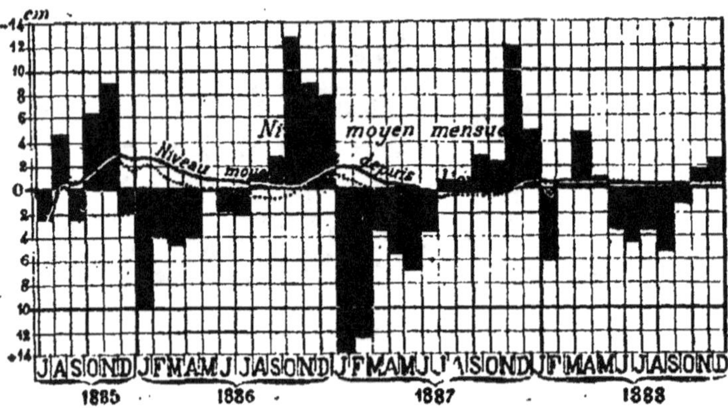

Fig. 88.

NOTA. — Sur ce diagramme, les hauteurs sont rapportées à la *surface de comparaison* du nouveau Nivellement général de la France (0^m07 au-dessous du zéro Bourdaloué). — Les moyennes ont été prises par *mois lunaires*, de manière à éliminer l'influence de l'*onde semi-mensuelle*, et à ne laisser apparaître que les mouvements à longue période. La figure montre, par exemple, une *onde annuelle* très nette, déterminée sans doute par le régime des vents et de la pression barométrique dans le bassin méditerranéen.

Pour faciliter les comparaisons, on a figuré, sur le même diagramme, les courbes du *niveau moyen depuis l'origine* tirées séparément du médimarémètre et du marégraphe totalisateur (n° 105, C), établis côte à côte à Marseille. Les résultats ne s'écartent pas, l'un de l'autre, de plus de quelques millimètres, en moyenne, et, après une durée de fonctionnement de trois ans et demi, la discordance finale ne dépasse pas 2^{mm}. C'est la meilleure confirmation pratique des principes sur lesquels est basé le nouvel appareil.

instant, des hauteurs relevées depuis la mise de l'appareil en fonction.

Grâce à leur prix relativement minime [5], les médimarémètres peuvent être multipliés le long des côtes, en tous les points où la détermination du niveau moyen de la mer présente un intérêt.

III. Théorie analytique du médimarémètre.

114. Lois de la filtration des liquides à travers les corps poreux. — On peut se rendre compte théoriquement des résultats qui précèdent, en s'appuyant sur les lois suivantes, qui dérivent de celles trouvées par Darcy pour la filtration des eaux à travers les sables.

« Toutes choses égales d'ailleurs, *la quantité d'eau qui filtre à travers une cloison poreuse est* :

1º *Proportionnelle à la surface de la cloison et en raison inverse de son épaisseur* ;

2º *Proportionnelle au temps* (la charge étant supposée constante) ;

3º *Proportionnelle à la charge*, c'est-à-dire à la hauteur de liquide qui pèse sur la cloison disposée, par hypothèse, horizontalement [1] ;

---

5. Alors que le marégraphe totalisateur coûte au minimum une dizaine de mille francs, non compris l'installation, le prix d'un médimarémètre avec sa soude ne s'élève qu'à une centaine de francs. Les frais de mise en place sont insignifiants.

1. Les deux premières de ces lois sont évidentes. On s'explique aisément la troisième en remarquant que le travail $m\,g\,H$ dépensé dans l'écoulement d'une masse m de liquide sous une charge H (supposée constante), se décompose en deux parties :

L'une, absorbée par le *frottement* et proportionnelle à la *vitesse v* d'écoulement du liquide ;

L'autre, convertie en *force vive* et proportionnelle au *carré v²* de cette même vitesse.

Entre les deux quantités v et H il existe donc, en général, une relation de

4° Le volume d'eau filtrée est, en outre, *proportionnel* à un certain coefficient — que nous appellerons le *coefficient de porosité* — dépendant de la grandeur et de la distribution des pores de la substance. »

Nous étudierons successivement le cas d'un mouvement oscillatoire simple, puis d'un mouvement composé ; nous verrons enfin comment les résultats se modifient lorsque le filtre s'engorge et que sa porosité diminue progressivement.

115. Cas d'un mouvement oscillatoire simple. — A). ÉTABLISSEMENT DE LA FORMULE DU MÉDIMARÉMÈTRE. — Soient :

> S, la section du tube du médimarémètre ;
> σ, la surface utile de la cloison poreuse ;

la forme :

$$m\,g\,\mathrm{H} = \lambda\,m\,v + \mu\,m\,v^2,$$

ou simplement :

$$\mathrm{H} = \lambda'v + \mu'v^2,$$

λ' et μ' étant, comme λ et μ, deux coefficients constants.

Dans les circonstances ordinaires, où l'on s'efforce de restreindre la part du frottement et où *la vitesse atteint une grandeur notable*, l'influence du terme du second degré est de beaucoup prépondérante. On peut alors réduire à ce terme le deuxième membre de la formule précédente, et, sans commettre une erreur appréciable, dire que *la vitesse d'écoulement est proportionnelle à la racine carrée de la charge*.

Au contraire, dans le cas actuel, où il s'agit d'un simple *suintement*, la vitesse v d'écoulement est *infiniment petite* ; par suite le terme représentant la *force vive* est un infiniment petit du second ordre, négligeable à côté du terme *frottement*, qui est seulement un infiniment petit du premier ordre.

La formule précédente s'écrit alors simplement :

$$\mathrm{H} = \lambda'v,$$

relation exprimant que, *dans le cas d'écoulement à travers des orifices capillaires, la vitesse est proportionnelle à la charge*.

M. Klein a vérifié cette loi en faisant filtrer de l'eau, sous des charges différentes, à travers un vase de pile Bunsen, en porcelaine poreuse, et en mesurant, dans chaque expérience, la quantité de liquide recueillie au bout d'un même temps.

ϵ,   l'*épaisseur* de cette cloison ;

ω,   son *coefficient de porosité*, c'est-à-dire *le nombre de centimètres cubes d'eau qui filtrent en un jour* [1] (**24** heures de temps moyen), *sous une charge de un mètre, à travers une lame poreuse de* **1** *millimètre d'épaisseur et de* **1** *millimètre carré de surface* [2] ;

A,   la *demi-amplitude* } du *mouvement oscillatoire simple* de la
T,   la *période* } nappe extérieure ;

H_m, la hauteur du *niveau moyen* de la nappe au-dessus d'un point inférieur fixe pris comme repère, par exemple le *zéro* du médimarémètre (n° 113, note 4) ;

H,   la hauteur, à l'instant t, du niveau extérieur, au-dessus du même point ;

h,   la hauteur de l'eau dans le tube, au même instant et par rapport au même repère.

La hauteur H est exprimée en fonction du temps t par une relation de la forme :

$$H = H_m + A \sin 2\pi \frac{t + \theta}{T}, \qquad \text{(1 bis)}$$

θ étant ce que nous appellerons l'*avance à l'origine* (c'est à-dire l'intervalle de temps compris entre *l'origine des temps* et *l'origine d'une période* du mouvement oscillatoire).

Le mouvement de l'eau à travers la cloison s'effectue, à l'instant t, sous l'action d'une charge $H - h$. Si l'on désigne par dV la quantité de liquide qui filtre alors pendant un intervalle de temps dt, on a, en vertu des lois énoncées au n° 114 :

$$dV = \omega \frac{\tau}{\epsilon} (H - h)\, dt.$$

Cette quantité dV de liquide, répartie sur la section S du tube, équivaut à une variation dh du niveau intérieur :

$$dh = \frac{dV}{S} = \frac{\omega}{\epsilon} \frac{\tau}{S} (H - h)\, dt ;$$

---

1. La seconde serait une unité trop petite pour évaluer les périodes des ondes océaniques, surtout celles des ondes semi-mensuelle et semi-annuelle. Le jour solaire moyen paraît être une unité plus convenable pour éviter les grands nombres.

2. Dans l'expérience précédemment relatée de M. Klein (n° 111. note 1), le *coefficient de porosité* de la porcelaine employée a été, par exemple, trouvé égal à 0.187.

relation qui peut s'écrire :

$$h + \frac{\varepsilon}{\omega}\frac{S}{\sigma}\frac{dh}{dt} = H. \qquad (3)$$

Posons :

$$\rho = \frac{\varepsilon}{\omega}\frac{S}{\sigma}, \qquad (4)$$

ρ étant ce que nous appellerons le *module d'amortissement* :

puis remplaçons H par sa valeur (formule 1 *bis*), l'équation (3) devient :

$$h + \rho\frac{dh}{dt} = H_m + A \sin 2\pi\,\frac{t + \theta}{T}, \qquad (3\,\text{bis})$$

dont l'intégrale définie est [3] :

$$h = H_m + Ke^{-\frac{t}{\rho}} + a \sin 2\pi\,\frac{t + \theta - \tau}{T}, \qquad (5)$$

avec :

$$\left\{ \begin{array}{l} K = h_0 - H_m - a \sin 2\pi\,\dfrac{\theta - \tau}{T}, \\[2mm] a = Ar, \qquad (6) \\[2mm] \tau = \dfrac{T}{2\pi}\,\text{arc cos } r, \qquad (2) \end{array} \right.$$

et :

$$r = \frac{1}{\sqrt{1 + \dfrac{4\pi^2}{T^2}\rho^2}} = \frac{T}{2\pi\rho} - \frac{1}{2}\left(\frac{T}{2\pi\rho}\right)^3 + \frac{3}{8}\left(\frac{T}{2\pi\rho}\right)^5 - \dots\dots, \qquad (7)$$

h_0 désignant la hauteur de l'eau dans le tube à l'origine du temps :
r, le *coefficient de réduction d'amplitude*
τ, le *retard des phases*. $\qquad\Big\{$ (no 107)

5. **Intégration de l'équation différentielle fondamentale du médimarémètre.** — L'équation (3 bis) est une *équation différentielle linéaire, à coefficients constants* : on l'intègre, suivant la méthode connue, en cherchant d'abord la *solution générale* de l'équation sans second membre, puis en y ajoutant une *solution particulière* de l'équation complète.

Privée de second membre, l'équation (3 bis) s'écrit :

$$\frac{dh}{h} = -\frac{dt}{\rho},$$

dont l'intégrale générale est :

$$\mathcal{L}\, h = -\frac{t}{\rho} + \mathcal{L}\,\mathrm{K},$$

K étant une constante que nous déterminerons plus loin.

ou :

$$h = \mathrm{K}e^{-\frac{t}{\rho}}\ ,\qquad (j)$$

$e = 2{,}72$, base des logarithmes népériens.

Pour obtenir une *solution particulière* de l'équation avec second membre, il suffit d'écrire :

$$h = a \sin 2\pi\,\frac{t + \theta - \tau}{\mathrm{T}} + \xi\ ,\qquad (l)$$

a, τ, et ξ étant trois constantes arbitraires,

et de déterminer ensuite ces trois constantes de manière que l'équation (3 bis) soit satisfaite.

Pour cela, de la relation (*l*) on tire :

$$\frac{dh}{dt} = \frac{2\pi}{\mathrm{T}}\,a\,\cos 2\,\pi\,\frac{t + \theta - \tau}{\mathrm{T}}\ ;$$

si l'on porte ces valeurs de h et de $\dfrac{dh}{dt}$ dans l'équation (3 bis), elle devient :

$$\xi + a \sin 2\pi\,\frac{t + \theta - \tau}{\mathrm{T}} + \frac{2\pi}{\mathrm{T}}\,\rho\,a\cos 2\pi\,\frac{t + \theta - \tau}{\mathrm{T}} = \mathrm{H}_m + \mathrm{A}\sin 2\pi\,\frac{t + \theta}{\mathrm{T}}.$$

Développant $\sin 2\pi\,\dfrac{t + \theta - \tau}{\mathrm{T}}$ et $\cos 2\pi\,\dfrac{t + \theta - \tau}{\mathrm{T}}$; puis identifiant les coefficients de $\sin 2\pi\,\dfrac{t}{\mathrm{T}}$, $\cos 2\pi\,\dfrac{t}{\mathrm{T}}$, et les termes constants dans les deux membres, on obtient les trois relations :

$$\left.\begin{array}{l} a\cos 2\pi\,\dfrac{\theta - \tau}{\mathrm{T}} - \dfrac{2\pi}{\mathrm{T}}\,\rho\,a\sin 2\,\pi\,\dfrac{\theta - \tau}{\mathrm{T}} = \mathrm{A}\cos 2\pi\,\dfrac{\theta}{\mathrm{T}}\,, \\[3mm] a\sin 2\pi\,\dfrac{\theta - \tau}{\mathrm{T}} + \dfrac{2\pi}{\mathrm{T}}\,\rho\,a\,\cos\,2\pi\,\dfrac{\theta - \tau}{\mathrm{T}} = \mathrm{A}\sin 2\pi\,\dfrac{\theta}{\mathrm{T}}\,, \\[3mm] \hspace{5cm}\xi = \mathrm{H}_m\,. \end{array}\right\}\qquad (m)$$

1. — Faisant la somme des carrés des deux premières équations, puis effectuant les simplifications convenables, on a :

$$a^2\left(1 + \frac{4\pi^2}{\mathrm{T}^2}\,\rho^2\right) = \mathrm{A}^2.$$

d'où, en posant

$$r = \frac{a}{\mathrm{A}}\,,\qquad (6)$$

on tire :

$$r = \frac{1}{\sqrt{1 + \dfrac{4\pi^2}{T^2}\,\rho^2}} = \left(\frac{4\pi^2}{T^2}\,\rho^2 + 1\right)^{-\frac{1}{2}}, \qquad (7)$$

ou, en développant suivant la formule connue le binôme du second membre :

$$r = \frac{T}{2\pi\rho} - \frac{1}{2}\left(\frac{T}{2\pi\rho}\right)^3 + \frac{3}{8}\left(\frac{T}{2\pi\rho}\right)^5 - \ldots (-1)^n \frac{1.3.5(2n-1)}{2^{2n-1}}\left(\frac{T}{2\pi\rho}\right)^{2n+1}.$$

La série du deuxième membre est convergente lorsque

$$\frac{T}{2\pi\rho} < 1, \quad \text{ou} \quad \rho > \frac{T}{2\pi}\ ;$$

elle peut même être réduite à son premier terme lorsque ρ est suffisamment grand par rapport à T ; il reste alors :

$$a = A\,\frac{T}{2\pi\rho}.$$

II. — Divisant membre à membre les deux premières équations (m) et posant :

$$\frac{2\pi}{T}\,\rho = \operatorname{tg} 2\pi\,\frac{\gamma}{T}\ , \qquad (p)$$

φ étant une variable auxiliaire.

on a :

$$\operatorname{tg} 2\pi\,.\,\frac{(\gamma + \theta - \tau)}{T} = \operatorname{tg} 2\pi\,\frac{\theta}{T}\ :$$

ce qui exige :

$$\tau = \gamma, \qquad (q)$$

ou, en vertu de l'équation (p) :

$$\tau = \frac{T}{2\pi}\,\operatorname{arc\,tg}\,\frac{2\pi}{T}\,\rho.$$

Des équations (7) et (p) on tire :

$$r = \frac{1}{\sqrt{1 + \operatorname{tg}^2 2\pi\,.\,\dfrac{\varphi}{T}}} = \cos 2\pi\,\frac{\varphi}{T}; \qquad (u)$$

d'où enfin, d'après la relation (q) :

$$\tau = \frac{T}{2\pi}\,\operatorname{arc\,cos}\,r. \qquad (2)$$

C'est l'équation (2) que nous avions déjà trouvée directement (n° 107).

III. — Ajoutant à la solution générale (j) la solution particulière (l), on

B. — Discussion. — La valeur de h (équation 5) est formée de trois termes :

Le premier terme H_m représente, par définition, la *cote du niveau moyen* de la nappe extérieure : c'est une constante.

Le second terme est une quantité *évanouissante*, c'est-à-dire une quantité tendant vers zéro à mesure que t

trouve finalement pour l'intégrale complète :

$$h = H_m + Ke^{-\frac{t}{\rho}} + a \sin 2\pi \frac{t + \theta - \tau}{T}. \qquad (5)$$

Reste à déterminer la constante K. Appelons :

h_0 la hauteur de l'eau dans le tube à l'origine du temps ;

puis faisons, dans l'équation (5), $t = 0$, et résolvons par rapport à K, il vient :

$$K = h_0 - H_m - a \sin 2\pi \frac{\theta - \tau}{T} ;$$

développons $\sin 2\pi \frac{\theta - \tau}{T}$; remplaçons a par Ar (formule 6), puis $\sin 2\pi \frac{\tau}{T}$ et $\cos 2\pi \frac{\tau}{T}$ par leurs valeurs tirées des équations (η) et (ιu), nous obtenons enfin :

$$K = h_0 - H_m + Ar\sqrt{1 - r^2} \cos 2\pi \frac{\theta}{T} - Ar^2 \sin 2\pi \frac{\theta}{T}.$$

IV. — Tous les coefficients auxiliaires étant remplacés par leurs valeurs, l'équation du mouvement de l'eau dans l'intérieur du tube s'écrirait ainsi :

$$h = H_m + \left[h_0 - H_m + \frac{A\left(\dfrac{2\pi}{T}\dfrac{t}{\omega}\dfrac{S}{\sigma} \cos \dfrac{2\pi}{T}\theta - \sin \dfrac{2\pi}{T}\theta\right)}{1 + \dfrac{4\pi^2}{T^2}\dfrac{t^2}{\omega^2}\dfrac{S^2}{\sigma^2}} \right] e^{-\frac{\omega}{t}\frac{\sigma}{S}t}$$

$$+ \frac{A}{1 + \dfrac{4\pi^2}{T^2}\dfrac{t^2}{\omega^2}\dfrac{S^2}{\sigma^2}} \left\{ \left(\cos 2\pi \frac{\theta}{T} - \frac{2\pi}{T}\frac{t}{\omega}\frac{S}{\sigma} \right) \sin 2\pi \frac{t}{T} + \left(\sin 2\pi \frac{\theta}{T} - \frac{2\pi}{T}\frac{t}{\omega}\frac{S}{\sigma} \right.\right.$$

$$\left.\left. \cos 2\pi \frac{\theta}{T} \right) \cos 2\pi \frac{t}{T} \right\} \qquad (5 \text{ bis})$$

Mais l'équation (5) est beaucoup plus commode pour la discussion.

augmente. En effet,

pour $t = \infty$, on a : $e^{-\frac{t}{\rho}} = 0$.

L'influence de ce terme décroissant très vite, on n'a plus à s'en préoccuper au bout d'un certain temps de fonctionnement. C'est un simple terme de *mise en train* de l'appareil. En le négligeant, l'équation (5) se réduit à :

$$h = H_m + a \sin 2\pi \frac{t + \theta - \tau}{T}.$$

Comparée à la relation (1 bis), cette équation n'en diffère que par la substitution de a à A et de $(t - \tau)$ à t. L'eau, dans l'intérieur du tube, présente donc, comme la nappe extérieure, un mouvement oscillatoire, de même période T, et de même niveau moyen H_m, mais dont :

1° *L'amplitude se trouve réduite* dans le rapport r défini par l'équation (7) :

$$r = \frac{a}{A} = \frac{1}{\sqrt{1 + \frac{4\pi^2}{T^2} \rho^2}} = \frac{T}{2\pi\rho} - \frac{1}{2}\left(\frac{T}{2\pi\rho}\right)^3 + \frac{3}{8}\left(\frac{T}{2\pi\rho}\right)^5 - \cdots \quad (7)$$

ρ étant donné, r décroît avec T, c'est-à-dire que *les oscillations les plus rapides sont relativement les plus réduites.*

$$\text{Pour} \begin{cases} T = 0, & \text{on a :} \quad r = 0, \\ T = \infty, & \text{on a :} \quad r = 1. \end{cases}$$

D'autre part, r est d'autant plus petit que ρ est plus grand. Autrement dit, la réduction d'amplitude est d'autant plus forte que la porosité de la cloison est plus faible (équation 4), son épaisseur plus grande, et sa section plus petite, comparée à celle du tube.

Si la période T est assez courte, ou ρ suffisamment grand, l'équation (7) se réduit à :

$$r = \frac{T}{2\pi\rho}, \qquad\qquad (7\ bis)$$

c'est-à-dire que, dans ce cas, le *coefficient* r *de réduction est simplement proportionnel à la durée* T *de la période, et en raison inverse du module* ε *d'amortissement.*

En d'autres termes, une onde dix fois plus rapide voit son amplitude réduite proportionnellement dix fois plus, et à un module double correspond une réduction double.

2° *Les phases se produisent avec un retard* τ défini par l'équation (2) :

$$\tau = \frac{T}{2\pi} \, \text{arc cos } r. \tag{2}$$

Le retard relatif $\dfrac{\tau}{T}$ *est d'autant plus grand que* r *est plus petit, c'est-à-dire que l'amplitude est plus réduite.*

Pour $\begin{cases} r = 1, & \text{on a :} & \tau = 0, \\ r = 0. & \text{id.} & \tau = \dfrac{T}{4} \cdot \end{cases}$

Donc, en aucun cas, le retard ne peut dépasser le quart de la durée de la période.

116. Cas d'un mouvement oscillatoire composé. — Supposons maintenant que le mouvement de la nappe extérieure, au lieu d'être une oscillation simple, soit la résultante d'une série de mouvements oscillatoires distincts, ayant respectivement des *amplitudes*

$$A_1. \quad A_2 \ldots\ldots\ldots \quad A_n.$$

des *périodes* de plus en plus grandes :

$$T_1. \quad T_2 \ldots\ldots\ldots \quad T_n.$$

et des *avances à l'origine* :

$$\theta_1. \quad \theta_2 \ldots\ldots\ldots \quad \theta_n.$$

À la place de la formule (1 bis), pour exprimer le mouvement de la nappe liquide extérieure, nous avons l'équation suivante :

$$H = H_m + A_1 \sin 2\pi \frac{t + \theta_1}{T_1} + A_2 \sin 2\pi \frac{t + \theta_2}{T_2} + \ldots A_n \sin 2\pi \frac{t + \theta_n}{T_n}. \tag{8}$$

Portant cette valeur de H dans la relation (3), nous obtenons une équation différentielle analogue à l'équation (3 bis), et dont l'intégration s'effectue de la même manière [1].

Le résultat est de la forme :

$$h = H_m + Ke^{-\frac{t}{\rho}} + a_1 \sin 2\pi \frac{t + \theta_1 - \tau_1}{T_1} + a_2 \sin 2\pi \frac{t + \theta_2 - \tau_2}{T_2} + \dots\dots$$

$$a_n \sin 2\pi \frac{t + \theta_n - \tau_n}{T_n}, \tag{9}$$

avec :

$$a_1 = r_1 A_1 \; ; \; a_2 = r_2 A_2 \dots\dots \tag{10}$$

$$\tau_1 = \frac{T_1}{2\pi} \operatorname{arc\,cos} r_1 : \tau_2 = \frac{T_2}{2\pi} \operatorname{arc\,cos} r_2 \dots\dots \tag{11}$$

$$K = h_0 - H_m - a_1 \sin 2\pi \frac{\theta_1 - \tau_1}{T_1} - a_2 \sin 2\pi \frac{\theta_2 - \tau_2}{T_2} + \dots \tag{12}$$

et enfin :

$$r_1 = \frac{1}{\sqrt{1 + \frac{4\pi^2 \rho^2}{T_1^2}}} : r_2 = \frac{1}{\sqrt{1 + \frac{4\pi^2 \rho^2}{T_2^2}}} : \quad \dots\dots \tag{13}$$

À une valeur donnée de ρ correspondent, pour chacune des ondes, d'après les équations (13), un *coefficient* r *distinct de réduction*, et d'après les équations (11), un *retard τ des phases*.

L'effet produit sur chaque onde est donc bien, comme nous l'avons déjà dit (n° 108), le même que si cette onde était isolée.

Les relations établies par les équations (11) et (13)

---

1. La seule différence est qu'au lieu d'ajouter à la *solution générale* une *solution particulière unique* répondant à la fonction périodique du second membre, on détermine, pour les joindre à cette solution générale, autant de termes sinusoïdaux, de la forme $a \sin 2\pi \dfrac{t + \theta - \tau}{T}$, qu'il entre de mouvements oscillatoires distincts dans le mouvement général considéré.

entre ρ, d'une part, r et par suite τ, pour les différentes ondes, montrent d'ailleurs qu'une réduction d'amplitude ne peut exister pour l'une des ondes sans entraîner en même temps, *pour toutes les autres*, une réduction analogue et un retard corrélatif des phases. A ce point de vue, les oscillations sont toutes solidaires les unes des autres.

Si, comme précédemment, on supprime dans la relation (9) le *terme de mise en train* $Ke^{-\frac{t}{\rho}}$, dont l'influence devient généralement négligeable après quelques mois de fonctionnement de l'appareil, les deux équations (8) et (9) présentent le même terme constant H_m. Par suite, les deux courbes représentatives du mouvement extérieur et du mouvement intérieur ont la même ligne moyenne, et l'on peut, pour la recherche du niveau moyen, les substituer l'une à l'autre.

117. — Applications numériques. — Les équations (11) et (13) permettent de construire une table donnant, pour chaque valeur de ρ, le *coefficient* r *de réduction d'amplitude* et le *retard* τ *des phases*, afférents à chacune des ondes océaniques, dont les trois principales sont :

1° l'onde semi-diurne (période $T_1 = 0^j,52$) ;
2° — semi-mensuelle (— $T_2 = 13^j,75$) :
3° — semi-annuelle (— $T_3 = 182^j,60$).

Cette table est traduite graphiquement dans l'abaque ci-après (fig. 89), dont les trois couples d'échelles juxtaposées, respectivement relatives aux trois ondes principales, donnent, en regard l'une de l'autre, sur une même horizontale, les valeurs correspondantes de ρ, r_1 et τ_1, r_2 et τ_2, r_3 et τ_3.

Ainsi pour un médimarémètre dont le *module d'amortissement* serait $\rho = 1$, on aurait :

$$r_1 = 0,08 ; \quad \tau_1 = 2^h 55^m ; \quad r_2 = 0,01 ; \quad \tau_2 = 22^h 1/2 ;$$
$$r_3 = 0,0004 : \quad \tau_3 = 1^j .$$

**Abaque donnant, pour les trois principales ondes océaniques,
*le coéfficient r de réduction d'amplitude et le retard : corres-
pondants à une valeur donnée du module ρ d'amortissement.***

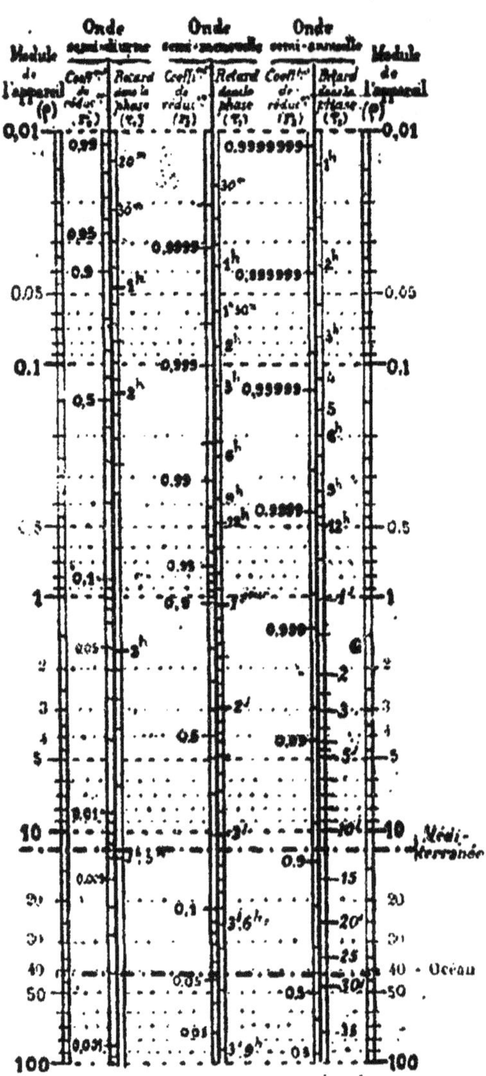

Fig. 89.

Inversement, pour un médimarémètre à établir, ce même abaque permet de déterminer la valeur de ρ la plus convenable, eu égard à l'amplitude de la marée journalière dans la localité où l'instrument doit être installé.

On doit en effet, avons-nous dit, régler l'appareil de telle sorte que la marée journalière ne s'accuse plus dans le tube que par une oscillation de quelques millimètres.

I.— S'il s'agit de la Méditerranée, où l'amplitude moyenne de l'onde semi-diurne dépasse rarement $0^m,30 (A_1 = 0^m,15)$, pour réduire la marée intérieure à 2 millimètres au maximum $(a_1 = 0^m,001)$, il faut prendre $r_1 = \dfrac{1}{150} = 0,0066$; valeur qui, d'après l'abaque, correspond à $\rho = 12,4$.

A ce module répondent, pour les différentes ondes, les modifications indiquées dans le tableau ci-après.

NATURE DES MODIFICATIONS.	ONDE		
	semi-diurne.	semi-mensuelle.	semi-annuelle.
Coefficient de réduction d'amplitude..........................r	0,0065	0,18	0,02
Retard des phases...............τ	3h 5m	3j 1h	12j

Connaissant la section S du tube, l'épaisseur ι de la lame poreuse et son coefficient ω de porosité, il est facile de calculer l'étendue σ à laisser libre sur cette surface poreuse pour réaliser la valeur précédente de ρ. On a, en effet, d'après la formule 4 (n° 115) :

$$\sigma = \frac{\iota S}{\omega \rho}.$$

En prenant, comme c'est le cas pour les médimarémètres installés par le service du nivellement général de la France :

$$\iota = 3^{mm},5, \quad S = 5^{cm^2}, \quad \omega = 0,187.$$

on trouve pour la surface poreuse :

$$\sigma = 7^{cm^2},5.$$

Cette surface est représentée par un cercle de 31 millimètres environ de diamètre.

II. — Pour *l'Océan*, au contraire, où la marée journalière atteint en moyenne 5 mètres d'amplitude $(A_1 = 2^m50)$, si l'on veut ramener l'oscillation diurne intérieure à ne pas dépasser 5^{mm} par exemple $(a_1 = 0^m,0025)$, on doit prendre $r_1 = 0,002$ et, par suite, d'après l'abaque, $\rho = 41$.

Les modifications imposées aux trois ondes sont alors les suivantes :

NATURE DES MODIFICATIONS.	ONDE		
	semi-diurne.	semi-mensuelle	semi-annuelle.
Réduction proportionnelle d'amplitude.........................r	0,002	0,052	0,6
Retard des phases............τ	$3^h 5^m$	318^h	$275 1/2$

En admettant pour S, s et ω les mêmes valeurs que précédemment, on en déduit la surface poreuse correspondante :

$$\sigma = 2^{cm^2},3.$$

Cette surface est représentée par un cercle de $17^{mm},1$ de diamètre.

116. — Cas où la porosité de la cloison décroît lentement. — Nous avons jusqu'alors supposé constante la porosité de la cloison.

En réalité, il n'en est pas ainsi. Comme nous avons eu déjà l'occasion de le dire (n° 110), la surface poreuse se couvre, à la longue, de végétations et de dépôts qui déterminent une obstruction lente des pores et qui en diminuent progressivement la perméabilité à l'eau. Ceci est vrai surtout lorsque la lame poreuse est à nu au milieu de l'eau, comme c'est le cas, par exemple, pour le médimarémètre installé à Marseille.

On peut déterminer la loi de cette modification en mesurant, à différentes époques, le *coefficient de porosité* de la cloison.

Il suffit pour cela de suivre, au moyen de 3 ou 4 sondages par jour, l'oscillation semi-diurne moyenne de l'eau dans le tube, et de comparer son amplitude a_1 à celle A_1 de l'onde extérieure correspondante, enregistrée à la même époque par un marégraphe ordinaire, ou relevée à l'aide d'observations directes. Le rapport $\frac{a_1}{A_1}$, c'est-à-dire le *coefficient* r_1 *de réduction* de l'onde semi-diurne, étant connu, la formule 7 (n° 115), ou l'abaque du n° 117, donnent la valeur correspondante du *module* ρ *d'amortissement* :

$$\rho = \frac{T_1}{2\pi}\sqrt{\frac{1}{r_1^2} - 1}\,.$$

Le *coefficient* ω *de porosité* est ensuite obtenu soit à l'aide de l'équation 4 (n° 115), qui donne :

$$\omega = \frac{t}{\rho}\frac{S}{s}\,.$$

soit, plus simplement, au moyen de la relation suivante qui en découle :

$$\omega = \omega_0 \frac{\rho_0}{\rho}\,,$$

ω_0 désignant le coefficient de porosité au moment de la mise de l'appareil en fonction ;

ρ_0, le module d'amortissement à la même époque.

Si l'on ne possède qu'une observation par jour, on peut faire la comparaison précédente en se servant d'une onde de période plus longue, dont l'amplitude vraie est donnée par un marégraphe établi dans la même station ou dans une station voisine.

MÉDIMARÉMÈTRE DE MARSEILLE.

Diagramme montrant :

1° La diminution, avec le temps, du *coefficient de réduction* de l'onde semi-diurne et la variation correspondante du *coefficient de porosité* de la cloison :

2° L'augmentation corrélative du *module d'amortissement*.

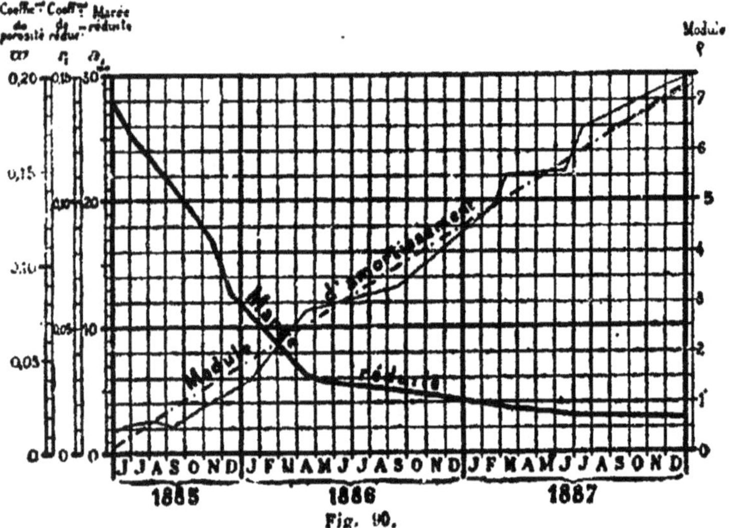

Fig. 90.

Ces deux modes de comparaison, simultanément appliqués pendant deux ans et demi aux oscillations relevées dans le médimarémètre de Marseille, ont donné les résultats traduits graphiquement dans le diagramme ci-dessus (fig. 90).

Les ordonnées de la première courbe (marée réduite), respectivement rapportées sur les trois échelles de gauche, indiquent à des époques successives :

1° *l'amplitude moyenne réduite* a_1 de la marée diurne à l'intérieur de l'appareil ;

2° *le coefficient correspondant* r_1 *de réduction* ;

3° *le coefficient* ω *de porosité*, au même moment.

La seconde courbe, figurant la variation corrélative du *module d'amortissement*, est sensiblement une ligne droite, dont l'équation peut s'écrire :

$$\rho = \rho_0 \,(1 + \beta t), \qquad\qquad (14)$$

β étant ce que nous appellerons la *vitesse d'engorgement* du filtre.

Dans l'espèce, on a :

$$\beta = 0{,}0365.$$

Reprenons, avec cette nouvelle hypothèse et pour le cas d'une onde composée, la détermination théorique du mouvement de l'eau à l'intérieur du tube.

Portons dans l'équation 3 bis (n° 115. A) la valeur ci-dessus de ρ (équation 14), il vient :

$$h + \rho_0 \,(1 + \beta t)\,\frac{dh}{dt} = \mathrm{H_m} + \Sigma \mathrm{A}\,\sin 2\pi\,\frac{t + \theta}{\mathrm{T}}. \qquad (15)$$

C'est une *équation différentielle linéaire du 1ᵉʳ ordre*, dont l'intégrale générale [1] est :

1. Intégration de l'équation différentielle du médimarémètre, dans le cas d'une porosité décroissante. — La marche du calcul pour obtenir l'intégrale de l'équation (15), est la suivante :

On intègre d'abord l'équation sans second membre, laquelle peut s'écrire :

$$\frac{dh}{h} = -\frac{dt}{\rho_0\,(1 + \beta t)}.$$

L'intégrale est :

$$\mathcal{L}h = \mathcal{L}(1 + \beta t)^{-\frac{1}{\beta\rho_0}} + \mathcal{L}\mathrm{C}. \qquad (u)$$

C. étant une constante.

Posons :

$$h_1 = (1 + \beta t)^{-\frac{1}{\beta\rho_0}} ; \qquad\qquad (v)$$

l'intégrale (u) devient :

$$h = \mathrm{C}\,h_1. \qquad\qquad (w)$$

Reprenons maintenant l'équation complète (15) et considérons C, non plus comme une constante, mais comme une fonction de t à déterminer de manière que la relation (15) soit satisfaite. Portons dans cette dernière équation

$$h = H_m + C_1 (1+\beta t)^{-\frac{1}{\beta\rho_0}} + \frac{(1+\beta t)^{-\frac{1}{\beta\rho_0}}}{\rho_0} \Sigma A \int (1+\beta t)^{\frac{1}{\beta\rho_0}-1} \sin 2\pi \frac{t+\theta}{T}\, dt \quad (16)$$

C_1 est une constante dont la valeur s'obtient en faisant simultanément dans l'équation précédente :

$$t = 0, \quad h = h_0,$$

et résolvant par rapport à C_1.

En supposant $\beta = 0$ dans cette relation, on retrouverait, comme il est naturel, l'équation 9 (n° 116), relative au cas d'une *porosité invariable*.

L'intégrale contenue dans le second membre s'effectue directement si $\dfrac{1}{\beta \rho_0} - 1$ est entier et positif, par quadrature dans les autres cas.

Avec la valeur de β précédemment trouvée :

$$\beta = 0{,}0365,$$

prenons, à titre d'exemple :

$$\rho_0 = 9,$$

module initial correspondant à un médimarémètre des-

la valeur précédente de h et celle de sa dérivée :

$$\frac{dh}{dt} = h_1 \frac{dC}{dt} + C \frac{dh_1}{dt}.$$

Ordonnant par rapport à C, il vient :

$$\left(h_1 + \rho_0 (1+\beta t) \frac{dh_1}{dt} \right) C + \rho_0 (1+\beta t) h_1 \frac{dC}{dt} = H_m + \Sigma A \sin 2\pi \frac{t+\theta}{T}.$$

Substituons à h_1 sa valeur (c); le coefficient de C s'annule. Résolvant ensuite par rapport à $\dfrac{dC}{dt}$, nous avons :

$$\frac{dC}{dt} = \frac{H_m}{\rho_0} (1+\beta t)^{\frac{1}{\beta\rho_0}-1} + \frac{1}{\rho_0} \Sigma A (1+\beta t)^{\frac{1}{\beta\rho_0}-1} \sin 2\pi \frac{t+\theta}{T},$$

dont l'intégrale générale est :

$$C = C_1 + H_m (1+\beta t)^{\frac{1}{\beta\rho_0}} + \frac{1}{\rho_0} \Sigma A \int (1+\beta t)^{\frac{1}{\beta\rho_0}-1} \sin 2\pi \frac{t+\theta}{T}\, dt.$$

C_1 étant une constante.

Remplaçant simultanément C et h_1 par leurs valeurs dans l'expression (r) on obtient finalement la relation (16), qui est l'intégrale cherchée.

tiné à la Méditerranée, nous avons sensiblement :

$$\frac{1}{\beta \rho_0} = 3 \cdot$$

En intégrant par parties la différentielle du deuxième membre de l'équation (16), on trouve :

$$h = H_m + \frac{C_1}{(1 + \beta t)^3} + \frac{1}{\rho_0} \Sigma \frac{AT}{2\pi} \left[\left(\frac{\beta^2 T^2}{2\pi^2 (1 + \beta t)^2} - 1 \right) \frac{\cos 2\pi \frac{t + \theta}{T}}{(1 + \beta t)} \right.$$
$$\left. + \frac{\beta T}{\pi} \frac{\sin 2\pi \frac{t + \theta}{T}}{(1 + \beta t)^2} \right] \qquad (17)$$

D'où, en faisant $t = o$ et $h = h_0$:

$$C_1 = h_0 - H_m - \frac{1}{\rho_0} \Sigma \frac{AT}{2\pi} \left[\left(\frac{\beta^2 T^2}{2\pi^3} - 1 \right) \cos 2\pi \frac{\theta}{T} + \frac{\beta T}{\pi} \sin 2\pi \frac{\theta}{T} \right] \qquad (18)$$

Remplaçons maintenant β et ρ_0 par leurs valeurs numériques, les deux relations précédentes s'écrivent :

$$h = H_m + \frac{C_1}{(1 + 0{,}0365\, t)^3} + \frac{1}{9} \Sigma \frac{AT}{2\pi} \left[\left(\frac{0{,}00066\, T^2}{\pi^2 (1 + 0{,}0365\, t)^3} - 1 \right) \frac{\cos 2\pi \frac{t + \theta}{T}}{1 + 0{,}0365\, t} \right.$$
$$\left. + \frac{0{,}0365 T}{\pi} \frac{\sin 2\pi \frac{t + \theta}{T}}{(1 + 0{,}0365\, t)^2} \right] \qquad (17 \text{ bis})$$

avec :

$$C_1 = h_0 - H_m - \frac{1}{9} \Sigma \frac{AT}{2\pi} \left[\left(\frac{0{,}00066\, T^2}{\pi^3} - 1 \right) \cos 2\pi \frac{\theta}{T} + \frac{0{,}0365 T}{\pi} \sin 2\pi \frac{\theta}{T} \right]$$

Lorsque t croît indéfiniment, toutes les parties de l'expression de h (équation 17 bis) — sauf le terme constant H_m — tendent vers zéro, soit d'une manière continue, comme dans le second terme, soit avec des oscillations périodiques de plus en plus courtes d'amplitude.

Autrement dit, et c'est là le point essentiel, *le niveau du liquide à l'intérieur du tube tend à se fixer à la hauteur du niveau moyen de la nappe extérieure.*

Le résultat serait évidemment le même quelle que soit la valeur adoptée pour le module initial φ_0.

§ 3.

CALCUL DU NIVEAU MOYEN

D'UNE NAPPE LIQUIDE OSCILLANTE.

Pour terminer, il nous reste maintenant à voir, dans les diverses hypothèses que nous venons de passer en revue, les erreurs à craindre sur la cote du niveau moyen déduite, au bout d'un certain temps, soit de l'observation directe du niveau extérieur, soit des variations de hauteur du liquide à l'intérieur du médimarémètre.

Nous avons dit (n° 103) que, pour un intervalle donné de temps, *le niveau moyen d'une nappe liquide est le niveau correspondant à la moyenne des hauteurs de l'eau, au-dessus d'un point fixe, relevées en chacun des instants de l'intervalle considéré.*

Voyons comment varie avec le temps la hauteur moyenne ainsi obtenue, quand le *mouvement oscillatoire* est supposé d'abord *simple* ou *composé*, et ensuite successivement *amorti* et *évanouissant*, comme celui que l'on constate dans un médimarémètre à porosité décroissante.

119. — Mouvement oscillatoire simple. — Reprenons l'équation (1 bis) (n° 115. A) :

$$H = H_m + A \sin 2\pi \frac{t+\theta}{T}. \qquad (1 \text{ bis})$$

Cette relation entre H et t, traduite graphiquement, représente une sinusoïde, telle que XBEL (fig. 91), ayant

pour ligne moyenne l'horizontale XY, dont l'équation est
$H = H_m$.

Diagramme figurant la variation du niveau moyen calculé depuis l'origine,

dans le cas d'un mouvement oscillatoire simple.

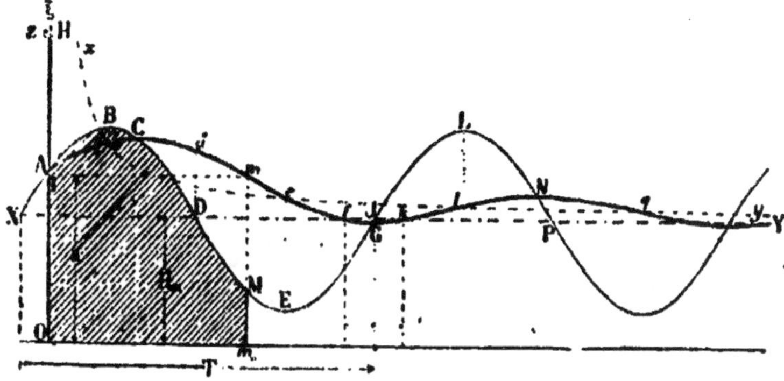

Fig. 91.

D'après la définition donnée plus haut, la cote du niveau moyen au bout d'un temps $t = Om_0$, est la hauteur
$z = m_0 m$ du rectangle $Olmm_0$ d'aire équivalente à celle
$OABMm_0$ du diagramme pour cet intervalle de temps. En
d'autres termes, z est donné par la relation :

$$z = \frac{1}{t} \int_0^t H dt = H_m + \frac{A}{t} \int_0^t \sin \frac{2\pi}{T} (t + \theta) dt,$$

ou, en effectuant l'intégrale :

$$z = H_m + \frac{AT}{2\pi t} \sin \frac{2\pi}{T} \left(\theta + \frac{T}{4} \right) + \frac{AT}{2\pi t} \sin \frac{2\pi}{T} \left(t + \theta + \frac{3T}{4} \right) \quad (19)$$

A. Construction de la courbe du niveau moyen. — I. La
courbe $ACmGN$ — lieu des points m — qui traduit graphiquement l'équation (19), est une sorte de *sinusoïde
évanouissante* [1] (c'est-à-dire une sinusoïde d'amplitude

1. La figure 88 (nº 113), qui accuse une *loi périodique annuelle* dans la

progressivement décroissante) ayant pour ligne moyenne l'hyperbole équilatère *xbely*, que représentent les deux premiers termes du second membre de la relation (19) :

$$\xi = H_m + \frac{AT}{2\pi t} \sin \frac{2\pi}{T} \left(\theta + \frac{T}{4} \right). \tag{20}$$

Cette hyperbole a pour asymptotes :

1° l'axe Oz $(t = 0)$;
2° l'horizontale XY $(\xi = H_m)$.

L'équation (19) peut s'écrire :

$$z = \xi + \frac{AT}{2\pi t} \sin \frac{2\pi}{T} \left(t + \theta + \frac{3T}{4} \right). \tag{19 bis}$$

II. Les points b, e, l, q, où la sinusoïde évanouissante rencontre l'hyperbole, sont donnés par la condition :

$$z = \xi;$$

en mettant à part la solution : $t = \infty$, cela exige :

$$\sin \frac{2\pi}{T} \left(t + \theta + \frac{3T}{4} \right) = 0,$$

ou :

$$t = \frac{T}{4} - \theta + n\, \frac{T}{2},$$

n étant un nombre entier positif.

Comme il est facile de le vérifier en se reportant à l'équation (1 bis), ces valeurs de t répondent aux sommets B,E,L, de la *sinusoïde primitive*.

III. Dans les milieux des intervalles, c'est-à-dire au droit des points D,J,P, d'inflexion de cette dernière sinusoïde,

---

variation du niveau moyen mensuel, montre en même temps, dans la courbe du *niveau moyen calculé depuis l'origine*, un exemple de *sinusoïde évanouissante* finissant par se confondre avec une horizontale.

L'amplitude des ondulations de cette sinusoïde après un an, deux ans, trois ans..., donne une mesure de l'erreur à craindre sur la cote du niveau moyen obtenue à la même époque.

définis par la relation :

$$t_i = n\frac{T}{2} - \theta, \tag{21}$$

le terme périodique complémentaire du second membre de l'équation (19 bis) atteint sa valeur numérique la plus grande :

$$\pm \frac{AT}{2\pi t_i},$$

et la sinusoïde évanouissante présente en ces points son maximum d'écartement par rapport à l'hyperbole moyenne.

IV. On peut encore facilement déterminer d'autres points de la sinusoïde évanouissante. Ainsi, lorsque dans l'équation (19) on fait :

$$t = nT,$$

ou

$$t = nT - 2\theta,$$

les deux derniers termes du second membre se détruisent réciproquement, et il reste :

$$z = H_m,$$

c'est-à-dire que, *pour obtenir une cote exacte du niveau moyen, il convient de prendre, soit un nombre entier de périodes, soit ce même nombre diminué du double de l'avance à l'origine.*

V. On peut également établir que les maxima et minima relatifs de la *courbe du niveau moyen* se trouvent aux points C, G, N,..., où cette dernière courbe rencontre la sinusoïde primitive.

En effet, les points considérés répondent à la condition :

$$\frac{dz}{dt} = 0,$$

Or, d'après l'équation (19), on a :

$$\frac{dz}{dt} = \frac{AT}{2\pi}\left[-\frac{\sin\frac{2\pi}{T}\left(\theta+\frac{T}{4}\right)}{t^2} - \frac{\sin\frac{2\pi}{T}\left(t+\theta+\frac{3T}{4}\right)}{t^2} + \frac{2\pi}{Tt}\sin\frac{2\pi}{T}(t+\theta)\right].$$

Dans le cas en question il vient donc :

$$\frac{AT}{2\pi t}\left[\sin\frac{2\pi}{T}\left(\theta+\frac{T}{4}\right)+\sin\frac{2\pi}{T}\left(t+\theta+\frac{3T}{4}\right)\right]=A\sin\frac{2\pi}{T}(t+\theta),$$

et par suite,

$$z=H.$$

B. Limite de l'erreur a craindre sur la cote du niveau moyen. — Les sommets supérieurs successifs de la sinusoïde évanouissante répondent aux valeurs les plus fortes de l'erreur: à craindre sur la cote du niveau moyen calculée pour une période allant de l'origine du temps jusqu'à une époque variable donnée :

$$\epsilon=z-H_m.$$

Comme on le voit sur la figure, ces valeurs limites de ϵ diffèrent peu de celles répondant aux *maxima* positifs du terme périodique de l'équation (19). Ces *maxima* sont déterminés par la relation

$$t_m=(2n+1)\frac{T}{2}-\theta,\qquad\qquad\text{(21 bis)}$$

implicitement comprise dans la formule (21).

Pour $t=t_m$, on a:

$$\epsilon=\frac{AT}{\pi[(2n+1)\,T-2\theta]}\left[\sin\frac{2\pi}{T}\left(\theta+\frac{T}{4}\right)+1\right].$$

Toutes choses égales d'ailleurs, cette erreur atteint à son tour sa valeur la plus forte ϵ_m quand $\theta=0$; on a alors:

$$t_m=\left(n+\frac{1}{2}\right)T\qquad\qquad\text{(21 ter)}$$

avec

$$\epsilon_m=\frac{A}{\left(n+\frac{1}{2}\right)\pi},\qquad\qquad\text{(22)}$$

n désignant un nombre entier de périodes.

Si l'on supposait, au contraire, $\theta=\dfrac{T}{2}$, l'erreur maxima répondrait aux *minima* du terme périodique de l'équation (19) ; elle changerait simplement de signe, en conservant la même valeur.

Ainsi, dans tous les cas, *l'erreur maxima est proportionnelle, en grandeur absolue, à l'amplitude A du mouvement oscillatoire ; en second lieu, elle décroît proportionnellement au nombre n des périodes augmenté de 1/2.*

120. — Mouvement oscillatoire composé. — Supposons maintenant le cas défini par la relation 8 (n° 116) :

$$H = H_m + \Sigma A \sin 2\pi \frac{t+\theta}{T} ; \qquad (8)$$

la cote z du niveau moyen au bout d'un temps t sera définie par les relations suivantes, qui sont analogues aux équations 19 *bis* et 20 (n° 119) :

$$z = \zeta + \frac{1}{2\pi t} \Sigma A T \sin \frac{2\pi}{T} \left(t + \theta + \frac{3T}{4} \right) \qquad (23)$$

avec :

$$\zeta = H_m + \frac{1}{2\pi t} \Sigma A T \sin \frac{2\pi}{T} \left(\theta + \frac{T}{4} \right) \qquad (23 \text{ bis})$$

La courbe représentative de z serait donc une superposition de sinusoïdes évanouissantes, ayant encore pour ligne moyenne une hyperbole équilatère asymptotique à l'horizontale XY $(H = H_m)$.

L'incertitude maxima ϵ_M à craindre à une époque donnée t_m sera inférieure à la somme des erreurs limites ϵ_m (équation 22) afférentes, vers cette époque, à chacun des mouvements périodiques composants. On aura donc :

$$\epsilon_M : \Sigma \epsilon_m \approx \Sigma \frac{A}{\left(n + \frac{1}{2} \right) \pi} \qquad (22 \text{ bis})$$

n étant, pour chacune des ondes, le nombre entier le plus voisin de l'expression

$$\frac{t_m}{T} - \frac{1}{2},$$

déduite de la relation (21 ter).

Ainsi, pour une oscillation relativement rapide, comme l'onde semi-diurne de l'Océan (période $T_1 = 1/2$ jour environ, demi-amplitude $A_1 = 2^m,5$ en moyenne), l'erreur limite ε_m ne sera plus que de 1 millimètre environ au bout d'un an.

Pour l'onde lunaire semi-mensuelle (période $T_2 = 13$ jours 3/4; $A_2 = 0^m,25$ en moyenne), l'erreur limite serait au contraire de 3 millimètres après une année, et de 1 millimètre seulement au bout de 3 ans.

L'erreur maxima ε_m provenant de l'onde solaire semi-annuelle ($T_3 = 182^{jours},5$; $A_3 = 0^m,10$) serait de 13 millimètres après 15 mois, et de 1 millimètre encore au bout de 16 ans.

Donc, après quinze mois, l'erreur maxima ε_M à craindre, eu égard à ces trois ondes réunies, serait :

$$\varepsilon_M < 13^{mm} + 3^{mm} + 1^{mm} = 17^{mm}.$$

Après 16 ans, elle serait d'environ 1^{mm}.

En d'autres termes, pour que les variations du niveau moyen calculé depuis l'origine deviennent inférieures à 1^{mm}, il faudrait prolonger les observations pendant 16 ans au moins.

Pour avoir à 1^{mm} près la cote du niveau moyen, on pourrait, il est vrai, réduire la durée des observations à une année environ, en s'astreignant à prendre exactement, pour faire le calcul, treize périodes lunaires, qui valent à peu près *un an* moins 3 jours (n° 119. A. IV); mais l'exactitude du résultat ainsi obtenu resterait encore très problématique, à cause de l'action des vents ou des dépressions barométriques, dont l'influence ne peut se fondre dans une moyenne qu'au bout d'un intervalle beaucoup plus considérable de temps.

181. — Mouvement oscillatoire amorti. — Voyons maintenant l'effet produit, au point de vue du calcul du niveau moyen, par l'interposition d'une lame poreuse amortissant la force vive de l'eau, c'est-à-dire l'amplitude des oscillations.

Dans ce cas, l'équation 1 bis (n° 115. A) se trouve remplacée par la formule 9 (n° 116) :

$$h = H_m + K e^{-\frac{t}{\rho}} + \Sigma\, a \sin 2\pi \frac{t + \theta - \tau}{T}\,; \qquad (9)$$

d'où l'on tire :

$$z = \zeta + \frac{1}{2\pi t}\, \Sigma a T \sin \frac{2\pi}{T}\left(t + \frac{3T}{4} + \theta - \tau\right) \qquad (24)$$

avec :

$$\zeta = H_m + \frac{K}{\rho}\,\frac{1 - e^{-\frac{t}{\rho}}}{t} + \frac{1}{2\pi t}\, \Sigma a T \sin \frac{2\pi}{T}\left(\frac{T}{4} + \theta - \tau\right). \qquad (24\ bis)$$

Ces équations (24) et (24 bis) ne diffèrent d'ailleurs des équations correspondantes 23 et 23 bis (n° 120) que par les trois points suivants :

1° Addition à l'équation (23 bis) d'un terme $\dfrac{K}{\rho}\,\dfrac{1 - e^{-\frac{t}{\rho}}}{t}$ résultant de l'intégration du terme $K e^{-\frac{t}{\rho}}$ de l'équation (9);

2° Substitution de a à A dans les deux formules ;

3° Remplacement de θ par $\theta - \tau$ dans les mêmes relations.

Pour $t = \infty$, on a $\zeta = H_m$.

L'équation (24 bis) représente donc encore une courbe asymptotique à l'horizontale $H = H_m$, et, comme dans les deux cas précédents, cette courbe sert de ligne moyenne à un groupe de sinusoïdes évanouissantes dont la superposition figure la variation de z.

122. — Mouvement oscillatoire évanouissant. — Nous arrivons enfin au mouvement périodique composé, d'amplitude lentement décroissante, représenté d'une manière générale par l'équation 16 (n° 118).

Pour plus de commodité, reprenons l'exemple particulier déjà traité, où :

$$\beta = 0,0365 \quad \text{et} \quad \rho_0 = 9$$

L'équation (16) se trouve alors remplacée par l'équation (17) ou, numériquement, par la relation (17 bis). — Pour la facilité des calculs, nous conserverons provisoirement la formule (17) :

$$h = \mathrm{H}_m + \frac{\mathrm{C}_i}{(1+\beta t)^2} + \frac{1}{\rho_0} \sum \frac{\mathrm{A T}}{2\pi}\left[\left(\frac{\beta^2 \mathrm{T}^2}{2\pi^2(1+\beta t)^2} - 1\right)\frac{\cos 2\pi \frac{t+\theta}{\mathrm{T}}}{(1+\beta t)} + \frac{\beta \mathrm{T}}{\pi}\frac{\sin 2\pi \frac{t+\theta}{\mathrm{T}}}{(1+\beta t)^2}\right] \tag{17}$$

On en tire :

$$z = \frac{1}{t}\int_0^t h\,dt = \xi - \frac{1}{4\pi^2 \rho_0 t\,(1+\beta t)}\sum \mathrm{A T}^2\left[\frac{\beta \mathrm{T}}{2\pi}\frac{\cos \frac{2\pi}{\mathrm{T}}(t+\theta)}{1+\beta t} + \sin \frac{2\pi}{\mathrm{T}}(t+\theta)\right] \tag{25}$$

avec :

$$\xi = \mathrm{H}_m + \mathrm{C}_i\frac{1+\frac{1}{2}\beta t}{(1+\beta t)^2} + \frac{1}{\rho_0 t}\sum \frac{\mathrm{A T}^2}{4\pi^2}\left(\frac{\beta \mathrm{T}}{2\pi}\cos 2\pi \frac{\theta}{\mathrm{T}} + \sin 2\pi \frac{\theta}{\mathrm{T}}\right)$$

ou, en remplaçant C_i par sa valeur (équation 18 n° 118), et simplifiant :

$$\xi = \mathrm{H}_m + (h_0 - \mathrm{H}_m)\frac{1+\frac{\beta}{2}t}{(1+\beta t)^2}$$
$$+ \frac{1}{4\pi^2 \rho_0 t\,(1+\beta t)^2}\sum \mathrm{A T}\left[\frac{\beta^2 \mathrm{T}^2 + 4\pi^2 t\left(1+\frac{\beta}{2}t\right)}{2\pi}\cos 2\pi \frac{\theta}{\mathrm{T}} + \mathrm{T}\sin 2\pi \frac{\theta}{\mathrm{T}}\right] \tag{20}$$

Pour : $t = \infty$, on a encore : $\xi = \mathrm{H}_m$.

Comme dans les cas précédents, la courbe représentative de ξ est donc asymptotique à l'horizontale cotée H_m.

Sur cette courbe viennent se greffer des oscillations périodiques évanouissantes dont on peut chercher le maximum d'amplitude à une époque donnée, en vue d'obtenir une limite supérieure de l'incertitude ε à craindre sur la cote z du niveau moyen :

$$\varepsilon = z - H_m.$$

Les maxima et les minima relatifs de ε, on le montrerait comme précédemment, répondent aux points où la courbe représentative de h exprimé en fonction du temps (équation 17) rencontre le diagramme figuratif de la variation correspondante de z [1] (équation 25).

Il serait difficile d'obtenir une expression exacte de ces maxima et de ces minima. Nous en aurons une valeur approchée, ou plutôt une limite, en faisant, à une époque donnée, la somme des valeurs maxima de chacun des termes périodiques composants.

Calculons une de ces limites.

Pour cela, désignons par P la quantité entre crochets, [] dans le second membre de l'équation (25) :

$$P = \frac{\beta T}{2\pi} \, \frac{\cos 2\pi \dfrac{(t + \theta)}{T}}{1 + \beta t} + \sin 2\pi \frac{t + \theta}{T}.$$

Si l'on pose :

$$\frac{\beta T}{2\pi (1 + \beta t)} = \operatorname{tg} 2\pi \frac{\omega}{T},$$

ω étant une variable auxiliaire,

la relation précédente peut s'écrire :

---

1. Considérons, en effet, l'un des points où la courbe h traverse, *de haut en bas*, par exemple, la courbe z. *Avant la rencontre*, l'ordonnée h est plus grande que l'ordonnée z correspondante. L'addition d'un élément supérieur à la moyenne depuis l'origine augmente cette dernière. Par suite la courbe z va en *montant*. Inversement, *après la rencontre*, h étant plus petit que z, cette dernière ordonnée va en diminuant et la courbe z *s'abaisse*. Le point de rencontre en question est donc un *maximum* pour la courbe z. Ce serait un *minimum* si la courbe h traversait *de bas en haut* la courbe z.

$$P = \frac{\sin 2\pi \dfrac{t + \theta + \omega}{T}}{\cos 2\pi \dfrac{\omega}{T}}.$$

P passe par une série de maxima et de minima relatifs P_m, quand le numérateur de l'expression précédente est égal à ± 1. On a alors :

$$P_m = \pm \frac{1}{\cos 2\pi \dfrac{\omega}{T}} = \pm \sqrt{1 + \operatorname{tg}^2 2\pi \frac{\omega}{T}} = \pm \sqrt{1 + \frac{\beta^2 T^2}{4\pi^2 (1 + \beta t)^2}}.$$

Portons cette valeur limite dans l'équation (25), l'erreur correspondante ι_m a pour expression :

$$\iota_m = \imath_m - H_m = \xi - H_m \pm \frac{1}{8\pi^3 \rho_0 (1 + \beta t)^2 t} \Sigma \Lambda T^2 \sqrt{4\pi^2(1 + \beta t)^2 + \beta^2 T^2}. \quad (27)$$

Reste à calculer ξ (équation 26).

La quantité, que nous désignerons par Q, placée entre [ ] dans le second membre, dépend de θ. Nous nous placerons dans les conditions les plus défavorables en attribuant à θ, par la pensée, la valeur qui rend maxima cette quantité :

$$\frac{\beta^2 T^2 + 4\pi^2 t \left(1 + \frac{\beta}{2} t\right)}{2\pi} \cos 2\pi \frac{\theta}{T} + T \sin 2\pi \frac{\theta}{T} = Q. \quad (28)$$

Dans notre hypothèse, on doit avoir :

$$\frac{dQ}{d\theta} = 0,$$

ou bien, en effectuant la dérivée et supprimant le facteur commun $\frac{2\pi}{T}$:

$$- \frac{\beta^2 T^2 + 4\pi^2 t \left(1 + \frac{\beta}{2} t\right)}{2\pi} \sin 2\pi \frac{\theta}{T} + T \cos 2\pi \frac{\theta}{T} = 0. \quad (29)$$

Faisons la somme des carrés des équations (28) et (29)

pour éliminer θ, il reste, après simplifications :

$$\frac{\left[\beta^2 T^2 + 4\pi^2 t \left(1 + \frac{\beta}{2}t\right)\right]^2}{4\pi^2} + T^2 = Q^2.$$

Transportant cette valeur de Q dans l'équation (26), puis celle correspondante de ζ dans la relation (27), on a finalement :

$$t_m = \frac{1}{(1 + \beta t)^2}\left[(h_0 - H_m)\left(1 + \frac{\beta}{2}t\right)\right.$$
$$+ \frac{1}{4\pi^2 \rho_0 t} \Sigma A T \left(\sqrt{\frac{\left[\beta^2 T^2 + 4\pi^2 t\left(1 + \frac{\beta}{2}t\right)\right]^2}{4\pi^2} + T^2}\right.$$
$$\left.\left. + T\sqrt{(1 + \beta t)^2 + \frac{\beta^2 T^2}{4\pi^2}}\right)\right]. \tag{30}$$

Faisons une application numérique de cette formule.

Les coefficients β et ρ_0 ont été donnés plus haut. Nous adopterons pour $A_1, T_1,$ $A_2, T_2,$ $A_3, T_3,$ les mêmes valeurs que précédemment (n° 117).

Pour apprécier la différence $h_0 - H_m$, nous supposerons :

1° qu'avant d'installer l'appareil, on connaît à quelques décimètres près ($0^m,20$ par exemple) la cote H_m du niveau moyen, et que le tube du médimarémètre a été disposé de manière à faire correspondre à cette cote le milieu de la sonde.

2° qu'on commence à utiliser les observations pour le calcul du niveau moyen, seulement lorsque l'eau atteint le niveau moyen présumé.

Le maximum de $h_0 - H_m$ se trouve être ainsi de :

$$\pm 0^m,20.$$

Portant ces valeurs dans l'équation (30), et faisant en outre successivement :

$$t = 1 \text{ an}, \quad 2 \text{ ans}, \quad 5 \text{ ans}, \quad 10 \text{ ans},$$

on trouve :

$$\varepsilon_m = \pm 22^{mm}, \quad 12^{mm}, \quad 4^{mm},6, \quad 2^{mm},3.$$

Laval, imprimerie et stéréotypie E. JAMIN, 41, rue de la Paix.